O'Reilly's 深入淺出書系中的其他書籍

深入淺出 Android 開發

深入淺出 C#

深入淺出設計模式

深入淺出 Git

深入淺出 Go

深入淺出 HTML & CSS

深入淺出 JavaScript 程式設計

深入淺出 Kotlin

深入淺出學會編寫程式

深入淺出物件導向分析與設計

深入淺出 PMP

深入淺出程式設計

深入淺出 Python

深入淺出軟體開發

深入淺出 SQL

深入淺出 Swift 程式設計

深入淺出網站設計

《深入淺出Java程式設計》第三版的各界讚譽

「這是一本多麼有趣和奇特的書啊！我教了多年的 Java，可以誠實地說，這是我見過最吸引人的程式設計學習資源。它使我想從頭學習 Java 了！」

— Angie Jones，Java Champion

「HFJ 是我讀過對 Java Streams 和 Lambdas 最清晰的解釋，而且沒有誇張的宣傳用語！它以幽默和獨特的風格教授重要的函式型程式設計概念。它是如此有趣，以致於我都想重新學習 Java 了。如果每個人都像這本書裡教的那樣進行 Java 的程式設計就好了。」

— Eric Normand，Clojure 講師和《*Grokking Simplicity*》作者

「哦，我多麼希望我剛開始學習 Java 的時候能有這本書啊！它讀起來非常有趣，讓人忘記了這是一本嚴肅的 Java 學習書。第三版更是往前邁進了一大步。它涵蓋了 Java 程式設計師在 2022 年之後想要熟練掌握 Java 語言所需知道的所有內容。對我來說，最讚的地方是插圖，它們讓我笑了好幾次。非常感謝這些 Java Champion 作者：Kathy、Bert 和 Trisha！」

— Heinz M. Kabutz 博士（*The Java Specialists' Newsletter*、www.javaspecialists.eu）

「我喜歡《深入淺出 *Java* 程式設計》的教學風格。它是一本『技術』書籍，但感覺就像小說一樣，一旦你開始閱讀任何章節，就很難停下來。它具備有趣、非傳統的圖片，很棒的類比，開發人員和編譯器與執行環境之間的圍爐夜話，以及更多這類的特點。它有一種完全不同的、很棒的概念教學方式，讓讀者質疑他們的假設和信念，我相信對任何學習者而言，讓他們能意識到自己好奇心的威力，都是很重要的事情。這本書的作者就像魔術師一般。對於所有的 Java 開發人員來說，這都是一本必讀的書，他們可以藉以開始學習 Java，或者以一種有趣的方式提升他們現有的技能。」

— Mala Gupta，JetBrains 的 Developer Advocate、作者和 Java Champion

「經常有新加入 Java 程式設計生態系統的人問我：『我應該從哪本書開始讀？』，我總是告訴他們《深入淺出 *Java* 程式設計》！Kathy Sierra 和 Bert Bates 的原始版本用一種以學習者為中心的教學方式，顛覆了學習程式語言的舊方式。這簡直是革命性的創新。Trisha Gee 是這個行星上最優秀的 Java 工程師和教育家之一，當我需要關於此語言的一些細節解釋時，我一定會去找她。第三版讓我的臉上出現了燦爛的笑容，它不僅帶我回顧了記憶中的旅程，還因為我又一次學到了關於 Java 的新東西，儘管我已經花了二十多年的時間在接觸它 :-)。」

— Maritjn Verburg，也被稱作「The Diabolical Developer」，Java Champion 和 Microsoft 的 **Principal Group Manager for Java**

「《深入淺出 *Java* 程式設計》這本書具有傳奇色彩，要更新它，我想不出有比 Trisha Gee 更合適的人選了。我早知道 Trisha 是很了不起的人，但我不知道她也可以這麼逗趣。現在我知道了！這第三版同時具有權威性及娛樂性，並提供了最新的清晰資訊。想要學習 Java，我想不出有什麼比它更好的方法了。」

— Holly Cummins，Red Hat 的 Senior Principal Quarkus Software Engineer

「這本書是一場暴動！它有大括號、幽默、物件、隱喻、語法、樂趣、程式碼，並且正確了解到讀者是人類。它認真對待學習的過程，但卻以遊戲般令人難忘的方式進行。我喜歡其中的後設認知提示（metacognitive tips），邀請讀者扮演編譯器角色的部分，我也喜歡其中的故事，喜歡裡面的視覺效果，並且喜歡『學習程式語言就像學習任何其他東西一樣，是任何人都可以嘗試的』這種感覺。」

— Kevlin Henney，《*97 Things Every Java Programmer Should Know*》（《Java 程式設計師應該知道的 97 件事》）共同編輯者

「我真希望在我學習 Java 的時候就知道這本書！對於那些希望以有趣、幽默和吸引人的方式學習 Java 的人（誰知道這是可能的呢？），特別是那些像我一樣沒有傳統電腦科學背景的人，這絕對是一本適合你的書。在這之前，我從未在閱讀程式設計書籍的時候笑出聲來。這本書寫得非常好，詼諧幽默、引人入勝、互動性強、易於理解，而且高度具有教育意義。」

— **Grace Jansen，IBM 的 Developer Advocate**

「如果你剛剛開始學習如何運用 Java 進行程式設計的旅程，你將面臨著鋪天蓋地的書籍和課程選擇，這些書籍和課程能幫助你到達目的地。問題是，大多數的書籍都只關注技術資訊，讓你經常得問：『我們到了嗎？』。《深入淺出 *Java 程式設計*》採用了一種完全不同的做法，讓學習的探險過程既有娛樂性又具備教育意義。藉由狗狗構成的陣列、池畔風光（pool puzzles）、Head First 少年事件簿和削尖你的鉛筆（誰會想到程式設計需要鉛筆呢？），這本書使學習變得有趣，但又確保你吸收了你會需要的所有基本細節。我多麼希望在我開始學習 Java 時就有這本書可讀！」

— **Simon Ritter，Azul 的 Deputy CTO 和 Java Champion**

「這本書從未令人失望。我還記得我剛進大學時讀它的樣子，我很高興看到這個新的改良版本。《深入淺出 *Java 程式設計*》以簡單易懂的英語和程式碼範例為基礎，編排得非常好。我強烈推薦給每一位 Java 開發者。」

— **Nelson Djalo，科技創業家，學習平台 Amigoscode.com 和 Amigoscode YouTube 頻道的創始人**

「《深入淺出 *Java 程式設計*》是我兒子想學習 Java 時我讓他讀的第一本書。這是有原因的：我知道這些有趣的卡通圖案會吸引他的注意力，這是我以前見過的其他 Java 書籍所不能比擬的。閱讀《深入淺出 *Java 程式設計*》更像是在操場上玩耍，而不是被困在教室裡聽課。」

— **Kevin Nilson，Google 軟體工程師以及 Silicon Valley Java User 領導人**

「我只能羨慕那些現在想學習 Java 的程式設計師，因為他們有這本好書。我在二十年前學過 Java，那時候它相當無聊。但有了這本書，你就不會感到無聊了。我從來沒有見過一本 Java 書，讓 Java 編譯器和虛擬機器之間有一場大戰。這真是讓人心驚肉跳啊！」

— **Tagir Valeev，Java Champion 和 JetBrains IntelliJ IDEA 的技術領導人**

「在我作為一名新手開發人員進入 Java 世界，讀了《深入淺出 *Java 程式設計*》第一版過後將近二十年的現在，第三版仍然讓我感到驚訝。從那時起，很多東西都發生了變化，包括人們呈現入門教程的方式。《深入淺出 *Java 程式設計*》第三版是當今優秀影片教材的有效替代品。它使學習者（入門與資深的都是）都能迅速掌握概念，而不至於在細節上迷失方向，也不會讓學習材料變得枯燥無味，而且有足夠的正確參考資料供進一步閱讀。我特別享受關於 Java Stream、共時性和 NIO 的部分。」

— **Michael Simons，Java Champion 和 Neo4j 的工程師，德文《*Spring Boot Buch*》參考書籍的作者**

「如果你想用 Java 開發軟體，這本書就是為你準備的。《深入淺出 *Java 程式設計*》設計了很多簡單明瞭且優雅的例子，幫助讀者理解並學習如何使用 Java 來創建軟體。對於想成為一名 Java 程式設計師的人來說，這是很棒的第一本入門書。」

— **Sanhong Li，Alibaba Cloud**

《深入淺出Java程式設計》第三版的更多讚譽

「《深入淺出 Java 程式設計》是一本技術書籍，但感覺又不像技術書籍：它有趣、平易近人，充滿了世俗的隱喻，以非常流暢的方式介紹複雜的概念。它是對豐富而龐大的 Java 生態系統的完美介紹。」

　　— Abraham Marin-Perez，Cosota Team 的 Principal Consultant

「對於那些喜歡在『工作』中加入一點奇思妙想和幽默感的人來說，我想沒有比《深入淺出 Java 程式設計》第三版更適合學習 Java 的書了。這本書實用又有趣，既具有教育意義又引人入勝，對於希望一蹴而就的開發人員新手來說，這是一本完美的指南。」

　　— Marc Loy，培訓員，《Smaller C》的作者，以及《Learning Java》（《Java 學習手冊》）
　　　和《Java Swing》（《Java Swing 基礎篇》）的共同作者

本書之前版本以及 Kathy 與 Bert 所著的其他書籍的各界讚譽

「Kathy 和 Bert 的《深入淺出 Java 程式設計》將印刷頁面轉變成了你所見過最接近 GUI 的東西。作者以詼諧幽默的方式，使學習 Java 成為一種『期待他們接下來要做什麼？』的體驗。」

　　— Warren Keuffel，*Software Development Magazine*

「…決定一個入門教程之價值的唯一方法是判斷它的教學效果如何。《深入淺出 Java 程式設計》在教學方面表現出色。好吧，雖然我曾認為它很搞笑，但隨後我意識到，當我看完這本書時，我已經徹底學會了這些主題。《深入淺出 Java 程式設計》的風格使學習變得更加容易。」

　　— slashdot（honestpuck 的書評）

「除了引人入勝的風格將你從一無所知拉升到崇高的 Java 戰士地位外，《深入淺出 Java 程式設計》還涵蓋了大量的實際問題，那是其他教科書會將其作為可怕的『讀者習題』的東西。它聰明、詼諧、時髦又實用：沒有多少教科書能在教你物件序列化和推動網路的協定的同時，還能做到這一點。」

　　— Dan Russell 博士，IBM Almaden 研究中心使用者科學與體驗研究主任（並在 Stanford
　　　University 教授人工智慧）

「它是快速、不敬、有趣、富有吸引力的。小心點，你可能真的會學到一些東西！」

　　— Ken Arnold，前 Sun Microsystems 資深工程師以及《The Java Programming Language》
　　　（《Java 編程語言》）的共同作者（與 Java 的創造者 James Gosling 合著）

「Java 技術無處不在。如果你在開發軟體時還沒有學習過 Java，那麼現在肯定是時候潛心學習了：Head First 全心投入吧！」

　　— Scott McNealy，前 Sun Microsystems 董事長、總裁與 CEO

「《深入淺出 Java 程式設計》就如同 Monty Python 遇到四人幫（gang of four）一樣。這本書由謎題和故事、測驗和範例很好地組織而成，所涉及的內容是以前任何電腦書都沒有過的。」

　　— Douglas Rowe，Columbia Java Users Group

「閱讀《深入淺出 Java 程式設計》，你將再次體驗到學習的樂趣。對於喜歡學習新程式語言，而又沒有電腦科學或程式設計背景的人來說，這本書是個寶藏。這是一本讓學習複雜電腦語言變得有趣的書。」

— **Judith Taylor**，**Southeast Ohio Macromedia User Group**

「如果你想學習 Java，那就不用再找了：歡迎來到第一本以 GUI 為基礎的技術書籍！這種完美執行的突破性格式提供了其他 Java 書籍所無法提供的好處。準備好在 Java 土地上進行一次真正的非凡之旅吧！」

— **Neil R. Bauman**，**Geek Cruises 的艦長和 CEO**

「書中的小故事、註釋過的程式碼、模擬面試和動腦練習都讓我上癮。」

— **Michael Yuan**，**《*Enterprise J2ME*》的作者**

「《深入淺出 Java 程式設計》為他們的行銷短語『There's an O'Reilly for that』賦予了新的含義。我買下這本書是因為我尊敬的其他幾個人用『革命性的』這樣的詞語來描述它，並提供了一種完全不同於傳統教科書的途徑。他們過去是對的（現在也是）…以典型的 O'Reilly 風格，他們採取了一種科學化且經過深思熟慮的做法。其結果是有趣的、不敬的、主題性的、互動式且極其聰明的…讀這本書就像坐在會議的演講者休息室裡，向同行學習並與他們一起歡笑…如果你想了解 Java，就去買這本書！」

— **Andrew Pollack**，**www.thenorth.com**

「這玩意兒真是好得不得了，讓我想哭！我被驚呆了。」

— **Floyd Jones**，**BEA 的資深技術寫作者和 Poolboy**

「我感覺就像從我頭上卸下了一千磅的書。」

— **Ward Cunningham**，**Wiki 的發明者和 Hillside Group 創始人**

「我笑了，我哭了，它感動了我。」

— **Dan Steinberg**，**java.net 主編輯**

「我的第一個反應是笑得在地上打滾。在我振作起來之後，我發現這本書不僅在技術上是準確的，而且是我見過最容易理解的設計模式介紹。」

— **Timothy A. Budd 博士**，**Oregon State University 電腦科學系的助理教授；十幾本書的作者，包括《*C++ for Java Programmers*》**

「對於我們所有人中的最極客（geeked-out）、休閒酷（casual-cool）的程式設計大師來說，這本書的語氣恰到好處。它是實用開發策略的正確參考資源，讓我的大腦運轉起來，而不必再苦苦思索一堆陳舊乏味的教授話語。」

— **Travis Kalanick**，**Scour 和 Red Swoosh 的創始人**，**MIT TR100 的成員**

深入淺出
Java 程式設計
第三版

如果有一本 Java 書籍比在監理站排隊等候更新駕照更刺激，那不是很夢幻嗎？這大概只是一個幻想吧…

Kathy Sierra
Bert Bates
Trisha Gee

黃銘偉　譯

O'REILLY

Kathy 與 Bert：

獻給我們的大腦，感謝它們無時無刻都在

（儘管證據不充分）

Trisha：

獻給 Isra，感謝一直陪伴著我

（有過量的證據顯示）

本書的作者以及深入淺出書系創始人

Kathy Sierra

Bert Bates

Kathy 在為 Virgin、MGM 和 Amblin' 擔任遊戲設計師，以及在 UCLA 擔任 New Media Authoring 教師的日子裡，一直都對學習理論很感興趣。她曾是 Sun Microsystems 的 Java 培訓大師，她創立了 JavaRanch. com（現在的 CodeRanch.com），該網站在 2003 年和 2004 年贏得了 Jolt Cola Productivity 獎項。

2015 年，她贏得了 Electronic Frontier Foundation 的 Pioneer Award，以表彰她在創造技術熟練使用者和建立永續發展社群方面的工作。

Kathy 最近的工作重點是前沿的運動科學和技能獲取培訓，即所謂的生態動力學（ecological dynamics）或稱「Eco-D」。她在訓練馬匹時運用 Eco-D 的做法迎來了一種遠遠更加人性化的騎術訓練方法，使一些人感到高興（遺憾的是，讓另一些人感到驚愕）。其主人採用 Kathy 方法的那些幸運的（自發性的！）馬匹，比傳統訓練的馬匹更快樂、更健康、運動能力也更好。

你可以追蹤 Kathy 的 Instagram：
@pantherflows。

在 **Bert** 成為作者之前，他是一名開發人員，專門研究老式的人工智慧（主要是專家系統）、實時作業系統和複雜的排程系統。

2003 年，Bert 和 Kathy 共同撰寫了《深入淺出 *Java* 程式設計》並促使了深入淺出書系的出現。在那之後，他編寫了更多的 Java 書籍，並為 Sun Microsystems 和 Oracle 的許多 Java 認證提供諮詢。現在，他與培訓師、教師、教授、作者和編輯合作，幫助他們為學生創造出更多的一流的訓練課程。

Bert 是一名圍棋選手，2016 年，他驚恐且著迷地看著 AlphaGo 擊敗 Lee Sedol。最近，他一直在使用 Eco-D（生態動力學）來改善他的高爾夫球技，並訓練他的鸚鵡 Bokeh。

Bert 有幸認識 Trisha Gee 到現在已經八年多了，Head First 系列非常幸運能將 Trisha 列為作者之一。

你可以寄送 email 給 Bert，位址是 bertbates. hf@gmail.com。

本書第三版的共同作者

Trisha Gee

Trisha 從 1997 年開始使用 Java,當時她所在的大學具有足夠的前瞻性,採用這種「閃亮的新語言」來教授電腦科學。從那時起,她就開始擔任開發人員和顧問,在一系列行業中建立 Java 應用程式,包括銀行、製造業、非營利組織和低延遲的金融交易。

Trisha 超級熱衷於分享她這些年來作為開發者辛苦學到的所有東西,所以她成為一名 Developer Advocate,讓她有藉口撰寫部落格文章、在會議上發言,並製作影片來傳遞她的一些知識。她在 JetBrains 擔任了五年的 Java Developer Advocate,又花了兩年時間領導 JetBrains 的 Java Advocacy 團隊。在這期間,她學到了很多真正的 Java 開發人員會面臨的各種問題。

Trisha 一直在與 Bert 討論更新《深入淺出 Java 程式設計》的事宜,斷斷續續已經八年了!她對每週與 Bert 的那些通話記憶猶新;與 Bert 這樣一位知識淵博、熱情洋溢的人定期連絡有助於保持她的理智。Bert 和 Kathy 鼓勵學習的方法形成了她近十年來一直在努力的事業核心。

你可以在 Twitter 上關注 Trisha:@trisha_gee。

目錄（摘要）

目錄（真正的東西）

簡介

你的大腦和 Java。在此，你正試圖學習一些東西，然而，你的大腦卻在幫忙確保這些學習沒有成效。你的大腦會想「最好為更重要的事情留出空間，比如要避開哪些野生動物，以及裸體滑雪是否是個壞主意」。那麼，你要如何欺騙你的大腦，使其認為你的生死存亡取決於對 Java 的了解呢？

1 突破表面

Java 帶你進入新世界。 從它初始的 1.02 版本向大眾公開以來，Java 就以其友善的語法、物件導向的功能、記憶體管理以及最出色的可攜性承諾，吸引著程式設計師。我們將快速地撰寫一些程式碼，編譯並加以執行。我們將討論語法、迴圈、分支，以及使得 Java 如此酷炫的原因。讓我們一同潛入。

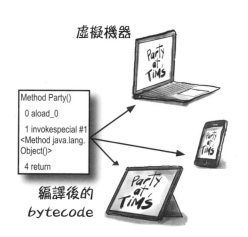

虛擬機器

Method Party()
  0 aload_0
  1 invokespecial #1
<Method java.lang.
Object()>
  4 return

編譯後的 *bytecode*

2 物件村之旅

我聽說那裡會有物件。 在第 1 章中，我們會把所有的程式碼都放在 main() 方法中。這並不完全是物件導向的。所以，現在我們必須把程序式的世界拋在腦後，並開始製造一些我們自己的物件。我們將看看是什麼讓 Java 中的物件導向（object-oriented，OO）開發如此有趣。我們會看到類別和物件的差異。我們將看到物件如何改善你的生活。

DOG

size
breed
name

bark()

一個類別

多個物件

3 了解你的變數

變數有兩種風味：原始型別值（primitive）和參考（reference）。 生活中一定不會只有整數、字串和陣列。如果你有帶著 Dog 實體變數的一個 PetOwner 物件，那會怎樣？或者帶有一個 Engine 的一個 Car？在這一章中，我們將揭開 Java 型別的神秘面紗，並看看你可以把什麼宣告為變數、你可以把什麼放到變數中，以及你可以用變數來做什麼。最後我們會看到可垃圾回收的堆積上真實生活的樣貌。

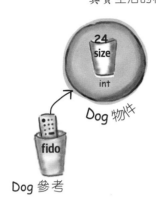

Dog 物件

fido

Dog 參考

4 物件的行為

狀態影響行為，行為影響狀態。 我們知道，物件有狀態（state）和行為（behavior），分別由實體變數（instance variable）和方法（methods）表示。現在我們來看看狀態和行為的關聯。一個物件的行為使用該物件特有的狀態。換句話說，**方法會使用實體變數的值**。譬如說「如果狗狗的體重小於 14 磅，就發出 yippy 的聲音，否則⋯」。讓我們去改變一些狀態吧！

pass-by-value 意味著
pass-by-copy

X 的拷貝

00000111   00000111

X   Z
int   int
foo.go(x); void go(int z){ }

5 超強度方法

讓我們為方法注入一些力量。你涉足了變數，玩了一些物件，還寫了一點程式碼。但你需要更多的工具。例如**運算子**（**operators**）。還有**迴圈**（**loops**）。可能在**產生隨機數字**時很有用。還有**把一個 String 變成一個 int**，讚啦，那會很酷。我們為什麼不透過建造一些真實的東西來學習這一切，看看從頭開始撰寫（和測試）一個程式會是什麼樣子。**也許是一個遊戲**，像是 Sink a Startup（類似於 Battleship）。

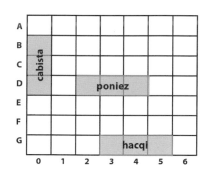

我們要建造一個 Sink a Startup 遊戲。

6 使用 Java 程式庫

Java 有數以百計的預建類別。如果你知道如何從 Java 程式庫（即 **Java API**）中找到你需要的東西，你就不必重新發明輪子。你有更好的事情可以做。如果你要寫程式碼，你最好也只需寫出那些真正為你的應用程式而自訂的部分。核心的 Java 程式庫（Java library）由一大堆的類別組成，就等著你像搭建積木那樣使用它們。

「很高興知道 java.util 套件裡有 ArrayList 的存在。但是，如果單靠自己，我要怎麼知道呢？」

- Julia，31 歲，手模

7 在物件村中生活得更好

規劃你的程式時要考慮到未來。 如果你能寫出別人可以**輕易**擴充的程式碼，那會怎樣？如果你能寫出有彈性的程式碼，以應對那些討厭的最後一刻的規格變化呢？當你加入多型計畫（Polymorphism Plan），你將學到進行更佳類別設計的 5 個步驟、運用多型（polymorphism）的 3 個技巧、編寫靈活程式碼的 8 種方式，如果你現在就行動，還能得到額外課程，教你運用繼承的 4 個訣竅。

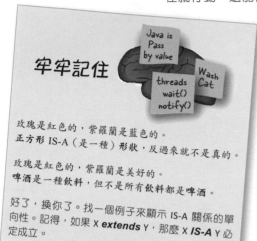

8 認真的多型

繼承只是一個開始。 為了利用多型，我們需要介面（interfaces）。我們需要超越簡單的繼承，得到只有透過設計和編寫介面才能達成的彈性。什麼是介面（interface）？它是一種 100% 的抽象類別（abstract class）。什麼是抽象類別？它是一種不能被實體化的類別。那有什麼好處呢？請閱讀本章…

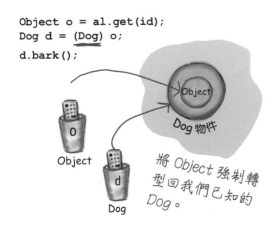

9 一個物件的生與死

物件的誕生和物件的死亡。 你說了算。你決定何時以及如何建構它們。你決定何時要丟棄它們。垃圾回收器（**Garbage Collector，gc**）會收回記憶體。我們將研究物件是如何被創建的、它們存活於何處，以及如何有效地保留或捨棄它們。這意味著我們將討論堆積、堆疊、範疇、建構器、超類別建構器、null 參考和 gc 的資格。

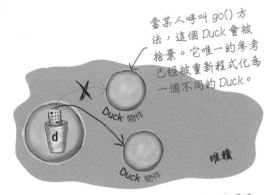

當某人呼叫 go() 方法，這個 Duck 會被捨棄。它唯一的參考已經被重新程式化為一個不同的 Duck。

「d」被指定了一個新的 Duck 物件，使得原來的（第一個）Duck 物件被拋棄。那第一隻 Duck 被烤熟了。

10 數字很重要

做做數學。 Java API 有絕對值、捨入、最大與最小等方法。但數字的格式化呢？你可能想讓數字準確地列印出兩個小數點，或者在所有對的地方加上逗號。你可能也想列印和操作日期。那麼把一個 String 剖析成一個數字呢？我們將從學習「變數或方法是靜態（*static*）的，代表什麼」開始。

靜態變數會由一個類別的所有實體所共用。

靜態變數：
iceCream

小孩實體 1　　小孩實體 2

實體變數：每個實體會有一個

靜態變數：每個類別會有一個

11 資料結構

在 Java 中，排序（sorting）輕而易舉。 你擁有收集和處理資料的所有工具，而不必自行撰寫排序演算法。Java Collections Framework（Java 群集框架）有一個資料結構，幾乎可以滿足你所需要做的任何事情。想維護一個你可以輕易不斷添加東西的串列（list）嗎？想依據名稱找東西嗎？想創建一個能自動剔除所有重複項目的串列嗎？還是想按照你同事在背後捅你一刀的次數對他們進行排序？

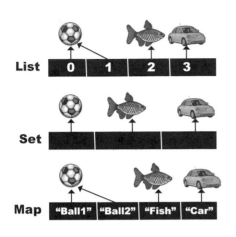

12 Lambdas 和 Streams：做什麼，而非怎麼做

如果…你不需要告訴電腦如何（HOW）做某事，那會怎麼樣？ 在這一章中，我們將介紹 Stream API。你會看到當你使用 streams（串流）時，lambda 運算式（lambda experssions）是多麼有用，你還會學到如何使用 Stream API 來查詢（query）和變換（transform）一個群集（collection）中的資料。

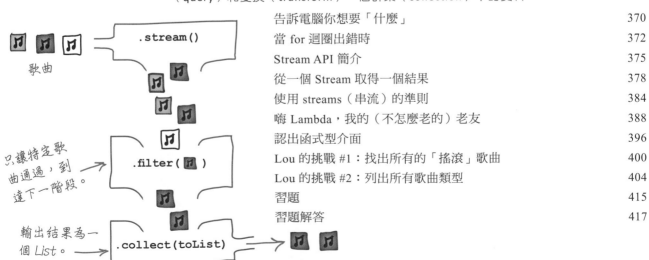

13 危險行為

總是會有事情發生。 檔案不見了。伺服器壞了。無論你是多麼優秀的程式設計師,你還是無法控制一切。當你寫出一個帶有風險的方法時,你需要有程式碼來處理可能發生的壞事。但是你怎麼知道一個方法是有風險的?你又該把處理那些**例外**情況的程式碼放在哪裡?在這一章中,我們將使用有風險的 JavaSound API 建立一個 MIDI Music Player,所以我們最好找出答案。

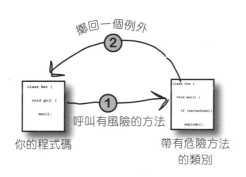

擲回一個例外

呼叫有風險的方法

你的程式碼

帶有危險方法的類別

14 一個非常圖像化的故事

面對它吧,你需要製作 GUI(圖形化使用者介面)。 即使你相信在你的餘生中,你只會寫伺服端的程式碼,但你遲早得撰寫工具,而你會想要一個圖形化介面。我們將用兩章的篇幅來討論 GUI,並學習更多的語言功能,包括**事件處理**(**Event Handling**)和**內層類別**(**Inner Classes**)。我們將在螢幕上放置一個按鈕、在螢幕上作畫,我們會顯示 JPEG 影像,我們甚至會做一些動畫。

```
class MyOuter {

    class MyInner {
        void go() {
        }
    }

}
```

外層(outer)和內層(inner)物件現在緊密連結在一起了。

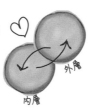

外層

內層

堆積上的這兩個物件有一種特殊的關係。內層可以使用外層的變數(反之亦然)。

15 練習你的 Swing

Swing 很容易，除非你真的要去關心所有東西的去處。Swing 程式碼看起來很簡單，但是當你編譯它、執行它、查看它的時候，你會想「嘿，那個不應該在那裡」。使它容易編寫的東西就是使它難以控制的東西：**Layout Manager（佈局管理器）**。但只要稍加努力，你就可以讓佈局管理器服從你的意志。在這一章中，我們將研究 Swing，並學習更多關於 widgets（小工具）的知識。

東方和西方的元件得到了它們偏好的寬度。

北方和南方的東西得到了它們偏好的高度。

16 儲存物件（和文字）

物件可以被壓扁（flattened）或膨脹（inflated）。 物件有狀態和行為。行為（behavior）存在於類別（class）中，但狀態（*state*）則存在於每個單獨的物件中。如果你的程式需要儲存狀態，你可以用困難的方式去做，詢問每個物件，然後不厭其煩地寫入每個實體變數的值。或者，**你可以用簡單的 OO 方式來做**：你只需將物件凍結乾燥化（序列化），然後重新復原（解序列化），就可以將之取回。

序列化

有任何問題嗎？

解序列化

17 建立連線

與外部世界連接。這很容易。所有低階的網路細節都由 java.net 程式庫中的類別來處理。Java 最好的功能之一就是,在網路上發送和接收資料,實際上只是在串鏈末端有一個稍微不同的連線串流(connection stream)的一種 I/O。在本章中,我們將製作客戶端的 sockets。我們也會製作伺服端的 sockets。我們會建立客戶端(clients a)和伺服器(servers)。在本章結束前,你將擁有一個功能齊全的多執行緒聊天客戶端。我們剛才說的是多執行緒(multithreaded)嗎?

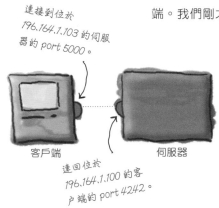

連接到位於 196.164.1.103 的伺服器的 port 5000。

客戶端　　　　伺服器

連回位於 196.164.1.100 的客戶端的 port 4242。

18 處理共時性問題

同時做兩件或更多的事情是很困難的。編寫多執行緒程式碼(multithreaded code)很容易。編寫多執行緒程式碼,使其按照你所期望的方式運作,可能要難得多。在這最後一章中,我們將向你展示兩個或多個執行緒同時運作時,可能會出現的一些問題。你將學到 java.util.concurrent 中的一些工具,它們可以幫助你寫出能正確運作的多執行緒程式碼。你將學習如何創建不可變的物件(不會改變的物件),讓多個執行緒安全使用。在本章結束時,你的工具箱將擁有很多不同的工具來處理共時性問題。

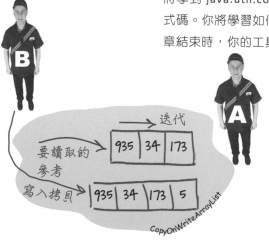

送代

要讀取的參考

寫入拷貝

935　34　173

935　34　173　5

CopyOnWriteArrayList

附錄 A

最後的程式碼廚房。完整的 client-server 聊天 beat box 的所有程式碼。你成為搖滾明星的機會。

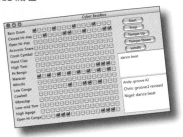

附錄 B

沒能進到書中其他部分的十大主題。我們現在還不能把你送到外面的世界。我們還有一些東西要給你，但這是本書的結尾。這一次我們是認真的。

 索引

如何使用本書

序

在本節中,我們將回答一個燙手的問題:
「所以,他們『到底』為什麼要把那個放在
這本 Java 程式設計書中呢?」

這本書是為誰而寫的？

如果你對*所有*的這些回答都是「yes」的話：

① 你有寫過一些程式嗎？

② 你想學習 Java 嗎？

③ 你是否更喜歡刺激的晚宴談話，而非枯燥乏味
的技術講座？

那麼這本書就是為你準備的。

> 這「不是」一本參考書。《深入
> 淺出 *Java 程式設計*》是一本為學
> 習而設計的書，而不是關於 Java
> 事實的百科全書。

哪些人或許應該遠離這本書？

如果你對這其中的**任何一個**問題回答「yes」：

① 你的程式設計背景是否僅限於 **HTML**，而沒有指令
稿語言（**scripting language**）的經驗？

　（如果你使用迴圈或 if/then 邏輯做過任何事情，
　你可以藉由本書學得很好，但僅學過 HTML 標記
　可能是不夠的。）

② 你是一名正在尋找參考書的 **C++** 程式設計高手嗎？

③ 你害怕嘗試不同的東西嗎？你寧願做根管治療也不
願意混搭條紋和彩格布嗎？你是否認為，如果一本
技術書籍的記憶體管理章節有一張鴨子的照片，就
不可能是認真嚴肅的？

那這本書就**不適合**你。

　　[來自行銷部門的備註：是誰把「這本書是為具備有效
　信用卡的任何人而寫的」那部分拿掉了？那我們討論
　過的「贈送 Java 禮物」的節日促銷活動怎麼辦呢？

　　　　　　　　　　　　　　　　　　　　　－Fred]

我們知道你在想什麼

「這怎麼可能是一本認真的 Java 程式設計書籍呢？」

「那些圖畫是怎麼一回事？」

「我真的能透過這種方式學到東西嗎？」

「我聞到的味道是披薩嗎？」

你的大腦認為「這個」很重要。

而且我們也知道你的大腦在想什麼

你的大腦渴求新鮮感。它總是在尋找、掃描、等待不尋常的東西。它就是以這種方式打造出來的，這能幫助你存活下去。

今日，你不太可能成為老虎的點心，但你的大腦仍然對此保持警戒，你只是從來都不知道。

那麼，你的大腦是如何處理你遇到的所有那些常規、普通、正常的事情的呢？大腦竭盡所能阻止那些事情干擾腦部真正工作：記錄重要的事情。大腦懶得去保存那些無聊的東西，那些無趣的事永遠無法通過「這顯然不重要」過濾器。

你的大腦如何知道什麼是重要的？假設你外出遠足，有隻老虎跳到你面前，你的腦子裡會發生些什麼事？

神經元觸發、情緒高漲、化學訊號物質激增。

而那就是你的大腦知道這些事情的方式…

這必定很重要！別忘記它！

太好了，剩下七百多頁無聊枯燥的內容就讀完了。

你的大腦認為「這個」不值得記下來。

但想像一下你待在家裡，或者在圖書館中，那是安全、溫暖、沒有老虎的地方。你正在研讀，為考試做準備。或者試圖學習一些艱難的技術課題，你的老闆認為那只需要一個星期，最多十天的時間就能學會。

只有一個問題。你的大腦正試圖幫你一個大忙，它正試圖確保這些顯然不重要的內容不會佔用稀缺的資源。那些資源最好用來儲存真正的大事，像是老虎、火災的危險，或是你不應該再穿著短褲去滑雪。

而且沒有簡單的方式來告知你的大腦「嘿，大腦，非常感謝你，但不管這本書有多沉悶，以及我現在在「芮氏情感規模」的讀數是多麼低，我都真的很希望你能把這些東西留下來」。

我們認為本書的讀者是想學東西的人

那麼，要怎樣才能學到東西呢？首先，你必須先了解它，然後確保你不會忘記它。這並非把事實強行塞到你的腦子裡。根據認知科學、神經生物學和教育心理學的最新研究，學習需要的不僅僅是書頁上的文字。我們知道什麼會讓你的大腦進入狀態。

深入淺出的一些學習原理：

視覺化。圖像遠比單純的文字更容易讓人記住，讓學習更加有效（根據記憶回想和轉移的研究，最高可有 89% 的改善）。這還能使事情更容易理解。**將文字放在與之相關的圖形內或附近**，而非放在底部或另一頁上，學習者成功解決與內容相關問題的可能性最高將增為兩倍。

需要呼叫伺服器上的一個方法。

RMI 遠端服務。

doCalc()

return value

使用對話式、個人化的風格。最近的研究顯示，如果學習內容直接與讀者交談，採用第一人稱的對話風格，而非正式的口吻，學生在學習後的測試表現最高可提升 40%。用故事取代講課，使用輕鬆的用語，不要太過嚴肅。畢竟，在晚宴上，你會更關注有趣的對話夥伴，而非說教的老師，對吧？

身為一個抽象方法真的很糟糕，你不曾有身體（body）。

讓學習者更深入思考。換句話說，除非你積極伸展你的神經元，否則腦子裡幾乎不會發生什麼事情。讀者必須有動力、主動參與、充滿好奇心並受到鼓舞，想要解決問題，得出結論，並產生新的知識。為此，你需要挑戰、練習、發人省思的問題，以及涉及兩邊大腦和多種感官的活動。

```
abstract void roam();
```

沒有方法主體（method body）！以一個分號結尾。

說浴缸是（IS-A）浴室，有意義嗎？浴室是浴缸呢？或者說這是一種 HAS-A（有一個）關係？

吸引並保持讀者的注意力。我們都有過這樣的經驗：「我真的很想學這個，但翻過第一頁我就開始昏昏欲睡」。你的大腦會注意到那些不尋常的、有趣的、奇怪的、吸引目光的、出乎意料的事物。學習一個新的、艱難的、技術性的主題不一定得是無聊的。只要避免這樣，你的大腦就會學得更快。

觸動他們的情感。我們現在知道，你對某件事情的記憶能力在很大程度上取決於其情感內容。你會記得你在意的東西。當你有所感受的時候，你就會記住。我們說的不是關於一個男孩和他狗狗那種令人心碎的故事，我們說的是諸如驚訝、好奇、有趣、「什麼鬼？」那類的情感，以及當你解決了一個難題，學會了別人都認為很難的東西，或者意識到你懂得一些常把「我比你更有技術知識」掛在嘴邊的工程師 Bob 所不知道的東西時，那種「我說了算！」的感覺。

後設認知：思考如何思考

如果你真的想學習，而且想更快、更深入地學習，請注意你分配注意力的方式，思考你是如何思考的，了解你如何學習。

我們當中的大多數人在成長過程中，都沒有上過後設認知（metacognition）或學習理論（learning theory）的課程。別人預期我們懂得學習，但我們很少被教導如何學習。

但我們假設，如果你正拿著這本書，你就是想學習 Java，而且你可能不想花費很多時間。

我想知道如何能欺騙我的大腦去記住這些東西…

要想從這本書或任何書籍，或學習經驗中獲得最大效益，就要對你的大腦負責，讓你的大腦專注於其內容。

訣竅是讓你的大腦將你正在學習的新材料視為非常重要，對你的福祉至關緊要。否則，你將面臨一場僵持不下的戰鬥，你的大腦將竭盡全力阻止新內容的吸收。

那麼要如何讓你的大腦像對待一隻饑餓的老虎一樣對待 Java 呢？

有一種緩慢、乏味的方式，或是更快、更有效的方式。緩慢的方式是指純粹的重複（repetition）。你顯然知道，即使是最枯燥的主題，如果你不斷重複同一件事，你也能夠學會與記住。有了足夠的重複，你的大腦就會說：「這對他來說感覺並不重要，但他一遍一遍又一遍地看那同一件事，所以我想它一定很重要」。

更快的方法是做**任何能增加大腦活動的事情**，特別是不同類型的大腦活動。前面所述的事情是解決辦法的重要部分，它們都已經被證明可以幫助你大腦去做對你有利的事情。舉例來說，研究顯示，將文字放在它們所描述的圖片中（而不是放在頁面的其他地方，如標題或正文中），能促使你的大腦試圖理解文字和圖片的關係，這將導致更多的神經元活躍起來。「觸發更多的神經元」等於有更多的機會讓你的大腦得知這是值得注意的事情，並可能加以記錄。

對話式的風格有所幫助，當人們認為他們是在對話中時，往往會更加專注，因為他們想要跟得上談話內容並維持一致的觀點。令人驚訝的是，你的大腦並不一定會在意所謂的「對話」是在你和一本書之間進行的！另一方面，如果寫作風格很正式且枯燥，你的大腦對它的感受就會像是你坐在一屋子被動的聽眾中一起上課的經歷一樣，沒有必要保持清醒。

但視覺化和談話風格只是一個開始。

這裡是「我們」所做的事

我們使用**圖片**,因為你的大腦最擅長處理視覺元素,而非文字。就你的大腦而言,一張圖真的有 1024 個字的價值。當文字和圖片一起發揮作用時,我們將文字嵌入圖片中,因為當文字在其所指的事物之內時,你的大腦能更有效地工作,相對於放在標題中或埋藏在正文中的某個地方。

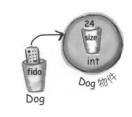

我們運用**重複**(*repetition*),以不同的方式和不同的媒體型別述說同樣的事情,並透過多種感官,以增加內容被編碼到你大腦內一個以上區域的機會。

我們以**出乎意料**的方式運用概念和圖片,因為你的大腦演化成渴求新穎性,我們也使用至少有一些**情感內容**的圖片和想法,因為你的大腦被調整為會特別關注情緒的生化訊號。導致你產生感受的東西更有可能被記住,即使那感覺只不過是一點**幽默**、**驚訝**或趣味。

冥想時間—
我是編譯器

我們使用了一種個性化的**對話風格**,因為當你的大腦認定你是在對話之中時,就會比認為你正被動地聆聽演講時更加注意。你的大腦甚至也會在你閱讀時這樣做。

我們納入了超過 50 個**練習題**,因為你的大腦被調整為當你有在做事情的時候,會習得並記住更多的東西,而不是在你閱讀東西的時候。而且我們把這些練習設計成很有挑戰性,但還是值得嘗試的那種,因為這是大多數人所喜歡的情況。

我們運用**多種學習風格**,因為你可能更喜歡按部就班的程序,但有些人會想先了解大局,還有另一些人只想看看程式碼範例。但不管你自己的學習偏好為何,看到同一內容以多種方式呈現出來,每個人都能從中受益。

本章重點

台灣念真情

我們包含了針對**你大腦兩邊**的內容,因為你的大腦參與得越多,你就越有可能學習和記憶,也更能長時間保持專注。由於讓一側大腦工作往往意味著給另一側大腦一個休息的機會,所以你就可以更長時間提高學習效率。

我們還包括了呈現**不只一種觀點**的**故事**和習題,因為你的大腦被調整成被迫做出評估和判斷時,會更深入地學習。

腦力訓練

藉由習題並提出並不總是有直接答案的**問題**,我們也放入了**挑戰**,因為你的大腦被調整成必須在某件事情上**努力**時,它就會進行學習和記憶(就像你不能透過在健身房看人運動而使你的身體得到鍛煉一樣)。但我們盡最大力氣確保你在努力時,焦點是放在對的事情上。如此一來,你就不會**浪費一個額外的樹突**(*dendrite*)來處理一個難以理解的例子,或去剖析充滿行話或太過精簡的難懂文字。

我們採用了 *80/20* 的做法。我們假定,如果你要攻讀 Java 博士,這不會是你唯一的一本書。因此,我們並沒有講到所有的東西,只講你實際會用到的部分。

「你」可以做什麼來讓你的大腦接受指揮

所以，我們盡了我們的本分，剩下的就看你了。這些提示是一個起點，傾聽你的大腦，弄清楚什麼對你有用、什麼沒有用。嘗試新事物。

把這個剪下來，貼在你的冰箱上。

---

① 放慢速度。你理解的越多，需要背誦的就越少。

不要只是閱讀。停下來思考。本書問你問題時，不要只是跳到答案。想像真的有人在問這個問題。你迫使你的大腦思考得越深，你學習和記憶的機會就越大。

② 要做練習。寫下你自己的筆記。

是我們把它們放進去沒錯，但如果要我們為你做這些習題，那就等於讓別人為你做身體鍛煉。另外不要只是看著習題，**動動鉛筆**。有很多證據顯示，學習的同時活動身體，可以提升學習效果。

③ 認真閱讀「沒有蠢問題」

這意味著所有的問題。它們不是可有可無的補充說明，它們是核心內容的一部分！有時，問題比答案更有用。

④ 不要都待在同一個地方閱讀。

站起來，伸展一下，四處走走，換張椅子，換個房間。這將幫助你的大腦感受到一些東西，並使你的學習不至於與某個特定地點聯繫得太緊密。

⑤ 讓這成為你睡前最後讀的東西，或者至少是最後一件具有挑戰性事情

有部分的學習（尤其是轉移到長期記憶的過程）發生在你放下書之後。你的大腦需要自己的時間，來進行更多的處理。如果你在這段處理時間內放入新的東西，你剛剛學到的一些東西就會喪失。

⑥ 喝水。喝很多的水。

你的大腦在良好的液體浴中運作得最好。脫水（在你感到口渴之前就可能發生）會降低認知功能。

⑦ 談論它，大聲說出來。

說話會啟動大腦的不同部分。如果你想理解某件事情或增加你以後記住它的機會，就大聲說出來。更妙的是，試著向別人大聲解釋它，你會學得更快，而且你可能會發現你在閱讀時沒發現的想法。

⑧ 傾聽你的大腦。

注意你的大腦是否已經超過負荷了。如果你發現自己開始匆匆略讀，或者忘記了剛讀過的內容，那就該休息一下了。一旦超出某個點，你不會因為試圖塞進更多東西而學得更快，你甚至可能會危害這個過程。

⑨ 感受一下！

你的大腦需要知道這很重要。參與到那些故事中。為照片編造你自己的標語。為一個糟糕的笑話而呻吟，仍然比完全沒感覺還要好。

⑩ 輸入並執行程式碼。

輸入並執行程式碼範例。然後你就可以試著變更和改善程式碼（或破壞它，這有時是弄清真正發生了什麼事的最好辦法）。大部分的程式碼，特別是較長的例子和 Ready-Bake Code，都在 *https://oreil.ly/hfJava_3e_examples*。

閱讀這本書你需要什麼

你不需要任何其他的開發工具，例如 IDE（Integrated Development Environment，整合式開發環境）。我們強烈建議你在完成本書之前，除了基本的文字編輯器（text editor）之外，不要使用其他任何東西。IDE 可能會保護你免受一些真正重要的細節之影響，所以你最好在命令列（command line）中學習，然後，一旦你真正理解了背後所發生的事情，就能遷移到可以自動完成一些流程的工具。

> 本書假設你使用的是 Java 11（附錄 B 除外）。然而，如果你用的是 Java 8，你會發現大部分程式碼仍然有效。
>
> 若有關於 Java 8 以上 Java 版本的功能討論，我們會提到所需的版本。

設定 Java 環境

- 因為版本演進得很快，關於使用正確 JDK 的建議可能會改變，所以我們把如何安裝 Java 的詳細說明放在線上的程式碼範例專案中：

    https://oreil.ly/hfJava_install

    這是簡化過的版本。

- 如果你不知道要下載哪個版本的 Java，我們建議使用 Java 17。

- 有許多 OpenJDK（Java 的開源版本）的免費建置版可用。我們建議使用社群支援的 Eclipse Adoptium JDK，網址是 *https://adoptium.net*。

- 這個 JDK 包括編譯和執行 Java 所需的一切。這個 JDK 不包括 API 說明文件，但你需要！請下載 Java SE API 說明文件。你也可以線上取用 API 說明文件，而不必下載，但請相信我們，這值得下載。

- 你需要一個文字編輯器。幾乎任何文字編輯器都可以（vi、emacs），包括大多數作業系統中的 GUI 編輯器。Notepad、Wordpad、TextEdit 等都行，只要你使用的是純文字（plain text，而非 rich text），並確保它們不會在你原始碼（「.java」）檔案結尾附加「.txt」就沒問題了。

- 一旦你下載好並解壓縮或安裝或採取了什麼其他動作（取決於哪個版本和哪種 OS），你就得在你的 PATH 環境變數中添加一個條目，指向 Java 主目錄中的 *bin* 目錄。這個 *bin* 目錄就是你所需要的路徑（PATH），如此一來，當你在命令列輸入：

    ```
    % javac
    ```

    你的終端機就會知道如何找到 javac 編譯器。

- 注意：如果你在安裝過程中遇到問題，我們建議你前往 javaranch.com 並加入 Java-Beginning 論壇！事實上，無論你是否有碰到問題，你都應該這麼做。

本書的程式碼可在此處取得：*https://oreil.ly/hfJava_3e_examples*。

最後你必須知道的幾件事

這是一種學習體驗，而非一本參考書。我們特意去掉了過程中一切可能妨礙學習的東西。第一次閱讀時，你需要從頭開始，因為這本書對你已經看過和學到的東西有所假設。

我們使用類似 UML 的簡單圖表。

如果我們使用純粹的 UML，你會看到一些看起來像 Java 的東西，但其語法卻完全錯誤。所以我們使用簡化版的 UML，與 Java 語法不衝突。如果你還不知道 UML，就不必煩惱同時學習 Java 和 UML 的問題。

我們不去擔心組織和包裝你自己程式碼的問題。

在本書中，你可以直接開始學習 Java，而不必為開發 Java 程式的一些組織性或管理細節感到緊張。然而，在現實世界中，你會需要了解並使用這些細節，但由於建置和部署 Java 應用程式通常依存於第三方建置工具，如 Maven 和 Gradle，我們假定你會單獨去學習那些工具。

章末的習題是一定要做的；謎題則是選擇性的。兩者的答案都在每章的結尾。

關於謎題，你需要知道一件事：它們就是謎題（*puzzles*），如邏輯謎題、腦筋急轉彎、填字遊戲等。習題（*exercises*）則是為了幫助你練習你所學到的知識，你應該把它們全部做完。謎題則是另一回事，其中有些相當具有解謎的挑戰性。這些謎題是為喜愛解謎者（*puzzlers*）而準備的，你可能已經知道自己是不是了。如果你不確定，我們建議你試一試，但無論如何，如果你無法解決某個謎題，或者你根本不想花時間去解決它們，也不要感到氣餒。

「削尖你的鉛筆」習題並不都有答案。

至少沒印在這本書上。對於其中的一些，並沒有正確答案可言，而對於其他的，「削尖」活動的學習體驗有部分就是，由你來決定你的答案是否正確以及何時是對的。

程式碼範例盡可能精簡。

在 200 行的程式碼中尋找你需要理解的那兩行程式碼是很令人沮喪的事情。本書中的大多數例子都是在盡可能小範圍的情境內顯示的，這樣你要學習的部分就很清楚和簡單。所以，不要指望那些程式碼是強健的，或甚至是完整的。那是你讀完這本書後的任務。書中的例子是專門為學習而寫的，並不總是功能齊全。

我們使用一種較簡單、經過修改的虛構 UML。

Dog
size
bark() eat() chaseCat()

你應該進行所有的那些「削尖你的鉛筆」活動。

削尖你的鉛筆

帶有習題（慢跑鞋）標誌的活動是強制性的！如果你認真想學習 Java，就不要跳過這些活動。

如果你看到拼圖的標誌，代表該活動是選擇性的，如果你不喜歡曲折的邏輯或填字遊戲，你也不會喜歡這些。

第三版的技術審閱者

Marc Loy

Abraham Marin-Perez

Marc 從早期 Sun Microsystems 公司的 Java 培訓開始（向 HotJava 致敬！），然後就從未回頭了。他撰寫了許多早期的 Java 書籍和培訓課程，過程中與橫跨美國、歐洲和亞洲的各種公司合作。最近，Marc 為 O'Reilly 撰寫了《*Smaller C*》，並與人合著了第五版的《*Learning Java*》（《Java 學習手冊》）。目前居住在俄亥俄州，Marc 是一名軟體開發人員，也是專精於微控制器的製造者。

Abraham 是一名 Java 程式設計師、顧問、作家和公眾演說家，在各個行業有超過十年的經驗。原本來自於西班牙瓦倫西亞的 Abraham 在英國倫敦打造了他大部分的職業生涯，與 JP Morgan 或英國內政部等組織合作，經常與 Equal Experts 協作。考慮到他的經驗可能對其他人有用，Abraham 成為了 InfoQ 的 Java 新聞編輯，撰寫了《*Real-World Maintainable Software*》，並與人合著了《*Continuous Delivery in Java*》（《持續交付使用 Java》）。他還幫忙管理 London Java Community 的運作。永遠都是學習者的 Abraham，正在攻讀物理學學位。

第三版要感謝的其他人員

O'Reilly：

非常感謝 **Zan McQuade** 和 **Nicole Taché** 使我們最終能夠推出這個版本！Zan，感謝你聯繫了 Trisha 讓她重新回到 Head First 的世界，還有 Nicole 精彩的工作表現敦促我們完成這個作品。感謝 **Meghan Blanchette**，她在很久以前就離開了 O'Reilly，但正是她在 2014 年找回了 Bert 和 Trisha。

Trisha 想要感謝：

Helen Scott 對所涉及的新主題經常提供回饋意見。她一直在阻止我走得太深或假設了太多的預備知識，她是一位真正的冠軍學習者。我迫不及待地想在我們的下一個專案中與她開始更緊密的合作。

Helen Scott

我在 JetBrains 的團隊，感謝他們的耐心和鼓勵。**Dalia Abo Sheasha** 試讀了 lambdas 和 streams 的章節，**Mala Gupta** 給了我關於現代 Java 認證的資訊。還要特別感謝 **Hadi Hariri** 一直以來的支持。

Friday Pub Lunch *informaticos*，他們容忍我在午餐時，就我那天或那週試圖解釋的 Java 的任何面向所進行的談話，還有 **Alys**、**Jen** 和 **Clare**，他們幫助我弄清楚什麼時候要把這本書放在優先於家庭的位置。感謝 **Holly Cummins** 在最後一刻發現了一個錯誤。

Evie 和 **Amy** 對如何改進 Java Optional 型別的冰淇淋例子提出了建議。感謝你們倆對我的進展真正感興趣，以及當你們聽說我完成後自發地擊掌慶祝。

如果沒有 **Israel Boza Rodriguez**，這一切都不可能發生。你忍受了我用「你認為 CountDownLatch 對入門開發者來說太小眾不值得教嗎？」這樣的問題，來破壞「我們晚餐應該吃什麼？」這樣重要的對話。最重要的是，你幫助我創造了空間和時間來撰寫這本書，並經常提醒我一開始想做這個專案的初衷。

感謝 **Bert** 和 **Kathy** 把我帶到這個旅程中。可以這樣說，我很榮幸能從馬的口中了解到如何成為一名 Head First 作者。

Bert 和 *Kathy* 想要感謝：

Beth Robson 和 **Eric Freeman**，感謝他們對 Head First 系列全面、持續、一流的支援。特別感謝 Beth，我們多次討論了要教什麼新的 Java 主題以及如何教授。

Paul Wheaton 和 CodeRanch.com（即 JavaRanch）的出色主持人，感謝他們使 CodeRanch 成為了 Java 初學者的友好之地。特別感謝 **Campbell Ritchie**、**Jeanne Boyarsky**、**Stephan van Hulst**、**Rob Spoor**、**Tim Cooke**、**Fred Rosenberger** 和 **Frits Walraven**，感謝他們從第二版以來對 Java 應該新增什麼真正重要的東西提供了寶貴意見。

Dave Gustafson，他教了我很多關於軟體開發和攀岩的知識，並就程式設計的現狀進行了很好的討論。**Eric Normand**，他教了我們一點 FP，並幫助我們想辦法把 FP 中一些最好的想法塞進一本 OO 書中。**Simon Roberts**，感謝他一直以來對世界各地的學生進行熱情的 Java 教學。感謝 **Heinz Kabutz** 和 **Venkat Subramaniam** 幫助我們探索 Java Streams 的各個角落。

Laura Baldwin 和 **Mike Loukides**，感謝他們多年來對 Head First 的不懈支援。

Ron Bilodeau 和 **Kristen Brown**，感謝他們始終保持耐心和友好的出色支援。

第二版的技術編輯

非常感謝 Jessica 和 Val 在編輯第二版上的辛勞工作。

Valentin Crettaz
↓

Valentin 的領帶

Jessica 的 MINI
↓

Jessica Sant

Jess 在 Hewlett-Packard 的 SelfHealing Services Team 工作。她有 Villanova University 的電腦工程學士學位，擁有 SCJP 1.4 和 SCWCD 認證，而且距離獲得 Drexel University 的軟體工程碩士學位只有幾個月的時間了（終於！）。

當她不工作、學習或駕駛她的 MINI Cooper S 時，可以發現 Jess 在完成她最新的針織或鉤編計畫時與她的貓爭奪毛線（有人想要一頂帽子嗎？）。她來自猶他州鹽湖城（不，她不是摩門教徒，我知道你也想要問），目前和她的丈夫 Mendra 以及兩隻貓 Chai 和 Sake 住在費城附近。

你可以看到她在 *javaranch.com* 主持技術論壇。

Valentin 擁有瑞士洛桑聯邦理工學院（Swiss Federal Institute of Technology in Lausanne，EPFL）的資訊和電腦科學碩士學位。他曾在 SRI International（加州門洛派克）擔任軟體工程師，並在 EPFL 的軟體工程實驗室擔任首席工程師。

Valentin 是 Condris Technologies 的聯合創始人和 CTO，該公司專門從事軟體架構解決方案的開發。

他的研究和開發興趣包括剖面導向（aspect-oriented）的技術、設計和架構模式、Web 服務和軟體架構。除了照顧他的妻子、園藝、閱讀和做一些運動，Valentin 還會在 Javaranch. com 主持 SCBCD 和 SCDJWS 論壇。他擁有 SCJP、SCJD、SCBCD、SCWCD 和 SCDJWS 認證。他還曾有機會擔任 Whizlabs SCBCD Exam Simulator 的共同作者。

（我們還在看到他打領帶的震驚之中。）

第 2 版的致謝
要責備~~備~~的其他人

我們的一些 Java
專家審閱者⋯

Corey McGlone

Jef Cumps

Johannes de Jong

Jason Menard

Thomas Paul

O'Reilly：

我們非常感謝 O'Reilly 公司的 **Mike Loukides**，因為他願意做此嘗試，並幫助把 Head First 的概念形塑成了一本書（和系列）。在這第二版付印之時，現在已經有五本 Head First 書籍了，而他一路上也陪伴著我們。感謝 **Tim O'Reilly**，感謝他願意進入一個完全不同的新領域。感謝聰明的 **Kyle Hart**，他構思了 Head First 如何融入這個世界，並發起了這個系列。最後，感謝 **Edie Freedman** 設計 Head First「強調頭部」的封面。

我們無畏的測試者和審閱團隊：

我們的最高榮譽和感謝要歸功於我們 javaranch 技術審閱小組的主任 **Johannes de Jong**。這是你第五次與我們一起撰寫 Head First 書籍，我們很高興你還在跟我們說話。**Jeff Cumps** 現在是第三次與我們合作，他不遺餘力地尋找我們需要表達得更清楚或更正確的地方。

Corey McGlone 你帥呆了。我們認為你在 JavaRanch 上給出了最清晰的解釋，你可能會注意到我們偷了其中的一兩個。**Jason Menard** 在很多技術細節上拯救了我們。**Thomas Paul** 一如既往地給了我們專業的回饋，發現了我們其他人所忽略的細微 Java 議題。**Jane Griscti** 的 Java 能力有目共睹（也知道一些關於寫作的事情），她和長期的 javaranch 參與者 **Barry Gaunt** 能一起幫忙編寫新的版本，真是太棒了。

Marilyn de Queiroz 在本書這兩版都給了我們很好的幫助。**Chris Jones**、**John Nyquist**、**James Cubeta**、**Terri Cubeta** 和 **Ira Becker** 在第一版中給了我們很多協助。

特別感謝幾個從一開始就幫助我們的 Head Firsters：**Angelo Celeste**、**Mikalai Zaikin** 和 **Thomas Duff**（twduff.com）。還要感謝我們了不起的經紀人，StudioB 的 **David Rogelberg**（但說真的，電影版權要怎麼處理比較好？）

Marilym de Queiroz

Rodney J. Woodruff

James Cubeta

Terri Cubeta

Ira Becker

John Nyquist

Chris Jones

正當你以為不會再有任何致謝的時候 *

幫助過第一版的更多 *Java* 技術專家（以偽隨機順序排列）：

Emiko Hori、Michael Taupitz、Mike Gallihugh、Manish Hatwalne、James Chegwidden、Shweta Mathur、Mohamed Mazahim、John Paverd、Joseph Bih、Skulrat Patanavanich、Sunil Palicha、Suddhasatwa Ghosh、Ramki Srinivasan、Alfred Raouf、Angelo Celeste、Mikalai Zaikin、John Zoetebier、Jim Pleger、Barry Gaunt 和 Mark Dielen。

第一版的謎題團隊：

Dirk Schreckmann、Mary「JavaCross Champion」Leners、Rodney J. Woodruff、Gavin Bong 與 Jason Menard。javaranch 很幸運有你們大家的幫助。

要感謝的其他共謀者：

Paul Wheaton，javaranch 的 Trail Boss，為成千上萬的 Java 學習者提供支援。**Solveig Haugland**，J2EE 的女名家，以及《*Dating Design Patterns*》的作者。作者 **Dori Smith** 和 **Tom Negrino**（**backupbrain.com**），幫助我們在技術書籍的世界裡遨遊。

感謝我們的 Head First 共犯 **Eric Freeman** 和 **Beth Freeman**（《*Head First Design Patterns*》（《深入淺出設計模式》）的作者），給了我們 Bawls™，讓我們及時完成了這個計畫。

感謝 **Sherry Dorris** 在真正重要的事情上之協助。

***Head First* 系列勇敢的早期採用者：**

Joe Litton、Ross P. Goldberg、Dominic Da Silva、honestpuck、Danny Bromberg、Stephen Lepp、Elton Hughes、Eric Christensen、Vulinh Nguyen、Mark Rau、Abdulhaf、Nathan Oliphant、Michael Bradly、Alex Darrow、Michael Fischer、Sarah Nottingham、Tim Allen、Bob Thomas 與 Mike Bibby（最初採用者）。

---

* 之所以會有大量的致謝，是因為我們正在測試一個理論，即在書中致謝提到的每個人都至少會買一本，可能還會更多，因為要給親戚或其他原因。如果你想出現在我們下一本書的致謝中，而且你有一個大家族，請寫信給我們。

1 快速導覽

突破表面

來吧,水很舒服!我們將直接潛入,寫一些程式碼,然後編譯和執行它。我們將討論語法、迴圈和分支,並看看是什麼讓 Java 如此之酷。你很快就會開始寫程式了。

Java 帶你進入新世界。 從它初始的 1.02 版本向大眾公開以來,Java 就以其友善的語法、物件導向的功能、記憶體管理以及最出色的可攜性承諾,吸引著程式設計師。**write-once/run-anywhere**(寫一次就能在任何地方執行)的誘惑力實在是太強了。忠實的追隨者人數暴增,同時程式設計師也在與 bugs、限制以及,哦,沒錯,它的速度很慢的事實不停對抗。但那是很久以前的事了。如果你是剛開始學習 Java,**你很幸運**。過去,我們中的一些人不得不在雪地裡走五英里,而且都是上坡路(光著腳),才能讓最微不足道的應用程式執行。但你,為什麼,你可以駕馭今天**更時尚**、**更快速**、**更容易讀和寫**的 Java!

Java 的運作方式

目標是編寫一個應用程式（在此例中，是一個互動式的聚會邀請），並讓它在你朋友的任何設備上執行。

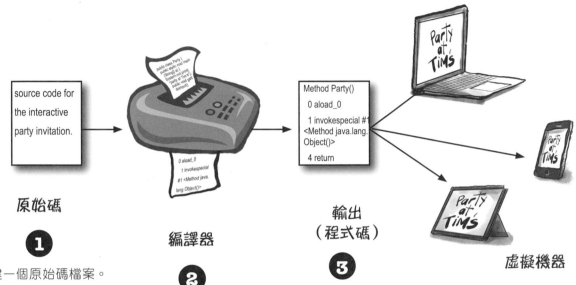

原始碼

①

創建一個原始碼檔案。使用一個確立的協定（在此為 Java 語言）。

編譯器

②

使用一個原始碼編譯器（source code compiler）處理你的檔案。編譯器會檢查是否有錯誤，在它確定一切都能正確執行之後，才會讓你進行編譯。

輸出（程式碼）

③

編譯器創建一個新的檔案，編譯為 Java *bytecode*。任何能夠執行 Java 的裝置都將能夠直譯（interpret）或翻譯（translate）這個檔案，使其能夠執行。編譯後的 bytecode 獨立於平台。

虛擬機器

④

你的朋友們都有一個用軟體實作的 Java **虛擬**機器（Java *virtual machine*，JVM），在他們的電子裝置中執行。當你的朋友執行你的程式時，虛擬機器將讀取並執行 bytecode。

你會用 Java 做什麼

你要輸入一個原始碼檔案，用 **javac** 編譯器進行編譯，然後在 Java **虛擬機器**上執行編譯後的 bytecode。

```
import java.awt.*;
import java.awt.event.*;

class Party {
 public void buildInvite() {
  Frame f = new Frame();
  Label l = new Label("Party at Tim's");
  Button b = new Button("You bet");
  Button c = new Button("Shoot me");
  Panel p = new Panel();
  p.add(l);
 } // more code here...
}
```

原始碼

輸入你的原始碼。

儲存為 *Party.java*

編譯器

藉由執行 javac（編譯器應用程式）編譯 *Party.java* 檔案。如果沒有錯誤，你會得到名為 *Party.class* 的第二個檔案。

編譯器產生的 Party.class 檔案是由 *bytecodes* 組成的。

```
Method Party()
 0 aload_0
 1 invokespecial #1 <Method java.lang.Object()>
 4 return
Method void buildInvite()
 0 new #2 <Class java.awt.Frame>
 3 dup
 4 invokespecial #3 <Method java.awt.Frame()>
```

輸出（程式碼）

編譯後的程式碼：*Party.class*

虛擬機器

用 *Party.class* 檔案啟動 Java 虛擬機器（JVM）來執行該程式。JVM 會將 *bytecode* 翻譯成底層平台能夠理解的東西，並執行你的程式。

（注意：這並**不**是要作為一個入門教程而存在的…你很快就會開始寫真正的程式碼，但現在，我們只是想讓你感受一下全部是如何組合在一起的。

換句話説，這個頁面上的程式碼並不十分真實，不要試圖去編譯它。）

Java 簡史

Java 最初是在 1996 年 1 月 23 日發行的（有人會說是「脫逃出來的」）。它已經超過 25 歲了！在最初的 25 年裡，Java 作為一種語言持續演進，Java API 也大幅增長。我們的最佳估計值是，在過去的 25 年裡，已經有超過幾千幾百億行的 Java 程式碼被寫了出來。當你花時間用 Java 編寫程式時，你肯定會遇到一些相當老舊的 Java 程式碼，還有一些新得多的程式碼。Java 以其回溯相容性（backward compatibility）而聞名，所以舊的程式碼可以很愉快地在新的 JVM 上執行。

在本書中，我們一般會先使用較早的程式碼風格（記住，你很有可能會在「真實世界」中遇到這樣的程式碼），然後再介紹風格較新的程式碼。

藉由類似的方式，我們有時會向你展示 Java API 中較老的類別，然後再向你展示較新的替代品。

我聽說，與 C 和 Rust 等編譯語言相比，Java 的速度並不快。

速度和記憶體用量

Java 剛發行時，它的速度很慢。但不久之後，HotSpot VM 就被創造出來了，其他效能增強器也是如此。雖然 Java 確實不是最快的語言，但它被視為一種非常快速的語言：幾乎與 C 和 Rust 等語言一樣快，而且比大多數其他語言**快得多**。

Java 有一個神奇的超級力量：JVM。Java Virtual Machine 可以在你程式碼執行的同時對其進行最佳化，因此，無須編寫專門的高性能程式碼就能建立非常快的應用程式。

但是，我們可以全然披露：與 C 和 Rust 相比，Java 使用大量的記憶體。

削尖你的鉛筆

→ 答案在第 6 頁

看看編寫 Java 有多麼容易

試著猜測每一行程式碼在做什麼…

（答案在下一頁）。

```java
int size = 27;
String name = "Fido";
Dog myDog = new Dog(name, size);
x = size - 5;
if (x < 15) myDog.bark(8);

while (x > 3) {
  myDog.play();
}


int[] numList = {2, 4, 6, 8};
System.out.print("Hello");
System.out.print("Dog: " + name);
String num = "8";
int z = Integer.parseInt(num);


try {
  readTheFile("myFile.txt");
}
catch (FileNotFoundException ex) {
  System.out.print("File not found.");
}
```

宣告一個名為「size」的整數變數並賦予它 27 這個值
如果 x（值為 22）小於 15，就告訴狗狗叫 8 次
印出 "Hello"… 大概是在命令列上

問：Java 版本的命名慣例令人困惑。有 JDK 1.0，還有 1.2、1.3、1.4，然後跳到 J2SE 5.0，然後變成了 Java 6、Java 7，而我上次查看時，Java 已經到了 Java 18。這到底是怎麼回事？

答：在過去 25 年多的時間裡，版本號碼有很大的變化！我們可以忽略字母（J2SE/SE），因為那些字母現在並沒有真正被使用。數字就比較麻煩了。

嚴格來講，Java SE 5.0 實際上是 Java 1.5。6（1.6）、7（1.7）和 8（1.8）也一樣。理論上，Java 仍然在 1.x 版本上，因為新版本是回溯相容的，一直往回到 1.0 都是。

然而，版本號碼與每個人所用的名稱不同，這確實有點令人困惑，所以從 Java 9 開始的官方版號只是數字，沒有「1」的前綴，也就是說，Java 9 真的是版本 9，而非版本 1.9。

在本書中，我們將使用 1.0-1.4 的常見慣例，然後從 5 開始，我們將放棄「1」的前綴。

此外，從 Java 9 在 2017 年 9 月發行以來，每六個月就會有一個 Java 版本釋出，每個版本都有一個新的「主要（major）」版號，所以我們從 9 到 18 的變化非常快！

削尖你的鉛筆
解答

看看編寫 Java 有多麼容易

先別煩惱你是否能理解這些東西！

這裡的一切在書中都會有非常詳細的解釋（大部分在前 40 頁內）。如果 Java 類似於你過去使用過的語言，其中的一些就會相當簡單。若非如此，那也不要擔心。我們會到達那裡的…

```java
int size = 27;
String name = "Fido";
Dog myDog = new Dog(name, size);
x = size - 5;
if (x < 15) myDog.bark(8);

while (x > 3) {
  myDog.play();
}

int[] numList = {2, 4, 6, 8};
System.out.print("Hello");
System.out.print("Dog: " + name);
String num = "8";
int z = Integer.parseInt(num);

try {
  readTheFile("myFile.txt");
}
catch (FileNotFoundException ex) {
  System.out.print("File not found.");
}
```

宣告一個名為「size」的整數變數並賦予它 27 這個值
宣告名為「name」的一個字元字串，並賦予它 "Fido" 這個值
宣告一個新的 Dog 變數「myDog」，並讓此新的 Dog 使用「name」和「size」
從 27（「size」的值）減去 5，並將其指定給一個名為「x」的變數
如果 x（值為 22）小於 15，就告訴狗狗叫 8 次

只要 x 大於 3 就繼續跑迴圈…
告訴狗狗去玩耍（不管那對狗狗而言代表什麼）
這看起來像是迴圈结尾；{ } 內的所有東西都在迴圈中完成

宣告一個整數串列變數「numList」，並把 2、4、6、8 放到該串列中
印出 "Hello"… 大概是在命令列上
在命令列上印出 "Dog: Fido"（「name」的值為 "Fido"）
宣告一個字元字串變數「num」並賦予它 "8" 這個值
將字元字串 "8" 轉換為實際的數值 8

試著做些事情… 可能我們要嘗試的事情並不保證行得通…
讀取一個名為「myFile.txt」的文字檔案（或至少「試著」去讀該檔案…）
必定是「要嘗試的事情」之结尾，所以我猜可以嘗試許多事情…
這必然是你發現你所嘗試的事情是否行得通的地方…
若是我們所嘗試的事情失敗了，就印出 "File not found" 到命令列
看起來 { } 內的所有東西就是在「try」行不通的時候要做的事情…

Java 的程式碼結構

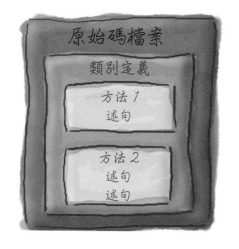

在一個原始碼檔案中，放入一個類別（class）。

在一個類別中，放入方法（methods）。

在一個方法中，放入述句（statements）。

原始碼檔案中放些什麼？

一個原始碼檔案（延伸檔名為 *.java*）通常包含一個**類別**定義。這個類別代表了你程式的一個片段，雖然一個非常小型的應用程式可能只需要單一個類別。類別必須放在一對大括號（curly braces）內。

```
public class Dog {



}                    class
```

類別中放些什麼？

一個類別會有一或多個**方法**。在 Dog 類別中，*bark* 方法將保存 Dog 應該如何吠叫（bark）的指令。你的方法必須在類別內部宣告（換句話說，在類別的大括號內）。

```
public class Dog {
   void bark() {



   }
}
                     method
```

方法中放些什麼？

在一個方法的大括號內，寫下你對該方法應該如何進行的指令。方法程式碼（*code*）基本上是一組述句，就現在而言，你可以把一個方法看成是一個函式（function）或程序（procedure）。

```
public class Dog {
   void bark() {
     statement1;
     statement2;
   }
}
                    statements
```

解剖一個類別

當 JVM 開始執行時,它尋找你在命令列提供給它的類別。然後它開始尋找一個特別編寫的方法,這個方法看起來就像:

```java
public static void main (String[] args) {
    // 你的程式碼在這裡

}
```

接下來,JVM 會執行你主要(main)方法的大括號 { } 之間的所有東西。每個 Java 應用程式(application)都必須至少有一個**類別**,並且至少有一個 **main** 方法(不是每個類別一個 main,而是每個應用程式一個 main)。

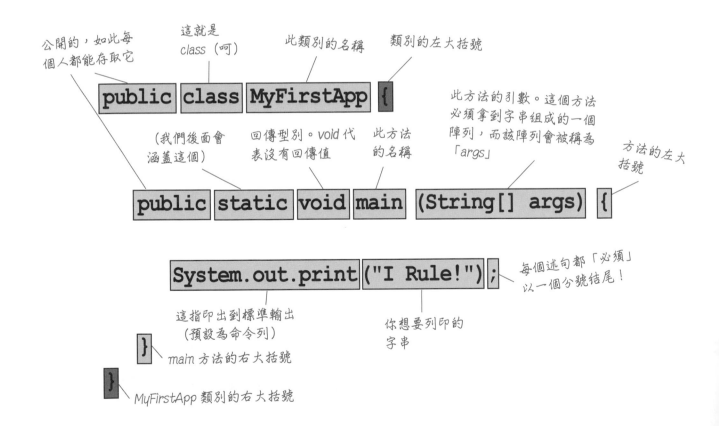

現在先別擔心是否要把這些全都背起來⋯本章只是帶你入門而已。

以一個 main() 撰寫一個類別

在 Java 中，所有的東西都要放到一個**類別**中。你要輸入你的原始碼檔案（延伸檔名為 .java），然後將其編譯成一個新的類別檔案（延伸檔名為 .class）。當你執行你的程式時，實際上是在執行一個類別。

執行一個程式意味著告訴 Java Virtual Machine（JVM）「載入 **MyFirstApp** 類別，然後開始執行其 **main()** 方法。持續執行，直到 main 中的所有程式碼都完成為止」。

在第 2 章「物件村之旅」中，我們將深入探討整個類別，但現在，你唯一需要問的是，**我如何編寫 Java 程式碼，使它能夠執行呢？**而這一切都要從 **main()** 開始。

main() 方法是你程式開始執行的地方。

不管你的程式有多大（換句話說，無論你的程式使用多少個類別），都必須有一個 **main()** 方法來啟動一切。

```
public class MyFirstApp {
  public static void main (String[] args) {
    System.out.print("I Rule!");
    System.out.println("The World");
  }
}
```

MyFirstApp.java

編譯器

```
Compiled from "MyFirstApp.java"
public class ch1.MyFirstApp {
  public ch1.MyFirstApp();
    Code:
      0: aload_0
      1: invokespecial #1
// Method java/lang/Object."<init>":()V
      4: return
  public static void main(java.lang.
String[]);
```

MyFirstApp.class

```
File Edit Window Help Scream
%java MyFirstApp
I Rule!
The World
```

❶ 儲存

MyFirstApp.java

❷ 編譯

javac MyFirstApp.java

❸ 執行

java MyFirstApp

```
public class MyFirstApp {

  public static void main (String[] args) {
    System.out.println("I Rule!");
    System.out.println("The World");
  }

}
```

圍爐夜話

今晚主題：**編譯器和 JVM 在「誰更重要？」的問題上爭論不休**

Java 虛擬機器

什麼，你在開玩笑嗎？哈囉，我就是 Java。我才是真正讓程式執行的人。編譯器就只是給你一個檔案，僅此而已。只是一個檔案，你可以把它印出來，用來做壁紙、點火、襯托鳥籠，就那些事情，除非我在那裡執行它，否則那個檔案什麼也做不了。

這就是另一個點了，編譯器根本沒有幽默感。話說回來，如果你整天都得吹毛求疵地查驗那些微小的語法違規行為，會變成這樣也無可厚非啦⋯

我不是說你完全沒用，但真的要說的話，你所做的到底是什麼？我是認真不懂。程式設計師只要用手寫 bytecode，我就能接受。老兄，你可能很快就會失去工作了。

（果然沒有幽默感。）但你仍然沒有回答我的問題，你究竟都在做些什麼？

編譯器

我不欣賞那種語氣。

你說什麼？若是沒有我的話，你到底能執行什麼？如果你不知道的話，我可以告訴你，Java 被設計為使用 bytecode 編譯器是有原因的。如果 Java 是一種純粹的直譯語言（interpreted language），也就是說，執行的同時，虛擬機器還必須翻譯直接來自文字編輯器的原始碼，那麼 Java 程式的執行速度就會慢得令人髮指。

不好意思喔，但這是一個相當無知（更不用說是傲慢）的觀點。雖然從理論上講，你的確可以執行格式正確的任何 bytecode，即使那不是由 Java 編譯器所產生的，但在實務上這是很荒謬的。程式設計師用手寫 bytecode 就像你放假出遊，想要留念時，就用手繪畫而非拍照，當然，那是一門藝術，但大多數人更願意以不同的方式運用他們的時間。另外，如果你不用「老兄」稱呼我，我會很感激。

還記得 Java 是一種強定型語言（strongly typed language）嗎？那意味著我不能允許變數持有型別錯誤的資料。這是一項重要的安全功能，我能在絕大多數違規行為在你那邊發生之前阻止它們。而且，我還⋯

Java 虛擬機器

但有些還是跑過來了！我可能擲出 ClassCastException 例外，有時我還會發現某些人試圖把型別不對的東西放到陣列中，而那個陣列是被宣告為容納其他東西的，而且…

好的，當然是這樣。但安全性的問題呢？看看我所做的所有安全工作，而你在做什麼，檢查分號？哇啊！好大的安全風險啊！謝天謝地，有你真好呢！

不管怎麼樣，我還是要做同樣的事情，只為了確保沒有人在你之後潛入，在執行之前竄改 bytecode。

哦，你可以期待一下，好兄弟。

編譯器

對不起，我還沒說完呢。是的，有一些資料型別的例外確實會在執行時期出現，但其中一些必須被允許，以支援 Java 其他的重要功能：動態繫結（dynamic binding）。在執行時，一個 Java 程式可能包括新的物件，而這些物件甚至不為原本的程式設計師所知，所以我必須允許一定程度的彈性。但我的工作是阻止在執行時期永遠不會成功，也不可能成功的事情。通常，我可以判斷什麼東西不會成功，舉例來說，如果程式設計師意外用了 Button 物件作為 Socket 連線，我會偵測到，從而保護他們在執行時不會造成傷害。

不好意思，正如他們所說的，我是第一道防線。我之前說過的資料型別違規行為如果被允許出現，就會在程式中造成嚴重的破壞。我也是阻止違規存取的人，例如程式碼試圖呼叫一個私有方法（private method），或改變一個出於安全理由絕對不能更改的方法。我防止人們接觸到他們不應該看到的程式碼，包括試圖存取另一個類別關鍵資料的程式碼。要描述我工作的重要性，需要幾個小時，甚至幾天的時間。

當然，但正如我之前指出的，如果我不阻止可能相當於 99% 的潛在問題，你就會陷入停滯。看來我們的時間用完了，所以我們必須在之後的聊天中重新探討這個問題。

你可以在 main 方法中說些什麼？

一旦你進入 main（或任何方法），有趣的事情就開始了。你可以說在大多數程式語言中能說的正常事情，以**讓電腦做事**。

你的程式碼可以告訴 JVM 去：

1 ### 做某些事情

述句（**statements**）：宣告（declarations）、指定（assignments）、方法呼叫等等。

```java
int x = 3;
String name = "Dirk";
x = x * 17;
System.out.print("x is " + x);
double d = Math.random();
// 這是一個註解（comment）
```

2 ### 重複做某些事

迴圈（**loops**）：*for* 和 *while*

```java
while (x > 12) {
  x = x - 1;
}

for (int i = 0; i < 10; i = i + 1) {
    System.out.print("i is now " + i);
}
```

3 ### 在此條件下做某些事

分支（**branching**）：*if/else* 測試

```java
if (x == 10) {
  System.out.print("x must be 10");
} else {
  System.out.print("x isn't 10");
}
if ((x < 3) && (name.equals("Dirk"))) {
  System.out.println("Gently");
}
System.out.print("this line runs no matter what");
```

述句　迴圈　分支

語法樂趣

★ 每個述句都必須以一個分號做結尾。

```java
x = x + 1;
```

★ 單行註解以兩個斜線開頭。

```java
x = 22;
// 這行讓我心煩意亂
```

★ 大多數的空白都不重要。

```java
x      =      3  ;
```

★ 變數以一個**名稱**（**name**）和**型別**（**type**）來宣告（你將在第 3 章中了解到所有的 Java 型別）。

```java
int weight;
// 型別：int，名稱：weight
```

★ 類別與方法必須定義在一對大括號內。

```java
public void go() {
    // 神奇的程式碼在這裡
}
```

```
while (moreBalls == true) {
    keepJuggling();
}
```

迴圈一圈又一圈…

Java 有很多迴圈構造：while、do-while 以及 *for*，是最古老的迴圈。你會在本書的後面得到完整的迴圈資訊，但不是現在。讓我們從 while 開始。

語法（更別說邏輯）是如此簡單，你可能已經快睡著了。只要某些條件為真，一切的事情就會在迴圈區塊（loop block）內進行。迴圈區塊由一對大括號（curly braces）界定，所以你想重複的東西必須放在該區塊內。

迴圈的關鍵是條件測試（conditional test）。在 Java 中，條件測試是一個運算式，其結果是一個 *boolean* 值，換句話說，即結果為真（*true*）或假（*false*）的東西。

如果你說「While *iceCreamInTheTub* is true, keep scooping（浴缸裡的冰淇淋還有的話，就繼續舀）」，你就有一個清楚的 boolean 測試。浴缸裡要麼有冰淇淋，要麼就沒有。但是如果你說：「While *Bob* keep scooping（當 Bob 繼續舀的時候）」，你有的就不是一個真正的測試。為了使之有效，你必須把它改為：「While Bob is snoring…（當 Bob 在打鼾時…）」或「While Bob is *not* wearing plaid…（當 Bob 穿的不是格紋時…）」。

簡單的 boolean 測試

你可以透過檢查一個變數的值來做簡單的 boolean 測試，使用一個像這樣的比較運算子：

<（小於）

>（大於）

==（等於）（你沒看錯，那是兩個等號）

注意指定（*assignment*）運算子（單一個等號）和相等運算子（兩個等號）之間的區別。很多程式設計師在想要 **==** 的時候不小心輸入了 **=**（但你不會）。

```
int x = 4; // 指定 4 給 x
while (x > 3) {
    // 迴圈程式碼會執行
    // 因為 x 大於 3
    x = x - 1; // 不然我們會永遠迴圈
}
int z = 27; //
while (z == 17) {
    // 迴圈程式碼不會執行
    // 因為 z 不等於 17
}
```

問：為什麼所有東西都必須在一個類別裡？

答：Java 是一種物件導向（object-oriented，OO）的語言。這不像以前那樣，你只有蒸汽驅動的編譯器，只能寫出一整個帶有一堆程序的原始碼檔案。在第 2 章「物件村之旅」中，你將了解到類別是物件的藍圖，而 Java 中幾乎所有的東西都是物件。

問：我必須在我寫的每一個類別裡都放一個 main 嗎？

答：不需要。一個 Java 程式可能會使用幾十個（甚至幾百個）類別，但你可能只有一個帶有 main 方法的類別，即啟動程式開始執行的那個。

問：在我用的其他語言中，我可以對一個整數做 boolean 測試。在 Java 中，我可以像這樣說嗎？

```
int x = 1;
while (x){ }
```

答：不可以。在 Java 中，*boolean* 和整數（*integer*）是不相容的型別。由於條件測試的結果必須是一個 boolean 值，所以你唯一能直接測試的變數（不使用比較運算子）是 *boolean* 值。舉例來說，你可以說：

```
boolean isHot = true;
while(isHot) { }
```

一個 *while* 迴圈範例

```java
public class Loopy {
  public static void main(String[] args) {
    int x = 1;
    System.out.println("Before the Loop");
    while (x < 4) {
      System.out.println("In the loop");
      System.out.println("Value of x is " + x);
      x = x + 1;
    }
    System.out.println("This is after the loop");
  }
}
```

這是輸出

```
% java Loopy
Before the Loop
In the loop
Value of x is 1
In the loop
Value of x is 2
In the loop
Value of x is 3
This is after the loop
```

本章重點

- 述句以一個分號 ; 做結。
- 程式碼區塊由一對大括號 **{ }** 所定義。
- 以一個名稱和型別宣告一個 *int* 變數：**int x;**。
- **指定**運算子是一個等號 **=**。
- **相等**運算子使用**兩個**等號 **==**。
- 只要條件測試為**真**，*while* 迴圈就會執行其區塊內的所有東西（由大括號所定義）。
- 如果條件測試為**假**，*while* 迴圈程式碼區塊就不執行，並會往下移到緊接於迴圈區塊之後的程式碼繼續執行。
- 將一個 boolean 測試放在括弧（parentheses）之內。
  ```
  while (x == 4) { }
  ```

條件分支

在 Java 中，*if* 測試基本上與 *while* 迴圈中的 boolean 測試相同，只不過不是說「*while* there's still chocolate（當還有巧克力的時候）」，而是說「*if* there's still chocolate...（如果還有巧克力…）」。

```java
class IfTest {
  public static void main (String[] args) {
    int x = 3;
    if (x == 3) {
      System.out.println("x must be 3");
    }
    System.out.println("This runs no matter what");
  }
}
```

程式碼輸出

```
% java IfTest
x must be 3
This runs no matter what
```

只有當條件（*x* 等於 3）為真時，前面的程式碼才會執行印出「x must be 3」的那一行。不過，無論它是否為真，列印「This runs no matter what」的那一行都將被執行。因此，取決於 *x* 的值，可能會有一個或兩個述句被印出來。

但我們可以在條件中加入一個 *else*，這樣我們就能說：「*If*（如果）還有巧克力，就繼續寫程式，*else*（否則）就去找更多的巧克力，然後從這裡開始繼續…」。

```java
class IfTest2 {
  public static void main(String[] args) {
    int x = 2;
    if (x == 3) {
      System.out.println("x must be 3");
    } else {
      System.out.println("x is NOT 3");
    }
    System.out.println("This runs no matter what");
  }
}
```

新的輸出

```
% java IfTest2
x is NOT 3
This runs no matter what
```

System.out.**print** vs. System.out.print**ln**

如果你一直很專心（你當然有），那麼你會注意到我們在 **print** 和 **println** 之間切換。

你發現區別了嗎？

System.out.*println* 會插入一個 newline（把 print*ln* 看作 **printnewline**），而 System.out.*print* 會持續列印到相同的一行。如果你希望印出來的每樣東西都在自己的行上，就用 println。如果你想讓所有東西都集中在一行，就用 print。

削尖你的鉛筆

給定輸出：

```
% java DooBee
DooBeeDooBeeDo
```

請填入缺少的程式碼：

```java
public class DooBee {
  public static void main(String[] args) {
    int x = 1;
    while (x < _____ ) {
      System.out._____("Doo");
      System.out._____("Bee");
      x = x + 1;
    }
    if (x == _____ ) {
      System.out.print("Do");
    }
  }
}
```

答案在第 25 頁。

編寫一個認真的商業應用程式

讓我們善用你所有的 Java 新技能，發揮一些實際的用處。我們需要帶有 *main()* 的一個類別，一個 *int* 和一個 *String* 變數，一個 *while* 迴圈，以及一個 *if* 測試。再做一點潤飾，你很快就能建立起商業後端。但在你看這一頁的程式碼之前，請先想一想你會如何編寫孩童最喜歡的那經典的「10 個綠瓶子（10 green bottles）」。

```java
public class BottleSong {
  public static void main(String[] args) {
    int bottlesNum = 10;
    String word = "bottles";

    while (bottlesNum > 0) {

      if (bottlesNum == 1) {
        word = "bottle"; // 單數，就像「ONE bottle」中那樣
      }

      System.out.println(bottlesNum + " green " + word + ", hanging on the wall");
      System.out.println(bottlesNum + " green " + word + ", hanging on the wall");
      System.out.println("And if one green bottle should accidentally fall,");
      bottlesNum = bottlesNum - 1;

      if (bottlesNum > 0) {
        System.out.println("There'll be " + bottlesNum +
                            " green " + word + ", hanging on the wall");
      } else {
        System.out.println("There'll be no green bottles, hanging on the wall");
      } // 結束 else
    } // 結束 while 迴圈
  } // 結束 main 方法
} // end 類別
```

我們的程式碼中還有一個小缺陷。它可以編譯和執行，但輸出結果並不是 100% 完美。看看你是否能發現那個缺陷並加以修復。

問：這不是以前的「99 Bottles of Beer（99 瓶啤酒）」嗎？

答：是的，但 Trisha 希望我們使用這首歌的英國版本。如果你更喜歡 99 瓶的版本，那就把它當作一個有趣的練習吧。

週一早上在 Bob 有 Java 功能的房子裡

Bob 的鬧鐘在週一早上 8:30 響起，就像其他工作日一樣。但 Bob 度過了一個瘋狂的週末，所以他伸手去按 SNOOZE（貪睡）鈕。就在這時，行動開始了，支援 Java 的電器開始運作⋯

首先，鬧鐘向咖啡機發送一個訊息：「嘿，這個技客（geek）又睡回頭覺了，把咖啡推遲 12 分鐘」。

咖啡機向 Motorola™ 烤麵包機發送一個訊息：「吐司待會再烤，Bob 又睡著了」。

內建 Java

然後，鬧鐘向 Bob 的 Android 手機發送一條訊息：「9 點打電話給 Bob，告訴他時間有點晚了」。

這裡也有 Java

最後，鬧鐘向 Sam（Sam 是條狗）的無線項圈發送訊息，其中含有一個再熟悉不過的訊號，意思是「去拿報紙，但別指望能散步」。

幾分鐘後，鬧鈴再次響起。Bob 又一次按下了 SNOOZE 鈕，而那些家電開始咯咯作響。最後，鬧鐘第三次響起。但就在 Bob 伸手去按貪睡鈕時，時鐘向 Sam 的項圈發出了「跳過去吠叫」的信號。震驚到清醒之餘，Bob 站了起來，感謝他的 Java 技能和自發的網路購物，提升了他日常生活的品質。

Java 烤麵包機

Sam 也有 Java

他的吐司烤好了。

他的咖啡冒著熱氣。

奶油在這裡

他的報紙在等著他。

在具備 *Java* 功能的房子裡，又是一個美妙的早晨。

這個故事可能是真的嗎？大部分是的！在包括手機（特別是手機）、ATM、信用卡、家庭安全系統、停車計時器、遊戲機等裝置中都有某種版本的 Java 在運行，但你可能還找不到 Java 狗項圈就是了⋯

Java 有多種方式可以僅使用 Java 平台的一小部分，以在較小型的裝置上執行（取決於你所用的 Java 版本）。它在 IoT（Internet of Things，物聯網）開發中非常流行。當然，很多的 Android 開發工作是用 Java 和 JVM 語言來完成的。

試試我新的 phrase-o-matic 機器，你就能像老闆或那些熱門行銷專家一樣侃侃而談。

好吧，所以瓶子歌並不是真正嚴肅的商業應用程式。還需要一些實用的東西來向老闆展示嗎？看看 Phrase-O-Matic 程式碼。

注意：當你在編輯器中輸入這些內容時，讓程式碼自己進行字詞或文字行的繞行動作！當你輸入一個 String（介於 "" 引號之間的東西）時，千萬不要按下 return 鍵，否則它將無法編譯。因此，你在本頁看到的連字號是真實的，你可以輸入它們，但請在你封閉一個字串「之後」再按 return 鍵。

```java
public class PhraseOMatic {
  public static void main (String[] args) {
```

1   // 製作要從中挑選的三組字詞。加上你自己的！
```java
    String[] wordListOne = {"agnostic", "opinionated",
"voice activated", "haptically driven", "extensible",
"reactive", "agent based", "functional", "AI enabled",
"strongly typed"};

    String[] wordListTwo = {"loosely coupled", "six sigma",
"asynchronous", "event driven", "pub-sub", "IoT", "cloud
native", "service oriented", "containerized", "serverless",
"microservices", "distributed ledger"};

    String[] wordListThree = {"framework", "library",
"DSL", "REST API", "repository", "pipeline", "service
mesh", "architecture", "perspective", "design",
"orientation"};
```

2   // 找出每個串列中有多少字詞
```java
    int oneLength = wordListOne.length;
    int twoLength = wordListTwo.length;
    int threeLength = wordListThree.length;
```

3   // 產生三個隨機數字
```java
    java.util.Random randomGenerator = new java.util.Random();
    int rand1 = randomGenerator.nextInt(oneLength);
    int rand2 = randomGenerator.nextInt(twoLength);
    int rand3 = randomGenerator.nextInt(threeLength);
```

4   // 現在建置出一個片語（phrase）
```java
    String phrase = wordListOne[rand1] + " " +
wordListTwo[rand2] + " " + wordListThree[rand3];
```

5   // 印出該片語
```java
    System.out.println("What we need is a " + phrase);
  }
}
```

Phrase-O-Matic 片語產生器

它的運作方式

簡而言之，該程式列出了三個字詞串列（lists of words），然後從這三個串列中各隨機抽取一個字詞，並列印出結果。如果你不完全明白每一行到底發生了什麼事，請不要擔心。看在老天的份上，有整本書等著你呢，所以請別緊張。這只是從三萬英尺高空外鎖定目標的快速觀察而已。

1. 第一步是建立三個 String 陣列，作為容納所有字詞的容器。

宣告和創建一個陣列很容易，這裡有一個小陣列：

```
String[] pets = {"Fido", "Zeus", "Bin"};
```

每個字詞都在引號中（所有好的字串都必須如此），並用逗號分隔。

2. 對於三個串列（陣列）中的每一個，我們的目標是挑選一個隨機字詞，所以我們必須知道每個串列中有多少個字詞。如果一個串列中有 14 個字詞，那麼我們就需要介於 0 到 13 之間的一個亂數（Java 陣列是從零起算，所以第一個詞在 0 的位置，第二個詞在 1 的位置，而最後一個詞則是在 14 元素陣列的位置 13）。相當方便的是，Java 陣列非常樂意告訴你它的長度。你只需要問一下。在寵物陣列（pets array）中，我們會說：

```
int x = pets.length;
```

而 x 現在持有的值為 3。

3. 我們需要三個隨機數字。Java 內建就有幾種生成亂數的方法，包括 java.util. Random（我們將在後面看到為什麼這個類別的名稱前綴是 java.util）。**nextInt()** 方法回傳介於 0 和我們給它的某個數字之間的一個亂數，不包括我們給它的數字。所以我們要給它正在使用的串列的元素數（陣列長度）。然後我們把每個結果指定給一個新的變數。我們也可以很輕易地要求介於 0 到 5 之間的一個亂數，不包括 5：

```
int x = randomGenerator.nextInt(5);
```

4. 現在我們要建立這個片語，從三個串列中各選一個字詞，然後把它們揉合在一起（在詞與詞之間也插入空格）。我們使用「**+**」運算子，將 String 物件串接（concatenates）在一起（我們偏好使用用更專業的術語 smooshes）。要從一個陣列獲得一個元素，你能用以下方式為陣列提供你想要的東西之索引號碼（位置）：

```
String s = pets[0]; // s 現在是字串 "Fido"
s = s + " " + "is a dog"; // s 現在是 "Fido is a dog"
```

5. 最後，我們將這段片語列印到命令列中，然後…瞧！我們可以去做行銷了。

這裡我們需要的是一個…

可擴充的
微服務管線

充滿主張的鬆散耦合
REST API

基於代理人的
微服務程式庫

具備 AI 功能的
服務導向方向

不可知論的
pub-sub DSL

函式型的 IoT
觀點

程式碼磁貼

一個可運作的 Java 程式被打亂分散在冰箱上。你能重新排列這些程式碼片段，製作出一個會產生下面所列輸出的可運作的 Java 程式嗎？有些大括號掉在地上，它們太細小了，很難撿起，所以請隨意添加你需要的程式碼！

```
if (x == 1) {
    System.out.print("d");
    x = x - 1;
}
```

```
if (x == 2) {
    System.out.print("b c");
}
```

```
class Shuffle1 {
    public static void main(String [] args) {
```

```
if (x > 2) {
    System.out.print("a");
}
```

```
int x = 3;
```

```
x = x - 1;
System.out.print("-");
```

```
while (x > 0) {
```

輸出：

```
File Edit Window Help Sleep
% java Shuffle1
a-b c-d
```

→ 答案在第 25 頁。

冥想時間 — 我是編譯器

本頁中的每一個 Java 檔案都代表一個完整的原始碼檔案。你的工作是扮演編譯器，並判斷這些檔案是否能編譯。如果它們無法編譯，你會如何修復它們？

⟶ 答案在第 25 頁。

B

```java
public static void main(String [] args) {
  int x = 5;
  while ( x > 1 ) {
    x = x - 1;
    if ( x < 3) {
      System.out.println("small x");
    }
  }
}
```

A

```java
class Exercise1a {
  public static void main(String[] args) {
    int x = 1;
    while (x < 10) {
      if (x > 3) {
        System.out.println("big x");
      }
    }
  }
}
```

C

```java
class Exercise1c {
  int x = 5;
  while (x > 1) {
    x = x - 1;
    if (x < 3) {
      System.out.println("small x");
    }
  }
}
```

Java 填字遊戲

讓我們為你的右腦找點事做吧。這是你的標準填字遊戲（crossword），不過幾乎所有的解答字詞都來自第 1 章。為了讓你保持清醒，我們還加入了一些高科技領域的（非 Java）詞彙。

橫向提示

4. 命令列調用器

6. 回頭再來一次？

8. 不可以兩邊都走

9. 你筆電電源的縮寫

12. 數字變數型別

13. 晶片的縮寫

14. 說些話

18. 相當多的一組字元

19. 公告一個新的類別或方法

21. 提示列最適合什麼？

直向提示

1. 不是一個整數（或 _____ your boat）

2. 空手而回

3. 開放日

5. 存放「東西」

7. 在態度改善之前

10. 原始碼消費者

11. 無法將其確定下來

13. 負責程式設計和維運的部門

15. 令人震驚的修飾詞

16. 一定要有一個

17. 如何把事情做好

20. Bytecode 消費者

——————▶ 答案在第 26 頁。

連連看

下面列出了一個簡短的 Java 程式。該程式中缺了一個程式碼區塊。你的挑戰是將**候選的程式碼區塊**（左邊）與插入該程式碼區塊後的**輸出相匹配**。並非所有的輸出行都會用到，有些輸出行可能會被使用不只一次。畫線將候選的程式碼區塊與它們相匹配的命令列輸出連接起來。

```java
class Test {
  public static void main(String [] args) {
    int x = 0;
    int y = 0;
    while (x < 5) {



      System.out.print(x + "" + y +" ");
      x = x + 1;
    }
  }
}
```

候選程式碼
放到這裡

候選區塊：

將每個候選與可能的輸出之一相匹配

```java
y = x - y;
```

```java
y = y + x;
```

```java
y = y + 2;
if( y > 4 ) {
   y = y - 1;
}
```

```java
x = x + 1;
y = y + x;
```

```java
if ( y < 5 ) {
   x = x + 1;
   if ( y < 3 ) {
     x = x - 1;
   }
}
y = y + 2;
```

可能的輸出：

```
22 46
```

```
11 34 59
```

```
02 14 26 38
```

```
02 14 36 48
```

```
00 11 21 32 42
```

```
11 21 32 42 53
```

```
00 11 23 36 410
```

```
02 14 25 36 47
```

➤ 答案在第 26 頁。

池畔風光

你的**任務**是從泳池中拿出程式碼片段，並將它們放入程式碼中的空白行。你**不能**多次使用同一個程式碼片段，而且你也不需要使用所有的程式碼片段。你的**目標**是製作一個能夠編譯、執行並產生所列輸出的類別。不要被騙了，這個問題比它看起來更困難。

→ 答案在第 26 頁。

輸出

```
File  Edit  Window  Help  Cheat
%java PoolPuzzleOne
a noise
annoys
an oyster
```

```java
class PoolPuzzleOne {
  public static void main(String [] args) {
    int x = 0;

    while ( _____ ) {

      _____
      if ( x < 1 ) {
        _____
      }
      _____

      if ( _____ ) {

        _____

        _____
      }
      if ( x == 1 ) {

        _____
      }
      if ( _____ ) {

        _____
      }
      System.out.println();

      _____
    }
  }
}
```

注意：泳池中的每個程式碼片段只能使用一次。

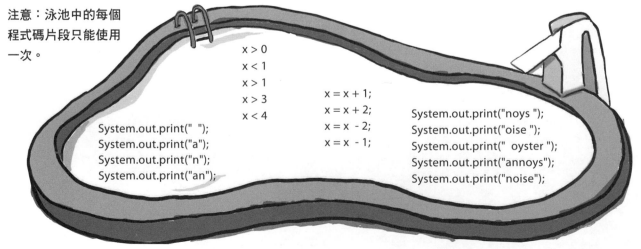

```
x > 0
x < 1
x > 1
x > 3
x < 4

x = x + 1;
x = x + 2;
x = x - 2;
x = x - 1;

System.out.print(" ");
System.out.print("a");
System.out.print("n");
System.out.print("an");

System.out.print("noys ");
System.out.print("oise ");
System.out.print(" oyster ");
System.out.print("annoys");
System.out.print("noise");
```

習題解答

削尖你的鉛筆（第 15 頁）

```
public class DooBee {
  public static void main(String[] args) {
    int x = 1;
    while (x < 3) {
      System.out.print("Doo");
      System.out.print("Bee");
      x = x + 1;
    }
    if (x == 3) {
      System.out.print("Do");
    }
  }
}
```

程式碼磁貼（第 20 頁）

```
class Shuffle1 {
  public static void main(String[] args) {

    int x = 3;
    while (x > 0) {

      if (x > 2) {
        System.out.print("a");
      }

      x = x - 1;
      System.out.print("-");

      if (x == 2) {
        System.out.print("b c");
      }

      if (x == 1) {
        System.out.print("d");
        x = x - 1;
      }
    }
  }
}
```

```
File  Edit  Window  Help  Poet
% java Shuffle1
a-b c-d
```

冥想時間—我是編譯器
（第 21 頁）

A

```
class Exercise1a {
  public static void main(String [] args) {
    int x = 1;
    while ( x < 10 ) {
      x = x + 1;   ← 新增這一行以防止它
                      永遠執行…
      if ( x > 3 ) {
        System.out.println("big x");
      }
    }
  }       這可以編譯和執行（沒有輸出），
}         但如果不在程式中添加那一行，
          它將在無限的 while 迴圈中永遠執行下去！
```

B

```
class Exercise1b {   ← 需要一個類別宣告
  public static void main(String [] args) {
    int x = 5;
    while ( x > 1 ) {
      x = x - 1;
      if ( x < 3 ) {
        System.out.println("small x");
      }
    }       如果沒有類別宣告，
  }         這個檔案是無法編譯的，
}           而且不要忘了要有成對的大括號！
```

C

```
class Exercise1c {   ↙ 需要一個「main」
  public static void main(String [] args) {
    int x = 5;
    while ( x > 1 ) {
      x = x - 1;
      if ( x < 3 ) {
        System.out.println("small x");
      }
    }       while 迴圈的程式碼
  }         必須在一個方法裡面，
}           它不能只是在類別裡閒逛。
```

Java 填字遊戲（第 22 頁）

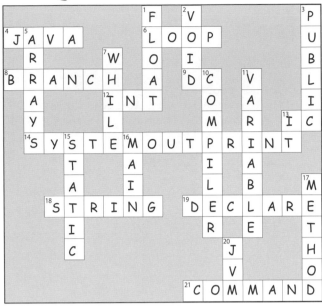

池畔風光（第 24 頁）

```
class PoolPuzzleOne {
  public static void main(String [] args) {
    int x = 0;

    while ( x < 4 ) {

      System.out.print("a");
      if ( x < 1 ) {
        System.out.print(" ");
      }
      System.out.print("n");

      if ( x > 1 ) {
        System.out.print(" oyster");
        x = x + 2;
      }
      if ( x == 1 ) {
        System.out.print("noys");
      }
      if ( x < 1 ) {
        System.out.print("oise");
      }
      System.out.println();

      x = x + 1;
    }
  }
}
```

```
File  Edit  Window  Help  Cheat
%java PoolPuzzleOne
a noise
annoys
an oyster
```

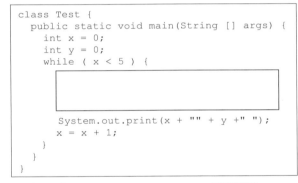

（第 23 頁）

物件村之旅

我們要去物件村了！要永遠離開這個塵土飛揚的程序小鎮了。我會寄明信片給你的。

我聽說那裡會有物件。 在第 1 章中，我們把所有的程式碼都放在 main() 方法中。這並不完全是物件導向的。事實上，這根本就不是物件導向。好吧，我們確實使用了一些物件，比如用於 Phrase-O-Matic 的 String 陣列，但我們實際上並沒有開發我們自己的任何物件型別。所以，現在我們必須把程序式世界拋在腦後，毅然離開 main()，並開始製作一些我們自己的物件。我們將看看是什麼讓 Java 中的物件導向（OO）開發如此有趣。我們會看到類別和物件的差異。我們將看到物件如何為你帶來更好的生活（至少是你生活中進行程式設計的部分。對於你的時尚感，我們能做的不多）。警告：一旦你進了物件村，你可能再也回不去了。寄張明信片給我們吧。

椅子大戰

（或「物件如何能改變你的生活」）

很久以前，在一間軟體商店，兩名程式設計師拿到了相同的規格，並被告知要「建造它」。專案經理「真煩人」強迫這兩位程式設計師彼此競爭，他承諾誰先完成任務，誰就能得到一張很酷的 Aeron™ 椅子和可調節高度的站立式辦公桌，如同所有矽谷技術人員都擁有的那樣。程序型程式設計師 Laura 和 OO 開發人員 Brad 都知道這將是小菜一碟。

Laura 坐在她的（不可調整的）辦公桌前，心想：「這個專案必須要做哪些事情呢？我們需要什麼**程序（*procedures*）**？」。她回答自己「**rotate（旋轉）和 playSound（播放聲音）**」。於是她就開始去建造那些程序。畢竟，如果不是一堆程序，那什麼算是一個程式（program）？

與此同時，在咖啡館裡放鬆的 Brad 心想：「這個專案裡有什麼**東西（*things*）**…關鍵參與者（*players*）有哪些？」。他首先想到了「**Shapes（形狀）**」。當然，他還想到了其他東西，如 User（使用者）、Sound（聲音）和 Clicking Event（點擊事件）。但他已經擁有一個用於這些部分的程式庫了，所以他專注於構建 Shapes。繼續讀下去，看看 Brad 和 Laura 是如何建造他們程式的，以及對你迫切問題「**那麼，是誰得到了 *Aeron* 和站立桌？**」的解答。

規格

GUI 上會有幾個形狀：一個方形（square）、一個圓形（circle），以及一個三角形（triangle）。當使用者點擊某個圖形，該圖就會旋轉 360 度（即整整一圈），然後播放該圖專屬的一個 AIF 音檔。

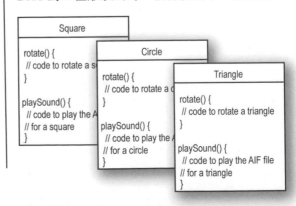

椅子

Laura 的辦公桌上

正如她之前做過無數次的，Laura 開始撰寫她的**重要程序**。她很快就寫出了 **rotate** 和 **playSound**。

```
rotate(shapeNum) {
  // 讓形狀旋轉 360°
}
playSound(shapeNum) {
  // 使用 shapeNum 來查找要播放
  // 哪段 AIF 音效，並播放之
}
```

在咖啡館 Brad 的筆電上

Brad 為三種形狀的每一個都撰寫了一個**類別**。

```
Square
rotate() {
  // code to rotate a s
}
playSound() {
  // code to play the A
  // for a square
}
```

```
Circle
rotate() {
  // code to rotate a c
}
playSound() {
  // code to play the A
  // for a circle
}
```

```
Triangle
rotate() {
  // code to rotate a triangle
}
playSound() {
  // code to play the AIF file
  // for a triangle
}
```

Laura 認為她已順利解決了。她幾乎可以感受到 Aeron 的軋製鋼觸感了…但等等！出現規格變更了。

「好吧，Laura，嚴格來說妳是第一名」經理說，「但我們現在必須在程式中添加一個小東西。對於像你們兩個這樣的高手程式設計師來說，這不算什麼問題吧。」

「如果我每次聽到這句話都有一毛錢可以拿，就不愁吃穿了」Laura 想，她很清楚「規格變化不是問題」只是一種幻想。「然而，*Brad* 看起來平靜到很詭異，那是怎麼回事？」。儘管如此，Laura 仍然緊緊抓住她的核心理念，即 OO 做法雖然可愛，但就只有慢而已。如果你想改變她的想法，你必須從她冰冷、死透、並有腕隧道症候群的手上搶走它。

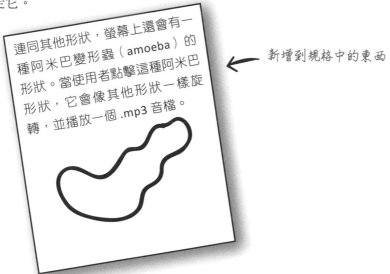

連同其他形狀，螢幕上還會有一種阿米巴變形蟲（amoeba）的形狀。當使用者點擊這種阿米巴形狀，它會像其他形狀一樣旋轉，並播放一個 .mp3 音檔。

新增到規格中的東西

回到 Laura 的辦公桌上

我們的 rotate 程序仍然可以工作，程式碼使用一個查找表（lookup table）將 shapeNum 對映到實際的圖形上。但 *playSound* 就必須變更了。

```
playSound(shapeNum) {
    // 如果形狀不是阿米巴，
    // 就用 shapeNum 來查找要播放
    // 哪段 AIF 音效，並播放之
    // 否則
    // 播放阿米巴的 .mp3 音效
}
```

從結果來看，這並不是什麼大問題，但**修改之前測試過的程式碼仍讓她感到不安**。她應該要知道，在所有人之中，唯有那個專案經理說的話不能信：**規格總是會有變化**。

在海灘上使用筆電的 Brad

Brad 笑了笑，喝了一口冰鎮水果酒，然後寫了一個新的類別。有時，他最喜歡 OO 的地方是他不必去碰他已經測試過並交付了的程式碼。「靈活性、可擴充性…」他喃喃自語，思考著 OO 的好處。

```
         Amoeba
-----------------------
rotate() {
  // 旋轉一個阿米巴用的程式碼
}
playSound() {
  // 為一個阿米巴播放新的
  // .mp3 檔案的程式碼
}
```

Laura 僅比 Brad 早了一點提交

（哈！那麼多關於 OO 的廢話。）但是，當那個「真煩人」專案經理（用那種失望的語氣）說：「哦，不，那並不是阿米巴應該旋轉的方式…」時，Laura 臉上的笑意融化了。

原來，兩位程式設計師都是這樣編寫旋轉程式碼的：

1. 決定出環繞形狀的矩形。

2. 計算出那個矩形的中心，並繞著該點旋轉形狀。

但阿米巴形狀應該繞著某一端的一個點旋轉，就像時鐘的指針一樣。

Laura 心想「I'm toast（我像吐司一樣烤焦了，意指『麻煩大了』）」，想像著燒焦的 Wonderbread™ 切片麵包。「嗯…雖然我是可以在旋轉程序中添加另一組 if/else，然後把阿米巴的旋轉點程式碼寫死在裡面。那大概不會破壞到什麼東西」。但她腦海中的那道微小聲音說：「大錯特錯。你真的認為規格不會再改變嗎？」。

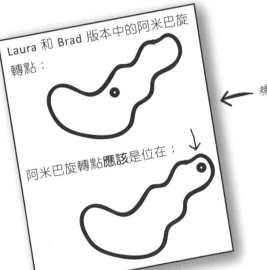

Laura 和 Brad 版本中的阿米巴旋轉點：

阿米巴旋轉點**應該**是位在：

規格輕易就忘記提及的部分

回到 Laura 的辦公桌上

她發現最好為旋轉程序加上旋轉點（rotation point）引數。**有很多程式碼受到影響**。測試、重新編譯，整個過程都要從頭來過。以前能用的東西現在行不通了。

```
rotate(shapeNum, xPt, yPt) {
    // 如果形狀不是阿米巴，
    //   就計算中心點，
    //   以一個矩形作為基準，
    //   然後旋轉
    // 否則
    //   使用 xPt 和 yPt 作為
    //   旋轉點的位移量（offset）
    //   然後旋轉
}
```

適逢 Telluride Bluegrass Festival 節慶，坐在草坪椅上的 Brad 用著他的筆電

Brad 不慌不忙地修改了旋轉**方法**，但只在 Amoeba 類別中這樣做。**他從未碰過程式中其他部分經過測試、可運作並編譯好的程式碼**。為了給 Amoeba 一個旋轉點，他添加了一個所有 Amoebas 都會有的**屬性（attribute）**。他在 Bela Fleck 的一場演出中修改、測試並（透過免費的節日 WiFi）交付了修訂後的程式。

Amoeba
int xPoint
int yPoint

rotate() {
　// 旋轉一個阿米巴的程式碼
　// 使用阿米巴的 x 和 y
}

playSound() {
　// 播放阿米巴新的
　// .mp3 檔案的程式碼
}

所以，Brad 那個 OO 愛好者得到了椅子和桌子，對嗎？

沒有那麼快。Laura 發現了 Brad 做法中的一個缺陷。而且，由於她確信，如果她得到那組桌椅，她也會成為下一位要升職的員工，所以她必須扭轉這個局面。

LAURA：你有重複的程式碼！那個旋轉程序在代表四個形狀的所有東西中都有。

BRAD：它是個**方法**（*method*），而非一個程序。而且它們是**類別**，不是東西。

LAURA：不管怎麼樣。那是個愚蠢的設計。你必須維護四種不同的旋轉「方法」，這怎麼可能是好事呢？

BRAD：哦，我猜妳沒有看到最後的設計。Laura，讓我告訴你 OO 的**繼承**（**inheritance**）是如何運作的吧。

Laura 真正想要的
（發現作為獎品的椅子是邁向升職與高薪的一步）

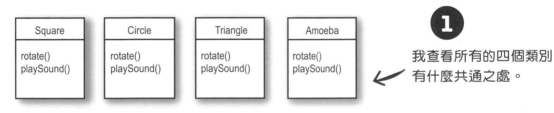

① 我查看所有的四個類別有什麼共通之處。

② 它們都是形狀（**Shapes**），而且它們都會旋轉（**rotate**）和播放音效（**playSound**）。所以我抽取出了這些共同的特徵，並把它們放到了一個叫作 Shape 的新類別中。

你可以這樣理解：「**Square inherits from Shape（方形繼承自形狀）**」、「**Circle inherits from Shape（圓形繼承自形狀）**」，依此類推。我從其他形狀中刪除了 rotate() 和 playSound()，所以現在只有一份需要維護。

Shape 類別被稱作其他四個類別的**超類別**（**superclass**）。其他四個類別則是 Shape 的**子類別**（**subclasses**）。子類別會繼承超類別的方法。換句話說，*如果 Shape 類別具備某種功能，那麼子類別也會自動得到相同的功能。*

③ 然後我把其他四個形狀類別連結到新的 Shape 類別，這種關係就叫作繼承。

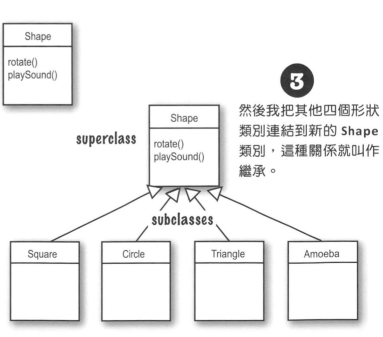

那麼 Amoeba 的 rotate() 又如何呢？

LAURA：那不就是這裡的整個問題所在嗎？阿米巴形狀有完全不同的旋轉和播放聲音程序？

BRAD：**方法**。

LAURA：隨便啦。如果 Amoeba「繼承」了 Shape 類別的功能，它怎麼能做不同的事情呢？

BRAD：那就是最後一步。Amoeba 類別**覆寫**（**overrides**）了 Shape 類別的方法。然後在執行時期，當有人告訴 Amoeba 要旋轉時，JVM 就會確切地知道要執行哪個 rotate() 方法。

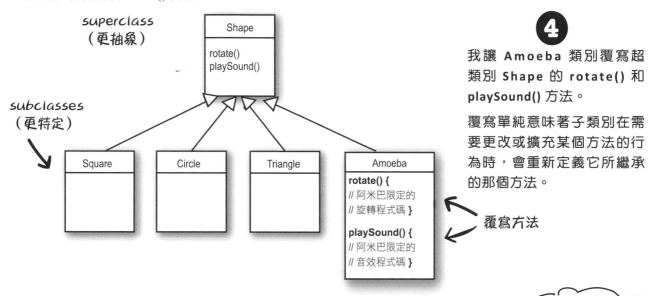

4

我讓 Amoeba 類別覆寫超類別 Shape 的 **rotate()** 和 **playSound()** 方法。

覆寫單純意味著子類別在需要更改或擴充某個方法的行為時，會重新定義它所繼承的那個方法。

覆寫方法

LAURA：你要如何「告訴」一個 Amoeba 去做些什麼？難道你不需要呼叫那個程序，哦，抱歉，是*方法*，然後告訴它要旋轉哪個東西嗎？

BRAD：這就是 OO 真正酷的地方。比如說，想要旋轉三角形的時候，程式碼就會在三角形物件上調用（呼叫）rotate() 方法。程式的其他部分真的不知道也不關心三角形是如何做到的。而當你得在程式中添加新的東西時，你只需為新的物件型別編寫一個新的類別，這樣**新的物件就會有它們自己的行為**。

我知道 Shape 的行為應該是怎樣。你的工作是告訴我要做什麼，而我的工作是讓它發生。你不必用你小小的程式設計師腦袋去擔心我是如何做到的。

我可以自行解決。我知道 Amoeba 應該如何旋轉和播放聲音。

這裡的停頓實在令人難以忍受。

到底是誰得到了那組桌椅？

二樓的 Amy

（大家都不知道的是，那個專案經理把規格交給了三名程式設計師。Amy 更快地完成了專案，因為她一開始就用了 OO 程式設計，而且不需要與同事爭論。）

你喜歡 OO 的什麼？

「它幫助我以一種更自然的方式進行設計。事情有一種演變的方式可循。」

-Joy，27 歲，軟體架構師

「不會去亂搞我已經測試過的程式碼，就只是為了新增一項新功能。」

-Brad，32 歲，程式設計師

「我喜歡資料和操作那些資料的方法都放在一個類別中。」

-Jess，22，美式足球冠軍

「重複使用其他應用程式中的程式碼。當我撰寫一個新的類別，我可以讓它有足夠的彈性，以便在之後用於新的東西。」

-Chris，39 歲，專案經理

「我無法相信 5 年來沒有寫過一行程式碼的 Chris 居然會這麼說。」

-Daryl，44 歲，在 Chris 底下工作

「除了這把椅子嗎？」

-Amy，34 歲，程式設計師

動動腦

是時候活動一些神經元了。

你剛剛讀了一個關於程序型程式設計師與 OO 程式設計師正面交鋒的故事。你得到了一些關鍵 OO 概念的快速總覽，包括類別、方法和屬性。我們將在本章的其餘部分研究類別和物件（我們會在後面的章節中回到繼承和覆寫）。

根據你到目前為止所看到的（以及你可能從以前用過的 OO 語言中所了解到的），花點時間思考這些問題：

設計一個 Java 類別時，你需要考慮的基本問題是什麼？你需要問自己哪些問題？如果你要設計一個檢查表，在你設計類別時使用，這個檢查表上會有什麼呢？

後設認知訣竅

如果你被困在某個習題上，試著大聲談論它。說（和聽）能啟動你大腦的不同部分。雖然有另一個人和你討論時，效果最好，但寵物也可以。我們的狗就是這樣學會多型（polymorphism）的。

設計一個類別時，想想會從該類別型別創建出來的物件。

思考一下：

- 物件知道（knows）的事情
- 物件所做（does）的事情

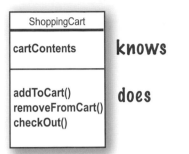

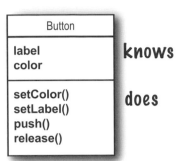

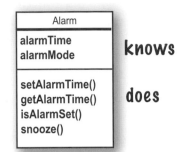

一個物件所知的關於自身的事情被稱為

- 實體變數（instance variables）

一個物件能做的事情被稱為

- 方法（methods）

一個物件知道的關於自身的事情被稱為**實體變數**。它們代表一個物件的狀態（資料），而該型別的每個物件都可以有其獨特的值。

把**實體**（instance）看成是談論**物件**（object）的另一種說法。

一個物件可以**做**的事情被稱為**方法**。當你設計一個類別時，你要考慮一個物件需要知道的關於它自己的資料，你還要設計作用在那些資料之上的方法。一個物件通常會有一些方法來讀取或寫入實體變數的值。舉例來說，Alarm 物件有一個保存 alarmTime 的實體變數，以及兩個用來獲取及設定 alarmTime 的方法。

所以，物件有實體變數和方法，但那些實體變數和方法是作為類別的一部分而設計的。

削尖你的鉛筆

填入一個電視物件可能需要知道和進行的事情。

Television

instance variables

methods

→ 你要解決的。

類別和物件之間有什麼區別？

一個類別

許多物件

一個類別不是物件

（但它會被用來建構它們）

一個類別是物件的一個藍圖。它告訴虛擬機器如何製造那個特定型別的一個物件。從該類別製作出來的每個物件都可以為該類別的實體變數設定自己的值。舉例來說，你可以使用 Button 類別來製作幾十個不同的按鈕（buttons），每個按鈕可能有自己的顏色、大小、形狀、標籤等等。這些不同按鈕中的每一個都是一個按鈕物件。

JVM

類別

可以這樣看待它…

一個物件就像你連絡人清單中的一個條目（entry）。

類別和物件的一個類比是你手機的連絡人清單。每個連絡人都有相同的空白欄位（實體變數）。當你創建一個新的連絡人，你就是在創建一個實體（物件），而你為該連絡人所製作出來的條目代表了它的狀態。

類別的方法是你對一個特定的連絡人所做的事情，getName()、changeName()、setName() 都可以是類別 Contact 的方法。

因此，每個連絡人都可以做同樣的事情（getName()、changeName() 等等），但每個單獨的連絡人都知道該特定連絡人獨有的事情。

製作你的第一個物件

那麼，創建和使用一個物件需要什麼呢？你需要兩個類別。一個是你想使用的那個型別的物件之類別（Dog、AlarmClock、Television 等），另一個是用以測試（test）你新類別的類別。那個測試者（tester）類別就是你放置 main 方法的地方，而在那個 main() 方法中，你會創建和存取你新類別型別的物件。這種測試者類別只有一項任務：試用你新物件的方法和變數。

從本書的這裡開始，你會在我們的許多例子中看到兩個類別。一個是真正的類別，即我們真的想使用其物件的類別，另一個類別就會是測試者類別，我們稱之為 *WhateverYourClassNameIs*TestDrive。舉例來說，如果我們製作了一個 **Bungee** 類別，我們也會需要一個 **BungeeTestDrive** 類別。只有 *SomeClassName*TestDrive 類別會有一個 main() 方法，其唯一目的是創建你新類別（非測試者類別）的物件，然後使用點號運算子（.）來取用新物件的方法和變數。這一切都將透過以下的例子變得清楚到嚇人。好吧，其實沒有。

點號運算子（.）

點號運算子（.）讓你得以存取一個物件的狀態和行為（實體變數和方法）。

```
// 製作一個新物件

Dog d = new Dog();


// 告訴它去吼叫（bark）
// 方法是在變數 d 上使用
// 點號運算子來呼叫 bark()

d.bark();


// 使用點號運算子來
// 設定它的大小（size）

d.size = 40;
```

---

① 撰寫你的類別

實體變數

```
class Dog {
  int size;
  String breed;
  String name;

  void bark() {
    System.out.println("Ruff! Ruff!");
  }
}
```

一個方法

```
        Dog
   ┌──────────────┐
   │ size         │
   │ breed        │
   │ name         │
   ├──────────────┤
   │ bark()       │
   └──────────────┘
```

② 撰寫一個測試者（TestDrive）類別

只有一個 main 方法（我們會在下一步中放程式碼進去）

```
class DogTestDrive {
  public static void main(String[] args) {
    // Dog 測試程式碼放在這裡
  }
}
```

③ 在你的測試者中，製作一個物件並存取該物件的變數和方法

```
class DogTestDrive {
  public static void main(String[] args) {
    Dog d = new Dog();
    d.size = 40;
    d.bark();
  }
}
```

製作一個 Dog 物件

點號運算子

使用點號運算子（.）來設定這個 Dog 的大小

並呼叫它的 bark() 方法

如果你已經擁有一些 OO 經驗，你就會知道我們並沒有使用封裝（encapsulation）。我們會在第 4 章「物件的行為」中談到那個。

製作並測試 Movie 物件

```java
class Movie {
  String title;
  String genre;
  int rating;

  void playIt() {
    System.out.println("Playing the movie");
  }
}

public class MovieTestDrive {
  public static void main(String[] args) {
    Movie one = new Movie();
    one.title = "Gone with the Stock";
    one.genre = "Tragic";
    one.rating = -2;
    Movie two = new Movie();
    two.title = "Lost in Cubicle Space";
    two.genre = "Comedy";
    two.rating = 5;
    two.playIt();
    Movie three = new Movie();
    three.title = "Byte Club";
    three.genre = "Tragic but ultimately uplifting";
    three.rating = 127;
  }
}
```

削尖你的鉛筆

MOVIE
title
genre
rating
playIt()

object 1

title
genre
rating

object 2

title
genre
rating

object 3

title
genre
rating

MovieTestDrive 類別創建 Movie 類別的物件（實體），並使用點號運算子（.）將實體變數設定為某個特定的值。MovieTestDrive 類別還在其中一個物件上調用（呼叫）了一個方法。在右邊的圖表中填上三個物件在 main() 結束時的值。

→ 你要解決的。

快點！趕快離開 main ！

只要你還在 main() 中，你就沒有真的進入物件村。測試程式在 main 方法中執行是沒問題的，但在真正的 OO 應用程式中，你需要物件與其他物件對話，而非使用靜態的 main() 方法來創建和測試物件。

main 的兩個用途：

- **測試你的真實類別**

- **啟動（launch）或開始（start）你的 Java 應用程式**

一個真正的 Java 應用程式無非就是物件與其他物件的對話。在這種情況下，對話意味著物件之間相互呼叫方法。在前一頁和第 4 章「物件的行為」中，我們看到如何使用一個單獨的 TestDrive 類別的 main() 方法，來創建和測試另一個類別的方法和變數。在第 6 章「使用 *Java 程式庫*」中，我們會學到如何使用帶有 main() 方法的類別，來啟動一個真正的 Java 應用程式（透過創建物件，然後讓這些物件與其他物件互動等等）。

不過，作為對真正 Java 應用程式可能行為的「初步預覽」，這裡有一個小例子。因為我們仍處於學習 Java 的最初階段，我們用的是一個小型的工具套件，所以你會發現這個程式有點笨拙和沒效率。你可能想思考一下可以做些什麼來改善它，而在後面的章節中，那正是我們要做的。如果有些程式碼令人困惑，也不要擔心，這個例子的關鍵點是，物件與物件之間的對話。

製作一個 GuessGame 物件並告訴它啟動遊戲

猜測遊戲

摘要：

Guessing Game（猜測遊戲）涉及到一個遊戲物件（game object）和三個玩家物件（player objects）。此遊戲會產生 0 到 9 之間的一個隨機數，而那三個玩家物件就試著猜測它（我們並沒有說這會是一個真正令人興奮的遊戲）。

類別：

`GuessGame.class`　　`Player.class`　　`GameLauncher.class`

邏輯：

1. GameLauncher 類別是應用程式開始的地方，它具有 main() 方法。

2. 在 main() 方法中，一個 GuessGame 物件會被創建出來，而其 startGame() 方法會被呼叫。

3. GuessGame 物件的 startGame() 方法是整個遊戲展開的地方。它會創建三個玩家，然後「想」出一個亂數（玩家要猜的目標）。然後，它要求每個玩家做下猜測、檢查結果，並印出獲勝玩家的資訊或要求他們再猜一次。

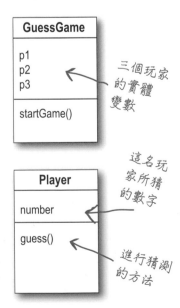

三個玩家的實體變數

這名玩家所猜的數字

進行猜測的方法

```
public class GuessGame {
  Player p1;
  Player p2;
  Player p3;

  public void startGame() {
    p1 = new Player();
    p2 = new Player();
    p3 = new Player();

    int guessp1 = 0;
    int guessp2 = 0;
    int guessp3 = 0;

    boolean p1isRight = false;
    boolean p2isRight = false;
    boolean p3isRight = false;

    int targetNumber = (int) (Math.random() * 10);
    System.out.println("I'm thinking of a number between 0 and 9...");

    while (true) {
      System.out.println("Number to guess is " + targetNumber);

      p1.guess();
      p2.guess();
      p3.guess();

      guessp1 = p1.number;
      System.out.println("Player one guessed " + guessp1);

      guessp2 = p2.number;
      System.out.println("Player two guessed " + guessp2);

      guessp3 = p3.number;
      System.out.println("Player three guessed " + guessp3);

      if (guessp1 == targetNumber) {
        p1isRight = true;
      }
      if (guessp2 == targetNumber) {
        p2isRight = true;
      }
      if (guessp3 == targetNumber) {
        p3isRight = true;
      }

      if (p1isRight || p2isRight || p3isRight) {

        System.out.println("We have a winner!");
        System.out.println("Player one got it right? " + p1isRight);
        System.out.println("Player two got it right? " + p2isRight);
        System.out.println("Player three got it right? " + p3isRight);
        System.out.println("Game is over.");
        break; // game over, so break out of the loop
      } else {
        // we must keep going because nobody got it right!
        System.out.println("Players will have to try again.");
      } // end if/else
    } // end loop
  } // end method
} // end class
```

GuessGame 有三個實體變數，用於三個 Player 物件。

創建三個 Player 物件，並把它們指定給三個 Player 實體變數。

宣告三個變數來放置 Player 所做出的三個猜測。

宣告三個變數，並依據玩家的回答放入真或假。

製作一個玩家必須猜測的「目標」數字。

呼叫每個玩家的 guess() 方法。

取用每個玩家的數字變數來獲得每個玩家的猜測（他們 guess() 方法的執行結果）。

查看每個玩家的猜測，看它是否與目標數字相符。若有玩家是對的，那麼就把該位玩家的變數設定為真（記住，我們預設將之設定為假）。

如果 player 1「或」player 2「或」player 3 是對的（|| 運算子代表「或 (OR)」）。

否則，停留在迴圈中，並請求玩家做出另一個猜測。

執行猜測遊戲

```java
public class Player {

    int number = 0;   // 要被猜的數字

    public void guess() {
        number = (int) (Math.random() * 10);
        System.out.println("I'm guessing "
                            + number);
    }
}


public class GameLauncher {
    public static void main (String[] args) {
        GuessGame game = new GuessGame();
        game.startGame();
    }
}
```

輸出（每次執行都會不同）

```
File Edit Window Help Explode

%java GameLauncher
I'm thinking of a number between 0 and 9...
Number to guess is 7
I'm guessing 1
I'm guessing 9
I'm guessing 9
Player one guessed 1
Player two guessed 9
Player three guessed 9
Players will have to try again.
Number to guess is 7
I'm guessing 3
I'm guessing 0
I'm guessing 9
Player one guessed 3
Player two guessed 0
Player three guessed 9
Players will have to try again.
Number to guess is 7
I'm guessing 7
I'm guessing 5
I'm guessing 0
Player one guessed 7
Player two guessed 5
Player three guessed 0
We have a winner!
Player one got it right? true
Player two got it right? false
Player three got it right? false
Game is over.
```

Java 會將「垃圾」取出

每次在 Java 中創建一個物件時，它都會進入一個被稱為 **Heap**（堆積）的記憶體區域。所有的物件，無論是何時、何地、如何創建的，都存活在此堆積上。但它不只是普通的記憶體堆積，這個 Java heap 實際上被稱為 **GarbageCollectible Heap**（可垃圾回收的堆積）。當你創建一個物件時，Java 會根據該物件的需求量在堆積上配置記憶體空間。舉例來說，一個有 15 個實體變數的物件，可能會比只有 2 個實體變數的一個物件需要更多的空間。但是當你需要收回這些空間時，會發生什麼事？當你用完一個物件時，你如何將它從堆積中取出？Java 會為你管理這些記憶體！當 JVM 能夠「看出」一個物件再也不能被使用時，那個物件就符合垃圾回收的資格。而如果你的記憶體不足，Garbage Collector（垃圾回收器）就會執行，扔掉無法到達的物件，並釋放空間，如此該空間就能被重新使用。在後面的章節中，你會學到關於其運作方式的更多資訊。

問：如果我需要全域變數和方法呢？如果所有的東西都必須放到一個類別中，那我要如何做到那點呢？

答：在 Java OO 程式中不存在「全域」變數和方法的概念。然而，在實際使用中，有時你會希望一個方法（或一個常數）對程式中任何部分所執行的程式碼都可取用。想想 Phrase-O-Matic 應用程式中的 random() 方法，它是一個應該能從任何地方被呼叫的方法。或者是像 *pi* 這樣的常數呢？你將在第 10 章中了解到，將一個方法標示為 public（公開）或 static（靜態），會使它的行為很像是「全域」的。在你應用程式任何類別中的任何程式碼，都可以存取一個公共的靜態方法。而如果你把一個變數標示為 public、static 及 final，那麼你基本上就創造出了一個全域可用的常數（*constant*）。

問：那麼，如果你仍然可以製作出全域函式和全域資料，這怎麼會是物件導向的呢？

答：首先，Java 中的一切都在一個類別中。所以常數 *pi* 和方法 random()，雖然都是公共和靜態的，但都是在 Math 類別中定義的。而你必須記住，這些靜態的（類似全域的）東西是 Java 中的特例，而非常態。它們代表了一種非常特殊的情況，即你沒有多個實體或物件。

問：什麼是 Java 程式？你實際交付的是什麼？

答：一個 Java 程式是一堆的類別（或至少是一個類別）。在一個 Java 應用程式中，其中的一個類別必須有一個 main 方法，用來啟動程式。因此，身為程式設計師，你要寫出一個或多個類別。而那些類別就是你所交付的東西。如果終端使用者沒有 JVM，那麼連同你應用程式的類別，你還需要包含那個，以便他們能夠執行你的程式。有一些程式可以讓你把類別與 JVM 捆裝在一起，創造出一個你可以隨意分享（例如透過網際網路）的檔案夾或檔案。然後，終端使用者就可以安裝正確版本的 JVM（假設他們的機器上還沒有的話）。

問：如果我有一百個類別，或一千多個呢？交付所有的那些個別檔案不是很麻煩嗎？我可以把它們捆裝在一個應用程式（*Application*）之類的東西裡面嗎？

答：沒錯，向你的終端使用者提供一大堆單獨檔案是很痛苦的事情，但你大可不必。你可以把你所有的應用程式檔案放入一個基於 pkzip 格式的 **Java AR**chive，即一個 *.jar* 檔案中。在這個 jar 檔案中，你可以包括一個簡單的文字檔案，將其格式化為某種稱為 *manifest*（清單）的東西，它定義了 jar 中哪個類別擁有應該執行的 main() 方法。

牢牢記住

一個類別就像食譜。物件則像是餅乾。

本章重點

- 物件導向程式設計讓你可以擴充一個程式，而不必觸及先前測試過、可運作的程式碼。

- 所有的 Java 程式碼都定義在某個**類別**中。

- 一個類別描述如何製作該類別型別的物件。**類別就像是藍圖**。

- 一個物件可以自行處理事情，你不必知道或關心該物件是如何做到的。

- 一個物體**知道**一些事情，並會**做**一些事。

- 一個物件所知的關於自身的事情被稱為**實體變數**。它們代表一個物件的狀態。

- 一個物件所做的事情被稱為**方法**，它們代表一個物件的**行為**。

- 當你創建一個類別時，你可能還想建立一個單獨的測試類別，用它來創建新類別型別的物件。

- 一個類別可以**繼承**更抽象的**超類別**之實體變數和方法。

- 在執行時期，一個 Java 程式只不過是物件與其他物件之間的「對話」而已。

冥想時間 — 我是編譯器

本頁中的每一個 Java 檔案都代表一個完整的原始碼檔案。你的工作是扮演編譯器，並判斷這些檔案是否能編譯。如果它們無法編譯，你會如何修復它們？如果它們可以編譯，其輸出會是什麼？

A

```java
class StreamingSong {

  String title;
  String artist;
  int duration;

  void play() {
    System.out.println("Playing song");
  }

  void printDetails() {
    System.out.println("This is " + title +
                       " by " + artist);
  }
}

class StreamingSongTestDrive {
  public static void main(String[] args) {

    song.artist = "The Beatles";
    song.title = "Come Together";
    song.play();
    song.printDetails();
  }
}
```

B

```java
class Episode {

  int seriesNumber;
  int episodeNumber;

  void skipIntro() {
    System.out.println("Skipping intro...");
  }

  void skipToNext() {
    System.out.println("Loading next episode...");
  }
}

class EpisodeTestDrive {
  public static void main(String[] args) {

    Episode episode = new Episode();
    episode.seriesNumber = 4;
    episode.play();
    episode.skipIntro();
  }
}
```

答案在第 46 頁。

程式碼磁貼

一個 Java 程式被打亂分散在冰箱上。
你能重新建構這些程式碼片段，製作出
一個會產生下面所列輸出的可運作的
Java 程式嗎？有些大括號掉在地上，
它們太細小了，很難撿起，所以請隨
意添加你需要的程式碼。

答案在第 46 頁。

```
d.playSnare();
```

```
DrumKit d = new DrumKit();
```

```
boolean topHat = true;
boolean snare = true;
```

```
void playSnare() {
    System.out.println("bang bang ba-bang");
}
```

```
public static void main(String [] args) {
```

```
if (d.snare == true) {
    d.playSnare();
}
```

```
d.snare = false;
```

```
class DrumKitTestDrive {
```

```
d.playTopHat();
```

```
class DrumKit {
```

```
void playTopHat () {
    System.out.println("ding ding da-ding");
}
```

```
File  Edit  Window  Help  Dance
% java DrumKitTestDrive
bang bang ba-bang
ding ding da-ding
```

池畔風光

你的**任務**是從泳池中拿出程式碼片段，並將它們放入程式碼中的空白行。你**可以**多次使用同一個程式碼片段，而且你也不需要使用所有的程式碼片段。你的**目標**是製作一個能夠編譯、執行並產生所列輸出的類別。本書中的一些習題和謎題可能有一個以上的正確答案。如果你找到另一個正確解答，請為自己加分！

```java
public class EchoTestDrive {
  public static void main(String []
args) {
    Echo e1 = new Echo();

    _____
    int x = 0;
    while ( _____ ) {
      e1.hello();

      _____
      if ( _____ ) {
        e2.count = e2.count + 1;
      }
      if ( _____ ) {
        e2.count = e2.count + e1.count;
      }
      x = x + 1;
    }
    System.out.println(e2.count);
  }
}
```

輸出

```
File  Edit  Window  Help  Implode
%java EchoTestDrive
helloooo...
helloooo...
helloooo...
helloooo...
10
```

加分問題！

如果輸出的最後一行是 **24** 而非 **10**，你會如何完成這個拼圖？

```java
class _____ {
  int _____ = 0;
  void _____ {
    System.out.println("helloooo... ");
  }
}
```

注意：泳池中的每個程式碼片段都可以多次使用！

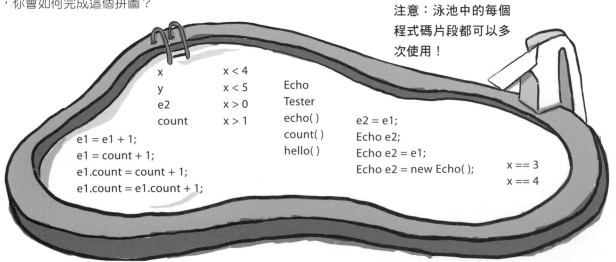

x   x < 4
y   x < 5   Echo
e2   x > 0   Tester
count   x > 1   echo( )   e2 = e1;
                        count( )   Echo e2;
e1 = e1 + 1;   hello( )   Echo e2 = e1;
e1 = count + 1;   Echo e2 = new Echo( );   x == 3
e1.count = count + 1;   x == 4
e1.count = e1.count + 1;

答案在第 47 頁。

猜猜我是誰?

一群盛裝打扮的 Java 元件,正在玩一個派對遊戲「猜猜我是誰?」。他們給你一條線索,而你根據他們所說的,試著猜測他們是誰。假設他們總是對自己的事情說實話。如果他們碰巧說了一些不只對一名與會者為真的話,那就選擇該句子可能適用的所有元件。在句子旁邊的空白處填上一個或多個與會者的名稱。第一個由我們來填。

今晚的與會者:

類別　　　方法　　　物件　　　實體變數

我是從一個 .java 檔案編譯出來的。　　　<u>類別</u>

我的實體變數值可能與我夥伴的值不同。

我的行為像一個範本。

我喜歡做事情。

我可以有多個方法。

我代表「狀態」。

我擁有行為。

我位於物件中。

我存活在堆積上。

我被用來創建物件實體。

我的狀態可以改變。

我宣告方法。

我可能在執行時期改變。

⟶　答案在第 47 頁。

習題
解答

程式碼磁貼（第 43 頁）

```
class DrumKit {
  boolean topHat = true;
  boolean snare = true;

  void playTopHat() {
    System.out.println("ding ding da-ding");
  }

  void playSnare() {
    System.out.println("bang bang ba-bang");
  }
}

class DrumKitTestDrive {
  public static void main(String[] args) {
    DrumKit d = new DrumKit();
    d.playSnare();
    d.snare = false;
    d.playTopHat();

    if (d.snare == true) {
      d.playSnare();
    }
  }
}
```

```
File Edit Window Help Dance
% java DrumKitTestDrive
bang bang ba-bang
ding ding da-ding
```

冥想時間 — 我是編譯器（第 42 頁）

A

```
class StreamingSong {
  String title;
  String artist;
  int duration;

  void play() {
    System.out.println("Playing song");
  }

  void printDetails() {
    System.out.println("This is " + title +
                       " by " + artist);
  }
}
```

*我們有範本了，現在我們
必須製作一個物件！*

```
class StreamingSongTestDrive {
  public static void main(String[] args) {

    StreamingSong song = new StreamingSong();
    song.artist = "The Beatles";
    song.title = "Come Together";
    song.play();
    song.printDetails();
  }
}
```

```
class Episode {
  int seriesNumber;
  int episodeNumber;

  void play() {
    System.out.println("Playing episode " + episodeNumber);
  }

  void skipIntro() {
    System.out.println("Skipping intro...");
  }

  void skipToNext() {
    System.out.println("Loading next episode...");
  }
}
```

*episode.play(); 這行如果
episode 類別中沒有一個播放
(play) 方法，就無法編譯！*

B

```
class EpisodeTestDrive {
  public static void main(String[] args) {
    Episode episode = new Episode();
    episode.seriesNumber = 4;
    episode.play();
    episode.skipIntro();
  }
}
```

 謎題解答

池畔風光（第 44 頁）

```
public class EchoTestDrive {
  public static void main(String[]
args) {
    Echo e1 = new Echo();
    Echo e2 = new Echo();        // 正確答案
     - or -
    Echo e2 = e1; // 加分問題「24」的解答
    int x = 0;
    while (x < 4) {
      e1.hello();
      e1.count = e1.count + 1;
      if (x == 3) {
        e2.count = e2.count + 1;
      }
      if (x > 0) {
        e2.count = e2.count + e1.count;
      }
      x = x + 1;
    }
    System.out.println(e2.count);
  }
}
```

```
class Echo {
  int count = 0;

  void hello() {
    System.out.println("helloooo... ");
  }
}
```

```
File  Edit  Window  Help  Assimilate
%java EchoTestDrive

helloooo...

helloooo...

helloooo...

helloooo...

10
```

猜猜我是誰？（第 45 頁）

我是從一個 .java 檔案編譯出來的。	類別
我的實體變數值可能與我夥伴的值不同。	物件
我的行為像一個範本。	類別
我喜歡做事情。	物件、方法
我可以有多個方法。	類別、物件
我代表「狀態」。	實體變數
我擁有行為。	物件、類別
我位於物件中。	方法、實體變數
我存活在堆積上。	物件
我被用來創建物件實體。	類別
我的狀態可以改變。	物件、實體變數
我宣告方法。	類別
我可能在執行時期改變。	物件、實體變數

注意：類別和物件都可以說是擁有狀態和行為。它們被定義在類別中，但物件也可以說是「擁有」它們。現在，我們並不關心它們嚴格來說到底存活在哪邊。

了解你的變數

變數可以儲存兩種東西：原始型別值（primitives）和參考
（**references**）。到目前為止，你已經在兩個地方使用了變數：作為物件**狀態**
（實體變數）和作為**區域**變數（在方法中宣告的變數）。稍後，我們將使用變數作為
引數（**arguments**，由呼叫端程式碼發送給方法的值），以及作為**回傳型別**（**return
types**，送回給方法呼叫者的值）。你已經看過變數被宣告為簡單的**原始**整數值（int
型別）。你也見過變數被宣告為更複雜的東西，如 String 或陣列。但**生活中一定不會
只有整數、字串和陣列**。如果你有帶著一個 Dog 實體變數的一個 PetOwner 物件呢？
或是帶有一個 Engine 的一個 Car？在這一章中，我們將揭開 Java 型別的神秘面紗（例
如原始型別和參考型別之間的區別），並看看你可以把什麼宣告為變數、你可以把什麼
放到變數中，以及你可以用變數來做什麼。最後我們會看到可垃圾回收的堆積上真實生
活的樣貌。

Java 會在意型別，你不能把長頸鹿參考放在兔子變數中。

兔子變數

宣告一個變數

Java 會在意型別（type）。它不會讓你做一些奇怪且危險的事情，比如把 Giraffe（長頸鹿）參考塞進 Rabbit（兔子）變數中：如果有人試圖讓所謂的 *Rabbit* 去 hop()（跳），那會發生什麼事？它也不會讓你把一個浮點數放入一個整數變數中，除非你告訴編譯器你知道這可能會失去精度（比如，小數點後的所有東西）。

編譯器能夠找出大部分的問題：

Rabbit hopper = new Giraffe();

不要指望這能成功編譯。謝天謝地。

為了使所有的這些型別安全性（type-safety）發揮作用，你必須宣告你變數的型別。它是一個整數？一個 Dog？單一個字元？變數有兩種：**原始型別**（*primitive*）和**物件參考**（*object reference*）。原始型別持有基本值（試想簡單的位元模式），包括整數、booleans 和浮點數。物件參考持有，嗯，沒錯，就是對物件的參考（看吧，是不是變得更清楚了）。

我們先看看原始型別，然後再來看看物件參考的真正含義。但不管是哪種型別，你都必須遵循兩條宣告規則：

變數必須具有一個型別

除了型別，變數還需要一個名稱，如此你才能在程式碼中使用該名稱。

變數必須具有一個名稱

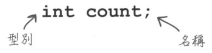

型別　　　　　　　　　　名稱

注意：當你看到像「**型別**為 X 的一個物件」這樣的描述時，請把型別和類別看作是同義詞（我們將在後面的章節中進一步講解這一點）。

「我想來個 double 摩卡，不，還是 int 好了。」

當你想到 Java 的變數時，請聯想到到杯子。咖啡杯、茶杯、能裝很多很多你喜歡的飲料的巨大杯子、電影院裡爆米花用的大紙杯、把手觸感美妙的杯子、以及你知道永遠不能放進微波爐的有金屬飾邊的杯子。

一個變數就只是一個杯子。一種容器。它容納（*holds*）東西。

它有大小（size）和型別。在本章中，我們首先要看的是存放**原型值**（**primitives**）的變數（杯子），過一會兒我們接著看看存放對**物件之參考**（*references to objects*）的杯子。在此，請繼續關注這整個杯子類比：儘管它現在很簡單，但當討論變得更加複雜時，它將為我們提供一種共通的方式來看待事物，而那很快就會發生。

原始型別就像它們在咖啡店裡的杯子那樣。如果你去過星巴克（Starbucks），你就知道我們在這裡說的是什麼。它們有不同的尺寸，每個都有一個名稱，如「中杯（short）」、「大杯（tall）」以及「我想要一杯特大杯（grande）的摩卡半咖啡，還要多加鮮奶油」。

你可能會看到櫃檯上展示的杯子，這樣你就可以適當地點餐：

small　short　tall　grande

而在 Java 中，原始型別也有不同的大小，而這些大小都有名稱。在 Java 中宣告任何變數時，你必須用一個特定的型別來宣告它。這裡的四個容器是指 Java 中的四個整數原始型別。

每個杯子都放有一個值，所以對於 Java 原始型別來說，你不是說「我想要一杯大杯的法式烘焙咖啡」，而是對編譯器說：「我想要數值為 90 的一個 int 變數」。除了一個微小的差異…在 Java 中，你還必須賦予你的杯子一個名稱。所以實際上是「請給我一個數值為 2486 的 int 變數，並將該變數命名為 *height*」。每個原型變數都有固定數目的位元（杯子大小）。Java 中六個數字原始型別的大小如下所示：

long　int　short　byte

byte short int long　　　float double
8　16　32　64　　　　32　64

原始型別

型別	位元深度	值的範圍
boolean 和 char		
boolean	（JVM 特定的）	*true* 或 *false*
char	16 位元	0 到 65535
數值（全都是有號的）		
整數		
byte	8 位元	-128 到 127
short	16 位元	-32768 到 32767
int	32 位元	-2147483648 到 2147483647
long	64 bits	- 很大到很大
浮點數		
float	32 位元	可變
double	64 位元	可變

帶有指定的原始型別值宣告：

```
int x;
x = 234;
byte b = 89;
boolean isFun = true;
double d = 3456.98;
char c = 'f';
int z = x;
boolean isPunkRock;
isPunkRock = false;
boolean powerOn;
powerOn = isFun;
long big = 3456789L;
float f = 32.5f;
```

注意「f」和「L」。對於某些數字型別，你必須明確告知編譯器你的意思，否則它可能會在相似的數字型別之間產生混淆。你可以使用大寫或小寫。

你真的不會希望那個溢出…

要確定變數放得下那個值。

你不能把大的值放到小杯子裡。

嗯,好吧,你可以,但你會失去一些內容物。結果就是,正如我們所說的「溢出」。如果編譯器能從你的程式碼中看出你所用的容器(變數 / 杯子)裡裝不下什麼東西,它就會試著幫忙防止這種情況。

舉例來說,你不能把 int 才放得下的東西倒入大小為一個位元組(byte)的容器中,如下所示:

```
int x = 24;
byte b = x;
// 行不通的!
```

你問,為什麼這行不通呢?畢竟,x 的值是 24,而 24 絕對小到可以裝進一個位元組。你知道,我們也知道,但編譯器所關心的是,你試圖把一個大東西放進一個小東西裡,有溢出的可能性存在。不要指望編譯器知道 x 的值是什麼,即使你碰巧能在程式碼中直接看到它。

你可以透過以下幾種方式為一個變數指定值,包括:

- 在等號後面輸入一個字面值(*literal* value,例如 x=*12* 或 isGood = *true* 等)

- 把一個變數的值指定給另一個(x = y)

- 使用一個運算式(expression)來結合兩者(x = y + *43*)

在下面的例子中,字面值以粗體斜體字表示:

```
int size = 32;
char initial = 'j';
double d = 456.709;
boolean isLearning;
isLearning = true;
int y = x + 456;
```

宣告名為 *size* 的一個 int,指定值 *32* 給它

宣告名為 *initial* 的一個 char,指定值 *'j'* 給它

宣告名為 *d* 的一個 double,指定值 *456.709* 給它

宣告名為 *isLearning* 的一個 boolean(沒有指定)

指定值 *true* 給前面宣告的 *isLearning*

宣告名為 *y* 的一個 int,指定現在不管擁有什麼值的 *x* 加上 *456* 的總和給它

離那個關鍵字遠一點！

你知道你的變數需要一個名稱及一個型別。

你已經知道那些原始型別了。

但是你可以用什麼作為名稱呢？規則很簡單，你可以根據下列規則來命名一個類別、方法或變數（真正的規則略微靈活一些，但這些可以保證你的安全）：

- 它必須以字母、底線（ _ ）或美元符號（ $ ）開頭。你不能以數字開始一個名稱。

- 在第一個字元之後，你也可以使用數字。不要以數字開頭就好。

- 在這兩條規則之下，它可以是你喜歡的任何東西，只要不是 **Java** 的保留字之一就行。

保留字（reserved words）是編譯器認得的關鍵字（keywords，和其他東西）。如果你真的想玩迷惑編譯器的遊戲，那麼就試試用保留字作為名稱。

你已經見過一些保留字了：

`public    static    void`

別把任何的這些用作你自己的名稱。

而原始型別也是保留字：

`boolean char byte short int long float double`

但還有很多我們還沒有討論的內容。即使你不需要知道它們是什麼意思，你仍然得知道你自己不能使用它們。在任何情況下，**都不要試著現在就記住這些**。為了在你的腦子裡給這些東西騰出空間，你可能不得不失去其他東西，比如你的車停在哪裡。別擔心，在本書結束時，你會把它們中的大部分都牢記下來的。

牢牢記住

八個原始型別分別是：
boolean **c**har **b**yte **s**hort **i**nt **l**ong **f**loat **d**ouble

而這裡是讓你容易記得它們的助記法：
Be Careful! Bears Shouldn't Ingest Large Furry Dogs

（要注意！熊不應該吞食毛茸茸的大型犬）

B_ C_ B_ S_ I_ L_ F_ D_

不管你聽到什麼，都不要，我再重複一遍，**不要讓我吞食另一隻毛茸茸的大型犬了。**

這張表保留了

_	catch	double	float	int	private	super	true
abstract	char	else	for	interface	protected	switch	try
assert	class	enum	goto	long	public	synchronized	void
boolean	const	extends	if	native	return	this	volatile
break	continue	false	implements	new	short	throw	while
byte	default	final	import	null	static	throws	
case	do	finally	instanceof	package	strictfp	transient	

Java 的關鍵字、保留字和特殊識別字。如果你用這些來取名，編譯器可能會非常、非常生氣。

控制你的 Dog 物件

你知道如何宣告一個原型變數並指定值給它。那麼非原型變數呢？換句話說，那麼物件又怎麼辦呢？

- 實際上並不存在**物件**變數這種東西。

- 只存在物件**參考**變數（object **reference** variable）。

- 一個物件參考變數所持有的位元代表存取一個物件的方式。

- 它並不存放物件本身，但它持有類似指標（pointer）的東西，或者一個位址（address）。只不過，在 Java 中，我們並不真正知道參考變數裡面是什麼，但我們知道，不管它是什麼，都代表著一個（而且只有一個）物件。而 JVM 知道如何使用參考來獲取物件。

**Dog d = new Dog();
d.bark();**

把這個

想成類似這個

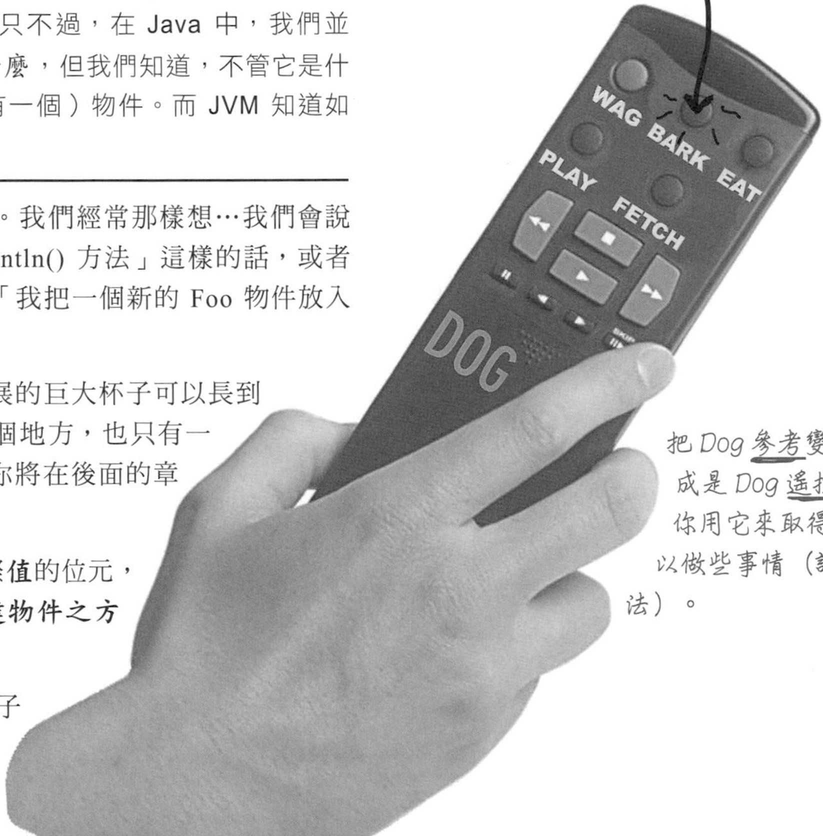

你不能把一個物件塞進一個變數。我們經常那樣想…我們會說「我把字串傳給了 System.out.println() 方法」這樣的話，或者「該方法回傳一個 Dog」，或是「我把一個新的 Foo 物件放入名為 myFoo 的變數中」。

但事實不是那樣，並不存在可擴展的巨大杯子可以長到任何物件的大小。物件生活在一個地方，也只有一個地方：可垃圾回收的堆積！（你將在後面的章節中了解更多）。

雖然原型變數充滿了代表變數實際**值**的位元，但物件參考變數充滿的是代表**到達物件之方式**的位元。

你在參考變數上使用點號運算子（.）來表示「用點號之前的東西來獲取點號之後的東西」。舉例來說：

把 Dog 參考變數想成是 Dog 遙控器。你用它來取得物件以做些事情（調用方法）。

```
myDog.bark();
```

意味著「使用變數 myDog 所參考的物件來調用 bark() 方法」。當你在一個物件參考變數上使用點號運算子時，把它看作是按下該物件的遙控器上的一個按鈕。

byte	short	int	long	reference
8	16	32	64	（位元深度不重要）

一個物件參考只不過就是另一個變數值

放到一個杯子中的東西。

只不過這次，那個值是一個遙控器。

原型變數

`byte x = 7;`

其位元（00000111）代表 7 被放入該變數中。

原型值

byte

參考變數

`Dog myDog = new Dog();`

其位元代表可以找到 Dog 物件的一種方式，被放進變數中的是那些位元。

那個 *Dog* 物件本身並沒有進到該物件中！

Dog 物件

參考值

Dog

對於原型變數，變數的值就是…值（5、-26.7、'a'）。

對於參考變數，變數的值是…代表獲得特定物件的某種方式的位元。

你不知道（或不關心）任何特定的 JVM 是如何實作物件參考的。當然，它們可能是一個指向某個指標的指標，但即使你知道是那樣，你仍然無法將這些位元用於存取物件之外的任何事情。

我們並不關心一個參考變數中有多少個 1 和 0。這取決於 JVM 和月相。

物件宣告、創建和指定的三個步驟

1　**3**　**2**

$\underbrace{\text{Dog myDog}}_{1} = \underbrace{\text{new Dog()}}_{2};$

① 宣告一個參考變數

`Dog myDog = new Dog();`

告訴 JVM 為一個參考變數配置空間，並命名該變數為 *myDog*。這個參考變數的型別永遠是 Dog。換句話說，也就是上面有按鈕可以控制 Dog 的遙控器，但不能控制 Cat、Button 或 Socket。

myDog

Dog

② 創建一個物件

`Dog myDog = new Dog();`

告訴 JVM 在堆積（heap）上為一個新的 Dog 物件配置空間（關於這個過程我們之後會學到更多，特別是在第 9 章「一個物件的生與死」）。

Dog 物件

③ 連結物件和參考

`Dog myDog = new Dog();`

將新的 Dog 指定給參考變數 myDog。換句話說，就是程式化那個遙控器。

Dog 物件

myDog

Dog

問：一個參考變數有多大？

答：你不知道。除非你和 JVM 開發團隊中的某個人相處融洽，否則你不會知道參考是如何表示的。那裡有一些指標存在，但你無法存取它們。你也不需要（好吧，如果你堅持的話，你不妨把它想像成一個 64 位元的值）。但是，談論記憶體配置問題時，你「最關心」的應該是你創建了多少個物件（而不是物件參考），以及它們（那些物件）到底有多大。

問：那麼，這是否意味著所有的物件參考大小都相同，而不管它們所參考的實際物件之大小如何？

答：是的。一個給定的 JVM 之所有參考將有相同的大小，無論它們參考的物件是什麼，但每個 JVM 可能有不同的方式來表示參考，所以一個 JVM 的參考可能比另一個 JVM 的參考還小或大。

問：我可以在一個參考變數上做算術運算嗎？例如遞增它，你知道的，就是那些 C 的東西。

答：不行。跟著我再說一遍：「Java 不是 C」。

台灣念真情

本週專訪：**Object Reference**

HeadFirst：那麼，請告訴我們，物件參考的生活是怎樣的呢？

Reference：很簡單，真的。我是一個遙控器，我可以被程式化以控制不同的物件。

HeadFirst：你的意思是說，你在執行時也能參考不同的物件嗎？譬如說，你可以先參考一個 Dog，五分鐘後再參考一個 Car 嗎？

Reference：當然不行。一旦我被宣告，就是那樣了。如果我是一個 Dog 遙控器，那麼我就永遠不能指著（哎呀，我的錯，我們不應該說指著的），我的意思是，不能參考（*refer to*）Dog 以外的任何東西。

HeadFirst：那是否意味著你只能參考某一個 Dog？

Reference：不，我可以先參考某一個 Dog，然後五分鐘後我可以參考其他 Dog。只要它是 Dog 就行了，我可以被重導到它身上（就像把你的遙控器重新程式化以控制不同的電視）。除非…算了，沒事。

HeadFirst：不，請告訴我。你剛才想說什麼？

Reference：我不認為你現在會想要討論這個問題，我可以給你一個簡短的版本：如果我被標示為 final，那麼一旦我被指定一個 Dog，除了唯一的那個 Dog，我永遠不能被重新程式化為其他東西。換句話說，沒有其他的物件可以被指定給我。

HeadFirst：你是對的，我們現在並不想談那個。好吧，除非你是 final 的，你就可以先參考某個 Dog，然後再參考另一個 Dog。你能不能完全不參考任何東西呢？有沒有可能不被程式化為任何東西？

Reference：是的，但談論那個會讓我感到不安。

HeadFirst：這是為什麼呢？

Reference：因為那意味著我是 null，而這讓我很不高興。

HeadFirst：你是說，因為那樣你就沒有值了嗎？

Reference：哦，null 是一個值沒錯。我仍然是一個遙控器，但這就像你把一個新的通用遙控器帶回家，而你卻沒有電視那樣。我沒有被程式化來控制任何東西。他們可以整天按我的按鈕，但沒有任何好事會發生。我只是覺得很…沒用，浪費位元而已。當然，也沒有多少位元可言，但仍然是種浪費。而那還不是最糟的部分。如果我是某個特定物件的唯一參照物，然後我被設定為 null（解程式化了），這意味著現在沒有人可以接觸到我曾經參考的那個物件。

HeadFirst：而那樣不好是因為…

Reference：這還要問嗎？在此，我與那個物件建立了一種關係，一種親密的聯繫，然後這種聯繫突然被殘酷地切斷了。我再也看不到那個物件了，因為現在它符合 [製作人，請帶入悲慘的音樂] 被垃圾回收的條件了。[抽噎] 但是你認為程式設計師們有考慮過這點嗎？[啜泣] 為什麼，為什麼我不能成為一個原型變數呢？我討厭成為一個參考。那些責任，還有所有破碎的依戀…

可垃圾回收的堆積（garbage-collectible heap）上的生活

```
Book b = new Book();
```
```
Book c = new Book();
```

宣告兩個 Book 參考變數。創建兩個新的 Book 物件。指定那些 Book 物件給參考變數。

那兩個 Book 物件現在就活在堆積上了。

參考：2 個

物件：2 個

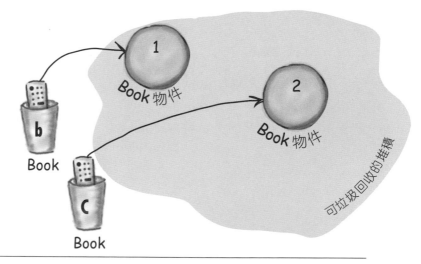

```
Book d = c;
```

宣告一個新的 Book 參考變數。不是創建新的第三個 Book 物件，而是把變數 *c* 的值指定給變數 *d*。但這意味著什麼呢？這就好像是在說「拿出 *c* 裡面的那些位元，複製一份，然後把那份拷貝塞進 *d*」。

c 和 d 都參考相同的物件。

c 和 d 變數存放有同一個值的兩份不同拷貝。兩個遙控器被程式化為控制同一台電視。

參考：3 個

物件：2 個

```
c = b;
```

指定變數 *b* 的值給變數 *c*。現在你應該知道這意味著什麼了。變數 *b* 內的位元被複製了，而新的拷貝被塞進了變數 *c* 之中。

b 和 c 都參考相同的物件。

c 變數不再參考它舊的 Book 物件。

參考：3 個

物件：2 個

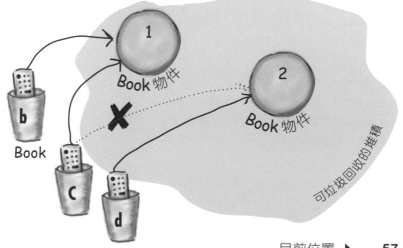

堆積上的生與死

```
Book b = new Book();
Book c = new Book();
```

宣告兩個 Book 參考變數。創建兩個新的 Book 物件。指定那些 Book 物件到參考變數。

那兩個 Book 物件現在活在堆積上。

活躍中的參考：2 個

可抵達的物件：2 個

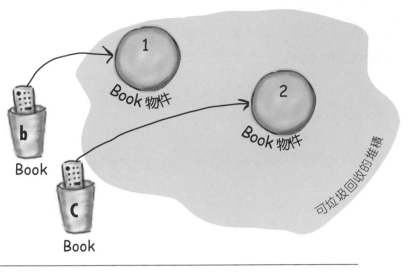

```
b = c;
```

指定變數 *c* 的值給變數 *b*。變數 *c* 內的位元被複製了，然後那個新的拷貝被塞進了變數 *b* 之中。兩個變數都持有相同的值。

b 和 c 都參考相同的物件。Object 1 被捨棄了，符合 Garbage Collection（GC，垃圾回收）的條件。

活躍中的參考：2 個

可抵達的物件：1 個

被捨棄的物件：1 個

b 參考過的第一個物件 Object 1 沒有參考了。它是無法抵達的。

這位老兄慘了，變成垃圾回收器的誘餌。

```
c = null;
```

指定 null 這個值給變數 *c*。這使得 *c* 變成一個空參考（*null reference*），意味著它不參考任何東西。但它仍是一個參考變數，仍然可以指定另一個 Book 物件給它。

Object 2 仍然擁有一個活躍的參考（*b*），而只要它還有參考，該物件就不符合 GC 的條件。

活躍中的參考：1 個

可抵達的物件：1 個

被捨棄的物件：1 個

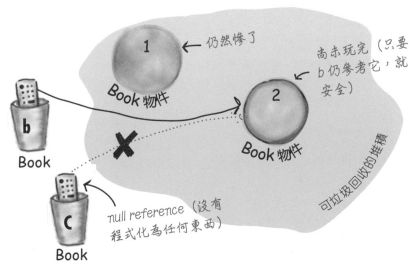

一個陣列就像一盤杯子

Java 標準程式庫包括很多精密複雜的資料結構，包括映射、樹狀結構和集合（請參閱附錄 B），但當你只想得到一個快速、有序、有效率的事物串列時，陣列（arrays）是非常好的選擇。陣列透過讓你使用一個索引位置（index position）來獲得陣列中的任何元素，為你提供快速的隨機存取。

陣列中的每個元素都只是一個變數。換句話說，是八種原始型別（回想 Large Furry Dog）中的一種或是參考變數。你可以放在該型別變數中的任何東西，都能被指定到該型別的某個陣列元素（array element）中。

所以在型別為 int 的一個陣列（int[]）中，每個元素都可以容納一個 int。在一個 Dog 陣列（Dog[]）中，每個元素可以容納…一個 Dog？不，請回想一下，參考變數只存放參考（遙控器），而非物件本身。所以在一個 Dog 陣列中，每個元素都可以持有對一個 Dog 的遙控器。當然，我們仍然得製作那些 Dog 物件…而你會在下一頁看到所有的那些。

請務必注意整個畫面中的一個關鍵點：**陣列是一種物件，即使它是原始型別的一個陣列。**

① 宣告一個 int 陣列變數。一個陣列變數是對一個陣列物件的一個遙控器。

```
int[] nums;
```

② 創建長度為 7 的一個新的 int 陣列，並指定給它之前宣告的 int[] 變數 nums。

```
nums = new int[7];
```

③ 賦予陣列中的每個元素某個 int 值。記得，一個 int 陣列中的元素只不過就是 int 變數。

```
nums[0] = 6;
nums[1] = 19;
nums[2] = 44;
nums[3] = 42;
nums[4] = 10;
nums[5] = 20;
nums[6] = 1;
```

7 個 int 變數

陣列永遠都是物件，不管它們是宣告成存放原型值或物件參考。

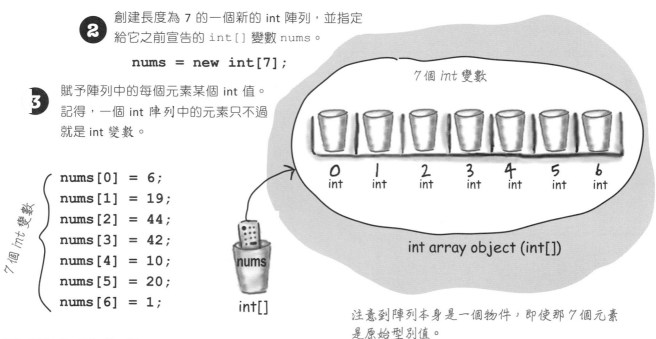

7 個 int 變數

int[]

int array object (int[])

注意到陣列本身是一個物件，即使那 7 個元素是原始型別值。

陣列也是物件

你可以有一個被宣告為持有原型值（primitive values）的陣列物件。換句話說，陣列物件的元素可以是原型值，但陣列本身絕不是原始型別值。**無論陣列持有什麼，陣列本身始終都是物件！**

製作一個 Dog 陣列

1 宣告一個 Dog 陣列變數。

`Dog[] pets;`

2 創建一個長度為 7 的新 Dog 陣列，並將之指定給之前宣告的 `Dog[]` 變數 `pets`。

`pets = new Dog[7];`

少了什麼？

Dog 物件！我們有 Dog 參考所組成的一個陣列，但沒有實際的 Dog 物件！

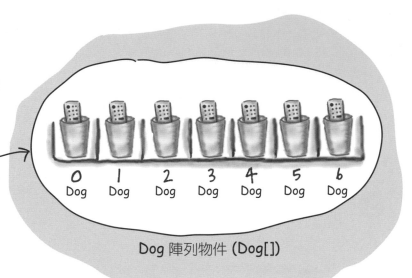

Dog 陣列物件 (Dog[])

---

3 創建新的 Dog 物件，並將它們指定給陣列元素。

記得，一個 Dog 陣列中的元素只是 Dog 參考變數。我們仍然需要 Dog 物件！

`pets[0] = new Dog();`

`pets[1] = new Dog();`

　　　　➞ 你要解決的。

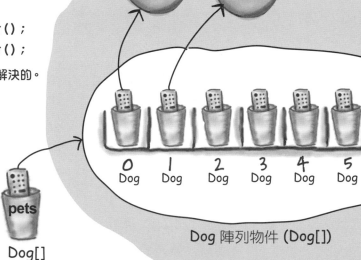

Dog 陣列物件 (Dog[])

削尖你的鉛筆

pets[2] 目前的值是什麼？

_____

什麼程式碼能使 pets[3] 參考現有的兩個 Dog 物件的其中一個？_____

Dog
name
bark() eat() chaseCat()

控制你的 Dog

（藉由一個參考變數）

```
Dog fido = new Dog();
fido.name = "Fido";
```

我們創建了一個 Dog 物件，並在參考變數 *fido* 上使用點號運算子來存取名稱變數*。

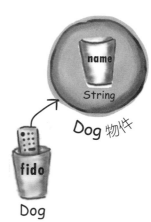

Dog 物件

Dog

我們可以使用 *fido* 參考來讓狗狗 bark() 或 eat() 或 chaseCat()。

```
fido.bark();
fido.chaseCat();
```

如果 Dog 是在一個 Dog 陣列中，那會發生什麼事？

我們知道我們可以使用點號運算子來存取 Dog 的實體變數和方法，但是要在什麼上面使用呢？

如果那個 Dog 是在一個陣列中，我們就沒有一個實際的變數名稱（如 *fido*）可用。取而代之，我們使用陣列記號，在陣列中某個特定索引（位置）的物件上按下遙控按鈕（點號運算子）：

```
Dog[] myDogs = new Dog[3];
myDogs[0] = new Dog();
myDogs[0].name = "Fido";
myDogs[0].bark();
```

Java 會在意型別。

一旦你宣告了一個陣列，除非是相容陣列型別的東西，你無法在裡面放任何其他東西。

舉例來說，你不能把 Cat 放入 Dog 陣列中（如果有人認為陣列中只有狗，所以他們要求每隻狗都吠叫，然後驚恐地發現潛伏著一隻貓，那就太可怕了）。你也不能把一個 double 塞進一個 int 陣列中（會溢出，記得嗎？）。然而，你可以把一個 byte 放入一個 int 陣列中，因為一個 byte 總是可以完整放入一個 int 大小的杯子中。這就是所謂的隱含加寬（implicit widening）。我們稍後會討論這個細節，現在只需記住，依據陣列的宣告型別，編譯器不會讓你把錯誤的東西放進陣列。

---

* 是的，我們知道沒有在此演示封裝（encapsulation），現在我們試圖保持簡單。我們將在第 4 章進行封裝。

```
class Dog {
  String name;

  public static void main(String[] args) {
    // 製作一個 Dog 物件並存取它
    Dog dog1 = new Dog();
    dog1.bark();
    dog1.name = "Bart";

    // 現在製作一個 Dog 陣列
    Dog[] myDogs = new Dog[3];
    // 並在其中放一些狗
    myDogs[0] = new Dog();
    myDogs[1] = new Dog();
    myDogs[2] = dog1;

    // 現在使用陣列參考
    // 存取那些 Dogs
    myDogs[0].name = "Fred";
    myDogs[1].name = "Marge";

    // 嗯…myDogs[2] 的名稱是什麼？
    System.out.print("last dog's name is ");
    System.out.println(myDogs[2].name);

    // 現在以迴圈跑過該陣列
    // 並告訴所有的狗狗吠叫（bark）
    int x = 0;
    while (x < myDogs.length) {
      myDogs[x].bark();
      x = x + 1;
    }
  }

  public void bark() {
    System.out.println(name + " says Ruff!");
  }

  public void eat() {
  }

  public void chaseCat() {
  }
}
```

字串是一種特殊型別的物件。你可以像原始型別值一樣創建和指定它們（儘管它們是參考）。

陣列有一個變數「length」，會給你陣列中的元素數量。

一個 Dog 範例

Dog
name
bark() eat() chaseCat()

輸出

```
File  Edit  Window  Help  Howl
%java Dog
null says Ruff!
last dog's name is Bart
Fred says Ruff!
Marge says Ruff!
Bart says Ruff!
```

本章重點

- 變數有兩種：原始型別變數和參考變數。

- 變數必定要以一個名稱和一個型別來宣告。

- 原型變數的值是代表該值（5、'a'、true、3.1416 等等）的位元。

- 參考變數的值是代表獲取堆積上物件的某種方式的位元。

- 參考變數就像一個遙控器。在參考變數上使用點運算子（.），就像按下遙控器上的一個按鈕來存取某個方法或實體變數。

- 當一個參考變數沒有參考任何物件時，它的值為 null。

- 一個陣列總是一個物件，即使該陣列被宣告為持有原型值。不存在所謂的原型陣列（primitive array），只有持有原型值的陣列。

冥想時間 — 我是編譯器

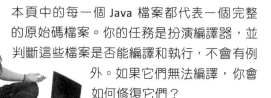

本頁中的每一個 Java 檔案都代表一個完整的原始碼檔案。你的任務是扮演編譯器,並判斷這些檔案是否能編譯和執行,不會有例外。如果它們無法編譯,你會如何修復它們?

A

```java
class Books {
  String title;
  String author;
}

class BooksTestDrive {
  public static void main(String[] args) {
    Books[] myBooks = new Books[3];
    int x = 0;
    myBooks[0].title = "The Grapes of Java";
    myBooks[1].title = "The Java Gatsby";
    myBooks[2].title = "The Java Cookbook";
    myBooks[0].author = "bob";
    myBooks[1].author = "sue";
    myBooks[2].author = "ian";

    while (x < 3) {
      System.out.print(myBooks[x].title);
      System.out.print(" by ");
      System.out.println(myBooks[x].author);
      x = x + 1;
    }
  }
}
```

B

```java
class Hobbits {
  String name;

  public static void main(String[] args) {
    Hobbits[] h = new Hobbits[3];
    int z = 0;

    while (z < 4) {
      z = z + 1;
      h[z] = new Hobbits();
      h[z].name = "bilbo";
      if (z == 1) {
        h[z].name = "frodo";
      }
      if (z == 2) {
        h[z].name = "sam";
      }
      System.out.print(h[z].name + " is a ");
      System.out.println("good Hobbit name");
    }
  }
}
```

➤ 答案在第 68 頁。

程式碼磁貼

一個可運作的 Java 程式被打亂分散在冰箱上。你能重新建構這些程式碼片段，製作出一個會產生下面所列輸出的可運作的 Java 程式嗎？有些大括號掉在地上，它們太細小了，很難撿起，所以請隨意添加你需要的程式碼！

```java
int y = 0;
```

```java
ref = index[y];
```

```java
islands[0] = "Bermuda";
islands[1] = "Fiji";
islands[2] = "Azores";
islands[3] = "Cozumel";
```

```java
int ref;
while (y < 4) {
```

```java
System.out.println(islands[ref]);
```

```java
index[0] = 1;
index[1] = 3;
index[2] = 0;
index[3] = 2;
```

```java
String [] islands = new String[4];
```

```java
System.out.print("island = ");
```

```java
int [] index = new int[4];
```

```java
y = y + 1;
```

```java
class TestArrays {

  public static void main(String [] args) {
```

File Edit Window Help Sunscreen

```
% java TestArrays
island = Fiji
island = Cozumel
island = Bermuda
island = Azores
```

答案在第 68 頁。

池畔風光

你的**任務**是從泳池中拿出程式碼片段，並將它們放入程式碼中的空白行。你**可以**多次使用同一個程式碼片段，而且你也不需要使用所有的程式碼片段。你的**目標**是製作一個能夠編譯、執行並產生所列輸出的類別。

輸出

```
File Edit Window Help Bermuda
%java Triangle
triangle 0, area = 4.0
triangle 1, area = 10.0
triangle 2, area = 18.0
triangle 3, area = ____
y = _____
```

加分問題！

想要額外的分數，就用泳池中的程式碼片段來填入輸出（上面）缺少的部分。

```java
class Triangle {
  double area;
  int height;
  int length;

  public static void main(String[] args) {
    _____
    _____
    while ( _____ ) {
      _____
      _____.height = (x + 1) * 2;
      _____.length = x + 4;
      _____
      System.out.print("triangle " + x + ", area");
      System.out.println(" = " + _____.area);
      _____
    }
    _____
    x = 27;
    Triangle t5 = ta[2];
    ta[2].area = 343;
    System.out.print("y = " + y);
    System.out.println(", t5 area = " + t5.area);
  }
  void setArea() {
    _____ = (height * length) / 2;
  }
}
```

（有時我們不使用單獨的測試類別，因為我們要試著節省頁面上的空間。）

注意：泳池中的每個程式碼片段都可以多次使用！

泳池中的程式碼片段：

```
4, t5 area = 18.0
4, t5 area = 343.0
27, t5 area = 18.0
27, t5 area = 343.0

area
ta.area
x        ta.x.area
y        ta[x].area

Triangle [ ] ta = new Triangle(4);
Triangle ta = new [ ] Triangle[4];
Triangle [ ] ta = new Triangle[4];

ta[x] = setArea();
ta.x = setArea();
ta[x].setArea();

int x;
int y;
int x = 0;       x = x + 1;      ta.x
int x = 1;       x = x + 2;      ta(x)
int y = x;       x = x - 1;      ta[x]      x < 4
                                            x < 5
28.0     ta = new Triangle();
30.0     ta[x] = new Triangle();
         ta.x = new Triangle();
```

答案在第 69 頁。

一「堆」麻煩

右邊列著一個簡短的 Java 程式。當到達「// 做事情」時，一些物件和一些參考變數已經被創建出來了。你的任務是判斷哪些參考變數參考哪些物件。並非所有的參考變數都會被使用，有些物件可能會被參考不只一次。畫線把參考變數和它們匹配的物件連接起來。

提示：除非你遠比我們聰明得多，否則你可能需要畫出像本章第 57-60 頁那樣的圖。請使用鉛筆，這樣你就可以畫出然後擦掉參考連結（從參考遙控器到一個物件的箭頭）。

```java
class HeapQuiz {
  int id = 0;

  public static void main(String[] args) {
    int x = 0;
    HeapQuiz[] hq = new HeapQuiz[5];
    while (x < 3) {
      hq[x] = new HeapQuiz();
      hq[x].id = x;
      x = x + 1;
    }
    hq[3] = hq[1];
    hq[4] = hq[1];
    hq[3] = null;
    hq[4] = hq[0];
    hq[0] = hq[3];
    hq[3] = hq[2];
    hq[2] = hq[0];
    // 做事情
  }
}
```

參考變數：

用相符的物件來匹配每個參考變數。

你可能不需要用到每個參考。

hq[0]

hq[1]

hq[2]

hq[3]

hq[4]

HeapQuiz 物件：

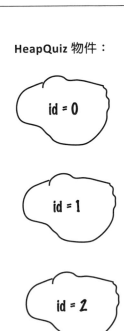

id = 0

id = 1

id = 2

⟶ 答案在第 69 頁。

被偷竊的參考

那是一個黑暗的暴風雨夜晚。Tawny 溜達進了程式設計師的辦公區，彷彿她擁有那個地方一樣。她知道所有的程式設計師都還在努力工作，她需要幫助。她需要在關鍵的類別中加入一個新的方法，那個類別將被裝入客戶支援 Java 的絕密新手機中。大家都知道手機記憶體中的堆積空間很有限。當 Tawny 緩緩走到白板前，辦公區裡平時喧鬧的交談聲歸於平靜。她快速勾勒出新方法的功能概要，並慢慢地掃視著整個房間。「好了，夥計們，現在是關鍵時刻」她輕輕低語。「誰能創造出這個方法最節省記憶體的版本，誰就能和我一起參加明天客戶在夏威夷毛伊島舉行的發表會…來協助我安裝新軟體」。

*Head First
少年事件簿*

第二天早上，Tawny 無聲走入辦公區。「女士、先生們」她微笑著說，「飛機幾個小時後就要起飛了，讓我看看你們的成果吧！」。Bob 首先展示，當他開始在白板上勾畫他的設計時，Tawny 說：「讓我們直接進入重點，Bob，讓我看看你是如何處理連絡人物件清單的更新動作的」。Bob 迅速在白板上寫出了一個程式碼片段：

```
Contact [] contacts = new Contact[10];
while (x < 10 ) {     // 製作 10 個連絡人（contact）物件
  contacts[x] = new Contact();
  x = x + 1;
}
// 以那些連絡人進行複雜的連絡人清單更新
```

「Tawny，我知道我們的記憶體很吃緊，但你的規格說我們必須能夠存取所有十個允許的連絡人的個人聯繫資訊，這是我能想到的最好方案了」Bob 說道。Kate 是下一位，她已經在想像派對上的椰子雞尾酒了。她說：「Bob，你的方案有點笨拙，你不覺得嗎？」，Kate 笑了笑繼續說「瞧瞧這寶貝」：

```
Contact contactRef;
while ( x < 10 ) {     // 製作 10 個連絡人物件
  contactRef = new Contact();
  x = x + 1;
}
// 以 contactRef 進行複雜的連絡人清單更新
```

「我節省了一些參考變數的記憶體，所以，Bob 哥，收起你的防曬乳吧」Kate 嘲笑道。「Kate，別高興得太早」Tawny 說道，「你節省了一點記憶體沒錯，但要跟我一起走的是 Bob」。

在 Kate 的方法所用的記憶體更少的情況下，為什麼 Tawny 選擇了 Bob 的方法而非 Kate 的？

答案在第 69 頁。

削尖你的鉛筆（第 52 頁）

1. int x = 34.5; ✗
2. boolean boo = x; ✗
3. int g = 17; ✓
4. int y = g; ✓
5. y = y + 10; ✓
6. short s; ✓
7. s = y; ✗
8. byte b = 3; ✓
9. byte v = b; ✓
10. short n = 12; ✓
11. v = n; ✗
12. byte k = 128; ✗

程式碼磁貼（第 64 頁）

```
class TestArrays {
  public static void main(String[] args) {
    int[] index = new int[4];
    index[0] = 1;
    index[1] = 3;
    index[2] = 0;
    index[3] = 2;
    String[] islands = new String[4];
    islands[0] = "Bermuda";
    islands[1] = "Fiji";
    islands[2] = "Azores";
    islands[3] = "Cozumel";
    int y = 0;
    int ref;
    while (y < 4) {
      ref = index[y];
      System.out.print("island = ");
      System.out.println(islands[ref]);
      y = y + 1;
    }
  }
}
```

```
File  Edit  Window  Help  Sunscreen

% java TestArrays
island = Fiji
island = Cozumel
island = Bermuda
island = Azores
```

冥想時間 — 我是編譯器（第 63 頁）

```
class Books {
  String title;
  String author;
}

class BooksTestDrive {
  public static void main(String[] args) {
    Books[] myBooks = new Books[3];
    int x = 0;
    myBooks[0] = new Books();
    myBooks[1] = new Books();
    myBooks[2] = new Books();
    myBooks[0].title = "The Grapes of Java";
    myBooks[1].title = "The Java Gatsby";
    myBooks[2].title = "The Java Cookbook";
    myBooks[0].author = "bob";
    myBooks[1].author = "sue";
    myBooks[2].author = "ian";
    while (x < 3) {
      System.out.print(myBooks[x].title);
      System.out.print(" by ");
      System.out.println(myBooks[x].author);
      x = x + 1;
    }
  }
}
```

A 別忘記：我們必須實際製作出那些 Book 物件！

```
class Hobbits {
  String name;

  public static void main(String[] args) {
    Hobbits[] h = new Hobbits[3];
    int z = -1;
    while (z < 2) {
      z = z + 1;
      h[z] = new Hobbits();
      h[z].name = "bilbo";
      if (z == 1) {
        h[z].name = "frodo";
      }
      if (z == 2) {
        h[z].name = "sam";
      }
      System.out.print(h[z].name + " is a ");
      System.out.println("good Hobbit name");
    }
  }
}
```

B 別忘記：陣列是以元素 0 開始的！

 謎題解答

池畔風光（第 65 頁）

```
class Triangle {
  double area;
  int height;
  int length;

  public static void main(String[] args) {
    int x = 0;
    Triangle[] ta = new Triangle[4];
    while (x < 4) {
      ta[x] = new Triangle();
      ta[x].height = (x + 1) * 2;
      ta[x].length = x + 4;
      ta[x].setArea();
      System.out.print("triangle " + x +
                       ", area");
      System.out.println(" = " + ta[x].area);
      x = x + 1;
    }
    int y = x;
    x = 27;
    Triangle t5 = ta[2];
    ta[2].area = 343;
    System.out.print("y = " + y);
    System.out.println(", t5 area = " +
                       t5.area);
  }

  void setArea() {
    area = (height * length) / 2;
  }
}
```

```
File  Edit  Window  Help  Bermuda
%java Triangle
triangle 0, area = 4.0
triangle 1, area = 10.0
triangle 2, area = 18.0
triangle 3, area = 28.0
y = 4, t5 area = 343.0
```

Head First 少年事件簿（第 67 頁）

被偷竊的參考

Tawny 能看出 Kate 的方法有一個嚴重的缺陷。她確實沒有像 Bob 那樣使用很多參考變數，但她的方法所創建的 Contact 物件中，除了最後一個之外，我們沒有辦法存取其他任何一個。每一次迴圈，她都會為一個參考變數指定一個新的物件，所以之前參考的物件就被拋棄在堆積之上，無法抵達。所創建的十個物件中有九個沒辦法存取，Kate 的方法根本沒用。

（該軟體取得了很大的成功，客戶多給了 Tawny 和 Bob 一個星期的時間待在夏威夷。我們想告訴你，讀完這本書，你也會得到像那樣的東西。）

一「堆」麻煩（第 66 頁）

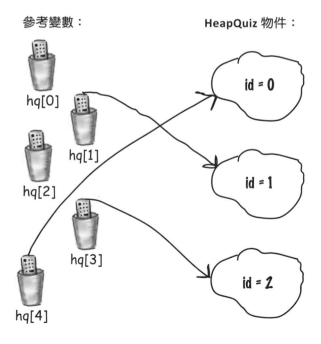

參考變數：　　　　　　　　　　　HeapQuiz 物件：

hq[0]
hq[1]
hq[2]
hq[3]
hq[4]

id = 0
id = 1
id = 2

物件的行為

> 讓我們把那些小小的變數當成私密話題，好嗎？

狀態影響行為，行為影響狀態。我們知道，物件有**狀態**（**state**）和行為（**behavior**），分別由**實體變數**（**instance variables**）和**方法**（**methods**）表示。但直到現在，我們都還沒探討過狀態和行為是如何相互關聯的。我們已經知道，一個類別的每個實體（特定型別的每個物件）都可以有自己獨特的實體變數值。Dog A 可以有一個名稱「Fido」和 70 磅的體重。Dog B 則叫「Killer」而體重是 9 磅。如果 Dog 類別還有一個 makeNoise()（製造噪音）方法，那麼，你不覺得一隻 70 磅重的狗會比 9 磅重的小狗叫得更響嗎（假設那種惱人的 yippy 叫聲可以被認為是吠聲）？幸好，這就是物件的整個重點所在：它有作用於其狀態的行為。換句話說，**方法會使用實體變數的值**。譬如說「如果狗狗的體重小於 14 磅，就發出 yippy 的聲音，否則…」或者「體重增加 5 磅」。**讓我們去改變一些狀態吧。**

請記住：一個類別描述物件<u>知道</u>什麼 以及物件能<u>做</u>什麼

類別是物件的藍圖。撰寫一個類別時，你是在描述 JVM 應該如何做出該型別的物件。你已經知道，該型別的每個物件都可以有不同的實體變數值。那麼方法又如何呢？

該型別的每個物件都能有不同的方法行為嗎？

嗯…算是吧。*

特定類別的每個實體都有相同的方法，但取決於實體變數的值，這些方法的行為可能會有所不同。

Song 類別有兩個實體變數，*title* 和 *artist*。當你在某個實體上呼叫 play() 方法時，它將播放由該實體的 *title* 和 *artist* 實體變數值所代表的歌曲。因此，如果你在一個實體上呼叫 play() 方法，你會聽到 Cabello 的「Havana」，而另一個實體則播放 Travis 的「Sing」。然而，該方法的程式碼是相同的。

```java
void play() {
    soundPlayer.playSound(title, artist);
}
```

```java
Song song1 = new Song();
song1.setArtist("Travis");
song1.setTitle("Sing");
Song song2 = new Song();
song2.setArtist("Sex Pistols");
song2.setTitle("My Way");
```

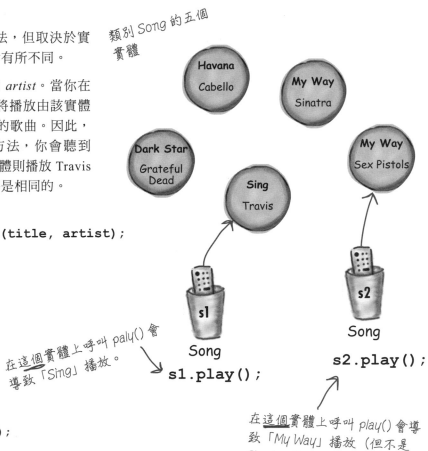

類別 Song 的五個實體

在這個實體上呼叫 *paly*() 會導致「Sing」播放。

s1.play();

s2.play();

在這個實體上呼叫 *play*() 會導致「My Way」播放（但不是 Sinatra 的那首）。

---

* 是的，又是一個令人驚歎的清晰回答！

體型大小影響吠聲

小型犬的吠聲會與大型犬有所不同。

Dog 類別有一個實體變數 *size*，*bark()* 方法會用它來判斷要發出何種吠聲。

Bark Different.

```
class Dog {
  int size;
  String name;

  void bark() {
    if (size > 60) {
      System.out.println("Wooof! Wooof!");
    } else if (size > 14) {
      System.out.println("Ruff!  Ruff!");
    } else {
      System.out.println("Yip! Yip!");
    }
  }
}
```

```
class DogTestDrive {

  public static void main(String[] args) {
    Dog one = new Dog();
    one.size = 70;
    Dog two = new Dog();
    two.size = 8;
    Dog three = new Dog();
    three.size = 35;

    one.bark();
    two.bark();
    three.bark();
  }
}
```

```
File Edit Window Help Playdead
%java DogTestDrive
Wooof! Wooof!
Yip! Yip!
Ruff!  Ruff!
```

你可以發送東西給一個方法

正如你對任何程式設計語言的期望一樣，你可以向你的方法傳遞值。舉例來說，你可能想告訴一個 Dog 物件要吠叫多少次，所以呼叫：

`d.bark(3);`

取決於你的程式設計背景和個人喜好，你可能會用引數（*arguments*）或者參數（*parameters*）這類術語，來表示傳遞到方法中的值。雖然確實有一些正式的電腦科學區別存在，而那些身穿實驗室白色外衣的人（他們幾乎肯定不會讀這本書）會做出那樣的區分沒錯，但我們在這本書中還有更遠大的目標。所以你可以隨心所欲地稱呼它們（引數、甜甜圈、毛球等等），但我們是這樣做的：

呼叫者（caller）傳遞引數（arguments）。方法（method）接受參數（parameters）。

引數是你傳入給方法的東西。一個**引數**（像 2、Foo 這樣的值，或者對某個 Dog 的參考）正面朝下落入一個…沒錯，就是**參數**。而一個參數不過就是一個區域變數，一個具有型別和名稱的變數，可以在方法的主體中使用。

重要的部分來了。**如果一個方法接受一個參數，那麼當你呼叫它時，你必須傳遞某個東西給它。**而且那個東西必須是適當型別的一個值。

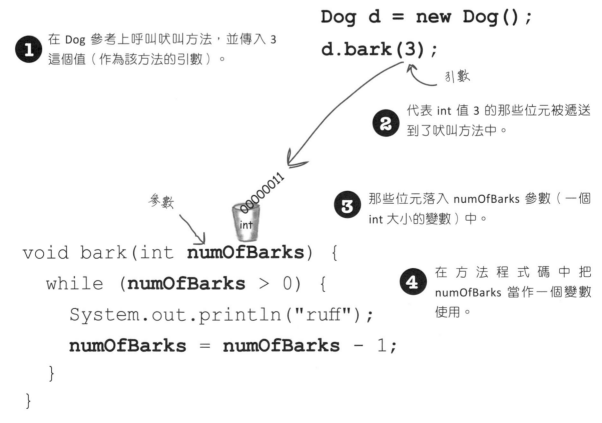

① 在 Dog 參考上呼叫吠叫方法，並傳入 3 這個值（作為該方法的引數）。

```
Dog d = new Dog();
d.bark(3);
```

引數

② 代表 int 值 3 的那些位元被遞送到了吠叫方法中。

參數

③ 那些位元落入 numOfBarks 參數（一個 int 大小的變數）中。

```
void bark(int numOfBarks) {
    while (numOfBarks > 0) {
        System.out.println("ruff");
        numOfBarks = numOfBarks - 1;
    }
}
```

④ 在方法程式碼中把 numOfBarks 當作一個變數使用。

你可以從一個方法取回東西

方法也可以回傳值。每個方法都以一個回傳型別（return type）來宣告，但到目前為止，我們所有的方法都有 **void** 的回傳型別，這意味著它們不會傳回任何東西。

```
void go() {

}
```

但我們可以宣告一個方法，將特定型別的值回傳給呼叫者，比如說：

```
int giveSecret() {
  return 42;
}
```

如果你宣告一個方法要回傳一個值，你就必須回傳那個宣告型別的一個值！（或者與宣告型別相容的值。當我們在第 7 章和第 8 章討論多型的時候，我們會更進一步討論這個問題。）

無論你說了要回饋什麼，你最好回饋！

很可愛…但不是我預期的東西。

編譯器不會讓你回傳型別不對的東西。

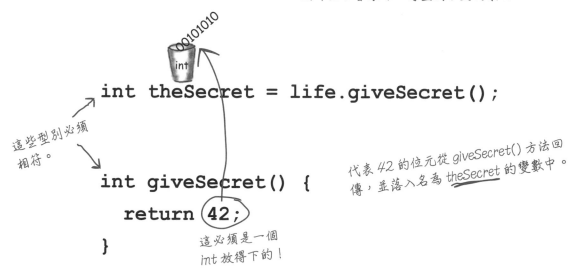

```
int theSecret = life.giveSecret();
```

這些型別必須相符。

```
int giveSecret() {
  return 42;
}
```

代表 42 的位元從 giveSecret() 方法回傳，並落入名為 theSecret 的變數中。

這必須是一個 int 放得下的！

你可以送出一件以上的東西
給一個方法

方法可以有多個參數。當你宣告它們的時候，要用逗號把它們分開。當你傳遞引數時，也要用逗號把它們隔開。最重要的是，如果一個方法有參數，你就必須傳入正確型別和順序的引數。

呼叫一個雙參數方法，並發送兩個引數給它

```java
void go() {
  TestStuff t = new TestStuff();
  t.takeTwo(12, 34);
}
```

你傳遞的引數會按照你傳遞引數的順序著陸。第一個引數落在第一個參數中，第二個引數在第二個參數中，依此類推。

```java
void takeTwo(int x, int y) {
  int z = x + y;
  System.out.println("Total is " + z);
}
```

你可以傳入變數到一個方法中，只要變數
的型別符合參數的型別就行了

```java
void go() {
  int foo = 7;
  int bar = 3;
  t.takeTwo(foo, bar);
}
```

foo 和 bar 的值落在 x 和 y 參數中。所以現在 x 中的位元與 foo 中的位元完全相同（整數「7」的位元模式），而 y 中的位元則與 bar 中的位元完全相同。

```java
void takeTwo(int x, int y) {
  int z = x + y;
  System.out.println("Total is " + z);
}
```

z 的值是什麼？如果你在把 foo 和 bar 傳入 takeTwo 方法時，將兩者相加，也會得到同樣的結果。

Java 是藉由值傳遞
（pass-by-<u>value</u>）。

那意味著藉由拷貝傳遞
（pass-by-<u>copy</u>）。

`int x = 7;`

int

1 宣告一個 int 變數並為它指定「7」這個值。7 的位元模式會跑到名為 x 的變數中。

`void go(int z){ }`

z
int

2 宣告帶有名為 z 的一個 int 參數的一個方法。

x 的拷貝

`foo.go(x);`   `void go(int z){ }`

int   int

3 呼叫 go() 方法，傳入變數 x 作為引數。x 中的位元會被拷貝，而那份拷貝會落入 z 之中。

即使 z 發生了改變，x 也不會變

X 和 Z 並未相連

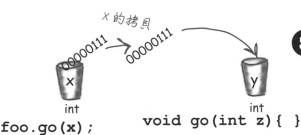

x   z
int   int

```
void go(int z){
    z = 0;
}
```

4 在此方法內改變 z 的值。x 的值並沒有改變！傳入 z 參數的引數只是 x 的一份拷貝。

方法不能改變呼叫變數 x 中的位元。

問：如果你想要傳入的引數是一個物件，而非原始型別值，那會發生什麼事？

答：在後面的章節中，你將會學到更多這方面的知識，但你已經知道答案了。Java 藉由值傳遞一切，**所有的東西**。不過…值（*value*）是指變數內的位元。記住，你不能把物件塞進變數裡，變數是一個遙控器，也就是對物件的一個參考。所以，如果你把一個物件的參考傳入到一個方法中，你就只是在傳遞那個遙控器的一份拷貝。請繼續關注，我們會有更多關於這方面的資訊。

問：一個方法可以宣告多個回傳值嗎？或者說，有辦法回傳一個以上的值嗎？

答：算是吧。一個方法只能宣告一個回傳值。但是…假設你想回傳三個 int 值，那麼所宣告的回傳型別可以是一個 int 陣列。把那些 int 值塞進陣列，然後再傳回去。要以不同型別回傳多個值就比較麻煩了，我們會在後面章節談到 ArrayList 時，討論這個問題。

問：我所回傳的要與我宣告的型別完全相同嗎？

答：你可以回傳任何可被隱含（*implicitly*）提升為該型別的東西。所以，你可以在預期 int 的地方傳入一個 byte。呼叫者不會在意，因為這個 byte 能輕易放入呼叫者會用來指定結果的 int。當宣告的型別比你要回傳的型別還要小的時候，你必須使用明確強制轉型（*explicit* cast，我們將在第 5 章看到這些）。

問：我一定得對一個方法的回傳值做些什麼嗎？我可以單純忽略它嗎？

答：Java 並不要求你確認收到回傳值。你可能想呼叫一個具有非 void 回傳型別的方法，儘管你並不關心回傳值。在那種情況下，你是為了方法內部所做的工作而呼叫該方法，而不是為了方法會給出作為回饋的東西。在 Java 中，你不需要指定或使用回傳值。

提醒：Java 會在意型別！

當回傳型別被宣告為 Rabbit，你就不能回傳一個 Giraffe。這對參數而言也相同。你不能傳入 Giraffe 給接受 Rabbit 的方法。

本章重點

- 類別定義一個物件知道什麼，以及一個物件做些什麼。

- 一個物件知道的東西是它的**實體變數**（狀態）。

- 一個物件所做的事情就是它的**方法**（行為）。

- 方法可以使用實體變數，如此同一型別的物件就能有不同的行為。

- 一個方法可以有參數，這意味著你可以傳入一個或多個值到方法中。

- 你傳入的值之數量和型別必須與方法所宣告的參數之順序和型別相符。

- 傳入和傳出方法的值可以被隱含提升到一個更大的型別，或者明確**強制轉型**為一個更小的型別。

- 你作為引數傳遞給方法的值可以是一個字面值（2、'c' 等等）或者是宣告的參數型別的一個變數（例如是一個 int 變數的 *x*）。（還有其他可以作為引數傳遞的東西，但我們還沒講到那裡。）

- 一個方法**必須**宣告一個回傳型別。一個 void 的回傳型別意味著該方法不回傳任何東西。

- 如果一個方法宣告了一個非 void 的回傳型別，那麼它就**必須**回傳一個與宣告的回傳型別相容的值。

你能以參數和回傳型別做到很酷的事

現在我們已經看到了參數和回傳型別的運作方式，現在是時候好好利用它們了：讓我們建立 **Getters（取值器）**和 **Setters（設值器）**。如果你喜歡正式一點，你可能更愛叫它們 *Accessors*（存取器）和 *Mutators*（變動器），但這是對完美音節的浪費。此外，Getters 和 Setters 符合常見的 Java 命名慣例，所以我們就這樣稱呼它們。

Getters 和 Setters 能讓你，嗯，沒錯，就是取得（*get*）和設定（*set*）東西，通常會是實體變數的值。Getter 生命中唯一目的就是作為一個回傳值，送回那個 Getter 應該取得的東西之值。到了現在，如果我們這樣告訴你，或許已不足為奇：Setter 活著與呼吸就是為了有機會接受一個引數值，並用它來設定某個實體變數的值。

ElectricGuitar
brand numOfPickups rockStarUsesIt
getBrand() setBrand() getNumOfPickups() setNumOfPickups() getRockStarUsesIt() setRockStarUsesIt()

注意：使用這些命名慣例意味著你正在遵循一個標準，你會在很多 Java 程式碼中看到的標準。

```java
class ElectricGuitar {
  String brand;
  int numOfPickups;
  boolean rockStarUsesIt;

  String getBrand() {
    return brand;
  }

  void setBrand(String aBrand) {
    brand = aBrand;
  }

  int getNumOfPickups() {
    return numOfPickups;
  }

  void setNumOfPickups(int num) {
    numOfPickups = num;
  }

  boolean getRockStarUsesIt() {
    return rockStarUsesIt;
  }

  void setRockStarUsesIt(boolean yesOrNo) {
    rockStarUsesIt = yesOrNo;
  }
}
```

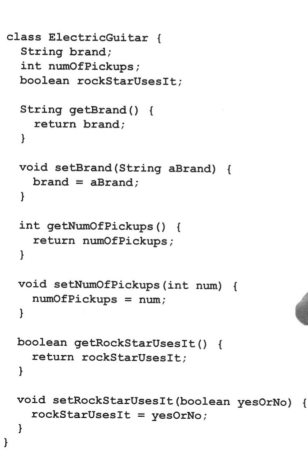

封裝

做到這一點，不然就承受被羞辱和嘲笑的風險。

直到這個最重要的時刻之前，我們一直在犯一個最糟糕的 OO「失禮」行為（「faux pas」，我們說的不是像看到 BYOB 但忘了帶瓶子的那種輕微的違規行為）。不，我們說的是有著大寫「F」和大寫「P」的 Faux Pas！

我們的可恥行為是什麼？

對外透露我們的資料！

我們就在這裡，無憂無慮地哼著歌，把我們的資料擺在外面，讓任何人都能看到甚至觸摸。

你可能已經體驗過讓你的實體變數對外開放的那種隱約不安的感覺。

對外開放，意味著能藉由點號運算子觸及，例如：

`theCat.height = 27;`

思考一下這件事：使用我們的遙控器對 Cat 物件的 size 實體變數進行直接改變。在錯的人手中，參考變數（遙控器）是一種相當危險的武器。因為有什麼可以防止這樣：

`theCat.height = 0;`

哦，我的天哪！我們不能讓這種事情發生！

這將會是很糟的事情。我們需要為所有的實體變數建立 setter 方法，並找到一種方式來強迫其他程式碼呼叫 setter 而非直接存取資料。

Jen 說，你封裝得很好…

透過強迫每個人都呼叫一個 setter 方法，我們可以保護貓咪免遭到無法接受的大小變化。

```
public void setHeight(int ht) {
    if (ht > 9) {
        height = ht;
    }
}
```

我們放入了一個檢查來保證貓咪至少有一個最小高度。

隱藏資料

是的，從一個乞求壞資料的實作，變成一個會保護你資料，並且保有你之後修改實作的權利的實作，就是這麼簡單。

好的，那麼你到底是如何隱藏資料的？使用 **public** 和 **private** 存取修飾詞（access modifiers）。你對 **public** 存取修飾詞應該很熟悉，我們每個 main 方法都使用它。

這裡有一個封裝入門的經驗法則（所有關於經驗法則的標準免責聲明在此皆適用）：將你的實體變數標示為 *private*，並提供 *public* 的 getters 和 setters 用於存取控制。當你對 Java 有更多的設計和程式碼撰寫經驗時，你可能會有一些不同的做法，但現在，這種做法可以保你安全。

**將實體變數
標示為 private。**

**將 getters 和 setters
標示為 public。**

「令人難過的是，Bill 忘了封裝他的 Cat 類別，結果出現了一隻扁貓。」

（在飲水機旁偷聽到的）

台灣念真情

本週專訪：**一個物件對於封裝坦承以對。**

HeadFirst：封裝有什麼大不了的？

Object：好吧，你知道那種夢嗎，就是你在給 500 個人做演講的時候，突然意識到你是赤身裸體的？

HeadFirst：是的，我們有聽說過，它就和關於 Pilates 機器的那件事一樣有名…不，我們不說這個了。那麼，所以你感覺自己赤裸裸的，但除了有點暴露之外，還有什麼危險嗎？

Object：有什麼危險？有什麼危險？[開始大笑] 嘿，你們都聽到了嗎？他問說「有什麼危險？」[倒在地上笑]。

HeadFirst：這有什麼好笑的？聽起來是一個合理的問題啊。

Object：好吧，我來解釋一下。它是 [再次無法控制，爆出笑聲]

HeadFirst：需要我倒點東西給你喝嗎？水可以嗎？

Object：呼，天啊！不，不用了，我很好，真的。我會認真回答的。深呼吸。好的，我們繼續吧。

HeadFirst：那麼，封裝能保護你免受什麼影響呢？

Object：封裝在我的實體變數周圍設下了一個力場，所以沒有人可以把它們設定為，比方說，不恰當的東西。

HeadFirst：可以給個例子嗎？

Object：樂意之至。大多數實體變數值在編寫的時候，都對其邊界有一定的假設。例如，想想看允許負數的話會被破壞的那些東西。一間辦公室裡的廁所數量、一架飛機的速度、生日、槓鈴重量、電話號碼、微波爐的功率。

HeadFirst：我明白你的意思了。那麼封裝是如何讓你設定界限的呢？

Object：藉由強迫其他程式碼都必須通過 setter 方法。如此一來，setter 方法就能驗證參數，並判斷它是否可行。也許方法會駁回它，什麼也不做，又也許會擲出一個 Exception（例外，比如申請信用卡時身分證字號沒填），也許方法會將送來的引數四捨五入到最接近的可接受值。重點在於，你可以在 setter 方法中進行你想做的任何事情，然而，如果你的實體變數是公開（public）的，你就什麼防護措施都沒有。

HeadFirst：但有時我看到 setter 方法只是單純設定值，而沒有檢查任何東西。如果你有一個沒有邊界的實體變數，那麼這種 setter 方法不會產生不必要的開銷嗎？對效能會不會有影響？

Object：setter（以及 getter）的意義在於，**你可以在之後改變心意，而不會破壞其他人的程式碼！**想像一下，如果你公司有一半的人使用你類別的公開實體變數，而有一天你突然意識到「糟糕，那個值有些沒規劃好的地方，我必須改用 setter 方法才行」。你會破壞所有人的程式碼。封裝的好處是，你可以改變你的想法，而且沒有人會受到傷害。直接使用變數所帶來的效能提升是微不足道的，而且很少（如果有的話）會值得那樣做。

封裝 GoodDog 類別

```
class GoodDog {
  private int size;

  public int getSize() {
    return size;
  }

  public void setSize(int s) {
    size = s;
  }

  void bark() {
    if (size > 60) {
      System.out.println("Wooof! Wooof!");
    } else if (size > 14) {
      System.out.println("Ruff!  Ruff!");
    } else {
      System.out.println("Yip! Yip!");
    }
  }
}

class GoodDogTestDrive {

  public static void main(String[] args) {
    GoodDog one = new GoodDog();
    one.setSize(70);
    GoodDog two = new GoodDog();
    two.setSize(8);
    System.out.println("Dog one: " + one.getSize());
    System.out.println("Dog two: " + two.getSize());
    one.bark();
    two.bark();
  }
}
```

讓這個變數是私有的。

讓 getter 和 setter 方法是公開的。

儘管這些方法並沒有真正增加新的功能，但好在你以後能改變主意。你可以回來把一個方法變得更安全、更快、更好。

GoodDog
size
getSize( )
setSize( )
bark( )

任何可以使用特定值的地方，都可以使用回傳該型別值的方法呼叫。

不用寫成這樣：

int x = 3 + 24;

你可以說：

int x = 3 + one.getSize();

陣列中的物件有什麼行為表現？

就像任何其他物件一樣。唯一的區別是你如何取用它們。
換句話說，你如何獲得遙控器。讓我們試著在陣列中的
Dog 物件上呼叫方法。

1 宣告並創建一個 Dog 陣列以存放七
個 Dog 參考。

```
Dog[] pets;
pets = new Dog[7];
```

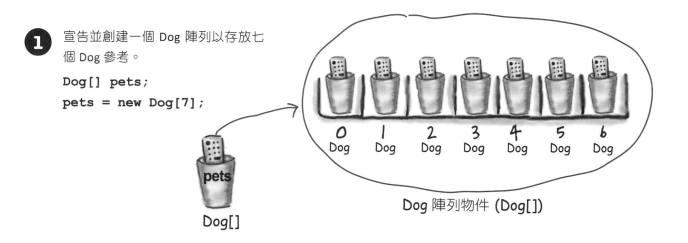

Dog 陣列物件 (Dog[])

2 創建兩個新的 Dog 物件，並將它們
指定到頭兩個陣列元素。

```
pets[0] = new Dog();
pets[1] = new Dog();
```

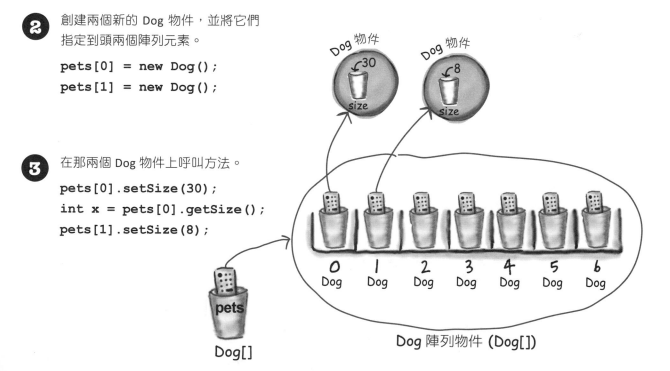

3 在那兩個 Dog 物件上呼叫方法。

```
pets[0].setSize(30);
int x = pets[0].getSize();
pets[1].setSize(8);
```

Dog 陣列物件 (Dog[])

宣告並初始化實體變數

你已經知道，一個變數宣告至少需要一個名稱和一個型別：

```
int size;
String name;
```

而你也知道，你可以同時初始化變數（指定值給它）：

```
int size = 420;
String name = "Donny";
```

但是，如果你不初始化一個實體變數，那你呼叫 getter 方法時會發生什麼事？換句話說，在你初始化一個實體變數之前，它的值是什麼？

> 實體變數總是會得到一個預設值。如果你沒有明確地指定一個值給實體變數，或者你沒有呼叫 setter 方法，那麼該實體變數仍然會有一個值！
>
> | 整數 | 0 |
> |---|---|
> | 浮點數 | 0.0 |
> | booleans | false |
> | 參考 | null |

```
class PoorDog {
  private int size;          ← 宣告兩個實體變數，但不指定值給它們。
  private String name;

  public int getSize() {     ← 這些會回傳什麼？
    return size;
  }

  public String getName() {
    return name;
  }
}


public class PoorDogTestDrive {
  public static void main(String[] args) {
    PoorDog one = new PoorDog();
    System.out.println("Dog size is " + one.getSize());   ← 你認為呢？這有辦法成功編譯嗎？
    System.out.println("Dog name is " + one.getName());
  }
}
```

```
File Edit Window Help CallVet
% java PoorDogTestDrive
Dog size is 0
Dog name is null
```

你不需要初始化實體變數，因為它們總是有一個預設值。數字原始型別（包括 char）會得到 0，booleans 會得到 false，而物件參考變數會得到 null。

（記住，null 只意味著一個沒有在控制東西或者尚未程式化的遙控器。有一個參考，但沒有實際的物件。）

實體變數和區域變數之間的差異

① **實體**變數是在<u>一個類別內</u>，但不是在一個方法中宣告的變數。

```
class Horse {
  private double height = 15.2;
  private String breed;
  // 更多程式碼…
}
```

② **區域**變數是在<u>一個方法中宣告</u>的。

```
class AddThing {
  int a;              ⎫ 「實體」變數
  int b = 12;         ⎭

  public int add() {
    int total = a + b;    ← 「區域」變數
    return total;
  }
}
```

③ **區域**變數在使用前「<u>必須</u>」先初始化！

```
class Foo {
  public void go() {
    int x;
    int z = x + 3;
  }
}
```

無法編譯！你可以不帶值宣告 X，但只要你試著「使用」它，編譯器就會發飆。

```
File Edit Window Help Yikes
% javac Foo.java

Foo.java:4: variable x might
not have been initialized
         int z = x + 3;
1 error            ^
```

區域變數不會得到預設值！如果你試著在變數初始化之前就使用一個區域變數，編譯器就會抱怨。

沒有蠢問題

問：那麼方法參數呢？關於區域變數的規則如何套用到它們身上？

答：方法參數基本上就跟區域變數相同：它們被宣告在方法內部（好吧，嚴格來說它們被宣告在方法的引數串列中，而不是在方法的主體中，但它們仍然是區域變數，而非實體變數）。但是方法參數永遠不會未初始化，所以永遠不會有一個編譯器錯誤告訴你說，某個參數變數可能尚未初始化。

取而代之，如果你試圖呼叫一個方法而不給出該方法所需的引數，編譯器會給你一個錯誤。所以參數永遠都是經過初始化的，因為編譯器保證方法的呼叫總是帶有與參數匹配的引數。那些引數會被（自動）指定給參數。

比較變數（原始型別值或參考）

有時你想知道兩個原始型別值（*primitives*）是否相同，舉例來說，你可能想用某個預期的整數值來檢查一個 int 運算結果。那很容易：只要使用 == 運算子就行了。有時你想知道兩個參考變數是否參考的是堆積上的同一個物件，例如，這個 Dog 物件是否正是我開始時所用的那個 Dog 物件？這也很簡單：只需使用 == 運算子。但有時你是想知道兩個物件是否相等。為此，你需要 .equals() 方法。

物件的相等性（equality）概念取決於物件的型別。舉例來說，如果兩個不同的 String 物件有相同的字元（比如「my name」），它們在使用上就是相等的，不管它們在堆積上是否為兩個不同的物件。但是 Dog 呢？如果兩隻狗碰巧有相同的大小和重量，你想把它們視為相等的嗎？大概不會。所以，兩個不同的物件是否應該被視為相等，取決於那對該特定物件型別來說是否合理。我們將在之後的章節中再次探討物件相等的概念，至於現在，我們需要理解 == 運算子只用於比較兩個變數中的位元，而那些位元代表什麼並不重要。那些位元要麼相同，要麼不同。

> 使用 == 來比較兩個原型值或查看兩個參考是否參考同一個物件。
>
> 使用 equals() 方法來看看兩個物件是否相等。
>
> （例如都包含字元「Fred」的兩個不同的 String 物件）

要比較兩個<u>原始型別值</u>，就使用 == 運算子

== 運算子可以用來比較任何種類的兩個變數，它單純只是比較位元。

if (a == b) {...} 查看 a 和 b 中的位元，如果位元模式相同，就回傳 true（儘管左端所有額外的零並不重要）。

```
int a = 3;
byte b = 3;
if (a == b) { // true }
```

（在 int 的左邊有更多的零，但在此我們並不關心那個）

位元模式是相同的，所以使用 == 時，這兩者是相等的

要看看兩個<u>參考</u>是否相同（這意味著它們參考了堆積上的同一個物件），請使用 == 運算子

記住，== 運算子只關心變數中的位元模式。無論變數是參考還是原始型別，其規則都是一樣的。所以，如果兩個參考變數指向同一個物件，== 運算子就會回傳 true！在那種情況下，我們並不知道位元模式是什麼（因為它取決於 JVM，對我們來說是隱藏的），但我們確實知道，無論它看起來為何，對於參考單一個物件的兩個參考來說，它都會是相同的。

```
Foo a = new Foo();
Foo b = new Foo();
Foo c = a;
if (a == b) { } // false
if (a == c) { } // true
if (b == c) { } // false
```

a 和 c 的位元模式是相同的，所以使用 == 的時候，它們是相等的

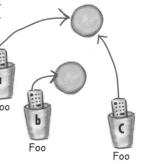

a == c 為 true

a == b 為 false

本章重點

- 封裝使你能夠控制誰在你的類別中更改資料以及如何變更。

- 讓一個實體變數成為私有（*private*）變數，這樣它就不能透過直接存取而被改變。

- 建立一個公開（public）的變動器方法，例如 setter，以控制其他程式碼如何與你的資料互動。舉例來說，你可以在 setter 裡面添加驗證程式碼，以確保值不會被改成無效的東西。

- 實體變數預設有被指定值，即使你沒有明確設定它們。

- 區域變數（例如方法中的變數），預設情況下不會被指定一個值。你總是需要對它們進行初始化。

- 使用 == 來檢查兩個原始型別值是否為相同的值。

- 使用 == 來檢查兩個參考是否相同，也就是說，兩個物件變數實際上是相同的物件。

- 使用 .equals() 來查看兩個物件是否相等（但不一定是同一個物件），例如檢查兩個 String 值是否包含相同的字元。

> 我總是讓我的變數保持私密。如果你想看到它們，你必須跟我的方法講。

削尖你的鉛筆

什麼是合法的？

給定下面的方法，右邊列出的方法呼叫中哪些是合法的？

在合法的呼叫旁邊打上核取記號（有些述句用來指定方法呼叫中會用到的值）。

```
int calcArea(int height, int width) {
    return height * width;
}
```

➡ 答案在第 93 頁。

```
int a = calcArea(7, 12);
short c = 7;
calcArea(c, 15);

int d = calcArea(57);

calcArea(2, 3);

long t = 42;
int f = calcArea(t, 17);

int g = calcArea();

calcArea();

byte h = calcArea(4, 20);

int j = calcArea(2, 3, 5);
```

冥想時間 — 我是編譯器

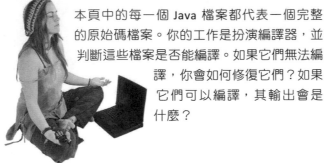

本頁中的每一個 Java 檔案都代表一個完整的原始碼檔案。你的工作是扮演編譯器，並判斷這些檔案是否能編譯。如果它們無法編譯，你會如何修復它們？如果它們可以編譯，其輸出會是什麼？

A

```java
class XCopy {

  public static void main(String[] args) {
    int orig = 42;
    XCopy x = new XCopy();
    int y = x.go(orig);
    System.out.println(orig + " " + y);
  }

  int go(int arg) {
    arg = arg * 2;
    return arg;
  }
}
```

B

```java
class Clock {
  String time;

  void setTime(String t) {
    time = t;
  }

  void getTime() {
    return time;
  }
}

class ClockTestDrive {
  public static void main(String[] args) {
    Clock c = new Clock();

    c.setTime("1245");
    String tod = c.getTime();
    System.out.println("time: "+tod);
  }
}
```

➜ 答案在第 93 頁。

習題

猜猜我是誰？

一群盛裝打扮的 Java 元件，正在玩一個派對遊戲「猜猜我是誰？」。他們給你一條線索，而你根據他們所說的，試著猜測他們是誰。假設他們總是對自己的事情說實話。如果他們碰巧說了一些可能不只對一名與會者為真的話，那麼就寫下適用那句話的所有人。在句子旁邊的空白處填上一個或多個與會者的名稱。

今晚的與會者：

實體變數、引數、**return**、**getter**、**setter**、封裝、**public**、**private**、由值傳遞、方法

一個類別可以有任何數目的這種東西。　＿＿＿＿＿＿＿＿＿＿＿＿

一個方法只能有一個這種東西。　＿＿＿＿＿＿＿＿＿＿＿＿

這可以隱含提升（**implicitly promoted**）。　＿＿＿＿＿＿＿＿＿＿＿＿

我喜歡我的實體變數是私密的。　＿＿＿＿＿＿＿＿＿＿＿＿

這實際上意味著「製作一份拷貝」。　＿＿＿＿＿＿＿＿＿＿＿＿

只有 **setters** 應該更新這個。　＿＿＿＿＿＿＿＿＿＿＿＿

一個方法可以有多個這種東西。　＿＿＿＿＿＿＿＿＿＿＿＿

依照定義我會回傳東西。　＿＿＿＿＿＿＿＿＿＿＿＿

我不應該和實體變數一起使用。　＿＿＿＿＿＿＿＿＿＿＿＿

我可以有許多引數。　＿＿＿＿＿＿＿＿＿＿＿＿

依照定義，我接受一個引數。　＿＿＿＿＿＿＿＿＿＿＿＿

這些東西幫忙建立封裝。　＿＿＿＿＿＿＿＿＿＿＿＿

我總是單獨行事。　＿＿＿＿＿＿＿＿＿＿＿＿

━━━━▶ 答案在第 93 頁。

連連看

在你的右邊列出了一個簡短的 Java 程式，其中少了兩個區塊。你的挑戰是將**候選的程式碼區塊**（如下）與插入該程式碼區塊後的**輸出相匹配**。

並非所有的輸出行都會被用到，有些輸出行可能會被使用不只一次。畫線將候選的程式碼區塊與它們相匹配的命令列輸出連接起來。

```java
public class Mix4 {
  int counter = 0;

  public static void main(String[] args) {
    int count = 0;
    Mix4[] mixes = new Mix4[20];
    int i = 0;
    while (         ) {
      mixes[i] = new Mix4();
      mixes[i].counter = mixes[i].counter + 1;
      count = count + 1;
      count = count + mixes[i].maybeNew(i);
      i = i + 1;
    }
    System.out.println(count + " " +
                        mixes[1].counter);
  }

  public int maybeNew(int index) {
    if (          ) {
      Mix4 mix = new Mix4();
      mix.counter = mix.counter + 1;
      return 1;
    }
    return 0;
  }
}
```

候選：

i < 9
index < 5

i < 20
index < 5

i < 7
index < 7

i < 19
index < 1

可能的輸出：

14 7

9 5

19 1

14 1

25 1

7 7

20 1

20 5

答案在第 94 頁。

池畔風光

你的**任務**是從泳池中拿出程式碼片段，並將它們放入程式碼中的空白行。你**不能**多次使用同一個程式碼片段，而且你也不需要使用所有的程式碼片段。你的**目標**是製作一個能夠編譯、執行並產生所列輸出的類別。

➤ 答案在第 94 頁。

輸出

```
File Edit Window Help BellyFlop
%java Puzzle4
result 543345
```

```java
public class Puzzle4 {
  public static void main(String [] args) {

    _____
    int number = 1;
    int i = 0;
    while (i < 6) {

      _____

      _____
      number = number * 10;

      _____
    }

    int result = 0;
    i = 6;
    while (i > 0) {

      _____
      result = result + _____
    }
    System.out.println("result " + result);
  }
}


class _____ {
  int intValue;
  _____ _____ doStuff(int _____) {
    if (intValue > 100) {
      return _____
    } else {
      return _____
    }
  }
}
```

注意：泳池中的每個程式碼片段只能使用一次！

doStuff(i);
values.doStuff(i);
values[i].doStuff(factor);
values[i].doStuff(i);

intValue = i;
values.intValue = i;
values[i].intValue = i;
values[i].intValue = number;
Puzzle4 [ ] values = new Puzzle4[6];
Value [ ] values = new Value[6];
Value [ ] values = new Puzzle4[6];

intValue
factor
public
private

intValue + factor;
intValue * (2 + factor);
intValue * (5 - factor);
intValue * factor;
i = i + 1;
i = i - 1;

Puzzle4
Value
Value( )

int
short

values [i] = new Value(i);
values [ ] = new Value( );
values [i] = new Value( );
values = new Value( );

刺激市的快速時代

當 Buchanan 從後面粗暴地抓住 Jai 的手臂時，Jai 愣住了。Jai 知道 Buchanan 和他的醜陋一樣愚蠢，他不想惹怒這個大傢伙。Buchanan 命令 Jai 進入他老闆的辦公室，但 Jai 沒有做錯什麼（至少最近是這樣），所以他想說和 Buchanan 的老闆 Leveler 聊一聊，應該不會太糟糕。他最近在西區搬運了很多神經刺激器，他認為 Leveler 會很高興。黑市上的刺激器並不是最好的賺錢工具，但它們是相當無害的。他見過的大多數刺激上癮者在一段時間後都會退出，並回到正常生活，或許只是比以前少了一點注意力。

Leveler 的「辦公室」是一艘看起來很骯髒的撈油船，但 Buchanan 把他塞進去後，Jai 就可以看到它已經被改裝過了，可以提供像 Leveler 這樣的地方老大所希望的那些額外速度和裝甲。「Jai，我的朋友」，Leveler 嘶吼道，「很高興再次見到你」。「我確定我也是…」感受到了 Leveler 打招呼背後惡意的 Jai 說道「我們應該互不相欠了，Leveler，我有錯過什麼嗎？」。Leveler 說：「哈！你做得很好，Jai。你達到我們要求的量了，但真的要說的話，我最近遇到了一些『違規』行為」。

Jai 不由自主地縮了縮脖子，他以前也是一流資訊劫匪。每當有人想出如何破解街頭劫匪的安全系統時，人們的注意力就會轉向 Jai。「不可能是我啊」，Jai 說，「壞處大過於好處，根本不值得這樣做。我已經從駭客退休了，我只是在搬運我的東西，管好我自己的事情而已」。「是啊，是啊」，Leveler 笑著說，「我相信你跟這件事無關，但在這個新的駭客被拒之門外以前，我將會損失很大的利潤！」。「好吧，祝你好運，Leveler，也許你可以在這裡就放我走，讓我在今天收工之前，再去幫你搬運幾個『單元』」Jai 說。

「恐怕沒那麼容易，Jai。旁邊的 Buchanan 告訴我說，有消息指出你現在用的是 Java NE 37.3.2」，Leveler 暗示著說道。「Neural Edition？當然，我玩了一下，那又怎樣呢？」，Jai 回應道，感覺有點噁心想吐。「Neural Edition 是我讓刺激上癮者們知道下一個投放點會在哪裡的方法」，Leveler 解釋道。「麻煩的是，一些刺激上癮者已經待得夠久，他們想出了如何入侵我的倉儲資料庫」。「Jai，我需要一個像你這樣思維敏捷的人來看看我的 StimDrop Java NE 類別、方法、實體變數，整個系統，找出他們是如何進入的。這應該…」，「嘿！」Buchanan 喊道，「我不想讓像 Jai 這樣的人渣駭客在我的程式碼裡面到處看」。「放輕鬆點，大個子」，Jai 看到了他的機會，「我相信你懂得善用存取修飾詞…」。「不用你說，小傢伙！」，Buchanan 大喊，「我把所有那些上癮等級的方法都公開了，這樣他們就可以存取投放點的資料，但我把所有關鍵的倉儲方法都標為私有。外面的任何人都不能存取這些方法，聽懂了嗎，老兄，沒有人可以那樣做！」。

「我想我看出你的漏洞了，Leveler。我們讓 Buchanan 留在角落那裡，然後一起繞著這區塊轉一圈走走，怎麼樣？」，Jai 建議道。Buchanan 握緊拳頭，開始向 Jai 走去，但 Leveler 的電擊器已經架在了 Buchanan 的脖子上。「Buchanan，放過他吧」，Leveler 冷笑道，「把你的手放在我可以看到的地方，然後走出去。我想 Jai 和我有一些計畫要做」。

Jai 在懷疑什麼？

他能從 Leveler 的撈油船裡全身而退嗎？

答案在第 94 頁。

習題
解答

削尖你的鉛筆（第 87 頁）

```
int a = calcArea(7, 12);
short c = 7;
calcArea(c, 15);        ✓

int d = calcArea(57);

calcArea(2, 3);         ✓

long t = 42;
int f = calcArea(t, 17);

int g = calcArea();

calcArea();

byte h = calcArea(4, 20);

int j = calcArea(2, 3, 5);
```

冥想時間 — 我是編譯器（第 88 頁）

A

類別「XCopy」的編譯和執行是正常的！輸出結果會是「42 84」。記住，Java 是透過值傳遞的（這意味著透過複製傳遞），變數「orig」並沒有被 go() 方法改變。

```
class Clock {
  String time;

  void setTime(String t) {
    time = t;
  }
```

B

```
  String getTime() {
    return time;
  }
}
```

注意：依照定義，「Getter」
方法會有一個回傳型別。

```
class ClockTestDrive {
  public static void main(String[] args) {
    Clock c = new Clock();
    c.setTime("1245");
    String tod = c.getTime();
    System.out.println("time: " + tod);
  }
}
```

猜猜猜我是誰？（第 89 頁）

一個類別可以有任何數目的這種東西。	實體方法、getter、setter、method
一個方法只能有一個這種東西。	return
這可以隱含提升（**implicitly promoted**）	return、引數
我喜歡我的實體變數是私密的。	封裝
這實際上意味著「製作一份拷貝」。	由值傳遞
只有 **setters** 應該更新這個。	實體變數
一個方法可以有多個這種東西。	引數
依照定義我會回傳東西。	getter
我不應該和實體變數一起使用。	public
我可以有許多引數。	方法
依照定義，我接受一個引數。	setter
這些東西幫忙建立封裝。	getter、setter、public、private
我總是單獨行事。	return

謎題解答

池畔風光（第 91 頁）

```java
public class Puzzle4 {
  public static void main(String[] args) {
    Value[] values = new Value[6];
    int number = 1;
    int i = 0;
    while (i < 6) {
      values[i] = new Value();
      values[i].intValue = number;
      number = number * 10;
      i = i + 1;
    }

    int result = 0;
    i = 6;
    while (i > 0) {
      i = i - 1;
      result = result + values[i].doStuff(i);
    }
    System.out.println("result " + result);
  }
}

class Value {
  int intValue;

  public int doStuff(int factor) {
    if (intValue > 100) {
      return intValue * factor;
    } else {
      return intValue * (5 - factor);
    }
  }
}
```

輸出

```
File  Edit  Window  Help  BellyFlop
%java Puzzle4
result 543345
```

Head First 少年事件簿（第 92 頁）

Jai 在懷疑什麼？

Jai 很清楚，Buchanan 一向不是最精明的那個。當 Jai 聽到 Buchanan 談論他的程式碼時，Buchanan 從未提到他的實體變數。Jai 懷疑，雖然 Buchanan 有正確地處理了他的方法，但他沒有將他的實體變數標示為 private。這一失誤很容易使 Leveler 損失數千美元。

連連看（第 90 頁）

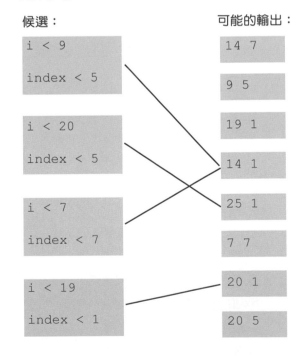

候選：

| i < 9 |
| index < 5 |

| i < 20 |
| index < 5 |

| i < 7 |
| index < 7 |

| i < 19 |
| index < 1 |

可能的輸出：

14 7

9 5

19 1

14 1

25 1

7 7

20 1

20 5

5 撰寫一個程式

超強度方法

我能舉起很重的物件。

讓我們為方法注入一些力量。 我們涉足了變數，玩了一些物件，還寫了一點程式碼。但是我們很弱。我們需要更多的工具。例如**運算子**（**operators**）。我們需要更多的運算子，這樣我們就可以做一些比吠叫更有趣的事情了。還有**迴圈**（**loops**）。我們需要迴圈，但那些軟弱無力的 *while* 迴圈是怎麼回事？如果我們真的要認真起來，我們還需要 *for* 迴圈，可能在**產生隨機數字**時很有用，最好也學學那個。我們為什麼不透過建立一些真實的東西來學習這一切，看看從頭開始撰寫（和測試）一個程式會是什麼樣子。**也許是一個遊戲**，像是 Battleships。這是一項繁重的任務，所以需要兩章才能完成。我們將在本章建立一個簡單的版本，然後在第 6 章「使用 *Java* 程式庫」中建立一個更強大的豪華版本。

讓我們建造一個 Battleship 風格的遊戲：「Sink a Startup」

這是你與電腦的對抗，但與真正的 Battleship（戰艦）遊戲不同，在這個遊戲中，你不會放置任何自己的船隻。取而代之，你的任務是以最少次的猜測擊沉電腦的船隻。

哦，還有我們並不是在擊沉船隻。我們是在扼殺不明智的矽谷新創公司（Silicon Valley Startups，從而建立商業相關性，以便你可以支出這本書的費用）。

目標： 以最少的猜測次數擊沉電腦的所有新創公司（Startups）。根據你的表現，你會得到一個評等或級別。

設置： 遊戲程式啟動時，電腦會在一個**虛擬的 7×7 網格**上放置三個 Startup。完成後，遊戲會要求你進行第一次猜測。

玩法： 我們尚未學會建立 GUI，所以這個版本是在命令列下運作。電腦會提示你輸入一個猜測（一個格子），你會在命令列中輸入像是「A3」、「C5」 等等的東西。對於你的猜測，你會在命令列看到一個結果，要麼是「hit（命中）」，要麼是「miss（未中）」或「You sunk poniez（你擊沉了 poniez）」（或本日最幸運的任何 Startup）。當你把三家新創公司都送到天空中的那個大型 404 時，遊戲就結束並列印出你的評分。

你將要建立 Sink a Startup 遊戲，使用一個 **7 x 7 網格**，以及三個 **Startup**。每個 **Startup** 都佔據三個格子（cells）。

遊戲互動的一部分

```
File  Edit  Window  Help  Sell
%java StartupBust
Enter a guess   A3
miss
Enter a guess   B2
miss
Enter a guess   C4
miss
Enter a guess   D2
hit
Enter a guess   D3
hit
Enter a guess   D4
Ouch! You sunk poniez   : (
kill
Enter a guess   G3
hit
Enter a guess   G4
hit
Enter a guess   G5
Ouch! You sunk hacqi   : (
All Startups are dead! Your stock
is now worthless
Took you long enough. 62 guesses.
```

每個方盒都是一個「格子」

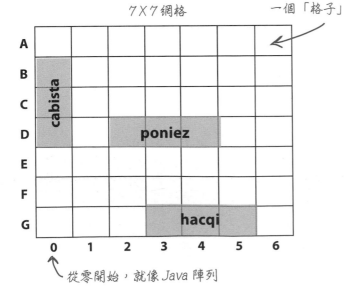

7X7 網格

從零開始，就像Java 陣列

首先，一個高階的設計

我們知道我們需要類別和方法，但它們應該是什麼呢？要回答這個問題，我們需要更多關於遊戲應該做什麼的資訊。

首先，我們需要弄清楚此遊戲的一般流程。這裡有一個基本的概念：

1 使用者啟動遊戲。

   A 遊戲創建三個 Startup

   B 遊戲在一個虛擬網格上放置那三個 Startup

2 開始玩遊戲。

重複下列步驟，直到沒有剩下的 Startup 為止：

   A 提示使用者輸入一個猜測（「A2」、「C0」等等）。

   B 將使用者的猜測與所有的 Startup 進行對照，看看是否命中、未命中或擊沉。採取適當的行動：如果命中，就刪除格子（A2、D4 等等）。如果擊沉，則刪除那個 Startup。

3 遊戲完成。

根據猜測的次數，給使用者一個評級。

現在我們對程式需要做的事情有了大概的了解。下一步是弄清楚我們需要什麼樣的**物件**來做這些工作。記住，要像 Brad 而不是 Laura（我們在第 2 章「物件村之旅」中見過）那樣思考，首先關注程式中的**事物**（*things*）而非**程序**（*procedures*）。

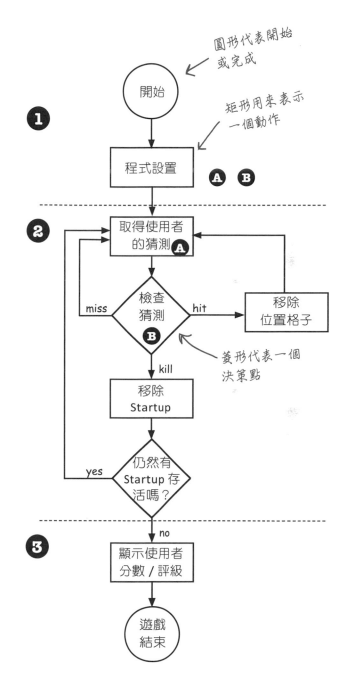

哇，是一個真正的流程圖呢。

「簡單的 Startup 遊戲」
更溫和的介紹

看起來我們至少需要兩個類別，一個 Game 類別和一個 Startup 類別。但在我們建立一個完整的 ***Sink a Startup*** 遊戲之前，我們將從一個削減過的簡化版本開始，即 ***Simple Startup Game***。我們將在本章中建置這個簡單版本，然後在下一章中建置豪華版本。

在這個遊戲中，一切都更簡單。我們沒有採用 2-D 網格，而是將 Startup 隱藏在單一列（*row*）中。我們不使用三個 Startup，而使用一個。

不過目標是一樣的，所以遊戲仍然需要製作一個 Startup 實體，給它指定列中的某個位置，獲得使用者輸入，而當那個 Startup 的所有格子都被擊中時，遊戲就結束。這個簡化版的遊戲，為我們構建完整遊戲的過程提供了一個重要的開端。如果我們能讓這個小遊戲順利運行，我們就能在之後把它擴充為更複雜的遊戲。

在這個簡單的版本中，遊戲類別沒有實體變數，而所有的遊戲程式碼都在 main() 方法中。換句話說，當程式啟動，main() 開始執行後，它將建立唯一的一個 Startup 實體，為它選擇一個位置（在單一的虛擬七格列上找出三個連續的格子），要求使用者猜測，檢查猜測，並重複，直到所有三個格子都被擊中為止。

請記住，這個虛擬列是…虛擬的。換句話說，它並不存在於程式中的任何地方。只要遊戲和使用者都知道「Startup」被隱藏在可能的七個格子中的三個連續格子（從零開始）中，該列本身就不需要在程式碼中表示。你可能會想建立有七個 int 的一個陣列，然後將「Startup」指定給陣列中七個元素中的三個，但你不需要這樣做。我們只需要一個陣列來保存 Startup 所佔據的三個格子。

1 遊戲啟動並創建了一個 Startup，並在有七個格子的單一列的其中三個格子上賦予它一個位置。

位置不是「A2」、「C4」等，而只是整數（例如 1、2、3 就是這個圖片中的格子位置）：

0	1	2	3	4	5	6

2 開始進行遊戲。提示使用者進行猜測，然後檢查是否命中 Startup 的三個格子。如果命中，就遞增 numOfHits 變數。

3 當所有的三個格子都被擊中（numOfHits 變數值為 3）時，遊戲就結束了，使用者會被告知猜了多少次才使 Startup 沉沒。

SimpleStartupGame

---

void main

SimpleStartup

---

int [] locationCells
int numOfHits

String checkYourself(int guess)

void setLocationCells(int[] loc)

一次完整的遊戲互動

```
File Edit Window Help Destroy
%java SimpleStartupGame
enter a number  2
hit
enter a number  3
hit
enter a number  4
miss
enter a number  1
kill
You took 4 guesses
```

發展一個類別

身為一名程式設計師，你可能有撰寫程式碼的方法論或程序或途徑。嗯，我們也是如此。我們的順序是為了幫助你看到（和學習）我們在編寫一個類別時的想法。這不一定是我們（或你）在「現實世界」中寫程式的方式。當然，在現實世界中，你將遵循你的個人偏好、專案或雇主規定的做法。然而，我們幾乎可以做任何我們想做的事情。而當我們創建一個 Java 類別作為一種「學習體驗」時，我們通常是這樣做的：

☐ 弄清楚這個類別應該做什麼。

☐ 列出**實體變數和方法**。

☐ 為這些方法寫出**預備程式碼**（**prep code**，稍後你會看到這一點）。

☐ 為方法撰寫**測試程式碼**。

☐ **實作**（**implement**）類別。

☐ **測試**那些方法。

☐ **除錯**（**debug**），並在必要時**重新實作**。

☐ 為我們不必在活生生的實際使用者身上，測試我們所謂的學習體驗 app 表示感激。

我們會為每個類別撰寫的三個東西：

這個長條會顯示在接下來的幾頁上，告訴你正在進行哪一部分。舉例來說，如果你在一個頁面的頂部看到這張圖片，就意味著你正在為 SimpleStartup 類別編寫預備程式碼。

SimpleStartup 類別

| prep code | test code | real code |

prep code（預備程式碼）

一種形式的虛擬程式碼（pseudocode），幫助你專注在邏輯上，而不會因為語法而感到緊張。

test code（測試程式碼）

會測試真正程式碼並驗證它有做對事情的一個類別或方法。

real code（真正的程式碼）

類別的實際實作。這是我們撰寫真正 Java 程式碼的地方。

⚛ 動動腦

活動那些樹突。

撰寫一個程式時，你如何決定要先建立哪一個或哪幾個類別呢？假設除了最微小的程式外，所有的程式都需要一個以上的類別（如果你遵循良好的 OO 原則，而不是讓一個類別做許多不同工作的話），你要從哪裡開始呢？

To Do:

SimpleStartup 類別

☐ 撰寫預備程式碼

☐ 撰寫測試程式碼

☐ 撰寫最終的 Java 程式碼

SimpleStartupGame 類別

☐ 撰寫預備程式碼

☒ 撰寫測試程式碼-[不需要]

☐ 撰寫最終的 Java 程式碼

| prep code | test code | real code |

SimpleStartup

int [] locationCells
int numOfHits

String checkYourself(int guess)

void setLocationCells(int[] loc)

讀完這個例子時,你會了解到預備程式碼(我們版本的虛擬程式碼)是如何運作的。它介於真正的 Java 程式碼和類別的簡單中英文描述之間。大多數的預備程式碼包括三個部分:實體變數宣告、方法宣告、方法邏輯。預備程式碼中最重要的部分是方法邏輯,因為它定義了 *what*(什麼)必須發生,我們在實際編寫方法程式碼時會將其轉譯為 *how*(如何發生的)。

DECLARE 一個 *int* 陣列,以存放位置格子。稱之為 *locationCells*。

DECLARE 一個 *int* 來存放命中的次數。稱之為 *numOfHits* 並將之**設定**為 0。

DECLARE 一個 *checkYourself()* 方法,接受一個 *int* 作為使用者的猜測(1、3 等等),檢查它,並回傳一個結果,代表一次「hit」或「miss」或「kill」。

DECLARE 一個 *setLocationCells()* setter 方法,接受一個 *int* 陣列(它擁有作為 *int* 的三個格子位置(2、3、4 等))。

METHOD: *String checkYourself(int userGuess)*

   GET 使用者的猜測作為一個 int 參數

   REPEAT 處理 *int* 陣列中的每個位置格子

      // COMPARE 使用者的猜測和位置格子

      IF 使用者的猜測相符

         INCREMENT 命中的次數

         // FIND OUT 這是否為最後一個位置格子:

         IF 命中次數為 3,**RETURN**「kill」作為結果

         ELSE 它不是一次 kill,所以 **RETURN**「hit」

         END IF

      ELSE 使用者的猜測並不相符,所以 **RETURN**「miss」

      END IF

   END REPEAT

END METHOD

METHOD: *void setLocationCells(int[] cellLocations)*

   GET 格子位置作為一個 *int* 陣列參數

   ASSIGN 格子位置參數到格子位置實體變數

END METHOD

`prep code` `test code` `real code`

撰寫方法的實作

現在讓我們撰寫真正的方法程式碼並讓它動起來。

在我們開始編寫方法之前，讓我們先退一步，寫一些程式碼來測試（test）方法。沒錯，我們要在有東西要測試之前撰寫測試程式碼！

先寫測試程式碼的概念是測試驅動開發（Test-Driven Development，TDD）的實務做法之一，它可以使你更容易（並更快地）編寫你的程式碼。我們不是說你一定得使用 TDD，但我們確實喜歡先寫測試的部分。而且 TDD 聽起來就很酷。

> 哦，我的天啊！我還一度以為你不打算先寫測試程式碼呢！別這樣嚇唬我。

Test-Driven Development (TDD)

回到 1999 年，Extreme Programming（XP，極限程式設計）是軟體開發方法學領域的新成員。XP 的中心思想之一是在編寫實際程式碼之前先編寫測試程式碼。從那時起，先寫測試程式碼的想法就從 XP 中分離出來，成為 XP 的一個更新、更流行的子集 TDD 的核心（好啦，好啦，我們知道我們剛剛嚴重地過度簡化了這一點，請在這裡稍微寬恕我們一下）。

TDD 是一個很大的主題，在這本書中我們僅觸及其表面。但希望我們開發「Sink a Startup」遊戲的方式能讓你對 TDD 有一些了解。

如果你想了解關於 TDD 運作原理的更多資訊，請參閱 Kent Beck 所著的《*Test Driven Development: By Example*》（《Kent Beck 的測試驅動開發：案例導向的逐步解決之道》）一書。

以下是 TDD 中的部分關鍵概念：

- 先撰寫測試程式碼。
- 在迭代週期（iteration cycles）中開發。
- 保持（程式碼的）簡單。
- 無論何時何地，只要你注意到有機會，就進行重構（refactor，改進程式碼）。
- 在所有測試都通過之前，不要發佈任何東西。
- 不要加入規格中沒有的東西（不管你多麼想添加「為未來準備」的功能）。
- 沒有殺手鐧時程表（killer schedules），正常時間工作就好。

prep code | **test code** | **real code**

為 SimpleStartup 類別撰寫測試程式碼

我們需要編寫測試程式碼來製作一個 SimpleStartup 物件並執行其方法。對於 SimpleStartup 類別，我們真正關心的只有 *checkYourself()* 方法，儘管我們必須實作 *setLocationCells()* 方法，以便讓 *checkYourself()* 方法正確執行。

好好看看下面 *checkYourself()* 方法的預備程式碼（*setLocationCells()* 方法是不多加思索就能寫出的一個 setter 方法，所以我們並不擔心它，但是在一個「真正」的應用程式中，我們可能想要一個更穩健的「setter」方法，那種我們就會想測試一下）。

然後問自己「如果實作了 *checkYourself()* 方法，我可以寫什麼測試程式碼來證明這個方法正確運作？」。

以這段預備程式碼為基礎：

```
METHOD String checkYourself(int userGuess)
  GET 使用者的猜測作為一個 int 參數
  REPEAT 處理 int 陣列中的每個位置格子
    // COMPARE 使用者的猜測和位置格子
    IF 使用者的猜測相符
      INCREMENT 命中的次數
      // FIND OUT 這是否為最後一個位置格子：
      IF 命中次數為 3，RETURN「Kill」作為結果
      ELSE 它不是一次 kill，所以 RETURN「Hit」
      END IF
    ELSE 使用者的猜測並不相符，所以 RETURN「Miss」
    END IF
  END REPEAT
END METHOD
```

這裡是我們應該測試的東西：

1. 實體化一個 SimpleStartup 物件。

2. 指定給它一個位置（有 3 個 int 的一個陣列，像是 {2, 3, 4}）。

3. 創建一個 int 來表示使用者的一次猜測（2、0 等等）。

4. 調用 checkYourself() 方法，傳入給它虛構的使用者猜測。

5. 印出結果來看看它是否正確（「passed（通過）」或「failed（失敗）」）。

沒有蠢問題

問：也許我在這裡錯過了什麼，但你到底要如何在尚未存在的東西上執行測試呢？

答：你不需要。我們從來沒有說過從執行測試開始，你是從撰寫測試開始的。在你編寫測試程式碼的時候，你沒有任何東西可以讓它執行測試，在你寫出可以編譯的「stub（殘根）」程式碼之前，你可能都無法編譯它，但那總是會導致測試失敗（例如回傳 null）。

問：我還是看不出重點所在。為什麼不等到程式碼寫好後，再拿出測試程式碼呢？

答：思考（和編寫）測試程式碼的行為有助於澄清你對方法本身需要做什麼的思維。

只要你的實作程式碼一完成，你就已經有測試程式碼，等著驗證它了。此外，你知道如果你現在不做，你就永遠不會做。總是有更有趣的事情要做。

理想情況下，先寫一點測試程式碼，然後只寫出為了通過測試所需的實作程式碼。然後再寫更多的一點測試程式碼，並只寫出通過那個新測試所需的新實作程式碼。在每次迭代中，你會執行以前寫過的所有測試，以證明你最新添加的程式碼不會破壞以前測試過的程式碼。

SimpleStartup 類別的測試程式碼

```java
public class SimpleStartupTestDrive {
  public static void main(String[] args) {
    SimpleStartup dot = new SimpleStartup();

    int[] locations = {2, 3, 4};
    dot.setLocationCells(locations);

    int userGuess = 2;
    String result = dot.checkYourself(userGuess);

    String testResult = "failed";
    if (result.equals("hit")) {
      testResult = "passed";
    }

    System.out.println(testResult);
  }
}
```

實體化一個 SimpleStartup 物件。

為那個 Startup 的位置（可能的 7 個裡面的 3 個連續 int）製作一個 int 陣列。

在 Startup 上調用 setter 方法。

製作一個虛構的使用者猜測。

在 Startup 物件上調用 checkYourself() 方法，並傳入虛構的猜測給它。

如果虛構的猜測（2）丟回一個「hit」，這就順利運作。

印出測試結果（「passed」或「failed」）。

削尖你的鉛筆 ──────→ 你要解決的。

在接下來的幾頁中，我們實作了 SimpleStartup 類別，隨後我們會再回到測試類別。看一下我們上面的測試程式碼，還有什麼是應該添加的？在這段程式碼中，我們沒有測試什麼？我們應該測試的是什麼？把你的想法（或程式碼行）寫在下面：

`prep code` `test code` `real code`

checkYourself() 方法

從預備程式碼到 Java 程式碼並沒有一個完美的映射存在：你會看到一些調整。預備程式碼讓我們對程式碼需要做什麼（*what*）有了更好的認識，現在我們必須想出可以做到 *how* 的 Java 程式碼。

在你的腦海中，要思考程式碼中你可能想要（或需要）改進的部分。那些數字 ① 標示你還沒有看到的東西（語法和語言功能）。它們在對面的頁面上有解釋。

GET the user guess

```java
public String checkYourself(int guess) {

    String result = "miss";
```
製作一個變數來存放我們要回傳的結果。放入 "*miss*" 作為預設值（即我們假設「沒命中」）

REPEAT with each cell in the *int* array

IF the user guess matches

```java
    ① for (int cell : locationCells) {

        if (guess == cell) {
```
重複處理 *locationCells* 陣列中的每個格子（物件的每個格子位置）

將使用者的猜測和陣列中的這個元素（格子）做比較

INCREMENT the number of hits

```java
            result = "hit";
        ② numOfHits++;
        ③ break;
        } // end if
```
出現命中！

跳出迴圈，沒必要測試其他格子了

// FIND OUT if it was the last cell

IF number of hits is 3,

RETURN "kill" as the result

ELSE it was not a kill, so

RETURN "hit"

ELSE

RETURN "miss"

```java
    } // end for

    if (numOfHits == locationCells.length) {

        result = "kill";

    } // end if

    System.out.println(result);

    return result;
} // end method
```
我們跳出迴圈了，但讓我們看看我們現在是否「死了」（命中三次）並把結果字串改為 "*kill*"

顯示結果給使用者（預設為 "*miss*"，除非被改為 "*hit*" 或 "*kill*"）

將結果傳回呼叫端的方法

prep code　**test code**　**real code**

就是些新東西

我們之前沒見過的東西都在這一頁
上。別擔心！本章後面還有更多細
節。這只是足夠讓你動起來的部分。

這個 for 迴圈宣告要這樣讀「為
『locationCells』陣列中的每個元
素進行重複處理；拿取陣列中的
下一個元素，並將之指定給 int
變數『cell』」。

這個冒號 (:) 意味著「in（在其中）」，
所以全部讀起來就是「對於 locationCells
中的每個 int 值…」。

① **for 迴圈**

$$\text{for (int cell : locationCells) \{ \}}$$

宣告一個變數，用以存放陣列中的一個元
素。每次迴圈，這個變數（在這裡是一個
名為「cell」的 int 變數）都將保存陣列中
的一個不同的元素，直到沒有更多元素為
止（或者程式碼做一次「break」…見下面
的第 3 點）。

迴圈中要迭代過 (iterate over) 的陣
列。每次通過迴圈，陣列中的下一個
元素都將被指定給變數「cell」（本章
結尾會有更多的介紹）。

② **後置遞增運算子**
（**post-increment operator**）

++ 意味著為放在前面的
東西加 1（換句話說就是
遞增 1）。

$$\text{numOfHits++}$$

numOfHits++ 等同於（在
此例子中）說 numOfHits =
numOfHits + 1，只是少打一
些字。

③ **break 述句**

$$\text{break;}$$

讓你離開一個迴圈，在此立即退出，不用再迭
代，不需要 boolean 測試，現在就可以出去了！

prep code | test code | real code

沒有蠢問題

問：在本書開頭，有一個 *for* 迴圈的例子，與這個例子截然不同，是否有兩種不同風格的 *for* 迴圈？

答：是的！從 Java 的第一版開始，就有單一的一種 *for* 迴圈（本章後面有解釋），看起來像這樣：

```
for (int i = 0; i < 10; i++)
{
    // 做某些事情 10 次
}
```

你可以將這種格式用於你需要的任何一種迴圈。不過⋯從 Java 5 開始，當你的迴圈需要迭代過一個陣列（或其他種類的群集，你會在下一章看到）中的元素時，你也可以使用增強型的 for 迴圈（這是官方描述）。你總是可以使用舊有的普通 for 迴圈來迭代一個陣列，但是增強型的 for 迴圈使這項工作更容易。

問：如果你可以使用 ++ 來為一個 int 加 1，那你也能以某種方式減 1 嗎？

答：是的，一點也沒錯。希望當你發現語法是 --（兩個減號）時不會太驚訝，就像這樣：

```
countdown = i--;
```

SimpleStartup 和 SimpleStartupTestDrive 最後的程式碼

```java
public class SimpleStartupTestDrive {
  public static void main(String[] args) {
    SimpleStartup dot = new SimpleStartup();
    int[] locations = {2, 3, 4};
    dot.setLocationCells(locations);
    int userGuess = 2;
    String result = dot.checkYourself(userGuess);
    String testResult = "failed";
    if (result.equals("hit")) {
      testResult = "passed";
    }
    System.out.println(testResult);
  }
}
```

```java
class SimpleStartup {
  private int[] locationCells;
  private int numOfHits = 0;

  public void setLocationCells(int[] locs) {
    locationCells = locs;
  }

  public String checkYourself(int guess) {
    String result = "miss";
    for (int cell : locationCells) {
      if (guess == cell) {
        result = "hit";
        numOfHits++;
        break;
      } // end if
    } // end for
    if (numOfHits ==
        locationCells.length) {
      result = "kill";
    } // end if
    System.out.println(result);
    return result;
  } // end method
} // close class
```

這裡潛伏著一個小錯誤。它可以編譯和執行，不過⋯現在還不用擔心，我們稍後將不得不面對它。

> **執行這段程式碼時，我們應該看到什麼？**
>
> 這段測試程式碼製作了一個 SimpleStartup 物件，並賦予了它 2,3,4 的一個位置。然後，它向 checkYourself() 方法發送了一個虛構的使用者猜測「**2**」。如果程式碼運作正常，我們應該看到結果列印出來是這樣：
>
> ```
> % java SimpleStartupTestDrive
> hit
> passed
> ```

prep code | test code | real code

削尖你的鉛筆

我們建立了測試類別和 SimpleStartup 類別。但我們仍然還沒有做出實際的遊戲。給定對面頁的程式碼和實際遊戲的規格，寫出你為遊戲類別構思的預備程式碼。我們在這裡和那裡給了你幾行，讓你得以開始。實際的遊戲程式碼在下一頁，所以**做完這個練習之前不要翻頁！**

你應該寫出介於 12 到 18 行的程式碼（包括我們寫的那些，但不包括只有大括號的程式行）。

METHOD *public static void main (String [] args)*

    DECLARE 一個變數來存放使用者的猜測次數，命名為 *numOfGuesses*

    COMPUTE 一個介於 0 和 4 的隨機數字作為起始的位置格子所在

WHILE Startup 仍然活著：

    GET 來自命令列的使用者輸入

SimpleStartupGame 需要這樣做：

1. 製作那個單一的 SimpleStartup 物件。

2. 為它設定一個位置（在一列七個虛擬格子上的三個連續格子）。

3. 請使用者進行猜測。

4. 檢查猜測的結果。

5. 重複進行，直到 Startup 被擊沉。

6. 告訴使用者猜了多少次。

一次完整的遊戲互動

```
File  Edit  Window  Help  Runaway
%java SimpleStartupGame
enter a number   2
hit
enter a number   3
hit
enter a number   4
miss
enter a number   1
kill
You took 4 guesses
```

→ 你要解決的。

SimpleStartupGame 類別的預備程式碼

所有的事情都發生在 main() 裡面

有些事情你必須憑著信念來承擔。舉例來說，我們有一行預備程式碼說「GET 來自命令列的使用者輸入」。讓我告訴你，這比我們現在想從頭實作的要多了一點，但令人高興的是，我們正在使用 OO，這意味著你可以要求其他一些類別和物件為你做一些事情，而不用擔心它是**如何**做到的。當你寫預備程式碼時，你應該假設你能以某種方式做你需要做的事情，這樣你就可以把你所有的腦力都投入到制定邏輯上。

public static void main (String [] args)

    DECLARE 一個 int 變數來存放使用者的猜測次數，命名為 *numOfGuesses*，並將之設為 0

    MAKE 一個新的 SimpleStartup 實體

    COMPUTE 一個介於 0 和 4 的隨機數字作為起始的位置格子所在

    MAKE 帶有 3 個 int 的一個 int 陣列，先隨機產生一個數字，再將該數字遞增 1，然後再將該數字遞增 2（例如：3,4,5）

    INVOKE SimpleStartup 實體上的 *setLocationCells()* 方法

    DECLARE 一個 boolean 變數代表遊戲的狀態，命名為 *isAlive*。將之 **SET** 為 true

    WHILE Startup 仍然活著（isAlive == true）：

        GET 來自命令列的使用者輸入

        // CHECK 使用者的猜測

        INVOKE SimpleStartup 實體上的 *checkYourself()* 方法

        INCREMENT *numOfGuesses* 變數

        // CHECK Startup 是否死亡

        IF 結果是 "kill"

            SET *isAlive* 為 false（這意味著我們不會再次進入迴圈）

            PRINT 使用者的猜測次數

        END IF

    END WHILE

END METHOD

> ### 後設認知訣竅
>
> 不要一次讓大腦的某個部分工作得太久。只讓左腦工作 30 分鐘以上，就像只讓左臂工作 30 分鐘一樣。透過定期換邊，讓你的大腦的每一邊都得到休息。當你轉到一邊時，另一邊就可以得到休息和恢復。左腦的活動包括像按部就班依照順序進行的動作、有邏輯的問題解決和分析，而右腦則擅長隱喻、創造性的問題解決、模式比對和視覺化。

本章重點

- 你的 Java 程式應該從高階的設計開始。

- 通常你在建立一個新的類別時，你會寫出三種東西：
  - **預備程式碼**
  - **測試程式碼**
  - **真正的（Java）程式碼**

- 預備程式碼應該描述要做什麼，而不是如何做，實作是以後的事。

- 使用預備程式碼來幫忙設計測試程式碼。

- 在實作方法之前先寫測試程式碼。

- 如果你知道要重複多少次迴圈程式碼，請優先選擇 *for* 迴圈而非 *while* 迴圈。

- 增強型的 for 迴圈是在陣列或群集上跑迴圈的一種簡單方式。

- 使用遞增運算子將 1 加至一個變數（x++;）。

- 使用遞減運算子從一個變數中減去 1（x--;）。

- 使用 *break* 來提前離開一個迴圈（即使是在 boolean 測試條件仍然為真的情況下）。

遊戲的 main() 方法

就像你對 SimpleStartup 類別所做的那樣,考慮一下這段程式碼中你可能想要(或需要)改進的部分。帶有編號 ① 的部分是我們想指出的東西。它們會在對面那頁中解釋。哦,如果你想知道為什麼我們跳過了這個類別的測試程式碼階段:我們不需要為此遊戲準備測試類別。它只有一個方法,那麼你在測試程式碼中會怎麼做?做出一個單獨的類別,在這個類別上呼叫 main()?不用麻煩了,我們只需執行來測試它。

```java
public static void main(String[] args) {

    int numOfGuesses = 0;

    GameHelper helper = new GameHelper();

    SimpleStartup theStartup = new SimpleStartup();

    int randomNum = (int) (Math.random() * 5);

    int[] locations = {randomNum, randomNum + 1, randomNum + 2};

    theStartup.setLocationCells(locations);

    boolean isAlive = true;

    while (isAlive) {

        int guess = helper.getUserInput("enter a number");

        String result = theStartup.checkYourself(guess);

        numOfGuesses++;

        if (result.equals("kill")) {

            isAlive = false;

            System.out.println("You took " + numOfGuesses + " guesses");

        } // close if

    } // close while
```

DECLARE a variable to hold user guess count, and set it to 0

MAKE a SimpleStartup object

COMPUTE a random number between 0 and 4

MAKE an int array with the 3 cell locations, and

INVOKE setLocationCells on the Startup object

DECLARE a boolean isAlive

WHILE the Startup is still alive

GET user input

// **CHECK** it

INVOKE checkYourself() on Startup

INCREMENT numOfGuesses

IF result is "kill"

SET isAlive to false

PRINT the number of user guesses

製作一個變數來記錄使用者做了幾次猜測。

這是我們寫的一個特殊的類別,它有獲取使用者輸入的方法。至於現在,請假裝它是 Java 的一部分。

製作 Startup 物件。

① 為第一個格子製作一個隨機數字,並用它來製作格子位置陣列。

賦予 Startup 它的位置(該陣列)。

製作一個 boolean 變數來追蹤記錄遊戲是否仍然進行,使用 while 迴圈的測試。遊戲仍然活著(alive)的時候就重複。

② 取得使用者的猜測。

請 Startup 檢查猜測,並儲存要回傳的結果。

猜測次數遞增 1。

這是一次 "kill" 嗎?若是,就把 isAlive 設為 false(所以我們才不會再次進入迴圈)並印出使用者的猜測次數。

prep code | test code | real code

random() 和 getUserInput()

有兩件事需要更多的解釋，就在這一頁中。這只是讓你快速看一下，以便繼續下去。關於 GameHelper 類別的更多細節在本章的結尾。

① 製作一個隨機數字

這是「強制轉型 (cast)」，它迫使緊隨其後的東西成為要轉換的型別（即括弧內的型別）。Math.random 回傳的是一個 double，所以我們必須將其強制轉型為一個 int（我們想要一個 0 到 4 之間的整數）。在此，強制轉型動作截掉了 double 的小數部分。

Math.random 方法回傳從 0 到剛好小於 1 的一個數字。因此，這個公式會（藉由強制轉型）回傳一個從 0 到 4 的數字（即 0 到 4.999 之間的，然後強轉為一個 int）。

$$\texttt{int randomNum = (int) (Math.random() * 5)}$$

我們宣告一個 int 變數來存放我們取回的隨機數字。

Java 內附的一個類別。

Math 類別的一個靜態方法。

Math.random() 一直都存在，所以你會在現實世界中看到這樣的程式碼。現在你可以使用 java.util.Random 的 nextInt() 方法來代替，那更方便（你不必把結果強轉為一個 int）。

Random 類別在一個不同的<u>套件</u>裡。由於我們還沒有涵蓋匯入套件的問題（那在下一章），所以我們改為使用 Math.random()。

② 使用 GameHelper 類別取得使用者輸入

我們之前做的一個實體，其類別是我們為幫助遊戲而建立的一個類別，它叫 GameHelper，你尚未看到它（你會的）。

這個方法接受一個字串引數，用來在命令列上提示使用者。在這個方法開始尋找使用者輸入之前，你在此傳入的任何資訊都會顯示在終端機上。

$$\texttt{int guess = helper.getUserInput("enter a number");}$$

我們宣告一個 int 變數來保存我們得到的使用者輸入（3、5 等等）。

GameHelper 類別的一個方法，要求使用者提供命令列輸入，在使用者按下 RETURN 後讀入，並將結果作為一個 int 傳回。

最後一個類別：GameHelper

我們製作了 *Startup* 類別。

我們製作了 *game* 類別。

剩 下 的 就 是 輔 助 類 別（*helper* class）：具有 getUserInput() 方法的類別。獲取命令列輸入的程式碼比我們現在想解釋的要複雜一點。它所開啟的話題最好留到以後再講（以後，例如第 16 章「儲存物件（和文字）」）。

單純複製[*]下面的程式碼並將其編譯成一個名為 GameHelper 的類別。將所有的三個類別檔案（SimpleStartup、SimpleStartupGame、GameHelper）放入同一個目錄中，並將其作為你的工作目錄（working directory）。

每當你看到這個圖示，你所看到的就是你必須按原樣輸入的即時可用的（Ready-bake）程式碼，並信賴它能完成工作。你以後會知道這些程式碼是如何運作的。

Ready-Bake Code

好喔，我們曾多拿一點你們的美味現烤程式碼（Ready-Bake Code），非常感謝！

```java
import java.util.Scanner;

public class GameHelper {
  public int getUserInput(String prompt) {
    System.out.print(prompt + ": ");
    Scanner scanner = new Scanner(System.in);
    return scanner.nextInt();
  }
}
```

[*] 我們知道你有多喜歡打字，但對於那些你寧願做其他事情的罕見時刻，我們有在 *https://oreil.ly/hfJava_3e_examples* 上提供這種 Ready-Bake Code。

讓我們開始玩吧

下面是我們執行它並輸入數字 1、2、3、4、5、6 時的情況。看起來不錯。

一次完整的遊戲互動
（你的情況可能有所不同）

```
File Edit Window Help Smile
%java SimpleStartupGame
enter a number  1
miss
enter a number  2
miss
enter a number  3
miss
enter a number  4
hit
enter a number  5
hit
enter a number  6
kill
You took 6 guesses
```

這是什麼？一個 bug？
深呼吸！

這裡是我們輸入 1、1、1 的時候會發生的事情。

不同的一次遊戲互動
（哎呀）

```
File Edit Window Help Faint
%java SimpleStartupGame
enter a number  1
hit
enter a number  1
hit
enter a number  1
kill
You took 3 guesses
```

削尖你的鉛筆

懸而未決！

我們會找到那個 bug 嗎？

我們會修好那個 bug 嗎？

請繼續關注下一章，我們將回答這些問題和更多問題…

與此同時，看看你是否能想出出錯的地方以及如何修正它。

→ 你要解決的。

關於 for 迴圈的更多資訊

我們已經涵蓋了本章所有的遊戲程式碼（但我們會在下一章再次檢視它，以完成豪華版的遊戲）。我們不想用一些細節和背景資訊打斷你的工作，所以我們把它放在後面這裡。我們將從 for 迴圈的細節開始，如果你在其他程式語言中見過這種語法，那只要略讀過這最後幾頁就好了…

一般（非增強型）的 for 迴圈

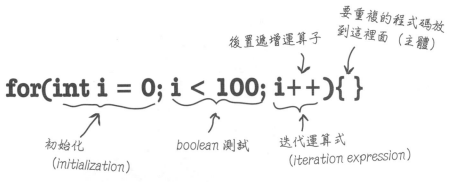

要重複的程式碼放到這裡面（主體）

後置遞增運算子

```
for(int i = 0; i < 100; i++){ }
```

初始化
(initialization)

boolean 測試

迭代運算式
(iteration expression)

重複次數 100：

它所代表的意義用普通中文來說就是：「重複 100 遍」。

編譯器如何看待它：

- 創建一個變數 i 並將之設為 0。
- 當 i 小於 100 就繼續重複
- 在每次迴圈迭代（loop iteration）結尾，加 1 到 i。

第一部分： *初始化*。使用這一部分來宣告和初始化一個要在迴圈主體中使用的變數。你最常把這個變數當作一個計數器（counter）來用。實際上，你可以在此初始化一個以上的變數，但更常見的是使用單個變數。

第二部分： *boolean* 測試。這就是條件測試的地方。不管裡面有什麼，它都必須解析為一個 boolean 值（你知道的，就 *true* 或 *false*）。你可以有一個測試，像是（x >= 4），或是你甚至可以調用會回傳一個 boolean 值的方法。

第三部分： 迭代運算式。在這個部分中，放置每次通過迴圈時你希望發生的一或多件事情。請記住，這些事情發生在每次迴圈的結尾。

通過一個迴圈的旅程

```
for (int i = 0; i < 8; i++) {
    System.out.println(i);
}
System.out.println("done");
```

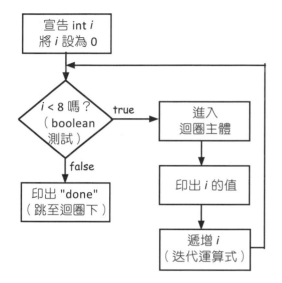

輸出：

```
File Edit Window Help Repeat
%java Test
0
1
2
3
4
5
6
7
done
```

for 和 while 之間的差異

while 迴圈只有 boolean 測試，它沒有內建的初始化或迭代運算式。如果你不知道要跑迴圈多少次，只想在某個條件為真時繼續下去，*while* 迴圈就是很好的選擇。但如果你知道要跑多少次迴圈（例如一個陣列的長度、7 次等等），*for* 迴圈就比較清楚明瞭。下面是用 *while* 改寫過的上面迴圈：

```
int i = 0;        我們必須宣告並
while (i < 8) {   初始化計數器。
    System.out.println(i);
    i++;          我們必須遞增
}                 計數器。
System.out.println("done");
```

++ --

前置與後置遞增/遞減運算子

為一個變數加 1 或從之減 1 的捷徑：

```
x++;
```
等同於：
```
x = x + 1;
```
在此情境下，它們都代表相同的東西：

「加 1 到 x 目前的值」或「替 x 遞增 1」

另外：
```
x--;
```
等同於：
```
x = x - 1;
```
當然，這永遠不會是全部的故事。運算子的位置（在變數之前或之後）可能影響結果。將運算子放在變數之前（例如 ++x），意味著「首先，將 x 遞增 1，然後使用這個新的 x 值」。這只在 ++x 是某個更大型運算式的一部分，而不僅僅是單一個述句時才顯得重要。

```
int x = 0;      int z = ++x;
```
會產生：x 是 1，z 是 1

但在 x 後面放上 ++ 會給出不同的結果：
```
int x = 0;      int z = x++;
```
一旦這段程式碼執行了，x 就會是 1，但 **z 會是 0**！z 得到 x 的值，然後 x 再遞增。

增強版的 for 迴圈

Java 語言在 Java 5 中新增了第二種 *for* 迴圈，稱為增強型 *for*（*enhanced for*）。這使得迭代過（iterate over）陣列或其他種群集（collections）中所有元素的工作變得更加容易（你將在下一章學到其他群集）。這就是增強型 for 迴圈為你帶來的所有好處：以更簡單的方式遍歷群集中的所有元素。我們也會在下一章中看到增強型 for 迴圈，在我們談論非陣列群集時。

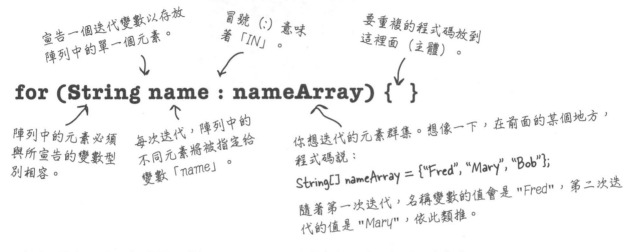

宣告一個迭代變數以存放陣列中的單一個元素。

冒號 (:) 意味著「IN」。

要重複的程式碼放到這裡面（主體）。

```
for (String name : nameArray) { }
```

陣列中的元素必須與所宣告的變數型別相容。

每次迭代，陣列中的不同元素將被指定給變數「name」。

你想迭代的元素群集。想像一下，在前面的某個地方，程式碼說：

String[] nameArray = {"Fred", "Mary", "Bob"};

隨著第一次迭代，名稱變數的值會是 "Fred"，第二次迭代的值是 "Mary"，依此類推。

這用一般的中英文怎麼講：「對於 nameArray 中的每個元素，把該元素指定給『name』變數，並執行迴圈的主體」。

編譯器怎麼看待它：

- 創建一個名為 *name* 的 String 變數並將之設為 null。
- 把 *nameArray* 中的第一個值指定給 name。
- 執行迴圈的主體（大括號所圍起的程式碼區塊）。
- 將 *nameArray* 中的下一個值指定給 name。
- 如果該陣列中仍然還有元素，就重複進行。

> 注意：取決於他們過去用過程式語言，有些人會把增強型 *for* 稱為「*for each*」或「*for in*」迴圈，因為它讀起來是這樣：「*for EACH thing IN the collection...*」

第一部分：迭代變數宣告。 使用這部分來宣告並初始化一個變數，以在迴圈主體中使用。在迴圈的每一次迭代中，這個變數都將持有來自群集的一個不同元素。這個變數的型別必須與陣列中的元素相容！舉例來說，你不能宣告一個 *int* 迭代變數來與一個 *String[]* 陣列並用。

第二部分：實際的群集。 這必須是對一個陣列或其他群集的參考。同樣地，先不要擔心其他非陣列型別的群集，你會在下一章看到它們的。

原始型別值的強制轉型

在結束這一章之前，我們要把一個未了結的問題解決。當我們使用 Math.random() 時，我們必須將結果強制轉型（*cast*）為一個 int。將一個數字型別強轉為另一個數字型別可能改變該數值本身。了解這些規則是很重要的，這樣你就不會對此感到驚訝。

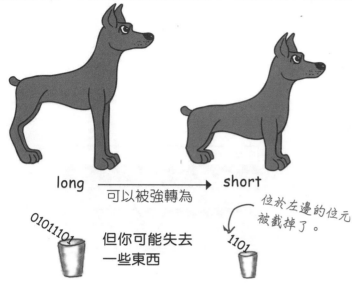

long　可以被強轉為　→　short

位於左邊的位元被截掉了。

01011101　但你可能失去一些東西　1101

在第 3 章「了解你的變數」中，我們談論過各種原始型別（primitives）的大小，以及你不能把一個大東西直接塞進一個小東西：

```
long y = 42;
int x = y;          // 無法編譯
```

long 比 int 大，而且編譯器無法確定那個 long 去了哪裡，它可能已經和其他 long 變數一起出去聚會了，並且獲得了非常大的值。為了迫使編譯器將一個較大的原型變數（primitive variable）值塞進一個較小的變數，你可以使用強制轉型運算子（cast operator）。它看起來像這樣：

```
long y = 42;        // 到目前為止都還不錯
int x = (int) y;    // x = 42，酷！
```

放入強制轉型，等同於告訴編譯器把 y 的值削減為 int 大小，然後把 x 設定為那所剩下的東西。如果 y 的值大於 x 的最大值，那麼剩下的將是一個奇怪的（但可計算出來的*）數字：

```
long y = 40002;         // 40002 超出了 short 的 16 位元限制
short x = (short) y;    // x 現在等於 -25534！
```

重點在於，編譯器允許你這樣做。假設你有一個浮點數，而你只想得到其中的整數（int）部分：

```
float f = 3.14f;
int x = (int) f;    // x 將會等於 3
```

不要想把任何東西強制轉型為 boolean 值，反之亦然。離它們遠一點。

---

* 它涉及到正負號位元、二進位、「二的補數」和其他技客術語。

冥想時間 — 我是 JVM

本頁中的 Java 檔案代表一個完整的
原始碼檔案。你的工作是扮演 JVM，
並判斷程式執行的輸出結果為何。

```java
class Output {
  public static void main(String[] args) {
    Output output = new Output();
    output.go();
  }

  void go() {
    int value = 7;
    for (int i = 1; i < 8; i++) {
      value++;
      if (i > 4) {
        System.out.print(++value + " ");
      }
      if (value > 14) {
        System.out.println(" i = " + i);
        break;
      }
    }
  }
}
```

```
File  Edit  Window  Help  OM

% java Output
12 14
```

-或-

```
File  Edit  Window  Help  Incense

% java Output
12 14 i = 6
```

-或-

```
File  Edit  Window  Help  Believe

% java Output
13 15 i = 6
```

⟶ 答案在第 122 頁。

習題

程式碼磁貼

一個可運作的 Java 程式被打亂分散在冰箱上。你能重新建構這些程式碼片段,製作出一個會產生下面所列輸出的可運作的 Java 程式嗎?有些大括號掉在地上,它們太細小了,很難撿起,所以請隨意添加你需要的程式碼!

```
i++;
```

```
if (i == 1) {
```

```
System.out.println(i + " " + j);
```

```
class MultiFor {
```

```
for(int  j = 4; j > 2; j--) {
```

```
for(int i = 0; i < 4; i++) {
```

```
public static void main(String[] args) {
```

```
File  Edit  Window  Help  Raid
% java MultiFor
0  4
0  3
1  4
1  3
3  4
3  3
```

答案在第 122 頁。

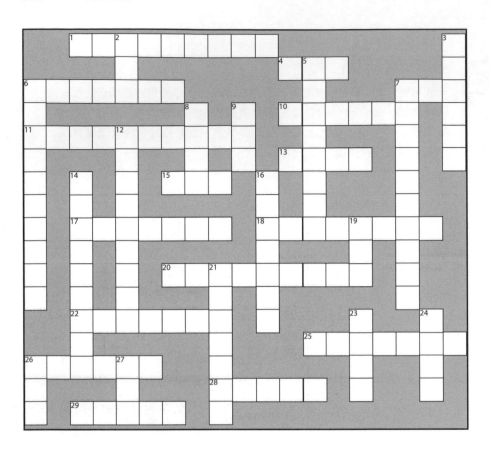

Java 填字遊戲

填字遊戲如何幫助你學習 Java？好的，在此所有的字詞都與 Java 有關。此外，線索還提供了隱喻、雙關語之類的東西。這些腦筋急轉彎將通往 Java 知識的另一種途徑，直接燒錄進了你的大腦中！

橫向提示

1. 代表建置的花俏電腦詞彙
4. 有多個部分的迴圈
6. 先測試
7. 32 位元
10. 方法的回答
11. 預備程式碼風格的
13. 改變
15. 大型工具箱
17. 一個陣列單元
18. 實體或區域性的
20. 自動工具箱
22. 看起來像是原始型別，但…
25. 無法強制轉型的
26. Math 方法
28. 迭代過我吧
29. 提早離開

直向提示

2. 遞增的類型
3. 類別的工作主力
5. Pre 是一種類型的 _____
6. For 的迭代 _____
7. 建立第一個值
8. While 或 For
9. 更新一個實體變數
12. 朝著發射飛升的方向前進
14. 一個循環
16. 健談的套件
19. 方法的信使（縮寫）
21. 彷彿
23. 加在後面
24. Pi 的家
26. 編譯它，並且 ____
27. ++ 數量

➡ **答案在第 123 頁。**

下面列出了一個簡短的 Java 程式。其中少了一個區塊。你的挑戰是將**候選的程式碼區塊**（在左邊）與插入該程式碼區塊後的**輸出相匹配**。並非所有的輸出行都會被用到，有些輸出行可能會被使用不只一次。畫線將候選的程式碼區塊與它們相匹配的命令列輸出連接起來。

➡️ **答案在第 123 頁。**

```java
public static void main(String[] args) {
  int x = 0;
  int y = 30;
  for (int outer = 0; outer < 3; outer++) {
    for (int inner = 4; inner > 1; inner--) {



      y = y - 2;
      if (x == 6) {
        break;
      }
      x = x + 3;
    }
    y = y - 2;
  }
  System.out.println(x + " " + y);
}
```

← 候選的程式碼放到這裡。

候選：

```
x = x + 3;
```

```
x = x + 6;
```

```
x = x + 2;
```

```
x++;
```

```
x--;
```

```
x = x + 0;
```

可能的輸出：

```
45  6
```

```
36  6
```

```
54  6
```

```
60  10
```

```
18  6
```

```
6  14
```

```
12  14
```

將每個候選程式碼區塊與可能的輸出之一相匹配。

習題
解答

冥想時間—我是 JVM（第 118 頁）

```java
class Output {

  public static void main(String[] args) {
    Output output = new Output();
    output.go();
  }

  void go() {
    int value = 7;
    for (int i = 1; i < 8; i++) {
      value++;
      if (i > 4) {
        System.out.print(++value + " ");
      }
      if (value > 14) {
        System.out.println(" i = " + i);
        break;
      }
    }
  }
}
```

> 你記得把 break 述句考慮進去了嗎？這對輸出有什麼影響？

```
File  Edit  Window  Help  MotorcycleMaintenance
% java Output
13 15 i = 6
```

程式碼磁貼（第 119 頁）

```java
class MultiFor {

  public static void main(String[] args) {
    for (int i = 0; i < 4; i++) {

      for (int j = 4; j > 2; j--) {
        System.out.println(i + " " + j);
      }

      if (i == 1) {
        i++;
      }
    }
  }
}
```

> 如果這個程式碼區塊出現在「j」的那個 for 迴圈之前，那會發生什麼事？

```
File  Edit  Window  Help  Monopole
% java MultiFor
0 4
0 3
1 4
1 3
3 4
3 3
```

 謎題解答

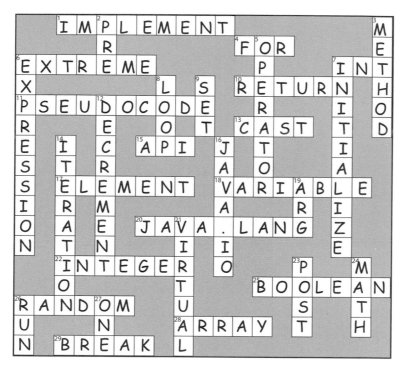

Java 填字遊戲
（第 120 頁）

連連看（第 121 頁）

候選：

可能的輸出：

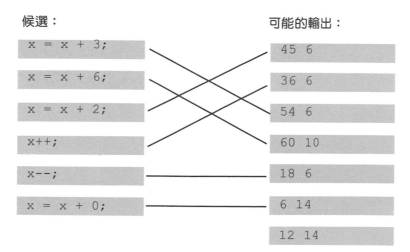

使用 Java 程式庫

Java 有數以百計的預建類別。如果你知道如何在 Java 程式庫（即 **Java API**）中找到你需要的東西，你就不必重新發明輪子。你有更好的事情可以做。如果你要寫程式碼，你最好也只需寫那些真正為你的應用程式而自訂的部分。你知道那些每天晚上 5 點就離開公司的程式設計師嗎？那些甚至到上午 10 點過後才出現的人？**他們都使用 Java API**。而從現在開始大約再八頁後，你也可以那樣做。核心的 Java 程式庫（Java library）由一大堆的類別組成，就等著你像搭建積木那樣使用它們，運用主要是預建的程式碼組裝出你自己的程式。我們在本書中使用的 Ready-Bake（現成）Java 就是你不需要從頭開始創建的程式碼，但你仍然需要用鍵盤輸入它。Java API 中充滿了你甚至不需要打字輸入的程式碼。你所需要做的就只是學會使用它。

在上一章中，我們為你留下了懸念：
一個 bug

事情看起來應該要這樣

下面是我們執行它並輸入數字 1、2、3、4、5、6 時的情況。看起來不錯。

一次完整的遊戲互動
（你的情況可能有所不同）

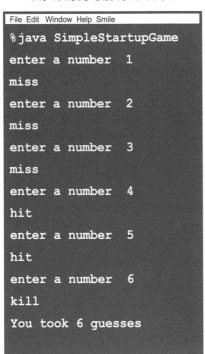

那個 bug 看起來的樣子

這裡是我們輸入 2、2、2 的時候會發生的事。

不同的一次遊戲互動
（哎呀）

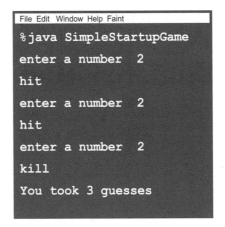

在目前的版本中，一旦你命中，你可以單純重複那次攻擊兩次，以獲得擊殺！

所以到底發生什麼事了？

```java
public String checkYourself(int guess) {

    String result = "miss";

    for (int cell : locationCells) {

        if (guess == cell) {

            result = "hit";

            numOfHits++;

            break;

        } // end if

    } // end for

    if (numOfHits == locationCells.length) {

        result = "kill";

    } // end if

    System.out.println(result);

    return result;

} // end method
```

製作一個變數來保存我們要回傳的結果。把 "miss" 作為預設值（也就是我們假設不會命中）。

為陣列中的每個東西進行重複處理。

比較使用者的猜測以及陣列中的這個元素（cell）。

有命中！

跳出迴圈，不需要測試其他格子了。

這裡是它出錯的地方。每次使用者猜對一個格子位置時，我們就算成一次命中，即使那個位置已經命中過了！

我們需要一種方法來知道，當一個使用者命中時，他們之前沒有擊中過那個格子。如果他們有，那麼我們就不要把它算作一次命中。

我們已經脫離了迴圈，但讓我們看看我們現在是否已經「死了」（被命中了 3 次）並將結果字串改為 "kill"。

為使用者顯示結果（預設為 "miss"，除非它被變為 "hit" 或 "kill"）。

回傳結果到呼叫端的方法。

我們要如何修正它？

我們需要一種辦法來知道一個格子是否已經被擊中。讓我們檢視一些可能性，但首先，我們會看看我們目前所知的…

我們有由七個格子組成的一個虛擬列，而一個 Startup 將在該列的某個地方佔據三個連續的格子。這個虛擬列顯示一個 Startup 被放在格子位置 4、5 和 6。

這個虛擬列有三個格子位置用於 Startup 物件。

Startup 有一個實體變數（一個 int 陣列），用來存放那個 Startup 物件的格子位置。

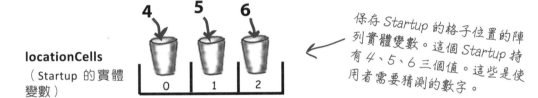

locationCells
（Startup 的實體變數）

保存 Startup 的格子位置的陣列實體變數。這個 Startup 持有 4、5、6 三個值。這些是使用者需要猜測的數字。

---

① **選項一**

我們可以建立第二個陣列，每當使用者擊中一次，我們就把該次命中儲存在這第二個陣列中，然後在每次命中時檢查這個陣列，看看那個格子是否曾經被擊中過。

陣列中某一特定索引中的「true」意味著，另一個陣列（locationCells）中位於同一索引的格子位置已經被擊中。

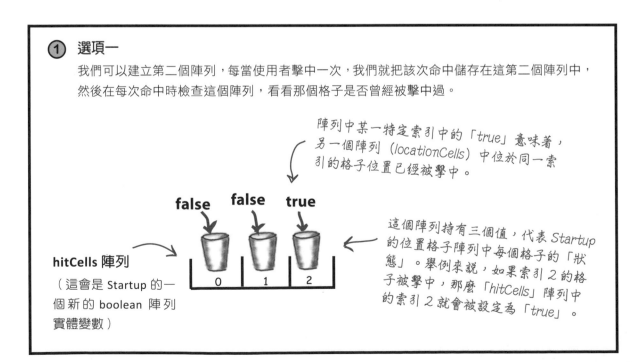

hitCells 陣列
（這會是 Startup 的一個新的 boolean 陣列實體變數）

這個陣列持有三個值，代表 Startup 的位置格子陣列中每個格子的「狀態」。舉例來說，如果索引 2 的格子被擊中，那麼「hitCells」陣列中的索引 2 就會被設定為「true」。

選項一太笨重了

選項一要做的工作似乎比你想像的要多。這意味著，每次使用者命中，你都必須更改第二個陣列（hitCells 陣列）的狀態，哦，但在那之前，你還必須先檢查 hitCells 陣列，看該格子是否已經被擊中。這是可行的，但一定會有更好的辦法⋯

 選項二

我們可以只保留一個原始陣列，但將任何被擊中的格子之值改為 -1。這樣，我們就只有一個陣列需要檢查和操作。

在某個特定格子位置的 −1 意味著那個格子已經被擊中，所以我們只需在陣列中尋找非負數。

4　　**5**　　**-1**

locationCells
（Startup 的實體變數）

0　　1　　2

選項二稍微好一點，但仍然很笨拙

與選項一相比，選項二比較沒那麼笨重，但並不是非常有效率。你仍然需要以迴圈查看陣列中的所有三個插槽（索引位置），即使有一個或多個插槽已經無效，因為它們已經被「擊中」（並且有一個 -1 的值）。一定有更好的辦法⋯

③ **選項三**

我們在每個格子被擊中時刪除其位置，然後修改陣列，使其更小。只是陣列無法改變其大小，所以我們必須建立一個**新**的陣列，並將舊陣列中的剩餘格子複製到較小的新陣列中。

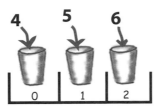

locationCells 陣列

在有任何格子被擊中之前

陣列開始時大小為 3，我們以迴圈跑過所有的 3 個格子（陣列中的位置），尋找與使用者猜測匹配的格子值（4,5,6）。

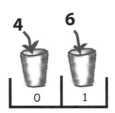

locationCells 陣列

在原本位於陣列索引 1 的格子「5」被擊中之後

當格子「5」被擊中時，我們製作一個更小的新陣列，其中只有剩餘的格子位置，並將之指定給原來的 *locationCells* 參考。

如果陣列能夠縮小，那麼選項三就會好很多，這樣我們就不必再製作一個更小的新陣列，把剩餘的值拷貝進去，然後重新指定參考。

部分的 **checkYourself()** 方法原本的預備程式碼：

REPEAT 這個 *int* 陣列中的每個位置格子
    // COMPARE 使用者的猜測與位置格子
    IF 使用者的猜測有匹配
        INCREMENT 命中的次數
        // FIND OUT 這是否為最後一個位置格子：
        IF 命中次數為 3，**RETURN** "kill"
        ELSE 這就不是一次擊殺，所以 **RETURN** "hit"
        END IF
    ELSE 使用者的猜測沒有匹配，所以 **RETURN** "miss"
    END IF
END REPEAT

如果我們能把它改成這樣，生活就會變得很美好：

REPEAT 剩餘位置格子的每一個
    // COMPARE 使用者的猜測與位置格子
    IF 使用者的猜測有匹配
        REMOVE 陣列的這個格子
        // FIND OUT 這是否為最後一個位置格子：
        IF 陣列現在是空的，**RETURN** "kill"
        ELSE 這就不是一次擊殺，所以 **RETURN** "hit"
        END IF
    ELSE 使用者的猜測有匹配，所以 **RETURN** "miss"
    END IF
END REPEAT

要是我可以找到一個陣列，當你**移除**某些東西時，它可以**縮小**。而且，你不必用迴圈檢查每個元素，而是可以直接**問它是否包含**你要找的東西。而且它還可以讓你從裡面取得東西，而不必確切知道東西在哪個插槽裡。那會有多麼夢幻啊，但我知道這只是一種幻想…

醒過來體驗一下程式庫吧

就像變魔術一樣，還真的有這樣的東西存在。

但它不是一個陣列，而是一個 *ArrayList*。

是 Java 核心程式庫（API）中的一個類別。

Java Platform, Standard Edition（Java SE，Java 平台標準版）帶有數百個預先建置的類別。就像我們的 Ready-Bake Code 一樣。只不過這些內建的類別已經編譯過了。

那意味著不需要打字。

只要用它們就好了。

ArrayList 是 Java 程式庫中無數個類別中的一個。

你可以在你的程式碼中使用它，就像你自己寫的一樣。

ArrayList

add(E e)
附加（appends）指定的元素到此串列尾端。

remove(int index)
移除位於指定位置的元素。

remove(Object o)
移除指定元素的第一次出現位置。

contains(Object o)
如果此串列含有（contains）指定的元素，就回傳 true。

isEmpty()
如果此串列不包含任何元素，就回傳 true。

indexOf(Object o)
回傳指定元素的第一個索引，或者 -1。

size()
回傳此串列中的元素數目。

get(int index)
回傳位於指定位置的元素。

（注意：add(E e) 方法看起來有點奇怪⋯我們將在第 11 章討論這個問題。至於現在，就把它看成是接收你想添加的物件的一個 add() 方法吧）。

這只是 ArrayList 中的一些方法樣本。

你能以 <u>ArrayList</u> 做到的一些事情

① 製作一個

現在請別擔心這個新的 <Egg> 角括號語法，它單純意味著「使這成為 Egg 物件的一個串列」。

```
ArrayList<Egg> myList = new ArrayList<Egg>();
```

一個新的 ArrayList 物件在堆積上被創建出來。它很小，因為它是空的。

② 把某個東西放進去

```
Egg egg1 = new Egg();

myList.add(egg1);
```

現在 ArrayList 長出了一個「盒子」來容納那個 Egg 物件。

③ 放入另一個東西

```
Egg egg2 = new Egg();

myList.add(egg2);
```

ArrayList 再次增長以容納第二個 Egg 物件。

④ 找出裡面有多少個東西

```
int theSize = myList.size();
```

ArrayList 容納了 2 個物件，所以 size() 方法回傳 2。

⑤ 找出它是否含有某個東西

```
boolean isIn = myList.contains(egg1);
```

ArrayList「確實」包含「egg1」所參考的 Egg 物件，所以 contains() 回傳 true。

⑥ 找出某個東西在哪裡（即它的索引）

```
int idx = myList.indexOf(egg2);
```

ArrayList 是從零起算的（代表第一個索引是 0），由於「egg2」所參考的物件是串列中的第二個東西，indexOf() 回傳 1。

⑦ 看看它是否為空的

```
boolean empty = myList.isEmpty();
```

它肯定不是空的，所以 isEmpty() 回傳 false。

⑧ 從之移除東西

```
myList.remove(egg1);
```

嘿，你看，它縮小了！

當陣列並不足夠時

 削尖你的鉛筆

觀察左邊的 ArrayList 程式碼，來填寫下面表格的其餘部分，填入你認為如果使用普通陣列的話可能會出現的程式碼。我們並不期望你能把所有的程式碼都完全填對，所以只需做出你最好的猜測就行了。

ArrayList   普通陣列

ArrayList	普通陣列
`ArrayList<String> myList = new` `ArrayList<String>();`	String [] myList = new String[2];
`String a = "whoohoo";`	String a = "whoohoo";
`myList.add(a);`	
`String b = "Frog";`	String b = "Frog";
`myList.add(b);`	
`int theSize = myList.size();`	
`String str = myList.get(1);`	
`myList.remove(1);`	
`boolean isIn = myList.contains(b);`	

問：ArrayList 是很酷沒錯，但我要怎麼知道它的存在呢？

答：這個問題其實是：「我怎麼知道 API 裡有什麼呢？」。這是你作為一名 Java 程式設計師成功的關鍵。更不用說這是你在建立軟體的同時還想盡可能偷懶的關鍵。當別人已經完成了大部分繁重的工作，而你所要做的只是介入並創造出有趣的部分時，你可能會驚訝於你能節省多少時間。

但我們偏離主題了…簡短的答案是，你要花一些時間去了解核心 API 中的內容。長一點的答案在本章的結尾，你會在那裡學到如何做到這點。

問：但這是一個相當大的議題。我不僅需要知道 Java 程式庫中有 ArrayList，更重要的是，我必須知道 ArrayList 是可以辦到我想做的事情的東西！所以我要如何從「需要做某件事情」推進到「找到 API 中達成那件事的一種方式」呢？

答：現在你真正進入了問題的核心。讀完這本書的時候，你將會很好地掌握這門語言，剩下的學習曲線其實就是，知道如何從一個問題推進到一個解決方案，而且讓你只需要寫出最少量的程式碼。如果你能耐心地多看幾頁，我們將在本章結尾開始討論這個問題。

台灣念真情

本週專訪：**ArrayList 對陣列的看法**

HeadFirst：那麼，ArrayList 就像陣列，對嗎？

ArrayList：它們在做夢！**我**是一個物件，非常感謝。

HeadFirst：如果我沒弄錯的話，陣列也是物件。它們和其他所有的物件一起生活在堆積上，不是嗎？

ArrayList：當然，陣列是放在堆積裡的，**對啦沒錯**，但陣列仍然只是一種「想成為 ArrayList」的東西，裝模作樣的傢伙。物件有狀態以及行為，對吧？我們很清楚這一點。但是你真的試過在陣列上呼叫一個方法嗎？

HeadFirst：既然你提到了，回想起來我不能說我有過。但是我到底會想要呼叫什麼方法呢？我只關心在我放入陣列中的東西之上呼叫方法，而非陣列本身。而當我想把東西放進陣列或從陣列中取出東西時，我可以使用陣列語法。

ArrayList：是這樣嗎？你的意思是告訴我你真的從陣列中刪除了什麼嗎？（嘖嘖，他們是在哪裡訓練你們的？）

HeadFirst：當然，我從陣列中取出了一些東西。我說 Dog d = dogArray[1]，然後我從陣列取出索引為 1 的 Dog 物件。

ArrayList：好吧，我試著慢慢說，這樣你就跟得上了。你沒有，我重複一遍，沒有從陣列中移除那隻狗。你所做的只是複製了那個 *Dog* 的參考，並將其指定給另一個 Dog 變數。

HeadFirst：哦，我知道你在說什麼了。不，我實際上並沒有在陣列中刪除那個 Dog 物件。它仍然在那裡，但我猜我可以單純把它的參考設定為 null 就好。

ArrayList：但我是一級物件（first-class object），所以我擁有方法，而且我實際上可以，你知道的，做一些事情，比如從我自己身上移除 Dog 的參考，而不僅僅是把它設定為 null 而已。而且我可以動態地（查一下這代表什麼意思吧）改變我的大小。試著讓一個陣列來做做看這件事吧！

HeadFirst：天啊，我不想提起這個，但有傳言說你只不過是一個美化過但效率較低的陣列。他們說，事實上，你只是一個陣列的包裹器（wrapper），為調整大小之類的事情添加了額外的方法，而那些方法本來是我必須自己寫的。而且既然我們說到這裡了，他們還說過，你甚至無法保存原始型別值！這不是一個很大的限制嗎？

ArrayList：我無法相信你竟然認為這個都市傳說是真的。不，我並非只是一個低效率的陣列。我承認，在一些極端罕見的情況下，陣列在某些事情上可能快了一點點，我重複，只有一點點。但是，放棄所有的這些威能，只為了微不足道的效能提升，值得嗎？認真的說，請看看這所帶來的那些彈性。而至於原始型別值，你當然可以把原型值放在 ArrayList 中，只要它被一個原始型別包裹器類別（primitive wrapper class）所包覆就行了（你會在第 10 章看到更多關於這個主題的內容）。而如果你使用的是 Java 5 或更高版本，這種包裹動作（以及當你再次取出原型值時的解開動作）會自動進行。好吧，我承認，是的，如果你用的是由原始型別值所構成的一個 ArrayList，那麼使用陣列可能會更快，因為所有的那些包裹和解開動作，但是…近來誰會真的使用原型值呢？

哦，看看時間！我的皮拉提斯課程快要遲到了。先這樣，我們下次一定要再補一次專訪。

解答

削尖你的鉛筆（第 134 頁）

ArrayList	普通陣列
`ArrayList<String> myList = new ArrayList<String>();`	`String [] myList = new String[2];`
`String a = "whoohoo";`	`String a = "whoohoo";`
`myList.add(a);`	`myList[0] = a;`
`String b = "Frog";`	`String b = "Frog";`
`myList.add(b);`	`myList[1] = b;`
`int theSize = myList.size();`	`int theSize = myList.length;`
`String str = myList.get(1);`	`String str = myList[1];`
`myList.remove(1);`	`myList[1] = null;`

`boolean isIn = myList.contains(b);`	`boolean isIn = false;`
	`for (String item : myList) {`
	  `if (b.equals(item)) {`
	    `isIn = true;`
	    `break;`
	  `}`
	`}`

在這裡，它開始變得非常不同…

請注意，使用 ArrayList 時，你所用的是型別為 ArrayList 的一個物件，所以你只是在一個普通的物件上呼叫普通的方法，使用普通的點號運算子。

使用一個陣列時，你用的是特殊的陣列語法（例如 myList[0] = foo），除了陣列，你不會在其他地方使用。雖然陣列是一個物件，但它生活在自己的特殊世界中，你無法在其上調用任何方法，儘管你可以存取它唯一的一個實體變數 *length*。

將 ArrayList 與一般的陣列做比較

① 一個普通的陣列在創建之時，必須知道它的大小（**size**）。

但是對於 ArrayList，你只需製作一個 ArrayList 型別的物件。每一次都是如此。它從來都不需要知道它應該有多大，因為它會隨著物件的加入或刪除而增長或縮小。

```
new String[2]
```
需要一個大小。

```
new ArrayList<String>()
```
不需要大小（雖然你想要的話，可以賦予它一個初始大小）。

② 要把一個物件放入一個普通的陣列，你必須將它指定到一個特定的位置。

（從 0 開始到比陣列長度少 1 的一個索引。）

```
myList[1] = b;
```
需要一個索引。

如果那個索引（index）超出了陣列的邊界（比如陣列宣告的大小是 2，而現在你試圖指定東西到索引 3），那麼它在執行時就會爆炸。

對於 ArrayList，你可以使用 *add(anInt, anObject)* 方法指定一個索引，或者你可以單純持續使用 *add(anObject)*，ArrayList 會一直增長以騰出空間容納新的東西。

```
myList.add(b);
```
沒有索引。

③ 陣列使用在 **Java** 中其他任何地方都沒有用到的陣列語法。

但是 ArrayList 就是普通的 Java 物件，所以它們沒有特殊的語法。

```
myList[1]
```
陣列的方括號 [ ] 是僅用於陣列的特殊語法。

④ **ArrayList** 是參數化的。

我們剛剛說過，與陣列不同，ArrayList 沒有特殊的語法。但是它們確實有用了一些特殊的東西：**參數化型別**（*parameterized types*）。*

```
ArrayList<String>
```

角括號中的 <*String*> 是一個「型別參數」。ArrayList<*String*> 單純代表著「字串串列（*list of Strings*）」，相對於 ArrayList<*Dog*>，它意味著「由 *Dog* 構成的一個串列」。

使用 <TypeGoesHere> 語法，我們可以宣告和創建一個 ArrayList，它知道（並限制）它可以容納的物件之型別。我們將在第 11 章「資料結構」中查看 ArrayList 參數化型別的細節，所以現在，當我們使用 ArrayList 時，請不要過多地考慮你看到的角括號 <> 語法。只要知道這是強迫編譯器在 ArrayList 中只允許某種特定型別（角括號中的型別）物件的一種方式。

---

* 參數化型別是在 Java 5 新增的，而 Java 5 是在很久以前推出的，所以你幾乎肯定是在使用支援參數化型別的版本。

讓我們修正 Startup 程式碼

記得，充滿 **bug** 的版本看起來是這樣的：

為了新的進階版本，我們現在將這個類別更名
為 *Startup*（而非原本的 *SimpleStartup*），但
這與你在上一章看到的程式碼相同。

```java
class Startup {

  private int[] locationCells;
  private int numOfHits = 0;

  public void setLocationCells(int[] locs) {
    locationCells = locs;
  }

  public String checkYourself(int guess) {
    String result = "miss";
    for (int cell : locationCells) {
      if (guess == cell) {
        result = "hit";
        numOfHits++;

        break;
      }
    } // end for
    if (numOfHits == locationCells.length) {
      result = "kill";
    } // end if
    System.out.println(result);
    return result;
  } // end method
} // close class
```

這一切出錯的地方。我們把
每次猜測都算作一次命中，
而沒有檢查那個格子是否已
經被命中過了。

prep code　test code　real code

新的改善過後的 Startup 類別

現在帶有
ArrayList
的功能！

暫時不要理會這一
行，我們會在本章
結尾討論它。

```java
import java.util.ArrayList;

public class Startup {

  private ArrayList<String> locationCells;
  // private int numOfHits;
  // 現在不需要追蹤記錄這個了

  public void setLocationCells(ArrayList<String> locs) {
    locationCells = locs;
  }

  public String checkYourself(String userInput) {
    String result = "miss";
    int index = locationCells.indexOf(userInput);

    if (index >= 0) {

      locationCells.remove(index);

      if (locationCells.isEmpty()) {
        result = "kill";
      } else {
        result = "hit";
      } // 結束 if
    } // 結束外層的 if
    return result;
  } // 結束方法
} // 關閉類別
```

將 int 陣列改為存放 String 的 ArrayList。

這現在是一個 String 了，它得接受
像是「A3」這樣的一個值。

改善過的新引數名稱。

透過詢問其索引，找出使用者
的猜測是否在 ArrayList 中。如
果不在串列中，那麼 indexOf()
就會回傳 −1。

如果索引大於或等於 0，使用者的猜測
肯定在串列中，所以要刪除它。

如果串列是空的，這就
是致命的一擊！

讓我們建造「真正的」遊戲：「Sink a Startup」

我們一直在發展「簡單」版本，但現在讓我們建造出真正遊戲來。我們不使用單一列，而是使用網格（grid），不使用一個 Startup，而是使用三個。

目標：以最少的猜測次數擊沉電腦的所有 Startup。根據你的表現，你會得到一個評分等級。

設置：遊戲程式啟動時，電腦會在一個**虛擬的 7×7 網格**上隨機放置三個 Startup。完成後，遊戲會要求你進行第一次猜測。

玩法：我們尚未學會建立 GUI，所以這個版本是在命令列下運作。電腦會提示你輸入一個猜測（一個格子），你會在命令列輸入它（如「A3」、「C5」等）。對於你的猜測，你會在命令列看到一個結果，要麼是「hit（命中）」，要麼是「miss（未中）」或是「You sunk poniez（你擊沉了 poniez）」（或本日幸運的任何 Startup）。當你把三家新創公司都送到天空中的那個大型 404 時，遊戲就結束並列印出你的評分。

你將要建造一個 Sink a Startup 遊戲，使用一個 7×7 網格，以及三個 Startup。每個 Startup 都佔據三個格子（cells）。

遊戲互動的一部分

```
File Edit  Window Help  Sell
%java StartupBust
Enter a guess   A3
miss
Enter a guess   B2
miss
Enter a guess   C4
miss
Enter a guess   D2
hit
Enter a guess   D3
hit
Enter a guess   D4
Ouch! You sunk poniez    : (
kill
Enter a guess   G3
hit
Enter a guess   G4
hit
Enter a guess   G5
Ouch! You sunk hacqi    : (
All Startups are dead! Your stock
is now worthless
Took you long enough. 62 guesses.
```

7×7網格

每個方盒都是一個「格子」

從零開始，就像 Java 陣列

什麼需要改變？

我們有三個需要變更的類別：Startup 類別（現在稱為 Startup 而非 SimpleStartup）、遊戲類別（StartupBust），以及遊戲輔助類別（現在還不用擔心它）。

Ⓐ Startup 類別

- **添加一個 *name* 變數**來保存 Startup 的名稱（「poniez」、「cabista」等），這樣每個 Startup 在被擊殺時就可以列印出它的名稱（見對頁的輸出畫面）。

Ⓑ StartupBust 類別（遊戲本身）

- **創建三個 Startup 而非一個。**

- **賦予三個 Startup 中的每一個一個名稱。** 在每個 Startup 實體上呼叫一個 setter 方法，這樣 Startup 就可以把名稱指定給它的 name 實體變數。

StartupBust 類別（續…）

- **把 Startup 放在一個網格上，而非一列中，並且對所有的三個 Startup 都這樣做。**

  如果我們要隨機放置 Startup，那麼這一步就會比之前要複雜很多。因為我們不是來搞數學的，所以我們把賦予 Startup 一個位置的演算法放到 GameHelper（Ready-Bake Code）類別中。

- **要用所有的三個 *Startup* 檢查每個使用者猜測，而不是只檢查一個。**

- **繼續玩遊戲**（即接受使用者的猜測，並與剩餘的 Startup 進行核對），直到不再有存活的 *Startup* 為止。

- **離開 main。** 我們把簡單的那個放在 main 中只是為了…保持簡單。但那並不是我們對真正的遊戲所希望的那樣。

---

3 個類別：

用於玩家輸入並製作 Startup 的位置

創建並藉以遊玩

StartupBust	Startup	GameHelper
遊戲類別。製作 Startup，取得使用者輸入，持續遊玩，直到所有的 Startup 都死了為止。	實際的 Startup 物件。Startup 知道它們的名稱、位置，以及如何檢查使用者的猜測，尋找匹配。	輔助類別（Ready-Bake Code）它知道如何接受使用者的命令列輸入，並製作 Startup 位置。

加上四個 ArrayList，一個用於 StartupBust，以及用於三個 Startup 物件的每一個。

5 個物件：

StartupBust

Startup

GameHelper

ArrayList

在 StartupBust 遊戲中，誰做了什麼？

（以及何時做的）

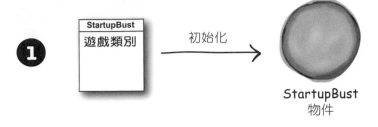

StartupBust 中的 main()
方法實體化處理所有遊
戲事宜的 StartupBust 物
件。

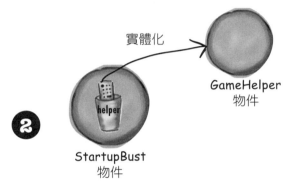

StartupBust（遊戲）物件
實體化一個 GameHelper
實體，即會幫助遊戲進行
的物件。

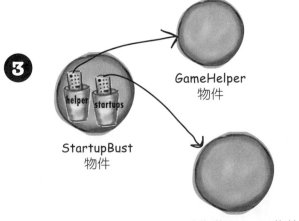

StartupBust 物件實體化
一個 ArrayList，用以存放
三個 Startup 物件。

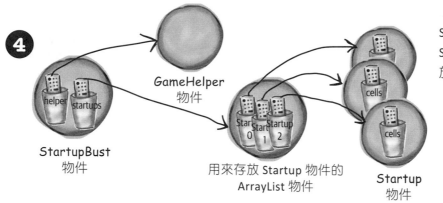

StartupBust 物件創建三個 Startup 物件（並把它們放入 ArrayList）。

StartupBust 物件向輔助物件（helper object）尋求放置一個 Startup 的位置（進行三次，每個 Startup 一次）。

StartupBust 物件賦予每個 Startup 物件一個位置（StartupBust 從輔助物件那裡得到的），如「A2」、「B2」等。每個 Startup 物件都把它自己的三個位置格子放在一個 ArrayList 中。

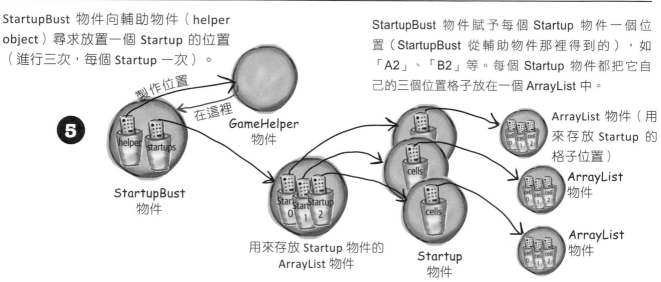

StartupBust 物件向輔助物件請求一個使用者猜測（輔助器會提示使用者輸入，並從命令列取得輸入）。

StartupBust 物件以迴圈跑過 Startup 所構成的串列，請每一個去檢查使用者猜測是否匹配。每個 Startup 都會檢查它的位置 ArrayList，並回傳一個結果（「hit」、「miss」等）。

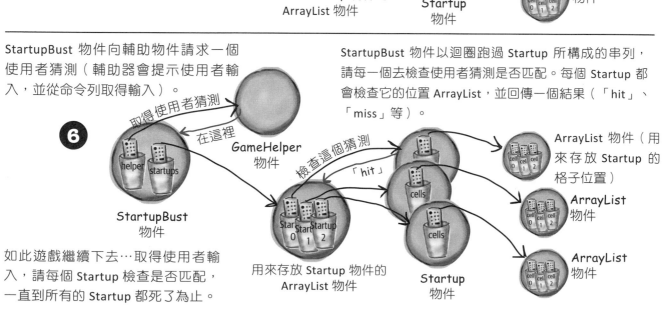

如此遊戲繼續下去…取得使用者輸入，請每個 Startup 檢查是否匹配，一直到所有的 Startup 都死了為止。

prep code | test code | real code

StartupBust

GameHelper helper
ArrayList startups
int numOfGuesses

setUpGame()

startPlaying()

checkUserGuess()

finishGame()

真正的 StartupBust 類別的預備程式碼

StartupBust 類別有三項主要工作：設定遊戲、持續玩遊戲直到 Startup 死光，以及結束遊戲。儘管我們可以將這三項工作直接對映到三個方法，但我們將中間的工作（玩遊戲）分成兩個方法，以保持較小的粒度（granularity）。較小型的方法（意味著較小的功能區塊）有助於我們更容易進行測試、除錯和修改程式碼。

變數宣告

DECLARE 並實體化 *GameHelper* 實體變數，命名為 *helper*。

DECLARE 並實體化一個 *ArrayList* 來存放 Startup（最初三個）所構成的串列。稱之為 *startups*。

DECLARE 一個 int 變數來存放使用者猜測的次數（如此我們才能在遊戲結束時給使用者一個分數）。命名為 *numOfGuesses* 並將之設為 0。

方法宣告

DECLARE 一個 *setUpGame()* 方法來創建並初始化帶有名稱和位置的 Startup 物件。顯示簡短的指示給使用者看。

DECLARE 一個 *startPlaying()* 方法，向使用者請求猜測，並呼叫 *checkUserGuess()* 方法，重複進行直到所有的 Startup 物件全都從遊戲中移除為止。

DECLARE 一個 *checkUserGuess()* 方法，以迴圈跑過所有剩餘的 Startup 物件，並呼叫每個 Startup 物件的 *checkYourself()* 方法。

DECLARE 一個 *finishGame()* 方法，印出關於使用者表現的一個訊息，依據擊沉所有的 Startup 物件用了多少次猜測。

方法實作

METHOD: *void setUpGame()*

    // 製作三個 Startup 物件，並為它們命名

    CREATE 三個 Startup 物件。

    SET 一個名稱給每個 Startup。

    ADD 每個 Startup 到 *startups*（那個 ArrayList）。

    REPEAT 處理 *startups* 串列中的每個 Startup 物件：

        CALL 輔助物件上的 *placeStartup()* 方法，以取得隨機選取的位置給這個 Startup（三個格子，垂直或水平排列，在一個 7×7 網格上）。

        SET 每個 Startup 的位置，依據 *placeStartup()* 呼叫的結果。

    END REPEAT

END METHOD

prep code	test code	real code

方法實作（續）：

METHOD: *void startPlaying()*

    REPEAT 在有任何 Startups 存在的時候。

        GET 使用者輸入，透過呼叫輔助器的 *getUserInput()* 方法。

        EVALUATE 使用者的猜測，透過 *checkUserGuess()* 方法。

    END REPEAT

END METHOD

METHOD: *void checkUserGuess(String userGuess)*

    // 找出是否有擊中（或擊殺）任何 Startup

    INCREMENT *numOfGuesses* 變數中的使用者猜測次數。

    SET 區域變數 *result*（一個 *String*）為 "miss"，假設使用者的猜測會落空。

    REPEAT 處理 *startups* 串列中的每個 Startup 物件。

        EVALUATE 使用者的猜測，透過呼叫 Startup 物件的 *checkYourself()* 方法。

        SET 結果變數為 "hit" 或 "kill"，如果恰當的話。

        IF 結果為 "kill"，就從 *startups* 串列 **REMOVE** 那個 Startup。

    END REPEAT

    DISPLAY *result* 的值給使用者看。

END METHOD

METHOD: *void finishGame()*

    DISPLAY 一個通用的「game over」訊息，然後：

        IF 使用者的猜測次數很小，

            DISPLAY 一個恭喜訊息。

        ELSE

            DISPLAY 一個羞辱訊息。

        END IF

END METHOD

削尖你的鉛筆 ──────────────────────→ 你要解決的。

我們應該如何從預備程式碼走到最終程式碼？首先我們從測試程式碼開始，然後一點一點地測試並建置我們的方法。在這本書中，我們不會一直給你看測試程式碼，所以現在就讓你自己思考，需要知道什麼以測試這些方法。你會先測試和編寫哪個方法呢？看看你能不能為一組測試制定出一些預備程式碼。寫出預備程式碼或甚至是列出要點，對於這個練習來說已經夠好了，但如果你想嘗試寫出真正的測試程式碼（用 Java），那就自己動手吧。

`prep code`　`test code`　`real code`

```java
import java.util.ArrayList;

public class StartupBust {
  private GameHelper helper = new GameHelper();
  private ArrayList<Startup> startups = new ArrayList<Startup>();
  private int numOfGuesses = 0;

  private void setUpGame() {
    // 首先製作一些 Startup 並賦予它們位置
    Startup one = new Startup();
    one.setName("poniez");
    Startup two = new Startup();
    two.setName("hacqi");
    Startup three = new Startup();
    three.setName("cabista");
    startups.add(one);
    startups.add(two);
    startups.add(three);

    System.out.println("Your goal is to sink three Startups.");
    System.out.println("poniez, hacqi, cabista");
    System.out.println("Try to sink them all in the fewest number of guesses");

    for (Startup startup : startups) {
      ArrayList<String> newLocation = helper.placeStartup(3);
      startup.setLocationCells(newLocation);
    } // 關閉 for 迴圈
  } // 關閉 setUpGame 方法

  private void startPlaying() {
    while (!startups.isEmpty()) {
      String userGuess = helper.getUserInput("Enter a guess");
      checkUserGuess(userGuess);
    } // 關閉 while
    finishGame();
  } // 關閉 startPlaying 方法
```

① ② ③ ④ ⑤ ⑥ ⑦ ⑧ ⑨ ⑩

削尖你的鉛筆

請自己為程式碼加上註釋！

將每頁底部的注釋與程式碼中的編號相匹配。將編號寫在對應的注釋前面的空格中。

每個注釋只用一次，而且你需要用完所有的註解。

—— 請輔助器提供一個 Startup 位置

—— 宣告並初始化我們會需要的變數

—— 取得使用者輸入

—— 重複處理串列中的每個 Startup

—— 印出簡短的指示給使用者看

—— 在這個 Startup 上呼叫 setter 方法，來賦予它你剛從輔助器那邊得到的位置

—— 呼叫我們自己的 checkUserGuess 方法

—— 呼叫我們自己的 finishGame 方法

—— 製作三個 Startup 物件，賦予它們名稱，並把它們塞入 ArrayList

—— 只要 Startup 串列「不是」空的

prep code | test code | **real code**

```java
private void checkUserGuess(String userGuess) {
  numOfGuesses++;  ⑪
  String result = "miss";  ⑫

  for (Startup startupToTest : startups) {  ⑬
    result = startupToTest.checkYourself(userGuess);  ⑭

    if (result.equals("hit")) {
      break;  ⑮
    }
    if (result.equals("kill")) {
      startups.remove(startupToTest);  ⑯
      break;
    }
  } // 關閉 for

  System.out.println(result);  ⑰
} // 關閉方法


private void finishGame() {
  System.out.println("All Startups are dead! Your stock is now worthless");
  if (numOfGuesses <= 18) {
    System.out.println("It only took you " + numOfGuesses + " guesses.");
    System.out.println("You got out before your options sank.");
  } else {
    System.out.println("Took you long enough. " + numOfGuesses + " guesses.");
    System.out.println("Fish are dancing with your options");
  }
} // 關閉方法

public static void main(String[] args) {
  StartupBust game = new StartupBust();  ⑲
  game.setUpGame();  ⑳
  game.startPlaying();  ㉑
} // 關閉方法
}
```

⑱

削尖你的鉛筆
（續）

無論你做什麼，都不要翻頁！

在你完成這個練習之前請別翻頁。

我們的版本在下一頁。

→

— 重複處理串列中的所有 Startup

— 為使用者印出結果

— 這個已經死了，所以把它從 Startup 串列中拿出來，然後離開迴圈

— 印出訊息告訴使用者它們在遊戲中的表現為何

— 告訴遊戲物件設定好遊戲

— 遞增使用者做過的猜測次數

— 假設這是一個「miss」，除非有被告知不是這樣

— 提早跳出迴圈，沒理由測試其他的了

— 告訴遊戲物件開始遊戲的主迴圈（不斷要求使用者輸入並檢查猜測）

— 請求 Startup 檢查使用者的猜測，尋找 hit（或 kill）

— 創建遊戲物件

StartupBust 程式碼（遊戲本身）

```
prep code   test code   real code
```

```java
import java.util.ArrayList;
```

宣告並初始化我們會
需要的變數。

```java
public class StartupBust {

    private GameHelper helper = new GameHelper();
    private ArrayList<Startup> startups = new ArrayList<Startup>();
    private int numOfGuesses = 0;

    private void setUpGame() {
        // 先製作一些 Startups 並賦予它們位置
        Startup one = new Startup();
        one.setName("poniez");
        Startup two = new Startup();
        two.setName("hacqi");
        Startup three = new Startup();
        three.setName("cabista");
        startups.add(one);
        startups.add(two);
        startups.add(three);
```

製作三個 Startup 物件，
賦予它們名稱，並把它們
塞入 ArrayList。

印出簡短的指示給
使用者看。

```java
        System.out.println("Your goal is to sink three Startups.");
        System.out.println("poniez, hacqi, cabista");
        System.out.println("Try to sink them all in the fewest number of guesses");
```

重複處理串列中的每個 Startup。

請輔助器提供一個 Startup
位置（由 String 構成的一
個 ArrayList）。

```java
        for (Startup startup : startups) {
            ArrayList<String> newLocation = helper.placeStartup(3);
            startup.setLocationCells(newLocation);
        } // 關閉 for 迴圈
    } // 關閉 setUpGame 方法
```

在這個 Startup 上呼叫 setter 方
法來賦予它你剛從輔助器那邊得
到的位置。

只要 Startup 串列「不是」空的（那個！代表 NOT，這等同
於 startups.isEmpty() == false）。

取得使用者輸入。

```java
    private void startPlaying() {
        while (!startups.isEmpty()) {
            String userGuess = helper.getUserInput("Enter a guess");
            checkUserGuess(userGuess);
        } // 關閉 while
        finishGame();
    } // 關閉 startPlaying 方法
```

呼叫我們自己的 checkUserGuess 方法。

呼叫我們自己的 finishGame 方法。

```java
private void checkUserGuess(String userGuess) {
    numOfGuesses++;                           ← 遞增使用者做過的猜測次數。
    String result = "miss";                   ← 假設這是一個「miss」,除非有被告知不是這樣。

    for (Startup startupToTest : startups) {  ← 重複處理串列中的所有 Startup。
        result = startupToTest.checkYourself(userGuess);  ← 請求 Startup 檢查使用者的
                                                            猜測,尋找 hit (或 kill)。
        if (result.equals("hit")) {
            break;                            ← 提早跳出迴圈,沒理由測試
        }                                        其他的了。
        if (result.equals("kill")) {
            startups.remove(startupToTest);   ← 這個已經死了,所以把它從 Startup
            break;                               串列中拿出來,然後離開迴圈。
        }
    } // 關閉 for

    System.out.println(result);   ← 為使用者印出結果。
} // 關閉方法
```

印出訊息告訴使用者它們
在遊戲中的表現為何。

```java
private void finishGame() {
    System.out.println("All Startups are dead! Your stock is now worthless");
    if (numOfGuesses <= 18) {
        System.out.println("It only took you " + numOfGuesses + " guesses.");
        System.out.println("You got out before your options sank.");
    } else {
        System.out.println("Took you long enough. " + numOfGuesses + " guesses.");
        System.out.println("Fish are dancing with your options");
    }
} // 關閉方法

public static void main(String[] args) {
    StartupBust game = new StartupBust();  ← 創建遊戲物件。
    game.setUpGame();                      ← 告訴遊戲物件設定好遊戲。
    game.startPlaying();
} // 關閉方法
}
```

告訴遊戲物件開始遊戲的主迴圈 (不斷
要求使用者輸入並檢查猜測)。

prep code   test code   real code

Startup 類別的
最終版本

```java
import java.util.ArrayList;

public class Startup {
  private ArrayList<String> locationCells;
  private String name;

  public void setLocationCells(ArrayList<String> loc) {
    locationCells = loc;
  }

  public void setName(String n) {
    name = n;
  }

  public String checkYourself(String userInput) {
    String result = "miss";
    int index = locationCells.indexOf(userInput);
    if (index >= 0) {
      locationCells.remove(index);

      if (locationCells.isEmpty()) {
        result = "kill";
        System.out.println("Ouch! You sunk " + name + "   : ( ");
      } else {
        result = "hit";
      } // 結束 if
    } // 結束外層的 if
    return result;
  } // 結束方法

} // 關閉類別
```

Startup 的實體變數：
– 格子位置所構成的一個 ArrayList。
– Startup 的名稱。

一個 setter 方法，用來更新 Startup 的位置（由 GameHelper 的 placeStartup() 方法提供的隨機位置）。

你的基本 setter 方法。

ArrayList 動起來的 indexOf() 方法！如果使用者的猜測是 ArrayList 中的一個條目，indexOf() 將回傳它的 ArrayList 位置。如果不是，indexOf() 將回傳 −1。

使用 ArrayList 的 remove() 方法來刪除一個條目。

使用 isEmpty() 方法來看看是否所有的位置都已經被猜到。

當一個 Startup 被擊沉時，告訴使用者。

回傳「miss」或「hit」或「kill」。

超級強大的 Boolean 運算式

到目前為止，當我們在迴圈或 if 測試中使用 boolean 運算式時，它們都是非常簡單的。我們會在你即將看到的一些 Ready-Bake Code 中使用更強大的 boolean 運算式，儘管我們知道你不會偷看，但我們認為這將是討論如何使你的運算式充滿活力的一個好時機。

「And」與「Or」運算子 (&&、||)

假設你在撰寫一個 chooseCamera() 方法，有很多關於挑選哪個相機（camera）的規則。也許你可以選擇從 50 美元到 1000 美元區間的相機，但在某些情況下你想更精確地限制價格範圍。你想說的可能是：

「如果價格範圍是在 300 美元**到** 400 美元之間，那麼就選擇 X。」

```
if (price >= 300 && price < 400) {
  camera = "X";
}
```

比方說，在現有可選的十個相機品牌（brands）中，你有一些邏輯只適用於名單中的少數幾個：

```
if (brand.equals("A") || brand.equals("B")) {
  // 只對品牌 A 或 B 做些事情
}
```

boolean 運算式也可能變得非常大且複雜：

```
if ((zoomType.equals("optical") &&
    (zoomDegree >= 3 && zoomDegree <= 8)) ||
    (zoomType.equals("digital") &&
    (zoomDegree >= 5 && zoomDegree <= 12))) {
  // 進行適當的拉遠拉近動作
}
```

如果你想變得真的很技術性，你可能會想知道這些運算子的優先順序（*precedence*）。我們建議你**使用括弧**（*parentheses*）來使你的程式碼更為清晰，而不是成為優先序神秘世界的專家。

不相等（!= 和 !）

讓我們假設你有像這樣的邏輯：「在十種可選的相機型號中，某件特定的事情對於所有的型號都為真，除了一種之外」。

```
if (model != 2000) {
  // 進行型號 2000 以外的機型需要做的事情
}
```

或比較像是字串那樣的物件…

```
if (!brand.equals("X")) {
  // 進行非品牌 X 需要做的事情
}
```

短路運算子（&&、||）

到目前為止我們所看到的運算子 && 和 ||，被稱為短路運算子（*short-circuit* operators）。就 && 而言，只有當 && 的兩邊都是真（true）的時候，運算式才會是真的。因此，如果 JVM 看到一個 && 運算式的左邊是假（false）的，它就會停在那裡！甚至不會去看右邊有什麼。

同樣地，對於 ||，如果任一邊為真，運算式就為真，所以如果 JVM 看到左邊為真，它就會宣佈整個述句都為真，不會去檢查右邊。

為什麼這樣很好？讓我們假設，你有一個參考變數，但你不確定它是否被指定給了一個物件。如果你試著用這個 null（即沒有指定任何物件）的參考變數呼叫一個方法，你會得到一個 NullPointerException。所以，試試這個：

```
if (refVar != null &&
    refVar.isValidType()) {
  // 進行「得到了一個有效型別」要做的事情
}
```

非短路運算子（&、|）

用在 boolean 運算式之中的時候，& 和 | 運算子的行為就像是它們對應的 && 和 || 運算子，只不過它們會強制 JVM 總是檢查運算式的兩邊。通常，& 和 | 是在另一種情況下使用的，即用來操作位元。

這是該遊戲的輔助類別（helper class）。除了使用者輸入方法（提示使用者並從命令列讀取輸入的方法），這個輔助器的主要服務是為 Startup 創建格子位置。我們試著讓它保持相當小型的規模，這樣你就不需要打那麼多字了。而要記住，在你擁有這個類別之前，你都無法編譯 StartupBust 遊戲類別。

```java
import java.util.*;

public class GameHelper {
  private static final String ALPHABET = "abcdefg";
  private static final int GRID_LENGTH = 7;
  private static final int GRID_SIZE = 49;
  private static final int MAX_ATTEMPTS = 200;
  static final int HORIZONTAL_INCREMENT = 1;              // 表示這兩個東西是 enum（請參閱附錄 B）
  static final int VERTICAL_INCREMENT = GRID_LENGTH;      // 的一種更好的方式

  private final int[] grid = new int[GRID_SIZE];
  private final Random random = new Random();
  private int startupCount = 0;
```

注意：要獲得額外分數，你可以試著取消 System.out.println 的註解，以觀察它的工作情況！這些列印述句會幫你「作弊」，告訴你 Startup 的位置，不過它可以幫助你進行測試。

```java
  public String getUserInput(String prompt) {
    System.out.print(prompt + ": ");
    Scanner scanner = new Scanner(System.in);
    return scanner.nextLine().toLowerCase();
  } // 結束 getUserInput

  public ArrayList<String> placeStartup(int startupSize) {
    // 存放網格的索引（0 - 48）
    int[] startupCoords = new int[startupSize];          // 當前的候選座標
    int attempts = 0;                                    // 當前嘗試的計數器
    boolean success = false;                             // 旗標 = 找到了一個好位置嗎？

    startupCount++;                                      // 要放置的第 n 個 Startup
    int increment = getIncrement();                      // 交替垂直與水平的對齊

    while (!success & attempts++ < MAX_ATTEMPTS) {       // 主要的搜尋迴圈
      int location = random.nextInt(GRID_SIZE);          // 取得隨機的起始點

      for (int i = 0; i < startupCoords.length; i++) {   // 創建所提出的座標之陣列
        startupCoords[i] = location;                     // 把目前的位置放到陣列中
        location += increment;                           // 計算下個位置
      }
      // System.out.println("Trying: " + Arrays.toString(startupCoords));

      if (startupFits(startupCoords, increment)) {       // 網格放得下 startup 嗎？
        success = coordsAvailable(startupCoords);        // …而位置尚未被佔據嗎？
      }                                                  // 結束迴圈
    }                                                    // 結束 while
    savePositionToGrid(startupCoords);                   // 座標通過檢查，儲存
    ArrayList<String> alphaCells = convertCoordsToAlphaFormat(startupCoords);
    // System.out.println("Placed at: "+ alphaCells);
    return alphaCells;
  } // 結束 placeStartup
```

這就是會告訴你 Startup 到底位在哪裡的述句。

Ready-Bake Code

GameHelper 類別程式碼（續）

```java
private boolean startupFits(int[] startupCoords, int increment) {
  int finalLocation = startupCoords[startupCoords.length - 1];
  if (increment == HORIZONTAL_INCREMENT) {
    // 檢查結尾是否與開頭位在同一列
    return calcRowFromIndex(startupCoords[0]) == calcRowFromIndex(finalLocation);
  } else {
    return finalLocation < GRID_SIZE;              // 確定結尾沒有超出底部
  }
} //end startupFits
private boolean coordsAvailable(int[] startupCoords) {
  for (int coord : startupCoords) {                // 檢查所有潛在的位置
    if (grid[coord] != 0) {                        // 這個位置已被佔據
      // System.out.println("position: " + coord + " already taken.");
      return false;                                // 沒成功
    }
  }
  return true;                                      // 沒有衝突，耶！
} // 結束 coordsAvailable
private void savePositionToGrid(int[] startupCoords) {
  for (int index : startupCoords) {
    grid[index] = 1;                                // 將網格位置標示為「已被使用」
  }
} // 結束 savePositionToGrid
private ArrayList<String> convertCoordsToAlphaFormat(int[] startupCoords) {
  ArrayList<String> alphaCells = new ArrayList<String>();
  for (int index : startupCoords) {                          // 對於每一個網格座標
    String alphaCoords = getAlphaCoordsFromIndex(index); // 將它轉換為一種 "a0" 樣式
    alphaCells.add(alphaCoords);                             // 新增到一個串列
  }
  return alphaCells;                                         // 回傳 "a0" 式的座標
} // 結束 convertCoordsToAlphaFormat
private String getAlphaCoordsFromIndex(int index) {
  int row = calcRowFromIndex(index);                        // 取得列值
  int column = index % GRID_LENGTH;                         // 取得數值的欄值
  String letter = ALPHABET.substring(column, column + 1); // 轉換為字母
  return letter + row;
} // 結束 getAlphaCoordsFromIndex
private int calcRowFromIndex(int index) {
  return index / GRID_LENGTH;
} // 結束 calcRowFromIndex
private int getIncrement() {
  if (startupCount % 2 == 0) {                     // 若有偶數個 Startup
    return HORIZONTAL_INCREMENT;                   // 水平放置
  } else {                                          // else ODD
    return VERTICAL_INCREMENT;                     // 垂直放置
  }
} // 結束 getIncrement
} // 結束 類別
```

這段程式碼，以及一個基本的測試，都可在這個 GitHub
儲存庫取得：https://oreil.ly/hfJava_3e_examples。

使用程式庫（Java API）

在 ArrayList 的幫助下，你一路看過了 StartupBust 遊戲的建造過程。而現在，正如承諾的那樣，是時候學習如何在 Java 程式庫中鬼混了。

在 Java API 中，類別會被分類歸組為套件（packages）。

要使用 API 中的一個類別，你必須知道該類別位在哪個<u>套件</u>中。

Java 程式庫中的每個類別都屬於一個套件。套件會有一個名稱，比如 **javax.swing**（這個套件包含一些 Swing GUI 類別，你很快就會學到）。ArrayList 位在名為 **java.util** 的套件中，真是驚喜中的驚喜，這個套件中有一堆 *utility*（工具）類別。你將在附錄 B 中學習到更多關於套件的知識，包括如何把你自己的類別放到你自己的套件中。不過現在，我們只是想使用 Java 自帶的一些類別。

在你自己的程式碼中使用 API 中的一個類別是很簡單的事情，你只要把這個類別當作你自己寫的一樣來對待好了…就像你編譯了它一樣，它就在那裡等著你去使用它。有一個很大的差異：在你的程式碼中，你必須指出你想使用的程式庫類別的完整名稱，這意味著套件名稱 + 類別名稱。

即使你不知道，你**早就已經在使用某個套件中的類別了**。System（System.out.println）、String 和 Math（Math.random()）都屬於 **java.lang** 套件。

你必須知道你想在程式碼中使用的類別之完整名稱 *。

ArrayList 不是 ArrayList 的全名，就像 Kathy 不是全名一樣（除非像 Madonna 或 Cher 那種，但我們就不說那個了）。ArrayList 的全名其實是：

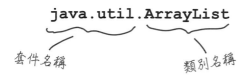

你必須告知 Java 你想要使用哪個 ArrayList。
你有兩個選擇：

Ⓐ 匯入（IMPORT）

在你原始碼檔案的頂端放上一個 import 述句：

```
import java.util.ArrayList;
public class MyClass {... }
```

或

Ⓑ 打入全名

在你程式碼的各處都以鍵盤輸入全名，在你每次用到它的時候，在你使用它的每個地方。

當你宣告或實體化它的時候：

```
java.util.ArrayList<Dog> list = new java.util.ArrayList<Dog>();
```

當你把它當作一個引數型別來用的時候：

```
public void go(java.util.ArrayList<Dog> list) { }
```

當你把它當作一個回傳型別來用的時候：

```
public java.util.ArrayList<Dog> foo() {...}
```

* 除非那個類別是在 java.lang 套件中。

問：為什麼必須要用全名呢？那就是套件的唯一用途嗎？

答：套件之所以重要，主要有三個原因。首先，它們有助於一個專案或程式庫的整體組織。與其擁有數量多得可怕的一堆類別，不如把它們都歸入特定功能的套件中（如 GUI 或資料結構或資料庫等）。

第二，套件賦予了你一個命名範疇（name-scoping），以幫忙防止在你和你公司其他 12 位程式設計師，都決定要做同名的一個類別時發生衝突。如果你有一個名為 Set 的類別，而其他人（包括 Java API）也有一個名為 Set 的類別，你就需要一些途徑來告訴 JVM 你試圖使用哪個 Set 類別。

第三，套件提供了一定程度的安全性，因為你可以控制你寫的程式碼，限制只有同一套件中的其他類別可以存取它。具體細節在附錄 B 中。

問：好了，回到名稱衝突的問題上。完整的名稱到底可以幫上什麼忙？有什麼可以防止兩個人賦予一個類別相同的套件名稱呢？

答：Java 有一套命名慣例，只要開發者遵守它，通常可以防止這種情況發生。

本章重點

- **ArrayList** 是 Java API 中的一個類別。

- 要把某樣東西放進一個 ArrayList，就使用 **add()**。

- 要從一個 ArrayList 移除某樣東西，就使用 **remove()**。

- 要找出一個 ArrayList 中某樣東西在哪裡（如果它有在裡面的話），就用 **indexOf()**。

- 要知道一個 ArrayList 是否為空的，就用 **isEmpty()**。

- 要取得一個 ArrayList 的大小（其中含有的元素數），就用 **size()** 方法。

- 要取得一個普通的陣列之**長度**（元素數），記得你要使用 **length** 變數。

- ArrayList 可以**動態地調整大小**，以滿足任何需求。添加物件時它會**增長**，當物件被刪除時它會**縮小**。

- 你使用**型別參數**來宣告 ArrayList 的型別，它會是一對角括號中的一個型別名稱。範例：ArrayList<Button> 代表這個 ArrayList 將只能保存 Button 型別的物件（或 Button 的子類別，如你會在接下來的幾章中學到的）。

- 儘管 ArrayList 持有的是物件而不是原始型別值，但編譯器會自動將原型值「包裹」成一個物件（取出時再「解開」），並將該物件而非原型值放入 ArrayList（本書後面會有更多關於這一功能的內容）。

- 類別被分組為套件。

- 一個類別有一個全名，它是套件名稱和類別名稱的組合。ArrayList 類別實際上是 java.util.ArrayList。

- 要使用 java.lang 以外的套件中的一個類別，你必須告訴 Java 該類別的全名。

- 你可以在你的原始碼頂端使用匯入述句，或者你也能在你程式碼中每處使用該類別的地方打入全名。

問：`import` 會使我的類別變大嗎？這實際上會把所匯入的類別或套件編譯到我的程式碼中嗎？

答：也許你是 C 語言程式設計師？`import` 和 `include` 是不一樣的。所以，答案是「不」和「不」。請跟著我重複：「`import` 述句可以讓你不用打字」。實際上就是那樣而已。你不必擔心你的程式碼會因為太多的匯入而變得臃腫，或變得更慢。`import` 單純只是你把一個類別的全名交給 Java 的方式。

問：好吧，那為什麼我從來不需要匯入 String 類別呢？ 或者 System ？

答：記住，你會免費得到 java.lang 套件，就好像它被「預先匯入」一樣。因為 java.lang 中的類別是非常基礎的，你不必使用全名。只存在一個 java.lang. String 類別和一個 java.lang.System 類別，而且 Java 非常清楚在哪裡可以找到它們。

問：我必須把我自己的類別放到套件裡嗎？我要如何做到那樣呢？我能 不能那樣做？

答：在（你現在應該盡量避免的）現實世界中，是的，你會想把你的類別放到套件裡。我們將在附錄 B 中詳細討論這個問題。至於現在，我們不會把我們的程式碼範例放到套件裡。*

---

* 但當你查看儲存庫（ https://oreil.ly/hfJava_3e_examples ）中的程式碼，你會發現我們把類別放到了套件中。

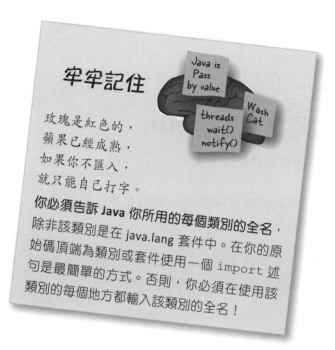

牢牢記住

玫瑰是紅色的，
蘋果已經成熟，
如果你不匯入，
就只能自己打字。

你必須告訴 Java 你所用的每個類別的全名，除非該類別是在 java.lang 套件中。在你的原始碼頂端為類別或套件使用一個 import 述句是最簡單的方式。否則，你必須在使用該類別的每個地方都輸入該類別的全名！

再來一次，萬一你還沒有記下這一點的話：

> 「很高興知道 *java.util* 套件裡有一個 *ArrayList*。但我自己怎麼會知道呢？」
>
> - Julia，31 歲，手模

如何探索這個 API

你會想要知道的兩件事：

1 程式庫中有哪些功能可取用？（哪個類別？）

2 你要如何使用這些功能？（一旦找到類別，你要如何知道它能做什麼？）

1 瀏覽書籍

2 使用 HTML API 說明文件

OVERVIEW　MODULE　PACKAGE　CLASS　USE　TREE　PREVIEW　NEW　DEPRECATED　INDEX　HELP

Java® Platform, Standard Edition & Java Development Kit Version 17 API Specification

This document is divided into two sections:

Java SE
> The Java Platform, Standard Edition (Java SE) APIs define the core Java platform

JDK
> The Java Development Kit (JDK) APIs are specific to the JDK and will not necessar

All Modules	Java SE	JDK	Other Modules
Module			**Description**
java.base			Defines the foundational APIs of the Java SE Platform.
java.compiler			Defines the Language Model, Annotation Processing, a
java.datatransfer			Defines the API for transferring data between and with

https://docs.oracle.com/en/java/javase/17/docs/api/index.html

① 瀏覽書籍

翻閱參考書是了解 Java 程式庫中內容的一個好辦法。僅僅透過瀏覽書頁,你就能輕易發現某個看起來很有用的套件或類別。

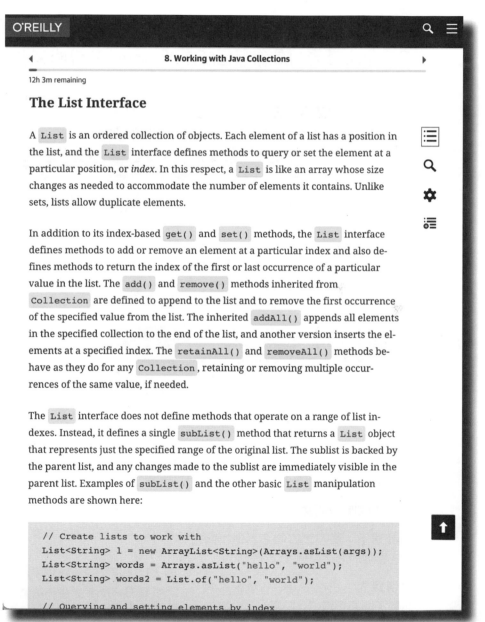

O'REILLY

◀   **8. Working with Java Collections**   ▶

12h 3m remaining

The List Interface

A `List` is an ordered collection of objects. Each element of a list has a position in the list, and the `List` interface defines methods to query or set the element at a particular position, or *index*. In this respect, a `List` is like an array whose size changes as needed to accommodate the number of elements it contains. Unlike sets, lists allow duplicate elements.

In addition to its index-based `get()` and `set()` methods, the `List` interface defines methods to add or remove an element at a particular index and also defines methods to return the index of the first or last occurrence of a particular value in the list. The `add()` and `remove()` methods inherited from `Collection` are defined to append to the list and to remove the first occurrence of the specified value from the list. The inherited `addAll()` appends all elements in the specified collection to the end of the list, and another version inserts the elements at a specified index. The `retainAll()` and `removeAll()` methods behave as they do for any `Collection`, retaining or removing multiple occurrences of the same value, if needed.

The `List` interface does not define methods that operate on a range of list indexes. Instead, it defines a single `subList()` method that returns a `List` object that represents just the specified range of the original list. The sublist is backed by the parent list, and any changes made to the sublist are immediately visible in the parent list. Examples of `subList()` and the other basic `List` manipulation methods are shown here:

```
// Create lists to work with
List<String> l = new ArrayList<String>(Arrays.asList(args));
List<String> words = Arrays.asList("hello", "world");
List<String> words2 = List.of("hello", "world");

// Querying and setting elements by index
```

❷ 使用 HTML API 說明文件

Java 有很好的一套線上說明文件,奇怪的是,它被稱為 Java API。你(或你的 IDE)也可以下載這些說明文件,放到你的硬碟上,以防你的網路連線在最糟糕的時刻發生故障。

這個 API 說明文件是獲得關於套件中有什麼,以及套件中的類別和介面提供什麼(例如在方法和功能方面)的詳細資訊之最佳參考。

取決於你所用的 Java 版本,這個說明文件看起來就會有所不同
請確保你所查看的是你那個版本的 Java 之說明文件

Java 8 和更早的版本
https://docs.oracle.com/javase/8/docs/api/index.html

Java 版本。這是 Java 8 SE。

捲動畫面,看過各個套件,選擇一個(點擊它)來縮減底下頁框中的名單,只顯示屬於該套件的類別。

捲動畫面,看過各類別,挑選一個(點擊它),選擇將充填主瀏覽器頁框的類別。

你可以這樣瀏覽說明文件:

- **從上到下:**從左上方的名單中找到你感興趣的套件,然後深入研究。

- **類別優先:**在左下方的名單中找到你想了解的類別,並點擊它。

主面板將顯示你正在看的東西之細節。如果你選擇了一個套件,它將給出關於該套件的摘要資訊和類別和介面的一個清單。

如果你選擇了一個類別,它將向你顯示該類別的描述,以及該類別中所有方法的細節,它們能做什麼,以及如何使用它們。

Java 9 和之後版本

Java 9 引進了 Java Module System（Java 模組系統），我們在本書中不打算介紹它。為了理解這些說明文件，你需要知道的是，JDK 現在被分割成了模組（*modules*）。這些模組將相關的套件組合在一起。這可以使你更容易找到你感興趣的類別，因為它們是按功能分組的。到目前為止，我們在本書中所涵蓋的所有類別都在 **java.base** 模組中，它包含了核心 Java 套件，如 java.lang 和 java.util。

較舊的說明文件的 URL
稍微不同。

Java 17 是在本文寫作之時的
Long Term Support（LTS，長
期支援）版本。

https://docs.oracle.com/en/java/javase/17/docs/api/index.html

在這裡輸入一
個特定的方法/
類別/套件/模組
來進行搜尋。
你會看到一個
下拉選單顯示
建議。

Java 平台現
在被拆成了
數個模組，
這些模組都
列在說明文
件的主頁上。

我們主要只對 java.base 感興趣。
等我們講到 Swing GUI 時，我們
也會關心 java.desktop。

你可以這樣瀏覽這些說明文件：

- **從上到下**：找到一個看起來涵蓋了你想要的功能的模組，檢視它的套件，並從一個套件開始深入到它的類別。

- **搜尋**：使用右上方的搜尋，直接進入你想了解的方法、類別、套件或模組。

當你選了一個模
組，你可以看到
它所有套件構成
的清單和每個套
件用途的說明。

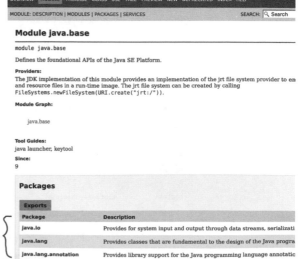

使用類別說明文件

無論你用的是哪個版本的 Java 說明文件，它們都有一個類似的版面配置，用以顯示關於某個特定類別的資訊。這就是多汁的細節所在。

假設你在瀏覽參考書時發現了一個叫作 ArrayList 的類別，位在 java.util 中。書中只告訴了你一點關於它的資訊，但足以讓你知道這確實是你想要使用的東西，但是你仍然需要知道關於其方法的更多資訊。在參考書中，你會發現 indexOf() 這個方法。但如果你只知道有一個叫作 indexOf() 的方法，它接收一個物件並回傳該物件的索引（一個 int），你仍然需要知道一件關鍵的事情：如果該物件不在 ArrayList 中會發生什麼事？單看方法的特徵式不會告訴你其運作方式，但 API 說明文件會告訴你（至少是大多數時候）。API 說明文件告訴你，如果物件參數不在 ArrayList 中，indexOf() 方法會回傳 -1。所以現在我們知道還可以用它來檢查一個物件是否在 ArrayList 中，同時如果該物件在那裡，我們也可以獲得它的索引。若是沒有 API 說明文件，我們可能會認為，如果物件不在 ArrayList 中，indexOf() 方法就會爆炸。

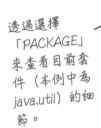

透過選擇「PACKAGE」來查看目前套件（本例中為 java.util）的細節。

請確保你看的是你所使用的同一版本的 Java 之說明文件，API 在不同的版本中會有所變化。

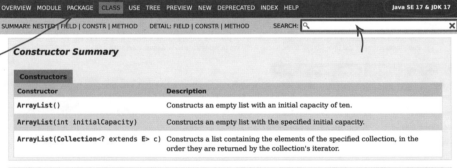

這裡是所有好東西的所在。你可以捲動瀏覽這些方法以獲得簡短的摘要，或者點擊一個方法以獲得全部的細節。

在第 11 章和第 12 章中，你會看到我們如何使用 API 說明文件來了解如何使用 Java 程式庫。

程式碼磁貼

你能重新建構這些程式碼片段，製作出一個會產生下面所列輸出的可運作的 Java 程式嗎？**注意：**要做這個練習，你需要一項新資訊：如果你查閱 ArrayList 的 API，你會發現有第二個 add 方法，它接受兩個引數：

`add(int index, Object o)`

它讓你指定你想要把新增物件放入哪個 ArrayList。

```
a.remove(2);
```

```
printList(a);
```

```
printList(a);
```

```
a.add(0, "zero");
a.add(1, "one");
```

```
public static void printList(ArrayList<String> list) {
```

```
if (a.contains("two")) {
    a.add("2.2");
}
```

```
a.add(2, "two");
```

```
public static void main (String[] args) {
```

```
  System.out.print(element + "  ");
}
System.out.println();
```

```
if (a.contains("three")) {
    a.add("four");
}
```

```
public class ArrayListMagnet {
```

```
if (a.indexOf("four") != 4) {
    a.add(4, "4.2");
}
```

```
}
```

```
import java.util.ArrayList;
```

```
}
```

```
printList(a);
```

```
ArrayList<String> a = new ArrayList<String>();
```

```
for (String element : list) {
```

```
}
```

```
a.add(3, "three");
printList(a);
```

```
File Edit Window Help Dance

% java ArrayListMagnet
zero   one    two    three
zero   one    three  four
zero   one    three  four   4.2
zero   one    three  four   4.2
```

→ 答案在第 165 頁。

目前位置 ▶ **163**

Java 填字遊戲

這個填字遊戲對你學習 Java 有什麼幫助呢？嗯，所有的字詞都與 Java 有關（除了一個轉移注意力的東西）。

提示：有疑問時，請別忘記 ArrayList。

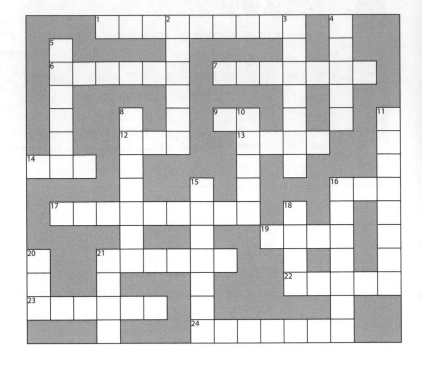

橫向提示

1. 我不能表現得很好

6. 或者，在法庭上

7. 在哪裡可以找到寶貝

9. 叉子的起源

12. 長出一個 ArrayList

13. 整個就是大

14. 值的拷貝

16. 不是一個物件

17. 吃了類固醇的陣列

19. 延伸範圍

21. 19 的對應體

22. 西班牙的技客零食（注意：這與 Java 完全無關）

23. 給懶惰的手指

24. 套件漫遊的地方

直向提示

2. Java 的動作所在

3. 可定址的單元

4. 第二小的

5. 小數的預設值

8. 程式庫最宏偉的東西

10. 必須是低密度的

11. 他在那裡的某個地方

15. 彷彿

16. 匱乏的方法

18. 購物和陣列有什麼共通點

20. 程式庫的縮寫

21. 什麼會跑一圈回來

更多提示：

橫向

1.8 種變化

7. 福爾 ArrayList

16. 無首的無恥設計

4.8.10. 無恥設計

3. 福爾 ArrayList

16. 福爾 ArrayList

直向

2. 什麼是可以繼寫的？

22. 跑一圈西班牙子跟買柔柔軟圈

21. Array 的起伸軟圈

18. 他正在複製件一個

答案在第 166 頁。

習題
解答

程式碼磁貼
（第 163 頁）

```
File Edit Window Help Dance

% java ArrayListMagnet
zero   one   two    three
zero   one   three  four
zero   one   three  four   4.2
zero   one   three  four   4.2
```

```java
import java.util.ArrayList;

public class ArrayListMagnet {
  public static void main(String[] args) {
    ArrayList<String> a = new ArrayList<String>();
    a.add(0, "zero");
    a.add(1, "one");
    a.add(2, "two");
    a.add(3, "three");
    printList(a);

    if (a.contains("three")) {
      a.add("four");
    }
    a.remove(2);
    printList(a);

    if (a.indexOf("four") != 4) {
      a.add(4, "4.2");
    }
    printList(a);

    if (a.contains("two")) {
      a.add("2.2");
    }
    printList(a);
  }

  public static void printList(ArrayList<String> list) {
    for (String element : list) {
      System.out.print(element + "  ");
    }
    System.out.println();
  }
}
```

Java 填字遊戲
（第 164 頁）

```
            ¹P  R  I  ²M  I  T  I  V  E         ⁴S
         ⁵D              E               ³E       H
         O   B  J  E  C  T      ⁷I  N  D  E  X  O  F
         U              H               M        R
         U      ⁸P      O      ⁹I  ¹⁰F   E      ¹¹C
         A  D  D         D      L   O  N  G      O
      ¹⁴G  E  T         C       O   A  T         N
         K              ¹⁵V      A   I  N  T
      ¹⁷A  R  R  A  Y  L  I  S  T      ¹⁸L      A
         G              R              S  I  Z  E  I
      ²⁰A      ²¹L  E  N  G  T  H      S      N
         P      O              U      ²²T  A  P  A  S
      ²³I  M  P  O  R  T         A           T
         P              P      ²⁴L  I  B  R  A  R  Y
```

削尖你的鉛筆

寫出你自己的提示！看看每個詞，並嘗試寫出你自己的線索。試著讓它們比我們的線索更容易或更難，或者更有技術含量。

橫向提示

1. _____

6. _____

7. _____

9. _____

12. _____

13. _____

14. _____

16. _____

17. _____

19. _____

21. _____

22. _____

23. _____

24. _____

直向提示

2. _____

3. _____

4. _____

5. _____

8. _____

10. _____

11. _____

15. _____

16. _____

18. _____

20. _____

21. _____

7　繼承與多型

在物件村中
生活得更好

在我們嘗試多型計畫之前，我們是薪水過低、工作過度的程式設計師。但感謝該計畫，我們的未來是光明的。你的也可以是這樣！

規劃你的程式時要考慮到未來。如果有一種編寫 Java 的途徑可以讓你獲得更多的假期，這對你來說有多大價值？如果你能寫出**別人**可以**輕易**擴充的程式碼，那會怎樣？如果你能寫出有彈性的程式碼，以應對那些討厭的最後一刻的規格變化，你會感興趣嗎？今天就是你的幸運日。只需簡單地支付三筆 60 分鐘的費用，你就可以擁有這一切。當你加入多型計畫（Polymorphism Plan），你將學到進行更佳類別設計的 5 個步驟、運用多型（Polymorphism）的 3 個技巧、編寫靈活程式碼的 8 種方式，如果你現在就行動，還能得到額外課程，教你運用繼承的 4 個訣竅。不要遲疑了，這麼好的優惠將為你帶來應得的設計自由和程式設計靈活性。它很快速，很容易，而且現在就可以取得。今天就開始吧，我們將為你提供一個額外的抽象層次！

再訪椅子大戰⋯

還記得在第 2 章中，*Laura*（程序型程式設計師）和 *Brad*（OO 開發者）爭奪 *Aeron* 椅子的事情嗎？讓我們看看這個故事的幾個片段，回顧一下繼承的基本知識。

LAURA：你有重複的程式碼！那個旋轉程序在代表四個形狀的所有東西中都有。那是個愚蠢的設計。你必須維護四種不同的旋轉「方法」。這怎麼可能是好事呢？

BRAD：哦，我猜你沒有看到最後的設計。Laura，讓我告訴你 OO 的**繼承**（**inheritance**）是如何運作的吧。

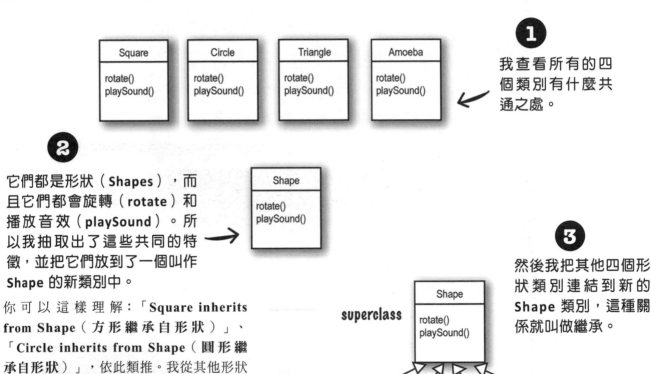

① 我查看所有的四個類別有什麼共通之處。

② 它們都是形狀（**Shapes**），而且它們都會旋轉（**rotate**）和播放音效（**playSound**）。所以我抽取出了這些共同的特徵，並把它們放到了一個叫作 **Shape** 的新類別中。

你可以這樣理解：「**Square inherits from Shape**（方形繼承自形狀）」、「**Circle inherits from Shape**（圓形繼承自形狀）」，依此類推。我從其他形狀中刪除了 rotate() 和 playSound()，所以現在只有一份需要維護。

Shape 類別被稱作其他四個類別的**超類別**（**superclass**）。其他四個類別則是 Shape 的**子類別**（**subclasses**）。子類別會繼承超類別的方法。換句話說，如果 *Shape* 類別具備某種功能，那麼子類別也會自動得到相同的功能。

③ 然後我把其他四個形狀類別連結到新的 Shape 類別，這種關係就叫做繼承。

那麼 Amoeba 的 rotate() 又如何呢？

LAURA：那不就是這裡的整個問題所在嗎？阿米巴形狀有完全不同的旋轉和播放聲音程序？

如果 Amoeba 繼承了 Shape 類別的功能，它怎麼能做不同的事情呢？

BRAD：那就是最後一步。Amoeba 類別**覆寫**（*overrides*）了 Shape 類別中需要特定阿米巴（amoeba）行為的任何方法。然後在執行時期，當有人告訴 Amoeba 要旋轉時，JVM 會確切地知道要執行哪個 rotate() 方法。

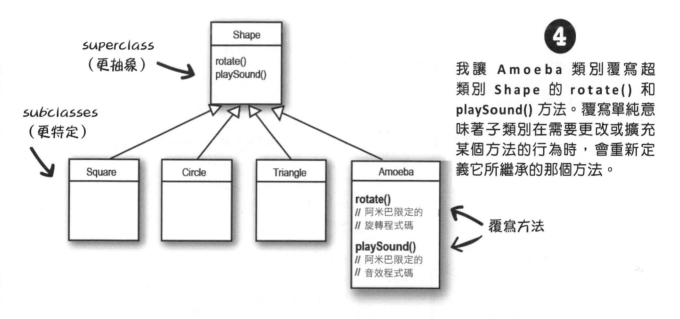

4

我讓 Amoeba 類別覆寫超類別 Shape 的 **rotate()** 和 **playSound()** 方法。覆寫單純意味著子類別在需要更改或擴充某個方法的行為時，會重新定義它所繼承的那個方法。

☢ 動動腦

在繼承結構中，你會如何表示一隻家貓和一隻老虎？家貓是老虎的一個特殊版本嗎？哪個是子類別，哪個是超類別？或者它們都是某個其他類別的子類別？

你會如何設計一個繼承結構？哪些方法會被覆寫？

思考一下。在你翻過這一頁之前。

了解繼承

用繼承來進行設計時，你把共通的程式碼放在一個類別裡，然後告訴其他更具體的類別，這個共通的（更抽象的）類別是它們的超類別。當一個類別繼承自另一個類別時，**子類別繼承自（inherits from）超類別**。

在 Java 中，我們說**子類別擴充（extends）超類別**。繼承關係意味著子類別繼承了超類別的**成員（members）**。當我們說「一個類別的成員」時，我們指的是實體變數和方法。舉例來說，如果 PantherMan 是 SuperHero 的一個子類別，那麼 PantherMan 類別就自動繼承了超級英雄（superheroes）共通的所有實體變數和方法，包括 `suit`、`tights`、`specialPower`、`useSpecialPower()` 等等。但是 PantherMan **子類別可以添加自己的新方法和實體變數，並且可以覆寫它從超類別 SuperHero 繼承而來的方法。**

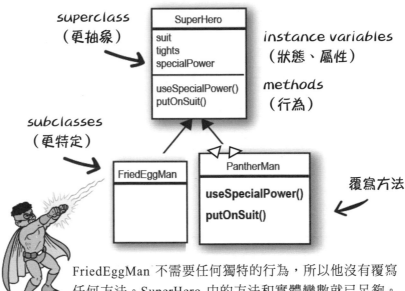

FriedEggMan 不需要任何獨特的行為，所以他沒有覆寫任何方法。SuperHero 中的方法和實體變數就已足夠。不過，PantherMan 對他的衣服和特殊能力有特殊要求，所以在 PantherMan 類別中，`useSpecialPower()` 和 `putOnSuit()` 都被覆寫了。

實體變數並沒有被重寫，因為它們不需要。它們沒有定義任何特殊的行為，所以子類別可以賦予繼承的實體變數任何它所選的值。PantherMan 可以將他繼承的 `tights`（緊身衣）設定為紫色，而 FriedEggMan 則將其設定為白色。

一個繼承範例：

```java
public class Doctor {

    boolean worksAtHospital;

    void treatPatient() {
        // 進行檢查

    }
}
```

```java
public class FamilyDoctor extends Doctor {

    boolean makesHouseCalls;

    void giveAdvice() {
        // 給予居家建議
    }

}
```

```java
public class Surgeon extends Doctor {

    void treatPatient() {
        // 進行手術
    }

    void makeIncision() {
        // 製作切口（哎呀！）
    }
```

我繼承了我的程序，所以我懶得上醫學院。放輕鬆，這不會有任何傷害（我把電鋸放哪去了…）

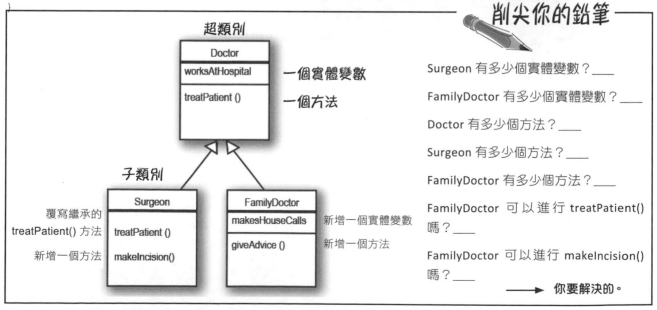

超類別

Doctor
worksAtHospital
treatPatient ()

一個實體變數
一個方法

子類別

覆寫繼承的
treatPatient() 方法
新增一個方法

Surgeon
treatPatient ()
makeIncision()

FamilyDoctor
makesHouseCalls
giveAdvice ()

新增一個實體變數
新增一個方法

削尖你的鉛筆

Surgeon 有多少個實體變數？___

FamilyDoctor 有多少個實體變數？___

Doctor 有多少個方法？___

Surgeon 有多少個方法？___

FamilyDoctor 有多少個方法？___

FamilyDoctor 可以進行 treatPatient() 嗎？___

FamilyDoctor 可以進行 makeIncision() 嗎？___

→ 你要解決的。

讓我們為 Animal 模擬程式設計繼承樹

想像一下，你被要求設計一個模擬程式，讓使用者把一堆不同的動物扔到一個環境中，看看會發生什麼事。我們現在不需要對這個東西編寫程式，我們主要對其設計感興趣。

我們已經得到了將出現在程式中的某些動物的一份清單，但不是全部。我們知道，每隻動物都將由一個物件來代表，而那些物件將在環境中移動，做每一種特定型別的動物所要做的任何事情。

而且我們希望其他程式設計師能夠隨時為程式添加新種類的動物。

首先，我們必須弄清楚所有動物所具備的共通的、抽象的特徵，並將這些特徵構建成一個所有動物類別都能擴充的類別。

① 尋找具有共通屬性和行為的物件。

這六種型別有什麼共通之處呢？這能幫助你抽取出行為（步驟 2）

這些型別之間的關聯為何？這能幫助你定義繼承樹關係（步驟 4-5）

使用繼承來避免子類別中重複的程式碼

我們有五個**實體變數**：

picture – 代表這種動物的 JPEG 的檔案名稱。

food – 這種動物吃的食物類型。現在，只能有兩個值：*meat*（肉）或 *grass*（草）。

hunger – 代表動物饑餓程度的一個 int。它的變化取決於動物何時進食（和吃多少）。

boundaries – 代表動物將在其中漫遊的「空間」（例如 640 × 480）之高度和寬度的值。

location – 動物在空間中的 X 和 Y 座標。

我們有四個**方法**：

makeNoise() – 動物應該發出聲音時的行為。

eat() – 當動物遇到它喜歡的食物來源，*meat* 或 *grass* 時，就會有這種行為。

sleep() – 當動物被認為處於睡眠狀態時的行為。

roam() – 當動物沒在進食或睡覺時的行為（可能只是四處遊蕩，等待碰到食物來源或邊界）。

2 設計代表共通狀態和行為的一個類別。

這些物件全都是動物（**animals**），所以我們會製作一個共通的超類別叫作 Animal。

我們會放入所有動物都可能需要的方法與實體變數。

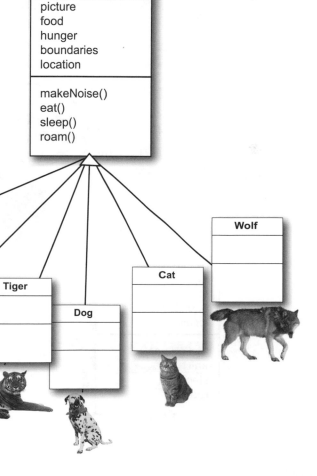

Animal

picture
food
hunger
boundaries
location

makeNoise()
eat()
sleep()
roam()

Lion

Hippo

Tiger

Dog

Cat

Wolf

所有的動物都以同樣的方式進食嗎？

假設我們都同意一件事：這些實體變數將適用於所有動物型別。獅子將有自己的圖片、食物（我們認為是肉）、饑餓感、邊界和位置的值。河馬的實體變數會有不同的值，但它仍然有與其他 Animal 型別相同的變數。狗、老虎等也是如此。但是行為呢？

我們應該覆寫哪些方法？

獅子發出的**聲音**和狗一樣嗎？貓**吃東西**像河馬嗎？在你的版本中可能是這樣，但在我們的版本中，吃東西和發出聲音是各動物型別特定的。我們想不出如何將這些方法編寫成對任何動物都適用。好吧，那並不是真的。舉例來說，我們可以這樣寫 makeNoise() 方法，讓它所做的就只是播放一個定義在該型別的實體變數中的音效檔案，但這不是很特殊化。一些動物可能會在不同的情況下發出不同的聲音（比如吃東西時發出一種聲音，撞到敵人時發出另一種聲音等等）。

因此，就像 Amoeba 覆寫 Shape 類別的 rotate() 方法一樣，為了獲得更多阿米巴特有的（換句話說，獨特的）行為，我們必須對我們的 Animal 子類別做同樣的事情。

3 決定一個子類別是否需要特定於該子類別型別的行為（方法實作）。

看一下動物類別，我們判斷 eat() 和 makeNoise() 應該被各個子類別覆寫。

> 在狗界，吠叫是我們文化身分的重要組成部分。我們有獨特的聲音，我們希望這種多樣性得到承認和尊重。

> 我是一個吃植物的大食客。

Animal
picture
food
hunger
boundaries
location
makeNoise()
eat()
sleep()
roam()

我們最好覆寫 eat() 和 makeNoise() 這兩個方法，如此每個動物型別都可以定義自己進食和製造噪音的具體行為。目前看來，sleep() 和 roam() 可以保持泛用。

尋找更多的繼承機會

類別階層架構（class hierarchy）已經開始成形了。我們讓每個子類別覆寫 *makeNoise()* 和 *eat()* 方法，這樣就不會把狗吠和貓叫弄錯了（對雙方都是一種侮辱）。河馬（Hippo）也不會像獅子那樣吃東西。

但也許我們還可以做更多。我們必須看一下 Animal 的子類別，看看是否有兩個或更多的子類別能以某種方式組合在一起，並只給出那個群組共通的程式碼。狼（Wolf）和狗（Dog）有相似之處。獅子（Lion）、老虎（Tiger）和貓（Cat）也是如此。

 4 藉由找出可能需要共通行為的兩個或多個子類別，來尋找更多使用抽象層的機會。

我們檢視我們的類別，發現 Wolf 和 Dog 可能有一些共通的行為，Lion、Tiger 和 Cat 也是。

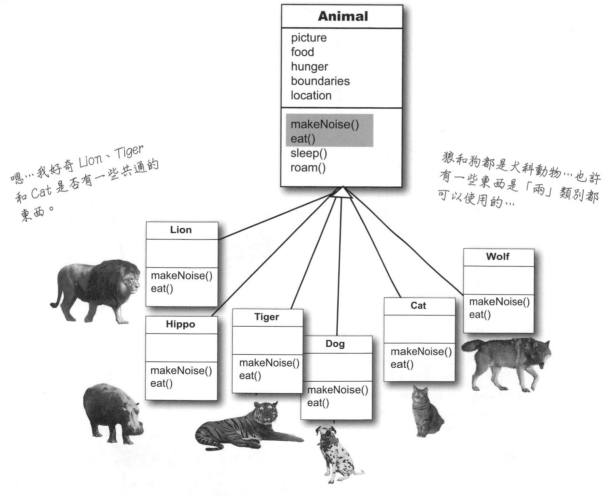

嗯…我好奇 Lion、Tiger 和 Cat 是否有一些共通的東西。

狼和狗都是犬科動物…也許有一些東西是「兩」類別都可以使用的…

Animal

picture
food
hunger
boundaries
location

makeNoise()
eat()
sleep()
roam()

Lion

makeNoise()
eat()

Hippo

makeNoise()
eat()

Tiger

makeNoise()
eat()

Dog

makeNoise()
eat()

Cat

makeNoise()
eat()

Wolf

makeNoise()
eat()

5 完成類別階層架構

由於動物本就有一個組織層次（所有的界、屬、門那些東西），我們可以使用對類別的設計最合理的層次。我們將使用生物學的「科（families）」來組織動物，建立一個貓科類別（Feline class）和一個犬科類別（Canine class）。

我們判斷 **Canine** 可以使用一個共通的 **roam()** 方法，因為牠們傾向於成群移動。我們也看出 **Feline** 可以使用一個共通的 **roam()** 方法，因為牠們傾向於避開牠們的同類。我們會讓 **Hippo** 繼續使用其繼承的 **roam()** 方法，也就是它從 **Animal** 得到的通用方法。

所以我們現在已經完成了設計，我們將在本章後面再回頭討論它。

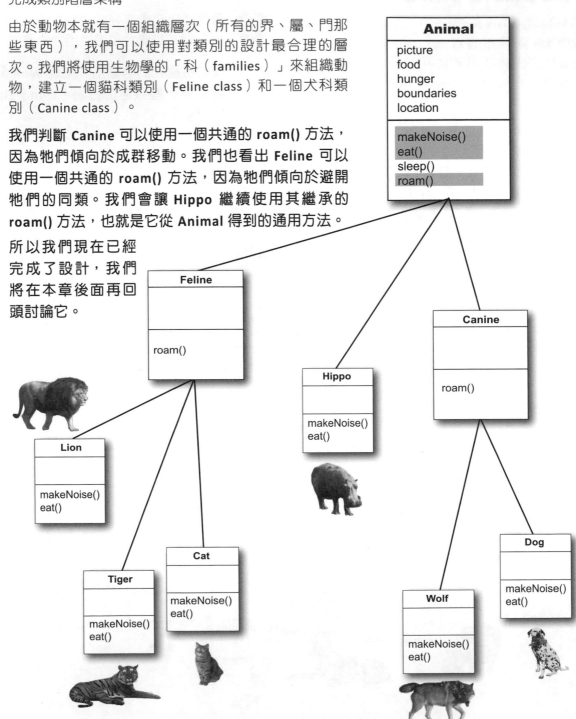

哪個方法被呼叫？

Wolf 類別有四個方法。一個繼承自 Animal，一個繼承自 Canine（這實際上是 Animal 類別中一個方法的覆寫版本），還有兩個在 Wolf 類別中覆寫的方法。當你創建一個 Wolf 物件並將其指定給一個變數時，你可以在那個參考變數上使用點號運算子來呼叫所有的四個方法。不過被呼叫的，是這些方法的哪個版本呢？

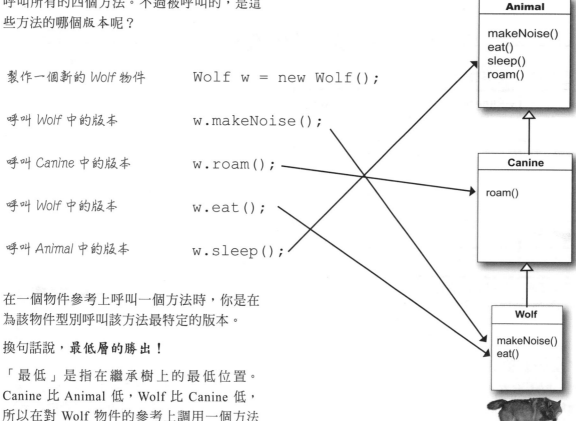

製作一個新的 *Wolf* 物件	`Wolf w = new Wolf();`
呼叫 *Wolf* 中的版本	`w.makeNoise();`
呼叫 *Canine* 中的版本	`w.roam();`
呼叫 *Wolf* 中的版本	`w.eat();`
呼叫 *Animal* 中的版本	`w.sleep();`

Animal
makeNoise()
eat()
sleep()
roam()

Canine
roam()

Wolf
makeNoise()
eat()

在一個物件參考上呼叫一個方法時，你是在為該物件型別呼叫該方法最特定的版本。

換句話說，**最低層的勝出！**

「最低」是指在繼承樹上的最低位置。Canine 比 Animal 低，Wolf 比 Canine 低，所以在對 Wolf 物件的參考上調用一個方法意味著 JVM 首先會在 Wolf 類別中尋找。如果 JVM 在 Wolf 類別中沒有找到該方法的版本，它就開始在繼承階層架構中往上走，直到找到一個匹配的方法為止。

設計一個繼承樹

Class	Superclasses	Subclasses
服裝	---	四角褲、襯衫
四角褲	服裝	
襯衫	服裝	

繼承表

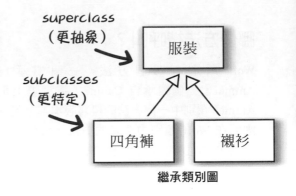

繼承類別圖

削尖你的鉛筆

找出合理的關係。填入最後兩欄。

Class	Superclasses	Subclasses
音樂家		
搖滾明星		
歌迷		
貝斯手		
演奏會鋼琴家		

提示：不是每個東西都能連接到其他東西。

提示：你被允許新增或變更所列的類別。

在此繪製一個繼承圖。

⟶ 你要解決的。

沒有蠢問題

問：**你說 JVM 會在繼承樹中往上走，從你所調用的方法之類別型別開始（就像上一頁中的 Wolf 例子）。但是，如果 JVM 都沒有找到匹配的方法會怎樣呢？**

答：問得好！但你不必擔心這個問題。編譯器保證一個特定的方法對於一個特定的參考型別是可呼叫的，但是它並沒有說（或關心）這個方法在執行時期究竟來自哪個類別。在 Wolf 的例子中，編譯器檢查了 sleep() 方法，但並不在意 sleep() 實際上是在類別 Animal 中定義的（並從之繼承）。請記住，如果一個類別繼承了一個方法，它就擁有那個方法。

繼承而來的方法在哪裡定義（換句話說，在哪個超類別中定義）對編譯器來說沒有區別。但是在執行時期，**JVM 總是會選擇對的方法。而對的方法意味著對該特定物件來說最具體的那個版本。**

使用 IS-A 和 HAS-A

記住，當一個類別繼承自另一個類別時，我們說子類別擴充（extends）超類別。當你想知道一個東西是否應該擴充另一個東西時，請套用 IS-A（是一種）測試。

Triangle（三角形）IS-A Shape（形狀），沒錯，這行得通。

Cat（貓）IS-A Feline（貓科動物），這也行得通。

Surgeon（外科醫生）IS-A Doctor（醫生），也沒問題。

Tub（浴缸）extends Bathroom（浴室），聽起來合理。

直到你套用 *IS-A* 測試。

要知道你的型別設計是否正確，可以問「說 X 型別 IS-A Y 型別，有意義嗎？」，如果沒有，你就知道設計有問題，所以如果我們套用 IS-A 測試，Tub IS-A Bathroom 肯定是假的。

如果我們把它顛倒過來，變成「Bathroom extends Tub」呢？那還是不行，因為 Bathroom IS-A Tub 也不行。

Tub 和 Bathroom 有關係，但並非經由繼承。Tub 和 Bathroom 是透過 HAS-A（有一個）關係連接的。說「Bathroom HAS-A Tub」有意義嗎？如果是的話，這意味著 Bathroom 有一個 Tub 實體變數。換句話說，Bathroom 有對 Tub 的一個參考，但是 Bathroom 並沒有擴充 Tub，反之亦然。

> 說一個浴缸是一種浴室有意義嗎？或者說一個浴室是一種浴缸？嗯，對我來說沒有。我的浴缸和我的浴室之間的關係是 HAS-A。浴室有一個浴缸。這意味著 Bathroom 有一個 Tub 實體變數。

```
        Tub
int size;
Bubbles b;
```

```
   Bathroom
Tub bathtub;
Sink theSink;
```

```
      Bubbles
int radius;
int colorAmt;
```

Bathroom HAS-A Tub 以及 Tub HAS-A Bubbles（泡泡）。
但沒有東西繼承自（擴充）其他東西。

不過等一下，還有更多呢！

IS-A 測試在繼承樹的任何位置都有效。如果你的繼承樹設計得很好，當你問任何子類別是否 IS-A 它的任何超型別時，這種 IS-A 測試都應該是有意義的。

如果類別 B 擴充類別 A，那麼類別 B IS-A 類別 A。

這在繼承樹的任何地方都是真的。如果類別 C 擴充了類別 B，那麼對於 B 以及 A，類別 C 都能通過 IS-A 測試。

Canine extends Animal

Wolf extends Canine

Wolf extends Animal

Canine IS-A Animal

Wolf IS-A Canine

Wolf IS-A Animal

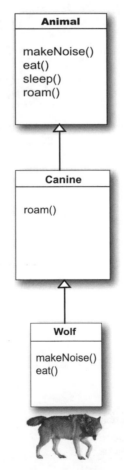

Animal

makeNoise()
eat()
sleep()
roam()

Canine

roam()

Wolf

makeNoise()
eat()

對於像這裡所示的繼承樹，你總是可以說「**Wolf extends Animal**」或「**Wolf IS-A Animal**」。Animal 是否是 Wolf 的超類別的超類別，也不會造成什麼差異。事實上，**只要 Animal 在繼承階層架構中位於 Wolf 之上的某處，Wolf IS-A Animal 就永遠是真的。**

Animal 繼承樹的結構等於是對世界說：

「Wolf IS-A Canine，所以狼可以做任何犬類別可以做的事情。而且 Wolf IS-A Animal，所以狼可以做動物能做的任何事情。」

如果 Wolf 覆寫了 Animal 或 Canine 的一些方法，也不會有什麼區別。就世界（其他程式碼）而言，Wolf 可以做到那四個方法。它如何做到它們，或者它們在哪個類別中被覆寫了，都不會造成差異。Wolf 可以 makeNoise()、eat()、sleep() 和 roam()，因為 Wolf 擴充自 Animal 類別。

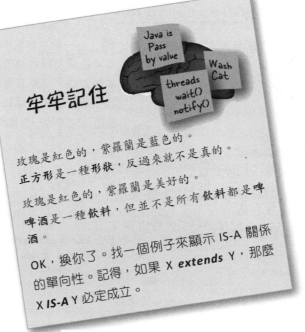

玫瑰是紅色的，紫羅蘭是藍色的。
正方形是一種形狀，反過來就不是真的。

玫瑰是紅色的，紫羅蘭是美好的。
啤酒是一種飲料，但並不是所有飲料都是啤
酒。

OK，換你了。找一個例子來顯示 IS-A 關係
的單向性。記得，如果 X *extends* Y，那麼
X *IS-A* Y 必定成立。

你要如何知道你有正確使用繼承呢？

顯然，這比我們目前所講的要多得多，但我們將在下一章中研究更多的 OO 議題（我們最終會在那一章中精煉和改進我們在這章所做的一些設計工作）。

至於現在，一個好的指導原則就是使用 IS-A 測試。如果「X IS-A Y」是有意義的，那麼這兩個類別（X 和 Y）可能應該存在於同一個繼承階層架構中。很有可能，它們會有相同或重疊的行為。

要牢記，繼承的 IS-A 關係只在一個方向上說得通！

Triangle IS-A Shape 是合理的，所以你可以有 Triangle extend Shape。

但反過來的 Shape IS-A Triangle 就沒有意義了，所以 Shape 不應該 extend Triangle。請記住，IS-A 關係意味著，如果 X IS-A Y，那麼 X 就可以做到 Y 能做的任何事情（而且可能還能做更多事）。

➤ 你要解決的。

削尖你的鉛筆

在合理的關係旁邊打勾。

☐ Oven（烤箱）extends Kitchen（廚房）

☐ Guitar（吉他）extends Instrument（樂器）

☐ Person（人）extends Employee（員工）

☐ Ferrari（法拉利）extends Engine（引擎）

☐ FriedEgg（煎蛋）extends Food（食物）

☐ Beagle（比格犬）extends Pet（寵物）

☐ Container（容器）extends Jar（罐子）

☐ Metal（金屬）extends Titanium（鈦）

☐ GratefulDead（感恩至死搖滾樂團）extends Band（樂團）

☐ Blonde（金髮女郎）extends Smart（聰明）

☐ Beverage（飲料）extends Martini（馬丁尼）

提示：套用 IS-A 測試

沒有蠢問題
沒有蠢問題
沒有蠢問題

問：所以我們看到了子類別如何繼承超類別的方法，但是如果超類別想使用子類別版本的方法呢？

答：一個超類別不一定會知道它的任何一個子類別。你可能寫了一個類別，而在很久之後，其他人出現並擴充了它。但是，即使超類別的創造者知道（並且想使用）一個子類別版本的方法，也不存在反向（*reverse*）或後向（*backward*）繼承。想想看，孩子們是從父母那裡繼承東西的，而不是反過來。

問：在一個子類別中，如果我想同時使用超類別版本和我覆寫的子類別版本的方法，那要怎麼辦？換句話說，我不想完全取代超類別的版本，我只是想為它添加一些東西。

答：你可以做到這一點！而且這是一項重要的設計功能。把「擴充（extends）」這個詞的意義看成是「我想擴充超類別的功能」。

```
public void roam() {
    super.roam();
    // 我自己有關漫遊（roam）的東西
}
```

你可以設計你的超類別方法，使其包含的方法實作對任何子類別都有效，即使子類別可能仍然需要「附加」更多的程式碼。在你的子類別覆寫方法中，你可以使用關鍵字 **super** 來呼叫超類別的版本。這就好比說「先去執行超類別的版本，然後回來完成我自己的程式碼…」。

這將呼叫繼承版本的 *roam()*，然後回來執行你自己的子類別特定程式碼。

誰得到 Porsche，誰得到瓷器？

（如何知道一個子類別可以從它的超類別繼承什麼？）

一個子類別繼承了超類別的成員。成員包括實體變數和方法，不過在本書的後面我們會看一下其他繼承而來的成員。超類別可以透過對特定成員設定存取層級，來選擇是否讓子類別繼承該特定成員。

本書中我們將介紹四個存取層級。從最嚴格到最不嚴格，這四個存取層級為：

private	default	protected	public

存取層級（access levels）控制誰看得到什麼，對於要擁有設計良好的穩健 Java 程式碼而言是至關緊要的。至於現在，我們只會專注在 public（公開）和 private（私有）。這兩者的規則很簡單：

public 成員會被繼承

private 成員不會被繼承

當一個子類別繼承了一個成員，**就好像這個子類別自己定義了那個成員一樣**。在 Shape 的例子中，Square 繼承了 `rotate()` 和 `playSound()` 方法，對於外界（其他程式碼）來說，Square 類別單純是擁有一個 `rotate()` 和 `playSound()` 方法。

一個類別的成員包括該類別中定義的變數和方法，以及從超類別繼承的任何東西。

備註：請在附錄 B 取得關於 *default* 和 *protected* 的更多細節。

運用繼承進行設計時，
你是在使用，還是在濫用？

雖然這些規則背後的一些原因要到本書後面才會揭曉，但現在，只是知道一些規則就能幫助你建立一個更好的繼承設計。

當一個類別是超類別的一個更具體的型別時，**請一定要**使用繼承。範例：Willow（柳樹）是 Tree（樹）的一個更具體的型別，所以 Willow *extends* Tree 是合理的。

當你有行為（實作的程式碼）需要在相同通用型別的多個類別之間共用時，**請考慮繼承**。範例：Square、Circle 和 Triangle 全都需要旋轉和播放聲音，所以把那些功能放在超類別 Shape 中可能是有意義的，這樣可以使維護和擴充更加容易。然而，請注意，雖然繼承是物件導向程式設計的主要功能之一，但它不一定是達成行為再利用的最佳方式。它可以讓你開始，而且往往是正確的設計抉擇，但設計模式（design patterns）會幫助你看到其他更微妙和靈活的選項。如果你不了解設計模式，這本書的一個很好的後續讀物是《*Head First Design Patterns*》（《深入淺出設計模式》，碁峰資訊出版，賴屹民譯）。

如果超類別和子類別之間的關係違反了上述兩條規則中的任何一條，**請不要**為了再利用其他類別的程式碼而使用繼承。舉例來說，假設你在 Animal（動物）類別中寫了特殊的列印程式碼，現在你需要在 Potato（馬鈴薯）類別中撰寫列印程式碼。你可能會考慮讓 Potato 擴充 Animal，這樣 Potato 就會繼承那些列印程式碼。這完全沒道理！馬鈴薯不是動物！（所以列印程式碼應該是在一個 Printer 類別中，讓所有的可列印物件都能透過 HAS-A 關係來利用）。

如果子類別和超類別沒有通過 IS-A 測試，**請不要**使用繼承。總是問自己，子類別是否為超類別的一個更具體的型別。例如，Tea（茶）IS-A Beverage（飲料）是有意義的。Beverage IS-A Tea 則不然。

本章重點

- 一個子類別擴充一個超類別。

- 一個子類別繼承超類別的所有 *public* 實體變數和方法，但不繼承超類別的 *private* 實體變數和方法。

- 繼承而來的方法可以被覆寫，實體變數不能被覆寫（雖然它們可以在子類別中被重新定義，但那是另一回事，而且幾乎沒有必要那樣做）。

- 使用 IS-A 測試來驗證你的繼承階層架構是否有效。如果 X 擴充 Y，那麼 X *IS-A* Y 必定合理。

- IS-A 關係只在一個方向上發揮作用。河馬是一種動物，但並非所有動物都是河馬。

- 當一個方法在子類別中被覆寫，而該方法在子類別的實體上被調用時，該方法的覆寫版本會被呼叫（最低者獲勝）。

- 如果 B 類別擴充了 A 類別，而 C 類別擴充了 B 類別，那麼類別 B IS-A 類別 A，類別 C IS-A 類別 B，而類別 C 也 IS-A 類別 A。

所以繼承的所有這些功能實質上為你帶來了什麼？

透過繼承進行設計，你可以得到很多 OO 的好處。你可以抽出一組類別所共有的行為，並把那些程式碼塞到一個超類別中，藉以擺脫重複的程式碼。如此一來，當你需要修改它時，你只需要在一個地方進行更新，而且那些變化會神奇地反映在繼承該行為的所有類別中。好吧，這其中並不涉及魔法，但它確實非常簡單：做出改變並重新編譯該類別，這樣就行了。**你不需要去碰那些子類別！**

只要交付新變更過的超類別，所有擴充它的類別都會自動使用那個新版本。

一個 Java 程式只不過就是一堆類別，所以子類別不必為了使用超類別的新版本而重新編譯。只要超類別不破壞子類別的任何東西，一切都不會有問題（我們將在本書後面討論「破壞」這個詞在這種情境之下的含義。至於現在，我們可以把它想成是修改到子類別所依存的超類別中的某些東西，比如特定方法的引數、回傳型別、方法名稱等等）。

1 **你避免了重複的程式碼。**

把共通的程式碼放在一個地方，讓子類別從超類別那裡繼承程式碼。當你想改變那個行為時，你只需要在一個地方修改它，而其他所有人（即所有的子類別）都能看到這個變化。

2 **你為一組類別定義出了一個共通的協定（protocol）。**

嗯…那到底代表什麼意義？

繼承可以讓你保證歸類到某一超型別之下的所有類別，都擁有那個超型別的所有方法 *

換句話說，你為一組透過繼承產生關係的類別定義了一個共通的協定。

在一個超類別中定義可以被子類別繼承的方法時，你就等於是向其他程式碼公告了一種協定，指出「我的所有子型別（即子類別）都可以做這些事情，藉由看起來像這樣的這些方法…」。

換句話說，你確立了一個契約（contract）。

Animal 類別為所有 Animal 子型別建立了一個共通的協定：

```
┌─────────────┐
│   Animal    │
├─────────────┤
│ makeNoise() │
│ eat()       │
│ sleep()     │
│ roam()      │
└─────────────┘
```

你是在向世界宣佈，任何的 Animal 都可以都做這四件事。那包括方法的引數和回傳型別。

而且請記住，當我們說到任何的 Animal 時，我們指的是 Animal 以及任何擴充自 Animal 的類別。這又意味著，在繼承階層架構中，它的上面某處擁有 Animal 的任何類別。

但我們還沒有看到真正酷的部分，因為我們把最好的留到了最後：多型（polymorphism）。

當你為一組類別定義一個超型別時，在預期那個超型別的任何地方，該超型別的任何子類別都可以被替換上去使用。

什麼？例如呢？

別擔心，我們還沒解釋完呢。從現在開始的兩頁後，你就會成為一名專家。

而我關心這個，是因為…

你可以利用多型帶來的好處。

這對我來說很重要，因為…

你得以使用宣告為超型別的一個參考，來參考一個子類別物件。

而那對我的意義是…

你可以寫出真正有彈性的程式碼。程式碼更潔淨（更有效率、更簡單）。不僅更容易開發，而且更容易擴充的程式碼，以你最初編寫程式碼時從未想像過的方式。

這意味著你可以在你的同事更新程式時去度熱帶假期，而且你的同事甚至可能不需要你的原始碼。

你會在下一頁看到它的運作方式。

我們不知道你怎麼樣，但就個人而言，我們覺得去熱帶度假的整件事特別讓人有動力。

---

* 當我們說「所有的方法」時，我們指的是「所有可繼承的方法」，就現在而言，實際上是指「所有的 public 方法」，儘管稍後我們會更加精煉這個定義。

為了理解多型是如何運作的，我們必須退後一步，看看我們一般宣告一個參考和創建一個物件的方式…

物件宣告和指定的 3 個步驟

$$\overbrace{\text{Dog myDog}}^{1} \overset{3}{=} \overbrace{\text{new Dog()}}^{2};$$

1 宣告一個參考變數

Dog myDog = new Dog();

告訴 JVM 為一個參考變數配置空間。這個參考變數（永遠）是 Dog 型別。換句話說，就是帶有按鈕可以控制狗的一個遙控器，但不能控制 Cat、Button 或 Socket。

Dog

2 創建一個物件

Dog myDog = **new Dog()**;

告訴 JVM 為一個新的 Dog 物件在可垃圾回收的堆積（garbage collectible heap）上配置空間。

Dog 物件

3 連結該物件和那個參考

Dog myDog **=** new Dog();

把那個新的 Dog 指定給參考變數 myDog。換句話說，程式化那個遙控器。

Dog 物件

myDog

Dog

重點在於，那個參考的型別和物
件的型別是一樣的。

在這個例子中，兩者都是 **Dog**。

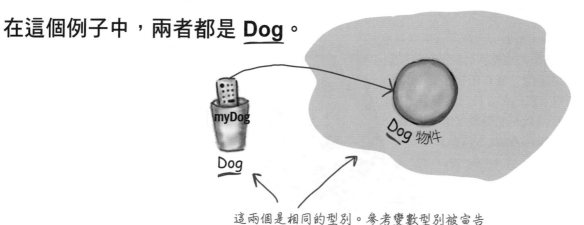

這兩個是相同的型別。參考變數型別被宣告
為 Dog，物件被創建為 new Dog()。

但透過多型，參考型別和物件型
別可以不同。

```
Animal myDog = new Dog();
```

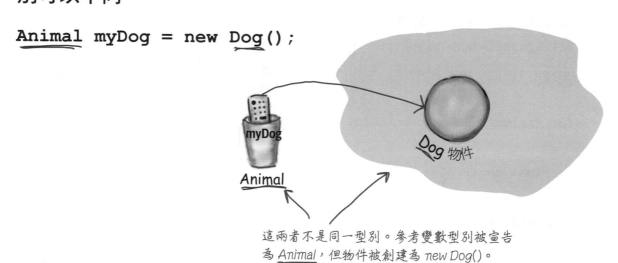

這兩者不是同一型別。參考變數型別被宣告
為 Animal，但物件被創建為 new Dog()。

透過多型，參考型別可以是實際物件型別的一個超類別。

當你宣告一個參考變數時，任何通過該參考類別型 IS-A 測試的物件都可以被指定給那個變數。換句話說，擴充所宣告的參考變數型別的任何東西都可以被指定給參考變數。這讓你可以做一些事情，比如製作多型陣列（*polymorphic arrays*）。

嗯…不懂。
還是不了解。

好啦，好啦，或許給個例子會有幫助。

```
Animal[] animals = new Animal[5];

animals[0] = new Dog();

animals[1] = new Cat();

animals[2] = new Wolf();

animals[3] = new Hippo();

animals[4] = new Lion();


for (Animal animal : animals) {


    animal.eat();


    animal.roam();

}
```

宣告型別為 Animal 的一個陣列。換句話說，就是持有型別為 Animal 的物件的一種陣列。

但看看你可以做到的，你可以把 Animal 的任何子類別放到這個 Animal 陣列裡！

這裡是多型最棒的部分（整個例子存在的理由）：你可以對陣列跑迴圈，並呼叫 Animal 類別的一個方法，然後每個物件都會做出正確的事情！

在迴圈的第一輪，「animal」是一個 Dog，所以你得到狗的 eat() 方法。在下一輪迴圈中，「animal」是一個 Cat，所以你得到貓的 eat() 方法。

與 roam() 相同。

不過請等一下！還有更多呢！

你可以有多型的引數和回傳型別。

如果你可以宣告一個超型別的參考變數，比
如說 Animal，並將一個子類別物件（例如
Dog）指定給它，想想當那個參考是一個方
法的引數時，這可能會如何運作？

```
class Vet {
  public void giveShot(Animal a) {
    // 對「a」參數另一端的 Animal
    // 做些糟糕的事情
    a.makeNoise();
  }
}
```

參數「a」可以接受「任何」Animal
型別作為引數。當獸醫（Vet）打
完針（shot）後，它告訴 Animal 去
makeNoise()，而不論實際上是什麼
Animal 在堆積上，執行的就會是它
的 makeNoise() 方法。

```
class PetOwner {
  public void start() {
    Vet vet = new Vet();
    Dog dog = new Dog();
    Hippo hippo = new Hippo();
    vet.giveShot(dog);
    vet.giveShot(hippo);
  }
}
```

獸醫的 giveShot() 方法可以接受你給它
的任何動物。只要你作為引數傳入的物
件是 Animal 的子類別，它就能運作。

Dog 的 makeNoise() 執行。

Hippo 的 makeNoise() 執行。

「現在」我明白了！如果我使用多型引數來撰寫我的程式碼，把方法參數宣告為一個超類別型別，我就能在執行時期傳入任何子類別物件。很酷！因為那也意味著我可以在寫完程式碼後就去度假，而其他人可以在程式中添加新的子類別型別，而我的方法仍然行得通…（唯一的缺點是我意外讓那個白癡 Jim 的生活更輕鬆了）。

有了多型，你寫出的程式碼，在程式引入新的子類別型別時，不必改變。

還記得那個 Vet（獸醫）類別嗎？如果你用型別宣告為 *Animal* 的引數來寫那個 Vet 類別，你的程式碼就能夠處理任何的 Animal 子類別。這意味著如果其他人想運用你的 Vet 類別，他們所要做的就是確保他們的新 Animal 型別有擴充類別 Animal。Vet 的方法仍然可以運作，儘管編寫 Vet 類別時並不知曉 Vet 將要處理的新 Animal 子型別到底會是什麼樣子。

✷動動腦

為什麼多型保證能以這種方式工作？為什麼假定任何子類別型別都有你認為你能在超類別型別（你使用點號運算子的超類別參考型別）上呼叫的方法總是安全的？

沒有蠢問題
沒有蠢問題
沒有蠢問題

問：對子類別的層次有什麼實際的限制嗎？你能走多深？

答：如果你看一下 Java API，你會發現大多數的繼承階層架構很寬但不深，大多數不超過一到兩層，雖然也有例外（特別是在 GUI 類別中）就是了。你會意識到，通常讓你的繼承樹保持淺層更有意義，但這並沒有一個硬性的限制（好吧，至少不會是你碰得到的那種）。

問：嘿，我剛剛想到了一件事⋯如果你無法取用一個類別的原始碼，但你想改變該類別的某個方法的運作方式，你能用子類別來做嗎？擴充那個「壞」的類別，並用你自己的更好的程式碼來覆寫該方法？

答：是的。這是 OO 的一個很酷的功能，有時它可以讓你不必從頭開始改寫類別，或追查隱藏原始碼的程式設計師。

問：你可以擴充任何類別嗎？還是像類別成員那樣，如果類別是私有（private）的，你就不能繼承它⋯

答：不存在所謂的私有類別，除了一種非常特殊的情況，叫作內層類別（*inner* class），我們還沒有看過。但是有三件事可以阻止一個類別被子類別化。

首先是存取控制。儘管一個類別不能被標記為 private，但一個類別可以是非公開的（如果你不把類別宣告為 public，你會得到什麼好處？）。一個非公開的類別只能被與該類別相同的套件中的類別所子類別化。不同套件中的類別將不能對非公開類別進行子類別化（就這一點而言，甚至無法使用）。

阻止一個類別被子類別化的第二件事是關鍵字修飾詞 final。一個最終類別（final class）意味著它是繼承線的終點。沒有人可以擴充一個 final 類別。

第三件事情是，如果一個類別只有 private 的建構器（我們會在第 9 章檢視建構器），它就無法被子類別化。

問：你怎麼會想要製作一個 final 類別呢？防止一個類別被子類別化，有什麼好處可言嗎？

答：一般情況下，你不會把你的類別變成最終類別。但是如果你需要安全性：知道這些方法總是會按照你寫的方式運作的安全性（因為它們無法被覆寫），final 類別就能為你帶來這種保證。為此 Java API 中有很多類別都是 final 的，舉例來說，String 類別是 final 的，因為⋯請想像一下，如果有人改變 String 的行為方式，會有多大的破壞力！

問：你能讓一個方法是 final 的，而不用使整個類別是 final 的嗎？

答：如果你想保護某個特定的方法不被覆寫，就用 final 修飾詞標示該方法。如果你想保證該類別中的任何方法都不會被覆寫，就把整個類別標示為 final。

遵守契約：覆寫的規則

當你覆寫一個來自超類別的方法時，你就同意履行其契約。這個契約指出，舉例來說，「我不接受引數，我回傳一個 boolean 值」。換句話說，你的覆寫方法之引數和回傳型別在外界看來，必須與超類別中你所覆寫的方法一模一樣。

方法就是契約。

如果多型要發揮作用，Toaster（烤麵包機）所覆寫的來自 Appliance（家電）的方法版本必須在執行時發揮作用。記住，編譯器會查看參考型別來判斷你是否可以在該參考上呼叫一個特定的方法。

```
Appliance appliance = new Toaster();
```
參考型別　　　　　　　　　　　　物件型別

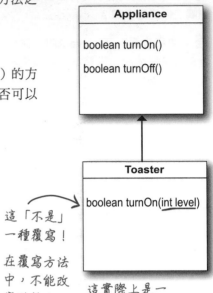

這「不是」一種覆寫！

在覆寫方法中，不能改變引數！

這實際上是一種合法的重載（*overLOAD*），但不是一種覆寫（*overRIDE*）。

對於 Toaster 的 Appliance 參考，編譯器只關心 *Appliance* 類別是否有你在 Appliance 參考上調用的方法。但是在執行時期，JVM 不會看**參考**型別（*Appliance*），而是看堆積上實際的 *Toaster* **物件**。

因此，如果編譯器已經批准了該方法的呼叫，那麼唯一可行的辦法就是覆寫方法具有相同的引數和回傳型別。否則，擁有 Appliance 參考的人將把 turnOn() 當作一個無引數的方法呼叫，儘管 Toaster 中有一個接受一個 int 的版本。執行時會呼叫哪一個呢？就是 Appliance 中的那個。換句話說，**Toaster 中的 *turnOn(int level)* 方法不算是一種覆寫！**

① **引數必須相同，而且回傳型別必須相容。**

超類別的契約定義了其他程式碼如何使用一個方法。無論超類別接受什麼作為引數，覆寫該方法的子類別都必須使用相同的引數。而無論超類別宣告的回傳型別是什麼，覆寫的方法都必須宣告相同的型別或一個子類別型別。記住，一個子類別物件保證能夠做到它的超類別宣告的任何事情，所以在預期超類別的地方回傳一個子類別是安全的。

② **方法不能更無法取用。**

這意味著存取層級（access level）必須是相同的，或者更友善的。舉例來說，你不能覆寫一個 public 方法並使之成為 private 方法。如果在執行時 JVM 突然用力把門關上，只因為執行時期呼叫的覆寫版本是私有的，這對呼叫時認為（在編譯時期）它是一個公開方法的程式碼來說，是多麼大的打擊啊！

到目前為止，我們已經學過兩個存取層級：private 和 public。其他兩個在附錄 B 中。還有另一條與例外處理有關的覆寫規則，但我們會等到第 13 章「危險行為」再來討論。

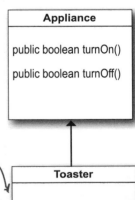

「不合法」！

這不是一次合法的覆寫，因為你限制了存取層級。這也不是合法的重載，因為你並沒有改變引數。

重載一個方法

方法重載（method overloading）只不過就是有兩個名稱相同但引數列不同的方法，就這樣。重載方法並不涉及多型！

重載讓你可以為一個方法製作多個版本，擁有不同的引數列，以方便呼叫者。舉例來說，如果你有一個只接受 int 的方法，那麼在呼叫你的方法之前，呼叫端的程式碼必須將一個 double 轉換成 int。但是如果你用另一個接受 double 的方法版本重載了這個方法，那麼你就讓呼叫者的工作變得更加容易。我們在第 9 章「一個物件的生與死」中研究建構器時，你會看到更多這方面的內容。

由於一個重載方法並不試圖履行其超類別所定義的多型契約，因此重載方法具有更大的彈性。

一個重載方法就只是一個不同的方法，恰好擁有相同的方法名稱。它與繼承和多型毫無關係。重載方法和覆寫方法是「不」一樣的。

① **回傳型別可以不同。**

你可以自由改變重載方法中的回傳型別，只要引數列不同就行了。

② **你不能只改變回傳型別。**

如果只有回傳型別不同，這就不是一個有效的重載（overload）了：編譯器會認為你是在試圖覆寫（override）該方法。即使是那樣，也是不合法的，除非回傳型別是超類別中宣告的回傳型別的一個子型別。為了覆寫一個方法，你必須改變引數列，儘管你可以把回傳型別改為任何東西。

③ **你可以往任意方向改變存取層級。**

你可以自由地用一個限制性更強的方法來重載一個方法。這並沒有關係，因為新方法沒有義務履行被重載的方法之契約。

方法重載的合法例子：

```java
public class Overloads {
  String uniqueID;

  public int addNums(int a, int b) {
    return a + b;
  }

  public double addNums(double a, double b) {
    return a + b;
  }

  public void setUniqueID(String theID) {
    // 很多驗證程式碼，然後：
    uniqueID = theID;
  }

  public void setUniqueID(int ssNumber) {
    String numString = "" + ssNumber;
    setUniqueID(numString);
  }
}
```

下面列出了一個簡短的 Java 程式。其中少了一個區塊。你的挑戰是將候選的程式碼區塊（在左邊）與插入該程式碼區塊後的輸出相匹配。並非所有的輸出行都會被用到，有些輸出行可能會被使用不只一次。畫線將候選程式碼區塊與它們相匹配的命令列輸出連接起來。

程式：

```java
class A {
  int ivar = 7;

  void m1() {
    System.out.print("A's m1, ");
  }
  void m2() {
    System.out.print("A's m2, ");
  }
  void m3() {
    System.out.print("A's m3, ");
  }
}

class B extends A {
  void m1() {
    System.out.print("B's m1, ");
  }
}
```

```java
class C extends B {
  void m3() {
    System.out.print("C's m3, " + (ivar + 6));
  }
}

public class Mixed2 {
  public static void main(String[] args) {
    A a = new A();
    B b = new B();
    C c = new C();
    A a2 = new C();




  }
}
```

候選程式碼放在這裡（三行）

程式碼候選：

```
b.m1();
c.m2();
a.m3();
```
```
c.m1();
c.m2();
c.m3();
```
```
a.m1();
b.m2();
c.m3();
```
```
a2.m1();
a2.m2();
a2.m3();
```

輸出：

A's m1, A's m2, C's m3, 6

B's m1, A's m2, A's m3,

A's m1, B's m2, A's m3,

B's m1, A's m2, C's m3, 13

B's m1, C's m2, A's m3,

B's m1, A's m2, C's m3, 6

A's m1, A's m2, C's m3, 13

答案在第 197 頁。

冥想時間─我是編譯器

右邊列出的那些 A-B 成對方法，如果插入左邊的類別中，哪一組可以編譯並會產生所示的輸出？（A 方法插入 Monster 類別中，B 方法插入 Vampire 類別中）。

```java
public class MonsterTest- Drive {

  public static void main(String[] args) {
    Monster[] monsters = new Monster[3];
    monsters[0] = new Vampire();
    monsters[1] = new Dragon();
    monsters[2] = new Monster();
    for (int i = 0; i < monsters.length; i++) {
      monsters[i].frighten(i);
    }
  }
}


class Monster {

  Ⓐ

}


class Vampire extends Monster {

  Ⓑ

}


class Dragon extends Monster {
  boolean frighten(int degree) {
    System.out.println("breathe fire");
    return true;
  }
}
```

```
File  Edit  Window  Help  SaveYourself

% java MonsterTestDrive
a bite?
breathe fire
arrrgh
```

1

Ⓐ
```java
boolean frighten(int d) {
  System.out.println("arrrgh");
  return true;
}
```

Ⓑ
```java
boolean frighten(int x) {
  System.out.println("a bite?");
  return false;
}
```

2

Ⓐ
```java
boolean frighten(int x) {
  System.out.println("arrrgh");
  return true;
}
```

Ⓑ
```java
int frighten(int f) {
  System.out.println("a bite?");
  return 1;
}
```

3

Ⓐ
```java
boolean frighten(int x) {
  System.out.println("arrrgh");
  return false;
}
```

Ⓑ
```java
boolean scare(int x) {
  System.out.println("a bite?");
  return true;
}
```

4

Ⓐ
```java
boolean frighten(int z) {
  System.out.println("arrrgh");
  return true;
}
```

Ⓑ
```java
boolean frighten(byte b) {
  System.out.println("a bite?");
  return true;
}
```

→ 答案在第 197 頁。

池畔風光

你的**任務**是從泳池中拿出程式碼片段，並將它們放入程式碼中的空白行。你**可以**多次使用同一個程式碼片段，而且你可能也不需要使用所有的程式碼片段。你的**目標**是製作一組能夠編譯並作為一個程式執行的類別。不要被騙了，這個問題比它看起來更困難。

```java
public class Rowboat _____ _____ {
    public _____ rowTheBoat() {
        System.out.print("stroke natasha");
    }
}
_____
public class _____ {
    private int _____ ;
    _____ void _____ ( _____ ) {
        length = len;
    }
    public int getLength() {
        _____ _____ ;
    }
    public _____ move() {
        System.out.print("_____");
    }
}
```

```java
public class TestBoats {
    _____ _____ _____ main(String[] args){
        _____ b1 = new Boat();
        Sailboat b2 = new _____();
        Rowboat _____ = new Rowboat();
        b2.setLength(32);
        b1._____();
        b3._____();
        _____.move();
    }
}
_____
public class _____ _____ Boat {
    public _____ _____() {
        System.out.print("_____");
    }
}
```

輸出： `drift   drift   hoist sail`

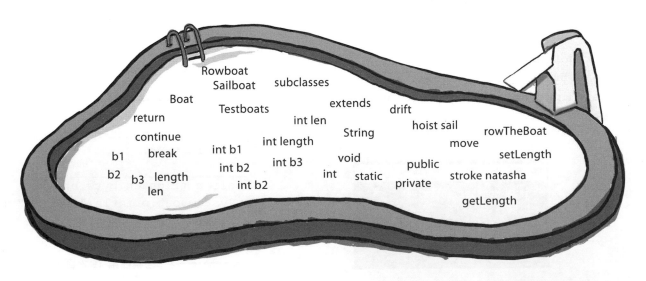

Rowboat
Sailboat
subclasses
Boat
Testboats
extends
drift
return
int len
hoist sail
rowTheBoat
continue
int length
String
move
b1
break
int b1
int b3
void
public
setLength
b2
b3
length
int b2
int
static
private
stroke natasha
len
int b2
getLength

答案在第 198 頁。

習題
解答

冥想時間 — 我是編譯器（第 195 頁）

第 1 組 **行得通**。

第 2 組 因為 Vampire 的回傳型別（int）而**無法編譯**。

Vampire 的 frighten() 方法 (B) 不是 Monster 的 frighten() 方法的合法覆寫或重載。僅僅改變回傳型別並不足以構成有效的重載，而且由於 int 與 boolean 不相容，該方法也不是有效的覆寫（記住，如果你只改變回傳型別，它必須是一個與超類別版本的回傳型別相容的型別，那麼它就會是一個覆寫）。

第 3 和第 4 組 **可以編譯**，但會產生：

arrrgh

breathe fire

arrrgh

記得，類別 Vampire 並沒有覆寫類別 Monster 的 frighten() 方法（Vampire 的第 4 組中的 frighten() 方法接受一個 byte，而非一個 int）。

程式碼候選：

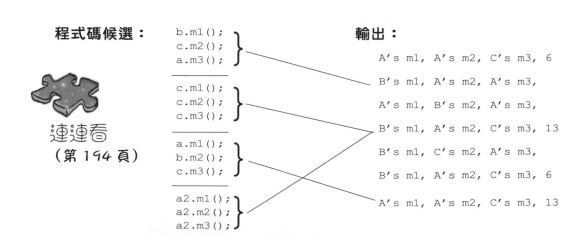

連連看
（第 194 頁）

```
b.m1();
c.m2();
a.m3();
```

```
c.m1();
c.m2();
c.m3();
```

```
a.m1();
b.m2();
c.m3();
```

```
a2.m1();
a2.m2();
a2.m3();
```

輸出：

A's m1, A's m2, C's m3, 6

B's m1, A's m2, A's m3,

A's m1, B's m2, A's m3,

B's m1, A's m2, C's m3, 13

B's m1, C's m2, A's m3,

B's m1, A's m2, C's m3, 6

A's m1, A's m2, C's m3, 13

池畔風光
（第196頁）

```java
public class Rowboat extends Boat {
    public void rowTheBoat() {
        System.out.print("stroke natasha");
    }
}
public class Boat {
    private int length ;
    public void setLength ( int len ) {
        length = len;
    }
    public int getLength() {
        return length ;
    }
    public void move() {
        System.out.print("drift ");
    }
}
```

```java
public class TestBoats {
    public static void main(String[] args){
        Boat b1 = new Boat();
        Sailboat b2 = new Sailboat();
        Rowboat b3 = new Rowboat();
        b2.setLength(32);
        b1.move();
        b3.move();
        b2.move();
    }
}
public class Sailboat extends Boat {
    public void move() {
        System.out.print("hoist sail ");
    }
}
```

輸出： `drift  drift  hoist sail`

8　介面和抽象類別

認真的多型

繼承只是一個開始。為了利用多型，我們需要介面（不是 GUI 那種）。我們需要超越簡單的繼承，得到只有透過設計介面規格並據以編寫程式碼才能達成的靈活性和可擴充性。如果沒有介面，Java 的一些最酷的部分甚至是無法實現的，所以即使你自己不使用介面進行設計，你仍然得使用它們。但你會想要用它們來設計。你會需要用它們來進行設計。**你會疑惑，過去沒有它們，你到底是如何過活的**。什麼是介面（interface）？它是一種 100% 的抽象類別（abstract class）。什麼是抽象類別？它是一種不能被實體化的類別。那有什麼好處呢？稍後你就會知道。但如果你想想上一章的結尾，以及我們是如何使用多型引數，從而使一個單一的 Vet 方法可以接受所有型別的 Animal 子類別，那你會發現，我們只觸及了表面而已。介面就是 polymorphism（多型）中的 *poly*，abstract（抽象）中的 *ab*，也是 Java（咖啡）中的**咖啡因**（*caffeine*）。

我們在設計這個的時候是不是忘記了什麼？

這個類別的結構不是太差。我們設計它的方式，使得重複的程式碼保持在最低限度，而且我們也覆寫了我們認為應該有子類別特定實作的方法。從多型的角度來看，我們已經使它變得很不錯且有彈性，因為我們可以用 Animal 引數（和陣列宣告）來設計使用 Animal 的程式，如此 Animal 的任何子型別，**包括那些我們在寫程式碼時從未想像過的**，都可以在執行時期傳入並被使用。我們已經把所有 Animal 的共通協定（我們想讓世界知道所有 Animal 都有的四個方法）放在了 Animal 超類別中，我們準備好開始製作新的獅子、老虎和河馬。

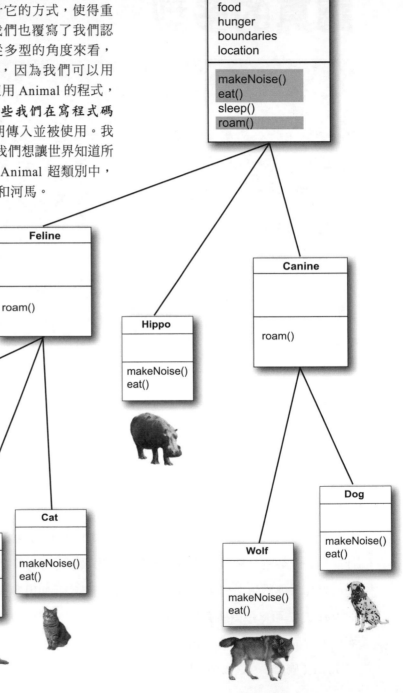

我們知道我們可以說：

```
Wolf aWolf = new Wolf();
```

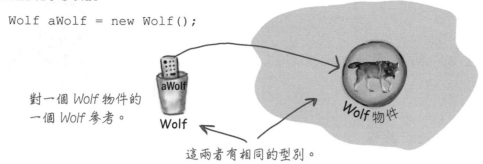

對一個 *Wolf* 物件的
一個 *Wolf* 參考。

這兩者有相同的型別。

而我們知道我們也可以說：

```
Animal aHippo = new Hippo();
```

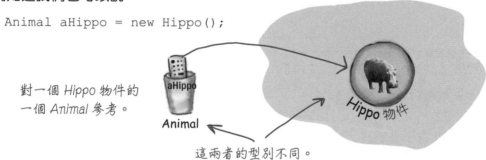

對一個 *Hippo* 物件的
一個 *Animal* 參考。

這兩者的型別不同。

不過事情在這裡變得奇怪：

```
Animal anim = new Animal();
```

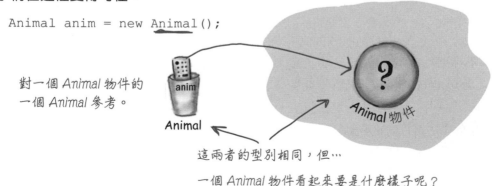

對一個 *Animal* 物件的
一個 *Animal* 參考。

這兩者的型別相同，但…

一個 *Animal* 物件看起來要是什麼樣子呢？

一個新的 Animal() 物件看起來是怎樣呢？

嚇人的物件

實體變數的值是什麼？

有些類別單純就<u>不</u>應該被實體化！

創建一個 Wolf 物件、Hippo 物件或 Tiger 物件是有道理的，但 Animal 物件到底是什麼？它有什麼形狀？什麼顏色、大小、有幾條腿⋯

試圖創建一個型別為 Animal 的物件，就像 **Star Trek ™ 的傳送器事故那般，是一場噩夢。** 就是在掃描傳送過程中，緩衝區發生了一些不好的事情那樣。

但我們如何處理這個問題呢？我們需要一個 Animal 類別，用於繼承和多型。但我們希望程式設計師只實體化 Animal 類別不那麼抽象的子類別，而不是 Animal 本身。我們想要 Tiger 物件和 Lion 物件，*而不是 Animal 物件。*

幸運的是，有一個簡單的方法可以防止一個類別被實體化（instantiated）。換句話說，就是阻止任何人對該型別說「**new**」。藉由將該類別標示為 **abstract**，編譯器會阻止任何地方的任何程式碼創建該型別的實體。

你仍然可以使用那個抽象型別作為一個參考型別。事實上，這也是你一開始擁有那個抽象類別的很大一部分原因（把它作為一個多型的引數或回傳型別，或者製作一個多型陣列）。

當你設計你類別的繼承結構時，你必須決定哪些類別是抽象（*abstract*）的，而哪些是具體（*concrete*）的。具體類別是那些特定到可以被實體化的類別。一個具體的類別單純意味著可以製造該型別的物件。

要使一個類別成為抽象的很容易，只需在類別的宣告前加上關鍵字 abstract 就行了：

```
abstract class Canine extends Animal {
    public void roam() { }
}
```

編譯器不會讓你實體化一個抽象類別

一個抽象類別意味著沒有人可以製造該類別的新實體。你仍然可以使用該抽象類別作為宣告的參考型別，以達到多型的目的，但你不必擔心有人會製造該型別的物件。編譯器保證了這一點。

```java
abstract public class Canine extends Animal
{
    public void roam() {  }
}
```

```java
public class MakeCanine {
    public void go() {
        Canine c;
        c = new Dog();
        c = new Canine();
        c.roam();
    }
}
```

這是 OK 的，因為你總是可以將一個子類別物件指定給一個超類別參考，即使那個超類別是抽象的。

類別 Canine 被標示為抽象的，所以編譯器將「不會」讓你這麼做。

```
File Edit Window Help BeamMeUp
% javac MakeCanine.java
MakeCanine.java:5: Canine is abstract;
cannot be instantiated
      c = new Canine();
          ^
1 error
```

一個**抽象類別**的生命幾乎*沒有用處，沒有價值，沒有目的，除非它被**擴充**。

就抽象類別而言，執行時期在做工作的，是你抽象類別的**某個子類別的實體**。

---

* 這有一個例外：抽象類別可以有靜態成員（請參閱第 10 章）。

抽象 vs. 具體

不是抽象的類別被稱為具體類別（*concrete* class）。在 Animal 繼承樹中，如果我們使 Animal、Canine 和 Feline 是 abstract（抽象）的，那就等於是讓 Hippo、Wolf、Dog、Tiger、Lion 和 Cat 成為具體子類別。

翻閱 Java API，你會發現有很多的抽象類別，尤其是在 GUI 程式庫中。GUI Component 是什麼樣子的？Component 類別是 GUI 相關類別的超類別，這些類別用於像是按鈕、文字區域、捲軸、對話方塊等之類的東西，你也列得出來。你不會製作泛用的 *Component* 的一個實體並把它放在螢幕上，你會製作一個 JButton。換句話說，你只會實體化 Component 的某個具體子類別，但永遠不會是 Component 本身。

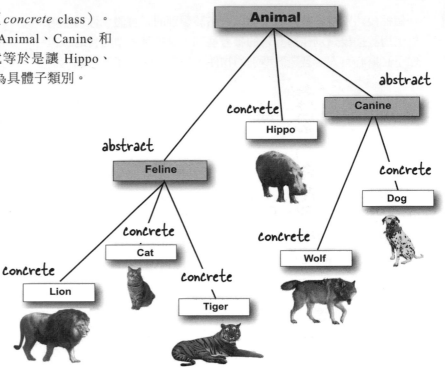

abstract
Animal

abstract
Canine

concrete
Hippo

abstract
Feline

concrete
Dog

concrete
Cat

concrete
Wolf

concrete
Lion

concrete
Tiger

⚛ 動動腦

嗯…
今晚我想要紅酒還是白酒？

嗯…
Camelot Vineyards 1997 年的 Pinot Noir 年份相當不錯…

抽象或具體？

你怎麼知道一個類別什麼時候應該是抽象的？*Wine*（葡萄酒）可能是抽象的。但是 *Red*（紅葡萄酒）和 *White*（白葡萄酒）呢？同樣可能是抽象的（至少對我們其中的一些人來說）。但是，在階層架構的哪一點上，事情會開始變得具體呢？

你要讓 *PinotNoir* 是具體的，還是也是抽象的？看起來卡米洛葡萄園（Camelot Vineyards）1997 年的黑皮諾（Pinot Noir）無論如何都可能是具體的。但是你怎麼確定呢？

看看上面的 Animal 繼承樹。我們對哪些是抽象類別，哪些是具體類別的選擇是否合適？你會對 Animal 繼承樹做什麼改變嗎（當然，除了增加更多的動物之外）？

抽象方法

除了類別之外，你也可以把方法標示為抽象的。一個抽象的類別意味著該類別必須被擴充；一個抽象的方法意味著該方法必須被覆寫。你可能會判斷出抽象類別中的某些（或所有）行為沒有任何意義，除非它們被一個更具體的子類別所實作。換句話說，你想不出任何可能對子類別有用的泛用方法實作。一個通用的 eat() 方法會是什麼樣子呢？

一個抽象方法沒有主體！

因為你已經判斷出抽象方法中沒有任何有意義的程式碼，所以你不會放入一個方法主體（method body）。所以不要用大括號，只要用一個分號來結束宣告。

```
public abstract void eat();
```

沒有方法主體！
以一個分號結束它。

如果你宣告了一個抽象的方法，你必須把那個類別也標示為抽象的。你不能在一個非抽象類別中有一個抽象的方法。

如果你在一個類別中放入哪怕是一個抽象方法，你都必須使那個類別成為抽象的。但是你可以在抽象類別中混合使用抽象和非抽象的方法。

作為一個抽象的方法真的很糟糕，你不會有身體。

沒有蠢問題

問：抽象方法的意義何在？我以為抽象類別的全部意義就在於有可以被子類別繼承的共通程式碼。

答：可繼承的方法實作（換句話說，具有實際主體的方法）是可以放在超類別中的好東西，至少當它有意義的時候是這樣。而在一個抽象類別中，這往往是沒有意義的，因為你無法想出子類別會覺得有用的任何泛用程式碼。抽象方法的意義在於，即使你沒有放進任何實際的方法程式碼，你仍然為一組子型別（子類別）定義了部分的協定（protocol）。

問：這之所以很好，是因為…

答：多型！記住，你想要的是使用一個超類別型別（通常是抽象的）作為方法引數、回傳型別或陣列型別的能力。如此一來，你就可以在你的程式中添加新的子型別（例如一個新的 Animal 子類別），而不必改寫（或添加）新方法來處理那些新型別。想像一下，如果 Vet 類別不使用 Animal 作為其方法的引數型別，你將不得不改變它。你就得為每一個 Animal 子類別制定一個單獨的方法！一個接受 Lion，一個接受 Wolf，一個接受…你知道的。所以使用抽象方法，你等於是在說：「這個型別的所有子型別都有這個方法」，以利於多型。

你「必須」實作所有的抽象方法

我有個好消息，母親大人。
Joe 終於實作了他所有的抽象方法！現在一切都按我們的計畫進行…

實作一個抽象方法只不過就像覆寫一個方法那樣。

抽象方法沒有主體，它們只為多型而存在。這意味著繼承樹中的第一個具體類別必須實作所有的抽象方法。

然而，你可以透過標示自身為抽象的，來推卸責任。舉例來說，如果 Animal 和 Canine 都是抽象的，並且都有抽象方法，那麼 Canine 類別就不需要實作 Animal 的抽象方法。但是只要我們進入第一個具體的子類別，比如 Dog，那個子類別就必須實作 Animal 和 Canine 的所有抽象方法。

但是請記住，一個抽象類別可以同時擁有抽象方法和非抽象方法，因此，舉例來說，Canine 可以實作 Animal 的某個抽象方法，這樣 Dog 就不必實作。但是如果 Canine 對來自 Animal 的抽象方法隻字不提，Dog 就必須實作 Animal 的所有抽象方法。

當我們說「你必須實作這個抽象方法」時，那意味著你必須提供一個主體。那代表著你必須在你的類別中建立一個非抽象方法，並具有相同的方法特徵式（名稱和引數），以及一個與抽象方法宣告的回傳型別相容的回傳型別。你在那個方法裡放了什麼是你自己的事，Java 關心的只是那個方法有在那裡，在你的具體子類別裡。

削尖你的鉛筆

———▶ 你要解決的。

抽象類別 vs. 具體類別

讓我們把所有的這些抽象修辭放到一些具體的用途中。在中間那欄,我們列出了一些類別。你的任務是想像所列類別可能是具體的應用,以及所列類別可能是抽象的應用。我們先做了前面幾個,讓你做好開始的準備。舉例來說,在一個苗圃(tree nursery)程式中,Tree(樹)類別是抽象的,其中 Oak(橡樹)和 Aspen(白楊樹)的區別很重要。但在一個高爾夫模擬(golf simulation)程式中,Tree 可能是一個具體的類別(也許是 Obstacle 的子類別),因為該程式並不關心或區分不同類型的樹(沒有正確的答案,這取決於你的設計)。

具體	範例類別	抽象
高爾夫球場模擬	Tree	苗圃應用程式
_____	House	建築應用程式
衛星照片應用程式	Town	_____
_____	Football Player	教練應用程式
_____	Chair	_____
_____	Customer	_____
_____	Sales Order	_____
_____	Book	_____
_____	Store	_____
_____	Supplier	_____
_____	Golf Club	_____
_____	Carburetor	_____
_____	Oven	_____

多型動起來的樣子

假設我們想寫一個我們自己的串列類別，一個可以保存 Dog 物件的串列類別，但暫時假裝我們不知道 ArrayList 類別。對於第一輪，我們將只賦予它一個 add() 方法。我們將使用一個簡單的 Dog 陣列（Dog[]）來保存新增的 Dog 物件，並給它 5 的長度。當我們達到 5 個 Dog 物件的限制時，你仍然可以呼叫 add() 方法，但它不會做任何事情。如果我們沒有達到極限，add() 方法會將 Dog 放在陣列中下一個可用的索引位置，然後遞增下一個可用的索引（nextIndex）。

建置我們自己的 Dog 限定的串列

（也許是世界上最糟糕的嘗試，從頭開始製作我們自己的 ArrayList 類別。）

MyDogList

Dog[] dogs
int nextIndex

add(Dog d)

```java
public class MyDogList {

  private Dog[] dogs = new Dog[5];

  private int nextIndex = 0;


  public void add(Dog d) {

    if (nextIndex < dogs.length) {

      dogs[nextIndex] = d;

      System.out.println("Dog added at " + nextIndex);

      nextIndex++;

    }

  }

}
```

在背後使用一個普通的 Dog 陣列。

我們會在每次新增一個 Dog 的時候遞增這個。

如果我們尚未到達狗陣列的限制，就加入那個 Dog 並印出一個訊息。

遞增，以提供我們下一個可用的索引。

糟糕，現在我們也得保存貓了

這裡我們有幾個選擇：

1. 製作另一個類別 MyCatList，來存放 Cat 物件。相當笨拙。

2. 製作一個單一的類別，DogAndCatList，保留兩個不同的陣列作為實體變數，並有兩個不同的 add() 方法：addCat（Cat c）和 addDog（Dog d）。另一個笨拙的解決方案。

3. 製作一個異質的 AnimalList 類別，接受任何種類的 Animal 子類別（因為我們知道，如果規格改變了，多加了貓，遲早我們也會有其他種類的動物加入）。我們最喜歡這個選項，所以讓我們改變我們的類別，使其更加泛用，以接受 Animal 而不僅僅是 Dog。我們已經強調了關鍵的變化（當然，邏輯是一樣的，但是程式碼中的型別已經從 Dog 變成了 Animal）。

建置我們自己的 **Animal** 限定的串列

不要驚慌。我們不是在製造一個新的 Animal 物件，我們是在製造一個新的陣列物件，型別為 Animal（記住，你不能製造一個抽象型別的新實體，但你可以製造一個宣告為持有該型別的陣列物件）。

version 2

```
public class MyAnimalList {

  private Animal[] animals = new Animal[5];
  private int nextIndex = 0;

  public void add(Animal a) {
    if (nextIndex < animals.length) {
      animals[nextIndex] = a;
      System.out.println("Animal added at " + nextIndex);
      nextIndex++;
    }
  }
}
```

MyAnimalList

Animal[]
animals
int nextIndex

add(**Animal** a)

```
public class AnimalTestDrive {
  public static void main(String[] args) {
    MyAnimalList list = new MyAnimalList();
    Dog dog = new Dog();
    Cat cat = new Cat();
    list.add(dog);
    list.add(cat);
  }
}
```

```
File Edit Window Help Harm

% java AnimalTestDrive

Animal added at 0

Animal added at 1
```

那麼非 Animal 呢？為何不讓一個類別足夠泛用而得以接納一切？

你知道這是什麼意思。我們想把陣列的型別，連同 add() 方法的引數，改為高於 Animal 的型別。某種更為泛用的東西，比 Animal 更加抽象。但我們如何才能做到呢？我們沒有 Animal 的一個超類別。

但是，也許我們有…

Java 中的每個類別都擴充類別 Object。

類別 Object 是所有類別之母，它是所有東西的超類別。

即使你利用了多型，你仍然必須建立一類別，讓它具有接受和回傳你的多型型別的方法。如果沒有 Java 中所有東西的共同超類別，Java 的開發者就沒有辦法建立具有可以接受你自訂型別的方法的類別…也就是他們在編寫程式庫類別時從來都沒聽過的型別。

所以你從一開始就在製作 Object 類別的子類別，而你甚至不知道它的存在。**你寫的每一個類別都在擴充 Object**，而你根本不需要指名它。但是你可以這樣想，它會讓你寫出來的類別彷彿像是：

```
public class Dog extends Object { }
```

但請等一下，Dog 已經擴充了一些東西，即 *Canine*。這沒關係。編譯器會讓 *Canine* 擴充 Object。只不過 *Canine* 擴充的是 Animal。沒問題，那麼編譯器就會讓 *Animal* 擴充 Object。

任何沒有明確擴充另一個類別的類別都隱含地擴充 Object。

所以，由於 Dog 擴充了 Canine，它並沒有直接擴充 Object（儘管它間接地擴充了 Object），Canine 也是如此，但 Animal 確實直接擴充了 Object。

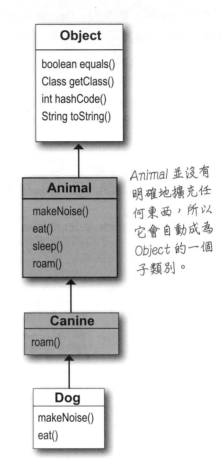

Animal 並沒有明確地擴充任何東西，所以它會自動成為 Object 的一個子類別。

所以，在這個超級無敵大類別 Object 中到底有什麼呢？

如果你是 Java，你會希望每個物件都有什麼行為？嗯…讓我們想想…一個能讓你找出一個物件是否等於另一個物件的方法如何？一個可以告訴你該物件的實際類別型別的方法呢？也許有一個方法可以給你一個物件的雜湊碼（hashcode），這樣你就可以在雜湊表（hashtables）中使用那個物件了（我們稍後會討論 Java 的雜湊表）。哦，這裡有一個很不錯的方法，可以為物件列印出一個 String 訊息。

而你知道嗎？就像變魔術一樣，Object 類別確實有用於這四件事的方法。那還不是全部，但這些就是我們真正關心的部分。

Object

boolean equals()
Class getClass()
int hashCode()
String toString()

只是類別 Object 的「一些」方法。

YourClassHere

你所寫的每個類別都會繼承 Object 類別的所有方法。你所寫的類別繼承了你甚至不知道你擁有的方法。

---

① **equals(Object o)**

```
Dog a = new Dog();
Cat c = new Cat();

if (a.equals(c)) {
    System.out.println("true");
} else {
    System.out.println("false");
}
```

File Edit Window Help Stop
```
% java TestObject
false
```

告訴你兩個物件是否被視為相等。

② **getClass()**

```
Cat c = new Cat();
System.out.println(c.getClass());
```

File Edit Window Help Faint
```
% java TestObject
class Cat
```

為你回傳該物件藉以實體化的類別。

③ **hashCode()**

```
Cat c = new Cat();
System.out.println(c.hashCode());
```

File Edit Window Help Drop
```
% java TestObject
8202111
```

為物件印出一個雜湊碼（就現在而言，請把它想成是一個獨特的 ID）。

④ **toString()**

```
Cat c = new Cat();
System.out.println(c.toString());
```

File Edit Window Help LapseIntoComa
```
% java TestObject
Cat@7d277f
```

印出一個字串訊息，帶有類別名稱和其他一些我們很少會去關心的數字。

問：類別 Object 是抽象的嗎？

答：不，至少不是正式的 Java 意義上的那種。Object 是一個非抽象類別，因為它具備所有類別都可以繼承並立即使用的方法實作程式碼，而不需要進行覆寫。

問：那麼你可以覆寫 Object 中的方法嗎？

答：有些可以。但其中一些方法被標示為了 final，這意味著你不能覆寫它們。我們（強烈地）鼓勵你在你自己的類別中覆寫 hashCode()、equals() 和 toString()，你將在本書稍後學到如何那樣做。但有些方法，如 getClass()，做的事情必須以特定的、帶有保證的方式進行。

問：你怎麼可以讓人製作一個 Object 物件呢？那不就跟製作一個 Animal 物件一樣奇怪嗎？

答：好問題！為什麼製作一個新的 Object 實體是可以接受的？因為有時候你只是想要一個通用的物件來作為，嗯，作為一個物件使用。一種輕量化的物件。至於現在，請暫時把這個問題拋到腦後，並假設你很少製造 Object 型別的物件，儘管你可以那麼做。

問：那麼，是否可以說 Object 型別的主要目的就是為了讓你可以用它來作為多型的引數和回傳型別？

答：Object 類別有兩個主要的用途：作為一個多型型別，用於需要在你或其他人所製作的任何類別上運作的方法，以及為 Java 中的所有物件提供在執行時需要的真正方法程式碼（把它們放在 Object 類別中意味著所有其他類別都會繼承它們）。Object 中一些最重要的方法與執行緒（threads）有關，我們將在本書的後面看到那些方法。

問：如果使用多型型別是那麼的好，為什麼不乾脆讓你所有的方法都接受並回傳 Object 型別呢？

答：呃…想想會發生什麼吧。首先，你會失去「型別安全性（type-safety）」的所有意義，那是 Java 對你程式碼的最大保護機制之一。有了型別安全性，Java 保證你不會讓錯誤的物件去做你想讓另一個物件型別做的事情舉例來說，要求一輛法拉利（你認為它是一個烤麵包機）去烤麵包。但事實是，即使你確實在所有事情上都使用 Object 參考，你也不必擔心那個火熱的法拉利場景。因為當物件被一個 Object 參考型別所參考時，Java 會認為它是在參考一個 Object 型別的實體。那意味著你可以在該物件上呼叫方法，只有在 Object 類別中有宣告那些！因此，如果你說：

```
Object o = new Ferrari();
o.goFast(); // 不合法！
```

你甚至無法讓它通過編譯器。

因為 Java 是一種強定型語言（strongly typed），編譯器會檢查以確保你在一個真正能夠做出回應的物件上呼叫一個方法。換句話說，只有當參考型別的類別實際擁有該方法時，你才能在一個物件參考上呼叫那個方法。我們稍後會更詳細地介紹這個，所以如果畫面還不是很清晰，也不用擔心。

使用型別為 Object 的多型參考是有代價的…

在你跑去為你所有的超靈活引數和回傳型別使用 Object 型別之前,你需要考慮使用 Object 型別作為參考的一個小問題。而且請記住,我們不是在討論製造 Object 型別的實體,我們是在討論製造其他型別的實體,但使用 Object 型別的參考。

當你把一個物件放入一個 ArrayList<**Dog**> 時,它以 Dog 的身分進入,並以 Dog 的身分出來:

```
ArrayList<Dog> myDogArrayList = new ArrayList<Dog>();
```
← 製作一個宣告為存放 Dog 物件的 ArrayList。
```
Dog aDog = new Dog();
```
← 製作一個 Dog。
```
myDogArrayList.add(aDog);
```
← 新增這個 Dog 到串列。
```
Dog d = myDogArrayList.get(0);
```
← 將串列中的 Dog 指定給一個新的 Dog 參考變數 (把這想成是,彷彿 get() 方法宣告了一個 Dog 的回傳型別,因為你使用了 ArrayList<Dog>)。

但是當你把它宣告為 ArrayList<Object> 時會發生什麼呢?如果你想製作一種陣列,可以接受任何種類的物件,你可以這樣宣告:

```
ArrayList<Object> myDogArrayList = new ArrayList<Object>();
```
← 製作一個 ArrayList,宣告為存放任何型別的 Object。
```
Dog aDog = new Dog();
```
← 製作一個 Dog。 (這兩步跟上個例子相同。)
```
myDogArrayList.add(aDog);
```
← 新增這個 Dog 到串列。

如果你試著取得 Dog 物件並將之指定給一個 Dog 參考,那會發生什麼事?

Dog d = myDogArrayList.get(0);

不!這無法編譯!當你使用 ArrayList<Object> 的時候,get() 方法會回傳型別 Object。編譯器只知道該物件繼承自 Object (在其繼承樹中的某處),但它並不知道它是一個 Dog!

從 *ArrayList<Object>* 中出來的所有東西都是 *Object* 型別的參考,不管實際的物件是什麼,也不管當你把物件添加到串列中時的參考型別是什麼。

這些物件進去時分別是 SoccerBall、Fish、Guitar 與 Car。

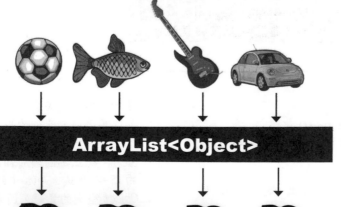

物件從 ArrayList<Object> 出來時,就彷彿它們是 Object 類別的泛用實體那樣。編譯器不能假設出來的物件是 Object 以外的任何型別。

但出來時就彷彿它們的型別都是 **Object** 一樣。

當一個 Dog 的行為
不像一個 Dog

我不知道你在說什麼。
坐？趴下？吠？嗯… 我
不記得我知道這些。

將一切事物都當作 Object 進行多型處理的問題
在於，物件看似失去了（但不是永久性的）其
真正的本質。這 Dog 似乎失去了它的狗性。
讓我們看看當我們把一個 Dog 傳遞給一個方
法時，會發生什麼事，該方法會回傳對同一個
Dog 物件的參考，但宣告回傳型別為 Object 而
非 Dog。

BAD
☹

```
public void go() {
  Dog aDog = new Dog();
  Dog sameDog = getObject(aDog);
}

public Object getObject(Object o) {
  return o;
}
```

這一行是行不通的！儘管該方法回傳的參考所
指涉的，與引數所參考的完全是同一個 Dog，
但回傳型別為 Object 意味著編譯器不會讓你把
回傳的參考，指定給 Object 以外的任何東西。

我們正在回傳對同一個 Dog 的一個參考，但回傳的型
別為 Object。這個部分完全合法。注意：這類似於當
你有一個 ArrayList<Object> 而非一個 ArrayList<Dog>
時，get() 方法的運作方式。

```
File Edit Window Help Remember
DogPolyTest.java:10: incompatible types
found   : java.lang.Object
required: Dog
        Dog sameDog = getObject(aDog);
1 error                           ^
```

編譯器不知道從該方法回傳的東西
實際上是一個 Dog，所以不會讓你
把它指定給一個 Dog 參考（你會
在下一頁看到原因）。

GOOD
☺

```
public void go() {
  Dog aDog = new Dog();
  Object sameDog = getObject(aDog);
}

public Object getObject(Object o) {
  return o;
}
```

這行得通（儘管它可能不是很有用，
如你馬上就會看到的），因為你可以
把「任何東西」指定給 Object 型別的
參考，既然每個類別都能通過 Object
的 IS-A 測試。Java 中的每個物件都是
Object 型別的實體，因為 Java 中的每
個類別在其繼承樹的頂端都有 Object。

Object 不會吠

所以現在我們知道，當一個物件被一個宣告為 Object 型別的變數所參考時，它不能被指定到一個宣告為其實際物件型別的變數。我們也知道，當回傳型別或引數被宣告為 Object 型別時，就可能發生這種情況，例如當使用 ArrayList<Object> 將物件放入 Object 型別的 ArrayList 時那樣。但這有什麼影響呢？必須使用一個 Object 參考變數來參考一個 Dog 物件，這是一種問題嗎？讓我們試著在我們的「編譯器認為是 Object 的 Dog」上呼叫 Dog 的方法：

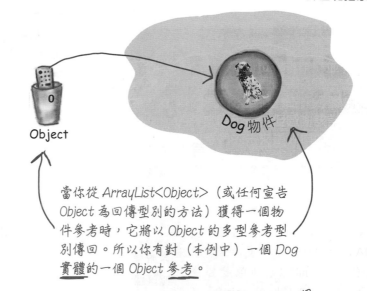

Object

Dog 物件

當你從 ArrayList<Object>（或任何宣告 Object 為回傳型別的方法）獲得一個物件參考時，它將以 Object 的多型參考型別傳回。所以你有對（本例中）一個 Dog 實體的一個 Object 參考。

```
Object o = al.get(index);

int i = o.hashCode();

o.bark();
```

無法編譯！→

這沒問題。類別 Object 有一個 hashCode() 方法，所以你能在 Java 的任何物件上呼叫那個方法。

不能這樣做！Object 類別不知道 bark() 是什麼意思。儘管你知道在那個索引上確實是一個 Dog，但編譯器不知道。

> 編譯器根據參考型別而非實際的物件型別，來決定你是否可以呼叫一個方法。

即使你知道那個物件有能力那樣做（「…但它就真的是一個 Dog，真的啦…」），編譯器也只是把它看作一個泛用的 Object。編譯器知道的是，你在那裡放了一個 Button 物件，或者一個 Microwave 物件，或者其他一些真的不知道如何吠叫（bark）的東西。

編譯器會檢查參考型別的類別，而不是物件型別，來看看你是否可以使用該參考呼叫某個方法。

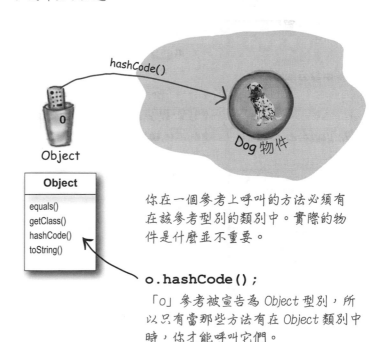

hashCode()

Object

Dog 物件

Object
equals()
getClass()
hashCode()
toString()

你在一個參考上呼叫的方法必須有在該參考型別的類別中。實際的物件是什麼並不重要。

o.hashCode();

「o」參考被宣告為 Object 型別，所以只有當那些方法有在 Object 類別中時，你才能呼叫它們。

他把我當作一個 Object 般對待。但我可以做得更多…只要他能看到我的真實面目。

與你內在的 Object 取得聯繫

一個物件包含了它從它的每個超類別中繼承的所有東西。這意味著每個物件,無論其實際的類別型別如何,也都會是 Object 類別的一個實體。這意味著 Java 中的任何物件不僅可以被當作 Dog、Button 或 Snowboard,還可以被當作一個 Object。當你說 **new Snowboard()** 時,你會在堆積上得到一個單一的物件,即一個 Snowboard 物件,但這個 Snowboard 將自己包裹在一個內層核心之外,那代表著它自己的 Object(大寫字母的「O」)部分。

Snowboard 繼承來自超類別 Object 的方法,並新增了四個方法。

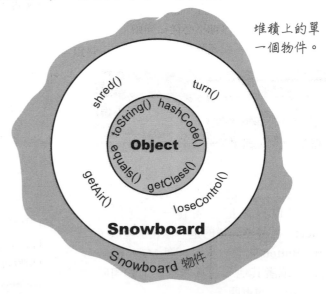

堆積上的單一個物件。

這裡的堆積上只有「一個」物件。但同時包含了它自己的 Snowboard 類別部分和 Object 類別部分。

多型意味著「許多形式」。

你可以把一個 Snowboard 當作一個 Snowboard 或一個 Object 來對待。

如果一個參考就像一個遙控器，那麼隨著你在繼承樹中往下移動，這個遙控器會有越來越多的按鈕。一個 Object 型別的遙控器（參考）只有少數幾個按鈕：Object 類別對外開放的方法之按鈕。但是一個 Snowboard 型別的遙控器包括 Object 類別的所有按鈕，再加上 Snowboard 類別的任何新按鈕（用於新方法）。類別越特定，它的按鈕可能就越多。

當然，這並不一定是真的。一個子類別可能不會增添任何新的方法，而只是覆寫其超類別的方法。關鍵點在於，即使一個物件是 Snowboard 型別的，對那個 Snowboard 物件的 Object 參考也不能看到 Snowboard 特定的方法。

> 把一個物件放到 ArrayList<Object> 中時，你只能把它當作一個 Object 對待，不管你把它放進去時是什麼型別。
>
> 當你從 ArrayList<Object> 中得到一個參考時，這個參考總是 *Object* 型別的。
>
> 這意味著你會得到一個 *Object* 遙控器。

```
Snowboard s = new Snowboard();
Object o = s;
```

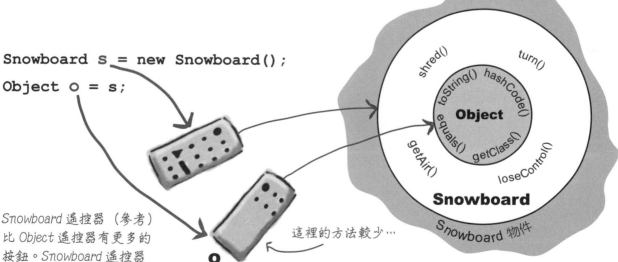

Snowboard 遙控器（參考）比 Object 遙控器有更多的按鈕。Snowboard 遙控器可以看到 Snowboard 物件的全部本質。它可以存取 Snowboard 中所有的方法，包括繼承而來的 Object 方法和來自 Snowboard 類別的方法。

這裡的方法較少…

Object 參考只能看到 Snowboard 物件的 Object 部分。它只能存取 Object 類別的方法。它的按鈕比 Snowboard 遙控器少。

等一下…如果一個 Dog 從 ArrayList<Object> 中出來，而且不能做任何狗狗的事情，那它還有什麼用？一定有什麼辦法讓 Dog 恢復到狗狗的狀態…

我希望那不會痛。而且繼續當一個 Object 有什麼錯呢？好吧，我的確沒辦法玩丟接，但我可以給你一個真正好的雜湊碼。

將所謂的「Object」（但我們知道它實際上是一個 Dog）強制轉型為「Dog」型別，這樣你就可以把他當作真正的狗對待。

將一個物件參考強制轉型（cast）回它真正的型別。

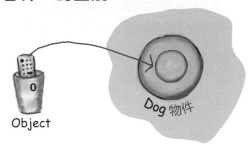

它實際上仍然是一個 Dog 物件，但如果你想呼叫 Dog 特定的方法，你需要一個宣告為 Dog 型別的參考。如果你確定 * 該物件真的是一個 Dog，你可以透過複製 Object 參考來建立一個新的 Dog 參考，並使用強制轉型（Dog）迫使該拷貝變為一個 Dog 參考變數。然後你就能使用那個新的 Dog 參考來呼叫 Dog 方法了。

```
Object o = al.get(index);
Dog d = (Dog) o;
d.roam();
```
← 將 Object 強制轉型回一個我們知道就在那裡的 Dog。

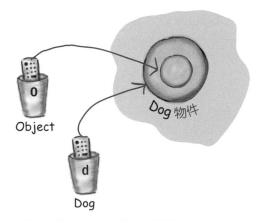

---

* 如果你不確定它是一個 Dog，你可以使用 instanceof 運算子來檢查。如果做強制轉型的時候你是錯的，你會在執行時期得到一個 ClassCastException，並陷入停頓。

```
if (o instanceof Dog) {
    Dog d = (Dog) o;
}
```

所以現在你已經看到了 Java **對參考變數的類別**中的
方法有多麼的關心。

只有當參考變數的類別中有那個方法時，你才能在
一個物件上呼叫該方法。

把你的類別中的公開（public）方法看作是你的契
約，即你對外界承諾你能做些什麼事。

當你撰寫一個類別時，你幾乎總是將一些方法對外開放
給類別外的程式碼。對外開放一個方法意味著你使一個
方法可被取用，通常是透過標示它為 public。

想像這樣的場景：你正在為一個小型企業的會計程式編
寫程式碼。一個為 Simon's Surf Shop（西蒙衝浪店）客
製化的應用程式。你是很好的重用者（re-
user），你找到了一個 Account 類別，根據
它的說明文件，它似乎可以完全滿足你的
需求。每個帳戶實體代表一個個別客戶與
該商店的帳戶。所以，當你忙著呼叫一個
Account 物件的 *credit()* 和 *debit()* 方法處理
著自己的事情時，你意識到你需要取得一個
帳戶的餘額。沒問題，有一個 *getBalance()* 方法應該可
以很好地解決這個問題。

Account
debit(double amt)
credit(double amt)
double getBalance()

只不過…當你呼叫 *getBalance()* 方法時，整件事情在執
行時期爆開了。忘了說明文件吧，這個類別根本沒有那
個方法。哎呀！

但這不會發生在你身上，因為每次你在參考上使用點號
運算子（a.doStuff()）時，編譯器都會查看參考型別（「a」
被宣告的型別）並檢查那個類別，以保證該類別有那個
方法，而且該方法確實接受你傳入的引數，並回傳你期
望得到的那種值。

**請記住，編譯器檢查的是參考變數的類別，而不是在
參考另一端的實際物件之類別。**

如果你需要改變契約怎麼辦？

好吧，假裝你是一個 Dog。你的 Dog 類別並不是定義你是誰的唯一契約。記住，你從你所有的超類別那裡繼承了可取用的（通常意味著 *public*）方法。

的確，你的 Dog 類別定義了一個契約。

但不是你所有的契約。

Canine 類別中的所有內容都是你契約的一部分。

Animal 類別中的所有內容都是你契約的一部分。

Object 類別中的所有內容都是你契約的一部分。

根據 IS-A 測試，你是這些東西中的每一個：Canine、Animal 與 Object。

但是，如果設計你類別的人心裡想的是 Animal 模擬程式，而現在他想用你（類別 Dog）來做一個關於 Animal 物件的科學博覽會教程，那該怎麼辦？

那是 OK 的，你大概可以為此被重複使用。

但如果以後他想用你來做 PetShop（寵物商店）的專案怎麼辦？你沒有任何**寵物**行為。寵物需要像 *beFriendly()* 和 *play()* 這樣的方法。

好了，現在假裝你是 Dog 類別的程式設計師。沒有問題，對嗎？只要為 Dog 類別增加一些方法就可以了。你不會因為添加方法而破壞其他人的程式碼，因為你沒有觸及別人的程式碼可能在 Dog 物件上呼叫的現有方法。

你能看出這種做法（在 Dog 類別中增加寵物方法）有什麼缺點嗎？

動動腦

想一想，如果**你**是 Dog 類別的程式設計師，需要修改 Dog，讓它也能做 Pet（寵物）的事情，**你**會怎麼做？我們知道，只要在 Dog 類別中添加新的寵物行為（方法）就可以了，而且不會破壞其他人的程式碼。

但…這是一個 PetShop（寵物店）程式。它不僅只有狗！如果有人想在一個有野狗（*wild Dogs*）的程式中使用你的 Dog 類別，該怎麼辦？你認為你的選擇可能有什麼？不用擔心 Java 如何處理事情，只要試著想像一下，你會如何解決「修改你的一些動物類別以包括寵物行為」的問題。

現在停下來想一想，**在你看下一頁我們開始揭示一切**之前。

* （從而使整個練習完全無用，剝奪了你燃燒一些大腦熱量的絕佳機會）。

讓我們探索一些設計選項，
以在 PetShop 程式中
重複使用一些現有的類別

在接下來的幾頁中，我們將介紹一些可能性。我們還不擔心
Java 是否真的能做到我們想出的事情。只要我們對一些權衡
有了很好的認識，我們就會跨越那座橋。

① **選項一**

我們選了簡單的路，把寵物方法放在類別
Animal 裡面。

好處：

所有的動物都將立即繼承寵物的行為。我們
根本不必去碰現有的 Animal 子類別，而且
將來建立的任何 Animal 子類別也都可以利
用繼承這些方法的優勢。如此一來，在任何
想把動物當作寵物的程式中，Animal 類別都
可以作為多型型別使用。

壞處：

那麼…你最後一次在寵物店看到河馬是什麼
時候？獅子呢？狼呢？為非寵物提供寵物方
法可能會很危險。

另外，我們幾乎肯定得觸及像 Dog
和 Cat 這樣的寵物類別，因為狗
和貓往往以非常不同的方式
實作寵物行為（至少在我
們家是如此）。

把所有的寵物方法程式碼放在這裡，以便繼承。

```
Animal
├── Feline
│   ├── Lion
│   ├── Cat
│   └── Tiger
├── Hippo
└── Canine
    ├── Wolf
    └── Dog
```

② **選項二**

我們從選項一開始，把寵物方法放在 Animal 類別中，但我們把這些方法做成抽象的，迫使 Animal 的子類別覆寫它們。

好處：

這將為我們帶來選項一的所有好處，但沒有讓非寵物動物帶著寵物方法（如 beFriendly()）到處跑的缺點。所有的 Animal 類別都有這個方法（因為它在 Animal 類別中），但因為它是抽象的，非寵物的 Animal 類別不會繼承任何功能性。所有的類別都必須覆寫這些方法，但它們可以讓這些方法「什麼都不做」。

壞處：

因為 Animal 類別中的寵物方法都是抽象的，具體的 Animal 子類別被迫實作所有的這些方法（記住，所有的抽象方法都必須由繼承樹中往下的第一個具體子類別來實作）。真是浪費時間！你必須坐在那裡，把每一個寵物方法都輸入到每一個具體的非寵物類別中，以及所有未來的子類別。雖然這確實解決了非寵物實際去「做」寵物事情的問題（如果它們從 Animal 類別繼承了寵物功能，它們就會那樣做），但這個契約是不好的。每個非寵物類別都會向世界宣佈它也有那些寵物方法，儘管那些方法在被呼叫時並不會有實際的「作用」。

這種做法看起來一點都不好。把一個以上的 Animal 型別可能需要的所有東西都塞進 Animal 類別，似乎就是錯的，「除非」它適用於所有的 Animal 子類別。

把所有的寵物方法放在這裡，但不帶實作。使所有的寵物方法成為抽象的。

```
Animal
├── Feline
│   ├── Lion
│   ├── Cat
│   └── Tiger
└── ... Hippo
    Canine
    ├── Dog
    └── Wolf
```

> 請要求我表現友好，不，說真的…要求我吧，我有那個方法。

③ **選項三**

「只」把寵物方法放在它們所屬的類別中。

好處：

再也不用擔心河馬會在門口迎接你或舔你的臉了。這些方法有它們所屬的地方，而且是「只」屬於它們的地方。Dog 可以實作這些方法，Cat 也可以實作這些方法，但沒有其他動物必須知道這些方法。

壞處：

這種做法有兩大問題。首先，你必須同意一個協定，而且所有現在和將來的寵物 Animal 類別的程式設計師都必須「知道」這個協定。我們所說的協定，是指我們所決定的所有寵物都應該擁有的那些確切方法。沒有任何東西作為根據的寵物契約。但是，如果其中一位程式設計師只是犯了一個小小的錯誤呢？比如，一個方法本來應該接受一個 int，卻接受一個 String？ 或者他們將之命名為 *do*Friendly() 而不是 *be*Friendly() 呢？由於這不在契約中，編譯器沒有辦法檢查你是否正確實作了那些方法。很容易會有人在使用寵物 Animal 類別時，發現它們的運作方式並不完全正確。

其次，你不能對寵物方法使用多型。每個需要使用寵物行為的類別都必須知道每一個類別的情況！也就是說，你現在不能用 Animal 作為多型型別了，因為編譯器不會讓你在 Animal 參考上呼叫某個 Pet 方法（即使那真的是一個 Dog 物件），因為 Animal 類別沒有那個方法。

☆ 「只」把寵物方法放在可以成為寵物的動物類別中，而不是放在 Animal 中。

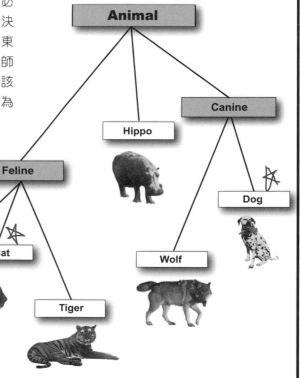

所以我們真正需要的是：

↬ 一種**僅**在寵物類別中擁有寵物行為的方式。

↬ 一種保證所有寵物類別都定義相同方法的方式（相同的名稱、相同的引數、相同的回傳型別、沒有遺漏方法等等），而不必雙手合十祈禱所有的程式設計師都能做對。

↬ 一種利用多型，使所有寵物的寵物方法都能被呼叫的方式，而不必為每一個寵物類別都使用引數、回傳型別和陣列。

看來我們需要在頂端有<u>兩個</u>超類別。

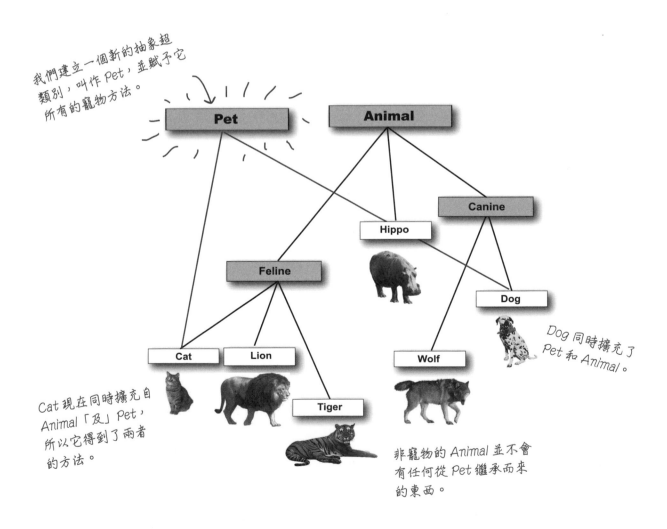

我們建立一個新的抽象超類別，叫作 Pet，並賦予它所有的寵物方法。

Dog 同時擴充了 Pet 和 Animal。

Cat 現在同時擴充自 Animal「及」Pet，所以它得到了兩者的方法。

非寵物的 Animal 並不會有任何從 Pet 繼承而來的東西。

「兩個超類別」的做法只有一個問題…

它被稱作「多重繼承（multiple inheritance）」，而它可能會是非常糟糕的事情。

也就是，如果在 Java 中有可能那樣做的話。

但事實並非如此，因為多重繼承有一個被稱為
「致命的死亡之鑽（Deadly Diamond of Death）」的問題。

Deadly Diamond of Death

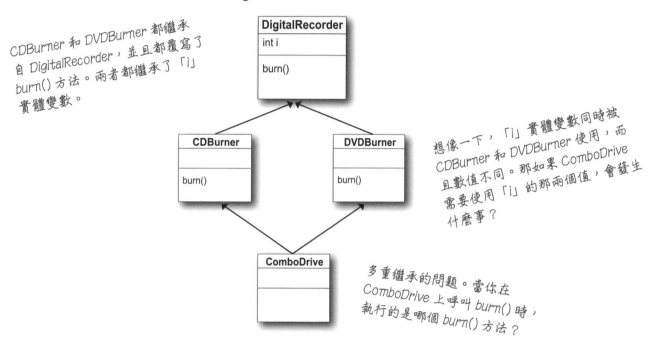

CDBurner 和 DVDBurner 都繼承自 DigitalRecorder，並且都覆寫了 burn() 方法。兩者都繼承了「i」實體變數。

想像一下，「i」實體變數同時被 CDBurner 和 DVDBurner 使用，而且數值不同。那如果 ComboDrive 需要使用「i」的那兩個值，會發生什麼事？

多重繼承的問題。當你在 ComboDrive 上呼叫 burn() 時，執行的是哪個 burn() 方法？

一種允許 Deadly Diamond of Death 的語言會導致一些醜陋的複雜性，因為你必須有特殊的規則來處理潛在的歧義。額外的規則意味著你在學習那些規則和留意那些「特殊情況」方面會有額外的負擔。Java 應該是簡單的，有一致的規則，不會在某些情況下爆炸。因此，Java（不同於 C++）可以保護你不用去考慮致命的死亡之鑽。但這又讓我們回到了最初的問題上！我們要如何處理 *Animal/Pet* 的事情呢？

介面來拯救！

Java 提供了一種解決方案。一個介面（*interface*）。不是 *GUI* 介面，也不是「這是 Button 類別 API 的公開介面」中，對介面這個詞的一般用法，而是 Java 的關鍵字 `interface`。

Java 介面解決了你的多重繼承問題，為你提供了多重繼承大部分的多型好處，而沒有 Deadly Diamond of Death（DDD）所帶來的痛苦和折磨。

介面規避 DDD 的方式出乎意料地簡單：**把所有的方法都變成抽象的！**如此一來，子類別就**必須**實作這些方法（記住，抽象方法必須由第一個具體的子類別所實作），如此在執行時期，JVM 不會搞不清應該呼叫兩個繼承版本中的哪一個。

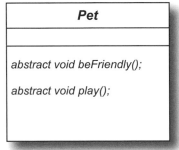

Pet
abstract void beFriendly();   *abstract void play();*

一個 Java 介面就像是一個 100% 純粹的抽象類別。

一個介面中的所有方法都是抽象的，所以任何 IS-A Pet 的類別都「必須」實作（即覆寫）Pet 的方法。

要定義一個介面：

> ```
> public interface Pet {...}
> ```

使用關鍵字「interface」而非「class」。

要實作一個介面：

> ```
> public class Dog extends Canine implements Pet {...}
> ```

使用關鍵字「implements」，後面跟著介面名稱。注意到當你實作一個介面時，你仍然可以擴充一個類別。

創造並實作 Pet 介面

這裡你說「interface」而非「class」。

介面方法隱含就是公開和抽象的，所以的（事實上，輸入那些詞並不被認為是「好的風格」，不過我們在這裡輸入只是為了強調）。「public」和「abstract」是選擇性

```
public interface Pet {
    public abstract void beFriendly();
    public abstract void play();
}
```

所有的介面方法都是抽象的，所以它們「必須」以分號結尾。記住，它們沒有主體。

Dog IS-A Animal
而且 Dog IS-A Pet。

你說的是「implements（實作）」，後面接著介面的名稱。

```
public class Dog extends Canine implements Pet {

    public void beFriendly() {...}

    public void play() {..}



    public void roam() {...}

    public void eat() {...}

}
```

你「指出」你是一個 Pet，所以你「必須」實作 Pet 的方法。這是你的契約。注意是大括號而不是分號。

這些只是正常的覆寫方法。

問：等等，介面並不能真正為你帶來多重繼承，因為你不能在其中放入任何實作程式碼。如果所有的方法都是抽象的，那麼介面到底能給你帶來什麼？

答：好吧，實際上…某些情況下，介面可以有實作程式碼（例如靜態和預設方法），但我們不打算在此討論那些。

介面的主要用途是多型、多型和多型。介面是靈活性的極致，因為如果你使用介面而非具體的類別（或甚至抽象的類別）作為引數和回傳型別，你就能傳遞任何實作了該介面的東西。而有了介面，一個類別就不必只來自一個繼承樹。一個類別可以擴充一個類別並實作一個介面，但另一個類別可能會實作同樣的介面，但卻來自一個完全不同的繼承樹！

所以你可以根據一個物件所扮演的角色來對待它，而不是根據它從之實體化的類別型別。

事實上，如果你用介面來撰寫你的程式碼，你甚至不需要給任何人一個超類別來擴充。你可以只給他們介面，然後說：「拿去，我不在乎你來自哪個種類的繼承結構，只要有實作這個介面，你就算準備好了」。

來自不同繼承樹的類別可以實作同一個介面。

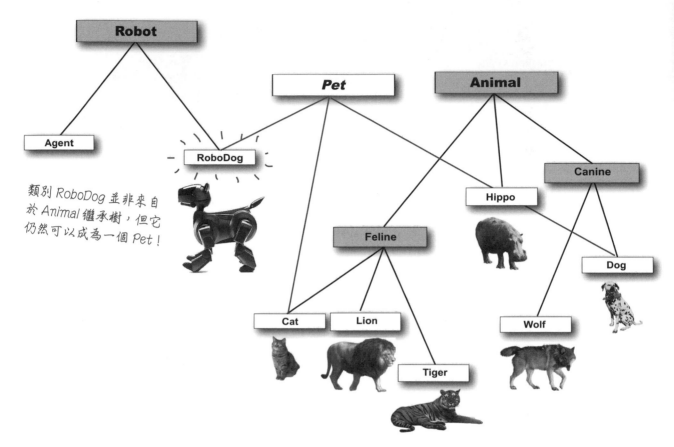

類別 *RoboDog* 並非來自於 *Animal* 繼承樹，但它仍然可以成為一個 *Pet*！

當你使用一個類別作為多型型別時（比如一個 Animal 型別的陣列或接受一個 Canine 引數的方法），你可以塞入那個型別中的物件必須來自同一個繼承樹。而且不是在繼承樹的任何地方都可以，這些物件必須源自那個多型型別的子類別。一個 Canine 型別的引數可以接受 Wolf 和 Dog，但不能接受 Cat 或 Hippo。

但是當你把一個**介面**當作多型型別（例如一個 Pet 陣列）時，那些物件可以來自繼承樹的任何地方。唯一的要求是，那些物件來自於一個實作了該介面的類別。允許不同繼承樹中的類別實作一個共通的介面在 Java API 中是很重要的關鍵。你希望一個物件能夠將其狀態保存到檔案中嗎？請實作 Serializable 介面。你需要物件在另一個執行緒中執行它們的方法嗎？

請實作 Runnable。你知道意思的。在後面的章節中，你會學到更多關於 Serializable 和 Runnable 的知識，但現在請記住，繼承樹中任何地方的類別都可能需要實作那些介面。幾乎所有類別都可能希望成為可儲存或可執行的。

更好的是，一個類別可以實作多個介面！

一個 Dog 物件 IS-A Canine 而且 IS-A Animal 以及 IS-A Object，全都是透過繼承。但一個 Dog IS-A Pet 是透過介面實作（interface implementation），而且這個 Dog 還可能實作其他的介面。你可以說：

```
public class Dog extends Animal implements
Pet, Saveable, Paintable { ... }
```

牢牢記住

玫瑰是紅色的，紫羅蘭是藍色的。

只**擴充一個**，卻**實作了兩個**。

Java 對家庭價值的權衡：

只允許單親家庭！一個 Java 類別只能有一個父類別（超類別），而且那個父類別定義了你是誰。但你可以實作多個介面，而那些介面定義了你可以扮演的角色。

你怎麼知道是要製作一個類別、一個子類別、一個抽象類別還是一個介面？

- 當你的新類別無法通過任何其他型別的 IS-A 測試時，就製作一個不擴充任何東西（除了 Object）的類別。

- 只有當你需要製作一個**更特定**版本的類別、並需要覆寫或添加新行為時，才製作一個子類別（換句話說，**擴充**一個類別）。

- 當你想為一組子類別定義一個**樣板**（*template*），而且你至少有一些所有子類別都可以使用的實作程式碼時，就使用抽象類別。當你想保證沒有人可以製造該型別的物件時，就使類別成為抽象的。

- 當你想定義其他類別可以扮演的一個**角色**（*role*）時，請使用介面，無論那些類別在繼承樹中處於什麼位置。

調用一個方法的超類別版本

問：如果你製作了一個具體的子類別，而你需要覆寫一個方法，但你想要這個方法的超類別版本中的行為，那該怎麼辦？換句話說，如果你不需要用覆寫的方式來取代這個方法，而只是想為它加上一些額外的特定程式碼，那該怎麼辦？

答：嗯…想想擴充（*extends*）這個詞的含義吧。良好的 OO 設計的領域之一是看看如何設計出注定要被覆寫的具體程式碼。換句話說，你在一個抽象類別中撰寫方法程式碼，它所做的工作足夠泛用，得以支援典型的具體實作。但是，這個具體的程式碼還不足以處理所有的子類別特定工作。所以子類別會覆寫這個方法，並透過添加其餘的程式碼來擴充它。關鍵字 **super** 讓你在子類別中調用一個覆寫方法的超類別版本。

這個方法的超類別版本，會做一些子類別可以使用的重要事情。

```java
abstract class Report {
  void runReport() {
    // 設置報告
  }
  void printReport() {
    // 泛用的列印
  }
}


class BuzzwordsReport extends Report {
  void runReport() {
    super.runReport();
    buzzwordCompliance();
    printReport();
  }

  void buzzwordCompliance() {...}
}
```

呼叫超類別的版本，然後回來做一些子類別特定的事情。

如果一個 *BuzzwordReport* 子類別內的方法程式碼說：

super.runReport();

那麼超類別 *Report* 內的 *runReport()* 方法就會執行

super.runReport();

對子類別物件（*BuzzwordReport*）的參考總是會呼叫覆寫方法的子類別版本。這就是多型。但是子類別的程式碼可以呼叫 *super.runReport()* 來調用超類別的版本。

子類別方法（覆寫超類別的版本）。

超類別的方法，包括被覆寫的 *runReport()*。

super 關鍵字實際上是對物件的超類別部分的一個參考。當子類別程式碼使用 *super* 時，例如 *super.runReport()*，該方法的超類別版本將會執行。

本章重點

- 當你不希望一個類別被實體化時（也就是你不希望任何人製造該類別型別的新物件），就用 abstract 關鍵字標示該類別。
- 一個抽象類別可以同時擁有抽象和非抽象的方法。
- 一個類別哪怕只有一個抽象方法，該類別就必須標示為抽象的。
- 一個抽象方法沒有主體，其宣告以分號結束（沒有大括號）。
- 所有的抽象方法必須在繼承樹中的第一個具體子類別中實作。
- Java 中的每個類別都是 **Object**（java.lang.Object）類別的直接或間接子類別。
- 方法能以 Object 的引數和回傳型別來宣告。
- 只有當方法有在作為參考變數型別的類別（或介面）中時，你才能在物件上呼叫方法，不管實際的物件型別是什麼。所以，一個 Object 型別的參考變數只能用來呼叫 Object 類別中定義的方法，不管參考所指涉的物件是什麼型別。
- 當一個方法被呼叫時，它將使用物件型別對於該方法的實作。
- 一個 Object 型別的參考變數如果不經過強制轉型（*cast*）就不能被指定給任何其他的參考型別。強制轉型可以用來把一個型別的參考變數，指定給一個子型別的參考變數，但是在執行時期，如果堆積上的物件不屬於與該次強制轉型相容的型別，強制轉型動作就會失敗。
  範例：**Dog d = (Dog) x.getObject(aDog);**
- 所有的物件從 ArrayList<Object> 中出來時都是 Object 型別的（意思是，它們只能被一個 Object 參考變數所參考，除非你使用**強制轉型**）。
- 多重繼承在 Java 中是不被允許的，因為存在著與 Deadly Diamond of Death 有關的問題。這意味著你只能擴充一個類別（也就是說，你只能有一個直接的超類別）。
- 使用 interface 關鍵字創建一個介面（interface）而非使用 class 這個詞。
- 使用關鍵字 implements 實作一個介面。
  範例：**Dog implements Pet**
- 你的類別能夠實作多個介面。
- 實作一個介面的類別必須實作該介面的所有方法，除了預設（default）方法和靜態（static）方法（我們將在第 12 章看到它們）。
- 要從覆寫了一個方法的子類別中呼叫該方法的超類別版本，請使用 super 關鍵字。
  範例：**super.runReport();**

問：這裡還是有一些奇怪的地方…你從來沒有解釋過 ArrayList<Dog> 是如何給回不需要強制轉型的 Dog 參考的。當你說 ArrayList<Dog> 的時候，背後是有什麼特殊的技巧發生嗎？

答：你說這是一個特殊的技巧是對的。事實上，ArrayList<Dog> 不需要你做任何強制轉型就能回傳 Dog 確實是種特殊技巧，因為看起來 ArrayList 的方法對於 Dog，或者除了 Object 之外的任何型別都不了解。

簡短的回答是，編譯器為你放入了強制轉型的動作！當你說 ArrayList<Dog> 時，並沒有一個特殊的類別有接收和回傳 Dog 物件的方法，取而代之，<Dog> 是給編譯器的一個信號，告知編譯器「只」允許你放入 Dog 物件，如果你試圖向串列添加任何其他型別的物件，請阻止你。而因為是編譯器阻止你向 ArrayList 添加 Dog 以外的任何東西，編譯器也會知道把從 ArrayList 中出來的任何東西強制轉型到 Dog 參考是安全的。換句話說，使用 ArrayList<Dog> 可以讓你不必對你得回的 Dog 進行強制轉型。但它比這更重要…因為請記住，在執行時強制轉型可能會失敗，難道你不希望你的錯誤發生在編譯時期，而不是在你客戶用它來做重要事情的關鍵時刻嗎？

但這個故事還有很多內容，我們將在第 11 章「資料結構」中討論所有的細節。

這是展示你藝術能力的機會。在左邊你會發現一些類別和介面的宣告。你的任務是在右邊畫出相關的類別圖（class diagrams）。我們為你畫了第一個。用虛線表示「實作」，用實線表示「擴充」。

給定：

它的圖是什麼？

1.
```
public interface Foo { }

public class Bar implements Foo { }
```

2.
```
public interface Vinn { }

public abstract class Vout implements Vinn { }
```

3.
```
public abstract class Muffie implements Whuffie { }

public class Fluffie extends Muffie { }

public interface Whuffie { }
```

4.
```
public class Zoop { }

public class Boop extends Zoop { }

public class Goop extends Boop { }
```

5.
```
public class Gamma extends Delta implements Epsilon { }

public interface Epsilon { }

public interface Beta { }

public class Alpha extends Gamma implements Beta { }

public class Delta { }
```

1.

```
(interface)
Foo
```
↑
```
Bar
```

2.

3.

4.

5.

關鍵

↑	擴充
↑ (虛線)	實作
Name	類別
Name	介面
Name	抽象類別

⟶ 答案在第 235 頁。

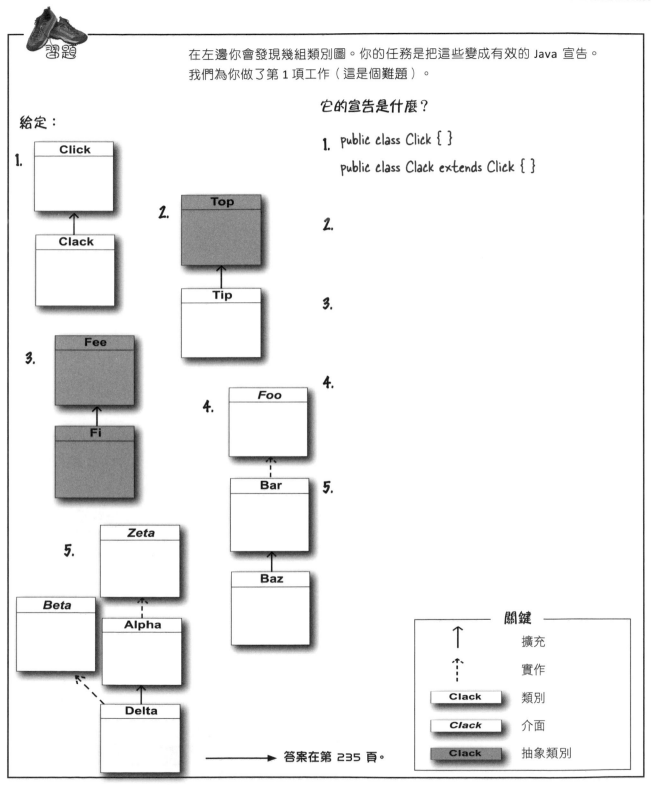

習題

在左邊你會發現幾組類別圖。你的任務是把這些變成有效的 Java 宣告。
我們為你做了第 1 項工作（這是個難題）。

它的宣告是什麼？

給定：

1.

Click

Clack

2.

Top

Tip

3.

Fee

Fi

4.

Foo

Bar

Baz

5.

Zeta

Beta

Alpha

Delta

1. public class Click { }

   public class Clack extends Click { }

2.

3.

4.

5.

關鍵

↑	擴充
↑(虛線)	實作
Clack	類別
Clack	介面
Clack (灰底)	抽象類別

答案在第 235 頁。

池畔風光

你的**任務**是從泳池中拿出程式碼片段，並將它們放入程式碼和輸出中的空白行。你**可以**多次使用同一個程式碼片段，而且你也不需要使用所有的程式碼片段。你的**目標**是製作一組能夠編譯、執行並產生所列輸出的類別。

```
_____ Nose {

   _____

}

abstract class Picasso implements _____ {

   _____

      return 7;

   }

}

class _____ _____ _____ { }

class _____ _____ _____ {

   _____

      return 5;

   }

}
```

```
public _____ _____ extends Clowns {

   public static void main(String[] args) {

      _____

      i[0] = new _____
      i[1] = new _____
      i[2] = new _____
      for (int x = 0; x < 3; x++) {
         System.out.println(_____
                  + " " + _____.getClass());
      }
   }
}
```

注意：泳池中的每個程式碼片段都可以多次使用！

輸出

```
File  Edit  Window  Help  BeAfraid
%java _____
5 class Acts
7 class Clowns
_____Of76
```

池畔文字片段：

```
Acts();
Nose();
Of76();
Clowns();
Picasso();

Of76 [] i = new Nose[3];
Of76 [3] i;
Nose [] i = new Nose();
Nose [] i = new Nose[3];
```

```
class
extends
interface
implements

public int iMethod() ;
public int iMethod{ }
public int iMethod() {
public int iMethod() { }
```

```
i
i()
i(x)
i[x]
```

```
class
5 class
7 class
7 public class

i.iMethod(x)
i(x).iMethod[]
i[x].iMethod()
i[x].iMethod[]
```

```
Acts
Nose
Of76
Clowns
Picasso
```

→ 答案在第 236 頁。

習題
解答

它的圖是什麼？（第 232 頁）

2.
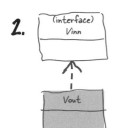

3.
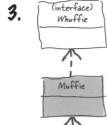

4.

5.
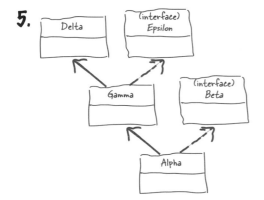

它的宣告是什麼？（第 233 頁）

2.
```
public abstract class Top { }
public class Tip extends Top { }
```

3.
```
public abstract class Fee { }
public abstract class Fi extends Fee { }
```

4.
```
public interface Foo { }
public class Bar implements Foo { }
public class Baz extends Bar { }
```

5.
```
public interface Zeta { }
public class Alpha implements Zeta { }
public interface Beta { }
public class Delta extends Alpha implements Beta { }
```

關鍵
擴充
實作
Name　類別
Name　介面
Name　抽象類別

池畔風光
（第234頁）

```java
interface Nose {
  public int iMethod();
}

abstract class Picasso implements Nose {
  public int iMethod() {
    return 7;
  }
}

class Clowns extends Picasso { }

class Acts extends Picasso {
  public int iMethod() {
    return 5;
  }
}
```

```java
public class Of76 extends Clowns {
  public static void main(String[] args) {
    Nose[] i = new Nose [3];
    i[0] = new Acts();
    i[1] = new Clowns();
    i[2] = new Of76();
    for (int x = 0; x < 3; x++) {
      System.out.println(i[x].iMethod()
              + " " + i[x].getClass());
    }
  }
}
```

輸出

```
File Edit Window Help KillTheMime
%java Of76
5 class Acts
7 class Clowns
7 class  Of76
```

9 建構器和垃圾回收

一個物件的
生與死

…然後他說：「我感覺不到我的腿了！」，我說：「Joe！留下來，撐住啊！」，但這…太晚了。垃圾回收器來了，而他…他就走了。我遇過的最好物件，就這樣走了。

物件的誕生和物件的死亡。 你負責一個物件的生命週期。你決定何時以及如何**建構**它。你決定何時**銷毀**它。只不過你並非真的自己摧毀這個物件，你只是捨棄它。但是，只要它被拋棄，無情的**垃圾回收器**（Garbage Collector，gc）就會把它蒸發掉，重新取回該物件所使用的記憶體。如果你要寫 Java，你就得創建物件。遲早有一天，你必須讓它們中的一些離開，否則就有 RAM 耗盡的危險。在本章中，我們將研究物件是如何被創建的、它們存活於何處，以及如何有效地保留或捨棄它們。這意味著我們將討論堆積、堆疊、範疇、建構器、超類別建構器、null 參考等等。警告：本章包含關於物件死亡的內容，有些人可能會覺得不安。最好不要太過依戀。

堆疊與堆積：東西生活的地方

在我們能夠理解當你創建一個物件時真正發生了什麼之前，我們必須退後一步。我們需要更了解 Java 中所有東西生活的位置（以及停留多長的時間）。這意味著我們需要更進一步了解記憶體的兩個區域：Stack（堆疊）和 Heap（堆積）。當 JVM 啟動時，它會從底層 OS 獲得一個區塊的記憶體，並用它來執行你的 Java 程式。有多少記憶體，以及你是否可以調整它，取決於你正在執行 JVM 的哪個版本（以及在哪個平台上）。但通常你在這個問題上不會有任何發言權。不過若有好的程式設計，你可能就不會在意了（稍後會有更多的相關內容）。

在 Java 中，我們（程式設計師）關心的是物件所在的記憶體區域（堆積），以及方法調用（method invocations）和區域變數所在的記憶體區域（堆疊）。

我們知道所有的物件都在可垃圾回收的堆積上，但我們還沒有研究過變數所在的位置。而一個變數存在的位置取決於它是哪種變數。我們所說的「種類」並不是指型別（即原始型別或物件參考）。我們現在關心的兩種變數是實體變數（*instance* variables）和區域變數（*local* variables）。區域變數也被稱為堆疊變數（*stack* variables），這是對它們所處位置的一大線索。

堆疊

方法調用和區域變數存活的地方

堆積

所有的物件存活的地方

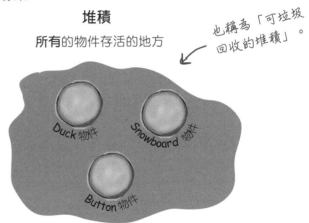

也稱為「可垃圾回收的堆積」。

實體變數

實體變數是在類別內宣告的，但不是在方法內。它們代表了每個單獨的物件所擁有的「欄位（fields）」（可以為類別的每個實體填寫不同的值）。實體變數存在於它們所屬的物件中。

```
public class Duck {

    int size;
}
```

每個 Duck 都有一個「size」實體變數。

區域變數

區域變數是在方法內部宣告的，包括方法參數。它們是臨時性的，只要方法還在堆疊中（換句話說，只要方法還沒有到達結尾的大括號），它們就會一直存在。

```
public void foo(int x) {

    int i = x + 3;

    boolean b = true;
}
```

參數 x 和變數 i 與 b 全都是區域變數。

方法使用堆疊

當你呼叫一個方法時,該方法會落在一個呼叫堆疊(call stack)的頂端。實際被推到堆疊上的那個新東西就是堆疊框(stack *frame*),它保存著方法的狀態,包括哪一行程式碼正在執行,以及所有區域變數的值。

堆疊頂端的方法永遠都是該堆疊目前正在執行的方法(現在,假設只有一個堆疊,但在第 14 章「一個非常圖像化的故事」中,我們將添加更多的推疊)。一個方法一直待在堆疊上,直到該方法碰到它的結束大括號(這意味著該方法已經完成)。如果方法 foo() 呼叫了方法 bar(),方法 bar() 就會被堆在方法 foo() 的上面。

有兩個方法的一個呼叫堆疊

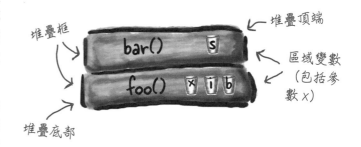

堆疊頂端的方法永遠都是目前正在執行的方法。

```
public void doStuff() {
  boolean b = true;
  go(4);
}

public void go(int x) {
  int z = x + 24;
  crazy();
  // 想像這裡有更多的程式碼
}

public void crazy() {
  char c = 'a';
}
```

一個堆疊場景

左邊的程式碼是有三個方法的一個片段(我們不關心這個類別其他部分是什麼樣子)。第一個方法(doStuff())呼叫第二個方法(go()),而第二個方法呼叫第三個方法(crazy())。每個方法都在方法主體內宣告了一個區域變數(b、z 和 c),而方法 go() 還宣告了一個參數變數(這意味著 go() 有兩個區域變數,x 和 z)。

① 另一個類別的程式碼呼叫 **doStuff()**,而 **doStuff()** 進入堆疊頂端的一個堆疊框。名為「**b**」的 boolean 變數進入 **doStuff()** 的堆疊框中。

② **doStuff()** 呼叫 **go()**,而 **go()** 被推(*push*)到堆疊頂端。變數「**x**」和「**z**」在 **go()** 的堆疊框中。

③ **go()** 呼叫 **crazy()**,**crazy()** 現在位於堆疊頂端,而變數「**c**」則在其堆疊框中。

④ **crazy()** 完成後,其堆疊框被彈(*pop*)出,回到 **go()** 方法執行,並且是在呼叫 **crazy()** 後的那一行繼續執行。

身為物件的區域變數又怎樣呢？

記住，非原始型別變數（non-primitive variable）持有對一個物件的參考（reference），而不是物件本身。你已經知道物件存在於哪裡了：在堆積上。它們是在哪裡被宣告或創建的並不重要。**如果區域變數是對一個物件的參考，那麼只有那個變數（參考／遙控器）會進入堆疊。**

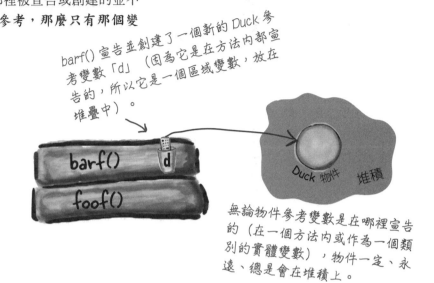

barf() 宣告並創建了一個新的 Duck 參考變數「d」（因為它是在方法內部宣告的，所以它是一個區域變數，放在堆疊中）。

```java
public class StackRef {
    public void foof() {
        barf();
    }

    public void barf() {
        Duck d = new Duck();
    }
}
```

無論物件參考變數是在哪裡宣告的（在一個方法內或作為一個類別的實體變數），物件一定、永遠、總是會在堆積上。

問：再問一次，我們為什麼要學習所有的這些堆疊／堆積的事情呢？這對我有什麼幫助？我真的需要學嗎？

答：如果你想了解變數範疇（variable scope）、物件創建相關議題、記憶體管理、執行緒（threads）和例外處理（exception handling），那麼了解 Java 堆疊和堆積的基礎知識就是至關緊要的。我們會在後面的章節中介紹執行緒和例外處理。你不需要知道任何關於堆疊和堆積是如何在任何特定的 JVM 或平台上實作的知識。關於堆疊和堆積，你所需要知道的一切，都在這一頁和前一頁。如果你掌握了這些書頁上的知識，所有取決於你是否了解這些東西的其他主題都會變得簡單得多，多很多。再說一次，有一天你會感謝我們把堆疊和堆積塞進你的喉嚨裡。

本章重點

- Java 有兩個我們關心的記憶體區域：Stack（堆疊）和 Heap（堆積）。

- 實體變數是指在類別內但在任何方法之外宣告的變數。

- 區域變數是在一個方法內宣告的變數或是方法參數。

- 所有的區域變數都存活在堆疊中，在宣告變數的方法所對應的堆疊框中。

- 物件參考變數的運作方式和原始型別變數一樣：如果該參考被宣告為區域變數，它就會進入堆疊。

- 所有的物件都生活在堆積中，不管其參考是區域變數還是實體變數。

如果<u>區域</u>變數存活在堆疊上，那麼<u>實體</u>變數存活在哪裡呢？

當你說 new CellPhone() 時，Java 必須在 Heap 上為那個 CellPhone 騰出空間。但是有多少空間呢？足夠那個物件使用，也就是足夠容納該物件的所有實體變數。沒錯，實體變數就活在堆積上，在它們所屬的物件內部。

有兩個原始型別實體變數的物件。變數的空間存在於物件中。

請記住，一個物件的實體變數的值存活在物件的內部。如果實體變數都是原始型別，Java 就會根據各原始型別為實體變數留出空間。一個 int 需要 32 位元，一個 long 需要 64 位元等等。Java 並不關心原始型別變數內部的值。無論 int 的值是 32,000,000 還是 32，那個 int 變數的位元數都是一樣的（32 位元）。

但如果實體變數是物件呢？如果 CellPhone HAS-A Antenna（有一個天線）呢？換句話說，CellPhone 有一個型別為 Antenna 的參考變數。

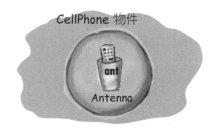

帶有一個非原始型別實體變數（對 Antenna 物件的一個參考）的物件，但不帶有實際的 Antenna 物件。如果你宣告了這個變數，但沒有用實際的 Antenna 物件初始化它，就會得到這樣的結果。

```java
public class CellPhone {
    private Antenna ant;
}
```

當新物件的實體變數是物件參考而不是原始型別時，真正的問題變成：物件是否需要為它持有的參考所指涉的所有物件提供空間呢？答案是，不完全是。無論怎樣，Java 都要為實體變數的值留出空間。但是請記住，一個參考變數的值並不是整個物件，而只是對物件的一個遙控器。因此，如果 CellPhone 有一個實體變數被宣告為非原始型別的 Antenna，Java 就會在 CellPhone 物件中只為 Antenna 的遙控器（即參考變數）騰出空間，而不是那個 Antenna 物件。

那麼，Antenna 物件何時會在堆積上獲得空間呢？首先，我們要弄清楚 Antenna 物件本身是什麼時候被創建的。這取決於實體變數的宣告。如果實體變數被宣告，但沒有物件被指定給它，那麼只有參考變數（遙控器）的空間會被創建。

```java
private Antenna ant;
```

除非或直到參考變數被指定了一個新的 Antenna 物件，否則在堆積上不會產生實際的 Antenna 物件。

```java
private Antenna ant = new Antenna();
```

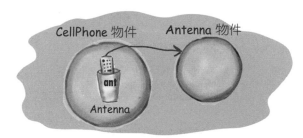

這個物件有一個非原始型別的實體變數，而那個 Antenna 變數被指定了一個新的 Antenna 物件。

```java
public class CellPhone {
    private Antenna ant = new Antenna();
}
```

物件創建的奇蹟

現在你知道了變數和物件存在的位置，我們就可以深入到物件創建（object creation）的神秘世界了。請記住物件宣告和指定的三個步驟：宣告一個參考變數，創建一個物件，並把該物件指定給那個參考變數。

但直到目前為止，那第二步，奇蹟的發生和新物件的「誕生」之處，仍然是一個大謎團。準備好學習物件生命的事實吧。希望你不容易感到噁心。

讓我們複習物件宣告、創建和指定的三個步驟：

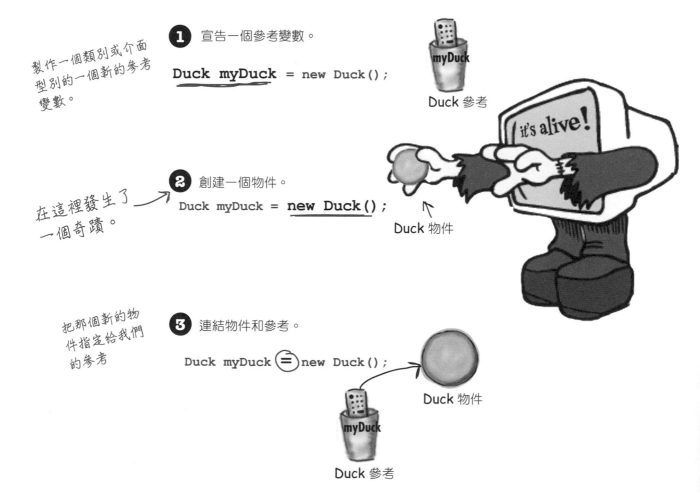

製作一個類別或介面型別的一個新的參考變數。

1 宣告一個參考變數。

`Duck myDuck` = new Duck();

Duck 參考

在這裡發生了一個奇蹟。

2 創建一個物件。

Duck myDuck = `new Duck()`;

Duck 物件

把那個新的物件指定給我們的參考

3 連結物件和參考。

Duck myDuck ⬤ new Duck();

Duck 物件

myDuck

Duck 參考

我們是在呼叫一個名為 Duck() 的方法嗎？

因為這看起來實在有夠像。

這看起來就像我們在呼叫一個名為 Duck() 的方法，因為那裡的括弧。

```
Duck myDuck = new Duck();
```

不。

我們呼叫的是 Duck 建構器（*constructor*）。

建構器看起來和感覺確實都很像方法，但它不是方法。它的程式碼會在你說 **new** 的時候執行。換句話說，其程式碼會在你實體化（*instantiate*）一個物件時執行。

調用建構器的唯一辦法是在關鍵字 **new** 後面加上類別名稱。JVM 會找到那個類別並呼叫該類別中的建構器（好吧，嚴格來說，這並不是調用建構器的唯一方式。但這是從建構器外部調用的唯一途徑。你可以在一個建構器中呼叫另一個建構器，但會有限制，但我們將在本章後面討論這些問題）。

> 建構器有在你實體化一個物件時會執行的程式碼。換句話說，就是當你對一個類別型別說 **new** 時執行的程式碼。
>
> 你寫的每一個類別都會有一個建構器，即使你沒有自行編寫它。

但這個建構器在哪裡呢？

如果我們沒有撰寫它，那是誰寫的呢？

你能為你的類別寫一個建構器（我們即將那麼做），但如果你不這樣做，編譯器會為你寫一個！

下面是編譯器的預設建構器看起來的樣子：

```
public  Duck() {

}
```

注意到少了什麼嗎？這與方法有何差異？

它的名稱與類別的名稱相同。這是強制性的。

```
public  Duck() {
    // 建構器的程式碼放在這裡
}
```

回傳型別在哪裡？如果這是一個方法，你需要在「public」和「Duck()」之間有一個回傳型別。

建構一個 Duck

建構器的關鍵功能是，它會在物件可以被指定給一個參考之前執行。這意味著你有機會介入，做一些事情，讓物件準備好被使用。換句話說，在任何人可以使用一個物件的遙控器之前，這個物件有機會幫助構建自己。在我們的 Duck 建構器中，我們沒有做任何有用的事情，只是演示了事件的順序。

如果它像一個建構器那樣叫…

```java
public class Duck {

    public Duck() {
        System.out.println("Quack");
    }
}
```

建構器程式碼。

建構器給你一個機會，讓你介入 **new** 過程的中途。

```java
public class UseADuck {

    public static void main (String[] args) {
        Duck d = new Duck();
    }
}
```

這呼叫 Duck 建構器。

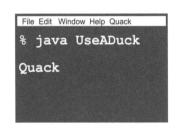

```
File Edit Window Help Quack
% java UseADuck
Quack
```

削尖你的鉛筆

→ 你要解決的。

建構器可以讓你跳到物件創建步驟的中間，也就是跳到 **new** 的中途。你能想像這在什麼情況下是有用的嗎？如果 Car 是 Racing Game（賽車遊戲）的一部分，右邊的哪些動作在 Car 類別的建構器中可能是有用的？在你有為它們想到應用場景的那些旁邊打勾。

- 遞增一個計數器，以追蹤該類別型別的物件有多少個被製造出來。
- 指定執行時期特定的狀態（關於現在正在發生的事情的資料）。
- 為物件重要的實體變數指定值。
- 獲取並保存一個參考，指涉正在創建新物件的那個物件。
- 將物件新增到一個 ArrayList。
- 創建 HAS-A 物件。
- ＿＿＿＿＿＿＿＿＿＿＿＿＿＿＿＿＿＿＿＿＿（你的想法填在這）

初始化一個新 Duck 的狀態

大多數的人使用建構器來初始化一個物件的狀態。換句話說，就是製作並指定值給物件的實體變數。

```java
public Duck() {
    size = 34;
}
```

當 Duck 類別的開發者知道 Duck 物件應該有多大時，這都是很好、沒問題的。但是，如果我們想讓使用 Duck 的程式設計師來決定一個特定的 Duck 應該有多大呢？

想像一下，Duck 有一個 size 實體變數，你想讓使用你的 Duck 類別的程式設計師來設定新 Duck 的大小（size）。你可以怎麼做？

嗯，你可以為這個類別添加一個 setSize() 的 setter（設定器）方法。但是這會使得鴨子（Duck）暫時沒有大小 *，並且迫使 Duck 的使用者寫兩個述句：一個用來創建 Duck，一個是呼叫 setSize() 方法。下面的程式碼使用一個 setter 方法來設定新 Duck 的初始大小。

```java
public class Duck {
  int size;            ← 實體變數

  public Duck() {
    System.out.println("Quack");    ← 建構器
  }

  public void setSize(int newSize) {
    size = newSize;          ← Setter 方法
  }
}
```

```java
public class UseADuck {

  public static void main(String[] args) {
    Duck d = new Duck();

    d.setSize(42);     ←
  }
}
```

這裡有一件不好的事情。在程式碼的這一點上，鴨子是活的，但卻沒有大小！*然後你得仰賴 Duck 的使用者「知道」Duck 的創建是分成兩個部分的過程：一個是呼叫建構器，一個是呼叫設定器。

問：如果編譯器會為你寫一個建構器，你為什麼還需要寫呢？

答：如果你需要程式碼來幫忙初始化你的物件並讓它準備好被使用，你將不得不編寫你自己的建構器。舉例來說，你可能得仰賴使用者的輸入，才能完成對物件的準備工作。還有另一個原因，讓你必須撰寫一個建構器，即使你自己不需要任何建構器程式碼。這與你的超類別建構器有關，我們很快會討論這個問題。

問：如何區分建構器和方法？你也可以有一個與類別同名的方法嗎？

答：Java 允許你宣告一個與你的類別同名的方法。但這並不意味著它就是一個建構器。區分方法和建構器的是回傳型別。方法必須有一個回傳型別，但建構器不能有回傳型別。

```java
public Duck() { }    建構器
```

```java
public void Duck() { }    方法
              ↳ 回傳型別
```

編譯器將允許這些方法，但**請不要這樣做**。這違反了正常的命名慣例（方法以小寫字母開頭），但更重要的是，這讓人非常困惑。

問：建構器是繼承而來的嗎？如果你沒有提供建構器，但你的超類別提供了，你是否會得到超類別的建構器而不是預設的？

答：不對。建構器是不能繼承的。我們將在後面幾頁討論這個問題。

---

* 實體變數確實有一個預設值。數字原始型別有 0 或 0.0，boolean 有 false，參考則有 null。

使用建構器來初始化重要的 Duck 狀態 *

如果一個物件在其狀態（實體變數）的一個或多個部分被初始化之前不應該被使用，那麼在你完成初始化之前，不要讓任何人得到一個 Duck 物件！這通常太冒險了，讓別人製造並獲取對一個新的 Duck 物件的參考，而該物件在那個人回頭呼叫 setSize() 方法之前，都還沒有準備好被使用。Duck 的使用者怎麼會知道他需要在製作新的 Duck 後呼叫那個 setter 方法呢？

放置初始化程式碼的最佳位置是在建構器中。而你所需要做的就只是製作一個帶有引數的建構器。

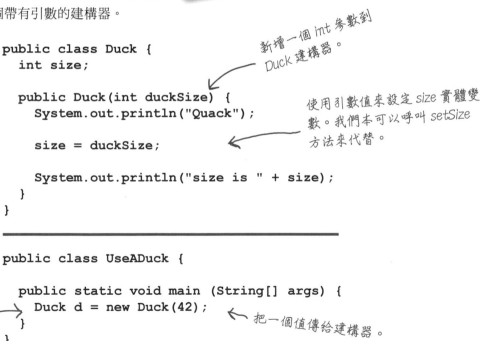

讓使用者製作一個新的鴨子，並在同一次呼叫中設定 Duck 的大小。也就是對 new 的呼叫，對 Duck 建構器的呼叫。

```java
public class Duck {
  int size;

  public Duck(int duckSize) {
    System.out.println("Quack");

    size = duckSize;

    System.out.println("size is " + size);
  }
}
```

新增一個 int 參數到 Duck 建構器。

使用引數值來設定 size 實體變數。我們本可以呼叫 setSize 方法來代替。

```java
public class UseADuck {

  public static void main (String[] args) {
    Duck d = new Duck(42);
  }
}
```

這一次，只有一條述句。我們在一條述句中製作新的 Duck 並設定其大小。

把一個值傳給建構器。

```
File Edit Window Help Honk
% java UseADuck
Quack
size is 42
```

* 並不是要說 Duck 的某些狀態不重要。

讓製作一個 Duck 變得容易
確保你有一個無引數的建構器

如果 Duck 建構器接受一個引數，會發生什麼事？請想一想。上一頁中只有一個 Duck 建構器：它接受一個 int 引數用於 Duck 的 *size*（大小）。那可能不是一個大問題，但它確實使程式設計師更難創建一個新的 Duck 物件，特別是當程式設計師不知道鴨子的大小應該是什麼的時候。如果有一個預設的鴨子大小，那麼即便使用者不知道一個合適的大小，他們仍然可以製作一個可運作的 Duck，這難道不是很有幫助嗎？

想像一下，你希望 *Duck* 的使用者製作一個 *Duck* 時有兩個選擇，一個是他們提供 *Duck* 的大小（作為建構器引數），另一個是他們不指定大小，從而得到你預設的 *Duck* 大小。

你無法只用一個建構器就乾淨俐落地做到這一點。記住，如果一個方法（或建構器，同樣的規則）有一個參數，你就必須在調用該方法或建構器時傳入一個適當的引數。你不能只是說：「如果有人不向建構器傳遞任何東西，那麼就使用預設大小」，因為如果不向建構器呼叫發送一個 int 引數，他們甚至無法進行編譯。你可以做一些像這樣笨拙的事情：

```
public class Duck {
  int size;

  public Duck(int newSize) {
    if (newSize == 0) {
      size = 27;
    } else {
      size = newSize;
    }
  }
}
```

> 如果參數值為零，就給新的 Duck 一個預設的大小；否則，就使用參數值來確定大小。這不是一個很好的解法。

但這意味著製作一個新的 Duck 物件的程式設計師必須知道，傳遞一個「0」是獲得預設 Duck 大小的協定。這個做法相當醜陋。如果其他程式設計師不知道這點呢？或者如果他們真的想要一個大小為零的鴨子呢？（假設一個零大小的鴨子是被允許的。如果你不想要零大小的 Duck 物件，就在建構器中加入驗證程式碼來防止）。重點是，可能並不總是有辦法區分一個真正的「我想要零的大小」的建構器引數和一個「我送出零，所以你會給我預設大小，不管那是什麼」的建構器引數。

你真的想要製作一個新的 Duck 的兩種方式：

```
public class Duck2 {
  int size;

  public Duck2() {
    // 提供預設大小
    size = 27;
  }

  public Duck2(int duckSize) {
    // 使用 duckSize 參數
    size = duckSize;
  }
}
```

在你知道大小的時候製作一個 Duck：

```
Duck2 d = new Duck2(15);
```

在你不知道大小的時候製作一個 Duck：

```
Duck2 d2 = new Duck2();
```

所以這種「製作鴨子有兩種選擇」的想法需要兩個建構器。一個接受一個 int，一個不接受。**如果你在一個類別中有多個建構器，這就意味著你有重載（*overloaded*）的建構器。**

編譯器不是<u>總會</u>為你製作一個無引數的建構器嗎？ 不！

你可能認為，如果只寫出一個帶引數的建構器，編譯器就會發現你沒有一個無引數的建構器，並為你插入一個，但這並不是它的運作方式。只有當你對建構器隻字不提時，編譯器才會介入建構器的製作。

如果你寫了一個帶引數的建構器，而且還想要一個無引數的建構器，你就必須自行建置無引數的建構器！

只要你有提供一個建構器，任何種類的建構器，編譯器就會退一步說：「OK，很不錯，看起來現在建構器由你負責了」。

如果你在一個類別中有一個以上的建構器，這些建構器就必須有不同的引數列（argument lists）。

引數列包括引數的順序和型別，只要它們是不同的，你就可以有一個以上的建構器。你也可以對方法這樣做，但我們將在另一章中討論那種做法。

好吧，讓我們看看這裡…「你有權擁有自己的建構器」，很有道理。

「如果你無法負擔建構器，編譯器將為你提供一個」，很高興知道這一點。

重載建構器意味著你的類別中會有一個以上的建構器。

為了能夠編譯，每個建構器都必須有一個不同的引數列！

下面這個類別是合法的，因為所有的五個建構器都有不同的引數列。舉例來說，如果你有兩個建構器都只取一個 int，那麼此類別就無法編譯。你為參數變數取了什麼名稱並不重要，重要的是變數的型別（int、Dog 等）和順序。你可以有兩個型別相同的建構器，**只要其順序不同即可**。接受一個 String，然後再取一個 int 的建構器，與先取一個 int，然後再接受一個 String 的建構器是不一樣的。

五個不同的建構器代表製作一個新草菇 (mushroom) 的五種不同方式。

```
public class Mushroom {

    public Mushroom(int size) { }

    public Mushroom( ) { }

    public Mushroom(boolean isMagic) { }

    public Mushroom(boolean isMagic, int size) { }

    public Mushroom(int size, boolean isMagic) { }

}
```

你知道大小，但不知道這是否為魔法草菇時。

你什麼都不知道的時候。

你知道它是否為魔法草菇，但不知道大小時。

你知道它是否為魔法草菇，而且你也知道它的大小時。

這兩者有相同的引數，但順序不同，所以沒問題＊。

＊ 如果引數的型別相同，編譯器要怎麼知道它們是兩種不一樣的東西？

本章重點

- 實體變數存在於它們所屬的物件中，位於 Heap（堆積）上。
- 如果實體變數是對一個物件的參考，那麼該參考和它所參考的物件都在堆積上。
- 建構器是你在一個類別型別上說 new 時會執行的程式碼。
- 一個建構器必須與其類別同名，而且不能有回傳型別。
- 你可以使用建構器來初始化被建構的物件之狀態（即實體變數）。
- 如果你沒在類別中放一個建構器，編譯器就會放入一個預設的建構器。
- 預設建構器永遠都是一個無引數的建構器。

- 如果你在類別中放入一個建構器，任何的建構器都行，編譯器就不會建置預設建構器。
- 如果想要一個無引數的建構器，而你已經放入了一個帶引數的建構器，那就必須自行建立無引數的建構器。
- 如果可以的話，總是提供一個無引數的建構器，讓程式設計師能夠輕易製造一個可運作的物件，以提供預設值。
- 重載建構器意味著你的類別中會有多個建構器。
- 重載的建構器必須有不同的引數列。
- 你不能有兩個具備相同引數列的建構器。一個引數列包括引數的順序和型別。
- 實體變數會被指定一個預設值，即使你沒有明確指定。原始型別的預設值為 0/0.0/false，而參考為 null。

削尖你的鉛筆 ⟶ 你要解決的。

將 new Duck() 的呼叫與 Duck 實體化時執行的建構器相匹配。我們先做了一個簡單的來幫助你開始。

```java
public class TestDuck {

  public static void main(String[] args) {
    int weight = 8;
    float density = 2.3F;
    String name = "Donald";
    long[] feathers = {1, 2, 3, 4, 5, 6};
    boolean canFly = true;
    int airspeed = 22;

    Duck[] d = new Duck[7];

    d[0] = new Duck();

    d[1] = new Duck(density, weight);

    d[2] = new Duck(name, feathers);

    d[3] = new Duck(canFly);

    d[4] = new Duck(3.3F, airspeed);

    d[5] = new Duck(false);

    d[6] = new Duck(airspeed, density);
  }
}
```

```java
class Duck {
  private int kilos = 6;
  private float floatability = 2.1F;
  private String name = "Generic";
  private long[] feathers = {1, 2, 3,
                             4, 5, 6, 7};
  private boolean canFly = true;
  private int maxSpeed = 25;

  public Duck() {
    System.out.println("type 1 duck");
  }

  public Duck(boolean fly) {
    canFly = fly;
    System.out.println("type 2 duck");
  }

  public Duck(String n, long[] f) {
    name = n;
    feathers = f;
    System.out.println("type 3 duck");
  }

  public Duck(int w, float f) {
    kilos = w;
    floatability = f;
    System.out.println("type 4 duck");
  }

  public Duck(float density, int max) {
    floatability = density;
    maxSpeed = max;
    System.out.println("type 5 duck");
  }
}
```

沒有蠢問題

問：之前你說過，有一個無引數的建構器是很好的，這樣若是人們呼叫無引數建構器，我們就可以為「缺少」的引數提供預設值。不過，是不是有不可能提供預設值的時候呢？是否有那種情況存在，讓你不應該在類別中提供一個無引數的建構器？

答：你是對的。有的時候，無引數建構器是不合理的。你會在 Java API 中看到這一點：某些類別沒有無引數建構器。舉例來說，Color 類別代表一種…顏色（color）。Color 物件被用來設定或改變螢幕字型或 GUI 按鈕的顏色。當你製作一個 Color 實體時，該實體會是一種特定的顏色（你知道，Death-by-Chocolate Brown、Blue-Screen-of-Death Blue，Scandalous Red 等等）。

如果製作一個 Color 物件，就必須以某種方式指定顏色。

```java
Color c = new Color(3,45,200);
```

（這裡使用三個 int 作為 RGB 值。我們之後會在第 15 章「練習你的 Swing」中討論顏色的使用）。不這樣做的話，你會得到什麼？沒錯，Java API 的程式設計師當初是可以決定，如果呼叫一個無引數的 Color 建構器，你會得到一種可愛的紫紅色，但所謂的好品味因人而異。如果你試圖在不提供引數的情況下創建一個 Color，那會得到什麼呢：

```java
Color c = new Color();
```

編譯器會抓狂，因為它無法在 Color 類別中找到一個匹配的無引數建構器。

```
File Edit Window Help StopBeingStupid
cannot resolve symbol
:constructor Color()
location: class java.awt.
Color
Color c = new Color();
              ^
1 error
```

微複習：
關於建構器要記得的四件事

① 建構器就是有人在一個類別型別上說 new 的時候會執行的程式碼：

```
Duck d = new Duck();
```

② 一個建構器的名稱必須與其類別相同，而且**沒有**回傳型別：

```
public Duck(int size) { }
```

③ 如果你沒在類別中放置一個建構器，編譯器會放入一個預設的建構器。預設建構器總是無引數的。

```
public Duck() { }
```

④ 你可以在類別中有多個建構器，只要引數列不同就行。在一個類別中有多個建構器意味著你有<u>重載</u>的建構器。

```
public Duck() { }

public Duck(int size) { }

public Duck(String name) { }

public Duck(String name, int size) { }
```

---

* 做完所有的「動動腦」練習已被證明可使神經元大小增加 42%。你知道他們說的：「大型神經元…」。

動動腦

那麼超類別又如何？

你製作一個 Dog 的時候，Canine 的建構器也應該執行嗎？

如果超類別是抽象的，那它是否應該有建構器呢？

我們將在接下來的幾頁中研究這個問題，所以現在請停下來，想想建構器和超類別的含義*。

沒有蠢問題

問：建構器必須是 public 的嗎？

答：不。建構器可以是 public、protected、private 或預設的（*default*，這意味著完全沒有存取修飾詞）。我們將在附錄 B 中進一步研究預設存取。

問：一個 private（私有）的建構器怎麼可能會有用呢？沒有人可以呼叫它，所以沒有人能夠製造一個新的物件！

答：不完全正確。標示為 private 的東西並不意味著沒有人可以存取它，這僅代表類別之外沒人能存取它。我打賭你在想 Catch 22。只有與那個 private 建構器相同類別的程式碼，才能從該類別生出一個新的物件，但如果不先製作一個物件，一開始要怎麼執行該類別的程式碼呢？你如何接觸到該類別中的任何東西呢？年輕人，有耐心一點，我們將在下一章中討論此問題。

等一下…我們從來沒有談論過超類別和繼承，以及所有的這些如何與建構器結合起來

這就是有趣的地方了。還記得上一章中，我們看了 Snowboard 物件如何包裹著代表 Snowboard 類別 Object 部分的內層核心嗎？那裡的要點是，每個物件不僅持有它自己宣告的實體變數，而且還持有它超類別的一切（這至少意味著 Object 類別，因為每個類別都擴充 Object）。

因此，當一個物件被創建時（因為有人說了 **new**；除了有人在某個地方對類別型別說 **new** 之外，**沒有其他辦法**可以創建一個物件），該物件會獲得所有實體變數的空間，也就是在繼承樹一直往上追溯得來的那些實體變數。稍微花點時間想一下…一個超類別可能有封裝一個私有變數的 setter 方法，但那個變數必須存在於某個地方。創建一個物件的時候，幾乎就像有多個物件被具體化了一樣，包括被新建的那物件和對應每個超類別的一個物件。但從概念上講，把它想像成下面的圖片會更好，其中被創建的物件具有代表每個超類別的各層。

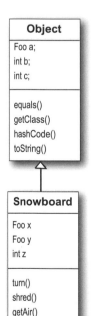

物件具備由存取方法所封裝的實體變數。那些實體變數會在有任何子類別被實體化時創建（它們不是「真正的」物件變數，但我們並不關心它們是什麼，因為它們被封裝了）。

Snowboard 也有自己的實體變數，所以要製作一個 *Snowboard* 物件，我們需要為這<u>兩個類別</u>的實體變數都留出空間。

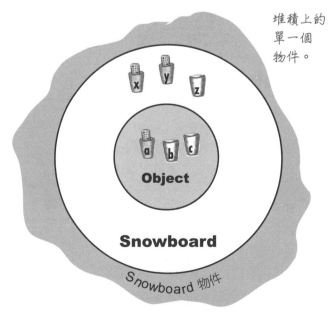

堆積上的單一個物件。

這裡的堆積上只有「一個」物件。一個 *Snowboard* 物件，但它同時包含了自身的 <u>Snowboard</u> 部分和自身的 <u>Object</u> 部分。這兩個類別的所有實體變數都必須放在這裡。

超類別建構器在物件生命中的作用

當你製作一個新的物件時，該物件繼承樹中的所有建構器都必須執行。

請牢牢記住這點。

這意味著每個超類別都有一個建構器（因為每個類別都有一個建構器），而階層架構上的每個建構器都會在創建子類別的物件時執行。

說出 **new** 是一件大事，它會啟動建構器的整個連鎖反應。沒錯，即使是抽象類別也有建構器。雖然你永遠不能在抽象類別上說 new，但抽象類別仍然是一個超類別，所以每當有人製造一個具體子類別的實體時，它的建構器就會執行。

超類別建構器的執行是為了建構物件的超類別部分。記住，子類別可能會繼承依存於超類別狀態（換句話說，就是超類別中實體變數值）的方法。要讓一個物件完整構成，它自身的所有超類別部分也必須完全成形，這就是超類別建構器必須執行的原因。繼承樹中每個類別的所有實體變數都必須被宣告和初始化。即使 Animal 有 Hippo 沒繼承的實體變數（例如那些變數是私有的時候），Hippo 仍然依存於用到那些變數的 Animal 方法。

一個建構器執行時，它會立即呼叫它的超類別建構器，並在串鏈中一路向上，直到抵達類別 Object 的建構器為止。

在接下來的幾頁中，你將學習超類別建構器是如何被呼叫的，以及你如何自行呼叫它們。你還會學到你的超類別建構器有引數時，該怎麼做！

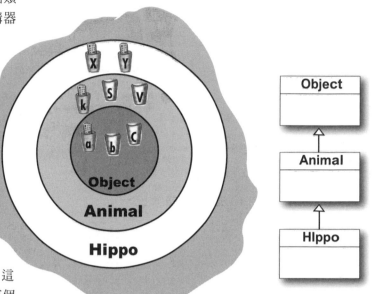

堆積上的單一個 *Hippo* 物件。

一個新的 **Hippo** 物件也是一個 **Animal**，並且也是一個 **Object**。如果你想要製作一個 **Hippo**，你也必須製作那個 **Hippo** 的 **Animal** 和 **Object** 部分。

這全都發生在一個稱為 **Constructor Chaining**（建構器鏈串）的過程中。

製作一個 Hippo 也意味著製作 Animal 和 Object 的部分…

```java
public class Animal {
    public Animal() {
        System.out.println("Making an Animal");
    }
}
```

```java
public class Hippo extends Animal {
    public Hippo() {
        System.out.println("Making a Hippo");
    }
}
```

```java
public class TestHippo {
    public static void main(String[] args) {
        System.out.println("Starting...");
        Hippo h = new Hippo();
    }
}
```

給定上面程式碼中的類別階層架構,我們可以逐步走過創建一個新 Hippo 物件的流程。

削尖你的鉛筆

真正的輸出是哪一個?給定左邊的程式碼,執行 TestHippo 的時候會印出什麼? A 或 B?

（答案在本頁底部）

A

```
File Edit Window Help Swear
% java TestHippo
Starting...
Making an Animal
Making a Hippo
```

B

```
File Edit Window Help Swear
% java TestHippo
Starting...
Making a Hippo
Making an Animal
```

① 其他類別的程式碼呼叫 new Hippo(),然後 **Hippo()** 建構器進到位於堆疊頂端的一個堆疊框中。

② **Hippo()** 調用超類別建構器,這會把 **Animal()** 建構器推入到堆疊頂端之上。

③ **Animal()** 調用超類別建構器,這會把 **Object()** 建構器推入到堆疊頂端之上,因為 Object 是 Animal 的超類別。

④ **Object()** 完成,而它的堆疊框會從堆疊彈出跳除。執行流程回到 **Animal()** 建構器,並在 Animal 呼叫其超類別建構器之後的那行接續執行。

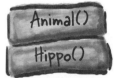

第一個,也就是 A。Hippo() 建構器會先被調用,但它是先完成的 Animal 建構器。

你要如何調用一個超類別建構器呢？

你可能會認為，如果 Duck 擴充 Animal，那麼在某個地方，比如說 Duck 建構器中，你就會呼叫 Animal()。但這並不是它的運作方式：

```
public class Duck extends Animal {
    int size;

    public Duck(int newSize) {
        Animal();
        size = newSize;
    }
}
```

不好！　　　不，這是不合法的！

呼叫超類別建構器的唯一方式是呼叫 *super()*。你沒聽錯，*super()* 會呼叫**超類別建構器**（*superclass constructor*）。

你認為這如何呢？

```
public class Duck extends Animal {
    int size;

    public Duck(int newSize) {
        super();
        size = newSize;
    }
}
```

你單純就呼叫 super()。

在你的建構器中呼叫 super()，會把超類別建構器放到堆疊的頂部。你認為那個超類別建構器會做什麼呢？呼叫它的超類別建構器。就這樣依此類推，直到 Object 建構器位在堆疊的頂端為止。一旦 Object() 完成，它就會從堆疊中彈出，而堆疊中下一個東西（呼叫 Object() 的子類別建構器）現在就會在頂端。那個建構器接著完成，就這樣繼續下去，直到原來的建構器出現在堆疊的頂端，而它現在可以完成了。

那麼為何我們之前沒有呼叫 super() 就過得去呢？

你大概已經想出答案了。

如果你沒那麼做，我們的好朋友編譯器就會放入對 *super()* 的呼叫。

所以編譯器藉由兩種方式參與了建構器的製作：

① 如果你沒有提供一個建構器

編譯器會放入一個看起來像這樣的：

```
public ClassName() {
    super();
}
```

② 如果你有提供一個建構器，但沒有放入對 super() 的呼叫

編譯器會在你的每個重載建構器中都放置對 super() 的一個呼叫 *。編譯器提供的呼叫看起來會像：

```
super();
```

它看起來總是像那樣。編譯器所插入的對 super() 的呼叫永遠都會是一個無引數的呼叫。如果超類別有重載的建構器，則只會呼叫無引數的建構器。

* 除非那個建構器呼叫另一個重載建構器（再幾頁你就會看到）。

孩子能在父母出現之前就存在嗎？

如果你把超類別看成是子類別的父母，你就可以弄清楚哪一個必須先存在。**一個物件的超類別部分必須在建構子類別部分之前完全成形（建置完成）**。記住，子類別物件可能依存於它從超類別繼承的東西，所以繼承而來的那些東西有完成是很重要的，沒有其他變通方式。超類別建構器必須在其子類別建構器之前完成。

再看一下第 254 頁的堆疊系列圖，你可以看到，雖然 Hippo 建構器是第一個被呼叫的（它是堆疊上的第一個東西），但它卻是最後一個完成的！每個子類別建構器都會立即調用它自己的超類別建構器，直到 Object 建構器出現在堆疊的頂端為止。然後 Object 的建構器會完成執行，我們又在堆疊中往下跳回 Animal 的建構器。只有在 Animal 的建構器完成後，我們最終才會回來完成 Hippo 建構器的其餘部分。為此：

對 super() 的呼叫必須是每個建構器中的第一個述句！ *

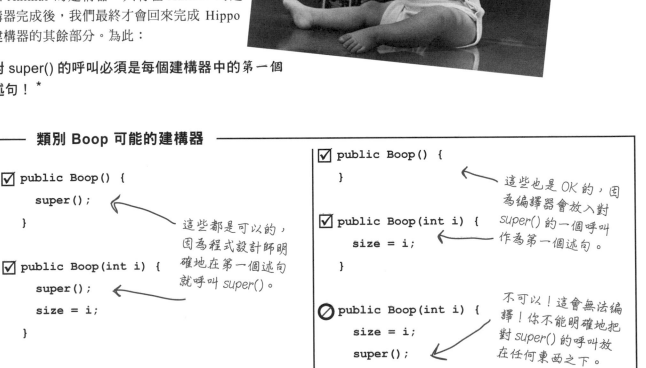

呃…這真是有夠詭異。我不可能在我父母出現之前就出生，這單純就是錯的。

類別 Boop 可能的建構器

```
☑ public Boop() {
    super();
  }
```

☑
```
public Boop(int i) {
    super();
    size = i;
  }
```

這些都是可以的，因為程式設計師明確地在第一個述句就呼叫 super()。

```
☑ public Boop() {
  }
```

```
☑ public Boop(int i) {
    size = i;
  }
```

這些也是 OK 的，因為編譯器會放入對 super() 的一個呼叫作為第一個述句。

```
⊘ public Boop(int i) {
    size = i;
    super();
  }
```

不可以！這會無法編譯！你不能明確地把對 super() 的呼叫放在任何東西之下。

---

* 這條規則有一個例外，你會在第 258 頁學到。

帶有引數的超類別建構器

如果超類別建構器帶有引數怎麼辦？你可以在呼叫 super() 時傳入一些東西嗎？當然可以。如果不行，你將永遠無法擴充一個沒有無引數建構器的類別。想像一下這種情況：所有的動物（animals）都有一個名稱（name）。在 Animal 類別中有一個 getName() 方法，用來回傳 name 實體變數的值。該實體變數被標示為 private，但是子類別（在本例中為 Hippo）繼承了 getName() 方法。那麼問題來了：Hippo 有一個 getName() 方法（透過繼承而得），但是沒有 name 實體變數。Hippo 必須依靠自己的 Animal 部分來保存 name 實體變數，並於有人在 Hippo 物件上呼叫 getName() 時回傳它。但是…Animal 部分是如何得到這個名稱的呢？Hippo 對自己 Animal 部分的唯一參考是透過 super()，所以那是 Hippo 將 Hippo 的名稱發送給自己 Animal 部分的地方，如此 Animal 部分就可以將其儲存在 private 的 name 實體變數中。

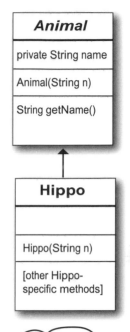

Animal
private String name
Animal(String n)
String getName()

Hippo
Hippo(String n)
[other Hippo-specific methods]

```java
public abstract class Animal {
  private String name;    ← 所有的動物（包括子類別）都有一個名稱。

  public String getName() {    ← Hippo 繼承的一個 getter 方法。
    return name;
  }

  public Animal(String theName) {
    name = theName;    ← 接受名稱並將之指定給 name 實體變數的建構器。
  }
}
```

```java
public class Hippo extends Animal {
  public Hippo(String name) {    ← Hippo 建構器接受一個名稱。
    super(name);    ← 它在堆疊中往上把名稱發送給 Animal 建構器。
  }
}
```

> 我的 Animal 部分需要知道我的名稱，所以我在自己的 Hippo 建構器中接受一個名稱，然後把這個名稱傳給 super()。

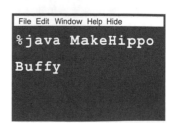

```java
public class MakeHippo {
  public static void main(String[] args) {
    Hippo h = new Hippo("Buffy");    ← 製作一個 Hippo，把名稱「Buffy」傳給 Hippo 建構器。然後呼叫 Hippo 繼承的 getName()。
    System.out.println(h.getName());
  }
}
```

```
File Edit Window Help Hide

%java MakeHippo
Buffy
```

從另一個建構器
調用一個重載建構器

如果你有一些重載建構器，除了處理不同的引數型別外，它們都做同樣的事情，那該怎麼辦？你知道你不希望每個建構器中都有重複的程式碼（維護起來很麻煩等原因），所以你想把大部分的建構器程式碼（包括對 super() 的呼叫）只放在一個重載建構器中。你希望無論哪個建構器先被呼叫，都能呼叫 The Real Constructor（真建構器），讓 The Real Constructor 完成建造工作。這很簡單：只要說 *this()* 就行了，或者 *this(aString)*，或 *this(27, x)*。換句話說，只要想像關鍵字 *this* 是對**當前物件**的一個參考即可。

你只能在建構器中說 *this()*，而且它必須是建構器中的第一條述句！

但那是個問題，不是嗎？先前我們說過，super() 必須是建構器中的第一條述句。那好，這就意味著你有一個選擇。

每個建構器都能有一個對 super() 或 this() 的呼叫，但不能兩者皆有！

你需要根據你有哪些值、要設定哪些值，以及這個類別或超類別中提供了哪些建構器來選擇呼叫哪一個。

使用 **this()** 從同一類別中的另一個重載建構器呼叫一個建構器。

對 this() 的呼叫只能在建構器中使用，而且必須是一個建構器中的第一條述句。

一個建構器可以有對 super() 的呼叫，「或是」對 this() 的呼叫，但絕不能同時使用！

```
import java.awt.Color;

class Mini extends Car {
  private Color color;

  public Mini() {
    this(Color.RED);
  }

  public Mini(Color c) {
    super("Mini");
    color = c;
    // 更多的初始化動作
  }

  public Mini(int size) {
    this(Color.RED);
    super(size);
  }
}
```

無引數建構器提供一個預設的 Color，並呼叫重載的 Real Constructor（呼叫 super() 的那個）。

這就是進行真正的物件初始化工作（包括呼叫 super()）的 The Real Constructor。

行不通！同一個建構器中不能同時有 super() 和 this()，因為它們各自都必須為第一條述句！

```
File Edit Window Help Drive
javac Mini.java

Mini.java:16: call to super must
be first statement in constructor

    super();
    ^
```

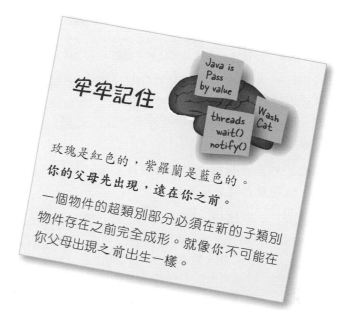

削尖你的鉛筆

→ 你要解決的。

SonOfBoo 類別中的一些建構器將無法編譯。看看你是否能認出哪些建構器是不合法的。將編譯器錯誤與導致那些錯誤的 SonOfBoo 建構器相匹配：從編譯器錯誤畫一條線到「壞」建構器。

```java
public class Boo {
  public Boo(int i) { }
  public Boo(String s) { }
  public Boo(String s, int i) { }
}
```

```java
class SonOfBoo extends Boo {
  public SonOfBoo() {
    super("boo");
  }

  public SonOfBoo(int i) {
    super("Fred");
  }

  public SonOfBoo(String s) {
    super(42);
  }

  public SonOfBoo(int i, String s) {
  }

  public SonOfBoo(String a, String b, String c) {
    super(a, b);
  }

  public SonOfBoo(int i, int j) {
    super("man", j);
  }

  public SonOfBoo(int i, int x, int y) {
    super(i, "star");
  }
}
```

牢牢記住

Java is Pass by value

threads wait() notify()

Wash Cat

玫瑰是紅色的，紫羅蘭是藍色的。
你的父母先出現，遠在你之前。
一個物件的超類別部分必須在新的子類別物件存在之前完全成形。就像你不可能在你父母出現之前出生一樣。

```
File Edit Window Help Blahblahblah
%javac SonOfBoo.java
cannot resolve symbol
symbol : constructor Boo
(java.lang.String,java.
lang.String)
```

```
File Edit Window Help Yadayadayada
%javac SonOfBoo.java
cannot resolve symbol
symbol  : constructor Boo
(int,java.lang.String)
```

```
File Edit Window Help ImNotListening
%javac SonOfBoo.java
cannot resolve symbol
symbol:constructor Boo()
```

現在我們知道一個物件是如何誕生的，但一個物件能活多久呢？

一個物件的性命完全取決於指涉它的參考之壽命。如果參考被認為是「活著的」，那麼該物件就仍然存活在堆積上。如果參考死亡（我們稍後會看一下這意味著什麼），物件就會死亡。

因此，如果一個物件的壽命取決於參考變數的壽命，那麼一個變數的壽命是多長？

這取決於該變數是一個區域（local）變數還是一個實體（instance）變數。下面的程式碼顯示了一個區域變數的壽命。在這個例子中，變數是一個原始型別，但是無論它是原始型別還是參考變數，變數的壽命都是一樣的。

```java
public class TestLifeOne {

    public void read() {
        int s = 42;
        sleep();
    }

    public void sleep() {
        s = 7;
    }
}
```

「s」的範疇限於 read() 方法內，所以它無法在其他地方被使用。

「不可以」！在此使用「s」是非法的！

sleep() 看不到「s」變數，因為它不在 sleep() 自己的堆疊框中，sleep() 完全都不知道它的事情。

變數「s」是活著的，但僅限 read() 方法的範疇內。sleep() 完成後，read() 會在堆疊的頂端並再次執行，read() 仍然可以看到「s」。當 read() 完成並從堆疊中彈出時，「s」就死了，一命嗚呼。

---

① **一個區域變數僅存活在宣告該變數的方法之內。**

```java
public void read() {
    int s = 42;
    // 「s」只能在
    // 這個方法中使用。
    // 當此方法結束，
    // 「s」就會完全消失。
}
```

變數「s」只能在 *read()* 方法中使用。換句話說，該變數只有在它自己的方法之中時，才算是在範疇內（*in scope*）。此類別（或任何其他類別）中沒有其他程式碼能夠看到「s」。

② **一個實體變數的壽命跟它的物件一樣長。只要物件仍然存活，實體變數也會活著。**

```java
public class Life {
    int size;

    public void setSize(int s) {
        size = s;
        // 「s」會在這個
        // 方法的結尾消失，
        // 但「size」可以在
        // 此類別中的任何地方使用
    }
}
```

變數「s」（這次是一個方法參數）以 setSize() 方法作為範疇。但實體變數 size 的範疇是在物件的生命週期內，而不是在方法的生命週期內。

區域變數的壽命（life）和範疇（scope）之間的差異：

壽命

　　只要一個區域變數的堆疊框（stack frame）還在堆疊上，它就一直活著。換句話說，存活到方法完成為止。

範疇

　　一個區域變數只在宣告該變數的方法中處於範疇內。當它自己的方法呼叫另一個方法時，該變數還活著沒錯，但不在範疇內，直到其方法恢復執行為止。**只有當一個變數在範疇內時，你才能使用它。**

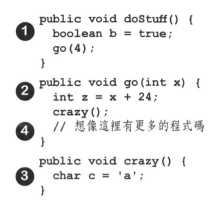

```java
public void doStuff() {
  boolean b = true;
  go(4);
}
public void go(int x) {
  int z = x + 24;
  crazy();
  // 想像這裡有更多的程式碼
}
public void crazy() {
  char c = 'a';
}
```

讓我們來看看當有東西呼叫 doStuff() 方法時，堆疊上會發生什麼事。

1 *doStuff()* 跑到堆疊上。變數「b」活著並在範疇內。

2 *go()* 跑到堆疊最頂端。「x」和「z」都活著並在範疇內，而「b」活著，但沒在範疇內。

3 *crazy()* 被推到堆疊上，現在「c」活著並在範疇內。其他三個變數都活著，但在範疇外。

4 *crazy()* 完成，並從推疊中彈出，所以「c」跑出了範疇，而且死了。當 go() 恢復執行時，「x」和「z」都活著，而且回到範疇內。變數「b」仍然活著，但跑出了範疇（到 go() 完成為止）。

只要一個區域變數是活的，它的狀態就會持續存在。舉例來說，只要方法 doStuff() 在堆疊上，「b」變數就會保有其值。但是只有當 doStuff() 的堆疊框在頂端時，「b」變數才能被使用。換句話說，你只能在一個區域變數的方法實際執行時使用該區域變數（不然就要等待更高的堆疊框完成）。

那麼參考變數呢？

對於原始型別和參考來說，規則都是一樣的。參考變數只有位在範疇內才能使用，這意味著除非你有一個範疇內的參考變數，否則你不能使用該物件的遙控器。真正的問題是：

「變數的壽命如何影響物件的壽命？」

只要還有活著的參考指涉它，一個物件就是活的。如果一個參考變數超出了範疇，但仍然活著，那麼它所參考的物件就會仍然存活在堆積上。然後你必須問…「當持有該參考的堆疊框在方法結束時從堆疊中彈出，會發生什麼事？」。

如果那是指涉該物件的唯一活參考，那麼該物件現在就被遺棄在堆積上了。參考變數與堆疊框一起被瓦解了，所以遺留下來的物件現在已經正式地被拋棄了。訣竅是要知道一個物件在哪一個時間點上符合垃圾回收的條件。

一旦一個物件符合垃圾回收（garbage collection，GC）的條件，你就不必擔心要如何收回該物件所用的記憶體。如果你的程式記憶體不足，GC 將銷毀部分或全部符合條件的物件，以避免你的 RAM 耗盡。你仍然可能耗盡記憶體，但不會是在所有符合條件的物件被拖到垃圾回收場之前。你的工作是確保你有在用完物件時，捨棄它們（即讓它們符合 GC 的條件），這樣垃圾回收器就有東西可以收回了。如果你抓著物件不放，GC 就幫不了你，你的程式就有可能痛苦地死在記憶體耗盡之中。

除非有人持有對它的一個參考，否則一個物件的生命沒有價值，也沒有意義。

如果你不能接觸到它，你就不能要求它做任何事情，這只是浪費了一大塊肥沃的位元。

但是，如果一個物件是不可及的，垃圾回收器會發現這一點。遲早有一天，那個物件會倒下。

一個物件會在它的最後一個存活的參考消失時，變得符合垃圾回收的條件。

要除掉一個物件的參考，有三種方式：

① 參考永久跑出了範疇。

```
void go() {
    Life z = new Life();
}
```

參考「z」死在方法的結尾。

② 參考被指定了其他的物件。

```
Life z = new Life();
z = new Life();
```

第一個物件在 z 被「重新程式化」給了一個新物件後，被遺棄了。

③ 參考明確地被設為了 null。

```
Life z = new Life();
z = null;
```

第一個物件在 z 解除程式化之後，被遺棄了。

物件殺手 #1

參考永遠地跑到
範疇外。

```java
public class StackRef  {
    public void foof() {
        barf();
    }

    public void barf() {
        Duck d = new Duck();
    }
}
```

我不喜歡情況發
展的方向。

1 *foof()* 被推到了堆疊
上,沒有宣告任何變
數。

新的 Duck 跑到堆積上,
而只要 barf() 有在執行,
「d」參考就會活著,並
在範疇中,所以這個 Duck
也被視為是活的。

2 *barf()* 被推到了堆疊
上,在那裡它宣告了
一個參考變數,並創
建一個新的物件指定
給了那個參考。該物
件在堆積上建立,而
其參考還活著並在範
疇內。

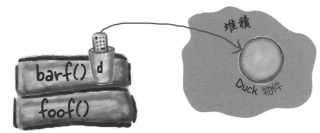

3 *barf()* 完成了,並彈
出了堆疊。它的堆疊
框瓦解了,所以「d」
現在死掉消失了。執
行流程回到 *foof()*,但
foof() 無法使用「d」。

不好了,變數「d」在
barf() 的堆疊框從堆疊彈
出時,也一併消失了,所
以這個 Duck 被遺棄了,
成為垃圾回收器的誘餌。

物件殺手 #2

為參考指定另一個
物件。

```java
public class ReRef {
  Duck d = new Duck();

  public void go() {
    d = new Duck();
  }
}
```

老兄，你所要做的就是
重置參考。我猜他們那
時沒有記憶體管理。

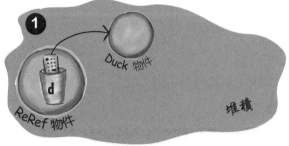

新的 Duck 被放在堆積上，由「d」來參
考。由於「d」是一個實體變數，只要實
體化它的 ReRef 物件還活著，這個 Duck
就會活著。除非…

有人呼叫 go() 方法時，這
個 Duck 就被捨棄了。它唯
一的參考已經被重新程式
化為一個不同的 Duck。

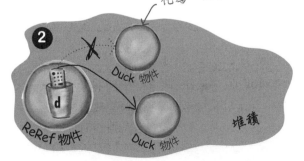

「d」被指定了一個新的 Duck 物件，使得原
來的（第一個）Duck 物件被捨棄。第一隻鴨
子現在就像死了一樣。

物件殺手 #3

明確將參考設為 null。

```java
public class ReRef {
  Duck d = new Duck();

  public void go() {
    d = null;
  }
}
```

null 的意義

把一個參考設定為 null 時，你就是在解除遙控器的程式化。換句話說，你有一個遙控器，但另一端沒有電視。一個 null 參考擁有代表「null」的位元（我們不知道也不關心那些位元是什麼，只要 JVM 知道就好）。

在現實世界中，如果你有一個未程式化的遙控器，按下按鈕時，並不會做任何事情。但在 Java 中，你不能在一個 null 參考上按下按鈕（也就是使用點號運算子），因為 JVM 知道（這是執行時期的問題，不是編譯器錯誤）你在期待一聲吠叫沒錯，但那裡沒有狗來做這件事！

如果你在一個 null 參考上使用點號運算子，你會在執行時期得到一個 NullPointerException。 你將在第 13 章「危險行為」中了解關於例外的所有知識。

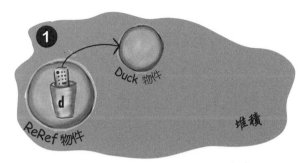

新的 Duck 被放在堆積上，由「d」來參考。由於「d」是一個實體變數，只要實體化它的 ReRef 物件還活著，這個 Duck 就會活著。除非⋯

這個 Duck 被遺棄了。它的唯一參考被設為了 null。

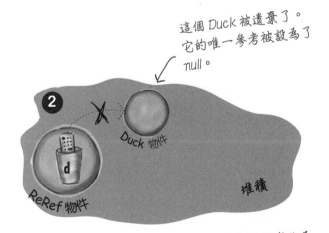

「d」被設定為 null，這就像一個沒有被程式化為任何東西的遙控器。在它被重新程式化（指定一個物件）之前，你甚至不被允許在「d」上使用點號運算子。

圍爐夜話

今晚主題：**一個實體變數和一個區域變數**
（非常有禮貌地）討論生與死

實體變數

我想先說，因為我對一個程式來說往往比區域變數更重要。我的存在是為了支援一個物件，通常貫穿物件的整個生命週期。畢竟，一個沒有狀態的物件算什麼？而什麼又是狀態呢？保存在**實體變數**中的值。

不，請別誤會，我確實理解你們在一個方法中的作用，只不過你們的生命是如此短暫，如此臨時（temporary）。這就是為什麼他們會叫你們「暫存變數（temporary variables）」。

完全可以理解，我道歉。

我從來沒有真正想過這個問題。其他方法在執行，而你們等待自己的堆疊框再次回到堆疊頂端的時候，你們都在做什麼呢？

區域變數

我很欣賞你的觀點，當然也欣賞物件狀態和所有那些的價值，但我不希望人們被誤導。區域變數真的很重要。用你的話說「畢竟，沒有行為的物件算什麼呢？」。而什麼是行為呢？方法中的演算法。你可以拿出你的位元來打賭，其中一定會有一些區域變數來使這些演算法得以運作。

在區域變數社群中，「暫存變數」這個稱呼被認為帶有貶義。我們更喜歡被稱為「區域性（local）的」、「堆疊（stack）的」、「自動（automatic）的」或「範疇受限（Scope-challenged）的」。

總之，我們的壽命確實不長，而且生活得也不是特別好。首先，我們和其他所有的區域變數一起被塞進一個堆疊框。然後，如果我們所在的方法呼叫另一個方法，另一個堆疊框就會被推到我們上面。而如果那個方法再呼叫另一個方法…依此類推。有時候，我們必須不停等待堆疊中在我們之上的所有其他方法完成，我們的方法才能再次執行。

什麼都沒做，完全沒有。這就像處於停滯狀態，就像科幻電影中人們在長途旅行時做的那樣。活動都停止了，真的。我們就只是坐在那裡等待。只要我們的堆疊框還在，我們就是安全的，而我們持有的價值也確保了，但當我們的堆疊框再次執行時，可以說有好有壞。一方面，我們可以再次活躍起來。

實體變數

我們曾經看過一個相關的教育影片。看起來是相當殘酷的結局。我的意思是,當那個方法碰到它結尾的大括號時,堆疊框實際上是被吹出了堆疊!那肯定會很疼。

我住在「堆積(Heap)」上,和物件一起。好吧,不算是和物件一起,實際上是住在一個物件中。我為它儲存狀態的那個物件。我不得不承認,堆積上的生活可以是相當奢華的。我們很多人都感到愧疚,特別是在假期前後。

好吧,假想一下,是的,如果我是 Collar 的一個實體變數,而那個 Collar 被 GC 掉了,那麼 Collar 的實體變數確實會像許多披薩盒子那樣被扔掉。但有人告訴我,這種情況幾乎不會發生。

他們會讓我們喝酒嗎?

區域變數

另一方面,我們短暫的生命又開始倒數計時了。我們方法執行的時間越長,我們就越接近方法的終點。我們都知道那時會發生什麼事。

還用你說。在電腦科學中,他們使用「彈出(popped)」一詞,就像「堆疊框被彈出了堆疊」。這讓它聽起來很有趣,或者可能像某種極限運動。但是,好吧,你知道的,你也看過那個影片。那麼我們為什麼不談談你呢?我知道我小小的堆疊框長得怎樣,但你是住在哪裡呢?

但你的壽命並不總是和宣告你的物件一樣長,對嗎?假設有一個 Dog 物件帶有一個 Collar(項圈)實體變數。想像你是那個 *Collar* 物件的一個實體變數,也許是對一個 Buckle(扣環)或其他東西的參考,很開心地待在那個 *Collar* 物件裡,而後者待在 *Dog* 物件裡也很開心。但是⋯如果 Dog 想要一個新的 Collar 或者把它的 Collar 實體變數設為 *null* 呢?會發生什麼事?這使得那個 Collar 物件符合 GC 的條件。所以⋯如果你是 Collar 裡面的一個實體變數,而整個 *Collar* 被捨棄了,你會怎麼樣?

而你相信了?他們刻意這樣說的,以保持我們的動力和生產力。但是,你是不是還忘記了別的事情?如果你是一個物件中的實體變數,而這個物件只被一個區域變數所參考,那該怎麼辦?如果我是你所在物件的唯一參考,當我消逝時,你也會跟著離開。不管你喜不喜歡,我們的命運可能是相連的。所以我說,忘掉這一切,趁著我們還能喝的時候去喝一杯,及時行樂,對吧!

冥想時間 — 我是垃圾回收器

右邊的哪一行程式碼，如果添加到左邊位於 A 點的類別中，將正好導致一個額外的物件符合垃圾回收器的條件？（假設 A 點（// 呼叫更多方法）將執行很長時間，給垃圾回收器足夠的時間去做它的事。）

```java
public class GC {
  public static GC doStuff() {
    GC newGC = new GC();
    doStuff2(newGC);
    return newGC;
  }

  public static void main(String[] args) {
    GC gc1;
    GC gc2 = new GC();
    GC gc3 = new GC();
    GC gc4 = gc3;
    gc1 = doStuff();


    A


    // 呼叫更多的方法
  }

  public static void doStuff2(GC copyGC) {
    GC localGC = copyGC;
  }
}
```

答案在第 272 頁。

1   copyGC = null;

2   gc2 = null;

3   newGC = gc3;

4   gc1 = null;

5   newGC = null;

6   gc4 = null;

7   gc3 = gc2;

8   gc1 = gc4;

9   gc3 = null;

熱門物件

在這個程式碼範例中，有幾個新的物件被創建了出來。你的挑戰是找到「最受歡迎」的物件，也就是說，有最多參考變數指涉它的那一個。然後列出該物件總共有多少個參考變數，以及它們是誰。我們先指出其中一個新物件和它的參考變數。

祝你好運！

⟶ 答案在第 272 頁。

```java
class Bees {
  Honey[] beeHoney;
}

class Raccoon {
  Kit rk;
  Honey rh;
}

class Kit {
  Honey honey;
}

class Bear {
  Honey hunny;
}

public class Honey {
  public static void main(String[] args) {
    Honey honeyPot = new Honey();
    Honey[] ha = {honeyPot, honeyPot, honeyPot, honeyPot};
    Bees bees = new Bees();
    bees.beeHoney = ha;
    Bear[] bears = new Bear[5];
    for (int i = 0; i < 5; i++) {
      bears[i] = new Bear();
      bears[i].hunny = honeyPot;
    }
    Kit kit = new Kit();
    kit.honey = honeyPot;
    Raccoon raccoon = new Raccoon();

    raccoon.rh = honeyPot;
    raccoon.rk = kit;
    kit = null;
  } // main 的結尾
}
```

這裡是一個新的 Raccoon 物件！

這裡是它的參考變數「*raccoon*」。

「我們已經進行了四次模擬，主模組的溫度始終偏離標稱溫度，趨向寒冷」，Sarah 氣急敗壞地說。「我們上週安裝了新的溫度機器人。旨在冷卻生活區的散熱機器人，讀數似乎在規格範圍內，所以我們把分析的重點放在保溫機器人上，即幫忙生活區增溫的機器人」，Tom 嘆了口氣，起初，奈米科技似乎真的會讓他們的計畫提早進行。現在，離發射只剩下五個星期了，軌道載具的一些關鍵生命支援系統仍然沒有通過模擬測試。

**Head First
少年事件簿**

「你在模擬什麼比例？」，Tom 問道。

「嗯，如果我理解正確，我們已經想過那些了」，Sarah 回答。「如果我們執行的系統不符合規格，任務控制部門不會批准關鍵系統。我們被要求以 2:1 的比例執行 V3 散熱機器人的 SimUnit 和 V2 散熱機器人的 SimUnit」，Sarah 繼續說道。「整體而言，保溫機器人和散熱機器人的比例應該是 4:3」。

「耗電情況如何呢，Sarah？」，Tom 問道。Sarah 停頓了一下：「嗯，那是另一件事了，耗電量比預期要高。我們也有一個團隊在追查這個問題，但由於那些奈米機器人是無線的，所以很難將散熱機器人的功耗與保溫機器人的功耗分開計算」。「總體功耗比，」Sarah 繼續說，「設計為 3:2，散熱機器人會從無線電網中獲取更多的能量」。

「好的，Sarah」Tom 說。「讓我們看看其中的一些模擬初始化程式碼。我們必須找到問題，而且要盡快找到它！」

```java
import java.util.ArrayList;

class V2Radiator {
  V2Radiator(ArrayList<SimUnit> list) {
    for (int x = 0; x < 5; x++) {
      list.add(new SimUnit("V2Radiator"));
    }
  }
}

class V3Radiator extends V2Radiator {
  V3Radiator(ArrayList<SimUnit> lglist) {
    super(lglist);
    for (int g = 0; g < 10; g++) {
      lglist.add(new SimUnit("V3Radiator"));
    }
  }
}

class RetentionBot {
  RetentionBot(ArrayList<SimUnit> rlist) {
    rlist.add(new SimUnit("Retention"));
  }
}
```

Head First
少年事件簿
（續）

```java
import java.util.ArrayList;

public class TestLifeSupportSim {
    public static void main(String[] args) {
        ArrayList<SimUnit> aList = new ArrayList<SimUnit>();
        V2Radiator v2 = new V2Radiator(aList);
        V3Radiator v3 = new V3Radiator(aList);
        for (int z = 0; z < 20; z++) {
            RetentionBot ret = new RetentionBot(aList);
        }
    }
}

class SimUnit {
    String botType;

    SimUnit(String type) {
        botType = type;
    }

    int powerUse() {
        if ("Retention".equals(botType)) {
            return 2;
        } else {
            return 4;
        }
    }
}
```

Tom 快速地看了一眼程式碼，一抹小小的微笑爬上了他的嘴唇。「Sarah，我想我已經找到了問題所在，而且我打賭我也知道你電能用量的讀數偏差了多少！」

Tom 在懷疑什麼？他怎麼能猜到電量讀數出錯了？你可以添加哪幾行程式碼來幫忙除錯這個程式？

───────▶ 答案在第 273 頁。

習題
解答

冥想時間—我是垃圾回收器
（第 268 頁）

1 `copyGC = null;`　No：這一行試圖存取一個超出範疇的變數。

2 `gc2 = null;`　OK：gc2 是指涉該物件的唯一參考變數

3 `newGC = gc3;`　No：另一個超出範疇的變數。

4 `gc1 = null;`　OK：gc1 持有唯一的參考，因為 newGC 超出了範疇。

5 `newGC = null;`　No：newGC 超出了範疇。

6 `gc4 = null;`　No：gc3 仍然參考該物件。

7 `gc3 = gc2;`　No：gc4 仍然參考該物件。

8 `gc1 = gc4;`　OK：重新指定該物件的唯一參考。

9 `gc3 = null;`　No：gc4 仍然參考該物件。

熱門物件
（第 269 頁）

也許不難發現，首先由 honeyPot 變數所參考的 Honey 物件，是這個類別中迄今為止最「熱門」的物件。但或許稍微比較難看出的是，所有從程式碼中指向 Honey 物件的變數都參考同一個物件！在 main( ) 方法完成之前，總共有 12 個指涉此物件的活躍參考存在。*kit.honeyPot* 變數在一段時間內是有效的，但是 *kit* 在最後被設為了 null。由於 *raccoon.rk* 仍然參考 Kit 物件，*raccoon.kit.honeyPot*（儘管從未明確宣告過）也會參考該物件！

```
public class Honey {
  public static void main(String[] args) {
    Honey honeyPot = new Honey();
    Honey[] ha = {honeyPot, honeyPot,
                  honeyPot, honeyPot};
    Bees bees = new Bees();
    bees.beeHoney = ha;
    Bear[] bears = new Bear[5];
    for (int i = 0; i < 5; i++) {
      bears[i] = new Bear();
      bears[i].hunny = honeyPot;
    }
    Kit kit = new Kit();
    kit.honey = honeyPot;
    Raccoon raccoon = new Raccoon();

    raccoon.rh = honeyPot;
    raccoon.rk = kit;
    kit = null;
  } // main 的結尾
}
```

（最後為 null）

Honey
物件

Head First 少年事件簿（第 270 - 271 頁）

Tom 注意到，V2Radiator 類別的建構器接受一個 ArrayList。這意味著每次呼叫 *V3Radiator* 的建構器時，它都會在其 super() 呼叫中向 *V2Radiator* 的建構器傳遞一個 ArrayList。這意味著有額外的五個 V2Radiator SimUnit 被創建了出來。如果 Tom 是對的，那麼總用電量將是 120，而不是 Sarah 預期的比率所預測的 100。

由於所有的 Bot 類別都會創建 SimUnit，為 SimUnit 類別寫一個建構器，在每次創建 SimUnit 時都列印出一行，很快就會發現這個問題！

10 數值和靜態值

數字很重要

做做數學。不過與數字打交道不僅僅是進行原始的算術。你可能想取得一個數字的絕對值（absolute value），或四捨五入（round）一個數字，或找出兩個數字中較大的那個。你可能希望讓數字剛好印出到小數點後兩位，或者你可能想在你的大數字中加入逗號，使它們更容易閱讀。而如何把一個字串剖析（parse）成一個數字呢？或者把一個數字變成一個字串？有一天，你會想把一堆數字放到一個像 ArrayList 那樣只接受物件的群集中。你走運了。Java 和 Java API 充滿了方便的數字調整功能和方法，隨時可用而且容易使用。但它們大多數都是**靜態（static）**的，所以我們首先要學習，變數或方法是靜態的，意味著什麼，包括 Java 中的常數（constants），也被稱為靜態最終變數（static *final* variables）。

MATH 方法：最接近於全域（*global*）方法的東西

只不過在 Java 中沒有任何東西是全域的。但是請想一想：如果你有一個方法，其行為不依存於實體變數的值，那會怎樣？以 Math 類別中的 round() 方法為例。它每次都做同樣的事情，將一個浮點數（該方法的引數）捨入（rounds）為最接近的整數，每次都是如此。如果你有 10,000 個 Math 類別的實體，並執行 round(42.2) 方法，你每次都會得到 42 的整數值。每一次。換句話說，該方法作用於引數，但從不受實體變數狀態的影響。唯一會改變 round() 方法執行方式的值，是傳遞給該方法的引數！

僅僅為了執行 round() 方法而建立 Math 類別的一個實體，這難道不是對完美堆積空間的一種浪費嗎？那其他的 Math 方法呢？例如 min()，它接受兩個數值原始型別並回傳兩者之中較小的那個。或是 max()，或 abs()，它會回傳一個數字的絕對值。

這些方法從不使用實體變數值。事實上，Math 類別沒有任何實體變數。所以製造 Math 類別的實體並沒有什麼好處。所以你猜怎麼著？你不需要那樣做，實際上，你也不能那樣做。

Math 類別中的方法不使用任何實體變數值，而因為這些方法是「靜態（*static*）」的，所以你不需要擁有一個 Math 的實體。你所需要的只是 Math 類別。

```java
long x = Math.round(42.2);
int y = Math.min(56, 12);
int z = Math.abs(-343);
```

這些方法從不使用實體變數，所以它們的行為不需要知道特定的某個物件。

如果你試著製作類別 Math 的一個實體：

```java
Math mathObject = new Math();
```

你會得到這種錯誤：

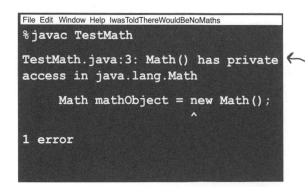

這個錯誤顯示，Math 的建構器被標示為私有的！這意味著你「永遠不能」對 Math 類別說「new」來製作一個新的 Math 物件。

一般（非靜態）方法和靜態方法之間的差異

Java 是物件導向的，但偶爾你會遇到一種特例，那通常是一個工具方法（如 Math 的方法），在那種情況下，並不需要有該類別的一個實體。關鍵字 `static` 可以讓一個方法在**沒有任何類別實體**的情況下執行。一個靜態方法意味著「行為不依存於實體變數，所以不需要實體或物件，只需要有類別」。

一般（非靜態）的方法

實體變數的值會影響 play() 方法的行為。

```java
public class Song {
  String title;

  public Song(String t) {
    title = t;
  }

  public void play() {
    SoundPlayer player = new SoundPlayer();
    player.playSound(title);
  }
}
```

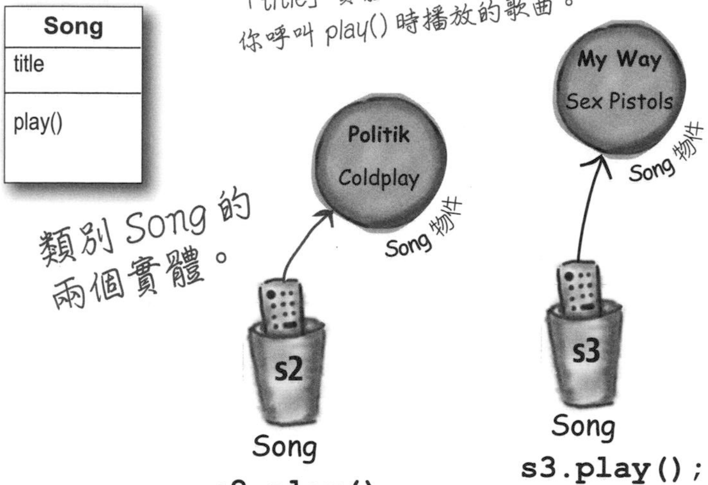

Song
title
play()

類別 Song 的兩個實體。

「title」實體變數當前的值是你呼叫 play() 時播放的歌曲。

Politik
Coldplay
Song 物件

My Way
Sex Pistols
Song 物件

s2
Song
s2.play();

s3
Song
s3.play();

在這個參考上呼叫 play() 將導致「Politik」的播放。

在這個參考上呼叫 play() 將導致「My Way」的播放。

靜態方法

```java
public static int min(int a, int b) {
  //回傳 a 和 b 之中最小的

}
```

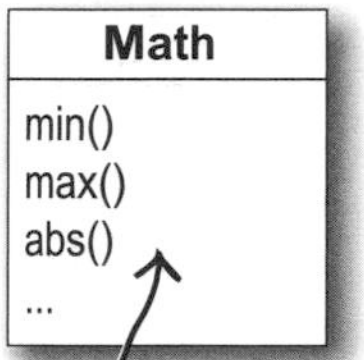

Math
min()
max()
abs()
...

沒有實體變數。方法的行為不會隨著實體變數的狀態而改變。

Math.min(42,36);

使用類別名稱，而非一個參考變數名稱。

「沒有物件」！
這個圖中
絕對「沒有任何物件」！

使用一個類別名稱呼叫一個靜態方法

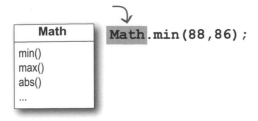

`Math.min(88,86);`

使用一個參考變數名稱呼叫一個非靜態的方法

```
Song t2 = new Song();
t2.play();
```

擁有帶著靜態方法的一個類別，意味著什麼？

通常（儘管並不總是如此），一個擁有靜態方法的類別並不是為了被實體化而存在。在第 8 章「認真的多型」中，我們談到了抽象類別（abstract classes），以及如何用 abstract 修飾詞標示一個類別，使任何人都無法對該型別說「new」。換句話說，就是**不可能實體化（**instantiate**）一個抽象類別**。

但是你可以透過將建構器標示為 private 來限制其他程式碼對非抽象類別的實體化。記住，一個標示為 private（私有）的方法意味著只有其類別中的程式碼可以調用該方法。標示為私有的建構器基本上也是如此：只有類別內的程式碼可以調用該建構器。沒有人可以在類別外面說「new」。舉例來說，那就是 Math 類別的運作方式。建構器是私有的，你不能製造一個新的 Math 實體。編譯器知道你的程式碼不能存取那個私有建構器。

這並不意味著有一或多個靜態方法的類別永遠不應該被實體化。事實上，你放了 main() 方法的每個類別都是一個有靜態方法的類別！

典型情況下，你製作一個 main() 方法是為了啟動或測試另一個類別，幾乎總是透過在 main 中實體化一個類別，然後在那個新實體上調用一個方法來達成。

所以你可以自由地在一個類別中結合靜態和非靜態方法，但只要有單一個非靜態方法，就意味著必須要有某種方式來製造該類別的實體。獲得一個新物件的唯一辦法是透過「new」或解序列化（deserialization，或我們不會深究的稱為 Java Reflection API 的東西）。沒有其他辦法。但這個「new」到底是誰說的，會是一個有趣的問題，我們將在本章的稍後部分研究此問題。

靜態方法不能使用非靜態（實體）變數！

靜態方法執行時並不知道有靜態方法之類別的任何特定實體存在。正如你在前面幾頁所看到的，甚至可能不會有該類別的任何實體。由於靜態方法是使用類別（**Math**.random()）而不是實體參考（**t2**.play()）來呼叫的，所以靜態方法不能參考該類別的任何實體變數。靜態方法不知道要使用哪個實體的變數值。

如果你試著編譯這段程式碼：

```java
public class Duck {
  private int size;

  public static void main(String[] args) {
    System.out.println("Size of duck is " + size);
  }

  public void setSize(int s) {
    size = s;
  }

  public int getSize() {
    return size;
  }
}
```

哪個 Duck？
誰的 size？

如果堆積上的某處有一個 Duck，我們也不會知道。

靜態情境。類別中任何其他的東西都不是靜態的。

如果你試圖在靜態方法中使用一個實體變數，編譯器會認為：「我不知道你在說哪個物件的實體變數！」。

如果堆積上有十個 Duck 物件，靜態方法不會知道它們中的任何一個。

你會得到這種錯誤：

```
File Edit Window Help Quack

% javac Duck.java
Duck.java:6: non-static variable
size cannot be referenced from a
static context
        System.out.println("Size
of duck is " + size);
                          ^
```

我很確定他們是在說「我的」size 變數。

不，我相當確定他們是在說「我的」size 變數。

靜態方法也不能使用非靜態方法！

非靜態方法都做些什麼？它們通常使用實體變數的狀態來影響方法的行為。一個 getName() 方法回傳 name 變數的值。誰的名稱（name）？用來調用 getName() 方法的那個物件。

這無法編譯：

呼叫 getSize() 只是推遲了不可避免的事情：getSize() 使用 size 實體變數。

```java
public class Duck {
  private int size;

  public static void main(String[] args) {
    System.out.println("Size is " + getSize());
  }

  public void setSize(int s) {
    size = s;
  }

  public int getSize() {
    return size;
  }
}
```

回到相同的問題…誰的 size 呢？

```
File Edit Window Help Jack-in
% javac Duck.java
Duck.java:5: error: non-static
method getSize() cannot be refer-
enced from a static context
    System.out.println("Size is " +
getSize());

^
1 error
```

牢牢記住

玫瑰是紅色的，而且往往開花遲。

靜態值無法看到實體變數的狀態。

沒有蠢問題

問：如果你試著從一個靜態方法呼叫一個非靜態方法，但那個非靜態方法並沒有使用任何實體變數，會怎樣呢？編譯器會允許嗎？

答：不會。編譯器知道，無論你是否有在非靜態方法中使用實體變數，你都可以那樣做。想想後果吧…如果你被允許編譯像這種的方案，那麼如果將來你想改變那個非靜態方法的實作，使得有天它真的用了實體變數，會發生什麼事？或者更糟糕的，如果一個子類別覆寫了那個方法，並且在覆寫的版本中使用了一個實體變數，會發生什麼事？

問：我可以發誓，我見過用參考變數而不是類別名稱來呼叫靜態方法的程式碼。

答：你確實可以那樣做，但正如你母親總是告訴你的「合法並不意味著它就是好的」。雖然使用類別的任何實體來呼叫靜態方法是可行的，但這會產生誤導性（不容易閱讀）的程式碼。你可以說：

```java
Duck d = new Duck();
String[] s = {};
d.main(s);
```

這段程式碼是合法的，但編譯器還是會把它解析回真正的類別（「好的，d 的型別是 Duck，而 main() 是靜態的，所以我將呼叫 Duck 類別中的靜態 main()」）。換句話說，用 d 來呼叫 main() 並不意味著 main() 會對 d 所參考的物件有任何特殊的了解。這只是調用靜態方法的另一種方式，但該方法仍然是靜態的！

靜態變數：
對類別的所有實體而言，
值都相同

想像一下，程式執行時，你想計算有多少 Duck 實體正被創建。你會怎麼做呢？也許是在建構器中遞增一個實體變數？

```
class Duck {
  int duckCount = 0;
  public Duck() {
    duckCount++;
  }
}
```

這永遠都會在每次有一個 Duck 被創建時，把 duckCount 設為 1。

不，那是行不通的，因為 duckCount 是一個實體變數，對每個 Duck 來說都是從 0 開始。你可以試著呼叫其他類別中某個方法，但很笨拙。你需要只有單一份變數的一個類別，而所有的實體都共用那一份。

這就是靜態變數能賦予你的東西：由一個類別所有實體所共用的值。換句話說，一個類別一個值，而不是一個實體一個值。

靜態的 duckCount 變數「只」在第一次載入類別時被初始化，而「不是」在每次產生新實體時都初始化。

```
public class Duck {
  private int size;
  private static int duckCount = 0;

  public Duck() {
    duckCount++;
  }

  public void setSize(int s) {
    size = s;
  }

  public int getSize() {
    return size;
  }
}
```

現在它將在每次執行 Duck 建構器的時候持續遞增，因為 duckCount 是靜態的，不會被重置為 0。

一個 Duck 物件並不會保留它自己的 duckCount 的拷貝。

因為 duckCount 是靜態的，Duck 物件全都共用它的一份拷貝。你可以把靜態變數看作是生活在「類別」中而非物件中的變數。

每個 Duck 物件都有自己的 size 變數，但 duckCount 變數只有一份，即類別中的那個。

kid 實體 1

靜態變數：
iceCream

kid 實體 2

靜態變數是共用的。

同一個類別的所有實體都共用 單一份靜態變數。

實體變數：每個**實體** 1 個
靜態變數：每個**類別** 1 個

腦力訓練

在本章前面，我們看到私有的建構器意味著類別不能
被執行在類別之外的程式碼所實體化。換句話說，只
有類別內部的程式碼才能為帶著私有建構器的類別建
立一個新的實體（這裡有一種雞生蛋，蛋生雞的問題）。

如果你想把一個類別寫成只能創建一個實體，而任何
想使用這個類別之實體的人，永遠都會使用那個單一
的實體，那該怎麼做呢？

初始化一個靜態變數

靜態變數在類別被載入時初始化。一個類別會被載入，是因為 JVM 決定是時候載入它了。典型情況下，JVM 載入一個類別是因為有人試圖為該類別建立一個新的實體，在第一次有人那樣做的時候，或者有人使用該類別的一個靜態方法或變數之時。身為程式設計師，你也可以選擇告訴 JVM 去載入一個類別，但你不太可能需要那樣做。幾乎在所有情況下，你都最好讓 JVM 決定何時載入類別。

而關於靜態初始化，有兩個保證：

- 一個類別中的靜態變數，會在那個類別的任何物件被創建出來之前初始化完成。

- 一個類別中的靜態變數，會在該類別的任何靜態方法執行之前初始化完成。

> 一個類別中的所有靜態變數，都會在那個類別的任何物件被創建出來之前初始化完成。

```
class Player {
  static int playerCount = 0;
  private String name;
  public Player(String n) {
    name = n;
    playerCount++;
  }
}

public class PlayerTestDrive {
  public static void main(String[] args) {
    System.out.println(Player.playerCount);
    Player one = new Player("Tiger Woods");
    System.out.println(Player.playerCount);
  }
}
```

playerCount 在類別載入時被初始化。我們明確地將其初始化為 0，但這並非必要，因為 0 是 int 的預設值。靜態變數就像實體變數一樣會得到預設值。

存取靜態變數的方式就跟存取靜態方法一樣：使用類別名稱。

宣告但未初始化的靜態變數和實體變數的預設值是相同的：
原始型別整數 (long、short 等)：0
原始型別浮點數 (float、double)：0.0
boolean：false
物件參考：null

```
File Edit Window Help What?
% java PlayerTestDrive
0    ← Before any instances are made
1    ← After an object is created
```

如果你沒有明確地初始化一個靜態變數（在你宣告它的時候指定），它就會得到一個預設值，所以 int 變數會被初始化為 0，這意味著我們不需要明確地說 playerCount = 0。宣告但不初始化一個靜態變數，意味著這個靜態變數將得到該變數型別的預設值，這與實體變數在宣告時被賦予預設值的方式完全相同。

static final（靜態最終）變數是常數

一個標示為 final 的變數意味著，一旦初始化，它就永遠不會再改變。換句話說，只要類別被載入，static final 變數的值就會保持不變。在 API 中查找 Math.PI，你會發現：

`public static final double PI = 3.141592653589793;`

此變數被標示為 public，這樣任何程式碼都可以存取它。

此變數被標示為 static，如此你就不需要 Math 類別的實體（記住，你也不被允許創建這種實體）。

此變數被標示為 final，因為 PI 不會改變（就 Java 的考量而言）。

沒有其他方式可以指出一個變數是否為常數（constant），但有一種命名慣例可以幫助你識別出常數。**常數變數的名稱通常全都是大寫的！**

> 靜態初始器（*static initializer*）是會在類別被載入時執行的一個程式碼區塊，並且會在任何其他程式碼可以使用該類別之前執行，所以它是初始化靜態最終變數的一個好地方。
>
> ```
> class ConstantInit1 {
>     final static int X;
>     static {
>         X = 42;
>     }
> }
> ```

初始化一個 *final* static 變數：

① 在你宣告它的時候：

```
public class ConstantInit2 {
  public static final int X_VALUE = 25;
}
```

請注意命名慣例：靜態最終變數是常數，所以名稱應該全部是大寫字母，並用底線隔開這些詞。

或

② 在一個靜態初始器中：

```
public class ConstantInit3 {
  public static final double VAL;

  static {
    VAL = Math.random();
  }
}
```

這段程式碼會在類別載入時立即執行，在任何靜態方法被呼叫之前，甚至是在任何靜態變數被使用之前。

如果你沒在這兩個位置之一賦予 final 變數一個值：

```
public class ConstantInit3 {
  public static final double VAL;
}
```
沒有初始化！

編譯器會捕捉到：

```
File Edit Window Help Init?
% javac ConstantInit3.java
ConstantInit3.java:2: error: vari-
able VAL not initialized in the
default constructor
  public static final double VAL;
                             ^
1 error
```

final 不僅用於靜態變數…

你也可以使用關鍵字 **final** 來修改非靜態變數，包括實體變數、區域變數，甚至是方法參數。在每種情況下，它都意味著同樣的事情：值不能被改變。但你也可以用 final 來阻止別人覆寫方法或衍生子類別。

一個 *final* 變數意味著你不能變更它的值。

一個 *final* 方法意味著你不能覆寫該方法。

一個 *final* 類別意味著你不能擴充該類別（也就是你不能製作子類別）。

非靜態的 final 變數

```
class Foof {
  final int size = 3;  ← 現在你不能改變 size。
  final int whuffie;

  Foof() {
    whuffie = 42;  ← 現在你不能改變 whuffie。
  }

  void doStuff(final int x) {
    // 你無法變更 x
  }

  void doMore() {
    final int z = 7;
    // 你無法變更 z
  }
}
```

final 方法

```
class Poof {
  final void calcWhuffie() {
    // 重要的事情
    // 永遠不能被覆寫的
  }
}
```

final 類別

```
final class MyMostPerfectClass {
  // 無法被擴充
}
```

這一切是如此…如此的 *final*。我是說，如果知道我什麼都無法改變的話…

問：靜態方法不能存取一個非靜態變數，但非靜態方法可以存取靜態變數嗎？

答：當然可以。一個類別中的非靜態方法總是可以呼叫該類別中的靜態方法，或存取該類別的靜態變數。

問：我為什麼要把一個類別變成 final 的呢？這不是違背了 OO 的存在目的嗎？

答：是，也不是。使一個類別成為 final 的典型原因是為了安全性。舉例來說，你不能製造出 String 類別的子類別。想像一下，如果有人擴充了 String 類別，並在需要 String 物件的地方，以多型的方式替換上他們自己的 String 子類別物件，那會造成多大的混亂。如果你必須仰賴一個類別中方法的特定實作，那就把該類別變成 final 類別。

問：如果類別是 final 的，那麼把方法標示為 final 是多餘的嗎？

答：如果這個類別是 final 的，你就不需要把方法標示為 final。想想看，如果一個類別是 final 的，它就永遠不能衍生出子類別，所以它不會有方法被覆寫。

另一方面，如果你確實想讓其他人擴充你的類別，而且你希望他們能覆寫一些方法，但非全部，那就不要把類別標示為 final，而是有選擇地把特定的方法標示為 final。一個 final 方法意味著子類別不能覆寫那個特定方法。

本章重點

- 靜態方法（*static method*）應該使用類別名稱而不是物件參考變數來呼叫：**Math.random()** 相較於 **myFoo.go()**。

- 一個靜態方法被呼叫時，堆積上可以沒有該方法之類別的任何實體。

- 靜態方法適合用於不依存（也永遠不會依存）特定實體變數值的工具方法。

- 靜態方法不與特定的實體有關聯，只與類別相關，所以它不能存取其類別的任何實體變數值。它會不知道要使用哪個實體的值。

- 靜態方法不能存取非靜態方法，因為非靜態方法通常與實體變數狀態相關。

- 如果你有一個類別只帶有靜態方法，而你不希望該類別被實體化，你可以將建構器標示為 private。

- **靜態變數**是由特定類別的所有成員共用的變數。一個類別中只有該靜態變數的一份拷貝，而不是像實體變數那樣，*每個物件都有一份拷貝*。

- 靜態方法可以存取靜態變數。

- 要想在 Java 中製作一個常數（constant），就要把一個變數同時標示為 static 和 final。

- 一個 final static 變數必須在宣告時或在靜態初始化器（static initializer）中指定一個值：

```
static {
    DOG_CODE = 420;
}
```

- 常數（final static 變數）的命名慣例是使名稱全部為大寫字母，並使用底線（_）來分隔每個字詞。

- 一個 final 變數的值一旦被指定就不能改變。

- 為 final 實體變數指定一個值，必須在宣告時或在建構器中進行。

- 一個 final 方法無法被覆寫。

- 一個 final 類別無法被擴充（衍生子類別）。

削尖你的鉛筆

什麼是合法的？

考慮到你剛剛學到的關於 static 和 final 的一切，請問哪一個可以編譯？

①
```java
public class Foo {
  static int x;

  public void go() {
    System.out.println(x);
  }
}
```

②
```java
public class Foo2 {
  int x;

  public static void go() {
    System.out.println(x);
  }
}
```

③
```java
public class Foo3 {
  final int x;

  public void go() {
    System.out.println(x);
  }
}
```

④
```java
public class Foo4 {
  static final int x = 12;

  public void go() {
    System.out.println(x);
  }
}
```

⑤
```java
public class Foo5 {
  static final int x = 12;

  public void go(final int x) {
    System.out.println(x);
  }
}
```

⑥
```java
public class Foo6 {
  int x = 12;

  public static void go(final int x) {
    System.out.println(x);
  }
}
```

──────▶ 答案在第 308 頁。

Math 方法

現在知道了靜態方法的運作原理之後，讓我們看看 Math 類別中的一些靜態方法。
這並不是所有的方法，只是重點方法。請查閱看你的 API，以了解其餘的方法，
包括 cos()、sin()、tan()、ceil()、floor() 與 asin() 等。

All Methods	Static Methods	Concrete Methods	Description
Modifier and Type	Method		
static double	abs(double a)		Returns the absolute value of a do
static float	abs(float a)		Returns the absolute value of a fl
static int	abs(int a)		Returns the absolute value of an i
static long	abs(long a)		Returns the absolute value of a lo
static int	absExact(int a)		Returns the mathematical absolut ArithmeticException if the resul
static long	absExact(long a)		Returns the mathematical absolut ArithmeticException if the resul
static double	acos(double a)		Returns the arc cosine of a value;
static int	addExact(int x, int y)		Returns the sum of its arguments,
static long	addExact(long x, long y)		Returns the sum of its arguments,
static double	asin(double a)		Returns the arc sine of a value; th
static double	atan(double a)		Returns the arc tangent of a value
static double	atan2(double y, double x)		Returns the angle *theta* from the
static double	cbrt(double a)		Returns the cube root of a double
static double	ceil(double a)		Returns the smallest (closest to ne a mathematical integer.
static double	copySign(double magnitude, double sign)		Returns the first floating-point arg
static float	copySign(float magnitude, float sign)		Returns the first floating-point arg
static double	cos(double a)		Returns the trigonometric cosine
static double	cosh(double x)		Returns the hyperbolic cosine of a

Math.abs()

回傳是引數絕對值（absolute value）的一個
double。該方法是重載的，所以如果你傳給
它一個 int，它就會回傳一個 int。傳給它一個
double，它就回傳一個 double。

```
int x = Math.abs(-240);        // 回傳 240
double d = Math.abs(240.45);   // 回傳 240.45
```

Math.random()

回傳介於（並包括）0.0 到（但不包括）1.0 之
間的一個 double。

```
double r1 = Math.random();
int r2 = (int) (Math.random() * 5);
```

到目前為止，我們一直
使用這個方法，但也有
java.util.Random 可用，
後者好用一點。

Math.round()

回傳一個捨入到最近整數值的 int 或 long
（取決於引數是 float 還是 double）。

請記住，除非你加上「f」，否則浮點字面值
（floating-point literals）會被假設為 double。

```
int x = Math.round(-24.8f);  // 回傳 -25
int y = Math.round(24.45f);  // 回傳 24

long z = Math.round(24.45);  // 回傳 24L
```

這是一個 double。

Math.min()

回傳兩個引數中最小的值。該方法是重載
的，可以接受 int、long、float 或 double。

```
int x = Math.min(24,240);          // 回傳 24
double y = Math.min(90876.5, 90876.49); // 回傳 90876.49
```

Math.max()

回傳兩個引數中的最大值。該方法是重載
的，可以接受 int、long、float 或 double。

```
int x = Math.max(24,240);          // 回傳 240
double y = Math.max(90876.5, 90876.49); // 回傳 90876.5
```

Math.sqrt()

回傳引數的正平方根（positive square
root）。該方法接受一個 double，當然你可
以傳入 double 容納得下的任何東西。

```
double x = Math.sqrt(9);     // 回傳 3
double y = Math.sqrt(42.0); // 回傳 6.48074069840786
```

包裹一個原始型別值

有時你想把一個原始型別值（primitive）當作一個物件來對待。舉例來說，像 ArrayList 這樣的群集（collections）只對物件有作用：

```
ArrayList<???> list;
```

我們可以創建用於 int 的 ArrayList 嗎？

每個原始型別都有一個包裹器類別（wrapper class），而由於包裹器類別是在 java.lang 套件中，所以你不需要匯入它們。你可以輕易認出包裹類別，因為每個包裹器類別都是以它所包裹的原始型別命名的，但其中第一個字母是大寫的，以遵循類別的命名慣例。

哦，沒錯，出於這個行星上絕對沒有人能確定的原因，API 設計者決定不把名稱從原始型別精確地映射到其類別型別。你會明白我們的意思的：

Boolean

Character

Byte

Short

Integer

Long

Float

Double

注意了！這些名稱並沒有完全對映原始型別。類別的名稱有完整地拼出來。

包裹（wrapping）一個值

```
int i = 288;
Integer iWrap = new Integer(i);
```

把原始型別值提供給包裹器的建構器。這樣就好。

解開（*unwrapping*）一個值

```
int unWrapped = iWrap.intValue();
```

所有的包裹器都是這樣工作的。Boolean 有一個 *booleanValue()*，Character 有一個 *charValue()*，依此類推。

物件

原始型別值

需要把一個原始型別值當成物件來對待時，就將之包裹起來。

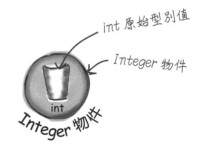

int 原始型別值

Integer 物件

Integer 物件

注意：上面的圖片是用鋁箔紙包裹的巧克力，明白嗎？包裹器？有些人認為它看起來像一個烤馬鈴薯，那也行。

這有夠愚蠢。你是說我不能單純製作一個 *int* 的 ArrayList？我必須把該死的每個 *int* 包裹在一個新的 *Integer* 物件中，然後在我試圖存取 ArrayList 中的值時解開它？這真是浪費時間，而且根本是在等待錯誤發生…

Java 會為你自動裝箱（<u>Autobox</u>）原始型別值

在過去的日子裡（Java 5 之前），我們確實必須自己做這些事情，手動包裹和解開原始型別值。幸運的是，現在這一切都可以自動完成。

讓我們看看當我們想製作一個 ArrayList 來保存 int 時會發生什麼事。

原始型別 int 的一個 ArrayList

製作型別為 Integer 的一個 ArrayList。

```
public void autoboxing() {
    int x = 32;
    ArrayList<Integer> list = new ArrayList<Integer>();
    list.add(x);  單純新增它！

    int num = list.get(0);
}
```

而編譯器會自動解開 Integer 物件的包裹（開箱），所以你可以直接將 int 值指定給一個原始型別，而不必呼叫 Integer 物件上的 intValue() 方法。

雖然 ArrayList 中「沒有」add(int) 的方法，但是編譯器為你做了所有的包裹（裝箱）動作。換句話說，這種 ArrayList 中確實「存有」一個 Integer 物件，但你可以「假裝」ArrayList 接受 int（你可以同時向 ArrayList<Integer> 添加 int 和 Integer）。

問：如果你想保存 int，為什麼不宣告一個 ArrayList<int> ？

答：因為…你沒辦法。至少，在本書所涉及的 Java 版本中不能（這個語言不斷在發展，事情可能會發生變化！）。記住，泛型（generic types）的規則是，你只能指定類別或介面別型，而不是原始型別（*primitives*）。所以 ArrayList<int> 將無法編譯。但正如你在上面的程式碼中所看到的，這其實並不重要，因為編譯器允許你把 int 放到 ArrayList<Integer> 中。事實上，只要其中串列的型別是那個原始型別值的包裝器型別，還真的沒有辦法可以阻止你將原始型別值放入 ArrayList，因為自動裝箱會自動發生。因此，你可以將 boolean 原型值放入 ArrayList<Boolean>，或將 char 放入 ArrayList<Character>。

自動裝箱（Autoboxing）幾乎在任何地方都適用

自動裝箱不僅可以讓你進行包裹和解開動作，以使用群集中的原型值…它還可以在幾乎所有預期使用原型值或其包裹型別的地方，讓你使用其中一個或另一個。請思考一下這件事！

自動裝箱的樂趣

方法引數

如果一個方法接受一個包裹器型別，你可以傳入對一個包裹器的參考，或型別匹配的一個原型值。當然，反之亦然：如果一個方法接受一個原型值，你可以傳入一個相容的原型值或對該原型值包裹器的一個參考。

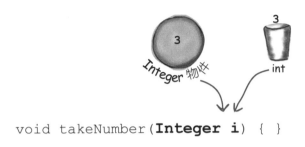

```
void takeNumber(Integer i) {  }
```

回傳值

如果一個方法宣告了一個原始的回傳型別，你可以回傳一個相容的原型值或對該原始型別包裹器的一個參考。如果一個方法宣告了一個包裹器回傳型別，你可以回傳對該包裹器型別的一個參考或一個型別匹配的原型值。

```
int giveNumber() {
   return x;
}
```

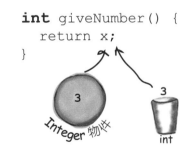

Boolean 運算式

在任何預期 boolean 值的地方，你都可以使用會估算為一個 boolean 的運算式（4 > 2）、一個原始的 boolean，或者對 Boolean 包裹器的一個參考。

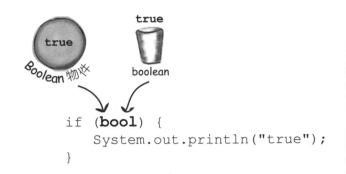

```
if (bool) {
   System.out.println("true");
}
```

數字運算

這可能是最奇怪的一點：沒錯，你可以在預期使用原始型別的運算中使用包裹器型別作為運算元（operand）。這意味著你可以對 Integer 物件的一個參考應用遞增運算子！

但別擔心，這只是編譯器的一個小技巧。語言並沒有被修改，以使運算子得以在物件上運作，編譯器只是在運算前將物件轉換為原始型別值。不過，這看起來確實很怪。

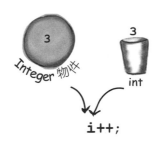

```
Integer i = new Integer(42);
i++;
```

而那也意味著你還能做像這樣的事情：

```
Integer j = new Integer(5);
Integer k = j + 3;
```

指定（Assignments）

你可以將一個包裹器或原型值指定給被宣告為匹配包裹器或原始型別的一個變數。舉例來說，一個原始的 int 變數可以被指定給一個 Integer 參考變數，反之亦然：對 Integer 物件的一個參考，可以被指定給被宣告為 int 原始型別的一個變數。

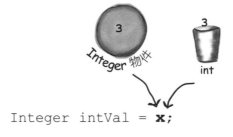

削尖你的鉛筆

這段程式碼可以編譯嗎？它能執行嗎？如果執行，它會做什麼？

請你花點時間思考這個問題，它帶出了自動裝箱（autoboxing）我們沒有談到的影響。

你必須到編譯器中去尋找答案（是的，我們正在強迫你做實驗，當然是為了你自己好）。

⟶ 你要解決的。

```java
public class TestBox {
  private Integer i;
  private int j;

  public static void main(String[] args) {
    TestBox t = new TestBox();
    t.go();
  }

  public void go() {
    j = i;
    System.out.println(j);
    System.out.println(i);
  }
}
```

但等等！還有更多！
包裹器也有靜態的工具方法！

除了行為像普通的類別一樣，包裹器還有一些非常實用的
靜態方法。

舉例來說，*parse*（剖析）方法接收一個 String，並給回
一個原始型別值。

Integer 包裹器
類別。

Integer 類別中的這個
方法知道如何把一個
String「剖析」為它所
代表的 *int*。

接受一個 *String*。

Integer.parseInt("3")

要把一個 String 轉換為一個原型值
很容易：

把 "2" 剖析為 2 完
全沒有問題。

```
String s = "2";
int x = Integer.parseInt(s);
double d = Double.parseDouble("420.24");

boolean b = Boolean.parseBoolean("True");
```

parseBoolean() 方法會
忽略 String 引數中字元
的大小寫。

但如果你試著這樣做：

```
String t = "two";
int y = Integer.parseInt(t);
```

呃⋯這個可以編譯，但在執行時它就
會爆炸。任何不能被剖析為數字的東
西都會導致 *NumberFormatException*。

你會得到一個執行期例外：

```
File Edit Window Help Clue
% java Wrappers
Exception in thread "main" java.lang.NumberFormatException:
For input string: "two"
    at java.base/java.lang.NumberFormatException.forInputStri
ng(NumberFormatException.java:65)
    at java.base/java.lang.Integer.parseInt(Integer.java:652)
    at java.base/java.lang.Integer.parseInt(Integer.java:770)
    at Snippets.badParse(Snippets.java:48)
    at Snippets.main(Snippets.java:54)
```

剖析一個 **String** 的每個方
法或建構器都可能擲出一個
NumberFormatException。這
是一個執行期例外，所以你不必
處理或宣告它，但你可能會想要
那麼做。

（我們會在第 13 章「危險行
為」中談論例外。）

現在反過來⋯將一個原始數字轉換為一個 String

你可能想把一個數字變成一個字串,例如在你想把這個數字顯示給使用者,或把它放到一個訊息中的時候。有幾種方式可以把一個數字變為一個 String。最簡單的辦法是單純把數字串接(concatenate)到一個現有的字串上。

記得,「+」運算子在 Java 中被重載(唯一的重載運算子)為一個 String 串接器。添加到一個字串中的任何東西都會被字串化。

```java
double d = 42.5;
String doubleString = "" + d;
```

這麼做的另一種方式是使用類別 Double 中的一個靜態方法。

```java
double d = 42.5;
String doubleString = Double.toString(d);
```

在 String 上還有一個重載的靜態方法「valueOf」,可以得到幾乎所有東西的字串值。

```java
double d = 42.5;
String doubleString = String.valueOf(d);
```

好吧,但我如何讓它看起來像錢?用一個美元符號和小數點後兩個位數,比如 $56.87,或者,如果我想用逗號的話,像是 45,687,890,又或者,如果我想用⋯

就像我在 C 語言中能用的 printf 那種東西在哪裡?數字格式化是 I/O 類別的一部分嗎?

數字格式化

在 Java 中，格式化數字和日期不一定要與 I/O 有關聯。請思考一下這點。向使用者顯示數字最典型方式之一是透過 GUI，你把字串放到一個可以捲動的文字區，或是一個表格中。如果格式化只內建在列印述句中，你將永遠無法將一個數字格式化為一個美觀的 String 以在 GUI 中顯示。

Java API 使用 java.util 中的 Formatter 類別提供強大而靈活的格式化功能，但通常你不需要自行創建和呼叫 Formatter 類別的方法，因為 Java API 在一些 I/O 類別和 String 類別中就有便利的方法（包括 printf()）可用。因此，可以單純呼叫靜態的 String.format() 方法，並將你想要格式化的東西連同格式化指令一起傳遞給它。

當然，你確實必須知道如何提供格式化指令，除非你熟悉 C/C++ 中的 *printf()* 函式，否則這需要花點功夫。幸運的是，即使你不知道 printf()，你也可以單純按照現成的配方來做（我們會在本章中展示的）最基本的事情。但是，如果你想透過混合搭配來獲得任何你想要的東西，你就會想學習如何格式化。

在此，我們將從一個基本的例子開始，然後看看它是如何運作的（注意：我們將在第 16 章「儲存物件（和文字）」中再次討論格式化的相關議題）。

快速繞路一下，看看如何使用底線讓大數更容易閱讀

在我們討論數字的格式化之前，讓我們先小小繞一下很有用的路。有時你會想要宣告具有很大初始值的變數。讓我們看看三個宣告，它們為 long 原始型別指定了相同的大數值，即 10 億：

```
long hardToRead = 1000000000;
long easierToRead = 1_000_000_000;
long legalButSilly = 10_0000_0000;
```

當你指定大數值時，正確放置的底線將使你的生活更加輕鬆！

格式化一個數字來使用逗號

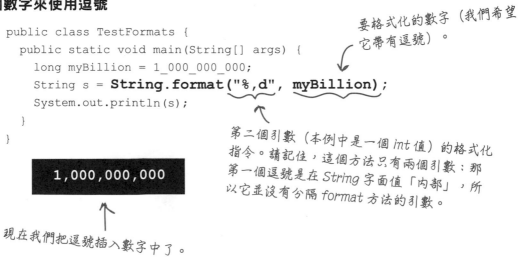

```
public class TestFormats {
  public static void main(String[] args) {
    long myBillion = 1_000_000_000;
    String s = String.format("%,d", myBillion);
    System.out.println(s);
  }
}
```

要格式化的數字（我們希望它帶有逗號）。

第二個引數（本例中是一個 *int* 值）的格式化指令。請記住，這個方法只有兩個引數：那第一個逗號是在 *String* 字面值「內部」，所以它並沒有分隔 *format* 方法的引數。

```
1,000,000,000
```

現在我們把逗號插入數字中了。

格式化解構…

在最基本的層面上，格式化由兩個主要部分（還有更多，但我們先從這開始，以保持簡潔）構成：

① **格式化指令**

你使用描述引數應該如何格式化的特殊格式規範（format specifier）。

② **要格式化的引數**

雖然可以有一個以上的引數，但我們先從一個引數開始。引數型別不能是任何東西…它必須是可以使用格式化指令中的格式規範進行格式化的東西。舉例來説，如果你的格式化指令指定了一個浮點數，你就不能傳入一個 Dog 或者甚至看起來像浮點數的一個 String。

注意：如果你已經知道 C/C++ 中的 printf() 了，你大概可以略過接下來的幾頁。否則，請仔細閱讀！

這麼做⋯　　　　對這個。

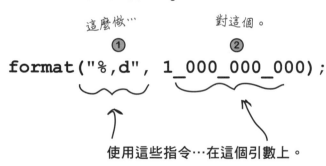

```
format("%,d", 1_000_000_000);
```

使用這些指令⋯在這個引數上。

這些指令實際上說些什麼呢？

「拿取這個方法的第二個引數，並將之格式化為一個十進位（decimal）整數，並插入**逗號**（**commas**）。」

他們是怎麼說的呢？

在下一頁，我們將更詳細地研究「%,d」這個語法的實際含義，但對於初學者來說，任何時候你在一個 format String（格式字串，它總是 format() 方法的第一個引數）中看到百分比符號（%），都要把它看作代表一個變數，而那個變數就是該方法的另一個引數。百分比符號之後的其他字元描述了該引數的格式化指令。

百分比符號（%）指出「在此插入引數」

（並使用這些指令來對它格式化）

format() 方法的第一個引數被稱為 format String（格式字串），它實際上可以包括你只想按原樣印出的字元，不需要額外的格式化。不過，當你看到 % 符號時，要把這個百分比符號看作一個變數，代表該方法的其他引數。

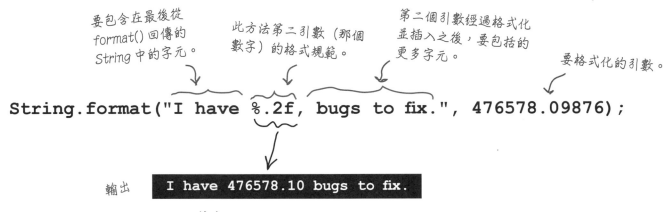

要包含在最後從 format() 回傳的 String 中的字元。

此方法第二引數（那個數字）的格式規範。

第二個引數經過格式化並插入之後，要包括的更多字元。

要格式化的引數。

```
String.format("I have %.2f, bugs to fix.", 476578.09876);
```

輸出　　　　`I have 476578.10 bugs to fix.`

注意到我們損失了小數點後的一些數字。你能猜到「.2f」代表什麼嗎？

「%」符號告訴格式編排器（formatter）在此插入另一個方法引數（format() 的第二個引數，也就是那個數字），並使用百分比符號後的「.2f」字元對其進行格式化。然後，格式化字串的其餘部分，即「bugs to fix」，會被添加到最終的輸出中。

新增一個逗號

```
String.format("I have %,.2f bugs to fix.", 476578.09876);
```

`I have 476,578.10 bugs to fix.`

藉由把格式指令從「%.2f」改為「%,.2f」，我們在經過格式化的數字中得到了一個逗號。

但它怎麼「知道」指令在哪裡結束，其餘的字元在哪裡開始？為什麼它不列印出「%.2f」中的「f」或者「2」呢？它怎麼知道 .2f 是指令的一部分，而「非」String 的一部分？

format String 使用
它自己的小型語法

顯然，不是任何東西都能放在在「%」符號後面。百分比符號後面的語法遵循非常具體的規則，並描述了如何格式化會被插入到結果（經過格式化的）String 中那個特定位置的引數。

你已經見過一些例子：

%,d 代表「插入逗號，並將數字格式化為十進位整數」。

以及

%.2f 代表「將數字格式化為精確到小數點後兩位的浮點數」。

還有

%,.2f 代表「插入逗號，並將數字格式化為精確到小數點後兩位的浮點數」。

真正的問題是：「我如何知道在百分比符號後面要放什麼，才能讓它做我想做的事？」。這包括了解符號（如代表十進位的「d」，以及代表浮點數的「f」），以及指令必須放在百分比符號後面的順序。舉例來說，如果你把逗號放在「d」後面，如「%d,」，而不是「%,d」，這就行不通了！

或是它可以？你認為這會做什麼呢：

```
String.format("I have %.2f, bugs to fix.", 476578.09876);
```

（我們會在下一頁回答這個問題）

格式規範

百分比符號之後的所有內容，包括型別指示器（type indicator，如「d」或「f」）都是格式化指令的一部分。在型別指示器之後，格式器假定下一組字元是輸出字串的一部分，直到或除非它碰到另一個百分比符號（%）。嗯…這有可能嗎？你能有一個以上的格式化引數變數嗎？現在先把這個想法擱置起來，幾分鐘後再來討論這個問題。現在，讓我們來看看格式規範（format specifiers）的語法，也就是在百分比符號（%）後面的東西，描述引數應該如何被格式化。

一個格式規範最多可以有五個不同的部分（不包括「%」）。下面在方括號 [ ] 中的所有內容都是選擇性的，所以只有百分比符號（%）和型別（type）是必要的。但順序也是強制性的，因此你所使用的任何部分都必須按照這個順序排列。

`%[argument number][flags][width][.precision]`**`type`**

我們稍後會討論這個… 若有多個引數，它可以讓你指出是哪個引數（先不要擔心這個問題）。

這些用於特殊的格式化選項，如插入逗號、把負數放在括弧裡，或使數字向左對齊。

這定義了將被使用的最小字元數。這是「最小值」而非總數。如果數字比這個寬度長，它仍然會被全部使用，但如果它小於寬度，就會以零來填補。

你已經知道這個了…它定義了精確度（precision）。換句話說，它設定了小數點後的位數。不要忘了把「.」包括在裡面。

型別是強制性的（見下一頁），而且通常會是代表十進位整數的「d」，或代表浮點數的「f」。

`%[argument number][flags][width][.precision]`**`type`**

`format("%,6.1f", 42.000);`

這個 *format String* 中沒有指定「引數編號（argument number）」，但所有其他的部分都有了。

我們想要格式化的值。相當重要。

唯一必要的格式規範用於型別

雖然型別是唯一必要的規範，但請記住，如果你有放入其他東西，型別都必須放在最後！有十幾種不同的型別修飾符（type modifiers，不包括日期和時間，它們有自己的一套）存在，但多數時候你大概都會使用 %d（十進位）或 %f（浮點數）。而通常你會把 %f 和一個精度指示器（precision indicator）結合起來，以設定你想在輸出中使用的小數位數（decimal places）。

型別是必要的，其他所有東西都是選擇性的。

%d   _decimal_（十進位）

```
format("%d", 42);
```

使用 42.25 的話就行不通了！這就會像是試著直接把一個 double 指定給一個 int 變數那樣。

```
42
```

引數必須與 int 相容，這意味著只能使用 byte、short、int 與 char（或者它們的包裹器型別）。

%f   _floating point_（浮點數）

```
format("%.3f", 42.000000)
```

這裡我們結合了「f」以及精度指示器「3」，所以最後我們會有三個零。

```
42.000
```

引數必須是浮點數型別，所以這意味著只能用 float 或 double（原始型別或包裹器）以及叫作 BigDecimal 的東西（我們在本書中不會討論它）。

%x   _hexadecimal_（十六進位）

```
format("%x", 42)
```

```
2a
```

引數必須是一個 byte、short、int、long（原始型別和包裹器型別都包括）以及 BigInteger。

%c   _character_（字元）

```
format("%c", 42)
```

數字 42 代表字元「」。*

```
*
```

引數必須是一個 byte、short、char 或 int（包括原始型別及包裹器型別）。

> 你必須在你的格式化指令中包括一個型別，如果你還指定了型別以外的東西，型別一定要排在<u>最後</u>。大多數時候，你可能會用代表十進位的「d」或代表浮點數的「f」來格式化數字。

如果我有一個以上的引數，會發生什麼事？

假設你想要一個看起來像這樣的字串：

"The rank is ***20,456,654*** out of ***100,567,890.24***."

但那些數字來自於變數。你會怎麼做呢？你只需在 format String（第一個引數）後面添加兩個引數，這意味著你對 format() 的呼叫將有三個引數而非兩個。而在那第一個引數（format String）裡面，你會有兩個不同的格式規範（兩個以「%」開頭的東西）。第一個格式規範將插入方法的第二個引數，而第二個格式規範將插入方法的第三個引數。換句話說，format String 中的變數插入動作使用其他引數傳入 format() 方法的順序。

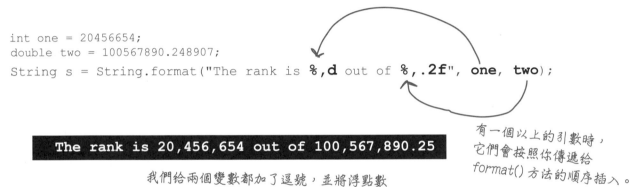

```
int one = 20456654;
double two = 100567890.248907;
String s = String.format("The rank is %,d out of %,.2f", one, two);
```

有一個以上的引數時，它們會按照你傳遞給 format() 方法的順序插入。

The rank is 20,456,654 out of 100,567,890.25

我們給兩個變數都加了逗號，並將浮點數（第二個變數）限制在小數點後兩位。

我們講到日期格式化時，就會看到，你實際上可能想對同一個引數套用不同的格式化規範。在你看到日期格式化（相對於我們一直在做的數字格式化）如何運作之前，這可能很難想像。你只需要知道，很快就會看到如何更具體地確定哪些格式規範套用於哪些引數。

問：嗯，這裡有一些非常奇怪的事情發生了。我到底可以傳遞多少個引數？我的意思是，在 String 類別中有多少個重載的 format() 方法？假設我想傳入，比如說十個不同的引數，來格式化單一個輸出 String，那會發生什麼事？

答：觀察敏銳。是的，確實有一些奇怪的事情發生了，另外，也不存在有一堆重載的 format() 方法來接受不同數量的可能引數。為了支援 Java 中的這種格式化（類似於 printf）API，該語言需要另一個功能：可變引數串列（*variable argument lists*，簡稱 *varargs*）。我們將在附錄 B 中進一步討論 varargs。

還有一件事… 靜態匯入

靜態的匯入（static imports）真的是好壞參半。有些人喜歡這個點子，有些人討厭它。靜態匯入的存在是為了使你的程式碼更短一些。如果你討厭打字或討厭很長的程式碼行，你可能就會喜歡這個功能。靜態匯入的缺點是：如果不小心的話，使用它們會使你的程式碼更難閱讀。

其基本思想是，只要你有使用靜態類別、靜態變數或列舉（enum，後面會詳細介紹），你就能匯入它們，為自己節省一些打字功夫。

沒有靜態匯入：

```
class NoStatic {
  public static void main(String[] args) {
    System.out.println("sqrt " + Math.sqrt(2.0));
    System.out.println("tan " + Math.tan(60));
  }
}
```

相同的程式碼，但有靜態匯入：

```
import static java.lang.Math.*;
import static java.lang.System.out;
class WithStatic {
  public static void main(String[] args) {
    out.println("sqrt " + sqrt(2.0));
    out.println("tan " + tan(60));
  }
}
```

宣告靜態匯入時所用的語法。

這可能「不是」使用靜態匯入好地方。移除「System」類別讓我們不清楚這是什麼，以及它來自何處。此外，它還可能導致命名衝突：你現在不能創建任何名為「out」的其他變數了。

你可能想為這些方法使用靜態匯入。這使程式碼變得更短，而且你不需要「Math.」前綴就能理解這些運算是什麼。

動作中的靜態匯入。

請謹慎使用：靜態匯入可能使你的程式碼讀起來很令人困惑。

使用靜態匯入後，一定要重新讀過你的程式碼，並思考：「六個月後我還能理解這個嗎？」

注意事項和陷阱

- 使用靜態匯入等於刪除了那些靜態值來自哪個類別的資訊。我們建議，只有當靜態方法或變數在不以類別名稱為前綴而仍有意義時，才使用靜態匯入。

- 靜態匯入的一大問題是，它很容易產生命名衝突。舉例來說，若有兩個不同的類別都有一個「add()」方法，你和編譯器怎麼知道該用哪一個？所以，若有可能產生衝突，最好不要使用靜態匯入。

- 注意，你可以在靜態匯入宣告中使用通配字元（.*）。

今晚主題：**實體變數惡意中傷靜態變數**

實體變數

我甚至不知道為什麼要做這個。大家都知道靜態變數只用於常數，而常數會有多少個呢？我想整個 API 必定有為數可觀的…四個？而且也好像沒有人會去用它們。

滿滿都是？是的，你可以再說一遍。好的，所以在 Swing 程式庫中是有一些，但大家都知道 Swing 只是一個特例。

好吧，那麼除了一些 GUI 的東西以外，請給我一個例子，證明有任何人都會實際使用的一個靜態變數存在。我說的是現實世界中。

很好，不過那只是另一個特例。而且，除了除錯之外，根本沒人會用那個。

靜態變數

你真的應該檢查資訊的真實性。你上次查看 API 是什麼時候？它充滿了靜態值！它甚至有專門用於保存常數值的整個類別。舉例來說，就有一個叫作 SwingConstants 的類別，裡面全是常數。

它可能是一個特例，但它是非常重要的一個！那麼 Color 類別又如何呢？如果你必須記住那些 RGB 值以製作標準的顏色，那會是一件多麼痛苦的事情啊！但是 Color 類別已經為藍色、紫色、白色、紅色等定義了常數，非常方便。

System.out 如何呢？System.out 中的 out 是 System 類別的一個靜態變數。你個人並沒有建立 System 的一個新實體，你只是向 System 類別索取它的 out 變數。

哦，聽起來就像除錯不重要一樣？

這裡有一些東西可能從未在你狹隘的腦海中出現過：讓我們面對這個事實吧，靜態變數更有效率。每個類別一個，而不是每個實體都有一個，所節省的記憶體可是非常可觀的！

實體變數

呃，你是不是忘記了什麼？

靜態變數是非常不 OO 的啊！我的天，既然談到這個了，那為什麼我們不乾脆來個大倒退，去做一些程序型程式設計就好了？

你就像一個全域變數，任何有價值的程式設計師都知道，這通常是一件壞事。

是的，你生活在一個類別裡沒錯，但這並不叫作類別導向（*Class*-Oriented）程式設計對吧？那真是夠蠢的了，你就是個老古董，只是為了幫助一些懷舊的人轉向 Java 懷抱而存在。

好吧，沒錯，偶爾使用一下靜態值可能是合理的，但讓我告訴你，濫用靜態變數（和方法）正是一個不成熟 OO 程式設計師的標誌。設計師應該考慮的是物件的狀態，而不是類別的狀態。

靜態方法是全部裡面最糟的了，因為它通常意味著程式設計師在程序式地思考，而非考慮如何讓物件根據其獨特的物件狀態來做事。

對啦。你要跟自己說什麼都可以。

靜態變數

什麼？

你說的「不 OO」是什麼意思？

我「不是」全域變數，沒有那樣的東西存在。我生活在一個類別中！這是非常 OO 的，你知道嗎？就在一個「類別」中。我不只是隨便擺在那裡好看的，我是物件狀態的自然組成部分，唯一不同的是，我被一個類別的全部實體所共用。非常有效率。

好了，就停在那裡。那絕對不是真的。有些靜態變數對一個系統來說是絕對關鍵的。即使是那些非關鍵的靜態變數，也肯定是很便利的存在。

你為什麼那麼說？還有，靜態方法有什麼問題嗎？

當然，我很清楚物件應該是 OO 設計的重點，但僅僅因為有一些無知的程式設計師在那裡就這樣想…請不要把嬰兒和 bytecode 一起扔出去。靜態有其適用的時間和地點，當你需要的時候，沒有什麼比它更合適了。

習題

冥想時間 — 我是編譯器

本頁中的 Java 檔案代表一個完整的程式。你的工作是扮演編譯器，並判斷這個檔案是否能編譯。如果它無法編譯，你會如何修復它？執行的時候，它的輸出會是什麼？

```java
class StaticSuper {
  static {
    System.out.println("super static block");
  }

  StaticSuper () {
    System.out.println("super constructor");
  }
}

public class StaticTests extends StaticSuper {
  static int rand;

  static {
    rand = (int) (Math.random() * 6);
    System.out.println("static block " + rand);
  }

  StaticTests() {
    System.out.println("constructor");
  }

  public static void main(String[] args) {
    System.out.println("in main");
    StaticTests st = new StaticTests();
  }
}
```

這些裡面，何者是輸出呢？

可能的輸出

```
File  Edit  Window  Help  Cling
%java StaticTests
static block 4
in main
super static block
super constructor
constructor
```

可能的輸出

```
File  Edit  Window  Help  Electricity
%java StaticTests
super static block
static block 3
in main
super constructor
constructor
```

⟶ 答案在第 308 頁。

本章探討了奇妙的 Java 靜態世界。你的任務是
判斷以下每一個陳述是真還是假。

真或假

1. 要使用 Math 類別，第一步就是製作它的一個實體。

2. 你能以 **static** 關鍵字來標示一個建構器。

3. 靜態方法無法存取「this」物件的實體變數狀態。

4. 使用參考變數來呼叫靜態方法是一個好的實務做法。

5. 靜態變數可以用來計數一個類別的實體。

6. 建構器會在靜態變數初始化之前被呼叫。

7. MAX_SIZE 會是一個 static final 變數的好名稱。

8. 一個靜態初始器區塊（static initializer block）會在類別的建構器執行之前先執行。

9. 如果一個類別被標示為 final，它所有的方法都必須被標示為 final。

10. 一個 final 方法只有在其類別被擴充的情況下才能被覆寫。

11. Boolean 原始型別值沒有包裹器類別。

12. 當你想要把一個原始型別值當成物件來對待，就使用包裹器。

13. 名稱為 parseXxx 的那些方法永遠都會回傳一個 String。

14. 格式化類別（與 I/O 解耦的那些）位在 java.format 套件中。

⟶ 答案在第 308 頁。

削尖你的鉛筆（第 287 頁）

1、4、5、6 是合法的。

2 不能編譯，因為靜態方法參考了一個非靜態的實體變數。

3 不能編譯，因為實體變數是 final 的，但沒有被初始化。

冥想時間 — 我是編譯器（第 306 頁）

```
StaticSuper () {
  System.out.println(
    "super constructor");
}
```

StaticSuper 是一個建構器，其特徵式中必須有 ()。請注意，正如下面的輸出所演示的，兩個類別的靜態區塊都會在任何一個建構器執行之前執行。

注意到這會是一個隨機產生的數字，範圍是從 0 到 5（包括兩端點）。

輸出

```
File Edit Window Help Cling
%java StaticTests
super static block
static block 3
in main
super constructor
constructor
```

真或假（第 307 頁）

1. 要使用 Math 類別，第一步就是製作它的一個實體。 **假**

2. 你能以 **static** 關鍵字來標示一個建構器。 **假**

3. 靜態方法無法存取「this」物件的實體變數狀態。 **真**

4. 使用參考變數來呼叫靜態方法是一個好的實務做法。 **假**

5. 靜態變數可以用來計數一個類別的實體。 **真**

6. 建構器會在靜態變數初始化之前被呼叫。 **假**

7. MAX_SIZE 會是一個 static final 變數的好名稱。 **真**

8. 一個靜態初始器區塊（static initializer block）會在類別的建構器執行之前先執行。 **真**

9. 如果一個類別被標示為 final，它所有的方法都必須被標示為 final。 **假**

10. 一個 final 方法只有在其類別被擴充的情況下才能被覆寫。 **假**

11. Boolean 原始型別值沒有包裹器類別。 **假**

12. 當你想要把一個原始型別值當成物件來對待，就使用包裹器。 **真**

13. 名稱為 parseXxx 的那些方法永遠都會回傳一個 String。 **假**

14. 格式化類別（與 I/O 解耦的那些）位在 java.format 套件中。 **假**

11 群集和泛型

資料結構

嘖嘖…原來一直以來，我都可以讓 Java 按字母順序排列東西嗎？三年級真的很糟糕。我們從未學到任何有用的東西…

在 Java 中，排序（sorting）輕而易舉。你擁有收集和處理資料的所有工具，而不必自行撰寫排序演算法（除非你現在正坐在你的計算機概論課堂上閱讀這篇文章，在那種情況下，相信我們，你就得編寫排序程式碼，而我們其他人只需要呼叫 Java API 中的一個方法）。在這一章中，你將窺探到 Java 何時可以為你節省一些打字時間，並找出你需要的型別。

Java Collections Framework（Java 群集框架）有一個資料結構，幾乎可以滿足你所需要做的任何事情。想維護一個你可以輕易不斷添加東西的串列（list）嗎？想依據名稱找東西嗎？想創建一個能自動剔除所有重複項目的串列嗎？想要按照你同事在視訊通話中試圖用靜音麥克風說話的次數來排序他們嗎？按照學到的技巧數量對你的寵物進行排序呢？這一切都在這裡…

追蹤你點唱機上的歌曲熱門程度

祝賀你得到新工作：在 Lou's Diner 餐廳管理自動點唱機系統。點唱機本身沒有 Java，但每次有人播放歌曲時，歌曲資料就會被附加到一個簡單的文字檔案中。

你的工作是管理資料，以追蹤歌曲的熱門程度，生成報告，並操作播放清單。你不是在編寫整個應用程式，其他一些軟體開發人員也參與其中，但你負責管理和整理這個 Java 應用程式內的資料。由於老闆 Lou 反對使用資料庫，這嚴格來說是記憶體內的一個資料群集。另一名程式設計師將編寫程式碼，從一個檔案讀取歌曲資料（再過幾章，你就會學到如何從檔案讀取資料，並將資料寫入檔案），並將歌曲放入一個 List（串列）中。你會得到的是一個 List，其中帶有點唱機不斷添加的歌曲資料。

我們不要等待其他程式設計師提供我們實際的歌曲檔案，讓我們來創建一個小型的測試程式，為我們提供一些可以使用的樣本資料。我們已經和另一名程式設計師達成共識，她最終會提供一個 Songs 類別，其中帶有 getSongs 方法，我們將用它來獲取資料。有了這些資訊，我們可以撰寫一個小型類別來暫時「代替」實際的程式碼。作為其他程式碼替身的程式碼，通常被稱為「模擬」程式碼（「**mock**」code）。

你經常會想寫一些臨時程式碼來代替以後會出現的真實程式碼。這就是所謂的「mocking（模擬）」。

我們會使用這個「mock」類別來測試我們的程式碼。

我們會使這個方法成為靜態的，因為這個類別並沒有任何實體欄位，也不需要。

```java
class MockSongs {

  public static List<String> getSongStrings() {

    List<String> songs = new ArrayList<>();
    songs.add("somersault");
    songs.add("cassidy");
    songs.add("$10");
    songs.add("havana");
    songs.add("Cassidy");
    songs.add("50 Ways");
    return songs;
  }
}
```

這是我們要處理的六首歌。

因為 ArrayList IS-A List，我們可以創建一個 ArrayList，將它儲存在一個 List 中，並從方法回傳那個 List。

在真實世界中，你經常會看到回傳介面型別（List）並隱藏實作型別（ArrayList）的 Java 程式碼。

你的第一項任務：以字母順序排列這些歌曲

我們首先建立的程式碼將從模擬的 Songs 類別中讀入資料，並列印出所得到的資料。由於 ArrayList 的元素是按照它們被添加的順序放置的，所以歌名還沒有按字母順序排列也就不奇怪了。

```java
import java.util.*;

public class Jukebox1 {
  public static void main(String[] args) {
    new Jukebox1().go();
  }

  public void go() {
    List<String> songList = MockSongs.getSongStrings();
    System.out.println(songList);
  }
}

// 下面是「模擬」的程式碼。代替其他程式設計師
// 在之後會提供的實際 I/O 程式碼

class MockSongs {
  public static List<String> getSongStrings() {
    List<String> songs = new ArrayList<>();
    songs.add("somersault");
    songs.add("cassidy");
    songs.add("$10");
    songs.add("havana");
    songs.add("Cassidy");
    songs.add("50 Ways");
    return songs;
  }
}
```

我們會把歌名儲存在一個字串串列中。

然後印出 songList 的內容。

這裡沒有什麼特別之處⋯只是可以用來研究我們排序程式碼的一些樣本資料。

```
File  Edit  Window  Help  Dance
%java Jukebox1
[somersault, cassidy, $10, havana,
Cassidy, 50 Ways]
```

這絕對「不是」按字母順序排列的！

在我們進行排序之前,我對上一頁宣告 **songs** 這個 ArrayList 的方式有一個疑問。一般來說,你必須把 ArrayList 中的物件型別放在等號兩邊的角括號內,但是在上一頁,右手邊有一組空的角括號。這是特殊的語法嗎?

好問題!你發現了鑽石運算子

到目前為止,我們一直透過顯示元素型別兩次來宣告我們的 ArrayLists:

```
ArrayList<String> songs = new ArrayList<String>();
```

大多數時候,我們不需要說兩次同樣的事情。編譯器能從你在左邊寫的東西看出你在右邊可能想要什麼。它使用型別推論(*type inference*)來推斷(算出)你需要的型別。

```
ArrayList<String> songs = new ArrayList<>();
```
← 不需要型別。

這種語法被稱為鑽石運算子(diamond operator,因為,嗯,沒錯,它的形狀就像鑽石!),它在 Java 7 中被引進,所以已經存在了一段時間,在你的 Java 版本很可能可以使用。

隨著時間的推移,Java 已經發展到從其語法中去除不必要的程式碼重複。如果編譯器能找出型別為何,你就不一定需要把它完整地寫出來。

問：我應該一直使用鑽石運算子嗎？有什麼缺點？

答：鑽石運算子是所謂的「語法糖（syntactic sugar）」，這意味著它的存在是為了使我們在編寫（和閱讀）程式碼時更加輕鬆，但它對底層 byte code 沒有任何影響。因此，如果你擔心使用鑽石運算子是否代表不是在使用特定的型別，別擔心！這基本上是同樣的事情。

然而，有時你可能會選擇寫出完整的型別。你可能想這樣做的主要原因是為了幫助人們閱讀你的程式碼。舉例來説，如果變數的宣告距離它被初始化的地方很遠，你可能想在初始化它的時候使用型別，這樣你就可以清楚地看到放到裡面的是什麼物件。

```
ArrayList<String> songs;
// 這兩行之間有很多程式碼…
songs = new ArrayList<String>();
```

問：還有沒有其他地方可以讓編譯器為我算出型別？

答：有的！例如 **var** 關鍵字（「區域變數型別推論」），我們將在附錄 B 中談論它。還有另一個重要的例子，lambda 運算式，我們將在本章後面看到。

問：我看到你創建的是一個 ArrayList，但把它指定給了一個 List 參考，還有你創建了一個 ArrayList，卻從方法中回傳一個 List。為什麼不每個地方都使用 ArrayList 呢？

答：多型（polymorphism）的優點之一是，程式碼不需要知道一個物件的具體實作型別，就可以很好地使用它。List 是一個眾所周知、大家都了解的介面（我們將在本章中看到更多）。處理 ArrayList 的程式碼通常不需要知道它是一個 ArrayList，它可能是一個 LinkedList，或者一個特化的 List 型別。處理 List 的程式碼只需要知道它可以在其上呼叫 List 的方法（比如 add()、size() 等）。通常，傳遞介面型別（即 List）而非實作型別，是比較安全的。這樣一來，其他程式碼就不能在你物件中以從來沒有想過的方式東挖西找。

這也意味著，萬一以後你想從 ArrayList 改成 LinkedList，或改為 CopyOnWriteArrayList（請參閱第 18 章「處理共時性問題」），你可以不必去改變所有用到 List 的地方。

探索 java.util API、List 和 Collections

我們知道，對於 ArrayList 或任何 List 來說，元素是按照它們被添加的順序來保存的。所以我們需要對歌曲串列中的元素進行排序。在這一章中，我們將研究 java.util 套件中一些最重要並最常被使用的群集類別（collection classes），但現在，讓我們先單獨討論兩個類別：java.util.List 和 java.util.Collections。

我們已經使用 ArrayList 有一段時間了。因為 ArrayList IS-A List，而且我們在 ArrayList 上熟悉的許多方法都來自 List，因此可以很輕鬆地將處理 ArrayLists 方面的大部分知識轉移到 List 上。

Collections 類別被稱為一個「工具（utility）」類別。它是具有很多便利的方法來處理各種群集型別的一個類別。

摘錄自 API 說明文件

java.util.List

sort(**Comparator**)：根據指定的 **Comparator**（比較器）所產生的順序對這個串列進行排序。

java.util.Collections

sort(List)：根據元素的 **自然順序（natural ordering）**，將指定的串列排序為遞增順序（ascending order）。

sort(List, **Comparator**)：根據 **Comparator** 定義的順序對指定的串列進行排序。

在「現實世界™中」排序有很多種方式

我們並不總是希望串列按字母順序排列。我們可能想按尺寸對衣服進行排序，或者按電影獲得五星評價的多寡進行排序。Java 可以讓你用老式方法進行排序，即按照字母順序，而它也可以讓你創建自己的自訂排序做法。你在上面看到的提到「Comparator」的地方就與自訂排序有關，我們將在本章後面討論它。所以現在，讓我們堅持使用「自然順序」（按字母順序）。

既然知道我們有一個 List，看起來我們已經找到了完美的方法，即 **Collections.sort()**。

「自然順序」：Java 所謂的字母順序代表什麼？

Lou 希望你按「字母順序（alphabetically）」對歌曲進行排序，但這究竟是什麼意思？A-Z 部分顯而易見的，但小寫字母與大寫字母的關係為何呢？數字和特殊字元呢？嗯，這是另一個麻煩的主題，但 Java 使用 Unicode，對我們許多「西方」人來說，這意味著數字排在大寫字母之前，大寫字母排在小寫字母之前，一些特殊字元排在數字之前，而另外一些排在數字之後。這很清楚，對嗎？哈！好吧，結果就是，預設情況下，Java 中的排序是按所謂的自然順序進行的，也就是或多或少按字母順序排列。讓我們來看看對歌曲串列進行排序時會發生什麼事：

```java
public void go() {
  List<String> songList = MockSongs.getSongStrings();
  System.out.println(songList);
  Collections.sort(songList);   ←  使用「自然順序」排列
  System.out.println(songList);      我們的歌名。
  }
}
```

```
File Edit Window Help Dance
%java Jukebox1
[somersault, cassidy, $10, havana, Cassidy, 50 Ways]
[$10, 50 Ways, Cassidy, cassidy, havana, somersault]
```

我們的歌曲未排序，按照它們被添加的順序出現。

我們的歌曲排序過了。注意特殊字元、數字和大寫字母是如何排列的。

僅供參考：我們鴨子對排序方式非常講究。

但現在你需要的是 Song 物件，而不只是簡單的 String

現在你的老闆 Lou 希望串列中出現實際的 Song 類別實體，而不僅僅是 String，這樣每首歌才能含有更多的資料。新的點唱機設備會輸出更多資訊，所以實際的歌曲檔案將有每首歌的三項資訊。

Song 類別真的很簡單，只有一個有趣的功能：覆寫的 toString() 方法。記住，toString() 方法定義在 Object 類別中，所以 Java 中的每個類別都繼承了這個方法。由於 toString() 方法會在列印物件時被呼叫（System.out.println(anObject)），你應該覆寫它來印出比預設的唯一識別碼（unique identifier code）更可讀的一些東西。列印一個串列時，toString() 方法會在每個物件上被呼叫。

```java
class SongV2 {
  private String title;
  private String artist;
  private int bpm;

  SongV2(String title, String artist, int bpm) {
    this.title = title;
    this.artist = artist;
    this.bpm = bpm;
  }
  public String getTitle() {
    return title;
  }
  public String getArtist() {
    return artist;
  }
  public int getBpm() {
    return bpm;
  }
  public String toString() {
    return title;
  }
}
```

檔案中用於三個歌曲屬性的三個實體變數。

每當創建一個新的 Song 時，這些變數都會在建構器中被設定。

三個屬性的 getter 方法。

我們覆寫 toString()，因為當你執行 System.out.println(aSongObject) 時，我們想看到歌名。執行 System.out.println(aListOfSongs) 時，它會呼叫串列中「每個」元素的 toString() 方法。

```java
class MockSongs {
  public static List<String> getSongStrings() { ... }

  public static List<SongV2> getSongsV2() {
    List<SongV2> songs = new ArrayList<>();
    songs.add(new SongV2("somersault", "zero 7", 147));
    songs.add(new SongV2("cassidy", "grateful dead", 158));
    songs.add(new SongV2("$10", "hitchhiker", 140));

    songs.add(new SongV2("havana", "cabello", 105));
    songs.add(new SongV2("Cassidy", "grateful dead", 158));
    songs.add(new SongV2("50 ways", "simon", 102));
    return songs;
  }
}
```

我們在 MockSongs 類別中製作了一個新方法來模擬新的歌曲資料。

改變點唱機程式碼以使用 Song
而不是 String

你的程式碼只改了一點。最大的變化是 List 的型別會是
<SongV2> 而不是 <String>。

```java
import java.util.*;

public class Jukebox2 {
  public static void main(String[] args) {
    new Jukebox2().go();
  }

  public void go() {

    List<SongV2> songList = MockSongs.getSongsV2();
    System.out.println(songList);

    Collections.sort(songList);
    System.out.println(songList);
  }
}
```

改為 SongV2 物件的串列，
而非字串。

呼叫模擬類別，將歌曲資料
載入到我們的歌曲串列中。

並再次呼叫排序方法
對歌曲進行排序。

我很好奇，Collections.
sort() 方法是如何對這些歌
曲進行排序的。

這無法編譯！

他的好奇心是對的，確實有問題…Collections 類別清楚顯示有一個接受 List 的 sort() 方法。它應該行得通。

但它行不通！

編譯器說它找不到一個接受 List<SongV2> 的排序方法，所以也許它不喜歡 Song 物件的 List？它並不介意 List<String>，那麼 Song 和 String 之間有什麼重要區別呢？有什麼差異會使編譯失敗呢？

```
File Edit Window Help Bummer
%javac Jukebox2.java
Jukebox2.java:13: error: no suitable method found for
sort(List<SongV2>)
    Collections.sort(songList);
             ^
...
1 error
```

當然，你可能已經自問過「它將根據什麼來進行排序呢？」。排序方法怎麼會知道是什麼讓一首歌曲大於或小於另一首歌曲呢？顯然，如果你想讓歌曲的歌名（*title*）成為判斷歌曲如何排序的值，你就需要用某種方式告訴排序方法，必須使用歌名，而不是每分鐘幾拍。

我們將在幾頁後討論這些問題，但首先，讓我們找出為什麼編譯器甚至不讓我們向 sort() 方法傳遞一個 SongV2 List。

這是什麼？我不知道如何閱讀這個方法的宣告。它說 sort() 需要一個 List<T>，但 T 是什麼？回傳型別前的那個大東西又是什麼？

sort() 方法宣告

```
static <T extends Comparable<? super T>> void sort(List<T> list)
```
將指定的串列排序為遞增順序，
依據其元素的自然順序。

從 API 說明文件（查找 java.util.Collections 類別並捲動到 sort() 方法）來看，sort() 方法的宣告似乎…很奇怪，或者說，至少與我們目前看過的任何東西都不同。

這是因為 sort() 方法（以及 Java 中整個群集框架中的其他東西）大量使用泛型（*generics*）。任何時候你在 Java 原始碼或說明文件中看到帶著角括號的東西，都意味著泛型，這是在 Java 5 中新增的功能。因此，在弄清楚為什麼我們能對 List 中的 String 物件進行排序，而不能對 List 中的 Song 物件進行排序之前，看來我們必須先學會如何解讀說明文件。

泛型代表更具型別安全性

儘管泛型可以用在其他方面,但你經常會用泛型來編寫具有型別安全性(type-safe)的群集。換句話說,就是會使編譯器阻止你把一隻 Dog 放入 Duck 串列中的程式碼。

如果沒有泛型,編譯器根本就不會關心你把什麼放到群集中,因為所有的群集實作都能存放 Object 型別。你可以在任何 ArrayList 中放入任何東西而不需要泛型,這就好像 ArrayList 被宣告為 ArrayList<Object> 那樣。

在泛型出現之前,沒有辦法宣告 ArrayList 的型別,所以它的 add() 方法接受 Object 型別。

不使用泛型

物件作為 SoccerBall、Fish、Guitar 和 Car 的參考進入其中。

而出來的時候,會是型別 Object 的一個參考。

有泛型

物件進去時,只作為 Fish 物件的參考。

而出來時作為型別 Fish 的一個參考。

如果沒有泛型,編譯器會很高興地讓你把一個 Pumpkin(南瓜)放到 ArrayList 中,而這個 ArrayList 原本只應容納 Cat(貓)物件。

有了泛型,你可以創建具備型別安全的群集,其中有更多的問題會在編譯時期而非執行時期被發現。

現在有了泛型,你可以只在 ArrayList<Fish> 中放入 Fish 物件,所以取出時那些物件會以 Fish 參考的形式出現。你不必擔心會有人把一輛 Volkswagen 汽車塞進去,也不必擔心你得到的東西無法真正強制轉型為 Fish 參考。

學習泛型

在你可以學到的關於泛型的幾十件事情中,對大多數程式設計師來說,真正重要的只有三件:

① **創建泛型<u>類別</u>(像是 ArrayList)的實體**

製作一個 ArrayList 時,必須告訴它你會允許放入串列中的物件型別,就像你對普通陣列所做的那樣。

```
new ArrayList<Song>()
```

② **宣告和指定泛型的<u>變數</u>**

多型(polymorphism)在泛型中到底是如何運作呢?如果你有一個 ArrayList<Animal> 參考變數,你能為它指定一個 ArrayList<Dog> 嗎?那麼 List<Animal> 參考呢?你能給它指定一個 ArrayList<Animal> 嗎?你會看到的…

```
List<Song> songList =
    new ArrayList<Song>()
```

③ **宣告(並調用)接受泛用型別的<u>方法</u>**

如果你的方法有一個參數,比如說,Animal 物件組成的一個 ArrayList,這到底代表什麼意思?你也能把 Dog 物件的一個 ArrayList 傳給它嗎?我們將研究一些微妙而棘手的多型問題,這些問題與你編寫接受普通陣列的方法所用的方式有很大不同。

```
void foo(List<Song> list)

x.foo(songList)
```

(這實際上是與第 2 條相同的觀點,但這也證明了我們認為它是多麼重要。)

問:但我不是也需要學習如何建立我自己的泛型類別嗎?如果我想製作一個類別型別,讓實體化該類別的人決定那個類別將使用什麼型別的東西,那該怎麼辦?

答:你可能不會做太多這樣的事。想想看,API 設計者製作了一整個程式庫的群集類別,涵蓋了你所需要的大部分資料結構,真正需要泛型的東西是群集類別或在群集上工作的類別和方法。也有一些其他的情況(比如 Optional,我們會在下一章看到)。一般來說,泛型類別是指持有或作用在它們事先不知道的一些其他型別物件的類別。

是的,你有可能想要建立泛型類別,但那是相當進階的,所以我們不會在這裡介紹(但無論如何,你可以從我們所涵蓋的內容中找出答案)。

使用泛型類別

由於 ArrayList 是最常用的泛型類別之一，我們將從查看它的說明文件開始。在一個泛型類別中要看的兩個關鍵區域是：

1. 類別宣告

2. 讓你添加元素的方法宣告

了解 ArrayList 的說明文件

（或者，「*E*」的真正意義是什麼？）

「E」是一個預留位置，表示你在宣告和創建 *ArrayList* 時使用的真正型別。

ArrayList 是 AbstractList 的一個子類別，所以無論你為 ArrayList 指定什麼型別，都會自動用於 AbstractList 的型別。

```
public class ArrayList<E> extends AbstractList<E> implements List<E>  ... {

    public boolean add(E o)

}        // 更多程式碼
```

這裡是重要的部分！無論「E」是什麼，都決定了你被允許添加到 *ArrayList* 中的是哪種東西。

型別（<E> 的值）也會成為 List 介面的型別。

「E」代表用於創建 ArrayList 實體的型別。在 ArrayList 的說明文件中看到「E」時，你可以做一個心理上的搜尋與取代，把它換成你用來實體化 ArrayList 的任何 <type>。

所以，new ArrayList<Song> 意味著，在用到「E」的任何方法或變數宣告中，「E」都會變成「Song」。

把「*E*」看作是「你希望這個群集持有和回傳的元素型別」之代名詞（<u>E</u> 代表 <u>E</u>lement，即「元素」）。

在 ArrayList 中使用型別參數

這段程式碼：

```
List<String> thisList = new ArrayList<>
```

代表 ArrayList：

```
public class ArrayList<E> extends AbstractList<E> ... {

    public boolean add(E o)
    // 更多程式碼
}
```

被編譯器視為：

```
public class ArrayList<String> extends AbstractList<String>... {

    public boolean add(String o)
    // 更多程式碼
}
```

換句話說，「E」被你在創建 ArrayList 時使用的真實型別（也叫型別參數，
type parameter）所取代。這就是為什麼 ArrayList 的 add() 方法只會讓你添加
與「E」型別相容的參考型別之物件。所以如果你製作一個 ArrayList<**String**>，
add() 方法突然就會變成 **add(String o)**。如果你製作型別為 **Dog** 的 ArrayList，
add() 方法就會突然變成 **add(Dog o)**。

問：「E」是你唯一可以放在那裡的東西嗎？因為 sort 的說明文件中使用了「T」…

答：你可以使用任何是合法 Java 識別字的東西。這意味著任何能夠用於方法或變
數名稱的東西，都可以作為一個型別參數使用，但你會經常看到使用單字母。另一
個慣例是使用「T」（「Type」），除非你是專門在寫一個群集類別，那裡你會使
用「E」來表示「群集將容納的元素（Element）之型別」。有時你會看到「R」，
那代表「Return type（回傳型別）」。

使用泛型方法

一個泛型類別意味著類別宣告包括一個型別參數。一個泛型方法意味著方法宣告在其特徵式（signature）中使用了一個型別參數。

你可以透過幾種不同的方式在方法中使用型別參數：

① 使用在類別宣告中定義的一個型別參數。

```
public class ArrayList<E> extends AbstractList<E> ... {

    public boolean add(E o)
```

你可以在這裡使用「E」，只因為它已經被定義為類別的一部分。

為類別宣告一個型別參數時，你可以單純在你會使用真正類別或介面型別的地方使用該型別。在方法引數中宣告的型別，基本上會被替換為你在實體化類別時所用的型別。

② 使用一個「沒有」定義在類別宣告中的型別參數。

```
public <T extends Animal> void takeThing(ArrayList<T> list)
```

如果類別本身不使用型別參數，你仍然可以為方法指定一個型別參數，在一個非常不尋常的（但可用的）位置宣告它：回傳型別的前面。這個方法指出，T 可以是「任何型別的 Animal」。

這裡我們可以使用 <T>，因為我們在方法宣告的開頭部分宣告了「T」。

等等⋯這不可能是對的。如果你可以接受 Animal 的一個串列，為什麼不直接那樣說就好？單純說 *takeThing(ArrayList<Animal> list)* 有什麼問題嗎？

這裡是開始變得奇怪的地方⋯

這個：

```
public <T extends Animal> void takeThing(ArrayList<T> list)
```

並「不」等同於這個：

```
public void takeThing(ArrayList<Animal> list)
```

兩者都是合法的，但它們並不相同！

在第一個中，**<T extends Animal>** 是方法宣告的一部分，這意味著任何宣告為 Animal 型別或其子型別（如 Dog 或 Cat）的 ArrayList 都是合法的。所以你能夠使用 ArrayList<Dog>、ArrayList<Cat> 或 ArrayList<Animal> 來調用上面的方法。

但是⋯底部的那個，其中方法引數是 (ArrayList<Animal> list)，意味著只有 ArrayList<Animal> 是合法的。換句話說，雖然第一個版本接受任何型別的 ArrayList，只要是 Animal 型別（Animal、Dog、Cat 等）就行，但第二個版本只接受 Animal 型別的 ArrayList。不是 ArrayList<Dog> 或 ArrayList<Cat>，而是只有 ArrayList<Animal> 才行。

是的，這似乎違反了多型的要旨，但當我們在本章結尾詳細地重新審視這個問題時，它就會變得很清楚。至於現在，請記住，我們之所以關注這個問題，是因為我們還在試圖弄清楚如何對 SongList 進行 sort()，而那就促使我們開始研究 sort() 方法的 API，它有一個奇怪的泛型宣告。

現在，你只需要知道，上面那個版本的語法是合法的，這意味著你可以傳入實體化為 *Animal* 或任何 *Animal* 子型別的 *ArrayList* 物件。

現在回到我們的 sort() 方法⋯

這仍然不能解釋為什麼排序方法在歌曲串列上失效，但在字串串列上卻有效⋯

記得我們之前在哪裡⋯

```
File Edit Window Help Bummer
%javac Jukebox2.java
Jukebox2.java:13: error: no suitable method found
for sort(List<SongV2>)
      Collections.sort(songList);
                  ^
...
1 error
```

```java
import java.util.*;

public class Jukebox2 {
  public static void main(String[] args) {
    new Jukebox2().go();
  }

  public void go() {

    List<SongV2> songList = MockSongs.getSongsV2();
    System.out.println(songList);

    Collections.sort(songList);
    System.out.println(songList);
  }
}
```

這就是它崩潰的地方！傳入一個 List<String> 時，它運作得很好，但當我們試圖對 List<SongV2> 進行排序時，它就失敗了。

重訪 sort() 方法

所以我們在這裡，試圖閱讀 sort() 方法的說明文件，以找出為什麼對 String 的串列進行排序是可行的，但對 Song 物件的串列卻不行。而看起來答案似乎是…

```
static <T extends Comparable<? super T>> void sort(List<T> list)
```
將指定的串列排序為遞增順序，
依據其元素的自然順序。

sort() 方法只能接受 Comparable（可比較的）物件所成的串列。

Song「不是」Comparable 的子型別，所以你不能 sort() 歌曲的串列。

至少目前還不能…

```
public static <T extends Comparable<? super T>> void sort(List<T> list)
```

這指出「無論『T』是什麼，都必須是 Comparable 型別」。

（請暫時忽略這部分。但如果你辦不到，只能說它單純意味著 Comparable 的型別參數必須是 T 型別或 T 的超型別之一。）

你只能傳入一個 List（或串列的子型別，如 ArrayList），而且該串列使用的參數化型別「擴充了 Comparable」。

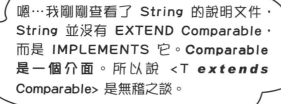

嗯…我剛剛查看了 String 的說明文件，String 並沒有 EXTEND Comparable，而是 IMPLEMENTS 它。Comparable 是一個介面。所以說 <T *extends* Comparable> 是無稽之談。

```
public final class String
    implements java.io.Serializable, Comparable<String>, CharSequence {
```

很敏銳的觀察，值得完整的回答！請翻到下一頁…

在泛型中，「extends」代表「extends 或 implements」

Java 的工程師們提供你一種方法，在參數化的型別上設定一個約束，這樣你就可以把它限制為，比如說，只允許 Animal 的子類別。但你也需要約束一個型別，只允許實作了特定介面的類別。所以在這種要求之下，我們就需要一種語法能夠同時適用於這兩種情況，即繼承（inheritance）和實作（implementation），也就是對於 extends 和 implements 都有效的東西。

而勝出的詞為…extends。但它真正的意思是「IS-A」，而且無論右邊的型別是一個介面還是一個類別，它都能發揮作用。

> 在泛型中，關鍵字「extends」實際上是指「IS-A」，而且對類別和介面「都」有效。

Comparable 是一個介面，所以這個「實際上」讀作「T 必須是實作了 Comparable 介面的型別」。

```
public static <T extends Comparable<? super T>> void sort(List<T> list)
```

右邊的東西是一個類別還是介面並不重要…你還是說「extends」。

問：為什麼他們不乾脆製作一個新的關鍵字「is」？

答：在語言中添加一個新的關鍵字是一件非常大的事，因為它有可能破壞你在早期版本中寫的 Java 程式碼。想想看，你那時可能用了一個變數「is」（我們在本書中確實用它來表示輸入串流）。由於在程式碼中使用關鍵字作為識別字是不被允許的，這意味著，任何在關鍵字變成保留字之前使用它的早期程式碼都會無法運作。因此，只要語言工程師有機會重複使用一個現有的關鍵字，就像他們在這裡使用「extends」那樣，他們通常就會選擇這樣做，但有時他們別無選擇。

近年來，有新的「類關鍵字（keyword-like）」詞被加到了語言中，但沒有真正使它們成為一個會踐踏你早期程式碼的關鍵字。舉例來說，我們將在附錄 B 中談到的識別字 **var**，是一個保留的型別名稱，而**不是一**個關鍵字。這意味著任何用到 var（例如作為變數名稱）的現有程式碼，如果用支援 **var** 的 Java 版本編譯，就不會停止運作。

我們終於知道哪裡出了問題…

Song 類別需要實作 Comparable

只有當 Song 類別實作了 Comparable 時，我們才能將 ArrayList<Song> 傳遞給 sort() 方法，因為 sort() 方法就是這樣宣告的。快速查閱 API 說明文件顯示，Comparable 介面真的很簡單，只有一個方法需要實作：

java.lang.Comparable

```java
public interface Comparable<T> {
    int compareTo(T o);
}
```

而 compareTo() 的方法說明文件指出：

> 回傳：
>
> 如果這個物件小於指定的物件，就是一個負整數；如果它們相等，回傳零；如果這個物件大於指定的物件，則為一個正整數。

看起來 compareTo() 方法會在一個 Song 物件上被呼叫，傳給那個 Song 對一個不同的 Song 之參考。執行 compareTo() 方法的 Song 必須弄清楚它拿到的 Song，在串列中的排序是高一點、低一點，還是一樣的。

你現在的主要任務是決定什麼會使一首歌曲大於另一首，然後實作 compareTo() 方法來反映這一點。一個負數（任何負數）意味著你接受的 Song 比執行該方法的 Song 大。回傳一個正數表示執行該方法的 Song 比傳遞給 compareTo() 方法的 Song 要大。回傳零意味著這兩首歌曲是相等的（至少就排序而言…不一定代表它們是同一個物件）。舉例來說，你可能有兩首由不同歌手創作但標題相同的歌曲。

（這帶來了一整類完全不同的麻煩，我們稍後再討論…）

最大的問題是：什麼讓一首歌小於、等於或大於另一首歌？

在你做出這個決定之前，你無法實作 Comparable 介面。

削尖你的鉛筆

寫下你的想法和虛擬程式碼（或更好的，「真正的」程式碼），以實作 compareTo() 方法，從而讓 Song 物件依照歌名進行排序。

提示：如果你在正確的軌道上，這應該只需要不到三行的程式碼。

→ 你要解決的。

改良後可比較的新 Song 類別

我們決定要按歌名（title）排序，所以我們實作 compareTo() 方法，將傳遞給該方法的歌曲之歌名，與呼叫 compareTo() 方法的歌曲之歌名進行比較。換句話說，執行該方法的歌曲必須決定它的歌名與方法參數的歌名相比如何。

嗯…我們知道 String 類別一定知道字母順序，因為 sort() 方法對 String 的串列發揮作用。我們知道 String 有一個 compareTo() 方法，那麼為什麼不直接呼叫它呢？這樣一來，我們就可以單純讓一個歌名字串與另一個歌名字串進行比較，我們就不用寫比較和按字母順序排列的演算法了！

通常，這些會相符…我們指定了實作類別能與之比較的型別。

這意味著 SongV3 物件可以與其他 SongV3 物件進行比較，以達到排序之目的。

```java
class SongV3 implements Comparable<SongV3> {
  private String title;
  private String artist;
  private int bpm;

  public int compareTo(SongV3 s) {
    return title.compareTo(s.getTitle());
  }

  SongV3(String title, String artist, int bpm) {
    this.title = title;
    this.artist = artist;
    this.bpm = bpm;
  }

  public String getTitle() {
    return title;
  }

  public String getArtist() {
    return artist;
  }

  public int getBpm() {
    return bpm;
  }

  public String toString() {
    return title;
  }
}
```

sort() 方法向 compareTo() 發送一首歌曲，以看看該首歌曲與方法在其上被調用的那首歌曲之間的比較情況。

很簡單！我們只是把工作轉交給歌名的 String 物件，因為我們知道 Strings 有一個 compareTo() 方法。

這一次它成功了，印出了串列，然後呼叫排序方法，將歌曲按歌名的字母順序排列。

```
File Edit Window Help Ambient
%java Jukebox3
[somersault, cassidy, $10, havana, Cassidy, 50
ways]
[$10, 50 ways, Cassidy, cassidy, havana, somer-
sault]
```

我們可以排序這個串列，但…

有一個新的問題：Lou 想要歌曲串列的兩種不同視圖（views），一種按歌名排列，一種按歌手排列！

但是當你讓一個群集元素具有可比性時（透過讓它實作 Comparable），你只有一次機會能實作 compareTo() 方法。那麼你能做什麼呢？

很可怕的辦法是在 Song 類別中使用一個旗標變數，然後在 compareTo() 中做一次 *if* 測試，根據旗標是被設定為使用歌名或歌手來進行比較，給出不同的結果。

但這是一個糟糕又脆弱的解決方案，一定會有更好的做法。API 中內建的某些東西就是為了這個目的而存在：當你想以多種方式對同一事物進行排序時。

再次查閱 API 說明文件。Collections 上有第二個 sort() 方法，它接受一個 Comparator（比較器）。在 List 上也有一個 sort 方法接受一個 Comparator。

> 這還不夠好。有時我想讓它按歌手而不是歌名排序。

摘錄自 API 說明文件

java.util.Collections

sort(List)：根據元素的**自然順序**，將指定的串列排序為遞增順序。

sort(List, **Comparator**)：根據指定的 **Comparator**（比較器）所引發的順序對指定的串列進行排序。

java.util.List

sort(**Comparator**)：根據指定的 **Comparator** 所引發的順序對這個串列進行排序。

Collections 上的 sort() 方法是重載的，以接受一個叫作 Comparator 的東西。

List 上也有一個接受 Comparator 的 sort()。

給自己的備註：弄清楚如何獲得或製作一個 Comparator，能夠按歌手而不是歌名來比較和排序歌曲。

使用一個自訂的 Comparator

串列中的一個 **Comparable**（**可比較的**）元素只能用一種方式將自己與自身型別的另一個元素進行比較，即使用其 compareTo() 方法。但是 **Comparator**（**比較器**）是在你所比較的元素型別之外的，它是一個獨立的類別。所以，你想要製作多少個這樣的比較器都可以！想依照歌手（artist）來比較歌曲嗎？那就製作一個 ArtistComparator。按每分鐘的節拍（beats per minute）來排序？那就製作一個 BpmComparator。

然後，你需要做的就只是呼叫一個 sort() 方法，該方法（Collections.sort 或 List.sort）接受一個 Comparator，它將使用這個比較器來把東西按順序排列。

接受 Comparator 的 sort() 方法在將元素排序時，會使用那個 Comparator 而不是元素自己的 compareTo() 方法。換句話說，如果你的 sort() 方法得到一個 Comparator，它甚至不會呼叫串列中元素的 compareTo() 方法。這種 sort() 方法將會改為調用 Comparator 上的 **compare()** 方法。

總結起來，其規則為：

➤ 調用 **Collections.sort(List list)** 方法意味著串列元素的 compareTo() 方法決定順序。串列中的元素必須實作 **Comparable** 介面。

➤ 調用 **List.sort(Comparator c)** 或 **Collections.sort(List list, Comparator c)** 表示將使用 **Comparator** 的 compare() 方法。這意味著串列中的元素不需要實作 Comparable 介面，但是如果它們實作了，串列元素的 compareTo() 方法也「不會」被呼叫。

java.util.Comparator

```
public interface Comparator<T> {
   int compare(T o1, T o2);
}
```

如果你向 sort() 方法傳遞了一個 Comparator，那麼排列順序就由那個 Comparator 決定。

如果你沒有傳入比較器，而元素是 Comparable 的，那麼排列順序就由元素的 compareTo() 方法決定。

問：為什麼在兩個不同的類別上會各有一個接受比較器的排序方法？我應該使用哪個排序方法？

答：Collections.sort(List, Comparator) 和 List.sort(Comparator) 這兩個接受比較器的方法都做同樣的事情，你可以使用其中任何一個，並預期完全相同的結果。

List.sort 是在 Java 8 中引進的，所以較舊的程式碼必定使用 Collections.sort(List, Comparator)。

我們使用 List.sort 是因為它比較短，而且一般來說你已經有了你想排序的串列，所以在那個串列上呼叫排序方法是合理的。

更新點唱機以使用一個 Comparator

我們將以三種方式更新 Jukebox 的程式碼:

1. 建立一個單獨的類別,實作 Comparator(從而實作 **compare()** 方法,完成之前由 **compareTo()** 完成的工作)。

2. 建立 Comparator 類別的一個實體。

3. 呼叫 List.sort() 方法,給它 Comparator 類別的實體。

```java
import java.util.*;

public class Jukebox4 {
  public static void main(String[] args) {
    new Jukebox4().go();
  }

  public void go() {
    List<SongV3> songList = MockSongs.getSongsV3();
    System.out.println(songList);

    Collections.sort(songList);
    System.out.println(songList);

    ArtistCompare artistCompare = new ArtistCompare();
    songList.sort(artistCompare);
    System.out.println(songList);
  }
}

class ArtistCompare implements Comparator<SongV3> {
  public int compare(SongV3 one, SongV3 two) {
    return one.getArtist().compareTo(two.getArtist());
  }
}
```

製作 Comparator 類別的一個實體

在我們的串列上調用 sort(),傳遞給它一個新的自訂 Comparator 物件之參考。

這是一個 String(歌手名稱)

我們讓字串變數(歌手的)進行實際的比較,因為字串已經知道如何按字母順序排列自身。

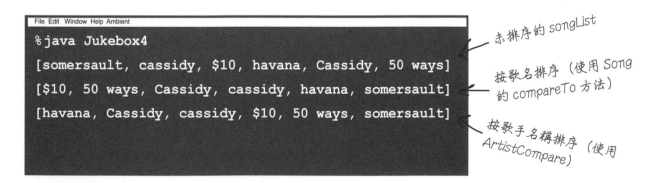

```
File Edit Window Help Ambient
%java Jukebox4
[somersault, cassidy, $10, havana, Cassidy, 50 ways]
[$10, 50 ways, Cassidy, cassidy, havana, somersault]
[havana, Cassidy, cassidy, $10, 50 ways, somersault]
```

未排序的 songList

按歌名排序(使用 Song 的 compareTo 方法)

按歌手名稱排序(使用 ArtistCompare)

削尖你的鉛筆

填空

對於下面每個問題，用「可能的答案」清單中
的一個詞填入空白處，以正確回答問題。

可能的答案：

Comparator,

Comparable,

compareTo( ),

compare( ),

yes,

no

給定下列相容的述句：

```
Collections.sort(myArrayList);
```

1. 儲存在 myArrayList 中的物件之類別必須實作什麼？ _____

2. 儲存在 myArrayList 中的物件之類別必須實作什麼方法？ _____

3. 儲存在 myArrayList 中的物件之類別能否同時實作 Comparator「和」Comparable？ _____

給定下列相容的述句（兩者都做相同的事）：

```
Collections.sort(myArrayList, myCompare);
myArrayList.sort(myCompare);
```

4. 儲存在 myArrayList 中的物件之類別能不能實作 Comparable？ _____

5. 儲存在 myArrayList 中的物件之類別能否實作 Comparator？ _____

6. 儲存在 myArrayList 中的物件之類別必須實作 Comparable 嗎？ _____

7. 儲存在 myArrayList 中的物件之類別必須實作 Comparator 嗎？ _____

8. myCompare 物件的類別必須實作什麼？ _____

9. myCompare 物件的類別必須實作什麼方法？ _____

答案在第 364 頁。

不過等一下！我們正在以兩種不同的方式進行排序呢！

現在，我們能夠以兩種方式對歌曲串列進行排序：

1. 使用 Collections.sort(songList)，因為 Song 實作了 **Comparable**。

2. 使用 songList.sort(artistCompare)，因為 ArtistCompare 類別實作了 **Comparator**。

雖然我們的新程式碼允許我們按歌名或歌手進行排序，但它讓人想起科學怪人，也是一點一點拼湊起來的。

```java
public void go() {
  List<SongV3> songList = MockSongs.getSongsV3();
  System.out.println(songList);

  Collections.sort(songList);          ← 這使用 Comparable 來排序。
  System.out.println(songList);

  ArtistCompare artistCompare = new ArtistCompare();
  songList.sort(artistCompare);        ← 這使用一個自訂的
  System.out.println(songList);            Comparator 來排序。
}
```

一個更好做法是在實作 Comparator 的類別中處理所有的排序定義。

問：那麼這是否意味著，如果你有一個沒有實作 Comparable 的類別，而你又沒有原始碼，你仍然可以透過創建一個 Comparator 來把東西排好順序？

答：沒錯。另一個選擇（如果可能的話）是衍生元素的子類別，並使子類別實作 Comparable。

問：但為什麼不是每個類別都有實作 Comparable？

答：你真的相信所有的東西都可以被排序嗎？若你的元素型別不適合任何一種自然順序，那麼如果實作了 Comparable，你就會誤導其他程式設計師。而且，如果你沒有實作 Comparable 也不會有問題，因為程式設計師可以使用自訂的 Comparator，以他們所選的任何方式比較任何東西。

僅使用比較器來進行排序

讓 Song 實作 Comparable 並且建立一個自訂的 Comparator 來按照歌手進行排序，絕對是可行的，但是依靠兩種不同的機制來進行排序很令人困惑。如果我們的程式碼使用相同的技巧進行排序（無論 Lou 希望他的歌曲如何排序）都會使事情更加清晰。下面的程式碼經過更新，以使用 Comparator 按照歌名或歌手進行排序。新的程式碼以粗體表示。

```java
public class Jukebox5 {
  public static void main(String[] args) {
    new Jukebox5().go();
  }

  public void go() {
    List<SongV3> songList = MockSongs.getSongsV3();
    System.out.println(songList);

    TitleCompare titleCompare = new TitleCompare();
    songList.sort(titleCompare);
    System.out.println(songList);

    ArtistCompare artistCompare = new ArtistCompare();
    songList.sort(artistCompare);
    System.out.println(songList);
  }
}
class TitleCompare implements Comparator<SongV3> {
  public int compare(SongV3 one, SongV3 two) {
    return one.getTitle().compareTo(two.getTitle());
  }
}
class ArtistCompare implements Comparator<SongV3> {
  public int compare(SongV3 one, SongV3 two) {
    return one.getArtist().compareTo(two.getArtist());
  }
}

// 更特殊化的 Comparator 類別可以放在這裡，
// 例如 BpmCompare
```

製作 Comparator 類別的一個實體，在 List 上使用 sort() 方法。

這是實作 Comparator 的新類別。

> 對於單以兩種不同的順序對我們的歌曲進行排序這件事而言，這裡的程式碼多得可怕。難道沒有更好的辦法嗎？

只留下重要的程式碼

Jukebox 類別確實有很多程式碼是進行排序所需的。讓我們放大我們為 Lou 所寫的一個 Comparator 類別。首先要注意的是,我們要對群集進行排序真正需要的是類別中間的那一行程式碼。其餘的程式碼是一些必要的冗長語法,只是為了讓編譯器知道這是什麼型別的類別,以及它實作了哪個方法。

 程式碼探究

```
class TitleCompare implements Comparator<Song> {
    public int compare(Song one, Song two) {
        return one.getTitle().compareTo(two.getTitle());
    }
}
```

完成所有工作的那一行程式碼。

有不只一種方式可以宣告像這樣的小型功能區塊。一個做法是內層類別(inner classes),我們將在後面的章節中討論。你甚至可以在你用到它的地方宣告內層類別(而不是在你類別檔案的最後),這有時被稱為「引數定義的匿名內層類別(argument-defined anonymous inner class)」。聽起來就很有趣了:

```
songList.sort(new Comparator<SongV3>() {
    public int compare(SongV3 one, SongV3 two) {
        return one.getTitle().compareTo(two.getTitle());
    }
});
```

雖然這可以讓我們準確地在需要的地方宣告排序邏輯(在我們呼叫排序方法的地方,而非在一個單獨的類別中),但那裡仍然有很多程式碼只是為了說:「請按歌名排序」。

 放輕鬆

我們不會學到如何編寫「引數定義的匿名內層類別」!

我們只是想讓你看個例子,以防你在真實程式碼中偶然碰見它。

為了排序，我們真正需要的是什麼？

```
public class Jukebox5 {
  public void go() {
    List<SongV3> songList = MockSongs.getSongsV3();
    ...
    TitleCompare titleCompare = new TitleCompare();
    songList.sort(titleCompare);
    ...
  }
}
class TitleCompare implements Comparator<SongV3> {
  public int compare(SongV3 one, SongV3 two) {
    return one.getTitle().compareTo(two.getTitle());
  }
}
```

① 編譯器知道這個 List 包含 SongV3 物件。

② 編譯器知道 sort() 預期 SongV3 物件的一個 Comparator。

讓我們看一下 List 上排序方法的 API 說明文件：

default void	sort(Comparator<? super E> c)	依據指定的 Comparator 所引發的順序排序此串列。

如果我們要大聲解釋下面這行程式碼：

songList.sort(titleCompare);

我們可以說：

「**在歌曲串列上呼叫排序方法 ❶，並傳遞給它對一個 Comparator 物件的參考，這個 Comparator 物件是專門設計來為 Song 物件排序的 ❷。**」

如果誠實一點，我們甚至可以不去看 TitleCompare 類別就說這些。我們可以透過查看 sort 和我們要排序的 List 之型別的說明文件來解決這一切問題！

腦力訓練

你認為編譯器會在意「TitleCompare」這個名稱嗎？如果這個類別被稱為「FooBar」，程式碼還能運作嗎？

如果描述你想如何對歌曲進行排序
的程式碼不離排序方法那麼遙遠,那
該有多好。而且,如果你不必寫一大
堆編譯器可能自己就能想出來的程式
碼,那不是很好嗎…?

進入到 lambda！善用編譯器可以推論出來的東西

我們可以寫一大堆程式碼來說明如何排序一個串列（就像我們一直
在做的那樣）…

這只是對一個實作了 Comparator 的
物件之參考。它的名稱對編譯器來說
並不重要。

```
...
songList.sort(titleCompare);
...
```

編譯器根本不在乎
你對這個類別的稱
呼。

暈！編譯器其實可以從 sort() 的說明
文件中推斷出這一點。

```
class TitleCompare implements Comparator<Song> {
```

編譯器可以算出這兩個
物件必須是 Song 物件，
因為 songList 是 Song 物
件的一個 List。

沒錯，編譯器
知道這個方法
看起來應該是
什麼樣子。

```
    public int compare(Song one, Song two) {

        return one.getTitle().compareTo(two.getTitle());
    }
}
...
```

這就是「編譯器所需的一切」，只要
告訴它「如何」排序即可！

或者，我們可以使用一個 lambda…

```
songList.sort((one, two) -> one.getTitle().compareTo(two.getTitle()));
```

這些是 Song one 和
Song two，是比較
方法的參數。

腦力訓練

如果 Comparator 要求你實作一個以上的方法，
你認為會發生什麼事？編譯器可以為你填入多少
部分？

這些程式碼都去哪兒了？

為了回答這個問題，讓我們看一下 Comparator（比較器）介面的
API 說明文件。

方法摘要		
修飾詞與型別	方法	說明
int	**compare(T** o1, **T** o2)	比較兩個引數的順序。
boolean	**equals(Object** obj)	指出其他的物件是否「等於」這個比較器

因 為 equals 已 經 被 Object 實 作，如 果 創 建 一 個 自 訂 的
comparator，我們就知道只需要實作 compare 方法。

請記住第 8 章說過的，每個類
別和介面都繼承了類別 Object
的方法，而那個 equals() 正是
在類別 Object 中實作的。

我們也確切地知道該方法的形狀：它必須回傳一個 int，並且接
受兩個 T 型別的引數（還記得泛型嗎？）。我們的 lambda 運算
式實作了 compare() 方法，而不需要宣告類別或方法，只需要宣
告 compare() 方法主體中的細節。

有些介面只有一個方法要實作

對於像 Comparator 這樣的介面，我們只需要實作 *single abstract method*（單一
個抽象方法），簡稱 SAM。這些介面是如此重要，以致於它們有幾個特殊的名稱：

「SAM 介面」即「函式型介面（Functional Interfaces）」

如果一個介面只有一個方法需要實作，那麼該介面就可以實作為一個 *lambda* 運
算式。你不需要創建一個完整的類別來實作該介面，編譯器就知道這種類別和方
法會是什麼樣子。編譯器不知道的是那個方法內部的邏輯。

放輕鬆

我們將在下一章中更詳細地研究
lambda 運算式和函式型介面。現
在，請回到 Lou 的餐廳。

以 Lambdas 更新點唱機程式碼

```
import java.util.*;

public class Jukebox6 {
  public static void main(String[] args) {
    new Jukebox6().go();
  }

  public void go() {
    List<SongV3> songList = MockSongs.getSongsV3();
    System.out.println(songList);
```

> 這是我們 lambda 運算式實際作用的樣子；不需要創建一個自訂的 Comparator 類別，只要把排序邏輯放在排序方法呼叫中就可以了。

```
    songList.sort((one, two) -> one.getTitle().compareTo(two.getTitle()));
    System.out.println(songList);
```

> 只要看一下 lambda 中使用的欄位，你就可以知道串列將按什麼排序。

```
    songList.sort((one, two) -> one.getArtist().compareTo(two.getArtist()));
    System.out.println(songList);
  }
}
```

> 其輸出結果與我們使用 Comparator 類別時完全相同，但現在程式碼要短得多。

```
File Edit Window Help Ambient
%java Jukebox6
[somersault, cassidy, $10, havana, Cassidy, 50 ways]
[$10, 50 ways, Cassidy, cassidy, havana, somersault]
[havana, Cassidy, cassidy, $10, 50 ways, somersault]
```

削尖你的鉛筆

你如何能以不同的方式對歌曲進行排序？

寫出 lambda 運算式，以這些方式對歌曲進行排序（答案在本章結尾）：

■ 按照 BPM。

■ 按照歌名，但以遞減順序（descending order）。

⟶ 答案在第 366 頁。

削尖你的鉛筆　逆向工程

假設這段程式碼存在於單一個檔案中。你的任務是填寫空白處，以便程式能夠創造所顯示的輸出。

```java
import _____;

public class SortMountains {
  public static void main(String [] args) {
    new SortMountains().go();
  }

  public void go() {
    List_____ mountains = new ArrayList<>();
    mountains.add(new Mountain("Longs", 14255));
    mountains.add(new Mountain("Elbert", 14433));
    mountains.add(new Mountain("Maroon", 14156));
    mountains.add(new Mountain("Castle", 14265));
    System.out.println("as entered:\n" + mountains);

    mountains._____(____->_____);
    System.out.println("by name:\n" + mountains);

    _____._____(____->_____);
    System.out.println("by height:\n" + mountains);
  }
}

class Mountain {
  _____;
  _____;

  _____ {
    _____;
    _____;
  }
  _____ {
    _____;
  }
}
```

輸出：

```
File  Edit  Window  Help  ThisOne'sForBob
%java SortMountains
as entered:
[Longs 14255, Elbert 14433, Maroon 14156, Castle 14265]
by name:
[Castle 14265, Elbert 14433, Longs 14255, Maroon 14156]
by height:
[Elbert 14433, Castle 14265, Longs 14255, Maroon 14156]
```

──────▶ 答案在第 365 頁。

哦不，排序工作全部完成，但現在我們有重複的東西⋯

排序工作很順利，現在我們知道如何按照歌名（*title*）和歌手（*artist*）進行排序。但是有一個新的問題，我們在測試點唱機歌曲的樣本時沒有注意到：**排序後的串列包含重複的內容。**

與模擬程式碼（mock code）不同，Lou 的真實點唱機應用程式似乎只是不斷地對檔案寫入，而不管同一首歌曲是否已經播放過（並因此已寫入文字檔案）。*SongListMore.txt* 點唱機文字檔案就是一個例子。它是播放過的每首歌曲的完整紀錄，而且可能多次包含同一首歌。

```
File Edit Window Help TooManyNotes
%java Jukebox7

[somersault: zero 7, cassidy: grateful dead, $10: hitchhiker,
havana: cabello, $10: hitchhiker, cassidy: grateful dead, 50
ways: simon]

[$10: hitchhiker, $10: hitchhiker, 50 ways: simon, cassidy:
grateful dead, cassidy: grateful dead, havana: cabello,
somersault: zero 7]

[havana: cabello, cassidy: grateful dead, cassidy: grateful
dead, $10: hitchhiker, $10: hitchhiker, 50 ways: simon,
somersault: zero 7]
```

← 排序前

← 以歌名排序後

← 以歌手名稱排序後

注意，我們改變了 Song 的 toString 來輸出歌名和歌手。

SongListMore.txt

這就是實際歌曲資料 → 檔案的樣子。

```
somersault, zero 7, 147
cassidy, grateful dead, 158
$10, hitchhiker, 140
havana, cabello, 105
$10, hitchhiker, 140
cassidy, grateful dead, 158
50 ways, simon, 102
```

SongListMore 文字檔案現在有重複的內容，因為點唱機會按順序寫入每一首播放的歌曲。

為了得到上面的輸出，我們寫了一個 *MockMoreSongs* 類別，它有一個 *getSongs()* 方法，會回傳一個 *List*，其中有與這個文字檔案相同的所有條目。

我們需要一個 <u>Set</u>（集合）
而非一個 <u>List</u>（串列）

我們從 Collections API 找到三個主要的介面：**List**、**Set** 和 **Map**。
ArrayList 是一種 **List**，但看起來 *Set* 才是我們真正需要的。

> **LIST**：循序（*sequence*）很重要時

知道**索引位置**（***index position***）的群集。

串列知道某物在串列中的位置。你可以
有一個以上的元素參考同一個物件。

重複是 OK 的。

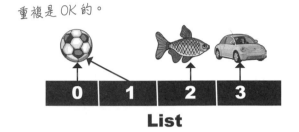

List

> **SET**：唯一性（*uniqueness*）很重要時

不允許重複的群集。

集合（sets）知道某件東西是否已經在群集
（collection）中了。你永遠不能有一個以上的元素
參考同一個物件（或者一個以上的元素參考兩個
被認為是相等的物件，我們很快就會看到物件相
等是什麼意思）。

「不能」有重複。

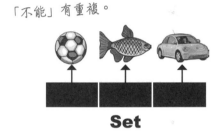

Set

> **MAP**：透過鍵值查找東西時

使用**鍵值與值對組**（***key-value pairs***）的群集。

Map（映射）知道與一個給定的鍵值（key）關
聯的值（value）。你可以有兩個鍵值參考同一個
值，但你不能有重複的鍵值。一個鍵值可以是任
何物件。

重複的<u>值</u>可以，但「不能」有重複的<u>鍵值</u>。

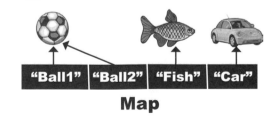

Map

Collection API（它的一部分）

注意，Map 介面實際上並沒有擴充 Collection 介面，但是 Map 仍然被視為「Collections Framework（群集框架）」（也被稱為「Collection API」）的一部分。所以 Map 仍然是群集（collections），儘管它們的繼承樹中不包括 java.util.Collection。

（注意：這並不是完整的群集 API；還有其他的類別和介面，但這些是我們最關心的部分。）

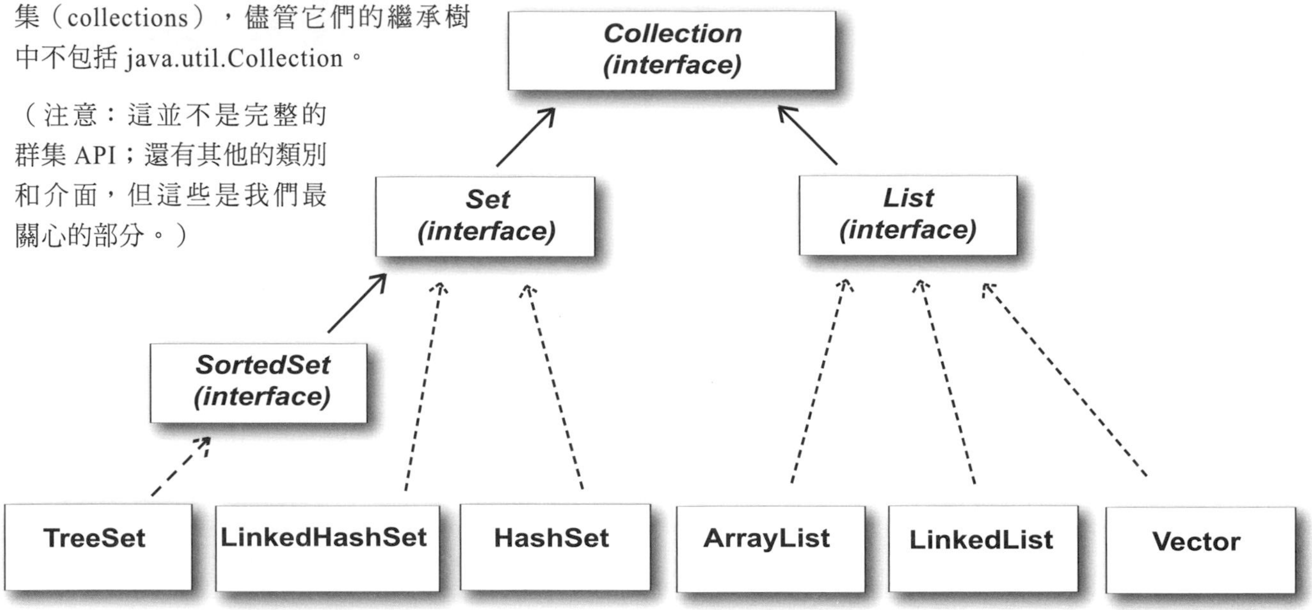

Collection
(interface)

Set
(interface)

List
(interface)

SortedSet
(interface)

TreeSet

LinkedHashSet

HashSet

ArrayList

LinkedList

Vector

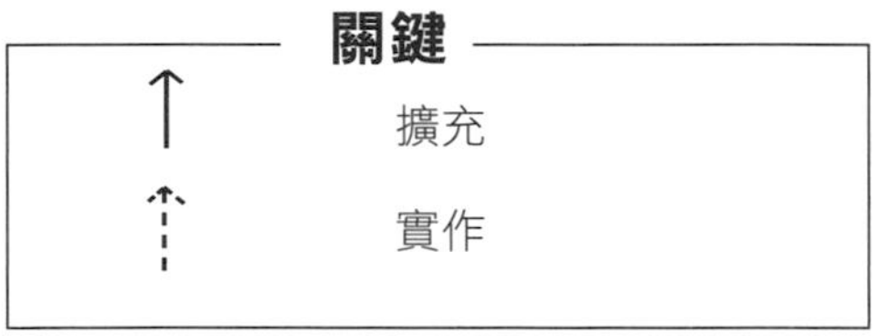

關鍵

↑ 擴充

⇡ 實作

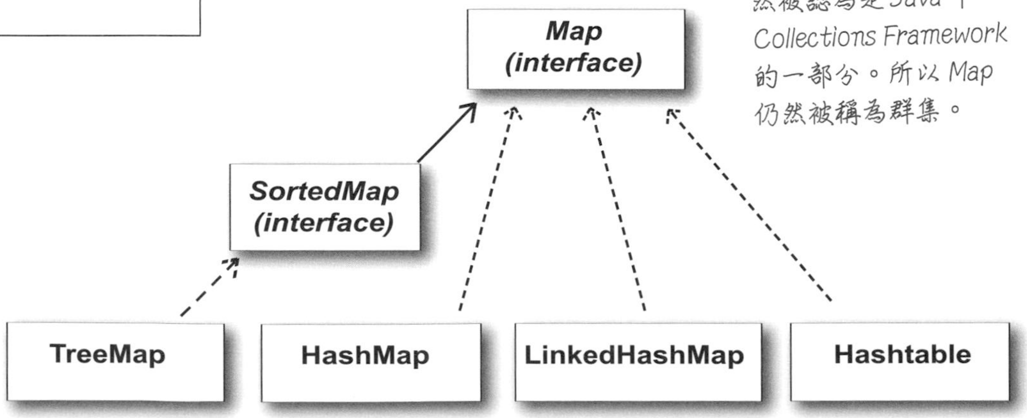

Map 並非擴充自 java.util.Collection，但仍然被認為是 Java 中 Collections Framework 的一部分。所以 Map 仍然被稱為群集。

Map
(interface)

SortedMap
(interface)

TreeMap

HashMap

LinkedHashMap

Hashtable

使用一個 HashSet 而非 ArrayList

我們更新了點唱機（Jukebox）的程式碼，把歌曲放在一個 HashSet 中，試圖消除重複的歌曲（注意：我們省略了 Jukebox 的一些程式碼，但你可以從之前的版本中複製它）。

```java
import java.util.*;

public class Jukebox8 {
  public static void main(String[] args) {
    new Jukebox8().go();
  }

  public void go() {
    List<SongV3> songList = MockMoreSongs.getSongsV3();
    System.out.println(songList);

    songList.sort((one, two) -> one.getTitle().compareTo(two.getTitle()));
    System.out.println(songList);

    Set<SongV3> songSet = new HashSet<>(songList);
    System.out.println(songSet);
  }
}
```

我們創建了一個 MockMoreSongs 類別來回傳 SongV3 物件的一個 List，其中包含與 SongListMore.txt 相同的值。

我們希望這個 Set 能容納 SongV3 物件。HashSet IS-A Set，所以我們可以在這個 Set 變數中儲存 HashSet。

HashSet 有一個建構器，它接收一個 Collection，並會使用該群集的所有項目來創建一個集合。

```
File  Edit  Window  Help  GetBetterMusic
%java Jukebox8

[somersault, cassidy, $10, havana, $10, cassidy, 50 ways]

[$10, $10, 50 ways, cassidy, cassidy, havana, somersault]

[$10, 50 ways, havana, cassidy, $10, cassidy, somersault]
```

排序 List 之前。

排序 List 之後（按照歌名）。

在將其放入 HashSet 並印出 HashSet 後（我們沒有再次呼叫 sort()）。

Set 並沒有幫助！我們仍然有全部的那些重複！

（當我們把串列放到 HashSet 中時，它就失去了排列順序，但我們稍後再擔心這個問題…）

是什麼讓兩個物件相等？

為了弄清楚為什麼使用 Set 並沒有移除重複的內容，我們必須問：是什麼讓兩個 Song 參考變得重複？它們必須被認為是**相等**（*equal*）的。它是對同一個物件的兩個參考，還是具有相同歌名的兩個獨立物件？

這帶出了一個關鍵議題：參考相等性 vs. 物件相等性。

> ## 參考相等性（Reference equality）
> **兩個參考，堆積上的一個物件。**

指涉堆積上同一個物件的兩個參考是相等的，就這樣。如果你在兩個參考上都呼叫 **hashCode()** 方法，你會得到相同的結果。如果你沒有覆寫 hashCode() 方法，預設的行為（記住，你是從 Object 類別繼承它的）是每個物件將得到一個唯一的數字（大多數版本的 Java 都會根據物件在堆積上的記憶體位址指定一個雜湊碼，所以不會有兩個物件擁有相同的雜湊碼）。

如果你想知道兩個參考是否真的指涉同一個物件，就用 **==** 運算子，它會（記得）比較變數中的位元。如果兩個參考都指涉同一個物件，那些位元就會完全相同。

> 如果兩個物件 *foo* 和 *bar* 是相等的，*foo.equals(bar)* 和 *bar.equals(foo)* 就必須為真，而且 *foo* 和 *bar* 都必須從 hashCode() 回傳相同的值。對於一個 Set 來說，要把兩個物件視為重複的，你必須覆寫從 Object 類別繼承的 hashCode() 和 equals() 方法，這樣你就能使兩個不同的物件被視為相等。

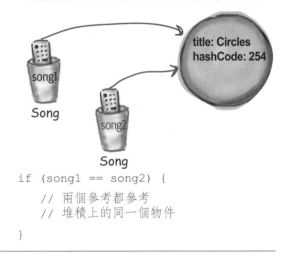

```
if (song1 == song2) {
    // 兩個參考都參考
    // 堆積上的同一個物件
}
```

> ## 物件參考（Object equality）
> **兩個參考，堆積上的兩個物件，但這些物件被視為**在意義上相等（*meaningfully equivalent*）。

如果你想把兩個不同的 Song 物件視為相等（例如你決定「兩首歌曲的 *title* 變數相符，它們就是相同的」），你就必須覆寫從 Object 類別繼承的 **hashCode()** 和 **equals()** 方法，而且兩者都要。

正如我們上面所說，如果你不覆寫 hashCode()，預設行為（來自 Object）是給每個物件一個唯一的雜湊碼值。所以你必須覆寫 hashCode()，以確保兩個相等的物件會回傳相同的雜湊碼。但是你也必須覆寫 equals()，使得你在這其中任一個物件上呼叫它並傳入另一個物件時，總是會回傳 ***true***。

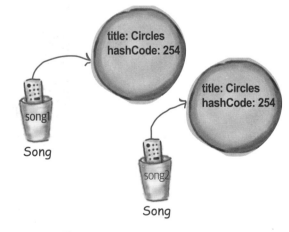

```
if (song1.equals(song2) && song1.hashCode() == song2.hashCode()) {
    // 兩個參考都參考單一個物件
    // 或是參考兩個相等的物件
}
```

HashSet 如何檢查重複的內容：hashCode() 和 equals()

把一個物件放入 HashSet 時，它會呼叫該物件的 hashCode 方法來判斷要將該物件放在 Set 中的什麼位置。但它也會將該物件的雜湊碼（hash code）與 HashSet 中所有其他物件的雜湊碼進行比較，如果沒有匹配的雜湊碼，HashSet 就會認為這個新物件並非重複。

換句話說，如果雜湊碼不同，HashSet 就會認為這些物件不可能相等！

所以你必須覆寫 hashCode() 以確保這些物件有相同的值。

但是具有相同雜湊碼的兩個物件可能並不相等（關於這一點在下一頁會有更多的說明），所以如果 HashSet 為兩個物件，即你正在插入的物件和已經在集合中的物件，找到了匹配的雜湊碼，HashSet 就會呼叫其中一個物件的 equals() 方法，來看看這些雜湊碼匹配的物件是否真的相等。

如果它們是相等的，HashSet 就知道你試圖新增的物件重複了 Set 中的某個物件，所以新增動作就不會發生。

你不會得到一個例外，但是 HashSet 的 add() 方法會回傳一個 boolean 值來告訴你（如果你在意的話）新物件是否有被加進去。因此，如果 add() 方法回傳 *false*，你就知道新物件重複了已經在集合中的某個物件。

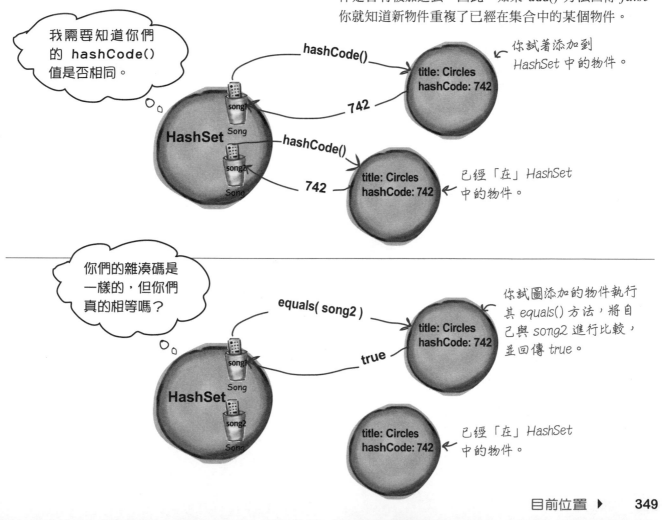

我需要知道你們的 hashCode() 值是否相同。

hashCode()

742

你試著添加到 HashSet 中的物件。

title: Circles
hashCode: 742

hashCode()

742

已經「在」HashSet 中的物件。

title: Circles
hashCode: 742

HashSet
song1
Song
song2
Song

你們的雜湊碼是一樣的，但你們真的相等嗎？

equals(song2)

true

你試圖添加的物件執行其 equals() 方法，將自己與 song2 進行比較，並回傳 *true*。

title: Circles
hashCode: 742

已經「在」HashSet 中的物件。

title: Circles
hashCode: 742

HashSet
song1
Song
song2
Song

覆寫了 hashCode() 和 equals() 的 Song 類別

```java
class SongV4 implements Comparable<SongV4> {
  private String title;
  private String artist;
  private int bpm;

  public boolean equals(Object aSong) {
    SongV4 other = (SongV4) aSong;
    return title.equals(other.getTitle());
  }

  public int hashCode() {
    return title.hashCode();
  }

  public int compareTo(SongV4 s) {
    return title.compareTo(s.getTitle());
  }

  SongV4(String title, String artist, int bpm) {
    this.title = title;
    this.artist = artist;
    this.bpm = bpm;
  }

  public String getTitle() {
    return title;
  }

  public String getArtist() {
    return artist;
  }

  public int getBpm() {
    return bpm;
  }

  public String toString() {
    return title;
  }
}
```

HashSet（或呼叫此方法的任何人）向它發送另一個 Song。

「好」消息是，歌名是一個 String，而 String 有一個覆寫的 equals() 方法。所以我們所要做的就只是問一個歌名是否等於另一首歌的歌名。

這裡也一樣…String 類別有一個覆寫的 hashCode() 方法，所以你可以直接回傳在歌名上呼叫 hashCode() 的結果。注意 hashCode() 和 equals() 如何使用「同一個」實體變數（title）。

現在終於成功了！當我們印出 HashSet 的時候，沒有重複的。但是我們並沒有再次呼叫 sort()，而我們把 ArrayList 放到 HashSet 中時，HashSet 並沒有保留排列順序。

```
File Edit Window Help HashingItOut

%java Jukebox9

[somersault,  cassidy,   $10,   havana,   $10,
cassidy, 50 ways]

[$10, $10, 50 ways, cassidy, cassidy, havana,
somersault]

[havana, $10, 50 ways, cassidy, somersault]
```

hashCode() 和 equals() 的 Java Object 法則

Object 類別的 API 說明文件描述了你必須遵循的規則：

➤ 如果兩個物件是相等的，它們必須有匹配的雜湊碼。

➤ 如果兩個物件相等，那麼在其中任一個物件上呼叫 equals() 都必須回傳 true。換句話說，如果 (a.equals(b)) 那麼就要 (b.equals(a))。

➤ 如果兩個物件有相同的雜湊碼值，它們沒必要相等。但如果它們相等，就必須有相同的雜湊碼值。

➤ 所以，如果你覆寫了 equals()，你就必須覆寫 hashCode()。

➤ hashCode() 的預設行為是為堆積上的每個物件產生一個唯一的整數。因此，如果你沒在一個類別中覆寫 hashCode()，該型別的任兩個物件就永遠都不會被認為是相等的。

➤ equals() 的預設行為是做一次 == 比較。換句話說，測試兩個參考是否指涉堆積上的單一個物件。所以，如果你沒在一個類別中覆寫 equals()，就永遠不會有兩個物件被認為是相等的，因為對兩個不同物件的參考總會是包含不同的位元模式。

a.equals(b) 必定也代表 a.hashCode() == b.hashCode()

但 *a.hashCode() == b.hashCode()*
「不」一定代表 *a.equals(b)*

沒有蠢問題

問：為什麼即使物件不相等，雜湊碼也可以是相同的呢？

答：HashSets 使用雜湊碼（hash codes）來儲存元素，這種方式使其存取速度快很多。如果你試著提供 ArrayList 一個物件的拷貝（而不是一個索引值），來尋找 ArrayList 中的某個物件，ArrayList 就必須從頭開始搜尋，查看串列中的每個元素是否匹配。但是 HashSet 能更快地找到一個物件，因為它把雜湊碼當作一種標籤貼在它儲存元素的「桶子（bucket）」上。因此，如果你說「我想讓你在集合中找到和這個一模一樣的一個物件…」，HashSet 就會從你給它的 Song 拷貝得出雜湊碼值（例如 742），然後 HashSet 會說「哦，我知道雜湊碼為 #742 的物件到底放在哪裡…」，然後它就直接去找 #742 這個桶子。

這並不是你會在電腦科學課堂上聽到的完整故事，但它足以讓你有效地運用 HashSets。事實上，開發一個好的雜湊演算法（hashing algorithm）是許多博士論文的主題，內容比我們希望在本書中涵蓋的要更為廣泛深入。

重點在於，雜湊碼可以相同，但不一定能保證物件是相等的，因為 hashCode() 方法中使用的「雜湊演算法」可能碰巧為多個物件回傳相同的值。是的，這意味著多個物件都會落在 HashSet 的同一個雜湊碼桶子中，但那並不是世界末日。HashSet 的效率可能因此要低一些，因為如果 HashSet 在同一個雜湊碼桶子中找到多個物件，就必須在所有的那些物件上使用 equals() 來查看是否有完全匹配的物件。

如果我們想讓集合保持有序，
我們有 TreeSet 可用

在避免重複方面，TreeSet 與 HashSet 類似，但是它也能保持串列的順序。它的工作原理就像 sort() 方法一樣，如果你製作一個 TreeSet 而不給它一個 Comparator，TreeSet 就會使用每個物件的 compareTo() 方法來排序。不過你可以選擇將一個 Comparator 傳遞給 TreeSet 建構器，來讓 TreeSet 改為使用那個 Comparator。

TreeSet 的缺點是，即使你不需要排序，你仍然得為它付出一點效能損失。不過你可能會發現，對於大多數應用程式來說，這種衝擊幾乎是不可能注意到的：

```java
public class Jukebox10 {
  public static void main(String[] args) {
    new Jukebox10().go();
  }

  public void go() {
    List<SongV4> songList = MockMoreSongs.getSongsV4();
    System.out.println(songList);

    songList.sort((one, two) -> one.getTitle().compareTo(two.getTitle()));
    System.out.println(songList);

    Set<SongV4> songSet = new TreeSet<>(songList);
    System.out.println(songSet);
  }
}
```

創建一個 TreeSet 而不是 HashSet。TreeSet 將使用 SongV4 的 compareTo() 方法來對 songList 中的項目進行排序。

如果我們想讓 TreeSet 依據不同的方式排序（即不使用 SongV4 的 compareTo() 方法），我們就得傳入一個 Comparator（或一個 lambda）給 TreeSet 建構器。然後使用 songSet.addAll() 將 songList 的值添加到 TreeSet 中。

```java
Set<SongV4> songSet = new TreeSet<>((o1, o2) -> o1.getBpm() - o2.getBpm());
songSet.addAll(songList);
```

是的，另一個用於排序的 lambda，這個是按照 BPM 排序的。記住，這個 lambda 實作了 Comparator。

關於 TreeSet 你「必須」知道的事情…

TreeSet 看起來很簡單,但要確保你真的理解需要先做什麼才能使用它。我們認為這一點非常重要,所以我們把它當作一個習題,讓你不得不去思考它。在你做完這個之前,「不要」翻到下一頁。我們是認真的。

⟶ 答案在第 366 頁。

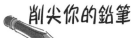

請看這段程式碼,仔細閱讀,然後回答下面的問題(注意:這段程式碼中沒有語法錯誤)。

```java
import java.util.*;

public class TestTree {
  public static void main(String[] args) {
    new TestTree().go();
  }

  public void go() {
    Book b1 = new Book("How Cats Work");
    Book b2 = new Book("Remix your Body");
    Book b3 = new Book("Finding Emo");

    Set<Book> tree = new TreeSet<>();
    tree.add(b1);
    tree.add(b2);
    tree.add(b3);
    System.out.println(tree);
  }
}

class Book {
  private String title;
  public Book(String t) {
    title = t;
  }
}
```

1. 編譯這段程式碼時,結果會是什麼?

_____

2. 如果能夠編譯,當你執行 TestTree 類別時,結果會是什麼?

_____

3. 如果這段程式碼有問題(無論是在編譯時還是在執行時發生),你會如何修復它?

_____

TreeSet 元素「必須」是可比較（comparable）的

TreeSet 無法讀懂程式設計師的心思來搞清楚物件應該如何排序。你必須告訴 TreeSet 如何排序。

要使用一個 TreeSet，這些事情其中之一必須為真：

➤ **串列中的元素必須是一個實作了 *Comparable* 的型別**

上一頁中的 Book 類別沒有實作 Comparable，所以它執行時無法運作。想想看，可憐的 TreeSet 生命中唯一的目標就是維持你元素順序，而又一次的，它並不知道如何對 Book 物件進行排序！它在編譯時期並沒有失敗，因為 TreeSet 的 add() 方法並沒有接受一個 Comparable 型別。TreeSet 的 add() 方法接受你創建 TreeSet 時所用的任何型別。換句話説，如果你説 new TreeSet<Book>()，那麼 add() 方法基本上就會是 add(Book)。而且也沒有要求 Book 類別必須實作 Comparable！但是當你向集合添加第二個元素時，它就在執行時期失敗了。那是集合第一次試著呼叫其中一個物件的 compareTo() 方法，但…沒辦法做到。

```java
class Book implements Comparable<Book> {
  private String title;
  public Book(String t) {
    title = t;
  }

  public int compareTo(Book other) {
    return title.compareTo(other.title);
  }
}
```

或

➤ **你使用 TreeSet 接受一個 *Comparator* 的重載建構器**

TreeSet 的運作方式很類似 sort() 方法，你可以選擇使用元素的 compareTo() 方法，假設元素型別有實作 Comparable 介面，或者你可以使用一個知道如何對集合中元素進行排序的自訂 Comparator。要使用一個自訂的 Comparator，你會呼叫 TreeSet 接受一個 Comparator 的建構器。

```java
class BookCompare implements Comparator<Book> {
  public int compare(Book one, Book two) {
    return one.title.compareTo(two.title);
  }
}
public class TestTreeComparator {
  public void go() {
    Book b1 = new Book("How Cats Work");
    Book b2 = new Book("Remix your Body");
    Book b3 = new Book("Finding Emo");
    BookCompare bookCompare = new BookCompare();
    Set<Book> tree = new TreeSet<>(bookCompare);
    tree.add(b1);
    tree.add(b2);
    tree.add(b3);
    System.out.println(tree);
  }
}
```

你可以用一個 lambda，而非宣告一個新的 Comparator 類別。

我們已經見過 List 和 Set 了，現在我們會使用一個 Map

List（串列）和 Set（集合）都很好，但有時 Map（映射）是最好的 collection（不是首字母「C」大寫的 Collection：記得，Map 是 Java 群集的一部分，但它們並沒有實作 Collection 介面）。

假設你想要一個像特性串列（property list）一樣的群集（collection），你給它一個名稱（name），它就給你與那個名稱關聯的值（value）。鍵值（keys）可以是任何 Java 物件（或者，透過自動裝箱，也可以是一個原型值），但你經常會看到 String 鍵值（即特性名稱）或 Integer 鍵值（例如代表唯一 ID 的整數）。

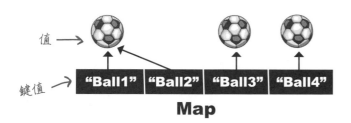

值 →
鍵值 →
"Ball1" "Ball2" "Ball3" "Ball4"
Map

Map 中的每個元素實際上是兩個物件：一個<u>鍵值</u>和一個<u>值</u>。你可以有重複的值，但「不能」有重複的鍵值。

Map 範例

```java
public class TestMap {
  public static void main(String[] args) {
    Map<String, Integer> scores = new HashMap<>();

    scores.put("Kathy", 42);
    scores.put("Bert", 343);
    scores.put("Skyler", 420);

    System.out.println(scores);
    System.out.println(scores.get("Bert"));
  }
}
```

HashMap 需要兩個型別參數，一個用於鍵值，一個用於值。

使用 put() 而非 add()，而現在當然是接受兩個引數 (key, value)。

get() 方法接受一個鍵值，並回傳其值（在此為一個整數）。

```
File Edit Window Help WhereAmI

%java TestMap

{Skyler=420, Bert=343, Kathy=42}
343
```

列印 Map 時，它會給你 key=value 對組，放在大括號 {} 中，代替你在印出串列和集合時看到的方括號 []。

我一直看到同樣的程式碼反覆出現在群集的創建上。我們一定可以做些什麼來使人們更容易做到這一點。

好主意！讓我來打造出一些 Factory（工廠）方法。

建立並裝填群集

創建並充填一個群集的程式碼會反覆出現。你已經看過很多次創建 ArrayList 並向其添加元素的程式碼了，就像這樣的程式碼：

```
List<String> songs = new ArrayList<>();
songs.add("somersault");
songs.add("cassidy");
songs.add("$10");
```

無論你創建的是 List、Set 還是 Map，過程看起來都很相似。更重要的是，這些型別的群集通常我們一開始就知道資料是什麼，然後我們在群集的生命週期內根本不打算改變它。如果真的想確保在創建群集後沒有人會改變它，我們就必須增加一個額外的步驟：

```
List<String> songs = new ArrayList<>();
songs.add("somersault");
songs.add("cassidy");
songs.add("$10");
return Collections.unmodifiableList(songs);
```

回傳我們剛創建的串列的「不可修改（unmodifiable）」版本，這樣我們就知道沒有人可以改變它。

我們將在第 12 章和第 18 章看到為什麼我們可能想要創建不能更改的資料結構。

就這麼常見而我們可能會想要大量進行的事情而言，那可真是一大堆的程式碼啊！

幸運的是，Java 現在有了「Convenience Factory Methods of Collections（群集的便利工廠方法）」（它們是在 Java 9 新增的）。我們可以使用這些方法來創建常見的資料結構，並將資料填入其中，只需一個方法呼叫。

群集的便利工廠方法

Convenience Factory Methods for Collections（群集的便利工廠方法），能讓你輕易地創建預先填入已知資料的一個 List、Set 或 Map。關於它們的使用，有幾件事情需要了解：

① **所產生的群集不能被改變。**你不能向它們添加東西或改變其值，事實上，你甚至不能做我們在本章看到的排序動作。

② **所產生的群集不是我們見過的那種標準 Collections。**它們不是 ArrayList、HashSet、HashMap 等。你可以仰賴它們有按照它們的介面行事：List 總是保留元素放入的順序；Set 永遠不會有重複的元素。但你不能仰賴它們會是 List、Set 或 Map 的特定實作。

Convenience Factory Methods 就只是在大多數情況下，你想創建一個預先填滿資料的群集時，可以使用的方便之物。對於工廠方法不適合你的那些情況，你仍然可以使用 Collections 建構器和 add() 或 put() 方法來代替。

➤ **創建一個 List：`List.of()`**

為了創建上一頁中的字串串列，我們不需要五行程式碼，我們只需要一行：

```
List<String> strings = List.of("somersault", "cassidy", "$10");
```

如果你想添加 Song 物件而不是簡單的 Strings，它仍然會是簡短且具描述性的：

```
List<SongV4> songs = List.of(new SongV4("somersault", "zero 7", 147),
                             new SongV4("cassidy", "grateful dead", 158),
                             new SongV4("$10", "hitchhiker", 140));
```

➤ **創建一個 Set：`Set.of()`**

Set 的創建也使用非常類似的語法：

```
Set<Book> books = Set.of(new Book("How Cats Work"),
                         new Book("Remix your Body"),
                         new Book("Finding Emo"));
```

➤ **創建一個 Map：`Map.of()`、`Map.ofEntries()`**

Map 是不同的，因為它們為每個「條目（entry）」接受兩個物件：一個鍵值和一個值。如果你想在 Map 中放入少於 10 個條目，你可以使用 Map.of，傳入成對的鍵值與值：

```
Map<String, Integer> scores = Map.of("Kathy", 42,
                                     "Bert", 343,
                                     "Skyler", 420);
```

如果你有超過 10 個條目，又或者你想要更清楚表明你的鍵值如何與它們的值配對成組，你可以改用 Map.ofEntries：

```
Map<String, String> stores = Map.ofEntries(Map.entry("Riley", "Supersports"),
                                           Map.entry("Brooklyn", "Camera World"),
                                           Map.entry("Jay", "Homecase"));
```

要讓這行短一點，你可以在 Map.entry 上使用靜態匯入（*static import*，我們在第 10 章談論過靜態匯入）。

最後，回到泛型

還記得我們在本章前面談到了接受泛型引數的方法如是如何的…怪異。我們指的是多型意義上的怪異。如果事情在此開始令人感到奇怪，那就繼續往下看：需要幾頁的時間才能真正講述完整的故事。這些例子將使用 Animal 類別的階層架構。

```
abstract class Animal {
  void eat() {
    System.out.println("animal eating");
  }
}
class Dog extends Animal {
  void bark() { }
}
class Cat extends Animal {
  void meow() { }
}
```

簡化過的 Animal 類別階層架構。

使用多型引數和泛型

使用多型（polymorphism）時，若涉及到泛用型別（generic type，角括號內的類別），泛型可能就會有點…反直覺。讓我們創建一個接受 List<Animal> 的方法，並用它來做實驗。

傳入 List<Animal>

使用我們剛才看過的 List.of 工廠方法。

```
public class TestGenerics1 {
  public static void main(String[] args) {

    List<Animal> animals = List.of(new Dog(), new Cat(), new Dog());
    takeAnimals(animals); 將一個 List<Animal> 傳入我們
                           的 takeAnimals 方法。

  public static void takeAnimals(List<Animal> animals) {
    for (Animal a : animals) {
      a.eat();
    }
  }       記住，我們「只能」呼叫在
          Animal 型別中宣告的方法，
}         因為 animals 參數的型別為
          List<Animal>。
```

擁有一個泛型類別（List）作為參數的方法。

編譯和執行都沒問題

```
File Edit Window Help CatFoodIsBetter

%java TestGenerics1


animal eating
animal eating
animal eating
```

但它能用在 List<Dog> 上嗎？

一個 List<Animal> 引數可以被傳入給一個有 List<Animal> 參數的方法。所以最大的問題是，List<Animal> 引數會接受 List<Dog> 嗎？這不正是多型的作用嗎？

傳入 List<Dog>

```java
public void go() {
  List<Animal> animals = List.of(new Dog(), new Cat(), new Dog());
  takeAnimals(animals);  ← 我們知道這行沒問題。


  List<Dog> dogs = List.of(new Dog(), new Dog());
  takeAnimals(dogs);  ← 現在我們從一個 List<Animal> 變成了
}                        一個 List<Dog>，這還能行得通嗎？
public void takeAnimals(List<Animal> animals) {
  for (Animal a : animals) {
    a.eat();
  }
}
```

製作一個 *Dog List* 並放入幾條狗。

當我們編譯它：

```
File Edit Window Help CatsAreSmarter
%javac TestGenerics2.java


TestGenerics2.java:20: error: incompatible types:
List<Dog> cannot be converted to List<Animal>
    takeAnimals(dogs);
               ^
1 error
```

它看起來很對，但卻錯得離譜…

而我應該接受這一點嗎？這完全破壞了我的動物模擬，其中的獸醫程式接受任何型別的動物所成的串列，這樣流浪犬收容所就能送來狗狗的名單，流浪貓收容所可以送來貓咪的名單…而你現在說我不能這樣做？

如果這是被允許的，那會發生什麼事…？

想像編譯器可以通融你那樣做。讓你傳入 List<u>Dog</u> 給宣告為這樣的一個方法：

```
public void takeAnimals(List<Animal> animals) {
  for (Animal a : animals) {
    a.eat();
  }
}
```

那個方法中沒有任何看起來有害的東西，對嗎？畢竟，多型的全部意義就在於，Animal 能做的任何事情（在本例中，就是 eat() 方法），Dog 也可以做。那麼，讓這個 eat() 方法在每個 Dog 參考上被呼叫，有什麼問題呢？

那段程式碼沒有什麼問題。但是想像一下這樣的程式碼：

```
public void takeAnimals(List<Animal> animals) {
    animals.add(new Cat());
}
```

← 糟了！我們剛剛把一個 Cat 塞到了一個應該僅限 Dog 的 List 中。

所以那就是問題點。在 List<Animal> 中添加一個 Cat 當然沒有錯，這就是擁有像 Animal 這樣一個超型別 List 的重點所在：這樣你就可以把所有型別的動物都放在一個 Animal List 中。

但是，如果你把一個 Dog List，即「只」容納 Dog 的串列，傳遞給這個接受 Animal List 的方法，那麼最後你的 Dog 串列中就會突然出現一個 Cat。編譯器知道，如果它讓你把一個 Dog List 傳入這個方法，那麼在執行時期，就會有人把一隻貓新增到你的狗串列中。所以，編譯器不會讓你冒這個險。

如果你宣告一個方法為接受 List<Animal>，它就只能接受 List<Animal>，而不是 List<Dog> 或 List<Cat>。

> 在我看來，應該要有辦法使用多型的群集型別作為方法引數，這樣獸醫程式就可以接受 Dog 和 Cat 的串列。然後就可以用迴圈跑過這些串列，並呼叫它們的 **immunize()** 方法。這必須是安全的，讓你無法把一隻貓加到狗的串列中。

我們能以通配符做到這點

這看起來很不尋常，但是確實有一種辦法可以建立一個方法引數，並讓它接受任何 Animal 子型別所成的一個 List。最簡單的方式是使用一個**通配符**（**wildcard**）。

```
public void takeAnimals(List<? extends Animal> animals) {
  for (Animal a : animals) {
    a.eat();
  }
}
```

記得，在此關鍵字「extends」代表 extends「或是」implements。

所以現在你會想「這有什麼**不同**？」，難道不會出現和之前一樣的問題嗎？

你的疑問是對的，不過答案是 NO。在宣告中使用通配符 <?> 時，編譯器不會讓你做任何會新增東西到串列的事情！

在方法引數中使用通配符時，編譯器將阻止你做任何可能損害方法參數所參考之串列的事情。

你仍然可以在串列中的元素上呼叫方法，但你不能添加元素到串列中。

換句話說，你可以對串列中的元素做一些事情，但你不能在串列中放入新的東西。

問：我們第一次看到泛型方法時，有一個類似的方法，在方法名稱前面宣告了泛用型別。那和這個 takeAnimals 方法的作用相同嗎？

答：很敏銳的觀察！回到本章開頭，那裡有個方法看起來像這樣：

<T extends Animal> void takeThing(List**<T>** list)

我們實際上可以用這種語法來達成類似的事情，但它的運作方式略有不同。是的，你可以將 List<Animal> 和 List<Dog> 傳入該方法，但你還有額外的好處是可以在其他地方使用泛用型別 T。

使用方法的泛用型別參數

如果把我們的方法改為定義成這樣，那我們可以做什麼？

```java
public <T extends Animal> void takeAnimals(List<T> list) { }
```

好吧，就目前這個方法而言，我們不需要用「T」來表達什麼。但是，如果我們修改了方法以回傳一個 List，例如所有成功接種疫苗的動物所成的一個串列，我們就可以宣告，那個回傳的串列與傳入的串列具有相同的泛用型別：

```java
public <T extends Animal> List<T> takeAnimals(List<T> list) { }
```

呼叫這個方法時，你所得到的型別就會與放入的一樣。

我們從 takeAnimals 方法得到的串列，總是會與我們傳入的串列型別相同。

```java
List<Dog> dogs = List.of(new Dog(), new Dog());
List<Dog> vaccinatedDogs = takeAnimals(dogs);

List<Animal> animals = List.of(new Dog(), new Cat());
List<Animal> vaccinatedAnimals = takeAnimals(animals);
```

如果該方法對方法參數和回傳型別都使用了通配符，那就沒有什麼可以保證它們會是同一型別。事實上，除了那會是「某種動物」之外，呼叫該方法的任何東西幾乎完全不知道群集中會有什麼。

```java
public void go() {
  List<Dog> dogs = List.of(new Dog(), new Dog());
  List<? extends Animal> vaccinatedSomethings = takeAnimals(dogs);
}
```

```java
public List<? extends Animal> takeAnimals(List<? extends Animal> animals) { }
```

如果你不是很在意泛用型別，而只是想要允許某個型別的所有子型別，那麼使用通配符（「? extends」）就沒啥問題。

如果你想要對該型別本身做更多的事情，那使用一個型別參數（「T」）會比較有幫助，例如用在方法的回傳中。

冥想時間 —— 我是編譯器，進階版

你的工作是扮演編譯器，並判斷這些述句中哪些能編譯。其中有些程式碼並沒有在本章中涵蓋，所以你需要根據所學到的知識來找出答案，將那些「規則」套用到這些新情況。

練習中所用方法的特徵式在方框中。

```
private void takeDogs(List<Dog> dogs) { }
```

```
private void takeAnimals(List<Animal> animals) { }
```

```
private void takeSomeAnimals(List<? extends Animal> animals) { }
```

```
private void takeObjects(ArrayList<Object> objects) { }
```

能夠編譯嗎？

☐ `takeAnimals(new ArrayList<Animal>());`

☐ `takeDogs(new ArrayList<Animal>());`

☐ `takeAnimals(new ArrayList<Dog>());`

☐ `takeDogs(new ArrayList<>());`

☐ `List<Dog> dogs = new ArrayList<>();`
　`takeDogs(dogs);`

☐ `takeSomeAnimals(new ArrayList<Dog>());`

☐ `takeSomeAnimals(new ArrayList<>());`

☐ `takeSomeAnimals(new ArrayList<Animal>());`

☐ `List<Animal> animals = new ArrayList<>();`
　`takeSomeAnimals(animals);`

☐ `List<Object> objects = new ArrayList<>();`
　`takeObjects(objects);`

☐ `takeObjects(new ArrayList<Dog>());`

☐ `takeObjects(new ArrayList<Object>());`

⟶ 答案在第 367 頁。

填空（第 334 頁）

可能的答案：

Comparator,

Comparable,

compareTo( ),

compare( ),

yes,

no

給定下列相容述句：

```
Collections.sort(myArrayList);
```

1. 儲存在 myArrayList 中的物件之類別必須實作什麼？　　　　　**Comparable**

2. 儲存在 myArrayList 中的物件之類別必須實作什麼方法？　　　**compareTo( )**

3. 儲存在 myArrayList 中的物件之類別能否同時實作 Comparator　**yes**
「和」Comparable？

給定下列相容的述句：

```
Collections.sort(myArrayList, myCompare);
myArrayList.sort(myCompare);
```

4. 儲存在 myArrayList 中的物件之類別能不能實作 Comparable？　**yes**

5. 儲存在 myArrayList 中的物件之類別能否實作 Comparator？　　**yes**

6. 儲存在 myArrayList 中的物件之類別必須實作 Comparable 嗎？　**no**

7. 儲存在 myArrayList 中的物件之類別必須實作 Comparator 嗎？　**no**

8. myCompare 物件的類別必須實作什麼？　　　　　　　　　　**compare( )**

9. myCompare 物件的類別必須實作什麼方法？　　　　　　　　**compare( )**

削尖你的鉛筆
解答

「逆向工程」lambda 習題（第 343 頁）

```java
import java.util.*;
public class SortMountains {
 public static void main(String[] args) {
    new SortMountains().go();
  }

  public void go() {

    List<Mountain> mountains = new ArrayList<>();
    mountains.add(new Mountain("Longs", 14255));
    mountains.add(new Mountain("Elbert", 14433));
    mountains.add(new Mountain("Maroon", 14156));
    mountains.add(new Mountain("Castle", 14265));
    System.out.println("as entered:\n" + mountains);

    mountains.sort((mount1, mount2) -> mount1.name.compareTo(mount2.name));
    System.out.println("by name:\n" + mountains);

    mountains.sort((mount1, mount2) -> mount2.height - mount1.height);
    System.out.println("by height:\n" + mountains);
  }
}

class Mountain {
  String name;
  int height;

  Mountain(String name, int height) {
    this.name = name;
    this.height = height;
  }
  public String toString() {
    return name + " " + height;
  }
}
```

你有注意到 height 串列是以
「遞減」順序排列嗎？

輸出：

```
File  Edit  Window  Help  ThisOne'sForBob
%java SortMountains
as entered:
[Longs 14255, Elbert 14433, Maroon 14156, Castle 14265]
by name:
[Castle 14265, Elbert 14433, Longs 14255, Maroon 14156]
by height:
[Elbert 14433, Castle 14265, Longs 14255, Maroon 14156]
```

**削尖你的鉛筆
解答**

以 lambda 進行排序（第 342 頁）

按照 BPM 遞增排列。

```
songList.sort((one, two) -> one.getBpm() - two.getBpm());
```

按照歌名遞減排列。

```
songList.sort((one, two) -> two.getTitle().compareTo(one.getTitle()));
```

輸出：

```
File  Edit  Window  Help  IntNotString
%java SharpenLambdas
[50 ways, havana, $10, somersault, cassidy, Cassidy]
[somersault, havana, cassidy, Cassidy, 50 ways, $10]
```

**削尖你的鉛筆
解答**

TreeSet 習題（第 353 頁）

1. 編譯這段程式碼的結果是什麼？

　　正確編譯

2. 如果能夠編譯，執行 TestTree 類別時的結果是什麼？

　　它會擲出一個例外：

```
Exception in thread "main" java.lang.ClassCastException: class Book can-
not be cast to class java.lang.Comparable
        at java.base/java.util.TreeMap.compare(TreeMap.java:1291)
        at java.base/java.util.TreeMap.put(TreeMap.java:536)
        at java.base/java.util.TreeSet.add(TreeSet.java:255)
        at TestTree.go(TestTree.java:16)
        at TestTree.main(TestTree.java:7)
```

3. 如果這段程式碼有問題，你會如何修復它？

讓 Book 實作 Comparable，或傳入一個 Comparator 給 TreeSet。

請參閱第 574 頁。

冥想時間 — 我是編譯器（第 363 頁）

能夠編譯嗎？

- ☑ `takeAnimals(new ArrayList<Animal>());`

- ☐ `takeDogs(new ArrayList<Animal>());`

- ☐ `takeAnimals(new ArrayList<Dog>());`

- ☑ `takeDogs(new ArrayList<>());` ← 若在此使用鑽石運算子，它會從方法特徵式算出型別。因此，編譯器假設這個 ArrayList 是 ArrayList<Dog>。

- ☑ `List<Dog> dogs = new ArrayList<>();`
  `takeDogs(dogs);`

- ☑ `takeSomeAnimals(new ArrayList<Dog>());`

- ☑ `takeSomeAnimals(new ArrayList<>());` ← 這裡的鑽石運算子意味著這是 ArrayList<Animal>。

- ☑ `takeSomeAnimals(new ArrayList<Animal>());`

- ☑ `List<Animal> animals = new ArrayList<>();`
  `takeSomeAnimals(animals);`

- ☐ `List<Object> objects = new ArrayList<>();`
  `takeObjects(objects);` ← 這無法編譯，因為 takeObjects 想要一個 ArrayList 而非 List。

- ☐ `takeObjects(new ArrayList<Dog>());`

- ☑ `takeObjects(new ArrayList<Object>());`

Lambdas 和 Streams：
做什麼，而非怎麼做

知道嗎，你完全不必自行編寫一切？你可以讓 API 來為你做這些工作！

如果⋯你不需要告訴電腦如何（HOW）做某件事，那會怎麼樣？

程式設計涉及到告知電腦如何做事情：**當（while）**這個是真的，就**做（do）**這件事；**對於（for）**所有的這些項目，**如果（if）**它看起來像這樣，**那麼（then）**就做這個，諸如此類。

我們還看到，我們不一定要自己做所有的事情。JDK 包含程式庫程式碼（library code），像是上一章看到的 Collection API，我們可以使用它，而非從頭開始編寫一切。這個程式庫的程式碼並不僅限於能放入資料的群集；還有一些方法可以為我們完成常見的任務，所以只需要告訴它們我們想要**什麼（what）**，而不是**如何（how）**去做。

在這一章中，我們將介紹 Stream API。你會看到當你使用 streams（串流）時，lambda 運算式（lambda expressions）是多麼有用，你還會學習如何使用 Stream API 來查詢（query）和變換（transform）一個群集（collection）中的資料。

告訴電腦你想要「什麼」

想像你有顏色組成的一個串列，而你希望印出其中所有的顏色。
你可以使用一個 for 迴圈來那麼做。

這是一個「便利的工廠方法」，
用來從一組已知的值創建出一個
新的 List。我們在第 11 章看過了
這個方法。

for 迴圈

```
List<String> allColors = List.of("Red", "Blue", "Yellow");
for (String color : allColors) {
        System.out.println(color);
}
```

對於串列中的每個項目，創建一
個暫存變數 *color*…

…然後印出每個顏色。

但是對串列中的每一個項目（item）做些事情是非常常見的，所以我們可以
呼叫 Iterable 介面中的 **forEach** 方法，而不是每次想在串列中「對每一個
項目（for each）」做些事情時，都建立一個 for 迴圈：記住，List 實作了
Iterable，所以它擁有 Iterable 介面的所有方法。

```
List<String> allColors = List.of("Red", "Blue", "Yellow");
allColors.forEach(color -> System.out.println(color));
```

創建一個名為 *color* 的
暫存變數。

印出顏色。

對串列中每個
項目…

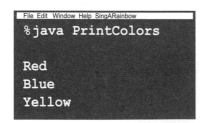

```
File Edit Window Help SingARainbow
%java PrintColors

Red
Blue
Yellow
```

串列的 *forEach* 方法接受一個
lambda 運算式，我們在上一章中
第一次見到了它。這是讓你把行為
（「遵循這些指令」）傳遞給方法
的一種方式，而不是傳遞包含資料
的一個物件（「這裡有一個物件供
你使用」）。

今晚主題：**for 迴圈**和 **forEach** 方法在
「誰比較好？」的問題上爭論不休。

for 迴圈

預設是使用我！for 迴圈是如此重要，以致於大量的程式語言都有我。這是程式設計師最先學會的東西之一。如果有人需要跑迴圈一定的次數來做某件事，他們就會去找值得信賴的 for 迴圈。

當然，潮流會改變，有時那只是一種時尚，事物都會落伍，但像我這樣的經典將永遠易於閱讀和編寫，即使對非 Java 程式設計師來說，也是如此。

要花費很多力氣？哈！開發人員並不害怕用一點語法來清楚說明要做什麼和怎麼做。至少在使用我的時候，讀我的程式碼的人可以清楚看到發生了什麼事。

好吧，但我比較快，每個人都知道。

我就說你很快就會消失。

forEach()

噢，拜託，你太老了，那才是你存在於所有程式語言中的原因。但事情會變化，語言在不斷演進。有一種更好的方式，一種更現代化的方式，也就是我。

但是，看看開發人員需要花費多少力氣來編寫你！他們必須控制什麼時候開始、什麼時候遞增、什麼時候要停止，還要編寫得在迴圈內執行的程式碼。各式各樣的事情都有可能出錯！如果他們使用我，就只需要考慮每個項目必須發生什麼事情，他們不需要擔心如何以迴圈找到每個項目。

老兄，他們不應該看到發生了什麼。在我的方法名稱中非常清楚地說明了我所做的事情：「對於每個（for each）」元素，我將套用他們指定的邏輯，然後工作就完成了。

嗯，實際上，在底層我自己也會使用 for 迴圈，但如果以後發明了更快的東西，我就可以使用它，而開發者不需要改變任何東西，就能獲得更快的程式碼。事實上，我們現在已經沒有時間了，所以…

當 for 迴圈出錯時

使用 **forEach** 代替 for 迴圈意味著更少的打字,而能夠專注於告訴編譯器你想做什麼(*what*),而非怎麼做(*how*)也很好。讓程式庫來處理這樣的常規程式碼還有一個好處:這可能代表著意外錯誤的減少。

下面列出了一個簡短的 Java 程式。其中少了一個區塊。我們預期程式的輸出應該是「1 2 3 4 5」,但有時很難搞定一個 for 迴圈。

你的挑戰是將**候選的程式碼區塊**(在左邊)與插入該程式碼區塊後的**輸出相匹配**。並非所有的輸出行都會被用到,有些輸出行可能會被使用不只一次。

```java
class MixForLoops {
  public static void main(String [] args) {
    List<Integer> nums = List.of(1, 2, 3, 4, 5);
    String output = "";




    System.out.println(output);
  }
}
```

← 候選程式碼放在這裡。

候選程式碼:

```java
for (int i = 1; i < nums.size(); i++)
    output += nums.get(i) + " ";
```

```java
for (Integer num : nums)
    output += nums + " ";
```

```java
for (int i = 0; i <= nums.length; i++)
    output += nums.get(i) + " ";
```

```java
for (int i = 0; i <= nums.size(); i++)
    output += nums.get(i) + " ";
```

答案在第 417 頁。

可能的輸出:

```
1 2 3 4 5
```

```
Compiler error
```

```
2 3 4 5
```

```
Exception thrown
```

```
[1, 2, 3, 4, 5]
[1, 2, 3, 4, 5]
[1, 2, 3, 4, 5]
[1, 2, 3, 4, 5]
[1, 2, 3, 4, 5]
```

將每個候選程式碼區塊與可能的輸出之一相匹配。

常見程式碼中的小型錯誤可能很難被察覺

前面練習中的 for 迴圈看起來都很相似，乍看之下，它們好像都會按順序列印出 List 中所有的值。編譯錯誤是最容易發現的，因為你的 IDE 或編譯器會告訴你程式碼有錯，而 Exceptions（例外，我們將在第 13 章「危險行為」中看到）也可以指出程式碼中的問題。但是，如果要僅僅透過觀察就想發現產生不正確輸出的程式碼，那就比較棘手了。

使用 **forEach** 這樣的方法可以處理「樣板程式碼（boilerplate）」的問題，也就是像 for 迴圈那樣重複性且常見的程式碼。使用 forEach，只傳入我們想做的事情，可以減少我們程式碼中的意外錯誤。

> 如果我們可以要求 API「對每個元素」做一些事情，那麼似乎還有其他常見的任務，可以讓 API 為我們去做。

沒錯，肯定是的，事實上，Java 8 引進了一整個 API 就是為了這個。

Java 8 引進了 *Stream API*，這是一組新的方法，可以用於許多類別，包括我們在上一章中看到的 Collections 類別。

Stream API 不僅僅是一堆有用的方法，也是一種稍微不同的工作方式。它讓我們建立起一整套的需求，如果你想要的話，也可以稱作食譜（recipe），來描述我們想要知道關於資料的什麼東西。

腦力訓練

你能想出更多的例子來說明我們可能想對一個群集做哪些類型的事情嗎？你是否想對不同型別群集裡面的東西提出類似的問題？你能想到你可能想從一個群集中輸出的不同類型的資訊嗎？

常見運算的構建組塊（building blocks）

我們搜尋群集的方式，以及我們想從這些群集中輸出的資訊類型，甚至在包含不同型別 Objects 的不同型別群集中，都可能是非常相似的。

想像一下你可能想對一個 Collection（群集）做什麼：「只給我符合某些條件的項目」、「用這些步驟變更所有的項目」、「移除所有重複的項目」，以及我們在前一章中討論過的例子：「以這種方式排序其元素」。

進一步假設這些群集運算（collection operations）中的每一個都能被賦予一個名稱，告訴我們群集將發生什麼，也不是太困難的事情。

連連看？

我們知道這全都是新的，但請試著將每個運算名稱與它的作用描述相匹配。在你完成之前，請盡量不要看下一頁，因為那會讓遊戲變得無趣！

filter	將串流（stream）中目前的元素變為其他東西。
skip	設定可以從這個 Stream 輸出的最大元素數。
limit	當某個給定的條件為真時，就不會處理元素。
distinct	只允許符合給定條件的元素留在 Stream 中。
sorted	只會在給定的條件為真時處理元素。
map	指出串流的結果應以某種方式排序。
dropWhile	這是 Stream 開頭不會被處理的元素數。
takeWhile	用這個來確保重複的東西都被移除。

⟶ 答案在第 417 頁。

Stream API 簡介

Stream API 是我們可以在群集（collection）上執行的一組運算，所以當我們在程式碼中讀到這些運算時，我們就能理解要對群集資料做什麼。如果你在上一頁的「連連看？」練習中取得了成功（完整的答案在本章結尾），你應該已經了解那些運算名稱描述它們所做的事情。

（這些只是 Stream 中的幾個方法，其他還有很多）

---

java.util.stream.Stream

Stream<T> distinct()
　　回傳由不同元素所構成的一個串流。

Stream<T> filter(Predicate<? super T> predicate)
　　回傳符合給定判定式（predicate）的一個元素串流。

Stream<T> limit(long maxSize)
　　回傳一個被截斷的元素串流，其長度不超過 maxSize。

<R> Stream<R> map(Function<? super T,? extends R> mapper)
　　回傳一個串流，其中包含給定的函式套用到此串流元素的結果。

Stream<T> skip(long n)
　　回傳該串流的前 n 個元素後剩餘的元素所組成的一個串流。

Stream<T> sorted()
　　回傳由這個串流的元素所組成的一個串流，但依照自然順序（natural order）排列過。

// 還有更多

這些泛型看起來確實有點嚇人，但不要驚慌！我們將在後面使用 map 方法，你會發現那不如看起來的複雜。

Streams 和 lambda 運算式都是在 Java 8 中引進的。

放輕鬆

你不需要太擔心 Stream 方法上的泛用型別，你會看到串流的使用方式正如你所預期的那樣「就是行得通」。

如果你好奇的話：

- **<T>** 通常是串流中物件的 Type（型別）。
- **<R>** 通常是方法的 Result（結果）之型別。

開始使用 Streams

在我們詳細介紹什麼是 Stream API、它的作用以及如何使用它之前,我們要給你一些非常基本的工具來開始進行實驗。

為了使用 Stream 的方法,我們需要一個 Stream 物件(顯然如此)。如果我們有一個像 List 這樣的群集,它並沒有實作 Stream。然而,Collection 介面有一個方法 **stream**,它會為 Collection 回傳一個 Stream 物件。

假設我們有一個像這樣的字串串列…

```java
List<String> strings = List.of("I", "am", "a", "list", "of", "Strings");
Stream<String> stream = strings.stream();
```

…我們就可以呼叫此方法來取得這些字串的一個 Stream。

現在我們就能呼叫 Stream API 的方法了。舉例來說,可以使用 **limit** 來指出我們想要最多四個元素。

```java
Stream<String> limit = stream.limit(4);
```

將結果的最大數目設為 4。

limit 方法會回傳另一個由字串組成的 Stream,我們會將它指定給另一個變數。

如果我們試著印出呼叫 limit() 的結果,那會怎樣?

```java
System.out.println("limit = " + limit);
```

```
File Edit Window Help SliceAndDice
%java LimitWithStream

limit = java.util.stream.SliceOps$1@7a0ac6e3
```

這看起來一點都不對!什麼是 SliceOps?為什麼沒有一個只包含串列中前四項的群集?

就像 Java 中的所有東西一樣,例子中的串流變數是 Object。但是一個串流並不包含群集中的元素,它更像是一組指令,構成了要在 Collection 資料上進行的運算。

回傳另一個串流的串流方法被稱為 _Intermediate Operations_(中介運算),那些是要做的事情之指令(instructions),但它們實際上並不會自己進行運算。

如果一個名為 *limit* 的方法不能真正限制（limit）我的結果，那它還有什麼意義？我要怎麼看到這個方法的輸出？

串流就像是食譜：有人實際烹煮之前，不會有事情發生

書中的食譜只告訴人們如何烹飪或烘焙某樣東西。打開食譜並不會自動帶給你一個新鮮出爐的巧克力蛋糕。你需要根據食譜收集材料，並確實遵循指示，才能得到你想要的結果。

呼叫「實行」來取得蛋糕，不然就不會有蛋糕。

群集不是食材，而僅限於四個條目的一個串列也不是巧克力蛋糕（很遺憾）。但是你確實需要呼叫 Stream 的「實行（do it）」方法之一，以便得到你想要的結果。這些「實行」方法被稱為 **Terminal Operations（終端運算）**，而那就是實際上會回傳一些東西給你的方法。

（這些是 Stream 上的一些終端運算。）

---

java.util.stream.Stream

boolean anyMatch(Predicate<? super T> predicate)
　　若有任何元素符合所提供的判定式，就回傳 true。

long count()
　　回傳此串流中的元素數。

<R,A> R collect(Collector<? super T,A,R> collector)
　　使用一個 Collector（收集器）對這個串流的元素執行一種可變的縮簡運算（mutable reduction operation）。

Optional<T> findFirst()
　　回傳描述該串流第一個元素的一個 Optional，如果該串流是空的，則回傳一個空的 Optional。

// 還有更多

是的，這看起來甚至比 *map* 方法更可怕！不要驚慌，這些泛型幫助編譯器做事，但你會發現真正使用這個方法時，我們不必考慮這些泛用型別。

從一個 Stream 取得一個結果

是的，我們已經向你丟出了**很多**新的詞：串流（*streams*）、中介運算（*intermediate operations*）、終端運算（*terminal operations*）⋯而我們還沒有告訴你串流能做什麼！

要開始了解我們能用串流做什麼，我們將展示 Stream API 簡單用法的程式碼。在那之後，我們將退後一步，更深入去了解我們在這裡看到的東西。

```
List<String> strings = List.of("I", "am", "a", "list", "of", "Strings");

Stream<String> stream = strings.stream();
Stream<String> limit = stream.limit(4);
long result = limit.count()
System.out.println("result = " + result);
```

呼叫 *count* 終端運算子，並將輸出儲存在一個名為 *result* 的變數中。

```
File  Edit  Window  Help  WellDuh
%java LimitWithStream

result = 4
```

這樣行得通，但不是很有用。用 Streams 做的最常見的事情之一是把結果放到另一種型別的群集中。這個方法的 API 說明文件，可能會因為所有的那些泛用型別而讓人望而生畏，但最簡單的情況是很簡單明瞭的：

此串流含有字串，所以輸出物件也會包含字串。

會把輸出收集（collect）到某種 *Object* 的終端運算。

此方法回傳一個 Collector，它會把串流的結果輸出到一個 List 中。

```
List<String> result = limit.collect(Collectors.toList());
```

toList Collector 會把結果輸出為一個 List。

一個實用的類別，它所包含的方法會回傳常見的 Collector 實作。

```
System.out.println("result = " + result);
```

```
File  Edit  Window  Help  FinallyAResult
%java LimitWithStream

result = [I, am, a, list]
```

最後，我們就有一個看起來像我們預期的結果：一個由字串組成的串列，而我們要求將這個串列**限制**（**limit**）在前四個項目，然後將那四個項目**收集**（**collect**）到一個新的串列中。

放輕鬆

我們會在之後更詳細討論 collect() 和 Collectors。

至於現在，就把 **collect(Collectors. toList)** 當成一個神奇的咒語，可以在一個 List 中獲得串流管線的輸出。

串流運算是構建組塊

我們寫了很多程式碼只是為了輸出串列中的前四個元素。我們還介紹了很多新的術語:串流、中介運算和終端運算。讓我們把所有的這些整合在一起:你從三種不同類型的構建組塊(building blocks)創建出了一個個**串流管線**(**stream pipeline**)。

① 從一個**來源**(**source**)群集取得 Stream。

② 在這個 Stream 上呼叫零或多個**中介運算**(**intermediate operations**)。

③ 以一個**終端運算**(**terminal operation**)輸出結果。

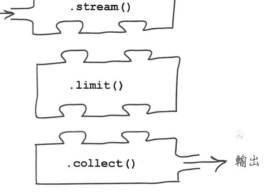

群集 → `.stream()`

`.limit()`

`.collect()` → 輸出

要使用 Stream API,你至少需要**第一片**和**最後一片**的拼圖。然而,你不需要把每個步驟都指定給它自己的變數(我們在上一頁的那種做法)。事實上,這些運算是被設計成可以**鏈串**(**chained**)的,所以你可以在前一個階段之後直接呼叫一個階段,而不需要把每個階段都放在自己的變數中。

在上一頁,串流的所有構建組塊(stream、limit、count、collect)都凸顯出來了。我們能夠運用這些構建組塊,以這種方式改寫 limit-and-collect(限制並收集)運算:

```java
List<String> strings = List.of("I", "am", "a", "list", "of", "Strings");
```

```java
List<String> result = strings.stream()
                             .limit(4)
                             .collect(Collectors.toList());
```

取得該群集的串流。

設定一個限制,以從串流回傳最多 4 個結果。

經過格式化,以對齊每個運算,讓它位在上一個的正下方,以清晰辨別每個階段。

將運算的結果作為一個 List 回傳。

```java
System.out.println("result = " + result);
```

構建組塊可以堆疊組合在一起

每個中介運算都作用於一個 Stream 並回傳一個 Stream。那意味著在呼叫終端運算輸出結果之前,你可以堆疊組合任意多的運算。

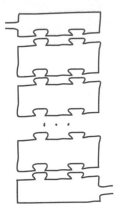

來源、中介運算和終端運算全都結合起來,形成一個串流管線。這個管線代表了對原始群集的一個查詢(query)動作。

這就是 Stream API 變得真正有用的地方。在前面的例子中,我們需要三個構建組塊(stream、limit、collect)來建立原本 List 的一個較短的版本,就一個簡單的運算來說,這似乎是很大的工作量。

但是要做一些更複雜的事情,我們可以在單一個**串流管線**中把多個運算堆疊在一起。

舉例來說,我們可以在套用 limit 之前排序串流中的元素:

```
List<String> strings = List.of("I", "am", "a", "list", "of", "Strings");

List<String> result = strings.stream()
                            .sorted()
                            .limit(4)
                            .collect(Collectors.toList());

System.out.println("result = " + result);
```

排序串流(而非原本的群集)裡面的東西,使用自然順序,而且是在限制結果前進行。

限制串流,僅留下四個元素。

```
File Edit Window Help InChains
%java ChainedStream

result = [I, Strings, a, am]
```

字串的自然順序會把首字母大寫的字串放在小寫字串之前。

自訂構建組塊

我們可以將各種運算堆疊在一起，對我們的群集進行更進階的查詢。我們也可以自訂這些組塊所做的事情。舉例來說，我們透過傳入要回傳的最大項目數（四個）來自訂 **limit** 方法。

如果我們不想使用自然順序來對我們的字串進行排序，我們可以定義一種特定的方式來排序它們。我們可以為 **sorted** 方法設定排序標準（還記得嗎，我們在上一章對 Lou 的歌曲串列進行排序時，做了類似的事情）。

告訴 *sorted* 方法如何對串流中的字串進行排序的 *lambda* 運算式。這個 *lambda* 運算式代表了一個 *Comparator*，我們在上一章談過它。我們將在本章後面再次討論 *lambdas*。

```
List<String> result = strings.stream()
                        .sorted((s1, s2) -> s1.compareToIgnoreCase(s2))
                        .limit(4)
                        .collect(Collectors.toList());
```

來自 *String* 類別的這個方法會把 *String* 與另一個 *String* 進行比較，過程中會忽略大小寫。

```
File Edit Window Help IgnoreCaps
%java ChainedStream

result = [a, am, I, list]
```

逐個組塊創建複雜管線

你新增到管線的每個新運算都會改變管線的輸出。每個運算都會告知 Stream API 你要做的是什麼。

```
List<String> result = strings.stream()
                        .sorted((s1, s2) -> s1.compareToIgnoreCase(s2))
                        .skip(2)
                        .limit(4)
                        .collect(Collectors.toList());
```

```
File Edit Window Help BoxersDolt
%java ChainedStream

result = [I, list, of, Strings]
```

← 這個串流跳過了頭兩個元素。

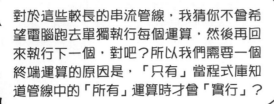

對於這些較長的串流管線，我猜你不會希望電腦跑去單獨執行每個運算，然後再回來執行下一個，對吧？所以我們需要一個終端運算的原因是，「只有」當程式庫知道管線中的「所有」運算時才會「實行」？

沒錯，因為 Stream 很懶惰（lazy）

這並不意味著它們緩慢或無用！這代表每個中介運算只是描述要做些什麼的一種指令，但它本身不會實際去執行該指令。中介運算是惰性估算（*lazily evaluated*）的。

終端運算負責查看整串指令，即串流管線中所有的那些中介運算，然後一次執行整組指令。終端運算是積極式（*eager*）的，它們一被呼叫就會立刻執行。

這意味著，理論上有可能以最有效率的方式執行指令組合。與其每一個中介運算都要迭代過（iterate over）原始群集，我們可能得以在只跑過資料一次的情況下完成所有運算。

我只有在明確知道自己要做什麼，以及如何做的情況下，才會開始我的一天。

終端運算進行所有的工作

由於中介運算是惰性的,所以要由終端運算(terminal operation)來做所有的事情。

1 盡可能有效率地執行所有的中介運算。理想情況下,只需看過一次原始資料。

2 計算出運算的結果,這是由終端運算本身所定義的。舉例來說,這可能是值所成的一個串列、單一的值,或一個 boolean 值(true/false)。

3 回傳結果。

收集至一個 List

現在我們知道了關於終端運算運作情形的更多資訊,讓我們仔細看看回傳結果串列的那個「神奇咒語」。

> Collectors 是一個有靜態方法的類別,這些方法提供 Collector 的不同實作。看一下 Collectors 類別,找出收集結果最常見的方式。

```
List<String> result = strings.stream()
                             .sorted()
                             .skip(2)
                             .limit(4)
                             .collect(Collectors.toList());
```

終端運算:

1. 執行所有的中介運算,在本例中為:排序、跳過、限制。

2. 根據傳入給它的指令收集結果。

3. 回傳那些結果。

> collect 方法接受一個 Collector,也就是描述如何將結果放在一起的食譜。在本例中,它用了一個實用的預先定義 Collector,來將結果放入一個 List 中。

> 我們將在本章後面看到更多的 Collectors 和其他終端運算。現在,你的了解已足以讓你開始使用 Streams。

使用 streams（串流）的準則

就像任何拼圖或遊戲一樣，會有規則讓串流構建組塊（stream building blocks）得以正確運作。

① 你至少需要第一片和最後一片以建立一個串流管線。

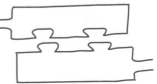

沒有 **stream()** 的部分，你就連一個 Stream 都得不到，而沒有終端運算的話，你就無法得到任何結果。

② 你無法重複使用 Streams。

儲存一個代表查詢的 Stream，並在多個地方重複使用它，這似乎很有用，可能因為查詢本身很實用，或者因為你想以它為基礎繼續建置或添加功能。不過，只要在一個串流上呼叫了終端運算，你就不能再使用該串流的任何部分，你必須創建一個新的。一旦一個管線執行完畢，該串流就會被關閉，不能在另一個管線中使用，即使你有把它的一部分儲存在一個變數中以便在他處重複使用也一樣。如果你試圖以任何方式重複使用一個串流，你都會得到一個 Exception。

```
Stream<String> limit = strings.stream()
                               .limit(4);
List<String> result = limit.collect(Collectors.toList());
List<String> result2 = limit.collect(Collectors.toList());
```

```
File Edit  Window Help ClosingTime
%java LimitWithStream

Exception in thread "main" java.lang.IllegalStateException: stream has
already been operated upon or closed
     at java.base/java.util.stream.AbstractPipeline.
evaluate(AbstractPipeline.java:229)
```

③ 你無法在串流運算的同時，改變底層的群集。

如果你那樣做，就會看到奇怪的結果，或者說例外。想想看，如果有人問你關於購物清單中內容的一個問題，然後其他人同時在這個購物清單上亂塗亂畫，你也會給出令人困惑的答案。

我好混亂！我只是想讀取這個串列，但它一直在變化！

所以,如果你在查詢底
層群集時不應該改變它,
那麼串流運算也不會改
變群集,對嗎?

正確!串流運算<u>不會</u>改變原本的群集。

Stream API 是查詢(query)群集的一種方式,但它**不會**對群集本身**進行修改**。你可以使用 Stream API 來查看該群集,並根據該群集的內容回傳結果,但你的原始群集將保持原來的樣子。

這實際上是非常有幫助的。這意味著你可以在程式的任何地方查詢群集並輸出結果,並且知道原始群集中的資料安全無虞,它不會被任何的這些查詢所改變(「mutated」)。

你可以在使用 Stream API 查詢原始群集後,列印出原始群集的內容,從而看到這一點。

```java
List<String> strings = List.of("I", "am", "a", "list", "of", "Strings");
List<String> limit = strings.stream()
                                .limit(4)
                                .collect(Collectors.toList());
System.out.println("strings = " + strings);
System.out.println("limit = " + limit);
```

```
File Edit Window Help Untouchable
%java LimitWithStream

strings = [I, am, a, list, of, Strings]
limit = [I, am, a, list]
```

執行串流運算後,原始群集
沒有任何改變。

只有輸出物件含有查詢的結果。
這是一個全新的 *List*。

習題：程式碼磁貼

程式碼磁貼

一個 Java 程式被打亂分散在冰箱上，你能重新
建構這些程式碼片段，製作出一個會產生下面
所列輸出的可運作的 Java 程式嗎？

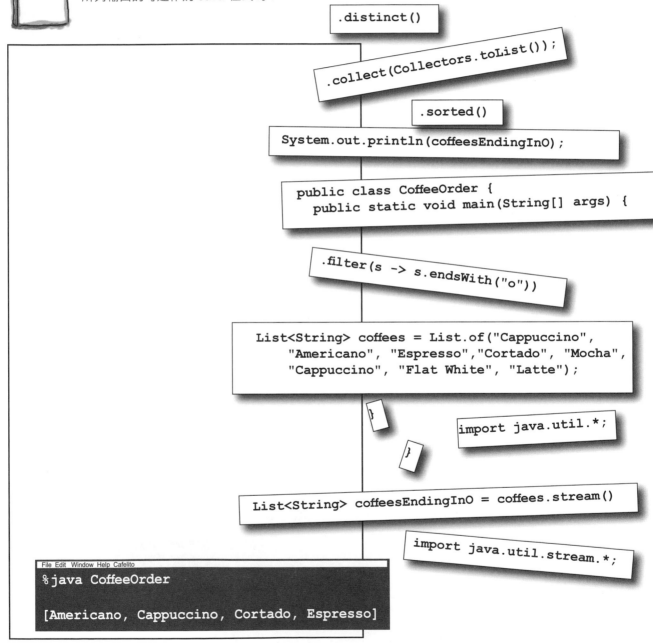

```
.distinct()
```

```
.collect(Collectors.toList());
```

```
.sorted()
```

```
System.out.println(coffeesEndingInO);
```

```
public class CoffeeOrder {
    public static void main(String[] args) {
```

```
.filter(s -> s.endsWith("o"))
```

```
List<String> coffees = List.of("Cappuccino",
    "Americano", "Espresso","Cortado", "Mocha",
    "Cappuccino", "Flat White", "Latte");
```

```
}
```

```
import java.util.*;
```

```
}
```

```
List<String> coffeesEndingInO = coffees.stream()
```

```
import java.util.stream.*;
```

```
File Edit Window Help Cafelito
%java CoffeeOrder

[Americano, Cappuccino, Cortado, Espresso]
```

答案在第 418 頁。

問：我可以在一個串流管線中放置的中介運算之數量有限制嗎？

答：沒有，你可以盡情地將這些運算鏈串起來，要多少都可以。但是請記住，不僅只有電腦需要閱讀和理解這些程式碼，人類也要！如果串流管線真的很長，它可能變得太複雜而難以理解。這時，你可能想把它分割開來，並把各部分指定給變數，如此你就可以為這些變數取個實用的名稱。

問：一個沒有中介運算的串流管線有什麼意義嗎？

答：有的，你可能會發現有某個終端運算可以將原始群集以某種新的「形式」輸出，而那剛好滿足你的需求。但是要注意，有些終端運算類似於群集上就有的方法，你並不一定需要使用串流。舉例來說，如果你只是在一個 Stream 上使用 **count**，你大概能用 **size** 來代替，如果你原本的群集是一個 List 的話。同樣地，任何可迭代的東西（比如 List）都已經有一個 **forEach** 方法了，你不需要使用 **stream().forEach()**。

問：你說過，串流運算正在進行時，不要改變來源群集。如果我的程式碼正在進行串流運算，怎麼可能從我的程式碼改變群集呢？

答：很好的問題！你可以寫出同時執行不同部分程式碼的程式。我們將在第 17 章和第 18 章中學到這一點，那兩章涵蓋共時性（concurrency）。為了安全起見，通常最好的做法是（不僅對於串流，而是一般情況下）建立不能被改變的群集，如果你知道它們不需要被改變的話。

問：我怎樣才能輸出一個不能從 collect 終端運算改變的 List？

答：如果你正在使用 Java 10 或更高版本，你可以在呼叫 **collect** 時使用 **Collectors.toUnmodifiableList**，而非使用 **Collectors.toList**。

問：我可以在一個不是 List 的群集中獲得串流管線的結果嗎？

答：是的！在上一章中我們了解到，有幾種不同的群集用於不同的目的。**Collectors** 類別有收集為 **toList**、**toSet** 和 **toMap** 的便利方法，還有（從 Java 10 開始的）**toUnmodifiableList**、**toUnmodifiableSet** 和 **toUnmodifiableMap**。

本章重點

- 你不需要撰寫詳細的程式碼來告訴 JVM 到底要做什麼及如何做。你可以使用程式庫方法，包括 Stream API，來查詢群集並輸出結果。

- 在一個群集上使用 **forEach** 而不是建立一個 *for* 迴圈。向該方法傳遞一個 lambda 運算式，描述要對群集中的每個元素進行的運算。

- 透過呼叫 **stream** 方法從一個群集（一個**來源**）創建出一個串流（stream）。

- 透過在串流上呼叫一個或多個**中介運算**（intermediate operations），來設置你想在群集上執行的查詢。

- 呼叫一個終端運算（terminal operation）之前，你不會得到任何結果。有許多不同的**終端運算**可用，取決於你希望查詢輸出什麼。

- 要將結果輸出到一個新的 List 中，就使用 **collect(Collectors.toList)** 作為終端運算。

- 來源群集、中介運算和終端運算的組合就是一個**串流管線**（stream pipeline）。

- 串流運算並不會改變原來的群集，它們是查詢群集的一種方式，會回傳一個不同的 Object，那就是查詢的結果。

嗨 Lambda，我的（不怎麼老的）老友

到目前為止，lambda 運算式已經在串流的例子出現過幾次了，你可以用你所有的籌碼（或歐元，或你選擇的貨幣）打賭，在本章結束之前，你會看到更多的 lambda 運算式。

對 lambda 運算式到底是什麼有一個更好的了解，會使你更容易使用 Stream API，所以讓我們更進一步檢視這些 lambdas。

到處傳遞行為

如果你寫了一個 **forEach** 方法，它看起來可能會像這樣：

```
void forEach( ????? ) {
    for (Element element : list) {




    }
}
```
←這個空間放置要為每個串列元素執行的程式碼區塊。

你會在「?????」的地方放入什麼？它需要以某種方式，成為將進入那個漂亮空白方框的程式碼區塊。

然後你希望呼叫該方法的人能夠說：

forEach(*do this:* `System.out.println( item )` **)**;

你不能把這段程式碼寫在這裡，因為它會被直接執行。取而代之，我們需要一種途徑來將這段程式碼交給 *forEach* 方法，這樣該方法就可以在準備好的時候呼叫它。

這段程式碼需要以某種方式獲取元素以列印它，但當這段程式碼是在 *forEach* 方法的「內部」時，它要怎麼獲得一個元素呢？

現在，我們需要用某種符號來代替 *do this*，以表示這段程式碼不能直接執行，而是要傳入給方法。我們來看看，或許可以使用…「->」作為這個符號。

然後我們需要一種方式來指出「看，這段程式碼需要作用在來自其他地方的值」。我們可以把程式碼需要的東西放在「do this」符號的左邊…

forEach(`item -> System.out.println(item)` **)**;

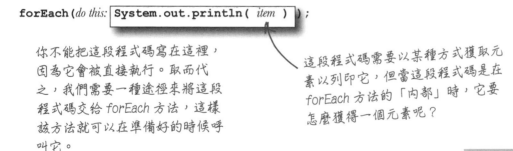

嘿，我認得你，你是一個 lambda 運算式！

好吧，現在我明白了，我作為方法引數傳入的 lambda 會以某種方式被用於該方法的主體中。但是 lambda 是什麼？這個方法怎麼能使用我剛剛傳給它的這塊程式碼呢？

Lambda 運算式是物件，而你執行它們的方式是呼叫它們的 Single Abstract Method

記得，Java 中的任何東西都是 Object（好吧，除了原始型別以外），而 lambdas 也非例外。

一個 lambda 運算式實作一個 Functional Interface。

這意味著對 lambda 運算式的參考將是一個 Functional Interface（函式型介面）。所以，如果你想讓你的方法接受 lambda 運算式，你就需要有型別是函式型介面（functional interface）的一個參數。那個函式型介面對你的 lambda 而言必須有正確的「形狀」。

回到我們想像中的 **forEach** 例子，我們的參數需要實作一個函式型介面。我們還需要以某種方式呼叫這個 lambda 運算式，傳入串列元素。

記住，Functional Interfaces 會有一個 Single Abstract Method（SAM，單一抽象方法）。就是這個不管名稱為何的方法，當我們想執行 lambda 程式碼時，就會呼叫它。

這是一個預留位置型別，讓你知道這個方法會是什麼樣子。我們將在本章中研究具體的 Functional Interface。

```
void forEach( SomeFunctionalInterface lambda ) {
  for (Element element : list) {
    lambda.singleAbstractMethodName(element);
  }
}
```

這會是函式型介面中 Single Abstract Method 的名稱。

「element」是 lambda 的參數，即上一頁 lambda 運算式中的「item」。

Lambdas 不是魔法，它們就只是類別，跟其他東西一樣。

Lambda 運算式的形狀

我們已經看過實作 Comparator 介面的兩個 lambda 運算式：前一章中對 Lou 的歌曲進行排序的例子，以及我們在第 381 頁傳入到 **sorted()** 串流運算中的 lambda 運算式。請將最後一個例子與 Comparator 函式型介面並列對照。

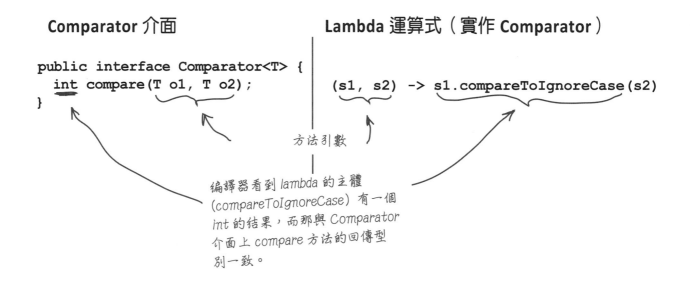

Comparator 介面

```
public interface Comparator<T> {
  int compare(T o1, T o2);
}
```

Lambda 運算式（實作 Comparator）

```
(s1, s2) -> s1.compareToIgnoreCase(s2)
```

方法引數

編譯器看到 *lambda* 的主體（*compareToIgnoreCase*）有一個 *int* 的結果，而那與 Comparator 介面上 *compare* 方法的回傳型別一致。

你可能想知道在 lambda 運算式中的 **return** 關鍵字在哪裡。簡而言之就是：你不需要它。長一點的說法是：如果 lambda 運算式只有單一行，而函式型介面的方法特徵式（method signature）需要一個回傳值，那麼編譯器就會假定你那一行程式碼會產生要回傳的值。

如果你想加入 lambda 運算式可以有的所有部分，lambda 運算式也可以寫成這樣：

```
(String s1, String s2) -> {
  return s1.compareToIgnoreCase(s2);
}
```

Lambda 運算式的解剖學

如果你仔細看看這個實作了 `Comparator<String>` 的擴充版 lambda 運算式，
你會發現它與標準的 Java 方法沒有太大不同。

lambda 運算式的參數型別不是必要的，但你可
以添加它們來明確表達意圖。若有一個以上的
函式型介面可能匹配，這可能就是必須的。

lambda 運算式的參數數量
和型別由其實作的函式型
介面決定。

如果 lambda 的主體是在大括號內部，你
就必須在所有行結尾加上分號，就跟普
通的 Java 方法一樣。

(String s1, String s2) ->
{

return s1.compareToIgnoreCase(s2);

}

lambda 運算式可以
用大括號來包裹。
如果你有超過一行
的 lambda 運算式，
你就「必須」用大
括號把它圍起來。

如果 lambda 覆寫了一個會
回傳值的方法，而且 lambda
主體在大括號內，你就得在
lambda 主體的結尾放一個
return 述句。如果 lambda
運算式是單行的，編譯器可
以計算出需要回傳的東西。

lambda 主體是核心功能，它可以是單
行，也可以是大括號內的多行程式碼。
如果這是一個實作了函式型介面的成
熟 Java 類別，這就會是構成方法主
體的程式碼。在本例中，lambda 主體
是 Comparator 中 compare() 方法的
邏輯。

lambda 的形狀（它的參數、回傳型別以及可以合理預期的能力）是由它實作的
函式型介面所決定的。

多樣性是生命的調味料

lambda 運算式可以有各種形狀和大小，但仍然符合我們已經看到的基本規則。

一個 lambda 可能不只一行

一個 lambda 運算式實際上就是一個方法，可以有和其他方法一樣多的程式行。多行的 lambda 運算式**必須**在大括號內。然後，像其他方法的程式碼一樣，每一行都**必須**以分號（semicolon）結束。如果該方法應該回傳一些東西，lambda 主體**必須**像其他正常方法一樣包括「return」一詞。

如果我們全都看起來一樣，生命就會很無聊。

這裡是實作 *Comparator\<String\>* 的一個 lambda 運算式，它在群集中的結果會以字串長度遞減排序。

分號是必要的。

```
(str1, str2) -> {
    int l1 = str1.length();
    int l2 = str2.length();
    return l2 - l1;
}
```

多行的 *lambda* 運算式必須使用大括號。

return 關鍵字是必要的。

單行 lambda 不需要儀式

如果你的 lambda 運算式是單行的，那麼編譯器就更容易猜到發生了什麼事。因此，我們可以省去很多「樣板（boilerplate）」語法。如果我們把上一個例子中的 lambda 運算式縮成一行，它看起來會像這樣：

不需要大括號

```
(str1, str2) -> str2.length() - str1.length()
```

不需要「*return*」

不用分號

這是相同的函式型介面（Comparator），並執行相同的運算。你是要使用多行 lambda 還是單行 lambda，完全由你決定。這可能取決於 lambda 運算式中的邏輯有多複雜，以及你認為它有多易讀：有時長一點的程式碼會更有描述性。

稍後，我們將看到處理長 lambda 運算式的另一種做法。

一個 lambda 可能不會回傳任何東西

Functional Interface 的方法可能被宣告為 void，也就是說，它不回傳任何東西。在那種情況下，lambda 內部的程式碼單純被執行，而不需要從 lambda 主體回傳任何值。

forEach 方法中的 lambda 運算式就是如此。

看，不用括弧！我們稍後就會
再次看到這個。

多行的
lambda。

```
str -> {
    String output = "str = " + str;
    System.out.println(output);
}
```
沒有回傳值。

```
@FunctionalInterface
public interface
Consumer<T> {
    void accept(T t);
}
```
函式型介面上的方法
是 void 的。

一個 lambda 可能有零個、一個或許多個參數

lambda 運算式需要的參數數量取決於 Functional Interface 的方法所接受的參數數量。參數型別（例如「String」）通常不是必須的，但如果你認為這能使程式碼更容易理解，你也可以添加它們。如果編譯器無法自動算出你的 lambda 實作了哪個函式型介面，你就可能需要添加那些型別。

如果一個 lambda 運算式不接
受任何參數，你需要用空括弧
來表示。

```
() -> System.out.println("Hello!")
```
沒有方法參數。

```
@FunctionalInterface
public interface Runnable {
    void run();
}
```

如果是沒有型別的單個參數，則不需要圓括弧
（別忘記參數型別是選擇性的）。

```
str -> System.out.println(str)
```
一個方法參數。

```
@FunctionalInterface
public interface Consumer<T> {
    void accept(T t);
}
```

```
(str1, str2) -> str1.compareToIgnoreCase(str2)
```
兩個方法參數。

```
@FunctionalInterface
public interface Comparator<T> {
    int compare(T o1, T o2);
}
```

我要如何知道一個方法是否接受一個 lambda ？

現在你已經看到，lambda 運算式是一個函式型介面的實作，而函式型介面就是帶有 Single Abstract Method（單一抽象方法）的一個 Interface（介面）。這意味著 lambda 運算式的**型別（type）**就是這個介面。

繼續創建一個 lambda 運算式。不要像我們到目前為止所做的那樣把它傳入某個方法中，而是把它指定給一個變數。你會發現你可以像 Java 中其他的 Object 那樣對待它，因為 Java 中的所有東西都是 Object。該變數的型別就是函式型介面（Functional Interface）。

```
Comparator<String> comparator = (s1, s2) -> s1.compareToIgnoreCase(s2);

Runnable runnable = () -> System.out.println("Hello!");

Consumer<String> consumer = str -> System.out.println(str);
```

這如何幫助我們辨識一個方法是否接受一個 lambda 運算式呢？嗯，該方法的參數型別會是一個函式型介面。請看一下 Stream API 中的一些例子：

Stream<T> filter(**Predicate**<? super T> predicate)
boolean allMatch(**Predicate**<? super T> predicate)

```
@FunctionalInterface
public interface Predicate<T>
```

<R> Stream<R> map(**Function**<? super T,? extends R> mapper)

```
@FunctionalInterface
public interface Function<T,R>
```

void forEach(**Consumer**<? super T> action)

```
@FunctionalInterface
public interface Consumer<T>
```

冥想時間—我是編譯器，進階版

你的工作是扮演編譯器，並判斷哪些述句能編譯。其中有些程式碼並沒有在本章中涵蓋，所以你需要根據所學到的知識來找出答案，將那些「規則」套用到這些新情況。

為了方便，函式型介面的特徵式就放在右邊。

```java
public interface Runnable {
  void run();
}
```

```java
public interface Consumer<T> {
    void accept(T t);
}
```

```java
public interface Supplier<T> {
    T get();
}
```

```java
public interface Function<T, R> {
    R apply(T t);
}
```

如果述句能夠編譯，就打勾

☐ `Runnable r = () -> System.out.println("Hi!");`

☐ `Consumer<String> c = s -> System.out.println(s);`

☐ `Supplier<String> s = () -> System.out.println("Some string");`

☐ `Consumer<String> c = (s1, s2) -> System.out.println(s1 + s2);`

☐ `Runnable r = (String str) -> System.out.println(str);`

☐ `Function<String, Integer> f = s -> s.length();`

☐ `Supplier<String> s = () -> "Some string";`

☐ `Consumer<String> c = s -> "String" + s;`

☐ `Function<String, Integer> f = (int i) -> "i = " + i;`

☐ `Supplier<String> s = s -> "Some string: " + s;`

☐ `Function<String, Integer> f = (String s) -> s.length();`

⟶ 答案在第 418 頁。

認出函式型介面

到目前為止，我們看到的函式型介面都標有 **@FunctionalInterface** 注釋（*annotation*，我們將在附錄 B 中介紹注釋），它很方便地告訴我們這個介面有 Single Abstract Method，能用 lambda 運算式來實作。

並非所有的函式型介面都是這樣標示的，特別是在舊的程式碼中，所以了解如何自行認出一個函式型介面是很有用的。

> 這有什麼困難的？我只需要找出只有一個方法的介面就行了！

沒那麼快！

最初，介面中唯一允許的方法是**抽象**方法（**abstract** methods），即需要被任何實作此介面的類別所覆寫的方法。但從 Java 8 開始，介面也可以包含 **default**（預設）方法和 **static**（靜態）方法。

你在第 10 章「數字很重要」中看過靜態方法，本章後面也會看到。這些方法不需要屬於某個實體（instance），通常作為輔助方法（helper methods）使用。

預設方法則略有不同。還記得第 8 章「認真的多型」中的抽象類別嗎？它們有需要被覆寫的抽象方法，以及帶有主體的標準方法（standard methods）。在介面上，預設方法的作用有點類似抽象類別中的標準方法：它們有一個主體，並且會被子類別繼承。

預設方法和靜態方法都有一個方法主體，並定義了行為。對於介面，任何沒有被定義為 **default** 或 **static** 的方法都是抽象方法，必須被覆寫。

真實世界中的函式型介面

現在我們知道了介面可能有**非**抽象方法，我們可以看到要識別只有一個抽象方法的介面需要不僅一點技巧。看看我們的老朋友 Comparator，它有**很多**方法！但它仍然是一個 SAM 型別，它只有一個 Single Abstract Method（單一抽象方法）。它是我們可以用 lambda 運算式來實作的一個函式型介面。

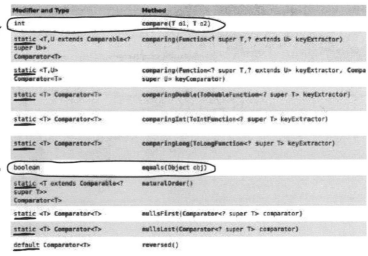

就是這裡！這就是我們的 Single Abstract Method。

不要被這個方法所誤導！它不是靜態的，也不是預設的，實際上也不是抽象的；它是從 Object 繼承而來的。它確實有一個方法主體，由 Object 類別所定義。

Modifier and Type	Method
int	compare(T o1, T o2)
static <T,U extends Comparable<? super U>> Comparator<T>	comparing(Function<? super T,? extends U> keyExtractor)
static <T,U> Comparator<T>	comparing(Function<? super T,? extends U> keyExtractor, Compa super U> keyComparator)
static <T> Comparator<T>	comparingDouble(ToDoubleFunction<? super T> keyExtractor)
static <T> Comparator<T>	comparingInt(ToIntFunction<? super T> keyExtractor)
static <T> Comparator<T>	comparingLong(ToLongFunction<? super T> keyExtractor)
boolean	equals(Object obj)
static <T extends Comparable<? super T>> Comparator<T>	naturalOrder()
static <T> Comparator<T>	nullsFirst(Comparator<? super T> comparator)
static <T> Comparator<T>	nullsLast(Comparator<? super T> comparator)
default Comparator<T>	reversed()

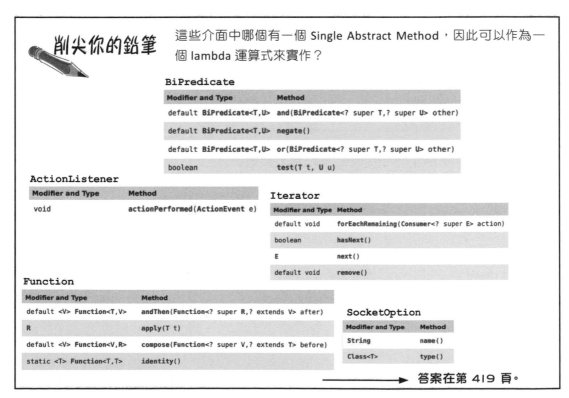

削尖你的鉛筆

這些介面中哪個有一個 Single Abstract Method，因此可以作為一個 lambda 運算式來實作？

BiPredicate

Modifier and Type	Method
default BiPredicate<T,U>	and(BiPredicate<? super T,? super U> other)
default BiPredicate<T,U>	negate()
default BiPredicate<T,U>	or(BiPredicate<? super T,? super U> other)
boolean	test(T t, U u)

ActionListener

Modifier and Type	Method
void	actionPerformed(ActionEvent e)

Iterator

Modifier and Type	Method
default void	forEachRemaining(Consumer<? super E> action)
boolean	hasNext()
E	next()
default void	remove()

Function

Modifier and Type	Method
default <V> Function<T,V>	andThen(Function<? super R,? extends V> after)
R	apply(T t)
default <V> Function<V,R>	compose(Function<? super V,? extends T> before)
static <T> Function<T,T>	identity()

SocketOption

Modifier and Type	Method
String	name()
Class<T>	type()

答案在第 419 頁。

Lou 回來了！

現在 Lou 執行他新的點唱機管理軟體（來自上一章）已經有一段時間了，他想了解餐廳點唱機上播放歌曲的更多資訊。既然他有了這些資料，他想把它們切成小塊，並以新的形式組合在一起，就像對他著名的特製歐姆蛋的食材所做的那樣！

他想的是，關於播放的歌曲他有各種資訊可以蒐集，例如：

* 播放率最高的五首歌曲是什麼？

* 播放的是什麼類型（genres）的歌曲？

* 不同的歌手是否有同名的歌曲？

現在既然有了關於我的點唱機播放過什麼的資料，我還想知道更多！

我們可以編寫一個 for 迴圈來查看我們的歌曲資料，使用 if 述句進行檢查，也許還可以把歌曲、歌名或歌手放到不同的群集中以找出這些問題的答案。

但我們已經學過了 Stream API，我們就知道有一種更簡單的途徑可循…

下一頁的程式碼是你的**模擬**程式碼（**mock** code）：呼叫 **Songs.getSongs()** 會給你由 Song 物件所構成的一個 List，你可以假設它看起來就像來自 Lou 點唱機的真實資料。

習題

輸入下一頁的 Ready-Bake Code，包括補完 Song 類別的部分。完成之後，創建一個 main 方法，列印出所有的歌曲。

你預期輸出看起來會怎樣呢？

Ready-Bake Code

這裡有一個更新過的「模擬（mock）」方法。它將回傳一些測試資料，我們能夠用以製作 Lou 想為點唱機系統建立的一些報告。還有一個更新過的 Song 類別。

```java
class Songs {
  public List<Song> getSongs() {
    return List.of(
      new Song("$10", "Hitchhiker", "Electronic", 2016, 183),
      new Song("Havana", "Camila Cabello", "R&B", 2017, 324),
      new Song("Cassidy", "Grateful Dead", "Rock", 1972, 123),
      new Song("50 ways", "Paul Simon", "Soft Rock", 1975, 199),
      new Song("Hurt", "Nine Inch Nails", "Industrial Rock", 1995, 257),
      new Song("Silence", "Delerium", "Electronic", 1999, 134),
      new Song("Hurt", "Johnny Cash", "Soft Rock", 2002, 392),
      new Song("Watercolour", "Pendulum", "Electronic", 2010, 155),
      new Song("The Outsider", "A Perfect Circle", "Alternative Rock", 2004, 312),
      new Song("With a Little Help from My Friends", "The Beatles", "Rock", 1967, 168),
      new Song("Come Together", "The Beatles", "Blues rock", 1968, 173),
      new Song("Come Together", "Ike & Tina Turner", "Rock", 1970, 165),
      new Song("With a Little Help from My Friends", "Joe Cocker", "Rock", 1968, 46),
      new Song("Immigrant Song", "Karen O", "Industrial Rock", 2011, 12),
      new Song("Breathe", "The Prodigy", "Electronic", 1996, 337),
      new Song("What's Going On", "Gaye", "R&B", 1971, 420),
      new Song("Hallucinate", "Dua Lipa", "Pop", 2020, 75),
      new Song("Walk Me Home", "P!nk", "Pop", 2019, 459),
      new Song("I am not a woman, I'm a god", "Halsey", "Alternative Rock", 2021, 384),
      new Song("Pasos de cero", "Pablo Alborán", "Latin", 2014, 117),
      new Song("Smooth", "Santana", "Latin", 1999, 244),
      new Song("Immigrant song", "Led Zeppelin", "Rock", 1970, 484));
  }
}
public class Song {
  private final String title;
  private final String artist;
  private final String genre;
  private final int year;
  private final int timesPlayed;
  // 給你的練習！製作一個建構器、所有的那些 getters 和一個 toString()
}
```

Lou 的挑戰 #1：找出所有的「搖滾」歌曲

更新後歌曲串列中的資料包含歌曲的類型（genre）。Lou 注意到餐廳的顧客似乎更喜歡搖滾樂（rock music）的各種變體，他想看到屬於某種「搖滾」類型的所有歌曲構成的一個串列。

這是 Streams 的章節，所以很明顯解決方案將涉及 Stream API。記住，有三種片段我們可以放在一起形成一個解決方案。

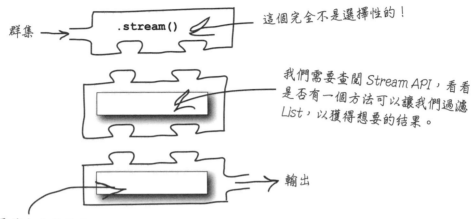

群集 → .stream() ← 這個完全不是選擇性的！

我們需要查閱 Stream API，看看是否有一個方法可以讓我們過濾 List，以獲得想要的結果。

輸出

Lou 說他想要符合他要求的所有歌曲組成的一個 List，所以聽起來我們應該使用「神奇的咒語」將結果收集到串列中。

幸運的是，關於如何根據 Lou 給我們的要求建立一個 Stream API 呼叫，有一些線索存在：他想 **filter**（過濾）出屬於特定類型的歌曲，而他還想把它們 **collect**（收集）到一個新的 List 中。

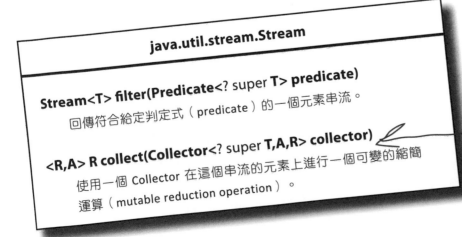

java.util.stream.Stream

Stream\<T\> filter(Predicate\<? super T\> predicate)
　　回傳符合給定判定式（predicate）的一個元素串流。

\<R,A\> R collect(Collector\<? super T,A,R\> collector)
　　使用一個 Collector 在這個串流的元素上進行一個可變的縮簡運算（mutable reduction operation）。

現在請記住，我們只是要用「神奇的咒語」來收集成一個 List。

過濾一個串流以保留特定元素

讓我們看看一個 filter（過濾）運算在歌曲串列上可能如何運作。

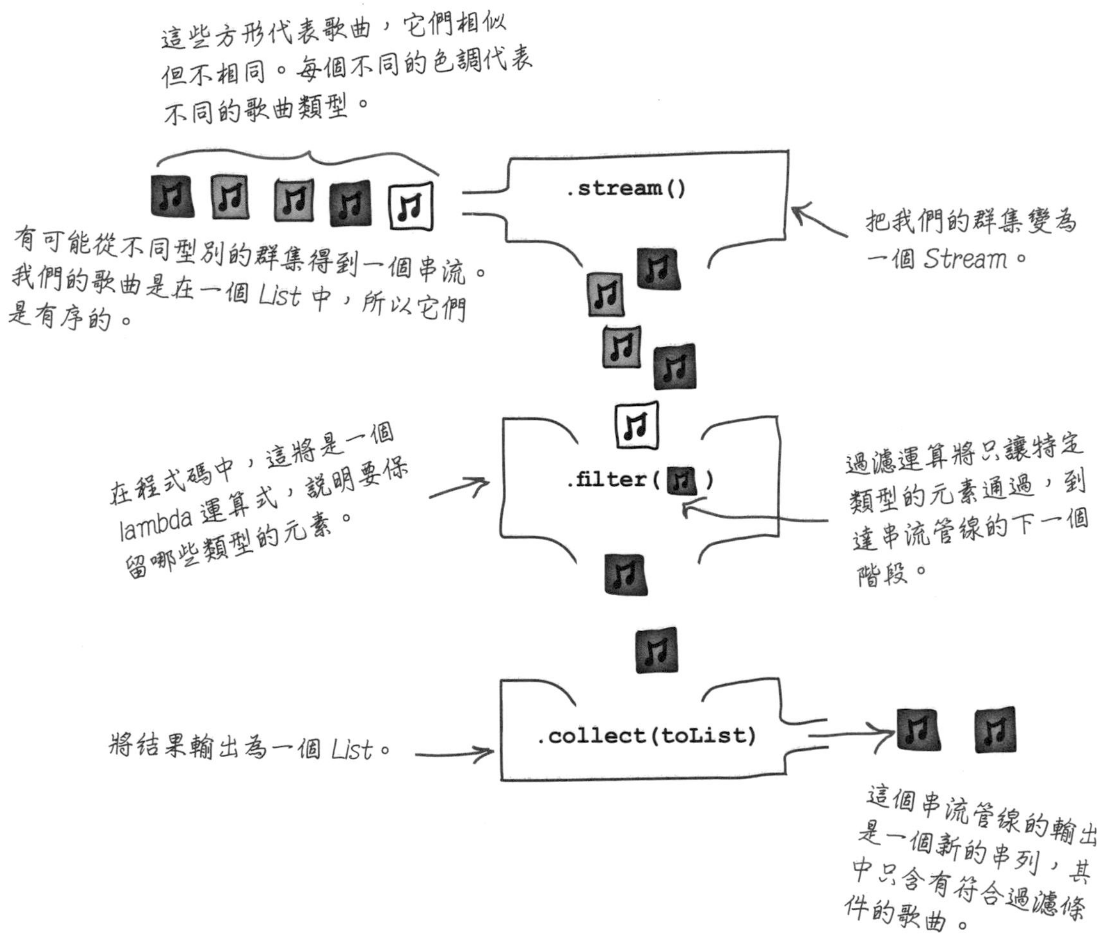

這些方形代表歌曲，它們相似
但不相同。每個不同的色調代表
不同的歌曲類型。

.stream()

把我們的群集變為
一個 Stream。

有可能從不同型別的群集得到一個串流。
我們的歌曲是在一個 List 中，所以它們
是有序的。

.filter( )

在程式碼中，這將是一個
lambda 運算式，說明要保
留哪些類型的元素。

過濾運算將只讓特定
類型的元素通過，到
達串流管線的下一個
階段。

.collect(toList)

將結果輸出為一個 List。

這個串流管線的輸出
是一個新的串列，其
中只含有符合過濾條
件的歌曲。

搖滾起來！

因此，添加一個 **filter** 運算就可以過濾掉我們不想要的元素，而串流中只繼續保留符合我們標準的元素。應該不令人意外的是，你可以用一個 lambda 運算式來描述我們想在串流中保留哪些元素。

這個 filter 方法接受一個 **Predicate**。

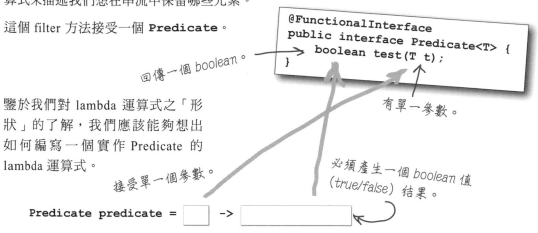

```
@FunctionalInterface
public interface Predicate<T> {
    boolean test(T t);
}
```

回傳一個 boolean。

有單一參數。

鑑於我們對 lambda 運算式之「形狀」的了解，我們應該能夠想出如何編寫一個實作 Predicate 的 lambda 運算式。

接受單一個參數。

必須產生一個 boolean 值 (true/false) 結果。

```
Predicate predicate = [ ] -> [                    ]
```

把單一參數插入到 Stream 運算時，我們就會知道它的型別是什麼，因為 lambda 的輸入型別將由串流中的型別決定。

```java
public class JukeboxStreams {
  public static void main(String[] args) {
    List<Song> songs = new Songs().getSongs();

    List<Song> rockSongs = songs.stream()
                    .filter(song -> song.getGenre().equals("Rock"))
                    .collect(Collectors.toList());

    System.out.println(rockSongs);
  }
}

class Songs {
  // 如 Ready-Bake Code 所述
}
class Song {
  // 如 Ready-Bake Code 所述
}
```

這是由 Song 組成的一個 List。

這是一個 Song，因為 filter() 作用在由 Song 組成的一個串流上。

從歌曲取得其類型 (一個 String)，並看看它是否為 "Rock"。這會回傳一個 true 或 false。

這個串流管線會回傳一個歌曲串列。

把結果放到一個 List 中。

這個 lambda 實作 Predicate。

```
File Edit Window Help StonefaceVimes
%java JukeboxStreams

[Cassidy, Grateful Dead, Rock
 With a Little Help from My Friends, The Beatles, Rock,
 Come Together, Ike & Tina Turner, Rock,
 With a Little Help from My Friends, Joe Cocker, Rock,
 Immigrant song, Led Zeppelin, Rock]
```

巧妙地使用過濾器

帶有其「簡單」的 true 或 false 回傳值的 **filter** 方法，可以包含複雜的邏輯
來保留串流中的元素，或將其排除。讓我們把我們的過濾器（filter）再往前
推一步，真正做到 Lou 的要求：

他想看到屬於某種「**搖滾**」**類型**的所有歌曲構成的一個串列。

他不只想看到被歸類為「搖滾（Rock）」的歌曲，而是任何類似搖滾的類型
（genre）。我們應該搜尋有「Rock」這個詞在其中的任何類型。

在 String 中有一個方法可以幫助我們，它叫作 **contains**。

如果該類型的任何地方有「Rock」
這個詞，則回傳 *true*。

```
List<Song> rockSongs = songs.stream()
                        .filter(song -> song.getGenre().contains("Rock"))
                        .collect(Collectors.toList());
```

```
File Edit Window Help YouRock
%java JukeboxStreams

[Cassidy, Grateful Dead, Rock
 50 ways, Paul Simon, Soft Rock
 Hurt, Nine Inch Nails, Industrial Rock
 Hurt, Johnny Cash, Soft Rock
 ...
```

現在串流會回傳不同種類的
搖滾歌曲。

輸出被截掉以節省本書的空間，
也拯救那些樹木！

腦力訓練

你能寫出一個 filter 運算，依據下列條件選出歌
曲嗎？

- 披頭四樂團（The Beatles）的歌
- 歌名以「H」開頭的歌
- 1995 年以後的歌

Lou 的挑戰 #2：列出所有歌曲類型

Lou 現在察覺到，用餐顧客所聽的音樂類型（genres of music）比他想像的要複雜。他想要播放過的歌曲的所有歌曲類型組成的一個串列。

到目前為止，我們所有的串流都回傳與一開始相同的型別。較早的例子是字串的串流（Streams of Strings），回傳的是字串的串列（Lists of Strings）。Lou 的前一個挑戰是從歌曲串列（List of Songs）開始的，最後得到了一個（較小的）歌曲串列。

Lou 現在想要類型（genre）組成的一個串列，這意味著我們需要以某種方式將串流中的歌曲元素轉變為類型（String）元素。這就是 **map** 的作用。map 運算描述如何從一種型別映射（map）到另一種型別。

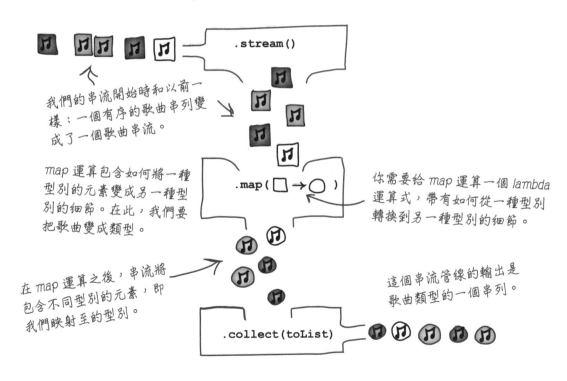

我們的串流開始時和以前一樣：一個有序的歌曲串列變成了一個歌曲串流。

map 運算包含如何將一種型別的元素變成另一種型別的細節。在此，我們要把歌曲變成類型。

你需要給 map 運算一個 lambda 運算式，帶有如何從一種型別轉換到另一種型別的細節。

在 map 運算之後，串流將包含不同型別的元素，即我們映射至的型別。

這個串流管線的輸出是歌曲類型的一個串列。

從一個型別映射至另一個

map 方法接受一個 **Function**。這個泛型的定義有點模糊，使得理解起來有點困難，但是 Function 只做一件事：它們接收一種型別的東西並回傳另一種型別的東西。確切地說，映射（mapping）所需要的東西會隨著型別而變。

回傳某種 Object。

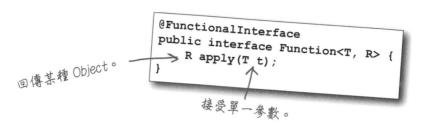

```
@FunctionalInterface
public interface Function<T, R> {
    R apply(T t);
}
```

接受單一參數。

讓我們看看在一個串流管線中使用 **map** 時，看起來會是怎樣。

結果會是一個字串串列，因為類型是一個 String。

這是 Song 物件的一個串列。

單一參數，也就是一個 Song，因為這個 map() 作用在 Song 所構成的一個 Stream 上。

```
List<String> genres = songs.stream()
                           .map(song -> song.getGenre())
                           .collect(toList());
```

把結果放到一個 List 中。

lambda 主體可以回傳任何型別的一個物件。透過在歌曲上呼叫 getGenre，此後的串流將是（類型）字串的一個串流。

map 的 lambda 運算式類似於 filter 所用的那種，它接收一首歌曲並將其變成其他東西。它並非回傳一個 boolean 值，而是回傳其他的物件，在此就是包含歌曲類型的一個字串。

```
File Edit Window Help RoadToNowhere
%java JukeboxStreams

[Electronic, R&B, Rock, Soft Rock, Industri-
al Rock, Electronic, Soft Rock, Electronic,
Alternative Rock, Rock, Blues rock, Rock,
Rock, Industrial Rock, Electronic, R&B, Pop,
Pop, Alternative Rock, Latin, Latin, Rock]
```

移除重複

我們已經得到了測試資料中所有類型所構成的一個串列，但是 Lou 可能並不想看到重複的那些類型。**map** 運算本身會產生一個與輸入 List 相同大小的輸出 List。由於串流運算被設計成可以堆疊在一起，也許我們可以用另一個運算來取得串流中每個元素的單個實例？

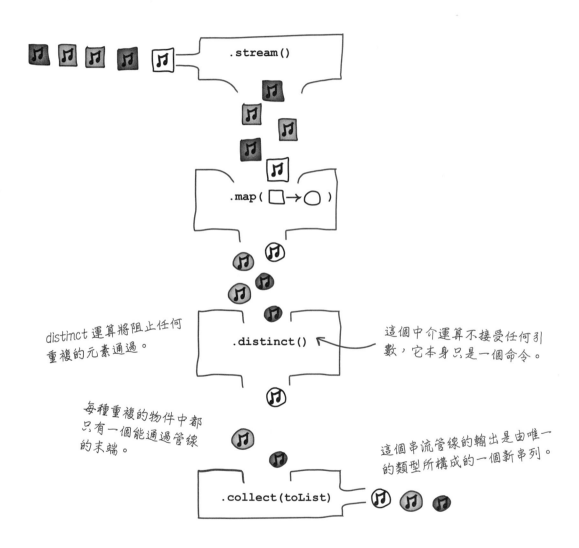

distinct 運算將阻止任何重複的元素通過。

這個中介運算不接受任何引數，它本身只是一個命令。

每種重複的物件中都只有一個能通過管線的末端。

這個串流管線的輸出是由唯一的類型所構成的一個新串列。

每種類型只挑一個

我們所需要做的就只是在串流管線中添加一個 distinct 運算，就可以得到每種類型的一個實例。

```
List<String> genres = songs.stream()
                           .map(song -> song.getGenre())
                           .distinct()
                           .collect(Collectors.toList());
```

在串流管線上有了這個，就意味著在這之後不會有重複的東西了。

輸出一個更易讀的類型串列。

```
File Edit Window Help UniqueIsGood
%java JukeboxStreams

[Electronic, R&B, Rock, Soft Rock,
Industrial Rock, Alternative Rock,
Blues rock, Pop, Latin]
```

繼續建置！

一個串流管線可以有任何數量的中介運算。Stream API 的力量在於，我們能以可理解的構建組塊建立出複雜的查詢。該程式庫會以一種盡可能高效率的方式來加以執行。舉例來說，我們可以創建一個查詢，透過使用 map 運算和多個 filters，回傳翻唱過某首特定歌曲的所有歌手所成的一個串列，其中不包括原唱歌手。

```
String songTitle = "With a Little Help from My Friends";
List<String> result = allSongs.stream()
                              .filter(song -> song.getTitle().equals(songTitle))
                              .map(song -> song.getArtist())
                              .filter(artist -> !artist.equals("The Beatles"))
                              .collect(Collectors.toList());
```

削尖你的鉛筆

試著自行注釋這段程式碼。那些過濾器在做什麼呢？那個 map 又在做什麼？

——▶ 你要解決的。

有時你甚至不需要一個 lambda 運算式

給定參數的型別或函式型介面的形狀，有些 lambda 運算式會做一些簡單且可預測的事情。再次看看 map 運算的 lambda 運算式：

```
Function<Song, String> getGenre = song -> song.getGenre();
```

你可以使用一個**方法參考**（**method reference**），指引編譯器去找能完成我們想要的運算的一個方法，而不是拼湊出整個運算。

> 這個 *Function* 的輸出必須是一個 *String*。

> *getGenre()* 的輸出是一個 *String*，就像這個 *Function* 所需要的那樣。

```
Function<Song, String> getGenre = Song::getGenre;
```

> 這是我們會在 *lambda* 主體中呼叫的方法。

> 這個 *Function* 的輸入參數是一個 *String*。

> 一個方法參考，不是使用「.」來促使編譯器呼叫該方法，而是使用「::」指引編譯器找出該方法。

方法參考可以在許多不同的情況下取代 lambda 運算式。一般來說，如果方法參考能使程式碼更容易閱讀，我們就可以使用它。

以我們的老朋友 Comparator 為例。在 Comparator 介面上有很多輔助方法，與方法參考相結合時，就能讓你看到哪個值被用於排序，以及往哪個方向進行。如果不是這樣做，那若要將歌曲從最舊的排序到最新的，就得這樣做：

```
List<Song> result = allSongs.stream()
                        .sorted((o1, o2) -> o1.getYear() - o2.getYear())
                        .collect(toList());
```

使用方法參考與 Comparator 的 **static** 輔助方法相結合來描述應該如何進行比較：

```
List<Song> result = allSongs.stream()
                        .sorted(Comparator.comparingInt(Song::getYear))
                        .collect(toList());
```

放輕鬆

如果方法參考讓你感到不舒服，你並不需要使用它們。重要的是能夠認出「::」語法，特別是在串流管線中。

> 方法參考可以代替 *lambda* 運算式，但你不一定要使用它們。
>
> 有時方法參考會使程式碼更容易理解。

以不同的方式收集結果

雖然 Collectors.toList 是最常用的 Collector（收集器），但還有其他有用的 Collector。舉例來說，我們可以不使用 distinct 來解決最後一項挑戰，而是將結果收集到一個 Set（集合）中，這樣就不允許重複。使用這種做法的好處是，使用這些結果的任何其他東西都知道這點，因為它是一個 Set，根據定義，不會有重複的項目。

```
Set<String> genres = songs.stream()
                          .map(song -> song.getGenre())
                          .collect(Collectors.toSet());
```

將結果儲存在一個字串集合裡，而不是一個串列中。集合不能包含重複的項目。

把結果放入一個 Set 中，它將自動會有唯一的條目。

Collectors.toList 和 Collectors.toUnmodifiableList

你已經見過 toList 了。作為替代方式，你可以使用 Collectors.toUnmodifableList 來得到一個不能被改變的 List（不能添加、替換或移除任何元素）。這只在 Java 10 以後能夠使用。

List

Collectors.toSet 和 Collectors.toUnmodifiableSet

使用這些方法來將結果放入一個 Set（集合），而非一個 List（串列）。請記住，一個 Set 不能包含重複的項目，而且通常不是有序的。如果你使用的是 Java 10 或更高版本，你就能使用 Collectors.toUnmodifiableSet 來確保你的結果不會被任何東西改變。

沒有重複。

Set

Collectors.toMap 和 Collectors.toUnmodifiableMap

你可以將你的串流收集到由鍵值與值對組（key/value pairs）所構成的一個 Map（映射）中。你需要提供一些函式來告訴 collector 什麼是鍵值、什麼是值。你能使用 Collectors.toUnmodifiableMap 來創建一個不能被改變的 map，從 Java 10 開始就行。

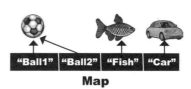
Map

Collectors.joining

你可以從串流創建出一個字串結果（String result）。它會把所有的串流元素連接（join）成單一個 String。你選擇性定義分隔符號（delimiter），即用來分隔每個元素的字元。如果你想把串流變成 CSV（Comma Separated Values，逗號分隔的值）所構成的一個 String，這可能就會非常有用。

但等等，還有更多呢！

收集結果不是唯一重要的事情，**collect** 只是許多終端運算之一。

檢查是否有東西存在

你可以使用會回傳 boolean 值的終端運算在串流中搜尋特定的東西。舉例來說，我們可以看看
餐廳裡是否播放過任何 R&B 歌曲。

```
boolean result =
    songs.stream()
        .anyMatch(s -> s.getGenre().equals("R&B"));
```

```
boolean anyMatch(Predicate p);
boolean allMatch(Predicate p);
boolean noneMatch(Predicate p);
```

尋找某個特定的東西

回傳一個 **Optional** 值的終端運算會在串流中尋找特定的東西。舉例來說，我們可以在播放過
的歌曲中找出第一首在 1995 年發行的歌曲。

```
Optional<Song> result =
    songs.stream()
        .filter(s -> s.getYear() == 1995)
        .findFirst();
```

```
Optional<T> findAny();
Optional<T> findFirst();
Optional<T> max(Comparator c);
Optional<T> min(Comparator c);
Optional<T> reduce(BinaryOperator a);
```

計數項目

有一個 count（計數）運算，你可以用它來找出串流中有多少個元素。舉例來說，我們可以找出
不重複的歌手數量。

```
long result =
    songs.stream()
        .map(Song::getArtist)
        .distinct()
        .count();
```

```
long count();
```

還有更多的終端運算可用，其中一些
取決於你正在處理的 Stream 是何種
型別。

記住，API 說明文件可以幫你找出，
是否有某個內建的運算能達成你想要
做的事情。

等一下。一個結果怎麼可能是「Optional（選擇性）」的？這到底是什麼意思？

有些運算可能會回傳一些東西，也可能根本不回傳任何東西

一個方法可能會，也可能不會回傳一個值，這聽起來很奇怪，但它在現實生活中經常發生。

想像一下，你在一個冰淇淋攤位上，你想要吃草莓冰淇淋。

請給我草莓冰淇淋！

來，這是您的！

```
IceCream iceCream =
  getIceCream("Strawberry");
```

很簡單，對吧？但是如果他們沒有草莓口味的呢？賣冰淇淋的人很可能會告訴你「我們沒有那種口味」。

抱歉，我們沒有那種口味。

然後就由你決定接下來要怎麼做：也許是點巧克力口味，也許是找另一家冰淇淋店，也許是回家為沒有吃到冰淇淋生悶氣。

想像在 Java 世界中試著這樣做。在第一個例子中，你會得到一個冰淇淋實體。在第二個例子中，你會得到⋯一個字串訊息嗎？但是一個訊息並不適合放到冰淇淋形狀的變數中。一個 null？但是 null 到底是什麼意思？

結果 → 草莓冰淇淋

Rabbit Variable

Optional 是一個包裹器

從 Java 8 開始，一個方法宣告它「有時可能不回傳結果」的正常方式是回傳一個 **Optional**。這是包裹著結果的一個物件，讓你可以問「我得到了一個結果嗎？還是它是空的？」，然後你就可以決定下一步該怎麼做了。

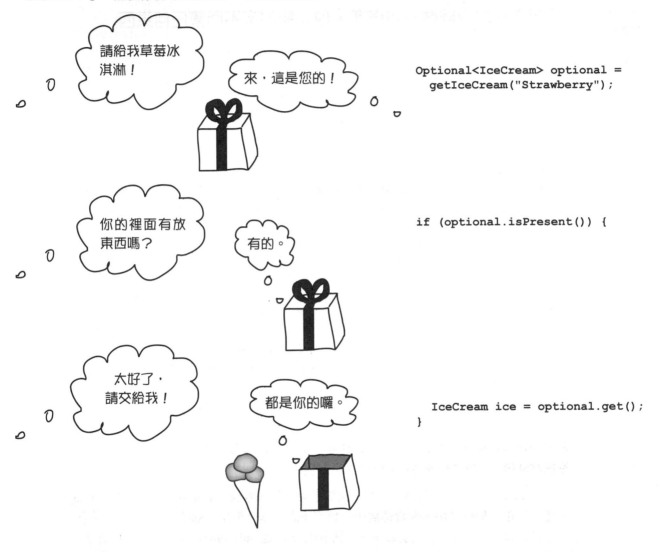

```java
Optional<IceCream> optional =
    getIceCream("Strawberry");



if (optional.isPresent()) {




    IceCream ice = optional.get();
}
```

你剛剛為我介紹了兩個新的步驟來獲得我的冰淇淋！

沒錯，不過現在我們有辦法<u>詢問</u>是否有結果了

Optional 給了我們一種方式來發現並處理沒有得到冰淇淋的情況。

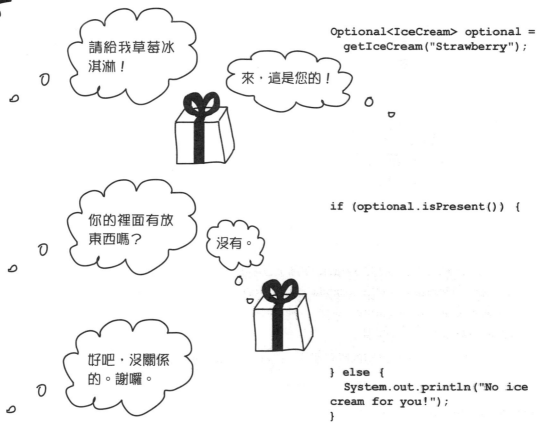

請給我草莓冰淇淋！

來，這是您的！

```
Optional<IceCream> optional =
   getIceCream("Strawberry");
```

你的裡面有放東西嗎？

沒有。

```
if (optional.isPresent()) {
```

好吧，沒關係的。謝囉。

```
} else {
  System.out.println("No ice
cream for you!");
}
```

過去在這種情況下，方法可能會擲出 Exceptions（例外），或者回傳「null」，或者一個特殊型別的「未找到」冰淇淋實體。從方法中回傳一個 *Optional*，清楚表明呼叫該方法的任何東西都**需要**先檢查是否有結果，**然後**自己再決定如果沒有結果該怎麼辦。

別忘了與 Optional 包裹器對話

關於 Optional 結果的重要之處在於，**它們可以是空的**。如果你不先檢查是否有一個值存在，而結果是空的，你就會得到一個例外。

```java
Optional<IceCream> optional =
    getIceCream("Strawberry");
```

```java
IceCream ice = optional.get();
```

```
File Edit Window Help Boom

%java OptionalExamples

Exception in thread "main" java.util.No-
SuchElementException: No value present
      at java.base/java.util.Optional.
get(Optional.java:148)
      at ch10c.OptionalExamples.
main(OptionalExamples.java:11)
```

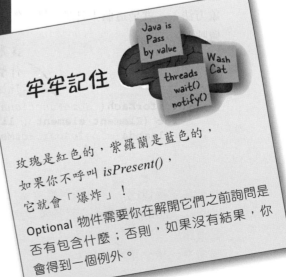

牢牢記住

玫瑰是紅色的，紫羅蘭是藍色的，
如果你不呼叫 *isPresent()*，
它就會「爆炸」！
Optional 物件需要你在解開它們之前詢問是否有包含什麼；否則，如果沒有結果，你會得到一個例外。

意料之外的咖啡

Alex 正在為她的超智慧咖啡機（由 Java 驅動的）設計程式，以便在一天的不同時間為她提供最適合她的咖啡。

**Head First
少年事件簿**

在下午，Alex 希望咖啡機為她提供效力最弱的咖啡（她喝的咖啡足以讓她在晚上睡不著覺，她不需要更多咖啡因來增加她的問題！）。作為一名經驗豐富的軟體開發人員，她知道 Stream API 會在正確的時間為她提供最好的「咖啡串流」。

咖啡將利用自然順序從效力最弱到最強自動排序，所以她給咖啡機下了這些指令：

```java
Optional<String> afternoonCoffee = coffees.stream()
                                    .map(Coffee::getName)
                                    .sorted()
                                    .findFirst();
```

就在第二天，她想要喝下午的咖啡，但令她驚恐的是，機器給她的是美式咖啡（Americano），而不是她所期待的無咖啡因卡布奇諾（Decaf Cappuccino）。

「我不能喝那個！我會整夜睡不著擔心我最近的軟體專案！」

發生了什麼事？為什麼咖啡機給 *Alex* 的是美式咖啡？

⟶ 答案在第 419 頁。

池畔風光

你的**任務**是從泳池中拿出程式碼片段，並將它們放入程式碼中的空白行。你**不能**多次使用同一個程式碼片段，而且你也不需要使用所有的程式碼片段。你的**目標**是製作一個能夠編譯、執行並產生所列輸出的類別。

輸出

```
File Edit Window Help DiveIn
%java StreamPuzzle
[Immigrant Song, With a Little
Help from My Friends, Hallucinate,
Pasos de cero, Cassidy]
With a Little Help from My Friends
No songs found by: The Beach Boys
```

注意：泳池中的每一個東西只能使用一次！

```java
public class StreamPuzzle {
  public static void main(String[] args) {
    SongSearch songSearch = _____;
    songSearch._____;
    _____.search("The Beatles");
    _____;
  }
}
class _____ {
  private final List<Song> songs =
    new JukeboxData.Songs().getSongs();

  void printTopFiveSongs() {
    List<String> topFive = songs.stream()
               ._____
               ._____
               ._____
               .collect(_____);
    System.out.println(topFive);
  }
  void search(String artist) {
    _____ = songs.stream()
               ._____
               ._____;
    if (_____) {
      System.out.println(_____);
    } else {
      System.out.println(_____);
    }
  }
}
```

result.get().getTitle()

printTopFiveSongs()   findFirst()

songSearch.search("The Beach Boys")   SongSearch

"No songs found by: " + artist   result.isPresent()

songSearch

limit(5)   sorted(Comparator.comparingInt(Song::getTimesPlayed))

new SongSearch()   Collectors.toList()

filter(song -> song.getArtist().equals(artist))   Optional<Song> result

map(song -> song.getTitle())

連連看（第 372 頁）

候選程式碼：

```
for (int i = 1; i < nums.size(); i++)
    output += nums.get(i) + " ";
```

```
for (Integer num : nums)
    output += nums + " ";
```

```
for (int i = 0; i <= nums.length; i++)
    output += nums.get(i) + " ";
```

```
for (int i = 0; i <= nums.size(); i++)
    output += nums.get(i) + " ";
```

可能的輸出：

```
1 2 3 4 5
```

```
Compiler error
```

```
2 3 4 5
```

```
Exception thrown
```

```
[1, 2, 3, 4, 5]
[1, 2, 3, 4, 5]
[1, 2, 3, 4, 5]
[1, 2, 3, 4, 5]
[1, 2, 3, 4, 5]
```

連連看？（第 374 頁）

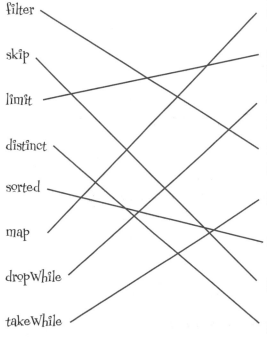

filter

skip

limit

distinct

sorted

map

dropWhile

takeWhile

將串流（stream）中目前的元素變為其他東西。

設定可以從這個 Stream 輸出的最大元素數。

當某個給定的條件為真時，就不會處理元素。

只允許符合給定條件的元素留在 Stream 中。

只會在給定的條件為真時處理元素。

指出串流的結果應以某種方式排序。

這是 Stream 開頭不會被處理的元素數。

用這個來確保重複的東西都被移除。

習題解答

程式碼磁貼（第 386 頁）

如果串流運算的順序不同，會發生什麼事？這有什麼關係嗎？

```java
import java.util.*;
import java.util.stream.*;

public class CoffeeOrder {
  public static void main(String[] args) {
    List<String> coffees = List.of("Cappuccino",
            "Americano", "Espresso", "Cortado", "Mocha",
            "Cappuccino", "Flat White", "Latte");

    List<String> coffeesEndingInO = coffees.stream()
                                     .filter(s -> s.endsWith("o"))
                                     .sorted()
                                     .distinct()
                                     .collect(Collectors.toList());
    System.out.println(coffeesEndingInO);
  }
}
```

```
File Edit Window Help Cafelito

%java CoffeeOrder

[Americano, Cappuccino,
Cortado, Espresso]
```

冥想時間——我是編譯器（第 395 頁）

☑ `Runnable r = () -> System.out.println("Hi!");`

☑ `Consumer<String> c = s -> System.out.println(s);`

☐ `Supplier<String> s = () -> System.out.println("Some string");` ← 應該回傳一個 String 但沒有。

☐ `Consumer<String> c = (s1, s2) -> System.out.println(s1 + s2);` 應該只接受一個參數，但有兩個。

☐ `Runnable r = (String str) -> System.out.println(str);` 不應該有參數。

☑ `Function<String, Integer> f = s -> s.length();`

☑ `Supplier<String> s = () -> "Some string";`

☐ `Consumer<String> c = s -> "String" + s;` ← 這個單行 lambda 等同於會在一個 Consumer 方法應該不回傳任何東西的時候，回傳一個字串。即使沒有「return」，這個計算出來的字串值也會被認為是回傳值。

☐ `Function<String, Integer> f = (int i) -> "i = " + i;` ← 應該有一個 String 參數並回傳一個 int，但它卻有一個 int 參數並回傳一個 String。

☐ `Supplier<String> s = s -> "Some string: " + s;` 不應該有任何參數。

☐ `Function<String, Integer> f = () -> System.out.println("Some string");`

應該接受一個 String 參數。應該回傳一個 int，但實際上卻什麼都不回傳。

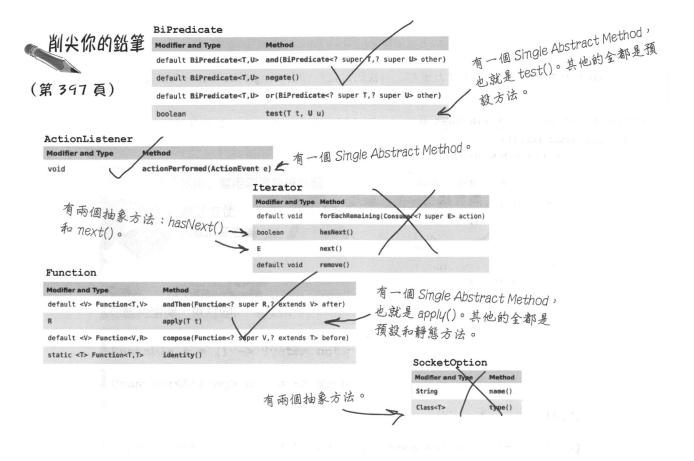

削尖你的鉛筆

（第 397 頁）

BiPredicate

Modifier and Type	Method
default BiPredicate<T,U>	and(BiPredicate<? super T,? super U> other)
default BiPredicate<T,U>	negate()
default BiPredicate<T,U>	or(BiPredicate<? super T,? super U> other)
boolean	test(T t, U u)

有一個 Single Abstract Method，也就是 test()。其他的全都是預設方法。

ActionListener

Modifier and Type	Method
void	actionPerformed(ActionEvent e)

有一個 Single Abstract Method。

有兩個抽象方法：hasNext() 和 next()。

Iterator

Modifier and Type	Method
default void	forEachRemaining(Consumer<? super E> action)
boolean	hasNext()
E	next()
default void	remove()

Function

Modifier and Type	Method
default <V> Function<T,V>	andThen(Function<? super R,? extends V> after)
R	apply(T t)
default <V> Function<V,R>	compose(Function<? super V,? extends T> before)
static <T> Function<T,T>	identity()

有一個 Single Abstract Method，也就是 apply()。其他的全都是預設和靜態方法。

SocketOption

Modifier and Type	Method
String	name()
Class<T>	type()

有兩個抽象方法。

Head First 少年事件簿（第 415 頁）

Alex 並沒有留意串流運算的順序。她先將咖啡物件映射（map）到一個字串串流，然後對其進行排序。字串自然是按字母順序排列的，所以當咖啡機得到 Alex 下午要喝的咖啡的「第一個」結果時，它沖泡的是一杯新鮮的「Americano（美式咖啡）」。

如果 Alex 想按強度排列咖啡，最弱的（5 個中的 1 個）在前，她就得先排序咖啡串流，再將其映射為字串名稱：

```
afternoonCoffee = coffees.stream()
                        .sorted()
                        .map(Coffee::getName)
                        .findFirst();
```

然後，咖啡機就會為她泡杯無咖啡因咖啡，而不是美式咖啡。

池畔風光（第416頁）

```java
public class StreamPuzzle {
  public static void main(String[] args) {
    SongSearch songSearch = new SongSearch();
    songSearch.printTopFiveSongs();
    songSearch.search("The Beatles");
    songSearch.search("The Beach Boys");
  }
}
class SongSearch {
  private final List<Song> songs =
      new JukeboxData.Songs().getSongs();

  void printTopFiveSongs() {
    List<String> topFive = songs.stream()
                        .sorted(Comparator.comparingInt(Song::getTimesPlayed))
                        .map(song -> song.getTitle())
                        .limit(5)
                        .collect(Collectors.toList());
    System.out.println(topFive);
  }
  void search(String artist) {
    Optional<Song> result = songs.stream()
                        .filter(song -> song.getArtist().equals(artist))
                        .findFirst();
    if (result.isPresent()) {
      System.out.println(result.get().getTitle());
    } else {
      System.out.println("No songs found by: " + artist);
    }
  }
}
```

13 例外處理

危險行為

當然，這是有風險的，但如果有事出錯，我可以**處理**（handle）。

總是會有事情發生。檔案不見了。伺服器壞了。無論你是多麼優秀的程式設計師，你還是無法控制一切。事情可能會出錯，而且錯得離譜。當你寫出一個帶有風險的方法時，你需要有程式碼來處理可能發生的壞事。但是你怎麼知道一個方法是有風險的？你又該把處理那些**例外**情況的程式碼放在哪裡？在本書中，到目前為止，我們還沒有真正承擔任何風險。我們確實有在執行時期出過問題，但那些問題大多是我們自己程式碼中的缺陷，就是臭蟲（bugs）。而我們應該在開發過程修復它們。不，我們在此談論的問題處理程式碼針對的是，你無法保證在執行時期能順利運作的那些程式碼。那些程式碼預期檔案要在正確的目錄中、伺服器必須有在執行，或者執行緒保持睡眠狀態。而我們現在就必須這樣做，因為在這一章中，我們將使用有風險的 JavaSound API 建立某些東西。我們要建立一個 MIDI Music Player（MIDI 音樂播放器）。

讓我們製作一個 Music Machine

在接下來的三章中，我們將建立幾個不同的聲音應用程式，包括一個 BeatBox Drum Machine。事實上，在本書完成之前，我們就會有一個多人版本，這樣你就可以把你的鼓聲迴圈（drum loops）發送給另一個玩家，有點像在社群媒體上分享那樣。你得編寫整個程式，雖然你可以選擇使用 Ready-Bake Code 來編寫 GUI 的部分。好吧，不是每個 IT 部門都在尋找一個新的 BeatBox 伺服器，但我們這樣做是為了學習更多的 Java 知識。建造 BeatBox 只是讓我們在學習 Java 的同時獲得樂趣的一種方式。

完成的 BeatBox 看起來應該會類似這樣：

你透過在方塊中打勾來製作一個 *beatbox* 迴圈（一個 16 拍的鼓聲模式）。

點擊「*sendIt*」時，你的訊息會連同你當前的節拍模式一起發送給其他玩家。

來自玩家的訊息。點擊一個模式，然後點擊 *Start* 開始播放。

注意 16 個「節拍（beats）」中每一節方塊內的核取記號。舉例來說，在（16 個拍子中的）第 1 拍，會演奏大鼓（Bass Drum）和沙槌（Maracas），第 2 拍不演奏，而在第 3 拍則是沙槌和關閉的腳踏鈸（Closed Hi-Hat）…你懂我的意思。點擊「Start」時，它將迴圈播放你的模式，直到你點擊「Stop」。任何時候，你都可以透過將自己的模式發送到 BeatBox 伺服器來「捕獲（capture）」它（這意味著任何其他玩家都可以聽它）。你也可以透過點擊與之相關的訊息來載入送進來的任何模式。

我們從基礎知識開始

顯然，在整個程式完成之前，我們還有一些東西需要學習，包括如何建立一個 GUI，如何透過網路連接到另一部機器，以及一點 I/O 知識，以便我們可以向另一部機器發送一些東西。

哦，對了，還有 JavaSound API，那就是我們本章一開始要講的內容。現在，你可以先忘了 GUI、網路和 I/O，只專注於如何讓一些 MIDI 產生的聲音從你的電腦播放出來。如果你對 MIDI 或者對於閱讀和製作音樂都一無所知，也不用擔心。你需要學習的一切都在這裡。你幾乎可以聞到出唱片的味道了。

JavaSound API

JavaSound 是早在版本 1.3 就被加到 Java 中的一組類別和介面。它們並非特殊的附加功能，而是 Java SE 標準類別程式庫的一部分。JavaSound 被分成兩部分：MIDI 和 Sampled。本書中我們只會使用 MIDI。MIDI 代表的是 Musical Instrument Digital Interface（樂器數位介面）的縮寫，它是讓不同種類的電子音效設備彼此溝通的標準協定。但對於我們的 BeatBox app 來說，你可以把 MIDI 看作是一種樂譜（*sheet music*），你可以把它輸入到一些裝置中，如高科技的「自動演奏鋼琴（player piano）」。換句話說，MIDI 資料實際上並不包括任何聲音（*sound*），但它確實包括 MIDI 讀取儀器可以播放的指令（*instructions*）。或者用另一種類比，你可以把 MIDI 檔案看作是 HTML 文件，而「描繪（render）」MIDI 檔案（即播放它）的樂器（instrument）就如同 Web 瀏覽器。

MIDI 資料描述要做什麼（播放中央 C，以及這裡要用多大的力度，而這裡要保持多長時間等等），但它根本沒有描述你聽到的實際聲音。MIDI 不知道如何發出長笛、鋼琴或 Jimi Hendrix 吉他的聲音。對於實際的聲音，我們需要一個能夠讀取並播放 MIDI 檔案的樂器（MIDI 裝置），不過這個裝置通常更像是一個完整的樂隊或一整個管弦樂團的樂器。而這個樂器可能是一個物理裝置，如鍵盤，甚至可能是一個完全用軟體構建的樂器，住在你的電腦裡。

對於我們的 BeatBox，我們只會使用你從 Java 得到的內建純軟體樂器，它被稱為合成器（*synthesizer*，有些人稱它為 *software synth*），因為它能創造聲音，你能聽到的聲音。

MIDI 檔案

播放高音 C，打擊並保持兩拍

MIDI 檔案含有應該如何演奏歌曲的資訊，但它沒有任何實際的聲音資料，它有點像鋼琴的樂譜，是給自動鋼琴的指令。

有 MIDI 能力的樂器

揚聲器

MIDI 裝置知道如何「閱讀」一個 MIDI 檔案並播放聲音。這種裝置可能是合成器鍵盤或其他種類的樂器。通常，一個 MIDI 樂器可以演奏「很多」不同的聲音（鋼琴、鼓、小提琴等），而且是在同一時間演奏。因此，一個 MIDI 檔案並不像樂譜那樣只給樂隊中一名樂手使用，它可以容納演奏某首歌曲的「所有」樂手負責的各個部分。

首先我們需要一個 Sequencer

在我們能夠得到要播放的任何聲音之前，我們需要一個 Sequencer（音序器）物件。音序器是接收所有的 MIDI 資料並將其發送到正確樂器的物件。它就是播放音樂的東西。音序器可以做很多不同的事情，但在本書中，我們只把它當作一個播放裝置使用。它就像一個串流播放音樂的裝置，但有一些附加功能。Sequencer 類別是在 javax.sound.midi 套件中。所以讓我們先確保有辦法製作（或取得）一個 Sequencer 物件。

```
import javax.sound.midi.*;
```
← 匯入 javax.sound.midi 套件。

我們需要一個 Sequencer 物件。它是我們正在使用的 MIDI 裝置或樂器的主要部分。它就是將所有的 MIDI 資訊依照順序排列成「歌曲」的東西。但我們不能自行製作一個全新的音序器，我們必須要求 MidiSystem 給我們一個。

```
public class MusicTest1 {
  public void play() {
    try {
      Sequencer sequencer = MidiSystem.getSequencer();
      System.out.println("Successfully got a sequencer");
    }
  }

  public static void main(String[] args) {
    MusicTest1 mt = new MusicTest1();
    mt.play();
  }
}
```

有事情出錯了！

這段程式碼無法編譯！編譯器說，有一個必須捕捉或宣告的「未回報的例外（unreported exception）」。

```
File Edit  Window Help SayWhat?

% javac MusicTest1.java

MusicTest1.java:13: unreported exception javax.sound.midi.
MidiUnavailableException; must be caught or declared to be
thrown

    Sequencer sequencer = MidiSystem.getSequencer();
                                    ^


1 errors
```

當你想呼叫的方法（可能位在不是你寫的類別中）有風險時，會發生什麼事？

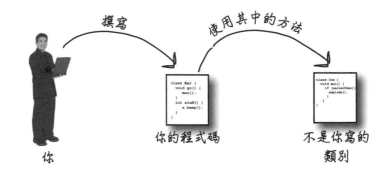

① 假設你想呼叫的方法所在類別並不是你自己寫的。

② 那個方法會做一些有風險的事，可能在執行時期失敗的事情。

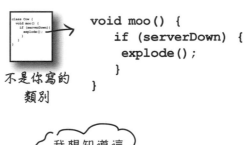

```
void moo() {
    if (serverDown) {
        explode();
    }
}
```

不是你寫的類別

③ 你需要知道你正在呼叫的方法是有風險的。

④ 然後，你要寫出能處理故障情況的程式碼，以防真的發生了。你得做好準備，以備不時之需。

Java 中的方法使用例外（*exceptions*）來告訴呼叫端程式碼：

「有不好的事發生，我失敗了。」

Java 的例外處理（exception-handling）機制是處理執行時期出現的「例外情況（exceptional situations）」的一種潔淨、明確的方式，它讓你得以把所有的錯誤處理程式碼放在一個容易閱讀的地方。其基礎建立在你正呼叫的方法會告訴你它有風險（即該方法可能會產生一個例外），這樣你就能編寫程式碼來處理那種可能性。如果你知道呼叫一個特定方法時，可能會得到一個例外，你就可以為導致例外的問題做好準備，甚至有可能從中恢復。

那麼，一個方法如何告訴你它可能擲出一個例外呢？你可以在帶有風險的方法之宣告中找到一個 **throws** 子句。

getSequencer() 方法是有風險的，它可能在執行時期失敗。所以你呼叫它時，它必須「宣告」你所承擔的風險。

API 說明文件告訴你，getSequencer() 可能擲出一個例外：MidiUnavailableException。一個方法必須宣告它可能擲出的例外。

getSequencer

```
public static Sequencer getSequencer()
                    throws MidiUnavailableException
```

Obtains the default Sequencer, connected to a default device. The returned Sequencer instance is connected to the default Synthesizer, as returned by getSynthesizer(). If there is no Synthesizer available, or the default Synthesizer cannot be opened, the sequencer is connected to the default Receiver, as returned by getReceiver(). The connection is made by retrieving a Transmitter instance from the Sequencer and setting its Receiver. Closing and re-opening the sequencer will restore the connection to the default device.

This method is equivalent to calling getSequencer(true).

If the system property javax.sound.midi.Sequencer is defined or it is defined in the file "sound.properties", it is used to identify the default sequencer. For details, refer to the class description.

Returns:

the default sequencer, connected to a default Receiver

Throws:

MidiUnavailableException - if the sequencer is not available due to resource restrictions, or there is no Receiver available by any installed MidiDevice, or no sequencer is installed in the system

See Also:

getSequencer(boolean), getSynthesizer(), getReceiver()

這一部分告訴你「何時」會出現這種例外。在本例中，是出於資源限制（這可能意味著音序器已被使用）。

可能在執行時失敗的風險方法，在其方法宣告中使用「throws SomeKindOfException」來宣告可能發生的例外。

編譯器需要知道
「你知道你正在呼叫
一個有風險的方法」

如果你用一種叫作 **try/catch** 的東西來包圍有風險的程式碼，編譯器就可以放輕鬆。

一個 try/catch 區塊告訴編譯器，你知道在你呼叫的方法中可能會發生例外情事，而且你已經準備好處理它。編譯器並不關心你會如何處理它，它只關心你有說你會負責處理它。

親愛的編譯器，我知道在此我承擔著風險，但你不認為這值得嗎？我應該怎麼做？

署名者 Waikiki 的 Geeky

親愛的 Geeky，生命很短暫（特別是在堆積裡）。承擔風險，去試試吧。但是，萬一事情沒有成功，一定要在所有的壞事爆發之前抓住任何問題。

```java
import javax.sound.midi.*;

public class MusicTest1 {

  public void play() {
    try {
      Sequencer sequencer = MidiSystem.getSequencer();
      System.out.println("Successfully got a sequencer");
    } catch(MidiUnavailableException e) {
      System.out.println("Bummer");
    }
  }

  public static void main(String[] args) {
    MusicTest1 mt = new MusicTest1();
    mt.play();
  }
}
```

把有風險的事情放在一個「try」區塊中。那就是「危險」的 getSequencer 方法，它可能會擲出一個例外。

製作一個「catch」區塊，描述發生例外情況時要做什麼，換句話說，對 getSequencer() 的呼叫會擲出一個 MidiUnavailableException。

我要去嘗試（TRY）這項冒險的活動，如果我跌倒了，我會抓住（CATCH）自己。

別自己在家嘗試

例外是型別為 Exception 的一個物件

這很幸運，因為如果例外的型別是 Broccoli（綠花椰），那就更難記住了。

請回想多型章節（第 7 和 8 章），Exception 型別的物件可以是 Exception 任何子類別的實體。

因為一個 *Exception* 是一個物件，所以你捕獲的是一個物件。在下面的程式碼中，**catch** 引數被宣告為 Exception 型別，而參數的參考變數為 *e*。

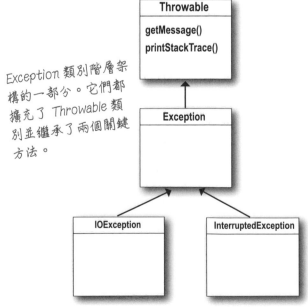

Exception 類別階層架構的一部分。它們都擴充了 Throwable 類別並繼承了兩個關鍵方法。

```
try {

    // 做一些危險的事情

} catch(Exception e) {

    // 試著復原

}
```

這就像是宣告一個方法引數。

這段程式碼只會在有一個 Exception 被擲出時執行。

你會在 catch 區塊中寫什麼，取決於被擲出的例外。舉例來說，如果一個伺服器壞了，你可以用 catch 區塊來試另一個伺服器。如果檔案不在那裡，你可以請求使用者幫忙找到它。

如果是你的程式碼負責捕捉例外，那麼是誰的程式碼擲出它呢？

你花在處理例外的時間要比你自己創造和擲出例外的時間多得多。就現在而言，你只需要知道，當你的程式碼呼叫一個有風險的方法（宣告了一個例外的方法），就會是那個有風險的方法把例外擲回給你，即呼叫者（caller）。

現實中，可能兩個類別都是你寫的。程式碼是誰寫的，真的不重要…重要的是知道哪個方法擲出了例外，而哪個方法負責捕捉。

當某人寫的程式碼可能擲出一個例外，他們就必須宣告那個例外。

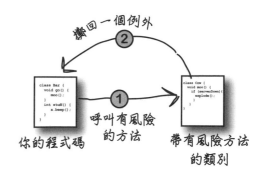

擲回一個例外 ②

① 呼叫有風險的方法

你的程式碼　　　帶有風險方法的類別

① 可能擲出例外的風險程式碼：

> 這個方法「必須」告知世界（藉由宣告）它可能會擲出一個 BadException。

```
public void takeRisk() throws BadException {
  if (abandonAllHope) {
    throw new BadException();
  }
}
```

創建一個新的 Exception 物件，並擲出它。

> 一個方法會捕捉另一個方法擲出的東西。例外總是被擲回給呼叫者。
>
> 擲出的方法必須宣告它可能擲出例外。

② 你呼叫風險方法的程式碼：

```
public void crossFingers() {
  try {
    anObject.takeRisk();
  } catch (BadException e) {
    System.out.println("Aaargh!");
    e.printStackTrace();
  }
}
```

如果你無法從例外中恢復，「至少」要用所有例外都繼承的 printStackTrace() 方法獲得堆疊追蹤軌跡（stack trace）。

除了 **RuntimeException** 之外，編譯器所有的東西都會檢查

「不是」*RuntimeException* 子類別的例外都會被編譯器檢查過。它們被稱為「受檢例外（*checked exceptions*）」。

編譯器保證：

① 如果你在程式碼中擲出一個例外，你就必須在方法宣告中使用 *throws* 關鍵字宣告它。

② 如果你呼叫一個可能擲出例外的方法（換句話說，一個宣告它會擲出例外的方法），你就必須確認（*acknowledge*）你已經注意到了例外的可能性。滿足編譯器的一種方式是把呼叫包裹在 try/catch 裡面（還有一種方式我們將在本章後面介紹）。

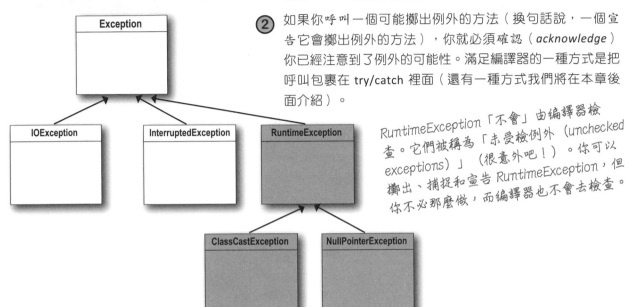

RuntimeException「不會」由編譯器檢查。它們被稱為「未受檢例外（*unchecked exceptions*）」（很意外吧！）。你可以擲出、捕捉和宣告 *RuntimeException*，但你不必那麼做，而編譯器也不會去檢查。

問：稍等一下！為何這是我們第一次 try/catch 一個 Exception 呢？那我已經遇過的那些例外，比如 NullPointerException 和 DivideByZero 的例外呢？我甚至從 Integer.parseInt() 方法拿到一個 NumberFormatException。為什麼我們不需要捕捉那些呢？

答：編譯器關心 Exception 的所有子類別，除非它們是一種特殊型別，即 RuntimeException。任何擴充了 RuntimeException 的例外類別都可以免費通關。RuntimeException 可以在任何地方擲出，無論是否有 throws 宣告或 try/catch 區塊。編譯器不會去檢查方法是否宣告它擲出了一個 RuntimeException，或者呼叫者是否確認他們在執行時可能得到那個例外。

問：這激發我的好奇心了。為什麼編譯器不關心那些執行期例外（runtime exceptions）呢？ 它們不是同樣有可能使整場演出停擺嗎？

答：大多數的 RuntimeException 會出現，都是因為你程式的邏輯有問題，而非在執行時期產生了無法預測或預防的失敗情況。你無法保證檔案一定在那裡。你無法保證伺服器正常運作。但你可以確保你的程式碼沒有索引到陣列末端之後（那就是 .length 屬性的作用）。

你希望 RuntimeException 在開發和測試時發生。舉例來說，你不希望寫出 try/catch 程式碼，並負擔隨之而來的成本，只為了捕捉一些本來就不應該發生的事情。

try/catch 是用來處理例外情況的，而不是你程式碼中的缺陷。使用你的 catch 區塊來試著從你不能保證會成功的情況下恢復。或者至少印出一條訊息和堆疊追蹤軌跡給使用者，以便有人能夠弄清楚發生了什麼事。

本章重點

- 一個方法在執行時期有事情失敗時可以擲出一個例外。

- 例外永遠都是型別為 Exception 的一種物件（這個，正如你對多型章節（7 和 8）的印象那樣，意味著該物件的類別在其繼承樹上某處會有 Exception）。

- 編譯器「不會」去注意 **RuntimeException** 型別的例外。RuntimeException 不需要宣告，也不必包裹在 try/catch 中（儘管你可以自由地去做這兩件事）。

- 編譯器關注的所有例外都被稱為「受檢例外（checked exceptions）」，這實際上是指被編譯器檢查過的例外。只有 RuntimeException 被排除在編譯器的檢查之外。所有其他的例外都必須在你的程式碼中加以確認。

- 一個方法用關鍵字 **throw** 擲出一個例外，後面接著一個新的例外物件：

  ```
  throw new NoCaffeineException();
  ```

- 可能會擲出一個受檢例外的方法**必須**用 **throws SomeException** 宣告來通報它。

- 如果你的程式碼呼叫一個會擲出受檢例外的方法，它就必須向編譯器保證已經採取了預防措施。

- 如果你準備好處理例外，就用 try/catch 包裹住呼叫，並把你的例外處理及恢復程式碼放在 catch 區塊中。

- 如果你還沒準備好處理該例外，你仍然可以透過正式的例外「迴避（ducking）」動作來讓編譯器高興。我們將在本章後面討論迴避的問題。

後設認知訣竅

如果你想學習新的東西，那就把它當作你睡前嘗試學習的最後一件事。因此，一旦你放下這本書（假設你能把自己從書中抽離出來），就不要再讀任何比 Cheerios ™ 麥片盒子背面文字更具挑戰性的東西。你的大腦需要時間來處理你所讀到和學習的內容。這可能需要幾個小時。如果試圖在你的 Java 上面塞進一些新東西，有些 Java 內容可能就無法「牢記」了。

當然，這並沒有排除學習身體技能的可能性。練習最新的 Ballroom KickBoxing 動作可能不會影響你的 Java 學習。

為了獲得最佳效果，請在睡覺前閱讀本書（或至少看一下圖片）。

削尖你的鉛筆

你認為哪種情況可能會擲出編譯器應該關注的例外？這些是你在程式碼中無法控制的東西。我們做了第一項。

（因為那是最簡單的。）

➡ 你要解決的。

你想要做的事

- ✔ 連接至一個遠端伺服器
- __ 存取超出陣列長度的內容
- __ 在螢幕上顯示一個視窗
- __ 從資料庫取回資料
- __ 查看一個文字檔案是否為你所想的那個
- __ 創建一個新的檔案
- __ 從命令列讀取一個字元

可能出的錯

伺服器沒在運作。

_____

_____

_____

_____

_____

_____

try/catch 區塊中的流程控制

呼叫一個有風險的方法時,有兩種情況之一會發生。一是有
風險的方法成功了,try 區塊執行完畢。二是有風險的方法擲
回了一個例外給你負責呼叫它的方法。

如果 try 成功了

(doRiskyThing() 沒有擲出一個
例外)

首先 try 區塊會執行,
然後在 catch 區塊之後
的程式碼會執行。

catch 區塊中的程式碼
不會執行。

```
try {
①  Foo f = x.doRiskyThing();
    int b = f.getNum();

} catch (Exception e) {
    System.out.println("failed");

}
②  System.out.println("We made it!");
```

```
File Edit Window Help RiskAll
%java Tester

We made it!
```

如果 try 失敗了

(因為 doRiskyThing() 擲出了一
個例外)

try 區塊執行了,但對
doRiskyThing() 的呼叫擲出
了一個例外,所以 try 區塊
的其餘部分沒有執行。

catch 區塊會執行,然後方
法繼續進行。

try 區塊其餘的部分永遠不會執
行,這是一件好事,因為 try 剩
下的部分取決於 doRiskyThing()
呼叫是否成功。

```
try {
①  Foo f = x.doRiskyThing();
    int b = f.getNum();

} catch (Exception e) {
②  System.out.println("failed");
}
③  System.out.println("We made it!");
```

```
File Edit Window Help RiskAll
%java Tester

failed

We made it!
```

Finally：用於無論如何你都想要做的事情

如果你想烘焙東西，你首先要打開烤箱。

如果你嘗試的事情完全**失敗**，你就得關掉烤箱。

如果你嘗試的事情**成功**了，你就得關掉烤箱。

無論怎樣，你都必須關掉烤箱！

finally 區塊中放置的程式碼，無論有沒有例外出現，都一定會執行。

```
try {
  turnOvenOn();
  x.bake();
} catch (BakingException e) {
  e.printStackTrace();
} finally {
  turnOvenOff();
}
```

無論發生什麼事，當我們停下來時，都別忘了拉上手煞車。我們從來沒找到上一輛車最後在哪裡…

如果沒有 finally，你就必須把 turnOvenOff() 同時放在 try 和 catch 中，因為**無論如何你都必須關閉烤箱**。finally 區塊讓你把所有重要的清理程式碼都放在同一個地方，而不是像這樣重複：

```
try {
  turnOvenOn();
  x.bake();
  turnOvenOff();
} catch (BakingException e) {
  e.printStackTrace();
  turnOvenOff();
}
```

如果 try 區塊失敗（出現例外），流程控制會立即轉移到 catch 區塊。catch 區塊完成後，finally 區塊就會執行。finally 區塊完成時，方法的其餘部分才會繼續進行。

如果 try 區塊成功了（沒有例外），流程控制就會跳過 catch 區塊，轉到 finally 區塊。finally 區塊完成後，方法的其餘部分會繼續進行。

如果 try 或 catch 區塊有一個 return 述句，finally 仍然會執行！流程會跳轉到 finally，然後再回到 return。

削尖你的鉛筆

你要解決的。

流程控制

請看左邊的程式碼。你認為這個程式的輸出會是什麼?如果將程式的第三行改為 String test = "yes"; ,你認為輸出會是什麼?假設 ScaryException 擴充了 Exception。

```java
public class TestExceptions {

  public static void main(String[] args) {
    String test = "no";
    try {
      System.out.println("start try");
      doRisky(test);
      System.out.println("end try");
    } catch (ScaryException se) {
      System.out.println("scary exception");
    } finally {
      System.out.println("finally");
    }
    System.out.println("end of main");
  }

  static void doRisky(String test) throws ScaryException {
    System.out.println("start risky");
    if ("yes".equals(test)) {
      throw new ScaryException();
    }
    System.out.println("end risky");
  }
}

class ScaryException extends Exception {
}
```

當 test = "no" 時的輸出

當 test = "yes" 時的輸出

當 test = "no": start try - start risky - end risky - end try - finally - end of main

當 test = "yes": start try - start risky - scary exception - finally - end of main

我們是否提到過，一個方法可以擲出一個以上的例外？

一個方法可以擲出多個例外，如果它真的需要的話。但是一個方法的宣告必須宣告它可能擲出的所有受檢例外（如果兩個或多個例外有一個共同的超類別，該方法可以只宣告那個超類別）。

捕捉多個例外

編譯器會確保你已經處理了你呼叫的方法擲出的所有受檢例外。在 try 下面堆疊 *catch* 區塊，一個接一個。有時，你堆疊 catch 區塊的順序會有關係，但我們稍後再討論這個問題。

```
public class Laundry {
  public void doLaundry() throws PantsException, LingerieException {
    // 可能擲出任一個例外的程式碼

  }
}
```

這個方法宣告了「兩個」例外。

```
public class WashingMachine {
  public void go() {
    Laundry laundry = new Laundry();
    try {
      laundry.doLaundry();
    } catch (PantsException pex) {
      // 復原程式碼

    } catch (LingerieException lex) {
      // 復原程式碼

    }
  }
}
```

如果 doLaundry() 擲出了一個 PantsException，它就會落在 PantsException 的 catch 區塊中。

如果 doLaundry() 擲出了一個 LingerieException，它就會落在 LingerieException 的 catch 區塊中。

例外是多型的

記得，例外是物件，沒有什麼特別之處，只不過它是一個可以被**擲出**的東西。所以就像所有好的物件一樣，Exception 可以被多型地參考。舉例來說，一個 LingerieException 物件可以被指定給一個 ClothingException 參考。一個 PantsException 可以被指定給一個 Exception 參考。你懂我的意思。例外的好處是，一個方法不需要明確地宣告它可能擲出的每一種例外，它可以宣告那些例外的一個超類別。catch 區塊也是如此：只要你的 catch 區塊（或多個 catch 區塊）能夠處理擲出的任何例外，你就不必為每種可能的例外撰寫一個 catch。

所有的例外都有 Exception 作為一個超類別。

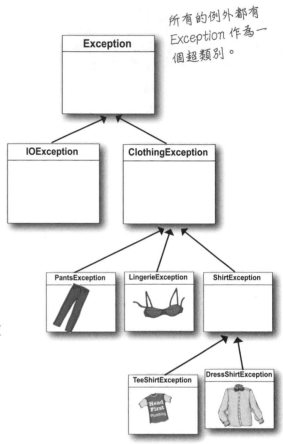

① 你可以用你所擲出的那些例外的一個超類別來「宣告」例外。

```
public void doLaundry() throws ClothingException {
```

宣告一個 ClothingException 可以讓你擲出 ClothingException 的任何子類別。這意味著 doLaundry() 可以擲出 PantsException、LingerieException、TeeShirtException 和 DressShirtException，而無須明確地個別宣告它們。

② 你可以用所擲出例外的一個超類別來「捕捉」例外。

```
try {
   laundry.doLaundry();

} catch(ClothingException cex) {
   // 復原程式碼
}
```

可以捕捉 ClothingException 的任何子類別。

```
try {
   laundry.doLaundry();

} catch(ShirtException shex) {
   // 復原程式碼
}
```

只能捕捉 TeeShirtException 和 DressShirtException。

只是因為你可以用一個大型的超級多型 catch 來捕捉一切，並不一定代表你就應該那麼做。

你可以把你的例外處理程式碼寫成只指定一個 catch 區塊，並在 catch 子句中使用超類別 Exception，這樣你就能捕獲任何可能被擲出的例外。

```
try {
    laundry.doLaundry();
} catch(Exception ex) {
    // 復原程式碼…
}
```

是要從「什麼」復原？這個 catch 區塊將會捕捉所有的例外，所以你無法自動知道什麼事情出錯了。

為每個你需要特別處理的例外寫一個不同的 catch 區塊。

舉例來說，如果你的程式碼對 TeeShirtException 的處理（或恢復）方式，與對 LingerieException 的處理方式不同，那就為它們各寫一個 catch 區塊。但如果你對所有其他型別的 ClothingException 之處理方式都相同，那麼就添加一個 ClothingException catch 來處理其餘的例外。

```
try {
    laundry.doLaundry();

} catch (TeeShirtException tex) {
    // 復原自 TeeShirtException

} catch (LingerieException lex) {
    // 復原自 LingerieException

} catch (ClothingException cex) {
    // 復原自所有其他的 ClothingException 例外
}
```

TeeShirtException 和 LingerieException 需要不同的復原程式碼，所以你應該使用不同的 catch 區塊。

其他所有的 ClothingException 都在此捕捉。

多個 catch 區塊的排列順序
必須從最小到最大

TeeShirtException 在此捕捉，沒有其他的例外會符合。

`catch(TeeShirtException tex)`

TeeShirtException 永遠不會到達這裡，但所有其他的 ShirtException 子類別都在此捕捉。

`catch(ShirtException sex)`

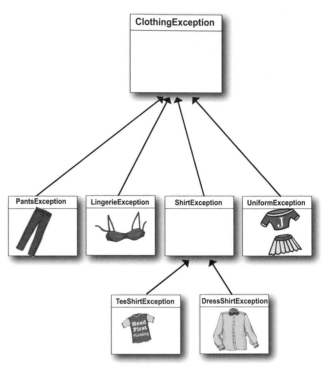

所有的 ClothingException 都在此捕捉，雖然 TeeShirtException 和 ShirtException 永遠都不會跑這麼遠。

`catch(ClothingException cex)`

在繼承樹上的位置越高，捕獲用的「籃子」就越大。當你沿著繼承樹往下移動，走向越來越特化的 Exception 類別時，捕獲用的「籃子」就越小。這只是單純的多型（polymorphism）。

ShirtException catch 夠大，可以接受 TeeShirtException 或 DressShirtException（以及未來擴充 ShirtException 的任何子類別）。ClothingException 甚至更大（也就是說，有更多的東西可以用 ClothingException 型別來參考）。它可以接受 ClothingException 型別的例外（廢話）和 ClothingException 的任何子類別：PantsException、UniformException、LingerieException 和 ShirtException。**Exception** 型別是所有 catch 引數之母，它將捕捉任何例外，包括執行時期（未受檢）的例外，所以你可能不會在測試之外使用它。

你不能把較大的籃子
放在較小籃子的上面

嗯，你可以，但它會無法編譯。catch 區塊不像會選擇最佳匹配者的覆寫方法。對於 catch 區塊，JVM 單純會從第一個開始，一路向下，直到找到一個足夠廣泛的 catch（即在繼承樹上位置夠高的）來處理例外。如果你的第一個 catch 區塊是 **catch(Exception ex)**，編譯器就知道沒有必要再添加其他的 catch 區塊了，因為永遠不會觸及它們。

當你有多個 catch 區塊時，大小就很重要了。籃子最大的那個必須在底部，否則籃子小的就沒有用了。

「兄弟姊妹」（在階層架構樹中處於同一層的例外，如 *PantsException* 和 *LingerieException*）可以按任何順序排列，因為它們彼此不能捕捉對方的例外。

你可以把 ShirtException 放在 LingerieException 上面，沒有人會介意。因為即使 ShirtException 是一個較大（較廣泛）的型別，可以捕捉其他類別（它自己的子類別），ShirtException 也不能捕捉 LingerieException，所以沒有問題。

別這樣做！

```
try {
    laundry.doLaundry();
```

```
} catch(ClothingException cex) {
    // 復原自 ClothingException
```

```
} catch(LingerieException lex) {
    // 復原自 LingerieException
```

```
} catch(ShirtException shex) {
    // 復原自 ShirtException
}
```

削尖你的鉛筆

假設這裡的 try/catch 區塊是合法的程式碼。你的任務是畫出兩個不同的類別圖,以準確反映 Exception 類別的情況。換句話說,什麼樣的類別繼承結構會使範例程式碼中的 try/catch 區塊變得合法?

```
try {
  x.doRisky();
} catch(AlphaEx a) {
  // 復原自 AlphaEx
} catch(BetaEx b) {
  // 復原自 BetaEx
} catch(GammaEx c) {
  // 復原自 GammaEx
} catch(DeltaEx d) {
  // 復原自 DeltaEx
}
```

你的任務是創建兩個不同的合法 try/catch 結構(類似於左上那個),以準確表達左邊的類別圖。假設所有的這些例外都可能被帶有 try 區塊的方法擲出。

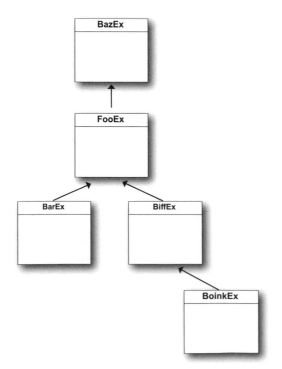

兩個答案在第 457 頁。

當你不想要處理一個例外…

那就迴避它

什麼…？
我不可能抓住那東西。
我要閃了，我後面的
人可以處理它。

如果你不想要處理一個例外，你可以藉由宣告它來迴避（duck）它。

呼叫一個有風險的方法時，編譯器需要你確認（acknowledge）它。在大多數情況下，那意味著要用 try/catch 來包裹那個有風險的呼叫。但你也有另一種選擇：單純迴避它，讓呼叫你的方法捕捉例外。

這很簡單，你所要做的就只是宣告你擲出了該例外。儘管嚴格來說，你並非擲出它的那個人，但這並不重要。你仍然是那個讓例外呼嘯而過的人。

但如果你迴避了一個例外，你就不會有 try/catch，那麼當風險方法（doLaundry()）確實擲出例外時，會發生什麼事？

當一個方法擲出例外，該方法會立即從堆疊中彈出，而例外會被拋給堆疊中的下一個方法，即呼叫者（caller）。但是，如果呼叫者是個迴避者（ducker），那就不會有捕捉它的 catch，所以呼叫者會立即從堆疊中彈出，例外被拋給下一個方法，依此類推…在哪裡結束呢？稍後你將看到。

```
public void foo() throws ReallyBadException {
    // 不使用一個 try/catch 呼叫一個風險方法
    laundry.doLaundry();
}
```

你並沒有「真正地」擲出它，但由於你沒有為你呼叫的風險方法設置 try/catch，「你」現在就是那個「風險方法」。因為現在不管是誰呼叫「你」，都必須處理那個例外了。

迴避（藉由宣告）只是
延遲無法避免的事情而已

遲早要有人來處理它。但如果 main() 迴避了這個例外怎麼辦？

```
public class Washer {
  Laundry laundry = new Laundry();

  public void foo() throws ClothingException {
    laundry.doLaundry();
  }

  public static void main (String[] args) throws ClothingException {
    Washer a = new Washer();
    a.foo();
  }
}
```

這兩個方法都迴避了此例外（透過宣告它），所以沒有人處理它！這樣編譯起來沒問題。

 1 doLaundry() 擲出了一個 ClothingException。

 2 foo() 迴避該例外。

 3 main() 迴避該例外。

4 JVM 關機。

main() 呼叫 foo()。

foo() 呼叫 doLaundry()。

doLaundry() 正在執行並擲出一個 ClothingException。

doLaundry() 即刻從堆疊彈出，而該例外被擲回給 foo()。

但 foo() 並沒有 try/catch，所以⋯

foo() 從堆疊中彈出，例外被拋回 main()，但是 main() 沒有 try/catch，所以這個例外被拋回給⋯誰？什麼？除了 JVM，沒有其他人了，而且它正在想「別指望「我」把你從這裡面救出來」。

 我們用 T 恤代表一個 ClothingException。
我們知道，我們知道⋯你更喜歡藍色牛仔褲啦。

處理或宣告，這就是法則。

所以現在我們已經看到了呼叫一個有風險（可能擲出例外）的方法時，
滿足編譯器的兩種方式。

① 處理

把有風險的呼叫包裹在一個 try/catch 中。

```
try {
    laundry.doLaundry();
} catch(ClothingException cex) {
    // 復原程式碼
}
```

這最好是一個夠大的 catch，以處理 doLaundry() 可能擲出的所有例外。否則，編譯器還是會抱怨你沒有捕捉所有的例外。

② 宣告（迴避它）

宣告「你的」方法會擲出與你所呼叫的風險方法相同的例外。

```
void foo() throws ClothingException {
    laundry.doLaundry();
}
```

doLaundry() 方法擲出了一個 ClothingException，但是透過宣告該例外，foo() 方法可以迴避那個例外。沒有 try/catch。

但現在這意味著無論誰呼叫 foo() 方法，都必須遵循「處理或宣告」法則。如果 foo() 迴避了例外（透過宣告），而 main() 呼叫了 foo()，那麼 main() 就必須處理那個例外。

```
public class Washer {
  Laundry laundry = new Laundry();

  public void foo() throws ClothingException {
    laundry.doLaundry();
  }

  public static void main (String[] args) {
    Washer a = new Washer();
    a.foo();
  }
}
```

「麻煩」！現在 main() 不能編譯了，我們得到一個「unreported exception」的錯誤。就編譯器而言，foo() 方法擲出了一個例外。

因為 foo() 方法會迴避 doLaundry() 擲出的 ClothingException，所以 main() 必須用一個 try/catch 包裹 a.foo()，不然 main() 就必須宣告它也會擲出 ClothingException！

回到我們的音樂程式碼…

現在你可能已經完全忘了，我們在本章開始時先看了一些 JavaSound 程式碼。我們創建了一個 Sequencer 物件，但它無法編譯，因為 Midi.getSequencer() 方法宣告了一個受檢例外（MidiUnavailableException）。但我們現在可以透過將那個呼叫包裹在一個 try/catch 中來解決這個問題。

```java
public void play() {
  try {
    Sequencer sequencer = MidiSystem.getSequencer();
    System.out.println("Successfully got a sequencer");

  } catch(MidiUnavailableException e) {
    System.out.println("Bummer");
  }
}
```

呼叫 getSequencer() 沒有問題，因為現在我們已經把它包裹在一個 try/catch 區塊中了。

catch 參數必須是「正確」的例外。如果我們說 catch(FileNotFoundException fnf)，程式碼就無法編譯，因為多型的 MidiUnavailableException 不適合 FileNotFoundException。

記住，僅僅有一個 catch 區塊是不夠的，你必須抓住被擲出的東西！

例外規則 ─────────────────────

① 你不能有沒有 try 的 catch 或 finally。

```java
void go() {
  Foo f = new Foo();
  f.foof();
  catch(FooException ex) { }
}
```

「不合法」！try 在哪裡？

② 你不能把程式碼放在 try 和 catch 中間。

```java
try {
  x.doStuff();
}
int y = 43;
} catch(Exception ex) { }
```

「不合法」！你不能把程式碼放在 try 和 catch 中間。

③ 一個 try 後面必定要接著一個 catch 或 finally。

```java
try {
  x.doStuff();
} finally {
  // 清理程式碼
}
```

「合法的」，因為你有一個 finally，儘管不存在一個 catch。但你不能有單獨存在的 try。

④ 只有一個 finally 的 try（沒有 catch）仍然必須宣告例外。

```java
void go() throws FooException {
  try {
    x.doStuff();
  } finally { }
}
```

沒有 catch 的 try 並不滿足「處理或宣告」法則。

程式碼廚房

你不必自己動手，但如果你動手做，就會有更多的樂趣。

本章其餘部分是選擇性的：你可以使用 Ready-Bake Code 來製作我們的音樂應用程式。

但如果你想了解更多關於 JavaSound 的資訊，請翻到下一頁。

製作實際的聲音

記得在本章開始時，我們研究了 MIDI 資料怎麼保存要演奏什麼的指令（以及如何演奏），我們還說過，MIDI 資料實際上並不創造任何你聽到的聲音。為了讓聲音從揚聲器中發出，MIDI 資料必須送經某種 MIDI 裝置，這種裝置透過觸發實體樂器或「虛擬」樂器（軟體合成器），接收 MIDI 指令並將其轉化為聲音。在本書中，我們只使用軟體裝置，下面是它在 JavaSound 中的運作原理：

你需要四件東西：

① 播放音樂的東西　② 要播放的音樂…即一首歌曲　③ 存有實際資訊的 Sequence 部分　④ 實際的音樂資訊：要演奏的音符、多長時間等等

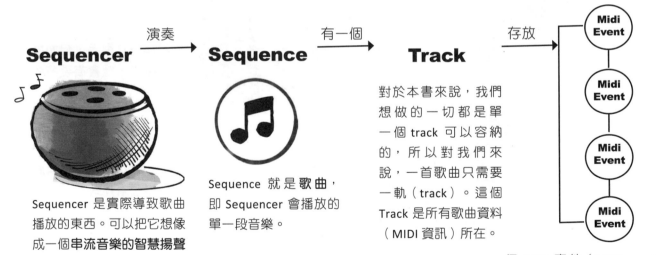

Sequencer —演奏→ **Sequence** —有一個→ **Track** —存放→ Midi Event / Midi Event / Midi Event / Midi Event

Sequencer 是實際導致歌曲播放的東西。可以把它想像成一個**串流音樂的智慧揚聲器**。

Sequence 就是**歌曲**，即 Sequencer 會播放的單一段音樂。

對於本書來說，我們想做的一切都是單一個 track 可以容納的，所以對我們來說，一首歌曲只需要一軌（track）。這個 Track 是所有歌曲資料（MIDI 資訊）所在。

一個 MIDI 事件（MIDI event）就是 Sequencer 可以理解一個訊息。一個 MIDI 事件可能是在說（如果它說英語的話）：「在這時，演奏中央 C，演奏得這麼快，如此用力，並保持這麼長的時間」。

一個 MIDI 事件也可以說：「把當前的樂器換成長笛」。

就本書而言，你可以把 Sequence 看作是只有一首歌的 CD（只有一個音軌）。關於如何演奏該首歌曲的資訊就在 Track 上，而 Track 是 Sequence 的一部分。

而你需要五個步驟：

① 取得一個 **Sequencer** 並開啟它

```
Sequencer player = MidiSystem.getSequencer();
player.open();
```

② 製作一個新的 **Sequence**

```
Sequence seq = new Sequence(timing,4);
```

③ 從這個 Sequence 取得一個新的 **Track**

```
Track t = seq.createTrack();
```

④ 以 **MidiEvents** 填滿那個 Track，並把
Sequence 提供給 Sequencer

```
t.add(myMidiEvent1);
player.setSequence(seq);
```

呃，我不想打斷你，但這樣只有四個步驟。

啊！我們忘了按下 PLAY
（播放）按鈕。你必須
start() 這個 Sequencer！

```
player.start();
```

版本 1：你最初的聲音播放 app

輸入程式碼並執行它。你會聽到有人在鋼琴上彈出單一個音符的聲音！（好吧，也許不是某人，但就是某個東西）。

別忘了匯入 midi 套件。

```java
import javax.sound.midi.*;
import static javax.sound.midi.ShortMessage.*;
```

在此我們使用一個靜態匯入，這樣我們才能使用 ShortMessage 類別中的常數。

```java
public class MiniMiniMusicApp {
  public static void main(String[] args) {
    MiniMiniMusicApp mini = new MiniMiniMusicApp();
    mini.play();
  }

  public void play() {
    try {
```

取得一個 Sequencer，並開啟它（如此我們才能使用它…Sequencer 並非一開始就開啟的）。

```java
      Sequencer player = MidiSystem.getSequencer();
      player.open();
```
①

別煩惱 Sequence 建構器的引數。只要複製這個就行了（把它們想成是 Ready-Bake 的引數）。

```java
      Sequence seq = new Sequence(Sequence.PPQ, 4);
```
②

向 Sequence 要一個 Track。記住，Track 存活在 Sequence 中，而 MIDI 資料則在 Track 中。

```java
      Track track = seq.createTrack();
```
③

④
```java
      ShortMessage msg1 = new ShortMessage();
      msg1.setMessage(NOTE_ON, 1, 44, 100);
      MidiEvent noteOn = new MidiEvent(msg1, 1);
      track.add(noteOn);

      ShortMessage msg2 = new ShortMessage();
      msg2.setMessage(NOTE_OFF, 1, 44, 100);
      MidiEvent noteOff = new MidiEvent(msg2, 16);
      track.add(noteOff);
```

將一些 MidiEvent 放入 Track。這一部分主要是 Ready-Bake Code。你唯一需要關心的是 setMessage() 方法的引數，以及 MidiEvent 建構器的引數。我們將在下一頁討論那些引數。

把 Sequence 提供給 Sequencer（就像選擇要播放的歌曲那樣）。

```java
      player.setSequence(seq);
```

start() 這個 Sequencer（播放歌曲）。

```java
      player.start();

    } catch (Exception e) {
      e.printStackTrace();
    }
  }
}
```

製作一個 MidiEvent（歌曲資料）

一個 MidiEvent 是一種指令，用以描述一首歌曲的一部分。一系列的 MidiEvent 有點像樂譜（sheet music），或自動演奏鋼琴的紙卷（player piano roll）。我們關心的大多數 MidiEvent 描述的都是**一件要做的事和做那件事的時間點**。時間的部分很重要，因為在音樂中，時間就是一切。這個音符跟著那個音符之後，依此類推。因為 MidiEvent 非常詳細，你必須指出在哪個時刻開始演奏音符（NOTE ON 事件），在哪個時刻停止演奏音符（NOTE OFF 事件）。所以你可以想像，在「開始演奏音符 G」（NOTE ON）訊息之前發射「停止演奏音符 G」（NOTE OFF 訊息）是不行的。

MIDI 指令實際上會進入一個 Message 物件，MidiEvent 就是這個 Message 和該訊息應該「觸發（fire）」的時間點之組合。換句話說，這個 Message 可能會說「開始演奏中央 C」，而 MidiEvent 則說「在第 4 拍觸發這個訊息」。

所以我們總是需要一個 Message 和一個 MidiEvent。

Message 說要做什麼，而 MidiEvent 則說什麼時候去做。

> 一個 *MidiEvent* 指出要做什麼，<u>什麼</u>時候做。
>
> 每條指令都必須包括該指令的<u>時間點</u>。
>
> 換句話說，該件事情應該在哪個<u>節拍發生</u>。

① 製作一個 **Message**

```
ShortMessage msg = new ShortMessage();
```

② 把 **Instruction** 放在 Message 中

```
msg.setMessage(144, 1, 44, 100);
```

← *這條訊息說，「開始演奏音符 44」（我們將在下一頁看到其他數字）。*

③ 使用 Message 製作新的 **MidiEvent**

```
MidiEvent noteOn = new MidiEvent(msg, 1);
```

← *指令在訊息中，但 MidiEvent 增加了指令應該被觸發的時間點。這個 MidiEvent 說要在第一拍（beat 1）觸發訊息 'msg'。*

④ 把 MidiEvent 加到 **Track**

```
track.add(noteOn);
```

← *一個 Track 保存所有的 MidiEvent 物件。Sequence 根據每個事件應該發生的時間來組織它們，然後由 Sequencer 按照這個順序播放它們。你可以有很多事件在同一時刻發生。舉例來說，你可能想同時演奏兩個音符，或甚至讓不同的樂器在同一時間演奏不同的聲音。*

MIDI 訊息：一個 MidiEvent 的核心

一個 MIDI 訊息包含事件說明要做什麼的那一部分。它是你希望 Sequencer 執行的實際指令。指令的第一個引數始終都是訊息的類型。你傳遞給其他三個引數的值取決於訊息的類型。舉例來說，144 類型的訊息意味著「NOTE ON」，但為了執行 NOTE ON，Sequencer 還需要知道一些事情。想像一下，Sequencer 說：「好的，我將演奏一個音符，但以哪個頻道（*channel*）呢？換句話說，你想讓我演奏鼓還是鋼琴呢？還有哪個音調呢？Middle-C？D Sharp？還有，既然已經講到了，那我應該以什麼速率演奏這個音符呢？」。

要製作一個 MIDI 訊息，就製作一個 ShortMessage 實體並調用 setMessage()，傳入訊息的四個引數。但記住，訊息只敘述要做什麼，所以你仍然需要把訊息塞進一個事件中，添加該訊息應該何時觸發的資訊。

訊息指出要做什麼；MidiEvent 則指出何時做。

訊息解剖學

setMessage() 的第一個引數總是代表訊息的「類型」，而其他三個引數則根據訊息類型代表不同的東西。

訊息類型　頻道　要播放的音符　速率

```
msg.setMessage(144,  1,  44,  100);
```

後面的 3 個引數根據訊息類型的不同而變。這是一個 NOTE ON 訊息，所以其他的引數是 Sequencer 需要知道的東西，以演奏一個音符。

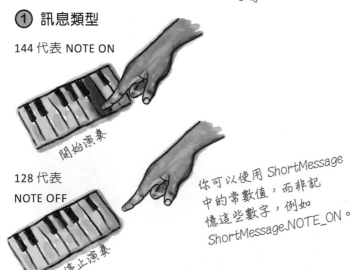

① **訊息類型**

144 代表 NOTE ON

開始演奏

128 代表
NOTE OFF

停止演奏

你可以使用 ShortMessage 中的常數值，而非記憶這些數字，例如 ShortMessage.NOTE_ON。

② **頻道**

把一個頻道想像成一個樂隊中的樂手。Channel 1 是樂手 1（鍵盤手），Channel 9 是鼓手等等。

③ **要演奏的音符**

從 0 到 127 的一個數字，從低音到高音。

④ **速率**

你按鍵的速度和力度如何？0 是很輕的，你可能什麼都聽不到，不過 100 是一個很好的預設值。

變更一個訊息

現在你知道 MIDI 訊息中有什麼內容，你可以開始實驗了。你可以改變演奏的音符，維持音符的時間，增加更多的音符，甚至改變樂器。

① 改變音符

在 note on 和 note off 訊息中嘗試介於 0 和 127 之間的一個數字。

```
msg.setMessage(144, 1, 20, 100);
```

② 改變音符的持續時間

改變 note off 事件（而非訊息），讓它在較早或較晚的節拍發生。

```
msg.setMessage(128, 1, 44, 100);
MidiEvent noteOff = new MidiEvent(b, 3);
```

③ 改變樂器

添加一個新的訊息，在彈奏音符的訊息之前，將頻道 1 中的樂器設定為預設的鋼琴以外的其他樂器。改變樂器的訊息是「192」，而第三個引數則代表實際的樂器（嘗試 0 到 127 之間的一個數字）。

```
first.setMessage(192, 1, 102, 0);
```

改變樂器的訊息　頻道 1（樂手 1）　改為樂器 102

版本 2：使用命令列引數來做聲音實驗

這個版本仍然只演奏一個音符，但你能使用命令列引數來改變樂器和音符。透過傳遞 0 到 127 之間的兩個 int 值進行實驗。第一個 int 設定樂器；第二個 int 設定要演奏的音符。

```java
import javax.sound.midi.*;
import static javax.sound.midi.ShortMessage.*;

public class MiniMusicCmdLine {
  public static void main(String[] args) {
    MiniMusicCmdLine mini = new MiniMusicCmdLine();
    if (args.length < 2) {
      System.out.println("Don't forget the instrument and note args");
    } else {
      int instrument = Integer.parseInt(args[0]);
      int note = Integer.parseInt(args[1]);
      mini.play(instrument, note);
    }
  }

  public void play(int instrument, int note) {
    try {
      Sequencer player = MidiSystem.getSequencer();
      player.open();
      Sequence seq = new Sequence(Sequence.PPQ, 4);
      Track track = seq.createTrack();

      ShortMessage msg1 = new ShortMessage();
      msg1.setMessage(PROGRAM_CHANGE, 1, instrument, 0);
      MidiEvent changeInstrument = new MidiEvent(msg1, 1);
      track.add(changeInstrument);

      ShortMessage msg2 = new ShortMessage();
      msg2.setMessage(NOTE_ON, 1, note, 100);
      MidiEvent noteOn = new MidiEvent(msg2, 1);
      track.add(noteOn);

      ShortMessage msg3 = new ShortMessage();
      msg3.setMessage(NOTE_OFF, 1, note, 100);
      MidiEvent noteOff = new MidiEvent(msg3, 16);
      track.add(noteOff);

      player.setSequence(seq);
      player.start();

    } catch (Exception ex) {
      ex.printStackTrace();
    }
  }
}
```

以從 0 到 127 之間的兩個 int 引數執行它。一開始可以試試這些：

```
File Edit  Window  Help Attenuate

%java MiniMusicCmdLine 102 30

%java MiniMusicCmdLine 80 20

%java MiniMusicCmdLine 40 70
```

程式碼廚房其餘的部分要帶領我們前往哪裡呢？

第 17 章：目標

當我們完成後，我們將擁有一個可以運作的 BeatBox，同時也是一個 Drum Chat Client。我們需要學習 GUI（包括事件處理）、I/O、網路和執行緒。接下來的三章（14、15 和 16）會帶我們達到這個目標。

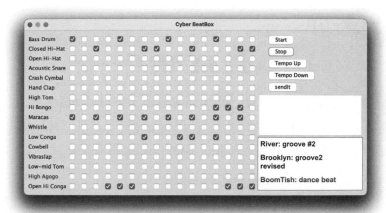

第 14 章：MIDI 事件

這個 CodeKitchen 讓我們建立一個小型的「MV」（「music video」，這麼叫有點牽強就是了…），就是隨著 MIDI 音樂節拍繪製隨機的矩形。我們將學習如何建構並播放大量的 MIDI 事件（而不是像本章中那樣只有少數幾個）。

第一拍　　　第二拍　　　第三拍　　　第四拍

第 15 章：獨立的 BeatBox

現在我們將實際建置真正的 BeatBox，包括 GUI 和所有其他功能。但它有其侷限性：只要你改變一個模式，前一個模式就會遺失。沒有儲存（Save）和回復（Restore）的功能，而且它不會與網路通訊（但你仍然可以用它來練習你的鼓聲模式技能）。

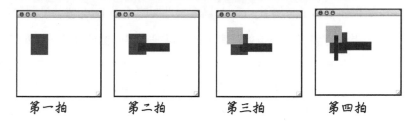

第 16 章：儲存與回復

你已經做出了完美的模式，現在你可以把它儲存到一個檔案中，若想再次播放它，就可以重新載入它。這讓我們為最終版本做好準備（第 17 章），在這個版本中，我們不把模式寫到檔案裡，而是透過網路把它發送到聊天伺服器。

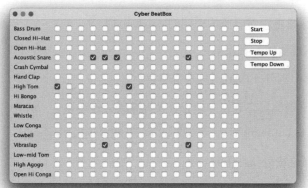

本章探討了例外的奇妙世界。你的任務是決定以下
與例外有關的每一個陳述是真還是假。

👍真或假👎

1. 一個 try 區塊之後必須有一個 catch 區塊和一個 finally 區塊。

2. 如果你寫了一個可能會引起編譯器受檢例外（compiler-checked exception）的方法，你就必須用一個 try/catch 區塊來包裹那段有風險的程式碼。

3. catch 區塊可以是多型的。

4. 只有「編譯器檢查（compiler checked）」的例外可以被捕獲。

5. 如果你定義了一個 try/catch 區塊，匹配的 finally 區塊就是選擇性的。

6. 如果你定義了一個 try 區塊，你可以把它與一個匹配的 catch 或 finally 區塊配對，或者兩者皆使用。

7. 如果你寫了一個方法，宣告它可能擲出一個編譯器受檢例外，你也必須把擲出例外的程式碼包裹在一個 try/catch 區塊中。

8. 你程式中的 main() 方法必須處理拋給它的所有未處理例外。

9. 單一個 try 區塊可以有許多個不同的 catch 區塊。

10. 一個方法只能擲出一種例外。

11. 無論是否擲出例外，finally 區塊都會執行。

12. 一個 finally 區塊可以在沒有 try 區塊的情況下存在。

13. 一個 try 區塊可以單獨存在，沒有 catch 區塊或 finally 區塊。

14. 處理例外有時被稱為「迴避」。

15. catch 區塊的順序從來都不重要。

16. 一個有 try 區塊和 finally 區塊的方法可以選擇性地宣告一個受檢例外。

17. 執行期例外（runtime exceptions）必須被處理或宣告。

➡ **答案在第 457 頁。**

程式碼磁貼

一個可運作的 Java 程式被打亂分散在冰箱上。你能重新建構所有的程式碼片段，製作出一個會產生下面所列輸出的可運作的 Java 程式嗎？有些大括號掉在地上，它們太細小了，很難撿起，所以請隨意添加你需要的程式碼！

```
System.out.print("r");

try {

System.out.print("t");

doRisky(test);

System.out.println("s");

} finally {

System.out.print("o");

class MyEx extends Exception { }

public class ExTestDrive {

System.out.print("w");

if ("yes".equals(t)) {

System.out.print("a");

throw new MyEx();

} catch (MyEx e) {

static void doRisky(String t) throws MyEx {
  System.out.print("h");

public static void main(String [] args) {
  String test = args[0];
```

```
File  Edit  Window  Help  ThrowUp
% java ExTestDrive yes
thaws

% java ExTestDrive no
throws
```

答案在第 458 頁。

Java 填字遊戲

→ 答案在第 459 頁。

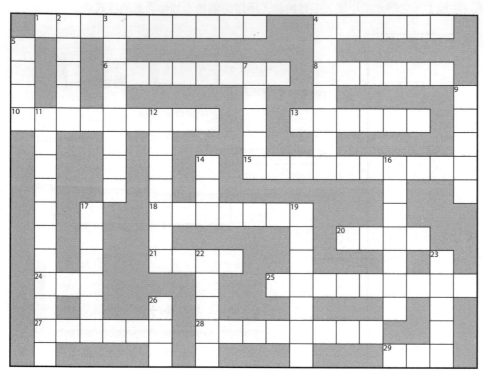

你知道怎麼做！

橫向提示

1. 給出值
4. 從頂部飛出
6. 這個的全部以外還有更多！
8. 開始
10. 家族樹
13. 不迴避
15. 問題物件
18. Java 的「49」之一
20. 類別階層架構
21. 過燙無法處理
24. 常見的原始型別
25. 程式碼食譜
27. 不守規矩的方法行動
28. 這裡沒有畢卡索
29. 起始一個事件串鏈

直向提示

2. 目前可用
3. 模板的創建
4. 別讓小孩子看到
5. 主要是靜態 API 類別
7. 無關行為
9. 模板
11. 從產線再送出一個
12. Javac 預期到這可能出現
14. 嘗試的風險
16. 自動獲取
17. 改變的方法
19. 宣告迴避
22. 處理它
23. 建立壞消息
26. 我的角色之一

更多提示：

13. 而且是直布木
8. 超級一個方水油
6. 一個 Java 少源
橫向

28. 非現象
27. 關於一個問題題
21. 傳予一個叫叫
20. 也是指揮事的一種現例
直向

5. 輸手…
3. 英文單字：For
2. 是一種鑿口木品牌
9. 只有 public 或 default
直向

17. 不是一個「getter」
16. 本來就很重
27. （不是 example）
橫向

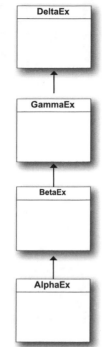

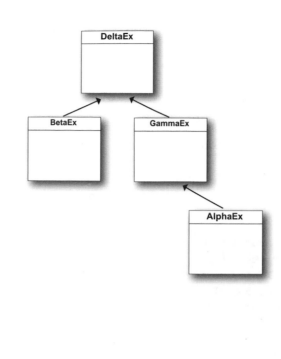

智題
解答

真 或 假（第 454 頁）

1. 假，任一或兩者皆使用。

2. 假，你可以宣告該例外。

3. 真。

4. 假，執行期例外可以被捕捉。

5. 真。

6. 真，兩者都可接受。

7. 假，宣告就足夠了。

8. 假，但如果它沒那麼做，JVM 就可能關機。

9. 真。

10. 假。

11. 真。它經常被用來清理部分完成的任務。

12. 假。

13. 假。

14. 假，迴避是宣告的同義詞。

15. 假，最廣泛的例外必須由最後的 catch 區塊所捕捉。

16. 假，如果你沒有一個 catch 區塊，你就必須宣告。

17. 假。

習題
解答

程式碼磁貼 (第 455 頁)

```java
class MyEx extends Exception { }

public class ExTestDrive {
  public static void main(String[] args) {
    String test = args[0];
    try {
      System.out.print("t");
      doRisky(test);
      System.out.print("o");
    } catch (MyEx e) {
      System.out.print("a");
    } finally {
      System.out.print("w");
    }
    System.out.println("s");
  }

  static void doRisky(String t) throws MyEx {
    System.out.print("h");

    if ("yes".equals(t)) {
      throw new MyEx();
    }

    System.out.print("r");
  }
}
```

```
File  Edit  Window  Help  Chill

% java ExTestDrive yes
thaws

% java ExTestDrive no
throws
```

Java 填字遊戲（第 456 頁）

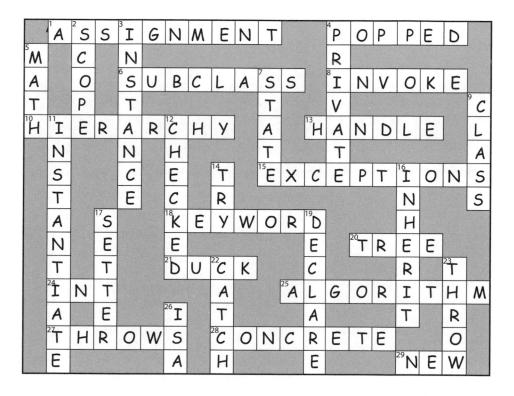

一個非常圖像化的故事

面對它吧,你需要製作 GUI (圖形化使用者介面)。如果你正在構建其他人要使用的應用程式,你就需要一個圖形化介面 (graphical interface)。如果你在為自己構建程式,你會想要一個圖形化介面。即使你相信在你的餘生中,都將用於編寫伺服端的程式碼,而其客戶端使用者介面是一個網頁,但你遲早得撰寫工具,而你會想要一個圖形化介面。當然,命令列應用程式很復古懷舊,但不是好的那種。它們很弱、不靈活,而且不友善。我們將用兩章的篇幅來討論 GUI,並在此過程中學習關鍵的 Java 語言功能,包括**事件處理 (Event Handling)** 和**內層類別 (Inner Classes)** 以及 **lambdas**。在這一章中,我們將在螢幕上放置一個按鈕,並在你點擊它時做一些事情。我們將在螢幕上作畫、顯示 JPEG 影像,甚至會做一些(粗略的)動畫。

進入新章節　　**461**

全都是從一個視窗開始的

一個 JFrame 就是代表螢幕上一個視窗（window）的物件。它是你放置所有介面東西的地方，比如按鈕（buttons）、核取方塊（check boxes）、文字欄位（text fields）等等。它可以有一個誠實至善的功能表列（menu bar），帶有功能表項目（menu items）。它有你所處的任何平台所有的那些小型視窗圖示（icon），用於最小化、最大化和關閉視窗。

JFrame 的外觀取決於你所在的平台。這是在舊的 Mac OS X 上的 JFrame：

我有兩個問題！

1. Swing？這看起來像 Swing 程式碼，你真的要教我們 Swing 嗎？

2. 那個視窗看起來非常過時。

她問了幾個非常好的問題。再過幾頁，我們將用一個特別的「沒有蠢問題」段落來回答這些問題。

一個帶有功能表列和兩個「介面控件」（即一個按鈕和一個選項按鈕）的 JFrame。

把介面控件（**widgets**）放到視窗中

只要你有了一個 JFrame，你就可以把東西（「介面控件」）加到那個 JFrame 中。有大量的 Swing 元件可以添加，請在 javax.swing 套件中尋找它們。最常見的包括 JButton、JRadioButton、JCheckBox、JLabel、JList、JScrollPane、JSlider、JTextArea、JTextField 和 JTable。大多數使用起來都非常簡單，但有些（像是 JTable）可能有點複雜。

製作一個 GUI 很容易：

① 製作一個框架（frame，也就是一個 JFrame）

```
JFrame frame = new JFrame();
```

② 製作一個介面控件（按鈕、文字欄位等）

```
JButton button = new JButton("click me");
```

③ 將這個介面控件加到該框架

```
frame.getContentPane().add(button);
```

你不直接在框架上添加東西。請把框架看作是視窗周圍的飾條（trim），而你是把東西加到窗格（window pane）上。

④ 顯示它（賦予它一個大小並讓它變得可見）

```
frame.setSize(300,300);
frame.setVisible(true);
```

你的第一個 GUI：框架上的一個按鈕

```
import javax.swing.*;          別忘了匯入這個
                              swing 套件

public class SimpleGui1 {
  public static void main(String[] args) {
                                          製作一個框架和一個按鈕
    JFrame frame = new JFrame();              (你可以把想要放在按鈕上的文字傳
    JButton button = new JButton("click me");  給按鈕建構器)

    frame.setDefaultCloseOperation(JFrame.EXIT_ON_CLOSE);
                                          這一行會使程式在你關閉視窗後立即退出 (
                                          若省略這行，它就會永遠待在螢幕上)

    frame.getContentPane().add(button);
                                          新增按鈕到框架的內容窗格
                                          (content pane)
    frame.setSize(300, 300);
                                          賦予此框架一個大小，
    frame.setVisible(true);                單位是像素 (pixel)
  }
}
          最後，讓它變得可見 (visible)！(
          如果你忘了這一步，執行這段程式
          碼時，你什麼都不會看到)
```

讓我們看看執行它的時候，會發生什麼事：

`%java SimpleGui1`

哇！那真是好大一個按鈕啊！

這個按鈕填滿了框架中所有可用的空間。稍後我們將學到如何控制按鈕在框架中的位置（以及要有多大）。

但我按下它時沒有事情發生⋯

這並不完全正確。當你按下按鈕時，它會展現「已被按下」或「已被推入」的樣子（這取決於平台的外觀和感覺，但總是會做一些事情來顯示它被按下）。

真正的問題是：「我如何讓按鈕在使用者點擊它時做一些特定的事情？」

我們需要兩個東西：

① 使用者點擊時要被呼叫的一個**方法**（你希望作為按鈕點擊之結果發生的事情）。

② **知道**何時要觸發那個方法的一種方式。換句話說，也就是知道使用者何時點擊該按鈕的一種方式。

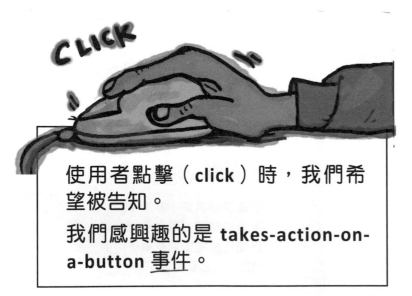

使用者點擊（click）時，我們希望被告知。

我們感興趣的是 **takes-action-on-a-button** 事件。

問：我聽說已經沒人在用 Swing 了。

答：是有其他選擇存在，如 JavaFX。但在「我應該透過哪種途徑製作 Java 中的 GUI？」這場持續不斷、無休止的辯論中，沒有明顯的贏家。好消息是，如果你學了一點 Swing，無論你最終走哪條路，這些知識都會幫上你的忙。舉例來說，如果你想做 Android 開發，你的 Swing 知識會讓你更容易學習 Android app 的程式設計。

問：在 Windows 上執行時，一個按鈕看起來會不會像 Windows 的按鈕？

答：如果你希望那樣的話。你可以從核心程式庫中的一些「外觀與風格（look and feels）」類別中選擇，這些類別控制著介面的外觀呈現方式。在大多數情況下，你可以選擇至少兩種不同的外觀。本書中的畫面使用了幾種「外觀與風格」，包括預設的系統外觀與風格（針對 macOS）、OS X *Aqua* 的外觀與風格，或是 *Metal*（跨平台）的外觀與風格。

問：Aqua 不是真的很舊了嗎？

答：沒錯，但我們喜歡。

取得一個使用者事件

假設使用者按下按鈕時，你想讓按鈕上的文字從「*click me*」變成「*I've been clicked*」。首先，我們可以寫一個方法來改變按鈕的文字（快速瀏覽一下 API 就可以看到那個方法）：

```
public void changeIt() {
  button.setText("I've been clicked!");
}
```

但是現在呢？我們要怎麼知道這個方法何時應該執行？**我們如何知道按鈕何時被點擊？**

在 Java 中，獲取和處理一個使用者事件（user event）的過程被稱為事件處理（*event-handling*）。在 Java 中，有許多不同的事件類型（event types），雖然大多數都涉及 GUI 的使用者動作。如果使用者點擊了一個按鈕，那就是一個事件。這個事件指出「使用者希望這個按鈕的動作發生」。如果它是一個「Slow the Tempo（放慢節奏）」按鈕，使用者就是希望發生「slow-the-music-tempo（放慢音樂節奏）」的動作。如果它是一個聊天客戶端上的「Send（發送）」按鈕，使用者希望發生的就是「send-my-message（發送我的訊息）」的動作。因此，最直截了當的事件就是使用者點擊按鈕，表明他們想要一個動作發生。

對於按鈕，你通常不關心任何中介事件（intermediate events），如 button-is-being-pressed（按鈕被按下）和 button-is-being-released（按鈕被釋放）。你想對按鈕說的是：「我不關心使用者是如何玩弄按鈕的，他們在上面按住滑鼠多長時間、他們多少次改變心意，在釋放之前滑離按鈕等等的。**只要告訴我使用者什麼時候想要做正事！**也就是說，除非使用者的點擊方式表明他想讓這該死的按鈕去做它說要做的事，否則不要呼叫我！」

首先，按鈕需要知道我們會在意它

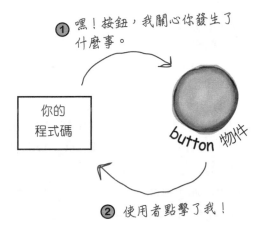

① 嘿！按鈕，我關心你發生了什麼事。

你的程式碼

button 物件

② 使用者點擊了我！

第二，按鈕需要一種方式在 button-clicked（按鈕被點擊）事件發生時，回呼我們。

⚛ 動動腦

1. 你要如何能告訴一個按鈕物件，你關心它的事件呢？怎麼跟它說你是關心它的傾聽者呢？

2. 按鈕如何回頭呼叫你呢？假設你沒辦法告訴按鈕你獨特方法的名稱（changeIt()）。那麼，我們還能用什麼來向按鈕保證，當事件發生時，我們有一個它可以呼叫的特定方法？[提示：回想 Pet]

如果你關心按鈕的事件，就 實作一個介面 ，指出「我正在 聆聽 你的事件」。

聆聽者介面（**listener interface**）是聆聽者（你）和事件源（**event source**，即按鈕）之間的橋樑。

Swing GUI 元件是事件源。在 Java 術語中，事件源是可以把使用者動作（點擊滑鼠、敲擊一個鍵、關閉視窗）變成事件的一種物件。就像 Java 中的（幾乎）所有其他東西一樣，一個事件被表示為一個物件，是某個事件類別（event class）的物件。如果你瀏覽一下 API 中的 java.awt.event 套件，你會看到一堆事件類別（很容易發現，它們的名稱中都有 *Event*）。你會找到 MouseEvent、KeyEvent、WindowEvent、ActionEvent 和其他的幾個事件類別。

當使用者做了一些重要的事情（如點擊按鈕）時，一個**事件源**（如按鈕）會創建一個**事件物件**。你所寫的大多數程式碼（以及本書中的所有程式碼）都是接收事件而非創造事件。換句話說，你將花大部分時間作為一個事件聆聽者，而不是一個事件源。

每個事件類型都有一個匹配的聆聽者介面。如果你想要 MouseEvent，就實作 MouseListener 介面。想要 WindowEvent？那就實作 WindowListener。你懂我的意思。請記住介面的規則：要實作一個介面，你要宣告你實作了它（Dog 類別實作 Pet），這意味著你必須為該介面中的每個方法編寫實作方法。

有些介面不只有一個方法，因為事件本身有不同的「風味」。舉例來說，如果你實作 MouseListener，你可以得到 mousePressed、mouseReleased、mouseMoved 等事件。這些滑鼠事件中每一個在介面中都有一個單獨的方法，儘管它們都是接受一個 MouseEvent。如果你實作了 MouseListener，那麼當使用者按下滑鼠時，（你猜對了）mousePressed() 方法就會被呼叫。而當使用者放開時，就會呼叫 mouseReleased() 方法。所以對滑鼠事件而言，只有一種事件物件，即 MouseEvent，但有數個不同的事件方法，代表不同類型的滑鼠事件。

實作一個聆聽者介面，你就賦予了按鈕一種回頭呼叫你的方式。該介面就是宣告回呼方法的地方。

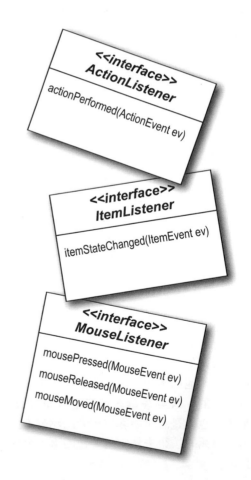

聆聽者和事件源如何溝通：

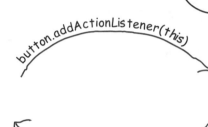

「Button，請把我加入你的聆聽者串列，並在使用者點擊你時，呼叫我的 actionPerformed() 方法。」

「好的，你是一個 ActionListener，所以我知道有事件發生時如何回呼你，我會呼叫我知道你有的 actionPerformed() 方法。」

button.addActionListener(this)

actionPerformed(theEvent)

click me

聆聽者

如果你的類別想知道一個按鈕的 ActionEvent，你可以實作 ActionListener 介面。按鈕需要知道你對它感興趣，所以你透過呼叫它的 addActionListener(this) 並傳入一個 ActionListener 參考給它來進行註冊該按鈕。在我們的第一個例子中，你就是那個 ActionListener，所以你傳入 *this*，但更常見的是建立一個特定的類別來聆聽事件。事件發生時，按鈕需要一種方式來回呼你，所以它會呼叫聆聽者介面中的方法。作為一個 ActionListener，你必須實作該介面的唯一方法 actionPerformed()。編譯器會確保這一點。

事件來源

按鈕是 ActionEvent 的來源，所以它必須知道哪些物件是感興趣的聆聽者。按鈕有一個 addActionListener() 方法，給感興趣的物件（聆聽者）一種告訴按鈕他們有興趣方式。

當按鈕的 addActionListener() 執行時（因為某個潛在的聆聽者呼叫了它），按鈕就會接受參數（對聆聽者物件的參考），並將其儲存在一個串列中。當使用者點擊按鈕時，該按鈕會透過呼叫串列中每個聆聽者的 actionPerformed() 方法來「觸發」該事件。

取得一個按鈕的 ActionEvent

① 實作 ActionListener 介面。

② 註冊按鈕（告訴它你想要聆聽事件）。

③ 定義事件處理方法（實作來自 ActionListener 介面的 actionPerformed 方法）。

```java
import javax.swing.*;
import java.awt.event.*;

public class SimpleGui2 implements ActionListener {
  private JButton button;

  public static void main(String[] args) {
    SimpleGui2 gui = new SimpleGui2();
    gui.go();
  }

  public void go() {
    JFrame frame = new JFrame();
    button = new JButton("click me");

    button.addActionListener(this);

    frame.getContentPane().add(button);
    frame.setDefaultCloseOperation(JFrame.EXIT_ON_CLOSE);
    frame.setSize(300, 300);
    frame.setVisible(true);
  }

  public void actionPerformed(ActionEvent event) {
    button.setText("I've been clicked!");
  }
}
```

為 ActionListener 和 ActionEvent 所在的套件新增一條匯入述句。

①

實作該介面。這指出「SimpleGui2 的實體 IS-A ActionListener」。（該按鈕將只會為 ActionListener 實作者提供事件。）

注意：你通常不會像這樣讓你的主 GUI 類別實作 ActionListener，這只是一開始最簡單的做法。我們將在本章中看到建立 ActionListener 的更好途徑。

②

向按鈕登記你感興趣。這等於對按鈕說：「請把我加入你的聆聽者名單」。你傳入的引數必須是實作了 ActionListener 的某個類別的一個物件！

實作 ActionListener 介面的 actionPerformed() 方法。這就是實際的事件處理方法！

③

按鈕會呼叫這個方法來讓你知道一個事件的發生。它向你發送一個 ActionEvent 物件作為引數，但在此我們不需要它，知道事件發生對我們來說就已經足夠了。

聆聽者、事件源和事件

在你的 Java 職業生涯的大部分時間裡,你都不會成為事件的源頭(*source*)。

(不管你多麼幻想自己是你社交世界的中心。)

要習慣這件事。**你的工作是做一位好的聆聽者。**

(如果你真誠地去做,確實可以改善你的社交生活。)

作為一個聆聽者,我的工作是**實作**介面,向按鈕**註冊**,並**提供**事件處理。

聆聽者得到事件

作為一個事件源,我的工作是**接受**註冊(來自聆聽者)、從使用者那裡**獲得**事件,並**呼叫**聆聽者的事件處理方法(在使用者點擊我時)。

來源送出事件

嘿,那我呢?我也是參與者,你知道的!作為一個事件物件,我乃事件回呼方法的**引數**(來自介面),我的工作是把關於事件的**資料帶回**給聆聽者。

事件物件持有關於事件的資料

Event 物件

問：為什麼我不能成為事件的來源？

答：你可以。我們剛剛說過，大多數時候你都是事件的接收者，而不是事件的發源者（至少在你輝煌的 Java 職業生涯早期是如此）。你可能關心的大多數事件都是由 Java API 中的類別所「觸發」的，而你所要做的就是成為它們的聆聽者。然而，你可能會設計一個程式，其中你需要一個自訂的事件，例如，當你的股市觀察員（stock market watcher）應用程式發現它認為重要的東西時，就會擲出 StockMarketEvent。在這種情況下，你會讓 StockWatcher 物件成為一個事件源，你會做與按鈕（或任何其他來源）相同的事情：為你的自訂事件製作一個聆聽者介面、提供一個註冊方法（addStockListener()），並在有人呼叫它時，將呼叫者（一個聆聽者）添加到聆聽者串列中。然後，當股票事件（stock event）發生時，實體化一個 StockEvent 物件（你會編寫的另一個類別），並透過呼叫它們的 stockChanged(StockEvent ev) 方法將其發送給你串列中的聆聽者。別忘記，每種事件類型都必須有一個匹配的聆聽者介面（所以你將創建帶有 stockChanged() 方法的 StockListener 介面）。

問：我沒有看到傳遞給事件回呼方法的事件物件之重要性。如果有人呼叫我的 mousePressed 方法，我還需要什麼其他資訊？

答：很多時候，對於大多數設計，你並不需要事件物件。它只不過是一個小小的資料載體，用來發送關於事件的更多資訊。但有時你可能需要查詢該事件的具體細節。舉例來說，如果你的 mousePressed() 方法被呼叫，你知道滑鼠被按下了。但如果你想知道滑鼠被按下的確切位置呢？換句話說，如果你想知道滑鼠被按下的 X 和 Y 螢幕座標，該怎麼辦呢？

或者有時你可能想為多個物件註冊同一個聆聽者。例如，一個螢幕上的計算器有 10 個數值按鍵，由於它們都做同樣的事情，你可能不會想為每個鍵都製作一個單獨的聆聽者。取而代之，你能為 10 個鍵中的每一個都註冊一個聆聽者，當你得到一個事件時（因為你的事件回呼方法被呼叫了），你可以呼叫事件物件上的一個方法來找出誰是真正的事件源，也就是哪個鍵發送了這個事件。

削尖你的鉛筆

這些介面控件（使用介面物件）中的每一個都是一或多個事件的來源。將介面控件與它們可能引起的事件相配對。有些介面控件可能是一個以上的事件之來源，而有些事件可能是由一個以上的介面控件所產生。

介面控件	事件方法
核取方塊（check box）	windowClosing()
文字欄位（text field）	actionPerformed()
捲動清單（scrolling list）	itemStateChanged()
按鈕（button）	mousePressed()
對話方塊（dialog box）	keyTyped()
選項按鈕（radio button）	mouseExited()
功能表項目（menu item）	focusGained()

你要怎麼知道一個物件是否為一個事件源呢？

在 API 說明文件中查閱。

好吧，那要查什麼？

一個以「add」開頭，以「Listener」結尾，並接受一個聆聽者介面引數的方法。如果你看到：

`addKeyListener(KeyListener k)`

你就知道帶有此方法的類別是 KeyEvent 的來源。這其中有命名模式存在。

→ 你要解決的。

回到圖形…

現在我們對事件的運作原理有了一些了解（我們之後會學到更多），讓我們回到把東西放到螢幕上的部分。在回到事件處理之前，我們將花幾分鐘時間把玩一些獲取圖形的有趣方式。

把東西放到你 GUI 上的三種方式：

① **把介面控件（widgets）放到一個框架（frame）上**

新增按鈕、功能表、選項按鈕等。

`frame.getContentPane().add(myButton);`

javax.swing 套件有超過十幾種介面控件的型別。

② **在一個介面控件上繪製 2D 圖形**

使用一個圖形物件（graphics object）來繪製形狀。

`graphics.fillOval(70,70,100,100);`

你可以畫很多東西，不僅僅是方框和圓圈，Java2D API 充滿了有趣、複雜的圖形方法。

藝術、遊戲、模擬等。

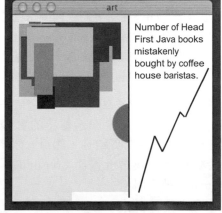

圖表、商業圖形等。

③ **在一個介面控件上放置一張 JPEG**

你可以在介面控件上放置你自己的影像。

`graphics.drawImage(myPic,10,10,this);`

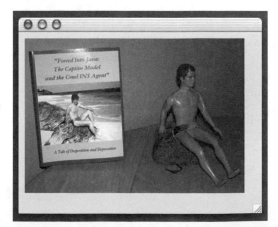

製作你自己的繪圖介面控件

如果你想把自己的圖形放在螢幕上，最好的選擇是製作你自己的可繪圖介面控件（paintable widget）。你把這種介面控件放在框架上，就像一個按鈕或任何其他的介面控件一樣，但當它出現時，上面會有你的圖像。你甚至可以讓那些圖像以動畫的形式移動，或者在你每次點擊按鈕時，讓螢幕上的顏色發生變化。

這都是非常容易的事。

帶有自訂繪圖面板的 Swing 框架。

製作 JPanel 的一個子類別，覆寫方法 paintComponent()。

你所有的圖形程式碼都放在 paintComponent() 方法中。把 paintComponent() 方法看作是系統所呼叫的方法，系統會說：「嘿，介面控件，該繪製你自己了」。如果你想畫一個圓，paintComponent() 方法就會有畫圓的程式碼。當容納你繪圖面板（drawing panel）的框架被顯示時，paintComponent() 就會被呼叫，而你的圓就出現了。如果使用者將視窗圖示化（iconifies）或最小化，JVM 就知道框架在去圖示化（de-iconified）時需要「修復」，所以它將再次呼叫 paintComponent()。任何時候，若 JVM 認為顯示畫面需要更新，你的 paintComponent() 方法都會被呼叫。

你永遠都不會自己呼叫這個方法！。這個方法的引數（一個 Graphics 物件）是貼在真實顯示器上的實際畫布。你不可能自行得到它，必須由系統交給你。然而，你將在後面看到，你可以要求系統重新整理顯示畫面（repaint()），這最終會導致 paintComponent() 被呼叫。

```java
import javax.swing.*;
import java.awt.*;


class MyDrawPanel extends JPanel {


  public void paintComponent(Graphics g) {
    g.setColor(Color.orange);


    g.fillRect(20, 50, 100, 100);
  }
}
```

這兩者你都需要。

製作 JPanel 的一個子類別，它是你可以加到一個框架上的介面控件，就跟其他的東西一樣，只不過這個是你自訂的介面控件。

這是最重要的繪圖方法，你「永遠不會」自己呼叫它。系統會呼叫它並說：「這裡有一個全新繪製的漂亮平面，你現在可以在上面作畫了」。

想像「g」是一部繪畫機器。你要告訴它用什麼顏色來畫，然後畫什麼形狀（用座標表示它的位置和大小）。

可以在 paintComponent() 中進行的有趣事情

讓我們看看在 paintComponent() 中還能做些什麼事。最有趣的是
在你開始自己做實驗的時候。試著玩玩數字，查閱 Graphics 類別
的 API 說明文件（稍後我們會看到除了 Graphics 類別中的內容，
你能做的還有很多）。

顯示一張 JPEG

```java
public void paintComponent(Graphics g) {

    Image image = new ImageIcon("catzilla.jpg").getImage();

    g.drawImage(image, 3, 4, this);

}
```

你的檔名在這裡。注意：如果你用的是 IDE，有困難的話，可以改試試這行程式碼：
`Image image = new ImageIcon(getClass().getResource("catzilla.jpg")).getImage();`

圖片左上角應該放置的地點的 x、y 座標。這裡指的是「從面板的左邊緣算起的 3 個像素，從面板的上邊緣算起的 4 個像素」。這些數字總是相對於介面控件（在此即為你的 Jpanel 子類別），而非整個框架。

在黑色背景上繪製隨機顏色的圓形

```java
public void paintComponent(Graphics g) {

    g.fillRect(0, 0, this.getWidth(), this.getHeight());

    Random random = new Random();
    int red = random.nextInt(256);
    int green = random.nextInt(256);
    int blue = random.nextInt(256);

    Color randomColor = new Color(red, green, blue);
    g.setColor(randomColor);
    g.fillOval(70, 70, 100, 100);
}
```

以黑色（預設顏色）填滿整個面板。

前兩個引數定義了相對於面板的 (x,y) 左上角，作為繪圖開始的位置，所以 0,0 意味著「從左邊緣開始 0 像素，從上邊緣開始 0 像素」。另外兩個引數表示「使這個矩形的寬度與面板一樣寬（this.getWidth()），使高度與面板一樣高（this.getHeight()）」。

早些時候，我們用過 Math.random，但現在我們知道如何使用 Java 程式庫了，我們可以使用 java.util.Random。它有一個 nextInt 方法，接收一個最大值，並回傳 0（包括）和這個最大值（不包括）之間的一個數字。在本例中是 0-256。

你可以傳入 3 個代表 RGB 值的 int 來製作一個顏色。

從左開始的 70 個像素，從上開始的 70 個像素，讓它 100 個像素寬，並且 100 個像素高。

每個好的 Graphics 參考背後都有一個 Graphics2D 物件

paintComponent() 的引數被宣告為 Graphics 型別（java.awt. Graphics）。

```
public void paintComponent(Graphics g) { }
```

所以參數「g」IS-A Graphics 物件。這代表它可以是 Graphics 的一個子類別（因為多型）。而事實上，它正是。

「g」參數所參考的物件實際上是 Graphics2D 類別的一個實體。

你為什麼要關心這個？因為有些事情你可以用 Graphics2D 參考來做，但不能用 Graphics 參考來做。Graphics2D 物件能做的事比 Graphics 物件更多，而實際上潛伏在 Graphics 參考背後的正是一個 Graphics2D 物件。

還記得你的多型嗎？編譯器會根據參考型別而非物件型別來決定你可以呼叫哪些方法。如果你有一個 Dog 物件被一個 Animal 參考變數所參考：

```
Animal a = new Dog();
```

你就「不能」說：

```
a.bark();
```

儘管你知道它其實是一隻狗（Dog），編譯器看了看「a」，知道它是動物（Animal）型別，並發現 Animal 類別中沒有 bark() 的遙控器按鈕。但你仍然可以這樣說來讓該物件回到它真正的樣子：

```
Dog d = (Dog) a;
d.bark();
```

因此，圖形物件的底線是這樣的：

如果你需要使用 Graphics2D 類別的一個方法，你不能直接使用方法中的 paintComponent 參數（「g」），但是你可以用一個新的 Graphics2D 變數來為它強制轉型（cast）：

```
Graphics2D g2d = (Graphics2D) g;
```

你可以在一個 Graphics 參考上呼叫的方法：

- drawImage()
- drawLine()
- drawPolygon
- drawRect()
- drawOval()
- fillRect()
- fillRoundRect()
- setColor()

把 Graphics2D 物件強制轉型給一個 Graphics2D 參考：

```
Graphics2D g2d = (Graphics2D) g;
```

你可以在一個 Graphics2D 參考上呼叫的方法：

- fill3DRect()
- draw3DRect()
- rotate()
- scale()
- shear()
- transform()
- setRenderingHints()

（這些不是完整的方法清單，更多資訊請查閱 API 說明文件）

因為有漸層混合色在等著你的時候，
把圓圈塗成純色就太浪費生命了

它實際上是一個 Graphics2D 物件，偽裝成一個單純的 Graphics 物件。

```
public void paintComponent(Graphics g) {

    Graphics2D g2d = (Graphics2D) g;
```

將之強制轉型，這樣我們才能呼叫 Graphics2D 有、但 Graphics 沒有的東西。

```
    GradientPaint gradient = new GradientPaint(70, 70, Color.blue, 150, 150, Color.orange);
```

起點　　起始顏色　　終點　　終止顏色

```
    g2d.setPaint(gradient);
```

這將虛擬筆刷設定為漸層色 而非純色。

```
    g2d.fillOval(70, 70, 100, 100);

}
```

fillOval() 方法真正的意思是「用你筆刷上載入的任何東西（即漸層）來填滿這個橢圓」。

```
public void paintComponent(Graphics g) {
    Graphics2D g2d = (Graphics2D) g;

    Random random = new Random();
    int red = random.nextInt(256);
    int green = random.nextInt(256);
    int blue = random.nextInt(256);
    Color startColor = new Color(red, green, blue);

    red = random.nextInt(256);
    green = random.nextInt(256);
    blue = random.nextInt(256);
    Color endColor = new Color(red, green, blue);

    GradientPaint gradient = new GradientPaint(70, 70, startColor, 150, 150, endColor);
    g2d.setPaint(gradient);
    g2d.fillOval(70, 70, 100, 100);
}
```

這就像上面那個，只是它讓漸層的起始和終止顏色變為隨機。試試看吧！

本章重點

── 事件 ──

- 要製作一個 GUI，就從視窗開始，通常會是一個 JFrame：

  `JFrame frame = new JFrame();`

- 你可以新增介面控件（按鈕、文字欄位等）到 JFrame，只要使用：

  `frame.getContentPane().add(button);`

- 與大多數其他元件不同，JFrame 不允許你直接新增東西給它，所以你必須新增到 JFrame 的內容窗格才行。

- 要讓視窗（JFrame）顯示出來，你必須賦予它一個大小，並告訴它變為可見：

  `frame.setSize(300,300);`
  `frame.setVisible(true);`

- 為了知道使用者何時點擊按鈕（或在使用者介面上採取其他行動），你需要聆聽一個 GUI 事件。

- 要聆聽一個事件，你必須向一個事件源註冊你感興趣。事件源是基於使用者互動而「觸發」事件的東西（按鈕、核取方區塊等）。

- 聆聽者介面給了事件源一種回呼的方式，因為該介面定義了事件源會在事件發生時呼叫的方法。

- 要在一個事件源上登記你對事件感興趣，請調用該來源的註冊方法。註冊方法總是採用 *add<EventType>Listener* 這種形式命名。舉例來說，要註冊一個按鈕的 ActionEvent，就呼叫：

  `button.addActionListener(this);`

- 透過實作該介面所有的事件處理方法來實作聆聽者介面。把你的事件處理程式碼放在聆聽者的回呼方法中。對於 ActionEvent，該方法為：

  ```
  public void actionPerformed(ActionEvent
                              event) {
    button.setText("you clicked!");
  }
  ```

- 傳入 event-handler（事件處理器）方法的事件物件帶有關於事件的資訊，包括事件的來源。

── 圖形 ──

- 你可以直接在介面控件上繪製 2D 圖形。

- 你可以直接在介面控件上畫一張 .gif 或 .jpeg 圖。

- 要繪製你自己的圖形（包括 .gif 或 .jpeg），請製作 Jpanel 的一個子類別並覆寫 paintComponent() 方法。

- paintComponent() 方法是由 GUI 系統所呼叫的，「你永遠不會自己呼叫它」。paintComponent() 的引數是一個 Graphics 物件，它為你提供了一個可以繪畫的表面，最終會出現在螢幕上。你無法自行建構這個物件。

- 在 Graphics 物件（paintComponent 參數）上呼叫的典型方法有：

  `g.setColor(Color.blue);`
  `g.fillRect(20, 50, 100, 120);`

- 要繪製一張 .jpg 圖，請以下列方式建構一個圖像：

  ```
  Image image = new
  ImageIcon("catzilla.jpg").getI-
  mage();
  ```

  並用這樣畫出圖像：

  `g.drawImage(image,3,4,this);`

- paintComponent() 的 Graphics 參數所參考的物件實際上是 Graphics2D 類別的一個實體。Graphics2D 類別有多種方法，包括：

  fill3DRect()、draw3DRect()、rotate()、scale()、shear()、transform()

- 為了調用 Graphics2D 方法，你必須將參數從 Graphics 物件強制轉型為 Graphics2D 物件：

  `Graphics2D g2d = (Graphics2D) g;`

我們可以取得一個事件。

我們可以繪製圖形。

但我們可以在得到一個事件的時候繪製圖形嗎？

讓我們把一個事件掛接（hook up）到我們的繪圖面板的一項變更上。我們將
使圓圈在你每次點擊按鈕時改變顏色。下面是程式的流程：

啟動 app

1 此框架是以兩個介面控件（你的繪圖面板
和一個按鈕）建置而成。一個聆聽者被創
建並對該按鈕註冊。然後框架被顯示出來，
單純等候使用者的點擊。

2 使用者點擊按鈕，而該按鈕會創建一個
事件物件，並呼叫聆聽者的事件處理
器。

3 事件處理器在框架上呼叫 repaint()。系統則在
繪圖面板上呼叫 paintComponent()。

4 萬歲！一個新的顏色被畫上去了，因為
paintComponent() 再次執行，以一個隨機顏色
填滿了圓圈。

等一下…你是怎麼把「兩樣」東西放在一個框架上的呢？

GUI 佈局：在一個框架上放置一個以上的介面控件

我們將在下一章介紹 GUI 佈局（GUI layouts），但我們將在這裡以一堂速成課程來讓你起步。預設情況下，一個框架有五個你可以添加東西的區域。你只能在一個框架的每個區域中添加一個東西，但先別驚慌！那件東西可能是容納其他三件東西的一個面板，其中包括一個容納另外兩件東西的面板，還有…你懂我的意思。事實上，當我們像下面那樣在框架中添加一個按鈕時，我們是在「作弊」：

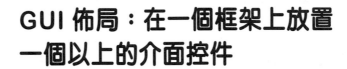

```
frame.getContentPane().add(button);
```

這其實不是你要這麼做時應該使用的方式（這是一個引數的 add 方法）。

這是新增東西到框架預設內容窗格（content pane）更好的方式（通常是強制性的）。永遠都指定你想讓介面控件去「哪裡」（哪個區域）。

當你呼叫單引數的 add 方法（我們不應該使用的方法）時，介面控件會自動落在 center（中央）區域。

預設區域

```
frame.getContentPane().add(BorderLayout.CENTER, button);
```

我們呼叫兩個引數的 add 方法，它接收一個區域（使用一個常數）和要添加到該區域的介面控件。

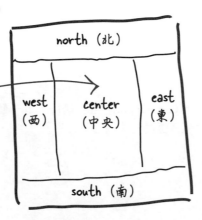

north（北）

west（西）　center（中央）　east（東）

south（南）

削尖你的鉛筆

根據第 477 頁的圖片，寫出將按鈕和面板添加到框架中的程式碼。

➜ 你要解決的。

圓圈會在每次你點擊按鈕時改變顏色

自訂的繪圖面板（MyDrawPanel 的實體）位於框架的 CENTER 區域。

```java
import javax.swing.*;
import java.awt.*;
import java.awt.event.*;

public class SimpleGui3 implements ActionListener {
  private JFrame frame;

  public static void main(String[] args) {
    SimpleGui3 gui = new SimpleGui3();
    gui.go();
  }

  public void go() {
    frame = new JFrame();
    frame.setDefaultCloseOperation(JFrame.EXIT_ON_CLOSE);

    JButton button = new JButton("Change colors");
    button.addActionListener(this);

    MyDrawPanel drawPanel = new MyDrawPanel();

    frame.getContentPane().add(BorderLayout.SOUTH, button);
    frame.getContentPane().add(BorderLayout.CENTER, drawPanel);
    frame.setSize(300, 300);
    frame.setVisible(true);
  }

  public void actionPerformed(ActionEvent event) {
    frame.repaint();
  }
}
```

按鈕位於框架的 SOUTH 區域。

把聆聽者（this）加到按鈕上。

把兩個介面控件（按鈕和繪圖面板）加到框架的這兩個區域。

使用者點擊時，告訴框架 repaint() 自己。這意味著 paintComponent() 會在框架中的每個介面控件上被呼叫！

```java
class MyDrawPanel extends JPanel {

  public void paintComponent(Graphics g) {
    // 以一個隨機顏色填滿橢圓的程式碼
    // 程式碼請參閱第 473 頁
  }

}
```

繪圖面板的 paintComponent() 方法會在每次使用者點擊時被呼叫。

讓我們試試兩個按鈕

南邊（south）的按鈕行為會跟現在一樣，單純是在框架上呼叫重繪（repaint）。第二個按鈕（我們將把它放在 east 區域）將改變一個標籤（label）上的文字（標籤就只是螢幕上的文字）。

因此現在我們需要四個介面控件

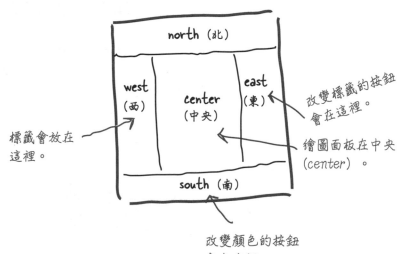

改變標籤的按鈕會在這裡。

繪圖面板在中央（center）。

標籤會放在這裡。

改變顏色的按鈕會在這裡。

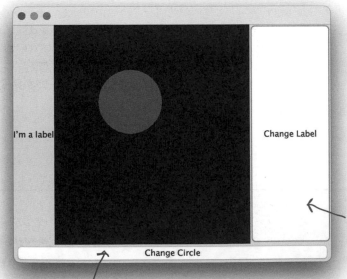

而且我們需要取得兩個事件

糟了！

這 可 能 嗎？ 當 你 只 有 一 個 actionPerformed() 方法時，你要如何得到兩個事件呢？

這個按鈕改變對面的文字。

這個按鈕改變圓圈的顏色。

當每個按鈕需要做不同的事情時，你如何為兩個不同的
按鈕取得動作事件？

---

① 選擇一

實作<u>兩個</u> **actionPerformed()** 方法

```
class MyGui implements ActionListener {
  // 這裡放很多程式碼，然後：

  public void actionPerformed(ActionEvent event) {
    frame.repaint();
  }

  public void actionPerformed(ActionEvent event) {
    label.setText("That hurt!");
  }
}
```

但這是不可能的！

缺陷：你辦不到！你無法在一個 Java 類別中實作相同的方法兩次。這將無法編譯。而即使你可以，
事件源如何知道兩個方法中要呼叫哪一個？

---

② 選擇二

向兩個按鈕都註冊<u>相同的</u>聆聽者

```
class MyGui implements ActionListener {
  // 在此宣告一些實體變數

  public void go() {
    // 建置 GUI
    colorButton = new JButton();
    labelButton = new JButton();
    colorButton.addActionListener(this);
    labelButton.addActionListener(this);
    // 這裡是更多的 GUI 程式碼…
  }

  public void actionPerformed(ActionEvent event) {
    if (event.getSource() == colorButton) {
      frame.repaint();
    } else {
      label.setText("That hurt!");
    }
  }
}
```

*兩個按鈕都註冊相同的
聆聽者。*

*查詢事件物件以找出哪個
按鈕實際觸發了它，並藉
此判斷要做什麼。*

缺陷：這確實行得通，但在大多數情況下，這都不是非常 OO 的做法。讓一個事件處理器（event
handler）去做許多不同的事情，意味著你有一個會做許多不同事情的單一方法。如果你需要改
變一個來源的處理方式，你就必須動到每個人的事件處理器。有時這確實是一種很好的解決方
案，但通常它會損害可維護性和可擴充性。

當每個按鈕需要做不同的事情時，你如何為兩個不同的按鈕取得動作事件？

③ 選擇三

創建兩個<u>獨立的</u> ActionListener 類別

```
class MyGui {
  private JFrame frame;
  private JLabel label;

  void gui() {
    // 這裡的程式碼實體化兩個聆聽者，
    // 並將一個註冊給顏色按鈕，另一個註冊給標籤按鈕
  }
}
```

```
class ColorButtonListener implements ActionListener {
  public void actionPerformed(ActionEvent event) {
    frame.repaint();
  }
}
```
↖ 行不通！這個類別沒有對 *MyGui* 類別「*frame*」
變數的參考。

```
class LabelButtonListener implements ActionListener {
  public void actionPerformed(ActionEvent event) {
    label.setText("That hurt!");
  }
}
```
↖ 有問題！這個類別沒有對變數「*label*」的參考。

缺陷：這些類別無法存取它們需要操作的變數，即「frame」和「label」。你可以解決這個問題，但你必須給每個聆聽者類別對主 GUI 類別的一個參考，這樣在 actionPerformed() 方法中，聆聽者才能使用 GUI 類別的參考來存取 GUI 類別的變數。但這就破壞了封裝，所以我們可能需要為 GUI 介面控件製作 getter 方法（getFrame()、getLabel() 等）。你可能需要為聆聽者類別新增一個建構器，讓你可以在聆聽者實體化的時候把 GUI 的參考傳遞給聆聽者。不過，嗯，這變得更加混亂和複雜了。

必定有更好的方式！

如果你能有兩個不同的聆聽者類別，但聆聽者類別可以存取主 GUI 類別的實體變數，幾乎就像聆聽者類別屬於另一個類別一樣，那不是很美好嗎？這樣你就會擁有兩個世界中最好的東西。沒錯，那很夢幻，但這就只是一種幻想…

內層類別來拯救你啦！

你可以讓一個類別內嵌（nested）在另一個類別裡面，這很簡單，只要確保內層類別（inner class）的定義是在外層類別（outer class）的大括號內部就行了。

簡單的內層類別：

```
class MyOuterClass   {

   class MyInnerClass {
      void go() {
       }
    }

}
```

內層類別完全由外層類別所包覆。

內層類別可以使用外層類別的所有方法和變數，甚至是私有的那些。

內層類別可以使用那些變數和方法，就彷彿那些方法和變數是在內層類別中宣告的一樣。

一個內層類別得到一種特殊的通行證來使用外層類別的東西，甚至是私有（*private*）的東西。內層類別可以使用外層類別的那些私有變數和方法，就好像那些變數和成員是在內層類別中定義的一樣。這就是內層類別的方便之處：它們擁有普通類別的大部分優點，但具備特殊的存取權限。

內層類別使用外層類別的一個變數

```
class MyOuterClass   {

   private int x;

   class MyInnerClass {
      void go() {
        x = 42;
      }
   } // 結束內層類別

} // 結束外層類別
```

把「x」當成是內層類別的一個變數來用！

一個內層類別實體必須被綁定到一個外層類別實體 *

記住，當我們談論一個內層類別存取外層類別中的東西時，我們實際上是在談論該內層類別的一個實體存取該外層類別的一個實體。不過是哪個實體呢？

任意的內層類別實體都可以存取外層類別任何實體的方法和變數嗎？不！

一個**內層**物件必須被綁定到堆積上的一個特定的**外層**物件。

> 一個內層物件與一個外層物件有一種特殊的聯繫。♥

銷量超過 65,536 冊！

與你的
內層類別
取得聯繫

多型博士 著

「誰動了我的字元？」作者的最新暢銷書

① 製作外層類別的一個實體。

MyOuter 物件

② 使用外層類別的實體製作內層類別的一個實體。

MyInner 物件

③ 外層和內層物件現在緊密地連結在一起了。

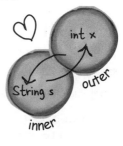

int x
String s
inner
outer

堆積上的這兩個物件有一種特殊的聯繫。內層物件可以使用外層物件的變數（反之亦然）。

---

* 這有一個例外，用於一種非常特殊的情況，也就是在靜態方法中定義的內層類別。但在此我們不打算那麼做，而且你可能在你整個 Java 生涯中都不會遇到這樣的情況。

如何製作內層類別的一個實體

如果你從一個外層類別裡面的程式碼實體化一個內層類別，那麼該外層類別的那個實體就是內層物件將「綁定」的實體。舉例來說，如果一個方法中的程式碼實體化了內層類別，那麼內層物件就將和其方法正在執行的那個實體綁定。

外層類別中的程式碼可以實體化它自己的一個內層類別，就跟它實體化任何其他類別的方式完全一樣…`new MyInner()`。

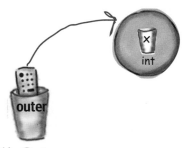

```java
class MyOuter   {

    private int x;              ← 這個外層類別有一個私有
                                   變數「x」。

    MyInner inner = new MyInner();  ← 製作內層類別的一個實體。

    public void doStuff() {
        inner.go();             ← 在那個內層類別上
    }                              呼叫方法。

    class MyInner {
        void go() {
            x = 42;             ← 內層類別的這個方法使用外層類別的
        }                          實體變數「x」，就好像「x」屬於內
    } // 結束內層類別              層類別一樣。

} // 結束外層類別
```

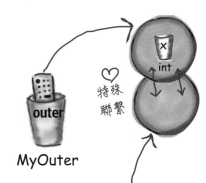

補充說明

你可以從執行在外層類別外部的程式碼實體化一個內層實體，但你必須使用一種特殊語法。在你整個 Java 生涯中，你很有可能永遠都不需要從外部創建一個內層類別，但如果你感興趣的話…

```java
class Foo {
    public static void main (String[] args) {
        MyOuter outerObj = new MyOuter();
        MyOuter.MyInner innerObj = outerObj.new MyInner();
    }
}
```

現在我們能讓有兩個按鈕的程式碼正確運作了

```java
public class TwoButtons {
  private JFrame frame;
  private JLabel label;

  public static void main(String[] args) {
    TwoButtons gui = new TwoButtons();
    gui.go();
  }

  public void go() {
    frame = new JFrame();
    frame.setDefaultCloseOperation(JFrame.EXIT_ON_CLOSE);

    JButton labelButton = new JButton("Change Label");
    labelButton.addActionListener(new LabelListener());

    JButton colorButton = new JButton("Change Circle");
    colorButton.addActionListener(new ColorListener());

    label = new JLabel("I'm a label");
    MyDrawPanel drawPanel = new MyDrawPanel();

    frame.getContentPane().add(BorderLayout.SOUTH, colorButton);
    frame.getContentPane().add(BorderLayout.CENTER, drawPanel);
    frame.getContentPane().add(BorderLayout.EAST, labelButton);
    frame.getContentPane().add(BorderLayout.WEST, label);

    frame.setSize(500, 400);
    frame.setVisible(true);
  }

  class LabelListener implements ActionListener {
    public void actionPerformed(ActionEvent event) {
      label.setText("Ouch!");
    }
  }

  class ColorListener implements ActionListener {
    public void actionPerformed(ActionEvent event) {
      frame.repaint();
    }
  }

}
```

好多了：主 GUI 類別現在沒有實作 ActionListener 了。

不是把 (this) 傳遞給按鈕的聆聽者註冊方法，而是傳遞一個適當的聆聽者類別之新實體。

TwoButtons 物件

inner → outer

LabelListener 物件

inner

ColorListener 物件

現在我們能在單一個類別中有「兩個」ActionListener 了！

內層類別知道「label」。

內層類別能夠使用「frame」實體變數，不用擁有對外層類別物件的一個明確的參考。

台灣念真情

本週專訪：

內層類別的實體 Inner object

HeadFirst：是什麼讓內層類別有其重要性呢？

Inner object：我應該從哪裡開始呢？我們給你機會，讓你在一個類別中多次實作同一個介面。別忘記，在一個普通的 Java 類別中，你不能多次實作一個方法。但使用內層類別，每個內層類別都能實作相同的介面，所以你能讓同一組介面方法具備所有的那些不同實作。

HeadFirst：你為什麼會想要把同一個方法實作兩次呢？

Inner object：讓我們重新審視 GUI 事件處理器。想想看…如果你想讓三個按鈕都有不同的事件行為，那就使用三個內層類別，全都實作 ActionListener，這意味著每個類別都能實作自己的 actionPerformed 方法。

HeadFirst：那麼，事件處理器是使用內層類別的唯一原因嗎？

Inner object：哦，天哪，並非如此。事件處理器只是一個明顯的例子。任何時候你需要一個獨立的類別，但又希望這個類別的行為就像它是另一個類別的一部分一樣時，內層類別就是那麼做的最好做法，而且有時也是唯一的辦法。

HeadFirst：我仍然感到困惑。如果你想讓內層類別表現好像屬於外層類別，那為什麼一開始要有一個單獨的類別呢？為什麼內層類別的程式碼不直接放在外層類別中呢？

Inner object：我剛給過了你一種情境，其中你就需要一個以上的介面實作。但即便不使用介面，你也可能需要兩個不同的類別，因為這些類別代表了兩種不同的東西。這就是良好的 OO。

HeadFirst：哇！請在此停一下。我一直以為 OO 設計的很大部分是關於重複使用和維護。你知道的，如果你有兩個單獨的類別，它們可以各自獨立地被修改和使用，而不是把它們全部塞進一個類別裡之類的。但對於內層類別來說，你最終仍然只是在使用一個真正的類別，對嗎？外圍的類別是唯一可重複使用，並且與其他類別有所區隔的那個類別。內層類別並不完全是可重複使用的。事

實上，我聽說它們被稱為「無法重複使用」，簡稱「無用」。

Inner object：是的，內層類別確實不是那麼容易再利用，事實上有時根本就不能重複使用，因為它與外層類別的實體變數和方法緊密連結。但是，它…

HeadFirst：這不就證明了我的觀點！如果它們不能重複使用，為什麼還要費心去製作一個單獨的類別呢？我是指除了介面問題之外，不過那在我看來也只是一種變通辦法而已。

Inner object：正如我所說的，你需要考慮到 IS-A 和多型。

HeadFirst：好吧，那我要考慮到他們，是因為…

Inner object：因為外層和內層的類別可能需要通過不同的 IS-A 測試！讓我們從多型的 GUI 聆聽者範例開始。按鈕的聆聽者註冊方法宣告的引數型別是什麼？換句話說，若去查閱 API 說明文件，你要把什麼樣的東西（類別或介面型別）傳給 addActionListener() 方法呢？

HeadFirst：你必須要傳入一個聆聽者，也就是實作了特定聆聽者介面的東西，在此即為 ActionListener。是的，這些我們都知道。你的重點是什麼？

Inner object：我的重點是，就多型而言，你有一個方法只接受一種特定型別，也就是可以通過 ActionListener 的 IS-A 測試的東西。但是（這才是最重要的），如果你的類別需要成為某個類別型別的 IS-A，而不是一個介面的呢？

HeadFirst：難道你不會讓你的類別單純擴充你需要成為其一部分的類別嗎？這不正是子類別的全部意義所在嗎？如果 B 是 A 的一個子類別，那麼在任何預期 A 的地方，都可以使用 B。就是整個「在宣告型別是 Animal 的地方傳入一個 Dog」的那些東西。

Inner object：沒錯！你答對了！那麼現在如果你需要通過兩個不同類別的 IS-A 測試，會發生什麼事？而且它們是在不同繼承階層架構中的類別。

HeadFirst：哦，那你就⋯嗯。我想我已經明白了。你總是可以實作一個以上的介面，但你能擴充的類別只有一個。涉及到類別型別時，你只能成為一種 IS-A。

Inner object：很好！是的，你不可能既是一個 Dog 又是一個 Button，但如果你是一個 Dog，只是有時需要成為一個 Button（為了把自己傳遞給接受一個 Button 的方法），那麼 Dog 類別（它擴充了 Animal，所以不能再擴充 Button）就可以有一個內層類別，藉由擴充 Button，能代表 Dog 作為 Button 行事，因此在需要 Button 的地方，Dog 就能傳遞它內層的 Button 而非自己。換句話說，Dog 物件不是說 x.takeButton(this)，而是呼叫 x.takeButton(new MyInnerButton())。

HeadFirst：可以給我一個清楚的例子嗎？

Inner object：還記得我們使用的繪圖面板（drawing panel）嗎，在那裡我們製作了自己的 JPanel 子類別？現在，那個類別是一個非內層的單獨類別。這很好，因為那個類別不需要對主 GUI 的實體變數進行特殊存取。但如果它需要呢？如果我們要在那個面板上做動畫，而它會從主應用程式獲得其座標（比如說，基於使用者在 GUI 中其他地方做的事情）。在這種情況下，如果我們讓繪圖面板成為一個內層類別，那麼此繪圖面板類別可以是 JPanel 的一個子類別，同時外層類別仍然可以自由地成為其他東西的子類別。

HeadFirst：是的，我明白了！反正繪圖面板也沒有足夠的再利用性，無法成為一個單獨的類別，因為它實際畫的東西是特定於這個 GUI 應用程式的。

Inner object：沒錯！你已經懂了！

HeadFirst：很好。然後我們就能繼續討論你和外層實體之間關係的本質了。

Inner object：你們這些人是怎麼了？在像多型這樣一個嚴肅的話題中，還嫌不夠八卦嗎？

HeadFirst：嘿，你不知道大眾願意為通俗小報上的一些老套但勁爆的醜聞付出多少錢嗎？所以，有人創造了你，而你隨即與外層物件結合在了一起，是這樣嗎？

Inner object：嗯，是那樣沒錯。

HeadFirst：那外層物件呢？它能與任何其他的內層物件產生關聯嗎？

Inner object：所以這就是了，這才是你真正想要聽的吧。是的、是的，我所謂的「伴侶」想要有多少內層物件都可以。

HeadFirst：這就像，連續的一夫一妻制嗎？還是可以同時擁有它們？

Inner object：全部同時，就這樣，滿意了嗎？

HeadFirst：嗯，這確實有道理。而我們也別忘記，讚美「同一介面的多種實作」有好處的人是你。所以，如果外層類別有三個按鈕，它就需要三個不同的內層類別（也就是三個不同的內層類別物件）來處理事件，這很合理。

Inner object：你懂了！

HeadFirst：還有一個問題。我聽說當 lambda 出現時，你幾乎丟了工作？

Inner object：哎喲，這可真夠直接的！好吧，毫無保留！在很多情況下，lambda 都是一種更容易閱讀、更簡潔的方式得以做到我做的事情。但是內層類別已經存在很長一段時間了，你肯定會在舊程式碼中遇到我們。更何況，那些討厭的 lambdas 並不是每件事情都做得比我們好。

他認為他已經成功了，同時有兩個內層類別物件。但我們可以存取他所有的私人資料，所以想像一下我們可以造成的傷害⋯

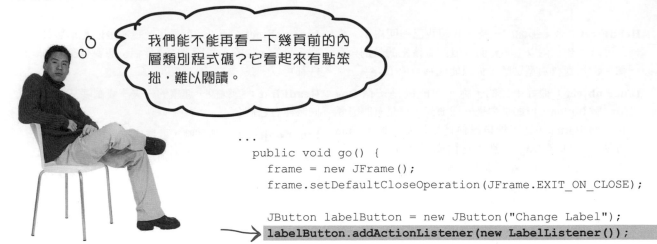

```
...
public void go() {
  frame = new JFrame();
  frame.setDefaultCloseOperation(JFrame.EXIT_ON_CLOSE);

  JButton labelButton = new JButton("Change Label");
  labelButton.addActionListener(new LabelListener());

  JButton colorButton = new JButton("Change Circle");
  colorButton.addActionListener(new ColorListener());

  label = new JLabel("I'm a label");
  MyDrawPanel drawPanel = new MyDrawPanel();

  // 新增介面控件的程式碼，在此
  frame.setSize(500, 400);
  frame.setVisible(true);
}

class LabelListener implements ActionListener {
  public void actionPerformed(ActionEvent event) {
    label.setText("Ouch!");
  }
}

class ColorListener implements ActionListener {
  public void actionPerformed(ActionEvent event) {
    frame.repaint();
  }
}
```

Lambdas 來拯救你啦！
（再一次）

他沒有錯！解讀這兩行凸顯出來的程式碼的一種方式是：

「當 labelButton ActionListener 獲得一個事件時，就 setText("Ouch");」

這兩個想法不僅在程式碼中是相互分離的，內層類別還需要五行程式碼來調用 setText 方法。當然，關於 labelButton 程式碼我們所說的一切，也適用於 colorButton 程式碼。

還記得幾頁前我們說過，為了實作 ActionListener 介面，你必須為其 actionPerformed 方法提供程式碼，對吧？嗯…應該還有印象吧？

ActionListener 是一個函式型介面

請記住，lambda 為一個函式型介面（functional interface）的唯一抽象方法，提供了
一個實作。

由於 ActionListener 是一個函式型介面，你可以用 lambda 運算式取代我們在上一頁看到的
內層類別。

```
    ...
public void go() {
    frame = new JFrame();
    frame.setDefaultCloseOperation(JFrame.EXIT_ON_CLOSE);

    JButton labelButton = new JButton("Change Label");
    labelButton.addActionListener(event -> label.setText("Ouch!"));

    JButton colorButton = new JButton("Change Circle");
    colorButton.addActionListener(event -> frame.repaint());

    label = new JLabel("I'm a label");
    MyDrawPanel drawPanel = new MyDrawPanel();

    // 新增介面控件的程式碼，在此
    frame.setSize(500, 400);
    frame.setVisible(true);
}

class LabelListener implements ActionListener {
    public void actionPerformed(ActionEvent event) {
        label.setText("Ouch!");
    }
}

class ColorListener implements ActionListener {
    public void actionPerformed(ActionEvent event) {
        frame.repaint();
    }
}
```

這兩段凸顯的程式
碼是替換內層類別
的 *lambdas*。

所有的內層類別程式碼都
消失了！不需要了！再見。

Lambdas，更為清楚明白、更簡潔

好吧，也許還沒有，但一旦你習慣閱讀 lambdas，我們非常肯定你會同意
它們使你的程式碼更加清晰。

使用一個內層類別來製作動畫

我們看到了為什麼內層類別對於事件聆聽者來說很方便,因為你可以多次實作同一個事件處理方法。但現在我們要看看,當內層類別作為外層類別沒有擴充的類別之子類別使用時,可以多麼有用。換句話說,就是當外層類別和內層類別處於不同的繼承樹中之時!

我們的目標是製作一個簡單的動畫,讓圓圈從畫面左上角向下移動到右下角。

開始 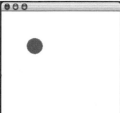　　結束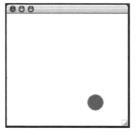

簡單動畫的運作方式

① 在某個特定的 x 和 y 座標繪製一個物件。

g.fillOval(20,50,100,100);

從左邊算起 20 個像素,
從頂邊算起 50 個像素。

② 在一個*不同*的 x 和 y 座標重新繪製該物件。

g.fillOval(25,55,100,100);

從左邊算起 25 個像素,從
頂邊算起 55 個像素(物件
稍微向下和向右移動)。

③ 重複上一步,在動畫應該持續的時候,不斷改變 x 和 y 的值。

我們<u>真正</u>想要的東西是像⋯

```
class MyDrawPanel extends JPanel {
  public void paintComponent(Graphics g) {
    g.setColor(Color.orange);
    g.fillOval(x, y, 100, 100);
  }
}
```

別忘記！系統會呼叫 *paintComponent* 方法，你不必那麼做。

每次 *paintComponent()* 被呼叫，橢圓都會被畫在不同的位置。

削尖你的鉛筆

⟶ **答案在第 494 頁。**

但我們要從哪裡得到新的 x 和 y 座標？

而誰要呼叫 repaint() 呢？

看看你能不能**設計**一個簡單的**解決方案**，讓球從繪圖面板的左上角向下移動到右下角。我們的答案在下一頁，所以在你完成之前不要翻過這一頁！

超大型提示：讓繪圖面板成為一個內層類別。

另一個提示：不要在 paintComponent() 方法中放入任何類型的重複迴圈。

把你的想法（或程式碼）寫在這裡：

完整的簡單動畫程式碼

```java
import javax.swing.*;
import java.awt.*;
import java.util.concurrent.TimeUnit;

public class SimpleAnimation {
  private int xPos = 70;
  private int yPos = 70;

  public static void main(String[] args) {
    SimpleAnimation gui = new SimpleAnimation();
    gui.go();
  }

  public void go() {
    JFrame frame = new JFrame();
    frame.setDefaultCloseOperation(JFrame.EXIT_ON_CLOSE);

    MyDrawPanel drawPanel = new MyDrawPanel();

    frame.getContentPane().add(drawPanel);
    frame.setSize(300, 300);
    frame.setVisible(true);

    for (int i = 0; i < 130; i++) {
      xPos++;
      yPos++;

      drawPanel.repaint();

      try {
        TimeUnit.MILLISECONDS.sleep(50);
      } catch (Exception e) {
        e.printStackTrace();
      }
    }
  }

  class MyDrawPanel extends JPanel {
    public void paintComponent(Graphics g) {
      g.setColor(Color.green);
      g.fillOval(xPos, yPos, 40, 40);
    }
  }
}
```

在主 GUI 類別中製作兩個實體變數,用於圓的 X 和 Y 座標。

這裡沒有什麼新東西。製作介面控件並把它們放在框架中。

重複這個 130 次。

這就是動作所在!

遞增 X 和 Y 座標。

告訴面板重繪自身 (如此我們才能看到圓出現在新的位置)。

在重繪之間要暫停 (否則它的移動速度太快,你「看」不到它在移動)。別擔心,你不應該已經懂得這個。我們將在第 17 章討論此問題。

現在它是一個內層類別了。

使用外層類別持續更新的 X 和 Y 座標。

這行得通嗎？

你可能沒有得到你所期望的流暢動畫。

我們做錯了什麼呢？

paintComponent() 方法中有一個小缺陷。

我們需要消除已經存在的東西！否則我們就會出現移動軌跡。

為了解決這個問題，我們所要做的就是在每次畫圓之前，用背景色填滿整個面板。下面的程式碼在方法的開頭添加了兩行程式碼：一行是將顏色設定為白色（繪圖面板的背景色），另一行是將整個面板的矩形填滿為該顏色。用白話來說，下面的程式碼指的就是：「充填一個從 x 和 y 為 0（從左邊 0 像素和從頂邊 0 像素）開始的矩形，並使其與面板目前的寬度和高度一樣」。

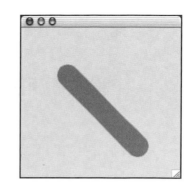

呃，糗了。它不是移動…而是在塗抹。

```
public void paintComponent(Graphics g) {
  g.setColor(Color.white);
  g.fillRect(0, 0, this.getWidth(), this.getHeight());

  g.setColor(Color.green);
  g.fillOval(x, y, 40, 40);
}
```

getWidth() 和 getHeight() 是從 JPanel 繼承而來的方法。

削尖你的鉛筆（選擇性的，只是為了好玩）

→ 你要解決的。

你會對 x 和 y 座標做什麼改變以產生下面的動畫？（假設第一個例子以 3 像素的增量移動。）

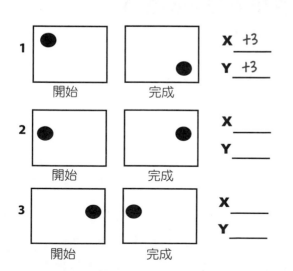

1 開始 完成　X +3　Y +3

2 開始 完成　X___　Y___

3 開始 完成　X___　Y___

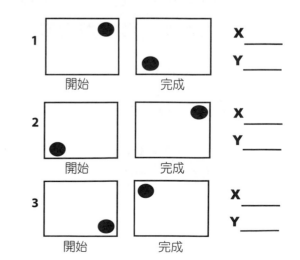

1 開始 完成　X___　Y___

2 開始 完成　X___　Y___

3 開始 完成　X___　Y___

程式碼廚房

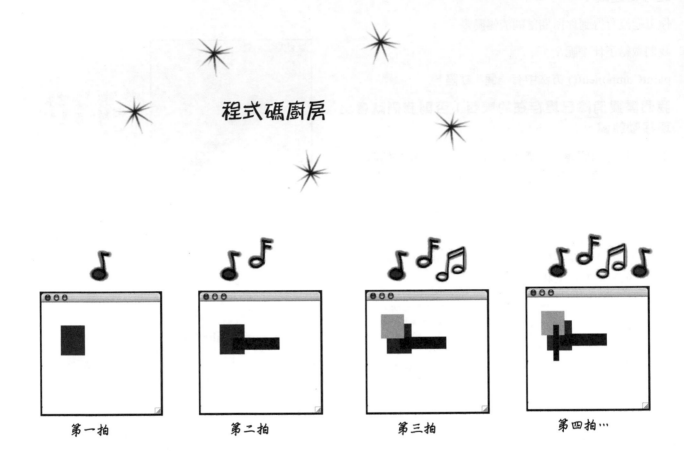

第一拍   第二拍   第三拍   第四拍…

讓我們來製作一個 MV。我們將使用 Java 生成的隨機圖形，並與音樂節拍保持同步。

在這個過程中，我們將註冊（和聆聽）一種新的非 GUI 事件，由音樂本身所觸發。

記住，這部分全都是選擇性的。但我們認為這對你有好處，你也會喜歡它。而且你可以用它來讓別人印象深刻。

（好吧，當然，這可能只對那些真正容易打動的人有效，但還是值得一試…）

聆聽一個非 GUI 事件

好吧，或許算不上一個 MV（music video），但我們將製作一個程式，隨著音樂的節拍在螢幕上畫出隨機的圖形。簡而言之，該程式會聆聽音樂的節拍，並在每一個節拍畫出一個矩形隨機圖形。

這為我們帶來了一些新的問題。到目前為止，我們只聆聽過 GUI 事件，但現在我們需要聆聽一種特殊的 MIDI 事件。事實證明，聆聽非 GUI 事件就像聆聽 GUI 事件一樣：你實作一個聆聽者介面，將聆聽者註冊到一個事件源，然後坐等事件源呼叫你的事件處理器（event-handler）方法（聆聽者介面中定義的方法）。

聆聽音樂節拍的最簡單方法是註冊和聆聽實際的 MIDI 事件，這樣只要音序器（sequencer）得到事件，我們的程式碼也會得到，並可繪製圖形。但是…有一個問題存在，這實際上是一個錯誤，它使我們無法聆聽我們正在製作的 MIDI 事件（即 NOTE ON 的那些事件）。

所以我們必須做一個小小的變通。我們可以聆聽另一種類型的 MIDI 事件，叫作 ControllerEvent。我們的解決方案是註冊 ControllerEvent，然後確保每個 NOTE ON 事件都有一個匹配的 ControllerEvent 在同一「拍」被觸發。我們如何確保 ControllerEvent 在同一時間被觸發呢？我們把它添加到音軌（track）上，就像其他事件一樣！換句話說，我們的音樂序列（music sequence）會是這樣的：

BEAT 1 - NOTE ON, CONTROLLER EVENT

BEAT 2 - NOTE OFF

BEAT 3 - NOTE ON, CONTROLLER EVENT

BEAT 4 - NOTE OFF

依此類推。

不過，在我們深入了解整個程式之前，讓我們把製作和新增 MIDI 訊息（messages）/ 事件（events）變得更容易一些，因為在這個程式中，我們會製作很多的它們。

這個音樂藝術程式需要做什麼：

(1) 製作一系列的 MIDI messages/events，在鋼琴（或你選擇的任何樂器）上播放隨機音符。

(2) 為這些事件（events）註冊一個聆聽者。

(3) 起始音序器的演奏。

(4) 每次聆聽者的事件處理器方法被呼叫時，就在繪圖面板上繪製一個隨機矩形，並呼叫重繪（repaint）。

我們會以三次反覆修訂來建置它

(1) 第一版：簡化 MIDI 事件之製作與新增的程式碼，因為我們會大量製造它們。

(2) 第二版：註冊並聆聽那些事件，但不帶圖形。隨著每一拍在命令列印出一個訊息。

(3) 第三版：真正的東西。為第二版加上圖形。

製造 messages/events 的一種更簡易的做法

就現在而言,製作訊息和事件並將之新增到音軌,其過程是很繁瑣的。對於每一條訊息,我們都得製作訊息實體(在此為 ShortMessage),呼叫 setMessage(),為該訊息製作一個 MidiEvent,並將該事件添加到音軌中。在上一章的程式碼中,我們為每條訊息都經歷了那每一個步驟。這意味著光是要讓一個音符播放然後停止播放,就需要八行程式碼!四行用來添加一個 NOTE ON 事件,四行用來添加一個 NOTE OFF 事件。

```
ShortMessage msg1 = new ShortMessage();
msg1.setMessage(NOTE_ON, 1, 44, 100);
MidiEvent noteOn = new MidiEvent(msg1, 1);
track.add(noteOn);

ShortMessage msg2 = new ShortMessage();
msg2.setMessage(NOTE_OFF, 1, 44, 100);
MidiEvent noteOff = new MidiEvent(msg2, 16);
track.add(noteOff);
```

每個事件都必須發生的事情:

① 製作一個訊息實體

```
ShortMessage msg = new ShortMessage();
```

② 以指令呼叫 setMessage()

```
msg.setMessage(NOTE_ON, 1, instrument, 0);
```

③ 為訊息製作一個 MidiEvent

```
MidiEvent noteOn = new MidiEvent(msg, 1);
```

④ 將事件新增至音軌

```
track.add(noteOn);
```

讓我們建置一個靜態工具方法,負責製作一個訊息並回傳一個 MidiEvent

訊息的四個引數。

「當」這個訊息應該發生時,事件就會「觸發」。

```
public static MidiEvent makeEvent(int command, int channel, int one, int two, int tick) {
  MidiEvent event = null;
  try {
    ShortMessage msg = new ShortMessage();
    msg.setMessage(command, channel, one, two);
    event = new MidiEvent(msg, tick);
  } catch (Exception e) {
    e.printStackTrace();
  }
  return event;
}
```

哇!帶有五個參數的一個方法。

使用那些方法參數製作訊息和事件

回傳該事件(裝載了訊息的一個 MidiEvent)。

第一版：使用新的 makeEvent() 靜態方法

這裡沒有事件處理或圖形，只是由 15 個音符組成的一個音階序列。
這段程式碼的意義只是為了學習如何使用我們新的 makeEvent() 方法。感謝這個方法，接下來兩個版本的程式碼會小得多、簡單得多。

```java
import javax.sound.midi.*;          ←── 別忘記匯入。
import static javax.sound.midi.ShortMessage.*;

public class MiniMusicPlayer1 {
  public static void main(String[] args) {
    try {
      Sequencer sequencer = MidiSystem.getSequencer();   製作（並開啟）一個音序器。
      sequencer.open();

      Sequence seq = new Sequence(Sequence.PPQ, 4);   製作一個序列
      Track track = seq.createTrack();                以及一個音軌。

      // 製作一些事件，使音階不斷上升（從鋼琴音
      //  符 5 到鋼琴音符 61）。
      for (int i = 5; i < 61; i += 4) {
        track.add(makeEvent(NOTE_ON, 1, i, 100, i));
        track.add(makeEvent(NOTE_OFF, 1, i, 100, i + 2));
      }

      sequencer.setSequence(seq);
      sequencer.setTempoInBPM(220);   讓它開始執行。
      sequencer.start();
    } catch (Exception ex) {
      ex.printStackTrace();
    }
  }

  public static MidiEvent makeEvent(int cmd, int chnl, int one, int two, int tick) {
    MidiEvent event = null;
    try {
      ShortMessage msg = new ShortMessage();
      msg.setMessage(cmd, chnl, one, two);
      event = new MidiEvent(msg, tick);
    } catch (Exception e) {
      e.printStackTrace();
    }
    return event;
  }
}
```

呼叫我們新的 makeEvent() 方法來製作訊息和事件。然後將結果（從 makeEvent() 回傳的 MidiEvent）添加到音軌上。這些是成對的 NOTE ON 和 NOTE OFF。

第二版：註冊並取得 ControllerEvent

```java
import javax.sound.midi.*;
import static javax.sound.midi.ShortMessage.*;

public class MiniMusicPlayer2 {
  public static void main(String[] args) {
    MiniMusicPlayer2 mini = new MiniMusicPlayer2();
    mini.go();
  }

  public void go() {
    try {
      Sequencer sequencer = MidiSystem.getSequencer();
      sequencer.open();

      int[] eventsIWant = {127};
      sequencer.addControllerEventListener(event -> System.out.println("la"), eventsIWant);

      Sequence seq = new Sequence(Sequence.PPQ, 4);
      Track track = seq.createTrack();

      for (int i = 5; i < 60; i += 4) {
        track.add(makeEvent(NOTE_ON, 1, i, 100, i));

        track.add(makeEvent(CONTROL_CHANGE, 1, 127, 0, i));

        track.add(makeEvent(NOTE_OFF, 1, i, 100, i + 2));
      }

      sequencer.setSequence(seq);
      sequencer.setTempoInBPM(220);
      sequencer.start();
    } catch (Exception ex) {
      ex.printStackTrace();
    }
  }

  public static MidiEvent makeEvent(int cmd, int chnl, int one, int two, int tick) {
    MidiEvent event = null;
    try {
      ShortMessage msg = new ShortMessage();
      msg.setMessage(cmd, chnl, one, two);
      event = new MidiEvent(msg, tick);
    } catch (Exception e) {
      e.printStackTrace();
    }
    return event;
  }
}
```

向音序器註冊事件。事件註冊方法接收聆聽者「和」一個 int 陣列，代表你想要的 ControllerEvent 串列。我們想關注一個事件，即 #127。

每次我們得到這個事件時，我們都會在命令列中印出「la」。我們在此使用一個 lambda 運算式來處理這個 ControllerEvent。

這裡是我們跟上節拍的方式：我們插入「自己的」ControllerEvent（CONTROL_CHANGE），其引數為事件編號 #127。這個事件什麼也「不做」！我們把它放進去只是為了在每次音符播放時得到一個事件。換句話說，它的唯一目的是讓我們能聆聽到的東西觸發（我們無法聆聽 NOTE ON/OFF 事件）。我們讓這個事件在與 NOTE_ON 相同的時間發生。所以當 NOTE_ON 事件發生時，我們就會知道，因為我們的事件會同時觸發。

與上一版本不同的程式碼以灰底凸顯（我們已經把程式碼從 main() 方法中移出，放到它自己的 go() 方法中）。

第三版：與音樂同步時間繪製圖形

這個最終版本在第二版的基礎上增加了 GUI 的部分。我們建置了一個框架，並在其中添加了一個繪圖面板，每次我們得到一個事件，就畫出一個新的矩形並重繪螢幕。與第二版相比，唯一的變化在於，音符是隨機播放的，而非單純提高音階。

程式碼最重要的變化（除了建立一個簡單的 GUI 以外）是，我們讓繪圖面板實作了 ControllerEventListener 而不是讓程式本身去做。所以當繪圖面板（一個內層類別）得到事件時，它知道如何透過繪製矩形來進行處理。

這個版本的完整程式碼在下一頁。

繪圖面板內層類別：

繪圖面板是一個聆聽者。

```
class MyDrawPanel extends JPanel implements ControllerEventListener {

    private boolean msg = false;

    public void controlChange(ShortMessage event) {
        msg = true;
        repaint();
    }

    public void paintComponent(Graphics g) {
        if (msg) {
            int r = random.nextInt(250);
            int gr = random.nextInt(250);
            int b = random.nextInt(250);

            g.setColor(new Color(r, gr, b));

            int height = random.nextInt(120) + 10;
            int width = random.nextInt(120) + 10;

            int xPos = random.nextInt(40) + 10;
            int yPos = random.nextInt(40) + 10;

            g.fillRect(xPos, yPos, width, height);
            msg = false;
        }
    }
}
```

我們設定一個旗標為假，只有當我們得到一個事件時，才會把它設定為真。

我們得到了一個事件，所以把旗標設定為真，並呼叫 repaint()。

事件處理器方法（來自 ControllerEvent 聆聽者介面）。這次我們沒有使用 lambda 運算式，因為想讓 Panel 聆聽 ControllerEvents。

我們必須使用一個旗標，因為「其他」事情也可能會觸發 repaint()，而我們「只」想在有 ControllerEvent 的時候才繪製。

剩下的是產生隨機顏色並繪製半隨機矩形的程式碼。

削尖你的鉛筆 ⟶ 你要解決的。

這是第三版的完整程式碼列表。它直接建立在第二版的基礎上。試著自己注釋它，不要看之前的頁面。

```java
import javax.sound.midi.*;
import javax.swing.*;
import java.awt.*;
import java.util.Random;

import static javax.sound.midi.ShortMessage.*;

public class MiniMusicPlayer3 {
  private MyDrawPanel panel;
  private Random random = new Random();

  public static void main(String[] args) {
    MiniMusicPlayer3 mini = new MiniMusicPlayer3();
    mini.go();
  }

  public void setUpGui() {
    JFrame frame = new JFrame("My First Music Video");
    panel = new MyDrawPanel();
    frame.setContentPane(panel);
    frame.setBounds(30, 30, 300, 300);
    frame.setVisible(true);
  }

  public void go() {
    setUpGui();

    try {
      Sequencer sequencer = MidiSystem.getSequencer();
      sequencer.open();
      sequencer.addControllerEventListener(panel, new int[]{127});
      Sequence seq = new Sequence(Sequence.PPQ, 4);
      Track track = seq.createTrack();

      int note;
      for (int i = 0; i < 60; i += 4) {
        note = random.nextInt(50) + 1;
        track.add(makeEvent(NOTE_ON, 1, note, 100, i));
        track.add(makeEvent(CONTROL_CHANGE, 1, 127, 0, i));
        track.add(makeEvent(NOTE_OFF, 1, note, 100, i + 2));
      }

      sequencer.setSequence(seq);
      sequencer.start();
      sequencer.setTempoInBPM(120);
    } catch (Exception ex) {
      ex.printStackTrace();
    }
  }
```

```java
public static MidiEvent makeEvent(int cmd, int chnl, int one, int two, int tick) {
  MidiEvent event = null;
  try {
    ShortMessage msg = new ShortMessage();
    msg.setMessage(cmd, chnl, one, two);
    event = new MidiEvent(msg, tick);
  } catch (Exception e) {
    e.printStackTrace();
  }
  return event;
}

class MyDrawPanel extends JPanel implements ControllerEventListener {
  private boolean msg = false;

  public void controlChange(ShortMessage event) {
    msg = true;
    repaint();
  }

  public void paintComponent(Graphics g) {
    if (msg) {
      int r = random.nextInt(250);
      int gr = random.nextInt(250);
      int b = random.nextInt(250);

      g.setColor(new Color(r, gr, b));

      int height = random.nextInt(120) + 10;
      int width = random.nextInt(120) + 10;

      int xPos = random.nextInt(40) + 10;
      int yPos = random.nextInt(40) + 10;

      g.fillRect(xPos, yPos, width, height);
      msg = false;
    }
  }
}
```

猜猜我是誰？

一群盛裝打扮的 Java 熱門人物，正在玩一個派對遊戲「猜猜我是誰？」。他們給你一條線索，而你根據他們所說的，試著猜測他們是誰。假設他們總是對自己的事情說實話。如果他們碰巧說了一些可能不只對一名與會者為真的話，那麼就寫下適用那句話的所有人。在句子旁邊的空白處填上一個或多個與會者的名稱。

今晚的與會者：

本章中任何一個有魅力的人物都可能出現！

整個 GUI 都掌握在我的雙手中。　　　　　　　　　　＿＿＿＿＿＿＿＿＿＿＿＿＿

每個事件類型都有這其中之一。　　　　　　　　　　＿＿＿＿＿＿＿＿＿＿＿＿＿

聆聽者的關鍵方法。　　　　　　　　　　　　　　　＿＿＿＿＿＿＿＿＿＿＿＿＿

這個方法賦予 JFrame 它的大小。　　　　　　　　　＿＿＿＿＿＿＿＿＿＿＿＿＿

你會添加程式碼到這個方法，但永遠不會呼叫它。　　＿＿＿＿＿＿＿＿＿＿＿＿＿

當使用者實際做某件事時，它就會是一個 ＿＿＿＿＿ 。　　＿＿＿＿＿＿＿＿＿＿＿＿＿

這些中大部分都是事件源。　　　　　　　　　　　　＿＿＿＿＿＿＿＿＿＿＿＿＿

我把資料帶回給聆聽者。　　　　　　　　　　　　　＿＿＿＿＿＿＿＿＿＿＿＿＿

一個 addXxxListener( ) 方法指出一個物件是 ＿＿＿＿＿ 。　＿＿＿＿＿＿＿＿＿＿＿＿＿

聆聽者如何註冊。　　　　　　　　　　　　　　　　＿＿＿＿＿＿＿＿＿＿＿＿＿

放置所有圖形程式碼的方法。　　　　　　　　　　　＿＿＿＿＿＿＿＿＿＿＿＿＿

我通常會綁定到一個實體。　　　　　　　　　　　　＿＿＿＿＿＿＿＿＿＿＿＿＿

(Graphics g) 中的「g」其實是這個類別的。　　　　＿＿＿＿＿＿＿＿＿＿＿＿＿

讓 paintComponent( ) 動起來的方法。　　　　　　　＿＿＿＿＿＿＿＿＿＿＿＿＿

大多數 Swingers 居住的套件。　　　　　　　　　　＿＿＿＿＿＿＿＿＿＿＿＿＿

➡ 答案在第 507 頁。

習題

冥想時間 — 我是編譯器

本頁中的 Java 檔案代表一個完整的原始碼檔案。你的工作是扮演編譯器，並判斷這個檔案是否能編譯。如果它無法編譯，你會如何修復它？如果它可以編譯，那又會做些什麼事呢？

```java
import javax.swing.*;
import java.awt.*;
import java.awt.event.*;

class InnerButton {
  private JButton button;

  public static void main(String[] args)   {
    InnerButton gui = new InnerButton();
    gui.go();
  }

  public void go() {
    JFrame frame = new JFrame();
    frame.setDefaultCloseOperation(
          JFrame.EXIT_ON_CLOSE);

    button = new JButton("A");
    button.addActionListener();

    frame.getContentPane().add(
          BorderLayout.SOUTH, button);
    frame.setSize(200, 100);
    frame.setVisible(true);
  }

  class ButtonListener extends ActionListener {
    public void actionPerformed(ActionEvent e) {
      if (button.getText().equals("A")) {
        button.setText("B");
      } else {
        button.setText("A");
      }
    }
  }
}
```

答案在第 507 頁。

池畔風光

你的**任務**是從泳池中拿出程式碼片段，並將它們放入程式碼中的空白行。你可以多次使用同一個程式碼片段，而且你也不需要使用所有的程式碼片段。你的**目標**是製作一個能夠編譯、執行並產生所列輸出的類別。

輸出

一個正在縮小的神奇藍色矩形。這個程式將產生一個藍色矩形，它會持續縮小再縮小，並消散在一片白色的領域中。

注意：泳池中的每個程式碼片段都可以多次使用！

```java
import javax.swing.*;
import java.awt.*;
import java.util.concurrent.TimeUnit;
public class Animate {
    int x = 1;
    int y = 1;
    public static void main(String[] args) {
        Animate gui = new Animate ();
        gui.go();
    }
    public void go() {
        JFrame _____ = new JFrame();
        frame.setDefaultCloseOperation(
                    JFrame.EXIT_ON_CLOSE);
        _____;
        _____.getContentPane().add(drawP);
        _____;
        _____.setVisible(true);
        for (int i=0; i<124;  _____) {
            _____;
            _____;
            try {
              TimeUnit.MILLISECONDS.sleep(50);
            } catch(Exception ex) { }
        }
    }
    class MyDrawP extends JPanel {
        public void paintComponent (Graphics
                            _____) {
            _____;
            _____;
            _____;
            _____;
        }
    }
}
```

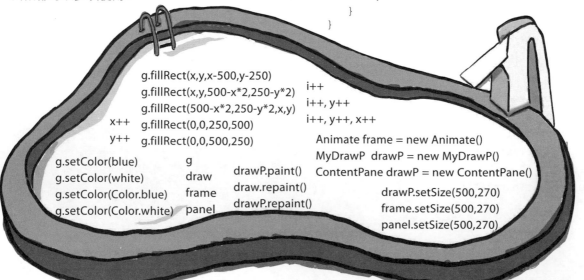

```
        g.fillRect(x,y,x-500,y-250)
        g.fillRect(x,y,500-x*2,250-y*2)
        g.fillRect(500-x*2,250-y*2,x,y)
  x++   g.fillRect(0,0,250,500)
  y++   g.fillRect(0,0,500,250)

g.setColor(blue)          g
g.setColor(white)         draw
g.setColor(Color.blue)    frame
g.setColor(Color.white)   panel

i++
i++, y++
i++, y++, x++

Animate frame = new Animate()
MyDrawP  drawP = new MyDrawP()
ContentPane drawP = new ContentPane()

drawP.paint()
draw.repaint()
drawP.repaint()

        drawP.setSize(500,270)
        frame.setSize(500,270)
        panel.setSize(500,270)
```

習題解答

猜猜我是誰？（第 504 頁）

整個 GUI 都掌握在我的雙手中。	**JFrame**
每個事件類型都有這其中之一。	**聆聽者介面**
聆聽者的關鍵方法。	**actionPerformed()**
這個方法賦予 JFrame 它的大小。	**setSize()**
你會添加程式碼到這個方法，但永遠不會呼叫它。	**paintComponent()**
當使用者實際做某件事時，它就會是一個 _____ 。	**事件**
這些中大部分都是事件源。	**swing 元件**
我把資料帶回給聆聽者。	**事件物件**
一個 addXxxListener( ) 方法指出一個物件是 _____ 。	**事件源**
聆聽者如何註冊。	**addXxxListener( )**
放置所有圖形程式碼的方法。	**paintComponent()**
我通常會綁定到一個實體。	**內層類別**
(Graphics g) 中的「g」其實是這個類別的。	**Graphics2D**
讓 paintComponent( ) 動起來的方法。	**repaint()**
大多數 Swingers 居住的套件。	**javax.swing**

冥想時間 — 我是編譯器（第 505 頁）

```java
import javax.swing.*;
import java.awt.*;
import java.awt.event.*;

class InnerButton {
  private JButton button;

  public static void main(String[] args) {
    InnerButton gui = new InnerButton();
    gui.go();
  }

  public void go() {
    JFrame frame = new JFrame();
    frame.setDefaultCloseOperation(
          JFrame.EXIT_ON_CLOSE);

    button = new JButton("A");
    button.addActionListener(new ButtonListener());

    frame.getContentPane().add(
          BorderLayout.SOUTH, button);
    frame.setSize(200, 100);
    frame.setVisible(true);
  }

  class ButtonListener implements ActionListener {
    public void actionPerformed(ActionEvent e) {
      if (button.getText().equals("A")) {
        button.setText("B");
      } else {
        button.setText("A");
      }
    }
  }
}
```

> 一旦這段程式碼修復完成，它將創建一個 GUI，帶有一個按鈕，當你點擊它時，會在 A 和 B 之間進行切換。

> addActionListener() 方法接受一個實作了 ActionListener 介面的類別。

> ActionListener 是一個介面，介面是用來實作的，不是擴充用的。

池畔風光（第 506 頁）

```java
import javax.swing.*;
import java.awt.*;
import java.util.concurrent.TimeUnit;

public class Animate {
  int x = 1;
  int y = 1;
  public static void main(String[] args) {
    Animate gui = new Animate ();
    gui.go();
  }
  public void go() {
    JFrame frame = new JFrame();
    frame.setDefaultCloseOperation(
          JFrame.EXIT_ON_CLOSE);
    MyDrawP drawP = new MyDrawP();
    frame.getContentPane().add(drawP);
    frame.setSize(500, 270);
    frame.setVisible(true);
    for (int i = 0; i < 124; i++,y++,x++ ) {
      x++;
      drawP.repaint();
      try {
        TimeUnit.MILLISECONDS.sleep(50);
      } catch(Exception ex) { }
    }
  }
  class MyDrawP extends JPanel {
    public void paintComponent(Graphics g) {
      g.setColor(Color.white);
      g.fillRect(0, 0, 500, 250);
      g.setColor(Color.blue);
      g.fillRect(x, y, 500-x*2, 250-y*2);
    }
  }
}
```

正在縮小的神奇藍色矩形。

練習你的 Swing

為什麼球不會跑到我希望它去的地方（比如，打在 **Suzy Smith** 的臉上）？我必須學會控制它。

Swing 很容易。 除非你真的在意東西在螢幕上的最終位置。Swing 程式碼看起來很簡單，但是當你編譯它、執行它、查看它的時候，你會想「嘿，那個不應該在那裡」。使它容易編寫的東西就是使它難以控制的東西：**Layout Manager（佈局管理器）**。Layout Manager 物件控制 Java GUI 中介面控件的大小和位置。它們替你做了大量的工作，但你並不總是喜歡其結果。你想讓兩個按鈕的尺寸相同，但它們沒有。你希望文字欄位有三英寸長，但它卻是九英寸，一英寸，而且跑到標籤下面，而不是在它旁邊。但只要稍加努力，你就可以讓佈局管理器服從於你的意志。學習一點 Swing 能讓你對之後會做的大多數 GUI 程式設計有很好的開始。想寫一個 Android 應用程式嗎？透過學習本章，你就能掌握先機。

Swing 元件

對於我們一直稱之為 *widget*（介面控件）的東西，其實 *component*（元件）會是更正確的術語。也就是你放在 GUI 中的那些東西，使用者會看到並與之互動的東西。文字欄位、按鈕、可捲動的清單、選項按鈕等等，都是元件。事實上，它們都擴充了 **javax.swing.JComponent**。

元件可以巢狀內嵌

在 Swing 中，幾乎所有的元件都可以容納其他的元件。換句話說，你幾乎可以把任何東西塞進其他的東西裡。但大多數時候，你會新增能與使用者互動（*user interactive*）的元件，例如把按鈕和清單加到背景元件（通常稱為「容器」，containers）中，如框架（frames）和面板（panels）。雖然把面板放在按鈕裡面是可能的，但這非常奇怪，不會為你贏得任何可用性獎項。

不過，除了 JFrame 之外，互動式元件（*interactive* components）和背景元件（*background* components）之間的區別是人為的。舉例來說，JPanel 通常被用作背景來為其他元件分組，但即使是 JPanel 也可以互動。就像其他元件一樣，你可以註冊 JPanel 的事件，包括滑鼠點擊和鍵盤敲擊。

> 一個 *widget* 在技術上來說就是一個 Swing <u>Component</u>。幾乎所有你能塞進 GUI 中的東西都擴充 javax. swing.JComponent。

製作一個 GUI 的四個步驟（複習）

① 製作一個視窗（一個 JFrame）
```
JFrame frame = new JFrame();
```

② 製作一個元件（按鈕、文字欄位等）
```
JButton button = new JButton("click me");
```

③ 新增元件到框架上
```
frame.getContentPane().add(BorderLayout.EAST, button);
```

④ 顯示它（賦予它大小並使之可見）
```
frame.setSize(300,300);
frame.setVisible(true);
```

把互動式元件：

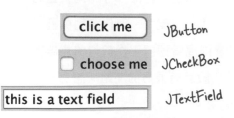

click me — JButton

choose me — JCheckBox

this is a text field — JTextField

放入背景元件：

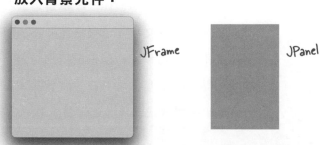

JFrame

JPanel

佈局管理器

佈局管理器（layout manager）是與某個特定元件關聯的一個 Java 物件，幾乎總是某種背景元件。佈局管理器控制包含在佈局管理器所關聯的元件之中的元件。換句話說，如果一個框架放有一個面板，而該面板放有一個按鈕，那麼該面板的佈局管理器就能控制按鈕的大小和位置，而框架的佈局管理器則控制面板的大小和位置。另一方面，該按鈕不需要一個佈局管理器，因為它沒有容納其他元件。

作為一個佈局管理器，我負責你元件的大小和位置。在這個 GUI 中，我就是決定這些按鈕應該有多大，以及它們相對於彼此和框架之位置的人。

如果一個面板持有五樣東西，那麼這五個東西在面板中的大小和位置都由該面板的佈局管理器控制。如果那五個東西又容納了其他東西（例如這五個東西中有任何一個是面板或其他能容納東西的容器），那麼其他的那些東西就會根據容納它們的東西之佈局管理器來放置。

當我們說持有（hold）時，我們真正的意思是添加（add），例如一個面板持有一個按鈕，因為這個按鈕是用類似於這樣的方式被添加到面板上的：

```
myPanel.add(button);
```

佈局管理器有幾種「風味」，每個背景元件都可以有自己的佈局管理器。佈局管理器在構建佈局時有自己的政策要遵循。舉例來說，某個佈局管理器可能堅持面板中的所有元件必須是相同的尺寸，並以網格形式排列，而另一個佈局管理器可能會讓每個元件選擇自己的尺寸，但會垂直地堆疊它們。下面是一個巢狀佈局（nested layouts）的例子：

```
JPanel panelA = new JPanel();
JPanel panelB = new JPanel();
panelB.add(new JButton("button 1"));
panelB.add(new JButton("button 2"));
panelB.add(new JButton("button 3"));
panelA.add(panelB);
```

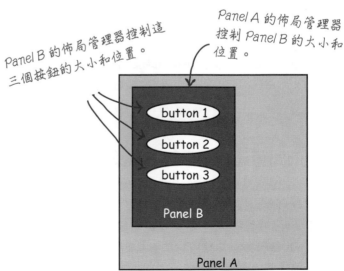

Panel B 的佈局管理器控制這三個按鈕的大小和位置。

Panel A 的佈局管理器控制 Panel B 的大小和位置。

Panel A 的佈局管理器對這三個按鈕「沒什麼」好說的。控制的層次只有一級：Panel A 的佈局管理器只控制直接添加到面板 A 的東西，而不能控制內嵌在那些元件中的東西。

佈局管理器如何做出決定？

不同的佈局管理器有安排元件的不同政策（例如安排在一個網格中，使它們都是相同的大小、垂直堆疊等等），但被佈局的元件至少在這個問題上有小小發言權。一般來說，佈局一個背景元件的過程是這樣的：

一種佈局場景

① 製作一個面板並為之新增三個按鈕。

② 該面板的佈局管理器詢問每個按鈕它們偏好按鈕要多大。

③ 面板的佈局管理器使用其佈局政策，來決定它是否應該尊重所有、部分的偏好或完全忽略。

④ 將面板新增到一個框架。

⑤ 該框架的佈局管理器詢問面板偏好的大小。

⑥ 框架的佈局管理器使用其佈局政策（layout policies），來決定面板全部、部分的偏好或完全忽略。

讓我們看看…第一個按鈕要 30 像素寬，文字欄位需要 50 像素，框架要 200 像素寬，而且我應該垂直排列所有的東西…

佈局管理器

不同的佈局管理器有不同的政策

有些佈局管理器尊重元件想要的尺寸。如果按鈕想要 30 像素乘以 50 像素，那就是佈局管理器為該按鈕配置的尺寸。其他佈局管理器只部分尊重元件的偏好尺寸。如果按鈕想要 30 像素乘以 50 像素，那麼它將是 30 像素乘以該按鈕背景面板的寬度。還有一些佈局管理器只尊重被佈局的元件裡面最大元件之偏好，而該面板中的其他元件都做成同樣的尺寸。在某些情況下，佈局管理器的工作會變得非常複雜，但大多數時候，一旦你明白了該佈局管理器的政策，你就可以弄清楚佈局管理器可能會做什麼。

三大佈局管理器：border、flow 以及 box

BorderLayout

一個 BorderLayout 管理器將一個背景元件劃分為五個區域（regions）。在一個由 BorderLayout 管理器控制的背景上，每個區域只能添加一個元件。由這個管理器佈局的元件通常不能擁有它們偏好的尺寸。**BorderLayout 是框架（frame）的預設佈局管理器！**

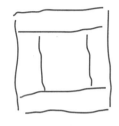

每個區域一個元件。

FlowLayout

FlowLayout 管理器的作用有點像文書處理器（word processor），只不過處理的是元件而非字詞。每個元件都是它想要的大小，而且根據添加的順序從左到右排列，並啟用「自動換行（word wrap）」功能。因此，當水平方向無法容納一個元件時，它就會掉到佈局中的下一「行（line）」。**FlowLayout 是面板（panel）的預設佈局管理器！**

元件從左到右添加，必要時繞到新的一行。

BoxLayout

BoxLayout 管理器就像 FlowLayout 一樣，每個元件都可以有自己的尺寸，而且元件是按照它們被添加的順序放置。但是，跟 FlowLayout 不同的是，BoxLayout 管理器可以垂直堆疊元件（或水平排列，但通常我們只關心垂直排列）。它就像 FlowLayout，但不是自動的「元件繞行（component wrapping）」，而是讓你插入一種「元件的 ENTER 鍵（component return key）」，<u>迫使</u>元件開始新的一行。

元件從上到下添加，若垂直放置，就每「行」一個。

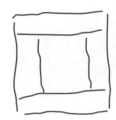

BorderLayout 關心五個區域：east
（東）、west（西）、north（北）、
south（南）和 center（中央）。

讓我們新增一個按鈕到 east 區域

```
import javax.swing.*;
import java.awt.*;          ← BorderLayout 位於 java.awt 套件中。

public class Button1 {
  public static void main(String[] args) {
    Button1 gui = new Button1();
    gui.go();
  }

  public void go() {
    JFrame frame = new JFrame();                        指定區域。
    JButton button = new JButton("click me");
    frame.getContentPane().add(BorderLayout.EAST, button);
    frame.setSize(200, 200);
    frame.setVisible(true);
  }
}
```

BorderLayout 管理器是如何得出這個按鈕的尺寸
的？

佈局管理器需要考慮哪些因素？

為什麼它沒有更寬或更高？

click me

**看看當我們賦予按鈕更多的字元時，會發生
什麼事…**

我們只改變了按鈕上的文字。

```java
public void go() {
  JFrame frame = new JFrame();
  JButton button = new JButton("click like you mean it");
  frame.getContentPane().add(BorderLayout.EAST, button);
  frame.setSize(200, 200);
  frame.setVisible(true);
}
```

首先，我向按鈕詢問它偏好的大小。

我現在擁有的字詞很多，所以我希望有 **60** 像素寬，**25** 像素高。

Button 物件

由於它在 **border layout** 的 **east** 區域，我將尊重它偏好的寬度，但我不在乎它要多高，它要和框架一樣高，因為那是我的政策。

click like you mean it

按鈕得到了它喜歡的寬度，但高度沒有。

下一次，我要採用 **flow layout**。這樣我才能得到我想要的「一切」。

Button 物件

讓我們試試看在 NORTH 區域的一個按鈕

```java
public void go() {
  JFrame frame = new JFrame();
  JButton button = new JButton("There is no spoon...");
  frame.getContentPane().add(BorderLayout.NORTH, button);
  frame.setSize(200, 200);
  frame.setVisible(true);
}
```

There is no spoon...

這個按鈕的高度跟它想要的一樣，但寬度則是和框架一樣。

現在我們讓按鈕要求變更高

我們如何做到這一點呢？這個按鈕已經夠寬了，就和框架一樣寬。但我們可以試著給它更大的字體來使它變高。

```java
public void go() {
  JFrame frame = new JFrame();
  JButton button = new JButton("Click This!");
  Font bigFont = new Font("serif", Font.BOLD, 28);
  button.setFont(bigFont);
  frame.getContentPane().add(BorderLayout.NORTH, button);
  frame.setSize(200, 200);
  frame.setVisible(true);
}
```

更大的字體將迫使框架為按鈕的高度配置更多的空間。

Click This!

寬度保持不變，但現在的按鈕更高了。north 區域被拉伸以適應按鈕偏好的新高度。

我想我開始明白了…如果我在 **east** 或 **west**，我會得到我喜歡的寬度，但高度由佈局管理器決定。如果我在 **north** 或 **south**，情況就正好相反：我能得到我喜歡的高度，但寬度不是。

Button 物件

但 <u>center</u> 區域又會發生什麼事呢？

center 區域獲得所剩下的空間！

（除了我們之後會看到的一種特殊情況）

```
public void go() {
    JFrame frame = new JFrame();

    JButton east = new JButton("East");
    JButton west = new JButton("West");
    JButton north = new JButton("North");
    JButton south = new JButton("South");
    JButton center = new JButton("Center");

    frame.getContentPane().add(BorderLayout.EAST, east);
    frame.getContentPane().add(BorderLayout.WEST, west);
    frame.getContentPane().add(BorderLayout.NORTH, north);
    frame.getContentPane().add(BorderLayout.SOUTH, south);
    frame.getContentPane().add(BorderLayout.CENTER, center);

    frame.setSize(300, 300);
    frame.setVisible(true);
}
```

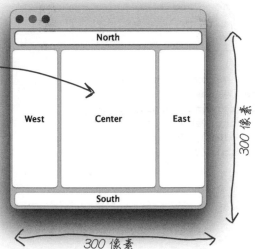

根據框架尺寸（本程式碼中為 300 x 300），center 的元件會獲得任何剩餘的空間。

east 和 west 的元件獲得它們偏好的寬度。

north 和 south 的元件獲得它們偏好的高度。

當你把東西放在 north 或 south 時，它會跨越整個框架，所以 east 和 west 的東西不會像 north 和 south 區域空著的時候那樣高。

FlowLayout 關心的是元件的 <u>flow</u>（流動方式）：

從左到右，從上到下，按照它們被添加的順序。

讓我們新增一個面板到 east 區域：

JPanel 的佈局管理器預設為 FlowLayout。當我們將一個面板添加到框架中時，面板的大小和位置仍然在 BorderLayout 管理器的控制之下。但是面板內部的任何東西（即透過呼叫 `panel.add(aComponent)` 添加到面板的元件），都在面板的 FlowLayout 管理器的控制之下。我們會先在框架的 east 區域放置一個空的面板，在接下來的幾頁中，我們將向該面板添加東西。

> 讓面板顏色變得夠灰，如此我們才能看到它在框架上什麼位置。

```java
import javax.swing.*;
import java.awt.*;

public class Panel1 {

    public static void main(String[] args) {
        Panel1 gui = new Panel1();
        gui.go();
    }

    public void go() {
        JFrame frame = new JFrame();
        JPanel panel = new JPanel();
        panel.setBackground(Color.darkGray);
        frame.getContentPane().add(BorderLayout.EAST, panel);
        frame.setSize(200, 200);
        frame.setVisible(true);
    }
}
```

> 面板中沒有任何東西，所以它對 east 區域的寬度要求不高。

讓我們新增一個按鈕到面板

```
public void go() {
  JFrame frame = new JFrame();
  JPanel panel = new JPanel();
  panel.setBackground(Color.darkGray);

  JButton button = new JButton("shock me");
  panel.add(button);

  frame.getContentPane().add(BorderLayout.EAST, panel);
  frame.setSize(200, 200);
  frame.setVisible(true);
}
```

新增按鈕到面板。

…並新增面板到框架。

面板的佈局管理器（flow）控制按鈕，而框架的佈局管理器（border）控制面板。

面板擴大了！

而且按鈕在兩個維度上都得到了它喜歡的大小，因為面板使用了 flow 佈局，而按鈕是面板（而非框架）的一部分。

面板 →

面板 →

shock me

好的…我得知道**面板**要多大…

我現在有一個按鈕，所以我的佈局管理器要搞清楚我需要多大的空間…

我得知道這個**按鈕**要多大…

根據我的字體大小和字元數，我希望寬度為 70 像素，高度為 20 像素。

控制 → Panel 物件

控制 → Button 物件

框架的
BorderLayout 管理器

面板的
FlowLayout 管理器

如果我們新增兩個按鈕到面板，會發生什麼事？

```
public void go() {
  JFrame frame = new JFrame();
  JPanel panel = new JPanel();
  panel.setBackground(Color.darkGray);

  JButton button = new JButton("shock me");       製作兩個按鈕。
  JButton buttonTwo = new JButton("bliss");

  panel.add(button);                  將「兩者」都新增到面板。
  panel.add(buttonTwo);

  frame.getContentPane().add(BorderLayout.EAST, panel);
  frame.setSize(250, 200);
  frame.setVisible(true);
}
```

我們想要的：

我們想讓按鈕堆疊在一起。

我們得到的：

面板擴大到可以並排容納兩個按鈕。

注意到「bliss」按鈕比「shock me」按鈕小⋯這就是 flow 佈局的作用。按鈕得到它剛好需要的量（而非更多）。

削尖你的鉛筆

➞ **你要解決的。**

如果上面的程式碼被修改成下面這樣，那麼 GUI 看起來會像怎樣呢？

```
JButton button = new JButton("shock me");
JButton buttonTwo = new JButton("bliss");
JButton buttonThree = new JButton("huh?");
panel.add(button);
panel.add(buttonTwo);
panel.add(buttonThree);
```

畫出你執行左邊的程式碼之後，你認為 GUI 會有的樣子（然後試試它！）

BoxLayout 來拯救你了！

它可以保持元件堆疊在一起，即使有空間將它們並排放在一起。

與 FlowLayout 不同，BoxLayout 可以強制加入一個「new line（新行）」，使元件繞到下一行，即使在水平方向上還有空間可以容納它們。

但現在你必須把面板的佈局管理器從預設的 FlowLayout 改為 BoxLayout。

```java
public void go() {
  JFrame frame = new JFrame();
  JPanel panel = new JPanel();
  panel.setBackground(Color.darkGray);

  panel.setLayout(new BoxLayout(panel, BoxLayout.Y_AXIS));

  JButton button = new JButton("shock me");
  JButton buttonTwo = new JButton("bliss");
  panel.add(button);
  panel.add(buttonTwo);
  frame.getContentPane().add(BorderLayout.EAST, panel);
  frame.setSize(250,200);
  frame.setVisible(true);
}
```

將佈局管理器改為 BoxLayout 的一個新實體。

BoxLayout 建構器得知道它要佈局的元件（即面板）和要使用的軸線（我們使用 Y_AXIS 進行垂直堆疊）。

注意到面板又變窄了，因為它不需要在水平方向上容納兩個按鈕。所以面板告訴框架，它需要的空間足以容納最大的按鈕「shock me」即可。

問：為什麼你不能像在面板上那樣直接添加到框架上呢？

答：JFrame 是特別的，因為它是使某些東西出現在螢幕上的關鍵所在。雖然你所有的 Swing 元件都是純 Java 的，但 JFrame 必須連接到底層作業系統以存取顯示器。把內容窗格（content pane）看作是一個 100% 純的 Java 層，放在 JFrame 的上面。或者把這想像成 JFrame 是窗框，而內容窗格是…玻璃，你知道的，就是窗玻璃（window *pane*）。你甚至可以用你自己的 JPanel 來調換內容窗格，使你的 JPanel 成為框架的內容窗格，藉由：

```
myFrame.setContentPane(myPanel);
```

問：我可以改變框架的佈局管理器嗎？如果我想讓框架使用 flow 而不是 border 怎麼辦？

答：要這麼做，最簡單的方式是製作一個面板，在面板中以你想要的方式建立 GUI，然後使用前面答案中的程式碼使該面板成為框架的內容窗格（而不是變更預設的內容窗格）。

問：如果我想要一個不同的偏好尺寸怎麼辦？是否有一個用於元件的 setSize() 方法？

答：是的，有一個 setSize() 存在，但佈局管理器會忽略它。元件的偏好尺寸（*preferred size*）和你希望它有的尺寸之間是有區別的。偏好尺寸是基於元件實際需要的尺寸（元件自己做決定）。佈局管理器呼叫元件的 getPreferredSize() 方法，而那個方法並不在意你之前是否對該元件呼叫了 setSize()。

問：我就不能把東西放在我想要的地方嗎？我可以把佈局管理器關掉嗎？

答：是的。在逐個容器（container-by-container）的基礎上，你可以呼叫 **setLayout(null)**，然後由你來寫定在螢幕上的確切位置和尺寸。不過，從長遠來看，使用佈局管理器幾乎總是更加容易。

本章重點

- 佈局管理器控制內嵌在其他元件中的元件之大小和位置。

- 把一個元件添加到另一個元件（有時被稱為背景元件，但這不是技術上的區別）時，所添加的元件由背景元件的佈局管理器來控制。

- 佈局管理器在對佈局做出決定之前，會詢問元件的偏好尺寸。根據佈局管理器的政策，它可能會尊重所有或部分的元件偏好，或完全忽略。

- BorderLayout 管理器允許你將元件添加到五個區域中的一個。你必須在添加元件時指定區域，使用以下語法：

  ```
  add(BorderLayout.EAST, panel);
  ```

- 在 BorderLayout 中，north（北）和 south（南）的元件會得到它們偏好的高度，但不是寬度。在 east（東）和 west（西）的元件會得到它們偏好的寬度，但不是高度。在 center（中央）的元件得到剩餘的空間。

- FlowLayout 按照添加的順序從左到右、從上到下放置元件，只有在元件無法水平放置時才會繞到新的元件行。

- FlowLayout 在兩個維度上為元件提供它們的偏好尺寸。

- BoxLayout 可以讓你對齊排列垂直堆疊的元件，即使它們可以並排放置。與 FlowLayout 一樣，BoxLayout 在兩個維度上都使用元件的偏好尺寸。

- BorderLayout 是框架內容窗格的預設佈局管理器；FlowLayout 則是面板的預設佈局管理器。

- 如果你想讓一個面板使用 flow 以外的東西，你就得在面板上呼叫 **setLayout()**。

把玩 Swing 元件

你已經學會了佈局管理器的基礎知識,所以現在讓我們試試幾個最常見的元件:文字欄位(text field)、可捲動的文字區域(scrolling text area)、核取方塊(checkbox)和清單(list)。我們不會向你展示這些元件的全部 API,只是介紹一些重點來讓你開始上手。如果你想了解更多,請閱讀 Dave Wood、Marc Loy 和 Robert Eckstein 所著的《*Java Swing*》(《Java Swing 基礎篇》)一書。

JTextField

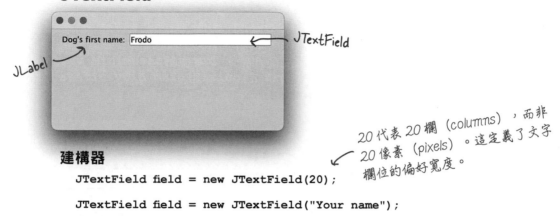

JLabel
JTextField

20 代表 20 欄(columns),而非 20 像素(pixels)。這定義了文字欄位的偏好寬度。

建構器

```
JTextField field = new JTextField(20);

JTextField field = new JTextField("Your name");
```

如何使用

① 從它取得文字

```
System.out.println(field.getText());
```

② 放入文字

```
field.setText("whatever");
field.setText("");
```
這會清除該欄位。

③ 在使用者按下 return 或 enter 鍵的時候,得到 ActionEvent

如果你真的想在使用者每次按下按鍵時都能得到相關資訊,你也可以註冊按鍵事件(key events)。

```
field.addActionListener(myActionListener);
```

④ 選擇(Select)或凸顯(Highlight)欄位中的文字

```
field.selectAll();
```

⑤ 把游標(cursor)放回欄位(如此使用者就能直接開始打字)

```
field.requestFocus();
```

JTextArea

不同於 JTextField，JTextArea 可以有不只一行的文字。製作一個 JTextArea 需要一些組態設定，因為它不是開箱即有捲軸或繞行（line wrapping）。為了讓 JTextArea 得以捲動，你必須把它放在一個 JScrollPane 中。JScrollPane 是一個非常喜歡捲動的物件，它將滿足文字區域的捲動需求。

建構器

10 表示 10 行（設定偏好高度）。

```
JTextArea text = new JTextArea(10, 20);
```

20 代表 20 欄（設定偏好寬度）。

如何使用

① 只讓它有一個垂直的捲軸（scrollbar）

製作一個 JScrollPane，並給它一個要捲動的文字區域。

```
JScrollPane scroller = new JScrollPane(text);
text.setLineWrap(true);
```

開啟繞行功能。

告訴捲動窗格（scroll pane）只使用一個垂直捲軸。

```
scroller.setVerticalScrollBarPolicy(ScrollPaneConstants.VERTICAL_SCROLLBAR_ALWAYS);
scroller.setHorizontalScrollBarPolicy(ScrollPaneConstants.HORIZONTAL_SCROLLBAR_NEVER);

panel.add(scroller);
```

很重要！你把文字區域給了捲動窗格（透過捲動窗格的建構器），然後把捲動窗格添加到面板上。你不是把文字區域直接添加到面板上！

② 取代其中的文字

```
text.setText("Not all who are lost are wandering");
```

③ 附加文字到其中的文字之後

```
text.append("button clicked");
```

④ 選擇（Select）或凸顯（Highlight）其中的文字

```
text.selectAll();
```

⑤ 把游標（cursor）放回其中（如此使用者就能直接開始打字）

```
text.requestFocus();
```

JTextArea 範例

```java
import javax.swing.*;
import java.awt.*;
import java.awt.event.*;

public class TextArea1 {
  public static void main(String[] args) {
    TextArea1 gui = new TextArea1();
    gui.go();
  }

  public void go() {
    JFrame frame = new JFrame();
    JPanel panel = new JPanel();

    JButton button = new JButton("Just Click It");

    JTextArea text = new JTextArea(10, 20);
    text.setLineWrap(true);
    button.addActionListener(e -> text.append("button clicked \n"));

    JScrollPane scroller = new JScrollPane(text);
    scroller.setVerticalScrollBarPolicy(ScrollPaneConstants.VERTICAL_SCROLLBAR_ALWAYS);
    scroller.setHorizontalScrollBarPolicy(ScrollPaneConstants.HORIZONTAL_SCROLLBAR_NEVER);

    panel.add(scroller);

    frame.getContentPane().add(BorderLayout.CENTER, panel);
    frame.getContentPane().add(BorderLayout.SOUTH, button);

    frame.setSize(350, 300);
    frame.setVisible(true);
  }
}
```

插入新的一行，這樣每次點擊按鈕時，那些字就會在單獨的一行上。否則，它們會接在一起。

實作按鈕的 ActionListener 的 lambda 運算式。

JCheckBox

建構器

```
JCheckBox check = new JCheckBox("Goes to 11");
```

如何使用

① 聆聽一個項目事件（item event，在它被選取或取消選取時出現）

```
check.addItemListener(this);
```

② 處理該事件（並找出它是否被選取）

```
public void itemStateChanged(ItemEvent e) {
  String onOrOff = "off";
  if (check.isSelected()) {
    onOrOff = "on";
  }
  System.out.println("Check box is " + onOrOff);
}
```

③ 在程式碼中選取或取消選取它

```
check.setSelected(true);
check.setSelected(false);
```

問：佈局管理器製造的麻煩是不是比它們帶來的價值多？如果我不得不去處理這些麻煩事，那還不如直接寫定所有東西應該去的地方之大小和座標。

答：從佈局管理器獲得你想要的確切佈局可能是一項挑戰。但是想想佈局管理器真正為你做的是什麼。即使是看似簡單的任務，例如弄清楚東西在螢幕上應該放置的地點，也可能是複雜的。舉例來說，佈局管理器負責讓你的元件保持不互相重疊。換句話說，它知道如何管理元件之間（以及到框架邊緣之間）的間距。當然，你可以自己做，但如果你想讓元件非常緊密地排列，會發生什麼事？你可能手動把它們放置得恰到好處，但這只對你所用的 JVM 有好處！

為什麼？因為各平台的元件可能略有不同，特別是在他們使用底層平台原生的「外觀與風格」之時。細微的事情，如按鈕的斜面可能不同，使得一個平台上整齊排列的元件在另一個平台上突然擠在一起。

而且我們甚至還沒有涵蓋佈局管理器所做的真正大事。想想使用者調整視窗的大小時，會發生什麼事？又或者你的 GUI 是動態的，元件來來去去。如果每次背景元件的大小或內容發生變化時，你都要追蹤記錄，並重新佈局所有的元件⋯哎呀！

JList

JList 建構器接收任意物件型別的一個陣列。它們不一定得是字串,但其字串表現形式 (String representation) 會出現在清單中。

建構器

```
String[] listEntries = {"alpha", "beta", "gamma", "delta",
                        "epsilon", "zeta", "eta", "theta "};
JList<String> list = new JList<>(listEntries);
```

JList 是一個泛用類別,所以你可以宣告清單中的物件是什麼型別的。

第 11 章的鑽石運算子 (diamond operator)。

如何使用

① 讓它擁有一個垂直捲軸

這就像使用 JTextArea 一樣:你製作一個 JScrollPane (並給它一個清單),然後將捲動窗格 (而非清單) 添加到面板上。

```
JScrollPane scroller = new JScrollPane(list);
scroller.setVerticalScrollBarPolicy(ScrollPaneConstants.VERTICAL_SCROLLBAR_ALWAYS);
scroller.setHorizontalScrollBarPolicy(ScrollPaneConstants.HORIZONTAL_SCROLLBAR_NEVER);

panel.add(scroller);
```

② 設定捲動前要顯示的行數

```
list.setVisibleRowCount(4);
```

③ 限制使用者一次只能選擇一件東西

```
list.setSelectionMode(ListSelectionModel.SINGLE_SELECTION);
```

④ 註冊清單選取事件 (list selection events)

```
list.addListSelectionListener(this);
```

⑤ 處理事件 (找出清單中的哪個東西被選了)

如果你沒有放入這個測試,你會得到該事件兩次。

```
public void valueChanged(ListSelectionEvent e) {
  if (!e.getValueIsAdjusting()) {
    String selection = list.getSelectedValue();
    System.out.println(selection);
  }
}
```

getSelectedValue() 實際上會回傳一個 Object。清單不僅限於 String 物件。

程式碼廚房

這一部分是選擇性的。我們會製作完整的 BeatBox，
包括 GUI 和其他所有功能。在第 16 章「儲存物件
（和文字）」中，我們將學習如何儲存和還原鼓聲模
式。最後，在第 17 章「建立連線」中，我們將把
BeatBox 變成一個可以運作的聊天客戶端。

製作 BeatBox

這是這個版本的 BeatBox 完整的程式碼列表，有啟動、停止和改變節奏的按鈕。程
式碼列表是完整的，也有完整的注釋，這裡是概述：

① 建立一個 GUI，它有 256 個開始時未被選取的核取方塊（JCheckBox），16 個
用於樂器名稱的標籤（JLabel），以及 4 個按鈕。

② 為四個按鈕中的每一個都註冊一個 ActionListener。我們不需要單個核取方塊
的聆聽者，因為我們並不是要動態地改變模式聲音（也就是在使用者選取一
個方塊時立即進行）。取而代之，我們等待使用者點擊「start」按鈕，然後
巡訪所有的 256 個核取方塊，以獲得它們的狀態並製作出一個 MIDI 音軌。

③ 設置 MIDI 系統（你以前已經做過了），包括獲得一個 Sequencer（音序器），
製作一個 Sequence（序列），並創建一個音軌（track）。我們使用一個音序
器方法 setLoopCount()，它允許你指定想讓一個序列跑迴圈多少次。我們也使
用序列的節奏係數（tempo factor）來上下調整節奏，並在迴圈的一次次迭代
中保持新的節奏。

④ 使用者點擊「start」時，真正的動作就開始了。「start」按鈕的事件處理方
法呼叫 buildTrackAndStart() 方法。在該方法中，我們巡訪所有的 256 個核
取方塊（一次一列，單一樂器跨越所有 16 個節拍）以獲得它們的狀態，然
後使用這些資訊來建立一個 MIDI 音軌（使用我們在前一章用到的便利方法
makeEvent()）。一旦音軌建立起來，我們就啟動音序器，它會持續播放（因
為我們在迴圈播放），直到使用者點擊「stop」。

```java
import javax.sound.midi.*;
import javax.swing.*;
import java.awt.*;
import java.util.ArrayList;

import static javax.sound.midi.ShortMessage.*;

public class BeatBox {
  private ArrayList<JCheckBox> checkboxList;
  private Sequencer sequencer;
  private Sequence sequence;
  private Track track;

  String[] instrumentNames = {"Bass Drum", "Closed Hi-Hat",
          "Open Hi-Hat", "Acoustic Snare", "Crash Cymbal", "Hand Clap",
          "High Tom", "Hi Bongo", "Maracas", "Whistle", "Low Conga",
          "Cowbell", "Vibraslap", "Low-mid Tom", "High Agogo",
          "Open Hi Conga"};
  int[] instruments = {35, 42, 46, 38, 49, 39, 50, 60, 70, 72, 64, 56, 58, 47, 67, 63};

  public static void main(String[] args) {
    new BeatBox().buildGUI();
  }

  public void buildGUI() {
    JFrame frame = new JFrame("Cyber BeatBox");
    frame.setDefaultCloseOperation(JFrame.EXIT_ON_CLOSE);
    BorderLayout layout = new BorderLayout();
    JPanel background = new JPanel(layout);
    background.setBorder(BorderFactory.createEmptyBorder(10, 10, 10, 10));

    Box buttonBox = new Box(BoxLayout.Y_AXIS);

    JButton start = new JButton("Start");
    start.addActionListener(e -> buildTrackAndStart());
    buttonBox.add(start);

    JButton stop = new JButton("Stop");
    stop.addActionListener(e -> sequencer.stop());
    buttonBox.add(stop);

    JButton upTempo = new JButton("Tempo Up");
    upTempo.addActionListener(e -> changeTempo(1.03f));
    buttonBox.add(upTempo);

    JButton downTempo = new JButton("Tempo Down");
    downTempo.addActionListener(e -> changeTempo(0.97f));
    buttonBox.add(downTempo);
```

我們在一個 *ArrayList* 中儲存那些核取方塊。

這些是樂器的名稱，作為一個字串陣列，用於建立 *GUI* 標籤（在每一列）。

這些代表實際的鼓「鍵」。鼓頻道就像一台鋼琴，只是鋼琴上的每個「鍵」都是不同的鼓。所以數字「35」是 *Bass drum* 的鍵值，42 是 *Closed Hi-Hat* 等等的。

一個「空邊框（*empty border*）」使我們在面板的邊緣和元件放置點之間有一個邊距（*margin*）。純粹是美學需要。

lambda 運算式非常適合這些事件處理器，因為這些按鈕被按下時，我們想做的就是呼叫一個特定的方法。

預設的節奏是 1.0，所以我們每次點擊都要加減 3%。

```
Box nameBox = new Box(BoxLayout.Y_AXIS);
for (String instrumentName : instrumentNames) {
  JLabel instrumentLabel = new JLabel(instrumentName);
  instrumentLabel.setBorder(BorderFactory.createEmptyBorder(4, 1, 4, 1));
  nameBox.add(instrumentLabel);
}

background.add(BorderLayout.EAST, buttonBox);
background.add(BorderLayout.WEST, nameBox);

frame.getContentPane().add(background);

GridLayout grid = new GridLayout(16, 16);
grid.setVgap(1);
grid.setHgap(2);

JPanel mainPanel = new JPanel(grid);
background.add(BorderLayout.CENTER, mainPanel);

checkboxList = new ArrayList<>();
for (int i = 0; i < 256; i++) {
  JCheckBox c = new JCheckBox();
  c.setSelected(false);
  checkboxList.add(c);
  mainPanel.add(c);
}

setUpMidi();

frame.setBounds(50, 50, 300, 300);
frame.pack();
frame.setVisible(true);
}

private void setUpMidi() {
  try {
    sequencer = MidiSystem.getSequencer();
    sequencer.open();
    sequence = new Sequence(Sequence.PPQ, 4);
    track = sequence.createTrack();
    sequencer.setTempoInBPM(120);

  } catch (Exception e) {
    e.printStackTrace();
  }
}
```

每個樂器名稱上的這個邊框有助於它們與核取方塊對齊。

更多的 GUI 設定程式碼，沒啥大不了的。

另一個佈局管理器，這個讓你把元件放在一個有列和欄的網格中。

製作核取方塊，將它們設定為「false」（所以它們沒有被選取），並將它們添加到 ArrayList「和」GUI 面板中。

一般的 MIDI 設定，為了獲得 Sequencer、Sequence 和 Track，同樣沒什麼特別的。

這就是使一切發生的地方！在此我們把核取方塊的狀態變成 MIDI 事件，並把它們新增到音軌上。

我們將製作一個 16 元素的陣列來保存一個樂器橫跨所有 16 個節拍的值。如果樂器應該在該節拍上演奏，那麼該元素的值就會是 key。如果樂器不應該在該節拍上演奏，就填入一個零。

```java
private void buildTrackAndStart() {
  int[] trackList;

  sequence.deleteTrack(track);
  track = sequence.createTrack();

  for (int i = 0; i < 16; i++) {
    trackList = new int[16];

    int key = instruments[i];

    for (int j = 0; j < 16; j++) {
      JCheckBox jc = checkboxList.get(j + 16 * i);
      if (jc.isSelected()) {
        trackList[j] = key;
      } else {
        trackList[j] = 0;
      }
    }

    makeTracks(trackList);
    track.add(makeEvent(CONTROL_CHANGE, 1, 127, 0, 16));
  }

  track.add(makeEvent(PROGRAM_CHANGE, 9, 1, 0, 15));

  try {
    sequencer.setSequence(sequence);
    sequencer.setLoopCount(sequencer.LOOP_CONTINUOUSLY);
    sequencer.setTempoInBPM(120);
    sequencer.start();
  } catch (Exception e) {
    e.printStackTrace();
  }
}

private void changeTempo(float tempoMultiplier) {
  float tempoFactor = sequencer.getTempoFactor();
  sequencer.setTempoFactor(tempoFactor * tempoMultiplier);
}
```

清除舊的音軌，製作一個全新的。

為 16「列」（例如 Bass、Conga 等等）的每一列都這樣做。

設定代表這個樂器的「key」（Bass、Hi-Hat 等）。這個樂器陣列持有每種樂器的實際 MIDI 號碼。

為這一列的每一個節拍這麼做。

這個節拍的核取方塊是否被選中？如果是，就把 key 值放在陣列的這個插槽裡（代表這個節拍的插槽）。否則，樂器就不應該在此節拍上演奏，所以把它設定為 0。

對於這個樂器，以及所有的 16 個節拍，製作事件並將其添加到音軌中。

我們總是想確保在第 16 拍（從 0 到 15）有一個事件。否則，BeatBox 重新開始之前可能不會走滿 16 拍。

讓你指定迴圈迭代的次數，或者就像這裡的持續迴圈。

「現在播放真正的東西」！

Tempo Factor 按所提供的係數縮放音序器的節奏，使節拍變慢或變快。

這一次為一種樂器所有的 16 個節拍製作事件。
所以它可能會得到一個用於 Bass drum 的 int[]，
而陣列中的每個索引要不是放有該樂器的 key，
就是一個 0。如果是 0，就說明樂器不應該在該
節拍上演奏。否則，就製作一個事件並將其添加
到音軌上。

```java
private void makeTracks(int[] list) {
  for (int i = 0; i < 16; i++) {
    int key = list[i];

    if (key != 0) {
      track.add(makeEvent(NOTE_ON, 9, key, 100, i));
      track.add(makeEvent(NOTE_OFF, 9, key, 100, i + 1));
    }
  }
}

public static MidiEvent makeEvent(int cmd, int chnl, int one, int two, int tick) {
  MidiEvent event = null;
  try {
    ShortMessage msg = new ShortMessage();
    msg.setMessage(cmd, chnl, one, two);
    event = new MidiEvent(msg, tick);
  } catch (Exception e) {
    e.printStackTrace();
  }
  return event;
}
}
```

製作 NOTE ON 和 NOTE
OFF 事件，並將它們添
加到 Track 中。

這是上一章程式碼廚房中的工具
方法，不是什麼新東西。

哪段程式碼與哪個佈局
相匹配？

下列六個螢幕截圖中有五個是由對面頁上的某個
程式碼片段所製作的。將這五個程式碼片段中的
每一個與該片段所產生的佈局相匹配。

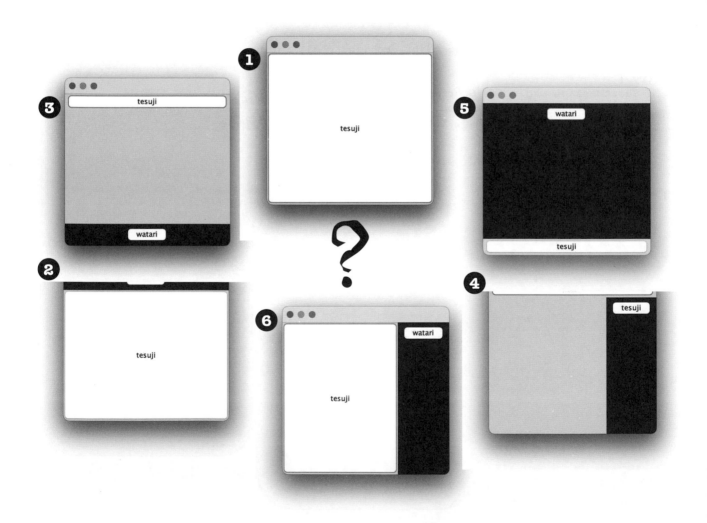

答案在第 537 頁。

程式碼片段

A
```
JFrame frame = new JFrame();
JPanel panel = new JPanel();
panel.setBackground(Color.darkGray);
JButton button = new JButton("tesuji");
JButton buttonTwo = new JButton("watari");
panel.add(button);
frame.getContentPane().add(BorderLayout.NORTH, buttonTwo);
frame.getContentPane().add(BorderLayout.EAST, panel);
```

B
```
JFrame frame = new JFrame();
JPanel panel = new JPanel();
panel.setBackground(Color.darkGray);
JButton button = new JButton("tesuji");
JButton buttonTwo = new JButton("watari");
panel.add(buttonTwo);
frame.getContentPane().add(BorderLayout.CENTER, button);
frame.getContentPane().add(BorderLayout.EAST, panel);
```

C
```
JFrame frame = new JFrame();
JPanel panel = new JPanel();
panel.setBackground(Color.darkGray);
JButton button = new JButton("tesuji");
JButton buttonTwo = new JButton("watari");
panel.add(buttonTwo);
frame.getContentPane().add(BorderLayout.CENTER, button);
```

D
```
JFrame frame = new JFrame();
JPanel panel = new JPanel();
panel.setBackground(Color.darkGray);
JButton button = new JButton("tesuji");
JButton buttonTwo = new JButton("watari");
frame.getContentPane().add(BorderLayout.NORTH, panel);
panel.add(buttonTwo);
frame.getContentPane().add(BorderLayout.CENTER, button);
```

E
```
JFrame frame = new JFrame();
JPanel panel = new JPanel();
panel.setBackground(Color.darkGray);
JButton button = new JButton("tesuji");
JButton buttonTwo = new JButton("watari");
frame.getContentPane().add(BorderLayout.SOUTH, panel);
panel.add(buttonTwo);
frame.getContentPane().add(BorderLayout.NORTH, button);
```

GUI 填字遊戲

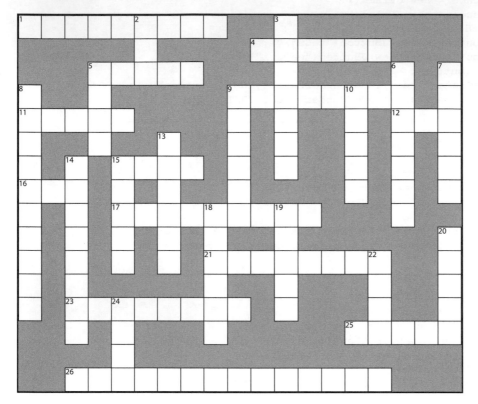

你可以做到的。

橫向提示

1. 藝術家的沙箱
4. 邊框的總受器
5. Java 外觀
9. 泛型等候者
11. 有事情發生
12. 套用一個介面控件
15. JPanel 的預設值
16. 多型測試
17. 搖起來，寶貝
21. 很多要說的
23. 選很多
25. 按鈕的好友
26. actionPerformed 之家

直向提示

2. Swing 的老爸
3. Frame 的範圍
5. Help 之家
6. 比文字更有趣
7. 元件的俗稱
8. 隱形咒語
9. 安排
10. 邊框的頂端
13. 管理器的規則
14. 來源的行為
15. 預設為 Border
18. 使用者的行為
19. 內層的擠壓
20. 幕後的介面控件
22. 經典的 Mac 外觀
24. Border 的右邊

答案在第 538 頁。

哪段程式碼與哪個佈局相匹配？
（第 534 到 535 頁）

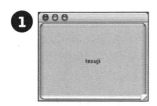

C
```
JFrame frame = new JFrame();
JPanel panel = new JPanel();
panel.setBackground(Color.darkGray);
JButton button = new JButton("tesuji");
JButton buttonTwo = new JButton("watari");
panel.add(buttonTwo);
frame.getContentPane().add(BorderLayout.CENTER, button);
```

D
```
JFrame frame = new JFrame();
JPanel panel = new JPanel();
panel.setBackground(Color.darkGray);
JButton button = new JButton("tesuji");
JButton buttonTwo = new JButton("watari");
frame.getContentPane().add(BorderLayout.NORTH, panel);
panel.add(buttonTwo);
frame.getContentPane().add(BorderLayout.CENTER, button);
```

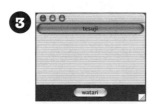

E
```
JFrame frame = new JFrame();
JPanel panel = new JPanel();
panel.setBackground(Color.darkGray);
JButton button = new JButton("tesuji");
JButton buttonTwo = new JButton("watari");
frame.getContentPane().add(BorderLayout.SOUTH, panel);
panel.add(buttonTwo);
frame.getContentPane().add(BorderLayout.NORTH, button);
```

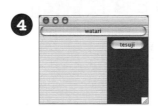

A
```
JFrame frame = new JFrame();
JPanel panel = new JPanel();
panel.setBackground(Color.darkGray);
JButton button = new JButton("tesuji");
JButton buttonTwo = new JButton("watari");
panel.add(button);
frame.getContentPane().add(BorderLayout.NORTH, buttonTwo);
frame.getContentPane().add(BorderLayout.EAST, panel);
```

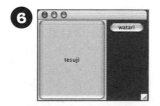

B
```
JFrame frame = new JFrame();
JPanel panel = new JPanel();
panel.setBackground(Color.darkGray);
JButton button = new JButton("tesuji");
JButton buttonTwo = new JButton("watari");
panel.add(buttonTwo);
frame.getContentPane().add(BorderLayout.CENTER, button);
frame.getContentPane().add(BorderLayout.EAST, panel);
```

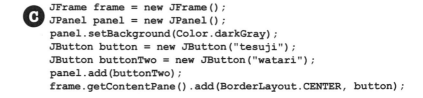
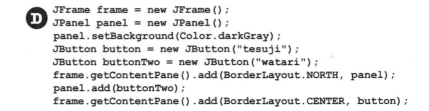

GUI 填字遊戲（第536頁）

```
D R A W P A N E L       S
      W           C E N T E R           G     W
    M E T A L             T             R     I
S   E           L I S T E N E R         A     D
E V E N T       A         I       O     P     D
T   U       P   Y         Z       R     H     G
V   C   F L O W           E       T     I     E
I S A   R   L L           U       H     C     T
S   L   A N I M A T I O N                     
I   L   M   C     C   U                   P
B   B   E   Y   T E X T A R E A   A       A
L   A           I         U       Q       N
E   C H E C K B O X       E       U       E
K   A             N       R   L A B E L   L
    S
    A C T I O N L I S T E N E R
```

儲存物件
（和文字）

> 如果我非得再讀一個裝滿資料的檔案，我想我就得殺了他。他知道我可以儲存整個物件，但他曾讓我這樣做嗎？**不**，那就太容易了。好吧，我們就看看他在我那麼做之後的感受吧。

物件可以被壓扁（flattened）或膨脹（inflated）。物件有狀態和行為。行為（*behavior*）存在於類別（*class*）中，但狀態（*state*）則存在於每個單獨的物件中。那麼，需要把一個物件的狀態儲存（*save*）起來時，會發生什麼事？如果你在撰寫遊戲，你會需要 Save/Restore Game（儲存或恢復遊戲）的功能。如果你在撰寫建立圖表的應用程式，你會需要 Save/Open File（儲存或開啟檔案）的功能。如果你的程式需要儲存狀態，你可以用困難的方式去做，詢問每個物件，然後不厭其煩地把每個實體變數的值寫到一個檔案裡，以你創建的格式。或者，**你可以用簡單的 OO 方式來做**：你只需將物件本身冷凍乾燥（freeze-dry）/ 壓平（flatten）/ 存留（persist）/ 脫水（dehydrate），然後再將其重新構成（reconstitute）/ 充氣（inflate）/ 復原（restore）/ 再水化（rehydrate），就可以將之取回。但有時你還是不得不用困難的方式進行，特別是在你應用程式儲存的檔案需要被其他非 Java 應用程式讀取之時，所以我們將在本章中討論這兩種方式。由於所有的 I/O 運算都是有風險的，我們也將看看如何進行更好的例外處理。

捕捉節拍

你製作出了完美的模式，想要儲存這個模式。你可以拿起一張紙，開始潦草地寫下它，不過你卻點擊了 *Save*（儲存）按鈕（或從 File 功能表中選擇 Save）。然後你為它取了個名稱，挑選一個目錄，然後鬆了一口氣，知道你的傑作不會在隨機的電腦當機中消逝。

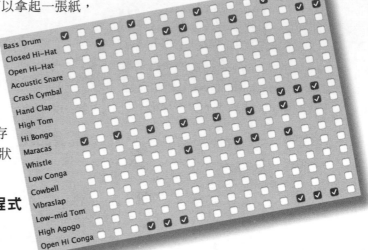

對於如何儲存你 Java 程式的狀態，有很多選擇存在，而抉擇可能取決於你打算如何使用所儲存的狀態。下面是我們在本章中要討論的選項。

如果你的資料只會被產生出它來的 Java 程式所用：

① 使用序列化（**serialization**）

寫入一個檔案儲存扁平化（序列化）之後的物件。然後讓你的程式從檔案中讀取序列化的物件（serialized objects），並將其「充氣」回復為居住在堆積中會呼吸、活生生的物件。

如果你的資料會被其他程式所用：

② 寫入一個純文字檔（**plain-text file**）

寫入一個檔案，帶有其他程式可以剖析的分隔符號。舉例來說，試算表或資料庫應用程式能使用的以 tab 分隔的檔案。

選擇並不是只有這些，但如果我們不得不在 Java 中只挑選兩種方式來進行 I/O，我們大概就會挑這些。當然，你可以用你所選的任何格式來儲存資料。舉例來說，你可以不寫入字元（characters），而是把資料寫入為位元組（bytes）。或者你可以把任何一種 Java 原型值（primitive）寫入為 Java 原型值，存在一些方法可以寫入 int、long、boolean 等等。但無論你使用哪個方法，基本的 I/O 技巧都是差不多的：寫入一些資料到某個東西，通常這個東西是磁碟上的檔案（file）或來自網路連線的串流（stream）。讀取資料也是同樣的程序，只是反過來：從磁碟上的檔案或網路連線讀取一些資料。我們在這一部分所談論的一切，都是用在你不使用實際資料庫的時候。

儲存狀態

想像一下，你有一個程式，比如說，一個幻想冒險遊戲，需要一次以上的遊玩才能破關。隨著遊戲的進展，遊戲中的人物變得更強、更弱、更聰明等等，並收集和使用（或失去）武器。你不想每次啟動遊戲時都從頭開始：你可是花了很長時間才讓你的角色處於最佳狀態，以發起一場壯觀的戰鬥。因此，你需要一種方式來儲存角色的狀態，並在你回到遊戲時恢復這種狀態。由於你也是遊戲的程式設計師，所以希望整個儲存和恢復的過程盡可能的簡單（而且防呆）。

想像你需要儲存三個遊戲角色的狀態…

GameCharacter
int power String type Weapon[] weapons
getWeapon() useWeapon() increasePower() // more

power: 50
type: Elf
weapons: bow, sword, dust
物件

power: 200
type: Troll
weapons: bare hands, big ax
物件

power: 120
type: Magician
weapons: spells, invisibility
物件

① 選項一

將三個序列化之後的角色物件寫入一個檔案

創建一個檔案並寫入三個序列化之後的角色物件。如果你試著把這個檔案當作文字來讀取，它就失去意義了：

```
¨ÌsrGameCharacter
¨%gê8MÛIpowerLjava/lang/
String;[weaponst[Ljava/lang/
String;xp2tlfur[Ljava.lang.String;≠"VÁ
È{Gxptbowtswordtdustsq˜»tTrolluq˜tb
are handstbig axsq˜xtMagicianuq˜tspe
llstinvisibility
```

② 選項二

寫入一個純文字檔

創建一個檔案，並為每個角色寫入三行文字，以逗號分隔狀態的每個部分：

```
50,Elf,bow, sword,dust
200,Troll,bare hands,big ax
120,Magician,spells,invisibility
```

序列化後的檔案對於人類來說很難閱讀，但是對你的程式來說，從序列化中恢復這三個物件比讀入儲存在文字檔案中的物件變數值要容易得多（也安全得多）。舉例來說，想像一下你不小心以錯誤的順序讀回這些值的所有可能性！type（職業或種族）可能變成「dust（灰塵）」而非「Elf（精靈）」，而 Elf 則變成了一種武器…

將一個序列化後的物件寫入一個檔案

下面是序列化（儲存）一個物件的步驟。不要費力死記這些，我們
將在本章後面的內容中更詳細地討論。

如果檔案「*MyGame.ser*」不存在，
就會自動創建。

1 製作一個 **FileOutputStream**

```
FileOutputStream fileStream = new FileOutputStream("MyGame.ser");
```

製作一個 *FileOutputStream* 物件。
FileOutputStream 知道如何連接
（和創建）一個檔案。

2 製作一個 **ObjectOutputStream**

```
ObjectOutputStream os = new ObjectOutputStream(fileStream);
```

ObjectOutputStream 讓你寫入物件，但它不
能直接連接到一個檔案。它需要被餵入一個
「*helper*（輔助器）」。這實際上被稱為將一
個串流「鏈串（*chaining*）」到另一個。

3 寫入物件

```
os.writeObject(characterOne);
os.writeObject(characterTwo);
os.writeObject(characterThree);
```

序列化由 *characterOne*、*characterTwo* 和
characterThree 所參考的物件，並按此順序
將它們寫入檔案「*MyGame.ser*」。

4 關閉 **ObjectOutputStream**

```
os.close();
```

關閉上面的串流就會關閉下面的串流，所以
FileOutputStream（和檔案）會自動關閉。

資料在串流中從一個地方移動到另一個地方

> 連線串流代表與來源或目的地（檔案、網路 *socket* 等）的一個連線，而鏈串流（*chain streams*）無法自行連線，必須鏈串到一個連線串流才行。

Java I/O API 有**連線**串流（*connection* streams）和**鏈**串流（*chain* streams），前者表示與目的地和來源（如檔案或網路 socket）的連線，後者僅在與其他串流鏈串起來時才有作用。

通常，至少需要有兩個掛接在一起的串流才能做一些有用的事情：一個表示連線，另一個用於呼叫方法。為什麼是兩個？因為連線串流通常太低階了。舉例來說，FileOutputStream（一種連線串流），有寫入位元組的方法。但我們並不想寫入位元組啊！我們想寫入物件，所以需要一種較高階的鏈串流。

好吧，那為什麼不用能剛好做到你想做的事的單一個串流就好了呢？一個可以讓你寫入物件但在底層把它們轉換成位元組的串流？想想良好的 OO。每個類別都做好一件事。FileOutputStream 將位元組寫入檔案。ObjectOutputStream 將物件轉換成可以寫入串流的資料。所以我們製作一個 FileOutputStream（一種連線串流），讓我們寫入一個檔案，而我們在它的末端掛接一個 ObjectOutputStream（一種鏈串流）。當我們在 ObjectOutputStream 上呼叫 writeObject() 時，該物件被注入串流中，然後移動到 FileOutputStream 上，最終以位元組的形式被寫入檔案。

混合搭配連線和鏈串流成為不同組合的能力，為你帶來了很大的靈活性！如果你被迫只使用單一串流類別，你就會受制於 API 的設計者，只能希望他們會考慮到你可能想做的所有事情。但有了鏈串功能，你就能拼湊出自訂的串鏈。

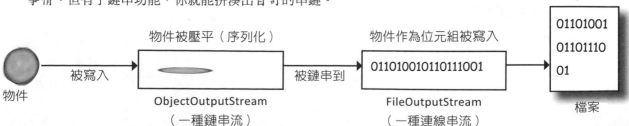

當一個物件被序列化時，
實際上到底發生了什麼事？

1 堆積上的物件　　　　　　　　**2** 物件已序列化

堆積上的物件有狀態，即物件的實體
變數值。這些值使類別的一個實體與
同一類別的另一個實體有所不同。

序列化後的物件**儲存了實體變數的
值**，如此一個完全相同的實體（物件）
就可以在堆積上復活。

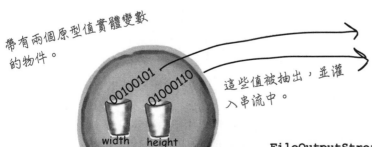

帶有兩個原型值實體變數
的物件。

這些值被抽出，並灌
入串流中。

```
00100101

01000110
```

foo.ser

width 和 *height* 的實體變數
值被儲存到「*foo.ser*」檔
案中，同時還附有 JVM 在
恢復物件時需要的一些資
訊（比如它的類別型別）。

```
Foo myFoo = new Foo();
myFoo.setWidth(37);
myFoo.setHeight(70);
```

```
FileOutputStream fs = new FileOutputStream("foo.ser");
ObjectOutputStream os = new ObjectOutputStream(fs);
os.writeObject(myFoo);
```

製作一個連接到檔案「*foo.ser*」
的 *FileOutputStream*。然後將一個
ObjectOutputStream 鏈串至它，
並告訴此 *ObjectOutputStream* 寫
入物件。

但究竟什麼是物件的狀態呢？
需要被儲存的是什麼？

現在開始變得有趣了。儲存原型（*primitive*）值 37 和 70 很容易。但是如果物件有一個實體變數是物件參考（*reference*）呢？若物件有五個實體變數是物件參考呢？如果那些物件實體變數本身也有實體變數呢？

思考看看。一個物件的哪一部分有可能是唯一的？想像一下，為了取回一個與所儲存的物件完全相同的物件，需要恢復什麼呢？當然，它將有不同的記憶體位置，但我們並不關心這個。我們所關心的是，在堆積上，我們將得到一個物件，其狀態與物件被儲存時的狀態相同。

必須發生什麼才能使 Car（汽車）物件以能恢復其原始狀態的方式被儲存？

思考一下，若想儲存 Car，你可能需要什麼，以及如何進行。

如果一個 Engine（引擎）物件有對 Carburetor（化油器）的一個參考，會發生什麼事？而 Tire[] 陣列物件裡面有什麼呢？

Car 物件有兩個會參考另外兩個物件的實體變數。

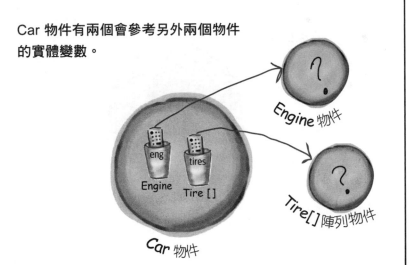

儲存一個汽車物件需要什麼？

當一個物件被序列化時，它從實體變數參考的所有物件也會被序列化。那些物件所參考的所有物件也都被序列化了。而那些物件所參考的所有物件也都被序列化，依此類推，而且最重要的是，這是自動發生的！

這個 Kennel 物件有對 Dog[] 陣列物件的一個參考，而這個 Dog[] 持有對兩個 Dog 物件的參考。每個 Dog 物件都有對一個 String 和一個 Collar 物件的參考。那些 String 物件擁有一個群集的字元，而 Collar 物件則持有一個 int。

當你儲存 Kennel 的時候，所有的這些都會被儲存！

序列化儲存了整個物件圖（object graph），即實體變數所參考的全部物件，從被序列化的物件開始。

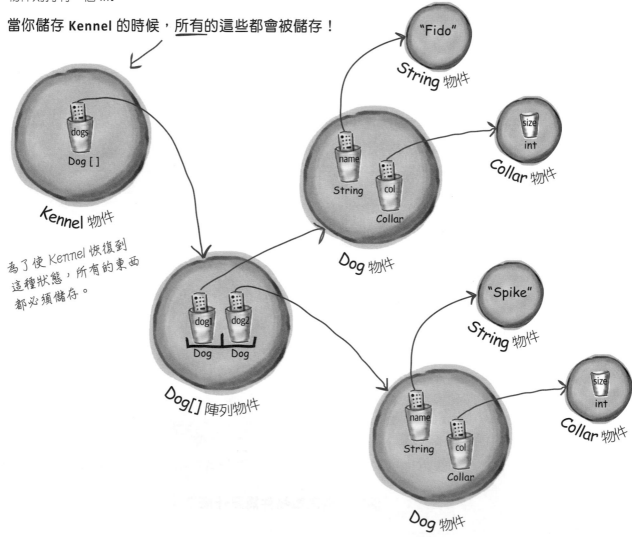

為了使 Kennel 恢復到這種狀態，所有的東西都必須儲存。

如果你希望你的類別是可序列化（serializable）的，請實作 Serializable

Serializable 介面被稱為記號（*marker*）或標記（*tag*）介面，因為該介面沒有任何方法可以實作。它的唯一目的是公告實作它的類別是可序列化（*serializable*）的。換句話說，該型別的物件可以透過序列化機制來儲存。如果一個類別的任何一個超類別是可序列化的，那麼該子類別也自動會是可序列化的，即使它沒有明確宣告「implements Serializable」也一樣（介面的運作方式一直都是這樣。如果你的超類別「IS-A」Serializable，那你也會是。

```
objectOutputStream.writeObject(mySquare);
```

放到這裡的「必須」實作 Serializable，否則在執行時期就會失敗。

```java
import java.io.*;
```
Serializable 位在 java.io 套件中，所以你需要匯入。

```java
public class Square implements Serializable {
```
沒有方法需要實作。當你說「implements Serializable」的時候，就等於是告知 JVM 說「可以序列化這個型別的物件」。

```java
    private int width;
    private int height;
```
這兩個值會被儲存。

```java
    public Square(int width, int height) {
        this.width = width;
        this.height = height;
    }

    public static void main(String[] args) {
        Square mySquare = new Square(50, 20);

        try {
            FileOutputStream fs = new FileOutputStream("foo.ser");
            ObjectOutputStream os = new ObjectOutputStream(fs);
            os.writeObject(mySquare);
            os.close();
        } catch (Exception ex) {
            ex.printStackTrace();
        }
    }
}
```
I/O 運算可能擲出例外。

連線到一個名為「foo.ser」的檔案，如果存在的話。如果不存在，則建立一個名為「foo.ser」的新檔案。

製作一個 ObjectOutputStream，鏈串至此連線串流。告訴它要寫入物件。

序列化是全有或全無的。

你能想像如果物件的某些狀態沒有正確儲存，會發生什麼事嗎？

哎喲！光是想一想就讓我毛骨悚然！比如，如果一隻狗（**Dog**）復活時沒有體重，或者沒有耳朵，該怎麼辦？或者項圈（**collar**）的尺寸是 3 號而非 30 號。那單純就是不被允許的！

要麼整個物件圖被正確序列化，要麼序列化失敗。

如果 Pond 物件的 Duck 實體變數拒絕被序列化（因為 Duck 類別沒有實作 Serializable），你就無法序列化它。

```java
import java.io.*;

public class Pond implements Serializable {

    private Duck duck = new Duck();

    public static void main(String[] args) {
        Pond myPond = new Pond();
        try {
            FileOutputStream fs = new FileOutputStream("Pond.ser");
            ObjectOutputStream os = new ObjectOutputStream(fs);

            os.writeObject(myPond);
            os.close();
        } catch (Exception ex) {
            ex.printStackTrace();
        }
    }
}
```

Pond 物件可被序列化。

類別 Pond 有一個實體變數，即一個 Duck。

當你序列化 myPond（一個 Pond 物件）時，它的 Duck 實體變數會自動被序列化。

```java
public class Duck {
    // 鴨子程式碼放在這裡
}
```

啊！！Duck 是不可序列化的！它沒有實作 Serializable，所以當你試著序列化一個 Pond 物件時，就會失敗，因為 Pond 的 Duck 實體變數無法被儲存。

當你試著執行類別 Pond 中的 main 之時：

```
File Edit Window Help Regret

% java Pond
java.io.NotSerializableException: Duck
        at Pond.main(Pond.java:13)
```

那就沒希望了？如果為我的實體變數寫類別的那個笨蛋，忘了把它做成可序列化的，我不就徹底完蛋了？

如果無法（或不應該）儲存，就把一個實體變數標示為 transient

如果你想讓一個實體變數被序列化程序跳過，請用 **transient** 關鍵字標示該變數。

transient 說「在序列化過程中不要儲存這個變數，直接跳過它」。

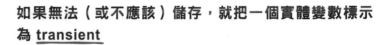

```
import java.net.*;
class Chat implements Serializable {
transient String currentID;

String userName;

    // 更多程式碼
}
```

userName 變數將在序列化過程中作為物件狀態的一部分被儲存。

如果你有一個實體變數不能被儲存，因為它不是可序列化的，你可以用 transient 關鍵字標示該變數，序列化程序將直接跳過它。

那麼為什麼一個變數無法被序列化呢？這可能是因為類別的設計者單純忘記讓該類別實作 Serializable。也可能是因為該物件仰賴執行時期的特定資訊，而那些資訊根本無法被儲存。儘管 Java 類別程式庫中大多數東西都是可序列化的，但你不能儲存像網路連線、執行緒或檔案物件這樣的東西。它們都依存於（並且限定於）一次特定的執行「經驗」。換句話說，它們被實體化的方式專屬於你程式在特定平台和特定 JVM 上的某次執行。一旦程式關閉，就沒有辦法以任何有意義的方式讓這些東西復活，因為它們每次都必須從頭開始創造。

問：如果序列化如此重要，為什麼它不是所有類別的預設值呢？為什麼 Object 類別不實作 Serializable，然後讓所有的子類別都自動成為 Serializable？

答：儘管大多數的類別都會並且應該實作 Serializable，但你總有選擇。你必須在每個類別的基礎上做出有意識的決定，透過實作 Serializable 來為你設計的每個類別「啟用（enable）」序列化。首先，如果序列化是預設的，那你怎麼把它關掉？介面表示功能，而不是功能的缺乏，所以如果你不得不說「implements NonSerializable」來告知世界你不能被儲存，那麼多型的模型就無法正常運作了。

問：我為什麼要寫一個不可序列化的類別呢？

答：原因很少，但是你可能，舉例來說，有一個安全問題，其中你不希望儲存一個密碼物件。或者你可能有一個物件，它的儲存根本沒有意義，因為它的關鍵實體變數本身是不可序列化的，所以沒有任何有效的方式能使你的類別可序列化。

問：如果我正在使用的一個類別是不可序列化的，但沒有很好的理由如此，我可以衍生這個「壞」類別的子類別，並使其子類別可序列化嗎？

答：可以！如果那個類別本身是可擴充的（也就是說，並非 final），你可以製作一個可序列化的子類別，並在你的程式碼預期使用該超

型別的地方替換上這個子類別即可（記住，多型允許這麼做）。這帶來了另一個有趣的問題：如果超類別不是可序列化的，這意味著什麼？

問：是你提出來的：擁有不可序列化的超類別的一個可序列化子類別代表著什麼？

答：首先，我們必須看看一個類別解序列化（deserialized）時會發生什麼事（我們將在接下來的幾頁中討論此問題）。簡而言之，當一個物件被解序列化，而它的超類別不能被序列化時，超類別的建構器會像是有該型別的新物件被創建一樣執行。如果沒有合適的理由讓一個類別不能被序列化，製作一個可序列化的子類別可能是一種好的解決方案。

問：哇！我剛剛意識到一件大事…如果你讓一個變數成為「transient」，這意味著該變數的值會在序列化時被跳過。那麼它會發生什麼事呢？我們透過使實體變數變為暫時性（transient）的，來解決不可序列化的實體變數之問題，但是當物件復活時，我們難道不「需要」那個變數嗎？換句話說，序列化的全部意義不就是為了保存物件的狀態嗎？

答：是的，這是個問題，但幸運的是，有個解法存在。當你序列化物件，一個 transient 參考實體變數被帶回來時，將作為 *null*，不管它在被儲存時有什麼值。這意味著與該特定實體變數相連的整個物件圖都

不會被儲存。這顯然可能有壞處，因為你可能需要一個非 null 值的變數。

你有兩種選擇：

1. 當物件被帶回來的時候，重新初始化那個 null 實體變數，使其回到某種預設狀態。如果你解序列化出來的物件不依存於該 transient 變數的特定值，那麼這就會是有效的。換句話說，Dog 有一個 Collar 可能很重要，但或許所有的 Collar 物件都相同，所以你給復活的狗（Dog）一個全新的項圈（Collar）也不會有問題，沒有人會知道其中的差異。

2. 如果那個 transient 變數的值確實重要（舉例來說，如果 transient Collar 的顏色和設計對每隻狗都是獨一無二的話），那麼你就得儲存 Collar 的關鍵值，並在狗被帶回來的時候使用它們，以便重新創造出一個與原來相同的全新項圈。

問：如果物件圖中的兩個物件是同一個物件，會發生什麼情況？例如，如果你在 Kennel 中有兩個不同的 Cat 物件，但兩個 Cat 都有對同一個 Owner（主人）物件的參考。那麼這個 Owner 會被儲存兩次嗎？我希望不會。

答：非常好的問題！序列化程序足夠聰明，知道什麼時候圖中的兩個物件是相同的。在那種情況下，只有其中一個物件會被儲存，而在解序列化過程中，對該單一物件的任何參考都會被恢復。

解序列化：復原一個物件

序列化物件的全部意義在於，你可以在之後的某天，在 JVM 的不同次「執行」（甚至可能不是物件被序列化時執行的那個 JVM）中，將其恢復到原本的狀態。解序列化（deserialization）很像反向的序列化。

序列化之後

解序列化之後

如果檔案「MyGame.ser」不存在，你會得到一個例外。

① 製作一個 <u>FileInputStream</u>

```
FileInputStream fileStream = new FileInputStream("MyGame.ser");
```

製作一個 FileInputStream 物件。FileInputStream 知道如何連接到一個現有的檔案。

② 製作一個 <u>ObjectInputStream</u>

```
ObjectInputStream os = new ObjectInputStream(fileStream);
```

ObjectInputStream 可以讓你讀取物件，但它無法直接連線到一個檔案。它必須鏈串到一個連線串流，在此即為 FileInputStream。

③ 讀取物件

```
Object one = os.readObject();
Object two = os.readObject();
Object three = os.readObject();
```

每次你說 readObject()，你就會得到串流中的下一個物件。所以你會按照寫入的順序把它們讀取回來。如果你試圖讀取比被寫入的更多的物件，你會得到一個巨大的例外。

④ 強制轉型（cast）物件

```
GameCharacter elf = (GameCharacter) one;
GameCharacter troll = (GameCharacter) two;
GameCharacter magician = (GameCharacter) three;
```

readObject() 的回傳值是 Object 型別（就像 ArrayList 一樣），所以你必須把它強制轉型為你所知的真正型別。

⑤ 關閉 <u>ObjectInputStream</u>

```
os.close();
```

關閉上面的串流就會關閉下面的串流，所以 FileInputStream（和檔案）會自動關閉。

解序列化過程中會發生什麼事？

當一個物件被解序列化時，JVM 會試著在堆積上創建一個新的物件來使該物件恢復活力，這個新物件具有與序列化物件被序列化時相同的狀態。好吧，除了那些 transient 變數以外，它們要麼回傳為 null（對於物件參考），要麼回傳為預設的原始型別值。

如果 JVM 無法找到或載入該類別，此步驟就會擲出一個例外！

物件被讀取為位元組

```
01101001
01101110
01
```

檔案

被讀取

```
011010010110111001
```

FileInputStream
（一種連線串流）

被鏈串至

找到類別並載入，所儲存的實體變數被重新指定

ObjectInputStream
（一種鏈串流）

物件

1 從串流**讀取**物件。

2 JVM（根據與序列化物件一起儲存的資訊）確定物件的**類別型別**。

3 JVM 試圖**找出並載入**該物件的類別。如果 JVM 無法找到或載入該類別，JVM 會擲出一個例外，而解序列化就此失敗。

4 一個新的物件在堆積上被賦予了空間，但是**序列化物件的建構器並「沒有」執行**！顯然，如果建構器執行，它將把物件的狀態恢復到原來的「新」狀態，那不是我們想要的。我們希望物件被恢復到它被序列化時的狀態，而不是它首次創建時的狀態。

⑤ 如果該物件在其繼承樹上方的某個地方有一個不可序列化的類別，那個不可序列化之類別的建構器，將與在那之上的任何建構器一起**執行**（即使它們是可序列化的）。一旦建構器的連鎖動作開始，你就無法加以停止，這意味著所有的超類別，從第一個不可序列化的類別開始的，都將重新初始化它們的狀態。

⑥ 物件的**實體變數被賦予源自序列化狀態的值**。對於物件的參考，transient 變數將被賦予 null 的值，對於原型值，則會賦予預設值（0、false 等）。

問：**為什麼不把類別作為物件的一部分來儲存？這樣你就不會有是否能找到類別的問題了。**

答：當然，他們可以讓序列化以這種方式運作，但那會是多麼大的浪費和額外負擔啊。雖然當你使用序列化將物件寫入本地硬碟上的檔案時，這可能不算困難，但序列化也被用來透過網路連線發送物件。如果每個序列化（可送出）的物件都捆裝了一個類別，那麼頻寬就會成為比現在大得多的一種問題。

不過，對於經過序列化以透過網路發送的物件，實際上有一種機制，其中序列化的物件可以被「印上」一個可以找到其類別的 URL。這用於 Java 的 Remote Method Invocation（RMI，遠端方法調用）。因此，舉例來說，你可以把一個序列化的物件當作方法引數的一部分發送，如果收到呼叫的 JVM 沒有那個類別，它可以使用 URL 從網路上擷取，並自動載入它。你可能會在真實世界中看到 RMI 的使用，儘管你也可能看到物件被序列化為 XML 或 JSON（或其他人類可讀的格式）再透過網路發送。

問：**那麼靜態變數呢？它們會被序列化嗎？**

答：不會。請記得，靜態意味著「每個類別一個」，而非「每個物件一個」。靜態變數不會被儲存，而當一個物件被解序列化時，它將擁有其類別當前擁有的任何靜態變數。這告訴我們：不要讓可序列化的物件依存於某個動態變化的靜態變數！當物件回來的時候，它可能就不一樣了。

序列化範例

儲存和還原遊戲角色

```
import java.io.*;

public class GameSaverTest {                              製作一些角色…
  public static void main(String[] args) {
    GameCharacter one = new GameCharacter(50, "Elf",
                              new String[]{"bow", "sword", "dust"});
    GameCharacter two = new GameCharacter(200, "Troll",
                              new String[]{"bare hands", "big ax"});
    GameCharacter three = new GameCharacter(120, "Magician",
                              new String[]{"spells", "invisibility"});

    // 想像這裡有程式碼會拿遊戲角色來做些事情，改變它們的狀態值。

    try {
      ObjectOutputStream os = new ObjectOutputStream(new FileOutputStream("Game.ser"));
      os.writeObject(one);          序列化角色。
      os.writeObject(two);
      os.writeObject(three);
      os.close();
    } catch (IOException ex) {
      ex.printStackTrace();
    }
                                                   現在將它們從檔案讀回…

    try {
      ObjectInputStream is = new ObjectInputStream(new FileInputStream("Game.ser"));
      GameCharacter oneRestore = (GameCharacter) is.readObject();
      GameCharacter twoRestore = (GameCharacter) is.readObject();  復原角色。
      GameCharacter threeRestore = (GameCharacter) is.readObject();

      System.out.println("One's type: " + oneRestore.getType());     檢查看看是否行得通。
      System.out.println("Two's type: " + twoRestore.getType());
      System.out.println("Three's type: " + threeRestore.getType());
    } catch (Exception ex) {
      ex.printStackTrace();
    }
  }
}
```

```
File Edit  Window  Help  Resuscitate

% java GameSaverTest

One's type: Elf

Two's type: Troll

Three's type: Magician
```

power: 50
type: Elf
weapons: bow,
sword, dust

物件

power: 200
type: Troll
weapons: bare
hands, big ax

物件

power: 120
type: Magician
weapons: spells,
invisibility

物件

GameCharacter 類別

```java
import java.io.*;
import java.util.Arrays;

public class GameCharacter implements Serializable {
  private final int power;
  private final String type;
  private final String[] weapons;

  public GameCharacter(int power, String type, String[] weapons) {
    this.power = power;
    this.type = type;
    this.weapons = weapons;
  }

  public int getPower() {
    return power;
  }

  public String getType() {
    return type;
  }

  public String getWeapons() {
    return Arrays.toString(weapons);
  }
}
```

這是一個基本類別，只是為了測試上一頁的序列化程式碼。我們沒有一個實際的遊戲，但我們把那個問題留給你去實驗。

版本 ID：序列化的一個大問題

現在你已經看到，Java 中的 I/O 實際上是非常簡單的，特別是如果你堅持使用最常見的 connection/chain 組合。但有一個問題你可能真的會關心。

版本控制很關鍵！

如果你序列化一個物件，你必須擁有那個類別，以便解序列化並使用該物件。好吧，這很明顯。但如果你在此期間**修改了那個類別**，情況可能就不那麼顯而易見了，真糟糕。想像一下，當一個你想把它帶回來的 Dog 物件的某個實體變數（非 transient 的）從 double 變為 String 時，會發生什麼事。這大大違反了 Java 的型別安全意識。但這並非唯一可能損害相容性的變化。想一想下面的情況：

可能破壞解序列化的類別變更

- 刪除一個實體變數。

- 改變一個實體變數的宣告型別。

- 將一個非 transient 實體變數改為 transient 的。

- 在繼承階層架構上把一個類別往上或往下移動。

- 把一個類別（物件圖中任何位置上的）從 Serializable 改為非 Serializable（從類別宣告移除「implements Serializable」）。

- 把一個實體變數改為 static。

通常沒有問題的類別變更

- 為類別添加新的實體變數（現有的物件在解序列化時，其序列化時不存在的實體變數將使用預設值）。

- 新增類別到繼承樹中。

- 從繼承樹移除類別。

- 改變一個實體變數的存取層級（public、private 等）對於解序列化過程指定值給該變數的能力並無影響。

- 將一個實體變數從 transient 變為非 transient（之前序列化的物件將單純為以前的 transient 變數提供一個預設值）。

① 你撰寫一個 Dog 類別。

類別版本 ID #343

Dog.class

② 你使用那個類別序列化一個 Dog 物件。

Dog 物件

物件印有版本 #343

③ 你改變了 Dog 類別。

類別版本 ID #728

Dog.class

④ 你使用變更過的類別解序列化一個 Dog 物件。

物件印有版本 #343

Dog.class

類別版本為 #728

⑤ 解序列化失敗！

JVM 指出：「你無法教會老狗（Dog）新的程式碼」。

使用 serialVersionUID

每次一個物件被序列化時,該物件(包括其圖中的每個物件)都會被「印上」該物件類別的一個版本 ID 號碼(version ID number)。這個 ID 被稱為 serialVersionUID,它是根據類別結構的資訊所計算出來的。當一個物件被解序列化時,如果該類別在物件被序列化後發生了變化,該類別就可能有一個不同的 serialVersionUID,解序列化就會失敗!但這一點是你可以控制的。

如果認為你的類別有任何演變的可能,請在你的類別裡放入一個序列版本 ID。

當 Java 試著解序列化一個物件時,它會將序列化物件的 serialVersionUID 與 JVM 用來解序列化該物件的類別之 serialVersionUID 進行比較。舉例來說,如果一個 Dog 的實體被序列化了,比如說使用 ID 23(實際上 serialVersionUID 要長得多),那麼當 JVM 解序列化這個 Dog 物件時,它會先比較 Dog 物件 serialVersionUID 和 Dog 類別的 serialVersionUID。如果這兩個數字不匹配,JVM 就會認為該類別與之前序列化的物件不相容,而在解序列化過程中你就會得到一個例外。

因此,解決方案是在你的類別中放入一個 serialVersionUID,然後隨著類別的發展,這個 serialVersionUID 將保持不變,JVM 會說「好的,很酷,此類別與這個序列化物件是相容的」,儘管這個類別實際上已經改變。

這只有在你對類別的變更很小心的情況下才行得通!換句話說,當一個較舊的物件藉由一個較新的類別復活時,是你要對出現的任何問題負責。

要獲得一個類別的 serialVersionUID,請使用你的 Java 開發套件(development kit)中的 serialver 工具。

```
File Edit  Window Help serialKiller
% serialver Dog
Dog: static final long
serialVersionUID =
-5849794470654667210L;
```

當你認為你的類別在有人從之序列化了物件之後可能發生演變…

(1) 使用 serialver 命令列工具取得你類別的版本 ID。

```
File Edit  Window Help serialKiller
% serialver Dog
Dog: static final long
serialVersionUID =
-5849794470654667210L;
```

根據你所使用的 Java 版本,這個值可能不同。

(2) 將其輸出複製貼上到你的類別。

```
public class Dog {

    static final long serialVersionUID =
                -5849794470654667210L;

    private String name;
    private int size;

    // 方法程式碼在此
}
```

(3) 要確保修改類別時,你會對程式碼中對類別所做的修改造成的後果負責!舉例來說,要確保你新的 Dog 類別能夠處理舊的 Dog 被解序列化時,為那個 Dog 被序列化之後才添加到類別的實體變數使用預設值的情況。

物件序列化

本章重點

- 你可以透過序列化物件來儲存一個物件的狀態。

- 為了序列化一個物件，你需要一個 ObjectOutputStream（來自 java.io 套件）。

- 串流要不是連線串流（connection streams）就是鏈串流（chain streams）。

- 連線串流可以表示與一個來源或目的地的連線，通常是一個檔案、網路 socket 連線或主控台（console）。

- 鏈串流無法連線到來源或目的地，而且必須鏈串到一個連線（或其他）串流。

- 為了將一個物件序列化到檔案中，請製作一個 FileOutputStream 並將其鏈串到一個 ObjectOutputStream。

- 為了序列化一個物件，請在 ObjectOutputStream 上呼叫 *writeObject(theObject)*。你不需要呼叫 FileOutputStream 上的方法。

- 要被序列化，一個物件必須實作 Serializable 介面。如果一個類別的超類別實作了 Serializable，即使其子類別沒有特別宣告 *implements Serializable*，它也會自動是可序列化的。

- 當一個物件被序列化時，它的整個物件圖（object graph）都會被序列化。這意味著被序列化的物件之實體變數所參考的任何物件都被序列化，而這些物件所參考的任何物件也都會…依此類推。

- 如果圖中有任何物件是不可序列化，在執行時將擲出一個例外，除非參考該物件的實體變數被跳過。

- 如果你想讓序列化跳過一個實體變數，就用 *transient* 關鍵字標示該變數。該變數將被恢復為 null（對於物件參考）或預設值（對於原始型別）。

- 在解序列化過程中，圖中所有物件的類別都必須是 JVM 可取用的。

- 你按照物件最初被寫入的順序讀入它們（使用 readObject()）。

- readObject() 的回傳型別是 Object，所以解序列化出來的物件必須被強制轉型（cast）為其真實型別。

- 靜態變數不能被序列化！將靜態變數的值儲存為特定物件之狀態的一部分是沒有意義的，因為該型別的所有物件只共用單一個值，也就是類別中的那個值。

- 如果一個實作了 Serializable 的類別可能會隨著時間的推移而改變，請在該類別上放置一個 *static final long serialVersionUID*。當該類別中的序列化變數發生變化時，這個版本 ID 應該改變。

將一個 String 寫入一個文字檔案

透過序列化儲存物件，是在 Java 程式不同次執行之間儲存和恢復資料最簡單的方式。但有時你需要把資料儲存到一個普通的文字檔案中。想像一下，你的 Java 程式必須把資料寫到一個簡單的文字檔案中，而其他一些（也許是非 Java 的）程式需要讀取它。舉例來說，你可能有一個 servlet（在你的 Web 伺服器中執行的 Java 程式碼），它接收使用者在瀏覽器中輸入的表單資料，並將其寫入一個文字檔案，再由其他人載入到試算表中進行分析。

寫入文字資料（實際上是一個 String）類似於寫入一個物件，只是你寫入的是一個 String（字串）而非物件，而且你使用的是 FileWriter 而不是 FileOutputStream（而且你不會把它鏈串到 ObjectOutputStream 上）。

> 如果你把遊戲角色資料寫入為一個人類可讀的文字檔案，它可能這樣子：

```
50,Elf,bow,sword,dust
200,Troll,bare hands,big ax
120,Magician,spells,invisibility
```

要寫入一個序列化的物件：

```
objectOutputStream.writeObject(someObject);
```

要寫入一個 String：

```
fileWriter.write("My first String to save");
```

```java
import java.io.*;        為了 FileWriter，我們需要 java.io 套件。

class WriteAFile {
  public static void main(String[] args) {
    try {
      FileWriter writer = new FileWriter("Foo.txt");    如果檔案「Foo.txt」不存在，FileWriter 就會創建它。

      writer.write("hello foo!");     write() 方法接受一個 String。

      writer.close();      完成後，請關閉它！
    } catch (IOException ex) {
      ex.printStackTrace();
    }
  }
}
```

所有關於 I/O 的東西都必須在 try/catch 中。所有的東西都可能擲出一個 IOException！！

文字檔案範例：電子閃卡（e-Flashcards）

還記得你在學校使用的那些閃卡（flashcards）嗎？一面是問題，一面是答案的那種？在你試圖理解一些東西的時候，它們沒有什麼幫助，但沒有什麼比它們更適合原始的重複練習和死記硬背，就在你必須要牢記一項事實之時。而且它們也很適合製作小遊戲。

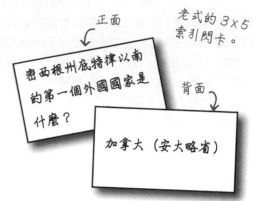

我們要製作一個電子版本，它有三個類別：

1. *QuizCardBuilder*：這是一個簡單的創作工具，用來創建和儲存一組電子閃卡。

2. *QuizCardPlayer*：一個播放引擎（playback engine），可以載入閃卡集並為使用者播放。

3. *QuizCard*：代表卡片資料的一個簡單類別。我們將一起看過 builder 和 player 的程式碼，並讓你自己用這個來製作 QuizCard 類別：

QuizCard
QuizCard(q, a)
question answer
getQuestion() getAnswer()

QuizCardBuilder

有一個帶有「Save」選項的 File 功能表，用來將當前的卡片集儲存到一個文字檔案中。

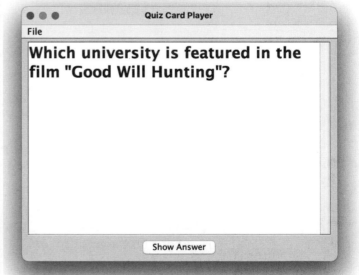

QuizCardPlayer

有一個帶有「Load」選項的 File 功能表，用來從文字檔案載入一組卡片。

Quiz Card Builder（程式碼概要）

```java
public class QuizCardBuilder {
    public void go() {
        // 建置並顯示 GUI
    }

    private void nextCard() {
        // 將目前的卡片新增到清單
        // 並清除文字區域
    }

    private void saveCard() {
        // 帶出一個檔案對話方塊
        // 讓使用者為卡片集取名並儲存
    }

    private void clearCard() {
        // 清除文字區域
    }

    private void saveFile(File file) {
        // 迭代過卡片清單，並將每張卡片以一種
        // 可剖析的方式寫入到一個文字檔案中
        // （換言之，各部分之間都有明確的分隔）
    }
}
```

建置並顯示 GUI，包括製作和註冊事件聆聽者。

當使用者點擊「Next Card」按鈕時呼叫，代表使用者想將該卡片儲存在清單中，並開始一張新的卡。

當使用者從 File 功能表中選擇「Save」時呼叫，代表使用者想把當前清單中所有的卡片儲存為一個「集合」（如量子力學集、好萊塢瑣事集，Java 規則集等等）。

當使用者從 File 功能表中選擇「New」或移到下一張卡片時，將需要清除螢幕。

由 SaveMenuListener 呼叫，進行實際的檔案寫入動作。

Java I/O 到 NIO 到 NIO.2

Java API 從第一天起就包含了 I/O 功能，你知道的，早在上個千禧年就那樣了。2002 年，Java 1.4 發行，它包括了一種新的 I/O 做法，稱為「NIO」，是 non-blocking I/O（非阻斷式 I/O）的縮寫。2011 年，Java 7 發行，它包括對 NIO 的重大改進。這種更新的 I/O 做法被稱為「NIO.2」。你為什麼要關心呢？當你在編寫新的 I/O 時，你應該使用最新和最棒的功能。但你幾乎肯定會遇到使用 NIO 做法的舊程式碼。我們希望你在這兩種情況下都能得到保障，所以在本章中：

- 我們將暫時使用原本的 I/O 一段時間。

- 然後我們會展示一些 NIO.2。

你將在第 17 章「建立連線」中看到更多的 I/O、NIO 和 NIO.2 功能，屆時我們將研究網路連線問題。

```java
import javax.swing.*;
import java.awt.*;
import java.io.*;
import java.util.ArrayList;

public class QuizCardBuilder {
  private ArrayList<QuizCard> cardList = new ArrayList<>();
  private JTextArea question;
  private JTextArea answer;
  private JFrame frame;

  public static void main(String[] args) {
    new QuizCardBuilder().go();
  }

  public void go() {
    frame = new JFrame("Quiz Card Builder");
    JPanel mainPanel = new JPanel();
    Font bigFont = new Font("sanserif", Font.BOLD, 24);

    question = createTextArea(bigFont);
    JScrollPane qScroller = createScroller(question);
    answer = createTextArea(bigFont);
    JScrollPane aScroller = createScroller(answer);

    mainPanel.add(new JLabel("Question:"));
    mainPanel.add(qScroller);
    mainPanel.add(new JLabel("Answer:"));
    mainPanel.add(aScroller);

    JButton nextButton = new JButton("Next Card");
    nextButton.addActionListener(e -> nextCard());
    mainPanel.add(nextButton);

    JMenuBar menuBar = new JMenuBar();
    JMenu fileMenu = new JMenu("File");

    JMenuItem newMenuItem = new JMenuItem("New");
    newMenuItem.addActionListener(e -> clearAll());

    JMenuItem saveMenuItem = new JMenuItem("Save");
    saveMenuItem.addActionListener(e -> saveCard());

    fileMenu.add(newMenuItem);
    fileMenu.add(saveMenuItem);
    menuBar.add(fileMenu);
    frame.setJMenuBar(menuBar);

    frame.getContentPane().add(BorderLayout.CENTER, mainPanel);
    frame.setSize(500, 600);
    frame.setVisible(true);
  }
```

提醒一下：在接下來的八頁左右的時間裡，我們將使用舊式的 I/O 程式碼！

這裡都是 GUI 程式碼。沒有什麼特別的，儘管你可能會想看一下新 GUI 元件 MenuBar、Menu 和 MenuItem 的程式碼。

Next Card 按鈕被按下時，會呼叫 nextCard 方法。

使用者在功能表上點擊「New」的時候，clearAll 方法會被呼叫。

使用者在功能表上點擊「Save」的時候，saveCard 方法會被呼叫。

我們製作一個功能表列，製作一個 File 功能表，然後把「New」和「Save」功能表項目放入 File 功能表。我們把功能表添加到功能表列，然後告訴框架使用這個功能表列。功能表項目可以觸發一個 ActionEvent。

```
private JScrollPane createScroller(JTextArea textArea) {
  JScrollPane scroller = new JScrollPane(textArea);
  scroller.setVerticalScrollBarPolicy(ScrollPaneConstants.VERTICAL_SCROLLBAR_ALWAYS);
  scroller.setHorizontalScrollBarPolicy(ScrollPaneConstants.HORIZONTAL_SCROLLBAR_NEVER);
  return scroller;
}

private JTextArea createTextArea(Font font) {
  JTextArea textArea = new JTextArea(6, 20);
  textArea.setLineWrap(true);
  textArea.setWrapStyleWord(true);
  textArea.setFont(font);
  return textArea;
}
```

創建一個捲動窗格（scroll pane）或一個文字
區域需要很多類似的程式碼。我們把這些程
式碼放到幾個輔助方法中，當我們需要一個
文字區域或捲動窗格時，就能呼叫這些方法。

```
private void nextCard() {
  QuizCard card = new QuizCard(question.getText(), answer.getText());
  cardList.add(card);
  clearCard();
}

private void saveCard() {
  QuizCard card = new QuizCard(question.getText(), answer.getText());
  cardList.add(card);

  JFileChooser fileSave = new JFileChooser();
  fileSave.showSaveDialog(frame);
  saveFile(fileSave.getSelectedFile());
}
```

帶出一個檔案對話方塊並在這一行等待，
直到使用者從對話方塊中選擇「Save」
為止。所有的檔案對話方塊導覽和選擇
檔案等功能，都是由 JFileChooser 為你完
成的！這真的就是如此簡單。

```
private void clearAll() {
  cardList.clear();
  clearCard();
}
```

當我們想要一組新的卡片時，
就得清除卡片清單和文字區域。

```
private void clearCard() {
  question.setText("");
  answer.setText("");
  question.requestFocus();
}
```

進行實際檔案寫入動作的方法（由 SaveMenuListener
的事件處理器呼叫）。引數是使用者要儲存的「File」
物件。我們將在下一頁檢視 File 類別。

我們把一個 BufferedWriter 鏈串到一個
新的 FileWriter 上，以使寫入更有效率
（再過幾頁我們就會討論這個問題）。

```
private void saveFile(File file) {
  try {
    BufferedWriter writer = new BufferedWriter(new FileWriter(file));
    for (QuizCard card : cardList) {
      writer.write(card.getQuestion() + "/");
      writer.write(card.getAnswer() + "\n");
    }
    writer.close();
  } catch (IOException e) {
    System.out.println("Couldn't write the cardList out: " + e.getMessage());
  }
}
```

巡訪卡片的 ArrayList，把它們寫出，每
行一張卡片，問題和答案用「/」隔開，
然後加上一個 newline 字元（"\n"）。

java.io.File 類別

java.io.File 類別是 Java API 中較舊類別的另一個例子。它已經被較新的 java.nio.file 套件中的兩個類別所「取代」，但你無疑還是會遇到使用 File 類別的程式碼。**對於新的程式碼，我們建議使用 java.nio.file 套件，而非 java.io.File 類別。**再過幾頁，我們就會看到 java.nio.file 套件中幾個最重要的功能。介紹完這點之後…

java.io.File 類別代表（*represents*）磁碟上的一個檔案，但實際上並不表示檔案的內容。什麼？把 File 物件看成是一個檔案（甚至是一個目錄）的路徑名稱（*path name*），而不是實際的檔案本身。舉例來說，File 類別就沒有讀寫用的方法。關於 File 物件，一件非常實用的事情是，它提供了一種比使用 String 檔名更安全的方式來表示一個檔案。舉例來說，大多數在建構器中接受一個字串檔名的類別（如 FileWriter 或 FileInputStream）也都能接受一個 File 物件。你可以建構一個 File 物件，驗證你是否有一個有效的路徑等等，然後把那個 File 物件交給 FileWriter 或 FileInputStream。

一個 File 物件代表磁碟上一個檔案或目錄（directory）的名稱和路徑，例如：

/Users/Kathy/Data/Game.txt

但它並「不」代表或讓你得以存取該檔案中的資料。

你可以用一個 File 物件來做的一些事情：

① 製作一個 File 物件代表一個現有的檔案

```
File f = new File("MyCode.txt");
```

② 製作一個新的目錄

```
File dir = new File("Chapter7");
dir.mkdir();
```

③ 列出一個目錄的內容

```
if (dir.isDirectory()) {
  String[] dirContents = dir.list();
  for (String dirContent : dirContents) {
    System.out.println(dirContent);
  }
}
```

④ 刪除一個檔案或目錄（成功的話，回傳 true）

```
boolean isDeleted = f.delete();
```

一個地址並不等同於實際的房子！一個檔案物件就像一個街道位址…它代表一個特定檔案的名稱和位置，但它並非檔案本身。

代表檔案名稱「GameFile.txt」的一個 File 物件。

GameFile.txt

```
50,Elf,bow, sword,dust
200,Troll,bare hands,big ax
120,Magician,spells,invisibility
```

一個 File 物件並不代表（或讓你直接存取）檔案內的資料！

緩衝區之美

如果沒有緩衝區（buffers），那就會像購物時沒有推車一樣。你將不得不把每件東西都搬到你的車上，一次拿一個湯罐或一卷衛生紙。

緩衝區為你提供了一個暫時存放物品的地方，直到存放區（如手推車）裝滿為止。使用緩衝區，你可以少走很多趟路。

目的地

String 與其他字串一起被放到一個緩衝區中

當緩衝區滿了，這些字串全部都會被寫入

"Boulder"　被寫入到　**"Boulder""Aspen" "Denver"**　被鏈串為　" Aspen Denver Boulder"

String

Aspen Denver Boulder

BufferedWriter（一種處理字元的鏈串流）

FileWriter（寫入字元而非位元組的一種連線串流）

File

```
BufferedWriter writer = new BufferedWriter(new FileWriter(aFile));
```

注意，我們甚至不需要保留對 FileWriter 物件的參考。我們唯一關心的是 BufferedWriter，因為那是我們會在其上呼叫方法的物件，而關閉 BufferedWriter 時，它將處理串鏈的其餘部分。

使用緩衝區比不使用要有效率得多。你可以單獨使用 FileWriter，透過呼叫 write(someString) 寫入檔案，但是 FileWriter 每次都會將你傳遞給檔案的每一個東西寫入。那是你不想要也不需要的額外負擔，因為與在記憶體中操作資料相比，到磁碟的每一趟路都會是一件大事。藉由將一個 BufferedWriter 鏈串到一個 FileWriter 上，這個 BufferedWriter 將儲存所有你寫入它的東西，直到被填滿為止。只有當緩衝區滿了之後，FileWriter 才會被告知要寫入到磁碟上的檔案。

如果你確實想在緩衝區滿之前發送資料，你是可以控制的。**只要排清（flush）它**。呼叫 writer.flush() 並表示「送出緩衝區中的任何資料，**立刻進行！**」。

讀取自一個文字檔案

從檔案讀取文字（text）很簡單，但這次我們將使用一個 File 物件
來表示檔案，並用一個 FileReader 來進行實際的讀取動作，以及一
個 BufferedReader 來使讀取更有效率。

讀取的進行方式是在一個 *while* 迴圈中讀取文字行（lines），並在
readLine() 的結果為 null 時結束迴圈。這是讀取資料（幾乎所有不
是序列化物件的東西都算）最常見的方式：在一個 while 迴圈中讀
取東西（實際上是一個 while 迴圈測試），在沒有東西可讀時終止
（我們會知道，是因為所用的讀取方法之結果為 null）。

別忘記匯入。

```
import java.io.*;

class ReadAFile {
  public static void main(String[] args) {
    try {
      File myFile = new File("MyText.txt");
      FileReader fileReader = new FileReader(myFile);

      BufferedReader reader = new BufferedReader(fileReader);

      String line;
      while ((line = reader.readLine()) != null) {
        System.out.println(line);
      }
      reader.close();

    } catch (IOException e) {
      e.printStackTrace();
    }
  }
}
```

有兩行文字的一個檔案。

```
What's 2 + 2?/4
What's 20+22/42
```

MyText.txt

*FileReader 適用於字元的一種連線串流，
連接至一個文字檔案。*

*將 FileReader 鏈串到 BufferedReader
上，以提高讀取效率。只有當緩衝
區空了（因為程式已經讀完了裡面
的東西），它才會回到檔案中去讀
取。*

*製作一個字串變數，在讀取
每一行時儲存其內容。*

*這指出：「讀取一行文字，並將其指定給 String
變數『line』。當那個變數不為 null 的時候（因為
還有東西要讀），印出剛剛讀取的那一行」。
或者用另一種說法：「還有文字行可以讀取的時
候，就讀取它們並列印出來」。*

Java 8 Stream 和 I/O

如果你用的是 Java 8，並且對使用 Stream API 感到滿意，你可以把
try 區塊裡面的所有程式碼替換成以下內容：

```
Files.lines(Path.of("MyText.txt"))
     .forEach(line -> System.out.println(line));
```

我們會在本章稍後看到 Files 和 Path 類別。

Quiz Card Player（程式碼概要）

```
public class QuizCardPlayer {

    public void go() {
        // 建置並顯示 GUI
    }

    private void nextCard() {
        // 如果這是一個問題，就顯示答案，否則顯示下個問題
        // 設定一個旗標代表我們是在檢視
        // 一個問題或答案
    }

    private void open() {
        // 帶出一個檔案對話方塊
        // 讓使用者瀏覽，找出要開啟的一個卡片集
    }

    private void loadFile(File file) {
        // 必須建置卡片的一個 ArrayList，將它們從一個文字檔讀出
        // 從 OpenMenuListener 的事件處理器進行呼叫，
        // 一次一行讀取該檔案，並告訴 makeCard()
        // 方法從讀取的文字行製作出一張新的卡片（檔案中的一個文字行
        // 同時存放著問題與答案，以一個「/」分隔）
    }

    private void makeCard(String lineToParse) {
        // 由 loadFile 方法所呼叫，從文字檔案拿取一行，
        // 並將之剖析為兩個部分，即問題與答案，然後創建一個
        // 新的 QuizCard 再把它加到名為 CardList 的 ArrayList
    }
}
```

```java
import javax.swing.*;
import java.awt.*;
import java.io.*;
import java.util.ArrayList;

public class QuizCardPlayer {
  private ArrayList<QuizCard> cardList;
  private int currentCardIndex;
  private QuizCard currentCard;
  private JTextArea display;
  private JFrame frame;
  private JButton nextButton;
  private boolean isShowAnswer;

  public static void main(String[] args) {
    QuizCardPlayer reader = new QuizCardPlayer();
    reader.go();
  }

  public void go() {
    frame = new JFrame("Quiz Card Player");
    JPanel mainPanel = new JPanel();
    Font bigFont = new Font("sanserif", Font.BOLD, 24);

    display = new JTextArea(10, 20);
    display.setFont(bigFont);
    display.setLineWrap(true);
    display.setEditable(false);

    JScrollPane scroller = new JScrollPane(display);
    scroller.setVerticalScrollBarPolicy(ScrollPaneConstants.VERTICAL_SCROLLBAR_ALWAYS);
    scroller.setHorizontalScrollBarPolicy(ScrollPaneConstants.HORIZONTAL_SCROLLBAR_NEVER);
    mainPanel.add(scroller);

    nextButton = new JButton("Show Question");
    nextButton.addActionListener(e -> nextCard());
    mainPanel.add(nextButton);

    JMenuBar menuBar = new JMenuBar();
    JMenu fileMenu = new JMenu("File");
    JMenuItem loadMenuItem = new JMenuItem("Load card set");
    loadMenuItem.addActionListener(e -> open());
    fileMenu.add(loadMenuItem);
    menuBar.add(fileMenu);
    frame.setJMenuBar(menuBar);

    frame.getContentPane().add(BorderLayout.CENTER, mainPanel);
    frame.setSize(500, 400);
    frame.setVisible(true);
  }
```

本頁就只是 *GUI* 程式碼，
沒什麼特別的。

```
private void nextCard() {
  if (isShowAnswer) {
    // 顯示答案，因為他們已經見過問題了
    display.setText(currentCard.getAnswer());
    nextButton.setText("Next Card");
    isShowAnswer = false;
  } else { // 顯示下個問題
    if (currentCardIndex < cardList.size()) {
      showNextCard();
    } else {
      // 沒有卡片了！
      display.setText("That was last card");
      nextButton.setEnabled(false);
    }
  }
}
```

檢查 *isShowAnswer* 這個 *boolean* 旗標，
看他們當前是在檢視問題還是答案，
並根據結果做適當的事情。

```
private void open() {
  JFileChooser fileOpen = new JFileChooser();
  fileOpen.showOpenDialog(frame);
  loadFile(fileOpen.getSelectedFile());
}
```

帶出檔案對話方塊，讓他們瀏覽並選擇
要打開的檔案。

```
private void loadFile(File file) {
  cardList = new ArrayList<>();
  currentCardIndex = 0;
  try {
    BufferedReader reader = new BufferedReader(new FileReader(file));
    String line;
    while ((line = reader.readLine()) != null) {
      makeCard(line);
    }
    reader.close();
  } catch (IOException e) {
    System.out.println("Couldn't write the cardList out: " + e.getMessage());
  }
  showNextCard();
}
```

製作一個 *BufferedReader* 並將之
鏈串到一個新的 *FileReader*，賦予
FileReader 使用者從開啟的檔案對
話方塊中選擇的一個 *File* 物件。

一次讀一行，把讀到的文字行傳給
makeCard() 方法進行剖析，將之變
成一個真正的 *QuizCard* 並把它添加
到 *ArrayList* 中。

現在是顯示第一張卡片
的時候了。

```
private void makeCard(String lineToParse) {
  String[] result = lineToParse.split("/");
  QuizCard card = new QuizCard(result[0], result[1]);
  cardList.add(card);
  System.out.println("made a card");
}
```

每一行文字都對應著一張閃卡，但我們
必須把問題和答案剖析出來作為獨立的
部分。我們使用 *String* 的 split() 方法將
一行拆成兩個語彙基元 (*tokens*，一個
是問題，一個是答案)。我們將在下一
頁介紹 split() 方法。

```
private void showNextCard() {
  currentCard = cardList.get(currentCardIndex);
  currentCardIndex++;
  display.setText(currentCard.getQuestion());
  nextButton.setText("Show Answer");
  isShowAnswer = true;
}
}
```

以 String 的 split() 進行剖析

想像你有像這樣的一張閃卡：

像這樣儲存在一個問題檔案中：

問題

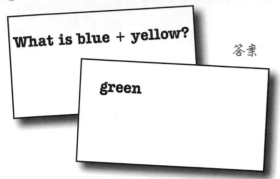

答案

```
What is blue + yellow?/green
What is red + blue?/purple
```

你如何將問題和答案分開？

讀取檔案時，問題和答案會被擠在一行，用斜線「/」分隔（因為我們在 QuizCardBuilder 程式碼中就是這樣寫的）。

String 的 split() 能讓你把一個 String 拆成不同部分。

split() 方法指出：「給我一個分隔符號（separator），我就會為你把這個字串的所有部分切割出來，並把它們放在一個 String 陣列中」。

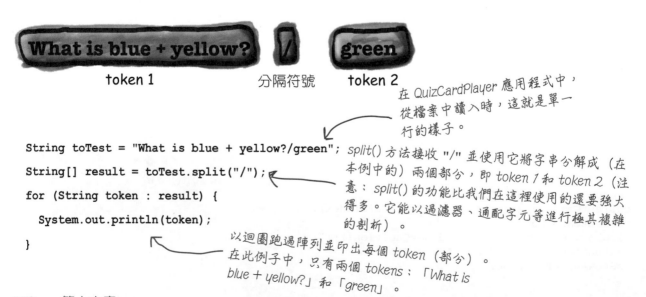

token 1   分隔符號   token 2

在 QuizCardPlayer 應用程式中，從檔案中讀入時，這就是單一行的樣子。

```
String toTest = "What is blue + yellow?/green";

String[] result = toTest.split("/");

for (String token : result) {

    System.out.println(token);

}
```

split() 方法接收 "/" 並使用它將字串分解成（在本例中的）兩個部分，即 token 1 和 token 2（注意：split() 的功能比我們在這裡使用的還要強大得多。它能以過濾器、通配字元等進行極其複雜的剖析）。

以迴圈跑過陣列並印出每個 token（部分）。在此例子中，只有兩個 tokens：「What is blue + yellow?」和「green」。

問：好吧，我看了一下 API，java.io 套件裡大約有五百萬個類別。你怎麼知道該用哪一個呢？

答：I/O API 使用模組化的「鏈串（chaining）」概念，因此你可以將連線串流和鏈串流（也稱為「過濾器」串流，「filter」streams）用廣泛的組合方式掛接在一起，以獲得任何你想要的東西。

這種串鏈不一定非要停在兩階，你可以把多個鏈串流掛接在一起，以獲得你所需要的正確處理方式。

不過大多數時候，你會使用同樣的幾個類別。如果你要寫入文字檔案，BufferedReader 和 BufferedWriter（鏈串至 FileReader 和 FileWriter）可能就是你所需要的。如果你要寫入序列化的物件，你可以使用 ObjectOutputStream 和 ObjectInputStream（鏈串至 FileInputStream 和 FileOutputStream）。

換句話說，你通常可能用 Java I/O 做的 90% 的事情，都能使用我們已經涵蓋的東西來做。

問：你剛才說我們已經學會了 90% 可能會用到的東西，但我們還沒有看到傳說中的 NIO.2 那類東西。這是怎麼回事？

答：NIO.2 將在下一頁出現！但是對於讀寫文字檔案來說，BufferedReader 和 BufferedWriter 仍然是一般的做法。所以我們將看看 NIO.2 如何讓它們的使用變得更加容易。

問：我的腦子已經有點累了，而且我聽說 NIO.2 相當複雜。

答：我們將重點討論 java.nio.file 套件中的幾個關鍵概念。

牢牢記住

玫瑰先綻放，紫羅蘭接著開。
讀取器和寫入器僅用於文字。

本章重點

- 要寫入一個文字檔案，首先要有一個 FileWriter 連線串流。

- 將 FileWriter 鏈串到 BufferedWriter 以提高效率。

- 一個 File 物件代表位於某個特定路徑的檔案，但不代表檔案的實際內容。

- 透過一個 File 物件，你可以創建、巡訪（traverse）和刪除目錄。

- 大多數可以使用 String 檔名的串流也可以使用 File 物件，而且 File 物件使用起來會更安全。

- 要讀取一個文字檔案，先從一個 FileReader 連線串流開始。

- 將 FileReader 鏈串至 BufferedReader 以提高效率。

- 要剖析一個文字檔案，你得確定該檔案是以某種能夠識別不同元素的方式寫入的。一種常見的做法是使用某種字元來分隔各個部分。

- 使用 String 的 split() 方法將一個字串分割成個別的語彙基元（tokens）。有一個分隔符號的一個字串會有兩個 tokens，在分隔符號的兩邊各一個。分隔符號不算作一個 token。

NIO.2 和 java.nio.file 套件

Java NIO.2 通常被認為是指 Java 7 中新增的兩個套件：

java.nio.file

java.nio.file.attribute

java.nio.file.attribute 套件讓你可以操作與電腦檔案和目錄關聯的詮釋資料（*metadata*）。舉例來說，如果你想讀取或變更一個檔案的權限設定，你就會使用這個套件中的類別。我們「不會」再進一步討論這個套件了（呼，還好）。

java.nio.file 套件是你進行普通文字檔案之讀寫所需的全部，它還為你提供了操作電腦目錄和目錄結構的能力。大多數時候，你會使用 java.nio.file 中的三種型別：

■ Path 介面：你總是需要一個 Path 物件來定位你要處理的目錄或檔案。

■ Paths 類別：你會使用 Paths.get() 方法來製作 Path 物件，當你使用 Files 類別中的方法時，就會需要這個物件。

■ Files 類別：就是這個類別的（靜態）方法完成了你想要做的所有工作：製作新的 Reader 和 Writer，以及創建、修改和搜尋檔案系統上的目錄和檔案。

> Path 物件表示磁碟上一個檔案或目錄的位置（名稱和路徑），例如：
>
> /Users/Kathy/Data/Game.txt
>
> 但它並「不」表示或讓你存取該檔案中的資料。

> Files 類別的一項進階但實用的功能允許你「穿梭」（搜尋）目錄樹。

一個小型教程：使用 NIO.2 創建一個 BufferedWriter。

① 匯入 Path、Paths 以及 Files：

```
import java.nio.file.*;
```

② 使用 Paths 類別製作一個 Path 物件：

```
Path myPath = Paths.get("MyFile.txt");
```

> 一個 Path 物件用來定位電腦上的一個檔案（即在檔案系統中）。一個路徑可以用來定位當前目錄或其他目錄中的檔案。

或者，如果檔案是位在一個子目錄中，像是 /myApp/files/MyFile.txt：

```
Path myPath = Paths.get("/myApp", "files", "MyFile.txt");
```

> 「/myApp」中的「/」被稱為名稱分隔符號。根據你所使用的作業系統，你的名稱分隔符號可能不同，舉例來說，它可能會是「\」。

③ 使用一個 Path 和 Files 類別製作一個新的 BufferedReader：

```
BufferedWriter writer = Files.newBufferedWriter(myPath);
```

> 幕後的某個方法說：
>
> BufferedWriter writer = new BufferedWriter(..)

Path、Paths 以及 Files（操作目錄）

在附錄 B 中，我們將討論如何把你的 Java 應用程式分割成套件。這包括為你 app 的所有檔案建立適當的目錄結構。在大多數情況下，你會使用命令列或像 Finder 或 Windows 檔案總管（Windows Explorer）這樣的工具，手動創建和移動目錄和檔案，但你也可以在 Java 程式碼中進行。

警告！在 Java 程式中操弄目錄是一種真正的「麻煩」主題。為了正確進行，你需要了解路徑、絕對路徑（absolute paths）、相對路徑（relative paths）、作業系統權限（OS permissions）、檔案屬性（file attributes）等等的東西。下面是操作目錄的一個大大簡化過的例子，只是為了讓你對什麼是可能的，有所感覺。

假設你想製作一個安裝程式（installer program）來安裝你的殺手級應用程式。你會從左邊的目錄和檔案開始，並希望最終得到右邊的目錄結構和檔案。

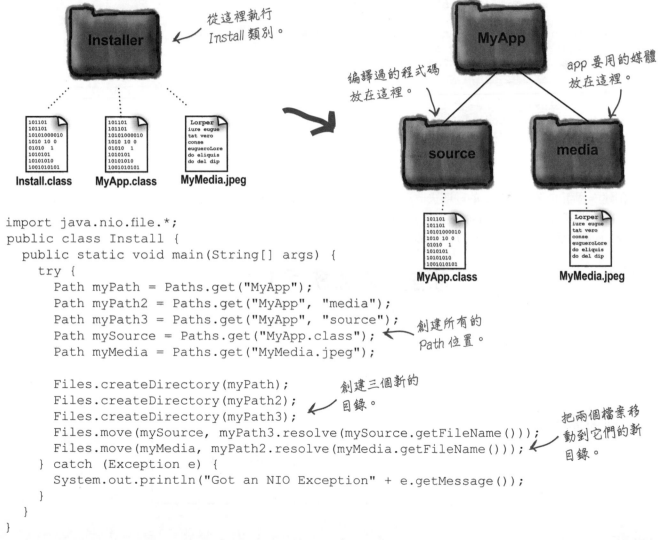

```java
import java.nio.file.*;
public class Install {
  public static void main(String[] args) {
    try {
      Path myPath = Paths.get("MyApp");
      Path myPath2 = Paths.get("MyApp", "media");
      Path myPath3 = Paths.get("MyApp", "source");
      Path mySource = Paths.get("MyApp.class");
      Path myMedia = Paths.get("MyMedia.jpeg");

      Files.createDirectory(myPath);
      Files.createDirectory(myPath2);
      Files.createDirectory(myPath3);
      Files.move(mySource, myPath3.resolve(mySource.getFileName()));
      Files.move(myMedia, myPath2.resolve(myMedia.getFileName()));
    } catch (Exception e) {
      System.out.println("Got an NIO Exception" + e.getMessage());
    }
  }
}
```

從這裡執行 Install 類別。

編譯過的程式碼放在這裡。

app 要用的媒體放在這裡。

創建所有的 Path 位置。

創建三個新的目錄。

把兩個檔案移動到它們的新目錄。

最後，更進一步觀察 finally

數章前，我們研究了 try-catch-finally 是如何運作的。算是吧。關於
finally，我們只說了它是放置「清理程式碼（cleanup code）」的一個好地方。
那是真的，但讓我們說得更具體些。大多數時候，當我們談到「清理程式
碼」時，指的是關閉我們從作業系統那裡借來的資源。當我們開啟一個檔案
或一個 socket 時，OS 會給我們一些資源。用完這些資源後，我們需要把它
們還回去。下面是 QuizCardBuilder 類別的一個程式碼片段。我們凸顯了對
一個建構器的呼叫和三個獨立的方法呼叫…

那是例外可能被擲出的四個位置！

```
private void saveFile(File file) {
  try {
    BufferedWriter writer = new BufferedWriter(new FileWriter(file));
    for (QuizCard card : cardList) {
      writer.write(card.getQuestion() + "/");
      writer.write(card.getAnswer() + "\n");
    }
    writer.close();
  } catch (IOException e) {
    System.out.println("Couldn't write the cardList out: " + e.getMessage());
  }
}
```

可能擲出一個例外的
所有位置！

如果創建一個新的 FileWriter 的呼叫失敗了；如果許多的 write() 調用中的
任何一次失敗了，或者 close() 本身失敗了，都會擲出一個例外，JVM 會跳
到 catch 區塊，而寫入器（writer）將永遠不會被關閉。真糟糕！

記得，finally「永遠」都會執行！！

既然我們「真的」想確保有關閉 writer 的檔案，讓我們把 close() 的調用放
在一個 finally 區塊中。

削尖你的鉛筆

→ 你要解決的。

編寫新的 finally 區塊

為了將 close() 移到 finally 區塊中，我們要對上
面的程式碼做哪些更動呢？可能比你最初想像的
還要多。

最後，更進一步觀察 finally（續）

把 close() 放在 finally 區塊中所需的程式碼量可能會讓你吃驚，讓我們看一下。

```java
private void saveFile(File file) {
  BufferedWriter writer = null;
  try {
    writer = new BufferedWriter(new FileWriter(file));
    for (QuizCard card : cardList) {
      writer.write(card.getQuestion() + "/");
      writer.write(card.getAnswer() + "\n");
    }
    writer.close();
  } catch (IOException e) {
    System.out.println("Couldn't write the cardList out: " + e.getMessage());
  } finally {
    try {
      writer.close();
    } catch (Exception e) {
      System.out.println("Couldn't close writer: " + e.getMessage());
    }
  }
}
```

我們必須在 *try* 區塊之外宣告 *writer* 的參考，這樣它在 *finally* 區塊中才是可見的。

沒錯，我們不得不把 *close()* 放在另一個 *try-catch* 區塊中！

你現在是在開玩笑嗎？每次我想做一點 I/O 時，都要寫這些程式碼？太囉嗦了吧？

有一種更好的方式！

在 Java 的早期，這就是你要確保真的關閉了一個檔案必須使用的方式。在看現有的程式碼時，你很可能會遇到像這樣的 finally 區塊。但是對於新的程式碼，有一種更好的方式：

Try-With-Resources

接著我們就來討論這個。

try-with-resources（TWR）述句

如果你用的是 Java 7 或更高版本（我們當然希望如此！），你可以使用
try-with-resources 版本的 try 述句，使 I/O 更加容易。讓我們來比較一下
我們看過 try 程式碼，和做同樣事情的 try-with-resources 程式碼：

```java
private void saveFile(File file) {
  BufferedWriter writer = null;
  try {
    writer = new BufferedWriter(new FileWriter(file));

    for (QuizCard card : cardList) {
      writer.write(card.getQuestion() + "/");
      writer.write(card.getAnswer() + "\n");
    }

  } catch (IOException e) {
    System.out.println("Couldn't write the cardList out: " + e.getMessage());
  } finally {
    try {
      writer.close();
    } catch (Exception e) {
      System.out.println("Couldn't close writer: " + e.getMessage());
    }
  }
}
```

舊式的 *try-catch-finally*
程式碼。

```java
private void saveFile(File file) {
  try (BufferedWriter writer =
          new BufferedWriter(new FileWriter(file))) {

    for (QuizCard card : cardList) {
      writer.write(card.getQuestion() + "/");
      writer.write(card.getAnswer() + "\n");
    }

  } catch (IOException e) {
    System.out.println("Couldn't write the cardList out: " + e.getMessage());
  }
}
```

現代版的 *try-with-resources*
程式碼。

問：等等，什麼？你告訴我們，一個 try 述句需要一個 catch 或 finally ？

答：問得好！事實證明，使用 try-with-resources 時，編譯器會為你製作一個 finally 區塊。你看不到，但它就在那裡。

Autocloseable、非常小型的 catch

在上一頁，我們看到了一種不同的 try 述句，即 try-with-resources（TWR，帶資源的嘗試）述句。讓我們來看看如何編寫和使用 TWR 述句，首先，解構以下內容：

```
try (BufferedWriter writer =
        new BufferedWriter(new FileWriter(file))) {
```

「只有」實作了 Autocloseable（可自動關閉）的類別才可以在 TWR 述句中使用！

撰寫一個 try-with-resources 述句

① 在「try」和「{」之間加上一對括弧：

```
try ( ... ) {
```

② 在括弧內，宣告其型別實作了 Autocloseable 的一個物件：

```
try (BufferedWriter writer =
        new BufferedWriter(new FileWriter(file))) {
```

就像本章中我們用到的所有 I/O 類別一樣，BufferedWriter 實作了 Autocloseable。

③ 在 try 區塊內使用你所宣告的物件（就像過去那樣）：

```
writer.write(card.getQuestion() + "/");
writer.write(card.getAnswer() + "\n");
```

你進行 I/O 的每個地方都看得到 Autocloseable

Autocloseable 是在 Java 7 中添加到 java.lang 的一個介面。幾乎所有你要做的 I/O 都會用到實作了 Autocloseable 的類別。你大多不用考慮到它。

關於 TWR 述句，還有幾件事值得了解：

- 你可以在單一個 TWR 區塊中宣告和使用一項以上的 I/O 資源：

```
try (BufferedWriter writer =
        new BufferedWriter(new FileWriter(file));
    BufferedReader reader =
        new BufferedReader(new FileReader(file))) {
```

使用分號「;」來分隔資源。

- 如果你宣告了一個以上的資源，它們將按照被宣告的相反順序關閉，也就是說，第一個被宣告的是最後被關閉的。

- 如果你新增了 catch 或 finally 區塊，系統會優雅地處理多個 close() 調用。

程式碼廚房

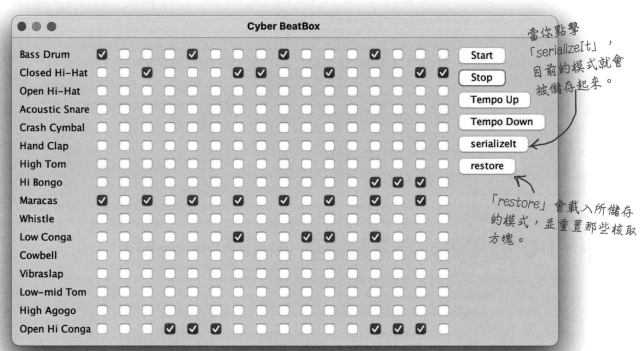

當你點擊
「serializeIt」，
目前的模式就會
被儲存起來。

「restore」會載入所儲存
的模式，並重置那些核取
方塊。

讓 BeatBox 儲存或復原我們
最愛的模式。

儲存一個 BeatBox 模式

記住，在 BeatBox 中，一個鼓聲模式（drum pattern）只不過是一堆核取方塊。播放序列（sequence）的時候，程式碼會巡訪這些核取方塊，以確定在 16 個節拍中的每個節拍該播放哪種鼓聲。因此，為了儲存一個模式，我們所要做的就是儲存核取方塊的狀態。

我們可以製作一個簡單的 boolean 陣列，儲存 256 個核取方塊中每個核取方塊的狀態。只要陣列中的東西是可序列化的，陣列物件就是可序列化的，所以儲存一個 boolean 陣列是沒有問題的。

為了重新載入一個模式，我們讀取單一個 boolean 陣列物件（解序列化它）並恢復核取方塊。大部分程式碼你都已經看過了，在我們建立 BeatBox GUI 的程式碼廚房中，所以在本章中，我們只看儲存和恢復部分的程式碼。

這個程式碼廚房讓我們為下一章做好準備，在那一章中，我們不是將模式寫入檔案，而是透過網路將其發送給伺服器。也不是從檔案中載入模式，而是從伺服器取得模式，在每次參與者向伺服器發送一個模式之時。

序列化一個模式

這是 BeatBox 程式碼中的一個方法。當我們為 serializeIt 按鈕添加一個 ActionListener 時，就可以從 lambda 運算式呼叫此方法，或者創建一個 ActionListener 內層類別來呼叫它。

```java
private void writeFile() {

  boolean[] checkboxState = new boolean[256];

  for (int i = 0; i < 256; i++) {
    JCheckBox check = checkboxList.get(i);
    if (check.isSelected()) {
      checkboxState[i] = true;
    }
  }

  try (ObjectOutputStream os =
        new ObjectOutputStream(new FileOutputStream("Checkbox.ser"))) {
    os.writeObject(checkboxState);
  } catch (IOException e) {
    e.printStackTrace();
  }
}
```

← *製作一個 boolean 陣列來存放每個核取方塊的狀態。*

巡訪 checkboxList（核取方塊的 ArrayList），獲得每個核取方塊的狀態，並將其添加到 boolean 陣列中。

Try-with-resources

這個部份很簡單。只要寫入/序列化那個 boolean 陣列就行了！

復原一個 BeatBox 模式

這幾乎就是儲存的反向動作…讀取 boolean 陣列並用它來恢復 GUI 核取方塊的狀態。這一切都發生在使用者點擊「restore」按鈕之時。

復原一個模式

這是 *BeatBox* 類別中的
另一個方法。

```java
private void readFile() {
  boolean[] checkboxState = null;
  try (ObjectInputStream is =                                              // try-with-resources
          new ObjectInputStream(new FileInputStream("Checkbox.ser"))) {
    checkboxState = (boolean[]) is.readObject();   // 讀取檔案中的單個物件（那個 boolean
  } catch (Exception e) {                          // 陣列），並將其強制轉型回 boolean
    e.printStackTrace();                           // 陣列（記住，readObject() 回傳一個
  }                                                // Object 型別的參考）。

  for (int i = 0; i < 256; i++) {
    JCheckBox check = checkboxList.get(i);         // 現在，恢復實際的 JCheckBox 物件的
    check.setSelected(checkboxState[i]);           // ArrayList（checkboxList）中每個核取
  }                                                // 方塊的狀態。

  sequencer.stop();                                // 現在停止當前正在播放的內容，
  buildTrackAndStart();                            // 並使用 ArrayList 中核取方塊的
}                                                  // 新狀態重建序列。
```

✏️ 削尖你的鉛筆

→ 你要解決的。

這個版本有一個巨大限制！當你點擊「serializeIt」按鈕時，它會自動序列化到一個名為「Checkbox.ser」的檔案（如果不存在，就會創建）。但每次儲存時，都會覆寫之前儲存的檔案。

透過整合 JFileChooser 來改善儲存和恢復功能，這樣你就可以隨心所欲地命名並儲存不同的模式，並從你之前儲存的任何模式檔案載入或恢復。

削尖你的鉛筆

→ 你要解決的。

它們可被儲存嗎？

你認為下列哪些是，或應該是，可序列化的？如果不是，原因為何？沒有意義？安全風險？只對 JVM 的當次執行有效？請做出你最好的猜測，不要在 API 說明文件中尋找答案。

物件型別	可序列化嗎？	如果不是，原因為何？
Object	Yes / No	_____
String	Yes / No	_____
File	Yes / No	_____
Date	Yes / No	_____
OutputStream	Yes / No	_____
JFrame	Yes / No	_____
Integer	Yes / No	_____
System	Yes / No	_____

什麼是合法的？

圈出可以編譯的程式碼片段（假設它們是在一個合法的類別內）。

→ 你要解決的。

```
FileReader fileReader = new FileReader();
BufferedReader reader = new BufferedReader(fileReader);
```

```
FileOutputStream f = new FileOutputStream("Foo.ser");
ObjectOutputStream os = new ObjectOutputStream(f);
```

```
BufferedReader reader = new BufferedReader(new FileReader(file));
String line;
while ((line = reader.readLine()) != null) {
  makeCard(line);
}
```

```
FileOutputStream f = new FileOutputStream("Game.ser");
ObjectInputStream is = new ObjectInputStream(f);
GameCharacter oneAgain = (GameCharacter) is.readObject();
```

本章探討了 Java I/O 的奇妙世界。你的任務是判斷以下與 I/O 有關的每一個陳述是真還是假。

👍 真或假 👎

1. 在儲存資料供非 Java 程式使用時，序列化是合適的選擇。

2. 只有透過使用序列化才能儲存物件的狀態。

3. ObjectOutputStream 是用來儲存可序列化物件的類別。

4. 鏈串流可以單獨使用，也可以與連線串流一起使用。

5. 對 writeObject() 的單一次呼叫可以促使許多物件被儲存。

6. 所有的類別預設都是可序列化的。

7. java.nio.file.Path 類別可以用來定位檔案。

8. 如果一個超類別不是可序列化的，其子類別也不能是可序列化的。

9. 只有實作 AutoCloseable 的類別可以在 try-with-resources 述句中使用。

10. 當一個物件被解序列化時，其建構器不會執行。

11. 序列化和儲存到文字檔案都可能擲出例外。

12. BufferedWriter 可鏈串至 FileWriter。

13. File 物件代表檔案，但不代表目錄。

14. 你不能強迫一個緩衝區在它滿之前送出資料。

15. 檔案讀取器和檔案寫入器都可以選擇使用緩衝區。

16. Files 類別的方法能讓你操作檔案和目錄。

17. try-with-resources 述句不能包括明確的 finally 區塊。

→ 答案在第 584 頁。

程式碼磁貼

這個問題很棘手,所以我們把它的地位從練習題提升到了完整的謎題。請重新建構程式碼片段,製作出一個會產生下面所列輸出的可運作的 Java 程式(你可能不需要所有的磁貼,而且你可以多次重複使用一個磁貼)。

```
class DungeonGame implements Serializable {
```

```
try {
```

```
FileOutputStream fos = new
    FileOutputStream("dg.ser");
```

```
short getZ() {
    return z;
```

```
e.printStackTrace();
```

```
oos.close();
```

```
ObjectInputStream ois = new
    ObjectInputStream(fis);
```

```
int getX() {
    return x;
```

```
System.out.println(d.getX()+d.getY()+d.getZ());
```

```
FileInputStream fis = new
    FileInputStream("dg.ser");
```

```
public int x = 3;
transient long y = 4;
private short z = 5;
```

```
long getY() {
    return y;
```

```
class DungeonTest {
```

```
ois.close();
```

```
import java.io.*;
```

```
fos.writeObject(d);
```

```
} catch (Exception e) {
```

```
d = (DungeonGame) ois.readObject();
```

```
ObjectOutputStream oos = new
    ObjectOutputStream(fos);
```

```
oos.writeObject(d);
```

```
public static void main(String[] args) {
    DungeonGame d = new DungeonGame();
```

答案在第 585 頁。

真或假
（第 582 頁）

1. 在儲存資料供非 Java 程式使用時，序列化是合適的選擇。　　　　　　假

2. 只有透過使用序列化才能儲存物件的狀態。　　　　　　　　　　　　假

3. ObjectOutputStream 是用來儲存可序列化物件的類別。　　　　　　　真

4. 鏈串流可以單獨使用，也可以與連線串流一起使用。　　　　　　　　假

5. 對 writeObject() 的單一次呼叫可以促使許多物件被儲存。　　　　　真

6. 所有的類別預設都是可序列化的。　　　　　　　　　　　　　　　　假

7. java.nio.file.Path 類別可以用來定位檔案。　　　　　　　　　　　　假

8. 如果一個超類別不是可序列化的，其子類別也不能是可序列化的。　　假

9. 只有實作 AutoCloseable 的類別可以在 try-with-resources 述句中使用。　真

10. 當一個物件被解序列化時，其建構器不會執行。　　　　　　　　　　真

11. 序列化和儲存到文字檔案都可能擲出例外。　　　　　　　　　　　　真

12. BufferedWriter 可鏈串至 FileWriter。　　　　　　　　　　　　　　真

13. File 物件代表檔案，但不代表目錄。　　　　　　　　　　　　　　　假

14. 你不能強迫一個緩衝區在它滿之前送出資料。　　　　　　　　　　　假

15. 檔案讀取器和檔案寫入器都可以選擇使用緩衝區。　　　　　　　　　真

16. Files 類別的方法能讓你操作檔案和目錄。　　　　　　　　　　　　真

17. try-with-resources 述句不能包括明確的 finally 區塊。　　　　　　　假

好在我們終於找到了答案。我對這一章已經有點厭倦了。

程式碼磁貼
(第 583 頁)

```java
import java.io.*;

class DungeonGame implements Serializable {
  public int x = 3;
  transient long y = 4;
  private short z = 5;

  int getX() {
    return x;
  }
  long getY() {
    return y;
  }
  short getZ() {
    return z;
  }
}

class DungeonTest {
  public static void main(String[] args) {
    DungeonGame d = new DungeonGame();
    System.out.println(d.getX() + d.getY() + d.getZ());
    try {
      FileOutputStream fos = new FileOutputStream("dg.ser");
      ObjectOutputStream oos = new ObjectOutputStream(fos);
      oos.writeObject(d);
      oos.close();

      FileInputStream fis = new FileInputStream("dg.ser");
      ObjectInputStream ois = new ObjectInputStream(fis);
      d = (DungeonGame) ois.readObject();
      ois.close();
    } catch (Exception e) {
      e.printStackTrace();
    }
    System.out.println(d.getX() + d.getY() + d.getZ());
  }
}
```

```
File  Edit  Window  Help  Escape
% java DungeonTest
12
8
```

建立連線

與外部世界連接。 你的 Java 程式可以與另一台機器上的程式對話,這很容易。所有低階的網路細節都由內建的 Java 程式庫來處理。Java 的一大好處是,透過網路發送和接收資料可以單純是一種 I/O 作業,只不過這種 I/O 串鏈的末端有一種稍微不同的連線(connection)。在這一章中,我們將透過頻道(*channels*)連接到外部世界。我們將製作客戶端頻道(*client* channels),還會製作伺服器頻道(*server* channels)。我們將製作客戶端和伺服器,並讓它們相互交談。我們還必須學習如何同時做多件事情。在本章結束前,你將擁有一個功能齊全的多執行緒聊天客戶端。我們剛才說的是多執行緒(*multithreaded*)嗎?是的,現在你將會學到秘技,知道如何在聽 Suzy 說話的同時與 Bob 交談。

實時的 BeatBox 聊天

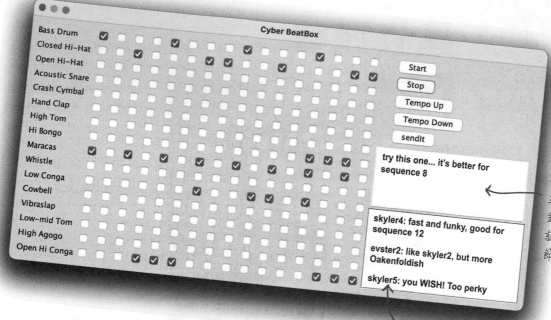

打入一則訊息並按 *sendIt* 按鈕來發送你的訊息和當前的節拍模式。

點擊收到的訊息，就會載入與之相關的模式。

你們在製作一個電腦遊戲。你和團隊正在為遊戲的每個部分進行音效設計。使用 BeatBox 的「聊天（chat）」版本，你的團隊可以協作：你在聊天訊息中發送一個節拍模式，BeatBox Chat 中的每個人都會收到它。因此，你不僅可以閱讀其他參與者的訊息；你還能點擊傳進訊息區的訊息來載入並播放節拍模式。

在這一章中，我們將學習如何製作一個這樣的聊天客戶端（chat client），甚至還會學到關於製作聊天伺服器（chat server）的一些知識。我們將把完整的 BeatBox Chat 留到程式碼廚房，但在本章中，你將會寫出 Ludicrously Simple Chat Client（簡單得不能再簡單的聊天客戶端）和 Very Simple Chat Server（非常簡單的聊天伺服器），來發送和接收文字訊息。

你可以進行完全真實、具有智力挑戰的聊天對話。每則訊息都會發送給所有參與者。

把你的訊息送到伺服器。

聊天程式概觀

每個客戶端都必須知道伺服器。

伺服器必須知道所有的客戶端。

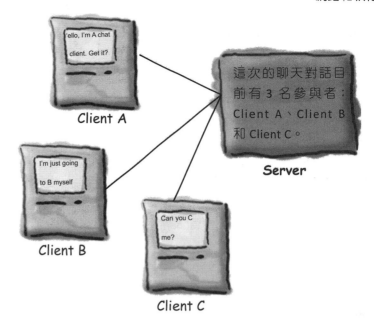

運作方式：

1 客戶端連接至伺服器。

2 伺服器建立一個連線，並把該客戶端新增到參與者清單。

3 另一個客戶端請求連接。

4 Client A 發送一則訊息到聊天服務。

5 伺服器將訊息分發給所有參與者（包括原始發送者）。

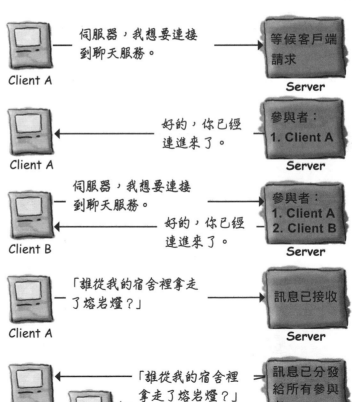

連接、發送與接收

為了讓客戶端動起來,我們必須學習的三件事是:

1. 如何在客戶端和伺服器之間建立初始**連線**(connection)。

2. 如何**接收**(receive)來自伺服器的訊息。

3. 如何**發送**(send)訊息到伺服器。

為了讓這些東西得以運作,有很多低階的事情必須發生。但我們很幸運,因為 Java API 讓這些事情對程式設計師來說是小菜一碟。在本章中,你會看到更多的 GUI 程式碼,而非網路和 I/O 程式碼。

這還不是全部。

潛伏在簡單聊天客戶端中的一個問題,是我們在本書中到目前為止都還沒有遇過的:同時做兩件事。建立連線是一次性的運算(要麼成功,要麼失敗)。但在那之後,聊天參與者會想送出訊息,並**同時**(simultaneously)接收其他參與者(透過伺服器)送入的訊息。嗯…這個問題要花點心思,但我們會在幾頁之內達成此目標。

❶ Connect

客戶端**連接**至伺服器。

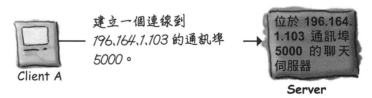

❷ Receive

客戶端從伺服器**讀取**一則訊息。

❸ Send

客戶端**寫入**一則訊息到伺服器。

1. Connect

為了與另一台機器對話，我們需要代表兩台機器之間網路連線的一個物件。我們可以開啟一個 java.nio.channels.SocketChannel 來為我們提供這個連線物件。

什麼是連線（connection）呢？兩台機器之間的關係（*relationship*），其中**兩端的軟體知道彼此的情況**。最重要的是，這兩端的軟體知道如何相互通訊。換句話說，就是知道如何向對方發送位元。

值得慶幸的是，我們並不關心這些低階細節，因為它們是由「網路堆疊（networking stack）」中更底層的地方所處理的。如果你不知道「網路堆疊」是什麼，也別擔心。它只是看待資訊（位元）必須通過的各個處理層的一種方式，以從某個 OS 上在 JVM 中執行的 Java 程式，傳到到物理硬體（例如 Ethernet 電纜），再回到另一台機器上。

你必須關心的部分是高階的處理。你只需要為伺服器的位址創建一個物件，然後開啟一個頻道到該伺服器。準備好了嗎？

要進行連線，你需要知道關於伺服器的兩件事：它位在哪裡以及在哪個通訊埠（port）上執行。

換句話說，就是 IP 位址和 TCP 埠號（port number）。

代表我們要連線的機器之完整位址。

伺服器的 IP 位址　　　　TCP 埠號

```
InetSocketAddress serverAddress = new InetSocketAddress("196.164.1.103", 5000);
SocketChannel socketChannel = SocketChannel.open(serverAddress);
```

我們可以使用一個 SocketChannel 來與另一台機器交談。

你不是用建構器來創建一個新的 SocketChannel，而是呼叫靜態的 open() 方法。這將創建一個新的 SocketChannel，並將其連線到你給它的位址。

聊天伺服器位在 196.164.1.103，埠號 5000。需要和它交談時，那就是我送去訊息的地方。

Port 4242

Port 5000

這個客戶端位在 196.164.1.100，埠號 4242。需要和它交談時，我會把訊息送到那。

Client

196.164.1.100:4242

Server

196.164.1.103: 5000

一個連線意味著兩台機器有彼此的資訊，包括網路位置（IP 位址）和 TCP 通訊埠。

TCP 埠只是一個數字…
一個 16 位元的數字，用來識別伺服器上的某個特定程式

你的網際網路 Web（HTTP）伺服器在 port 80 執行，這是一種標準。如果你有 Telnet 伺服器，它就會執行在 port 23 上。FTP 呢？port 21。POP3 郵件伺服器？port 110。SMTP？port 25。時間伺服器位在 port 37。請把埠號看作是唯一的識別符。它們代表與伺服器上執行的特定軟體之邏輯連線，就只是這樣。就算把你的網路硬體盒子轉來轉去，也找不到一個 TCP 埠。首先，你在一台伺服器上會有 65,536 個埠（0-65535）。所以它們顯然不是表示可以插入物理裝置的地方。它們就只是一個數字，代表一個應用程式。

如果沒有埠號，伺服器將無法知道客戶端想要連接到哪個應用程式。而且，由於每個應用程式都可能有自己獨特的協定（protocol），想想看，如果沒有這些識別符，你會有什麼麻煩。舉例來說，如果你的 Web 瀏覽器登陸到了 POP3 郵件伺服器而非 HTTP 伺服器，那會怎麼樣？郵件伺服器並不知道如何剖析 HTTP 請求！即使它知道，POP3 伺服器也不會知道如何服務那些 HTTP 請求。

撰寫伺服器程式時，你會包含一些程式碼，告訴程式你希望它在哪個通訊埠上執行（本章後面會看到如何在 Java 中這樣做）。本章所寫的 Chat 程式中，我們選擇了 5000，單純因為我們想這樣做。還因為它符合「1024 到 65535 之間」這個條件。為什麼是 1024？因為 0 到 1023 被保留給了已知的服務（well-known services），比如我們剛剛談到的那些。

如果你正在編寫服務（伺服器程式），並在公司網路上執行，你應該向系統管理員確認，找出哪些通訊埠已被佔用。舉例來說，系統管理員可能會告訴你，不能使用低於 3000 的任何埠號。無論如何，如果你愛惜工作，就不會過度指定埠號。除非這是你的家用網路，在那種情況下，你只需要跟你的小孩確認就好。

常見伺服器應用程式的已知 TCP 埠號：

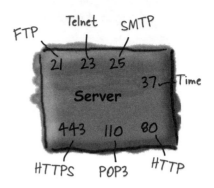

一個伺服器最多可以執行有 65,536 個不同的伺服器 apps，每個通訊埠一個。

從 0 到 1023 的 TCP 埠號是為已知的服務所保留的。不要把它們用於你自己的伺服器程式＊！

我們正在編寫的聊天伺服器使用 5000 埠，我們單純只是在 1024 和 65535 之間選了一個數字。

＊ 好吧，你或許可以使用其中之一，但你公司的系統管理員會寫一封措辭強烈的郵件給你，並寄給老闆一份副本。

問：你要怎麼知道想對話的伺服器程式之埠號？

答：這取決於該程式是否為已知服務（well-known services）之一。如果你試圖連線到一個已知服務，比如對面頁上的那些服務（HTTP、SMTP、FTP 等），你可以在網際網路上查找這些服務（Google「Well-Known TCP Port」）。或者問問你附近友好的系統管理員。

但如果該項目不是已知服務之一，你就得從部署該服務的人那邊了解情況，詢問他們。一般情況下，如果有人寫了一個網路服務並希望其他人為其撰寫客戶端，他們就會公佈該服務的 IP 位址、埠號和協定。舉例來說，如果你想為一個圍棋（GO）遊戲伺服器寫一個客戶端，你可以拜訪某個 GO 伺服器的網站，找到關於如何為該特定伺服器編寫客戶端的資訊。

問：在單一個通訊埠上可以執行多個程式嗎？換句話說，同一台伺服器上的兩個程式可以有相同的埠號嗎？

答：不！如果你試圖將一個程式繫結到一個已被使用的埠號上，你會得到一個 BindException。將一個程式繫結（bind）到一個通訊埠，單純意味著啟動一個伺服器應用程式，並告訴它在某個特定的埠上執行。同樣地，當我們講到本章的伺服器部分時，你會學到更多這方面的知識。

IP 位址就是購物中心。

埠號就是購物中心中的特定店家。

IP 位址就像指出一家特定的購物中心，舉例來說，「Flatirons Marketplace」。

埠號就像指名一家特定的商店一樣，比如說「Bob's CD Shop」。

腦力訓練

OK，你有了一個連線。客戶端和伺服器知道對方的 IP 位址和 TCP 埠號。現在在該怎麼辦？你如何透過該連線進行通訊呢？換句話說，你如何將位元從一端移動到另一端？想像一下你的聊天客戶端需要發送和接收什麼樣的訊息。

這兩者如何實際與彼此對話呢？

Client

Chat 伺服器程式

Server

2. Receive

為了透過遠端連線進行通訊，你可以使用常規的老式 I/O 串流，就像我們在前一章中使用的那樣。Java 中最酷的功能之一就是，你大多數的 I/O 作業不會關心你高階的鏈串流實際是連接到什麼。換句話說，你可以使用一個 **BufferedReader**，就像你從檔案讀取一樣，差異在於，底層的連線串流是連接到一個 *Channel*，而非一個 *File*！

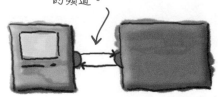

客戶端與伺服器之間的頻道。

使用 BufferedReader 讀取自網路

① 建立到伺服器的一個連線

```
SocketAddress serverAddr = new InetSocketAddress("127.0.0.1", 5000);

SocketChannel socketChannel = SocketChannel.open(serverAddr);
```

你需要開啟一個連線到此位址的 SocketChannel。

127.0.0.1 是「localhost」的 IP 位址，也就是這段程式碼正在其上執行的那部機器。在一部獨立的機器上測試你的客戶端和伺服器時，就可以使用這個。你也可以在這裡用「localhost」代替。

通訊埠號，你知道的，因為我們「告訴過」你，5000 是我們聊天伺服器的埠號。

② 從該連線創建或取得一個 <u>Reader</u>（讀取器）

```
Reader reader = Channels.newReader(socketChannel, StandardCharsets.UTF_8);
```

這個 Reader 是低階位元組串流（如來自 Channel 的）和高階字元串流（如我們所追求作為鏈串流頂端的 BufferedReader）之間的「橋樑」。

你可以使用 Channels 類別的靜態輔助方法，從你的 SocketChannel 創建出一個 Reader。

你需要指出使用哪種字元集（Charset）來從網路上讀取那些值。UTF8 是一個常用的字元集。

把 BufferedReader 鏈串至此 Reader（後者來自於我們的 SocketChannel）。

③ 製作一個 <u>BufferedReader</u> 並開始讀取！

```
BufferedReader bufferedReader = new BufferedReader(reader);
String message = bufferedReader.readLine();
```

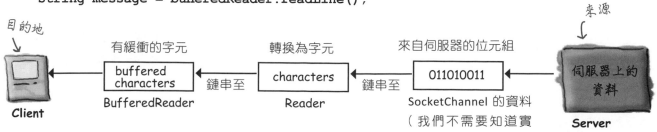

目的地

有緩衝的字元

buffered characters
BufferedReader

鏈串至

轉換為字元

characters
Reader

鏈串至

來自伺服器的位元組

011010011
SocketChannel 的資料
（我們不需要知道實際的類別）

來源

伺服器上的資料
Server

Client

3. Send

在上一章中，我們使用了 BufferedWriter。在此我們有一個抉擇要做，但是當你一次寫入一個 String 時，**PrintWriter** 會是標準的選擇。你會認得 PrintWriter 中的兩個關鍵方法，print() 和 println() ！就像我們老友 System.out 所擁有的。

使用 PrintWriter 寫入網路

這一部分與上一頁的內容相同；要寫入到伺服器，我們仍然得連線至它。

1 建立到伺服器的一個連線

```
SocketAddress serverAddr = new InetSocketAddress("127.0.0.1", 5000);

SocketChannel socketChannel = SocketChannel.open(serverAddr);
```

你需要指出寫入字串時使用哪種字元集。讀取與寫入時都應該使用相同的字元集！

2 從該連線創建或取得一個 Writer（寫入器）

```
Writer writer = Channels.newWriter(socketChannel, StandardCharsets.UTF_8);
```

寫入器作為字元資料和要寫入 Channel 的位元組之間的橋樑。

Channels 類別包含創建 Writer 的實用方法。

3 製作一個 PrintWriter 並寫入（印出）一些東西

藉由把一個 PrintWriter 鏈串到 Channel 的 Writer，我們可以向 Channel 寫入字串，這些字串將透過連線發送。

```
PrintWriter printWriter = new PrintWriter(writer);
writer.println("message to send");
writer.print("another message");
```

println() 在其發送的內容結尾添加一個 newline。

print() 不會添加 newline。

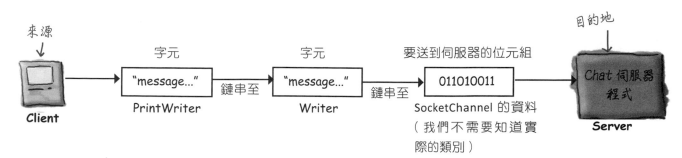

來源 → Client → 字元 "message..." PrintWriter → 鏈串至 → 字元 "message..." Writer → 鏈串至 → 要送到伺服器的位元組 011010011 SocketChannel 的資料（我們不需要知道實際的類別）→ 目的地 Chat 伺服器程式 Server

要建立連線，有一種以上的方式可用

如果看一下現實生活中與遠端機器對話的程式碼，你可能會看到建立連線並讀寫遠端電腦的許多不同方式。

要使用哪種方式，取決於很多事情，包括（但不限於）你所使用的 Java 版本和應用程式的需求（舉例來說，一次可以有多少客戶端連線、發送訊息的大小、訊息的頻率等等）。最簡單的途徑之一是使用 **java.net. Socket** 而非一個 Channel。

這是在告訴我使用 SocketChannel，但我知道可以用 Socket 來代替。

使用一個 Socket

你可以從一個 Socket（通訊端）取得一個 *InputStream* 或 *OutputStream*，並藉此以一種非常類似於我們已經見過的方式進行讀寫。

你可以用主機和埠號創建一個 *Socket*，而非使用一個 *InetSocketAddress* 並開啟一個 *SocketChannel*。

```
Socket chatSocket = new Socket("127.0.0.1", 5000);
```

要讀取自 *Socket*，我們得從 *Socket* 獲得一個 *InputStream*。

```
InputStreamReader in = new InputStreamReader(chatSocket.getInputStream());

BufferedReader reader = new BufferedReader(in);
String message = reader.readLine();
```

Reader 的程式碼與我們已經見過的完全相同。

```
PrintWriter writer = new PrintWriter(chatSocket.getOutputStream());

writer.println("message to send");
writer.print("another message");
```

為了寫入 *Socket*，我們得從 *Socket* 取得一個 *OutputStream*，再把它鏈串至 *PrintWriter*。

Writer 的程式碼與我們已經見過的完全相同。

java.net.Socket 類別在所有版本的 Java 中都可用。

它藉由我們已經用於檔案 I/O 的 I/O 串流支援簡單的網路 I/O。

Socket 已經在 Java 中存在很久了，而且它的程式碼寫得少一點，如果它和 Channels 都做同樣的事情，我們為什麼還需要 Channels？

隨著我們成為一個聯繫日益緊密的世界，Java 已經發展到提供更多的方式來與遠端機器合作。

還記得 Channels 是在 java.**nio**.channels 套件中嗎？java.nio 套件（NIO）是在 Java 1.4 中引進的，而在 Java 7 中做了更多的改變和補充（有時稱為 NIO.2）。

處理大量的網路連線，或者有大量的資料透過這些連線進入時，有一些方式可以使用 Channels 和 NIO 來獲得更好的效能。

在本章中，我們使用 Channels 來提供我們可以從通訊端（Socket）得到的相同基本連線功能。然而，如果我們的應用程式需要在一條非常繁忙的網路連線（或很多條網路連線！）之下運作良好，我們能以不同方式配置 Channels，藉此充分發揮它們的潛力，我們的程式將能更好地應對網路 I/O 的高負載。

我們選擇了一種**最簡單的方式**來教你透過 *Channels* 開始進行網路 I/O，如此一來，如果你需要「升級」使用更進階的功能，應該就不會是令人望而生畏的一大步了。

如果你確實想了解更多關於 NIO 的知識，請閱讀 Ron Hitchens 所著的《*Java NIO*》和 Jeff Friesen 的著作《*Java I/O, NIO and NIO.2*》。

放輕鬆

Channels 支援進階的網路功能，而你在這些練習中並不需要用到。

Channels 能夠支援非阻斷式（nonblocking）的 I/O、透過 ByteBuffer 進行讀寫，以及非同步（asynchronous）I/O。我們不會向你展示這些！但至少現在你有了一些關鍵字，想了解更多的時候，就可以輸入到你的搜尋引擎。

DailyAdviceClient

在開始建置 Chat app 之前,讓我們從一個較小東西開始。The Advice Guy(建議先生)是一個伺服器程式,提供實用的、鼓舞人心的建議,幫助你度過那些寫程式的漫長日子。

我們要為 The Advice Guy 程式建立一個客戶端,每次連線時它都會從該伺服器提取一則訊息。

你還在等什麼?如果沒有這個應用程式,誰知道你會錯過什麼機會。

不要忘了自我保健;如果你精疲力盡,就無法有效地工作!

告訴你的老闆,報告必須等待。滑雪勝地的雪道在呼喚著我!

那種綠色不太適合你…

The Advice Guy

❶ Connect

客戶端連接至伺服器。

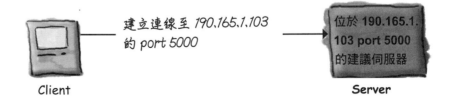

建立連線至 *190.165.1.103* 的 *port 5000*

位於 190.165.1.103 port 5000 的建議伺服器

Client   Server

❷ Read

客戶端從 Channel 取得一個 Reader,並從伺服器讀取一則訊息。

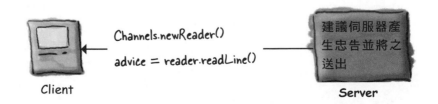

Channels.newReader()

advice = reader.readLine()

建議伺服器產生忠告並將之送出

Client   Server

DailyAdviceClient 程式碼

這個程式製作了一個 SocketChannel 以及一個 BufferedReader（在頻道的 Reader 之幫助下），並從伺服器應用程式（在埠號 5000 上執行的東西）讀取單一行。

```java
import java.io.*;
import java.net.InetSocketAddress;
import java.nio.channels.Channels;
import java.nio.channels.SocketChannel;
import java.nio.charset.StandardCharsets;


public class DailyAdviceClient {
  public void go() {
    InetSocketAddress serverAddress = new InetSocketAddress("127.0.0.1", 5000);
    try (SocketChannel socketChannel = SocketChannel.open(serverAddress)) {

      Reader channelReader = Channels.newReader(socketChannel, StandardCharsets.UTF_8);
      BufferedReader reader = new BufferedReader(channelReader);

      String advice = reader.readLine();
      System.out.println("Today you should: " + advice);

      reader.close();
    } catch (IOException e) {
      e.printStackTrace();
    }
  }

  public static void main(String[] args) {
    new DailyAdviceClient().go();
  }
}
```

將伺服器位址定義為埠號 5000，並位在這段程式碼執行的同一主機上（即「localhost」）。

這使用 try-with-resources 在程式碼完成後自動關閉 SocketChannel。

創建一個從 SocketChannel 讀取的 Reader。

透過為伺服器的位址開啟一個來創建 SocketChannel。

將一個 BufferedReader 鏈串至 SocketChannel 的 Reader。

這會關閉 channelReader 和這個 BufferedReader。

這個 readLine() 和你使用一個連線到「檔案」的 BufferedReader 時「完全」一樣。換句話說，呼叫一個 BufferedReader 方法時，讀取器並不知道也不關心這些字元來自哪裡。

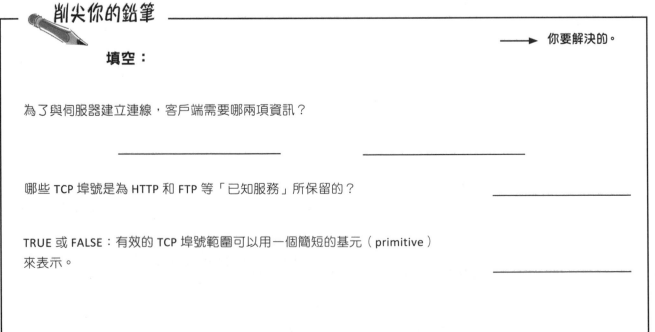

削尖你的鉛筆

測試你對讀寫 SocketChannel 之類別的記憶。盡量不要去看對面那一頁！

→ 你要解決的。

來源

要從一個 SocketChannel 讀取文字：

Client

寫出或畫出客戶端用來從伺服器讀取的類別串鏈。

Server

目的地

要發送文字到一個 SocketChannel：

Client

寫出或畫出客戶端用來向伺服器發送東西的類別串鏈。

Server

削尖你的鉛筆

→ 你要解決的。

填空：

為了與伺服器建立連線，客戶端需要哪兩項資訊？

_____   _____

哪些 TCP 埠號是為 HTTP 和 FTP 等「已知服務」所保留的？   _____

TRUE 或 FALSE：有效的 TCP 埠號範圍可以用一個簡短的基元（primitive）來表示。   _____

撰寫一個簡單的伺服器應用程式

那麼,編寫一個伺服器應用程式需要什麼呢?只需要一對頻道(Channels),是的,一對,就是兩個。一個 ServerSocketChannel,負責等待客戶端的請求(當客戶端連接時)和一個 SocketChannel,用來與客戶端進行通訊。若有一個以上的客戶端,我們將需要多個頻道,我們稍後才會討論那個問題。

運作方式:

1 伺服器應用程式製作一個 ServerSocketChannel 並將之繫結到一個特定的通訊埠

```
ServerSocketChannel serverChannel = ServerSocketChannel.open();
serverChannel.bind(new InetSocketAddress(5000));
```

這起始一個伺服器應用程式,負責聆聽客戶端送入的對於 port 5000 的請求。

伺服器通訊埠

5000

2 客戶端製作一個 SocketChannel 連接至伺服器應用程式

```
SocketChannel svr = SocketChannel.open(new InetSocketAddress("190.165.1.103", 5000));
```

客戶端知道 IP 位址和埠號(由配置伺服器應用程式於該埠號提供服務的人公佈或提供給他們)。

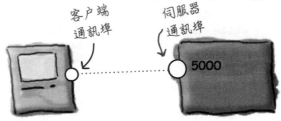

客戶端通訊埠

伺服器通訊埠

5000

3 伺服器製作一個新的 SocketChannel 來與此客戶端進行通訊

```
SocketChannel clientChannel = serverChannel.accept();
```

accept() 方法在等待客戶端連線時會阻斷執行(只是停在那裡等)。最終當一個客戶端連線時,該方法回傳一個 SocketChannel,它知道如何與這個客戶端通訊。

ServerSocketChannel 可以繼續等待其他客戶端。伺服器只有一個 ServerSocketChannel,而每個客戶端都有一個 SocketChannel。

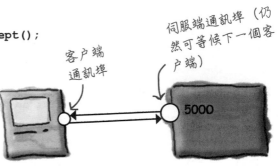

伺服端通訊埠(仍然可等候下一個客戶端)

客戶端通訊埠

5000

DailyAdviceServer 程式碼

這個程式製作一個 ServerSocketChannel 並等待客戶端的請求。得到一個客戶端請求（即客戶端創建了一個新的 SocketChannel 到這個伺服器）時，伺服器就製作一個新的 SocketChannel 給那個客戶端。伺服器製作一個 PrintWriter（使用從 SocketChannel 創建出來的 Writer）並向客戶端發送一則訊息。

```java
import java.io.*;
import java.net.InetSocketAddress;
import java.nio.channels.*;        別忘記匯入。
import java.util.Random;


public class DailyAdviceServer {
  final private String[] adviceList = {        每日建議來自這個陣列。
        "Take smaller bites",
        "Go for the tight jeans. No they do NOT make you look fat.",
        "One word: inappropriate",
        "Just for today, be honest. Tell your boss what you *really* think",
        "You might want to rethink that haircut."};
  private final Random random = new Random();

  public void go() {

    try (ServerSocketChannel serverChannel = ServerSocketChannel.open()) {
      serverChannel.bind(new InetSocketAddress(5000));

      while (serverChannel.isOpen()) {
        SocketChannel clientChannel = serverChannel.accept();
        PrintWriter writer = new PrintWriter(Channels.newOutputStream(clientChannel));

        String advice = getAdvice();
        writer.println(advice);
        writer.close();
        System.out.println(advice);
      }
    } catch (IOException ex) {
      ex.printStackTrace();
    }
  }

  private String getAdvice() {
    int nextAdvice = random.nextInt(adviceList.length);
    return adviceList[nextAdvice];
  }

  public static void main(String[] args) {
    new DailyAdviceServer().go();
  }
}
```

ServerSocketChannel 使這個伺服器應用程式「聆聽」所繫結之埠上的客戶端請求。

你必須將 ServerSocketChannel 與你想執行應用程式的通訊埠繫結。

accept 方法會阻斷執行（只是停在那裡等），直到有請求進來，然後該方法回傳一個 SocketChannel，用來與客戶端通訊。

伺服器進入一個永恆的迴圈，等待（並服務）客戶的請求。

為客戶的頻道創建一個輸出串流，並將其包裹在一個 PrintWriter 中。在此你可以使用 newOutputStream 或 newWriter。

發送一則 String 的建議訊息給客戶端。

關閉寫入器，這也將關閉客戶端的 SocketChannel。

在伺服器的主控台（console）中列印，這樣我們就可以看到發生了什麼事。

腦力訓練

伺服器要如何知道怎麼與客戶端進行通訊？

思考伺服器如何、在何時，以及在何處得知關於客戶端的資訊。

對面頁上的建議伺服器程式碼有一個非常嚴重的限制：看起來它一次只能處理一個客戶端！有沒有一種辦法可以使伺服器能同時處理多個客戶？舉例來說，這對聊天伺服器來說就是行不通的。

是的，你說的沒錯，**該伺服器在完成當前客戶端的工作之前，無法接受客戶端的請求**。在那個時刻它才會開始無限迴圈的下一次迭代，在 accept() 呼叫處坐著等待，直到有新的請求進來，那時它會製作一個 SocketChannel 來發送資料給新的客戶端，並重新開始整個過程。

為了讓這種做法有辦法同時處理多個客戶端，我們需要使用個別的執行緒（threads）。

我們會把每個新客戶端的 SocketChannel 交給一個新的執行緒，而每個執行緒都可以獨立作業。

我們差不多準備好學習如何做到這一點了！

本章重點

- 客戶端和伺服器應用程式使用 Channel 進行通訊。

- 一個 Channel 代表兩個可能（也可能不是）執行在兩部不同實體機器上的應用程式之間的連線。

- 客戶端必須知道伺服器應用程式的 IP 位址（或主機名稱）和 TCP 埠號。

- TCP 埠是指定給特定伺服器應用程式的一個 16 位元無號數字（unsigned number）。TCP 埠號讓不同的伺服器應用程式能在同一台機器上執行。客戶端使用埠號連線到一個特定的應用程式。

- 從 0 到 1023 的埠號被保留給「已知服務（well-known services）」，包括 HTTP、FTP、SMTP 等。

- 客戶端藉由開啟一個 SocketChannel 連接到一個伺服器：

```
SocketChannel.open(
  new InetSocketAddress("127.0.0.1", 4200))
```

- 一旦連線建立好，客戶端就可為該頻道創建讀取器（從伺服器讀取資料）和寫入器（向伺服器發送資料）：

```
Reader reader = Channels.newReader(sockCh,
  StandardCharsets.UTF_8);
```

```
Writer writer = Channels.newWriter(sockCh,
  StandardCharsets.UTF_8);
```

- 要從伺服器讀取文字資料，就創建一個 BufferedReader，鏈串至 Reader。這個 Reader 是一座「橋樑」，它接收位元組並將其轉換為文字（字元）資料。它主要被用來當作高階 BufferedReader 和低階連線之間的中介串鏈。

- 要向伺服器寫入文字資料，就創建一個與 Writer 鏈串的 PrintWriter。呼叫 print() 或 println() 方法，將字串發送到伺服器上。

- 伺服器使用一個 ServerSocketChannel，在一個特定的埠號上等待客戶端請求。

- ServerSocketChannel 得到一個請求時，它會為客戶端製作一個 SocketChannel 來「接受（accept）」這個請求。

撰寫一個 Chat Client

我們將分兩個階段編寫 Chat Client 應用程式。首先，我們將製作一個只能進行發送的版本，向伺服器發送訊息，但不能讀取其他參與者的任何訊息（真是整個聊天室概念的一種令人興奮和神秘的轉折）。

然後，我們就會前進到完整的聊天，製作一個既能發送又能接收聊天訊息的版本。

第一版：只能發送

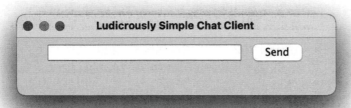

打入一則訊息，然後按「Send」將其發送到伺服器。在這個版本中，我們不會「從」伺服器得到任何訊息，所以沒有捲動的文字區域。

程式碼概觀

以下是聊天客戶端需要提供的主要功能之概要。完整的程式碼在下一頁。

```java
public class SimpleChatClientA {
  private JTextField outgoing;
  private PrintWriter writer;

  public void go() {
    // 呼叫 setUpNetworking() 方法
    // 製作 GUI 並為 Send 按鈕註冊一個聆聽者
  }

  private void setUpNetworking() {
    // 開啟一個 SocketChannel 到伺服器
    // 製作一個 PrintWriter 並指定給 writer 實體變數
  }

  private void sendMessage() {
    // 從文字欄位取得文字，並且
    // 使用 writer（一個 PrintWriter）將之發送給伺服器
  }
}
```

```java
import javax.swing.*;
import java.awt.*;
import java.io.*;
import java.net.InetSocketAddress;
import java.nio.channels.*;
import static java.nio.charset.StandardCharsets.UTF_8;
```

為寫入 (java.io)、網路連線 (java.nio.channels) 和 GUI (awt 和 swing) 進行匯入。

這是一種靜態匯入，我們在第 10 章看過靜態匯入。

```java
public class SimpleChatClientA {
  private JTextField outgoing;
  private PrintWriter writer;

  public void go() {
    setUpNetworking();
```

呼叫將連線到伺服器的方法。

```java
    outgoing = new JTextField(20);

    JButton sendButton = new JButton("Send");
    sendButton.addActionListener(e -> sendMessage());

    JPanel mainPanel = new JPanel();
    mainPanel.add(outgoing);
    mainPanel.add(sendButton);
    JFrame frame = new JFrame("Ludicrously Simple Chat Client");
    frame.getContentPane().add(BorderLayout.CENTER, mainPanel);
    frame.setSize(400, 100);
    frame.setVisible(true);
    frame.setDefaultCloseOperation(WindowConstants.EXIT_ON_CLOSE);
  }
```

建立 GUI，這裡沒有什麼新玩意，也沒有與網路或 I/O 有關的東西。

```java
  private void setUpNetworking() {
    try {
      InetSocketAddress serverAddress = new InetSocketAddress("127.0.0.1", 5000);

      SocketChannel socketChannel = SocketChannel.open(serverAddress);
      writer = new PrintWriter(Channels.newWriter(socketChannel, UTF_8));
      System.out.println("Networking established.");
    } catch (IOException e) {
      e.printStackTrace();
    }
  }
```

我們使用 localhost，如此你就能在一部機器上測試客戶端和伺服器。

開啟一個連線到伺服器的 SocketChannel。

這就是我們從一個寫入器製作出 PrintWriter 的地方，它會寫入到那個 SocketChannel。

```java
  private void sendMessage() {
    writer.println(outgoing.getText());
    writer.flush();
    outgoing.setText("");
    outgoing.requestFocus();
  }
```

現在我們實際進行寫入。記住，writer 鏈串到了來自 SocketChannel 的寫入器，所以每當我們做一次 println()，它就會透過網路傳到伺服器！

```java
  public static void main(String[] args) {
    new SimpleChatClientA().go();
  }
}
```

如果你現在想試試，請輸入下一頁列出的 **Ready-Bake** 聊天伺服器程式碼。

首先，在一個終端機視窗啟動伺服器。接著，用另一個終端機視窗啟動這個客戶端。

Ready-Bake Code

真的非常簡單的 Chat Server

你可以將此伺服器程式碼用於所有版本的 Chat Client。所有可能的免責聲明都在此生效。為了使程式碼精簡到最基本的程度，我們去掉了很多把它變成一個真正伺服器所需的部分。換句話說，它可以運作，但至少有一百種方式可以破壞它。如果你想在讀完本書後真正提升你的技能，請回來把這個伺服器的程式碼改寫得更加強健。

讀完本章後，你應該能夠自己注釋這段程式碼。如果你能自行搞清楚發生了什麼事，你的理解就會比我們解釋給你聽要好得多。話說回來，這是 Ready-Bake Code，所以你真的不需要完全了解它。它會在這裡只是為了支援兩個版本的 Chat Client。

> 要執行 **Chat Client**，你需要兩個終端機視窗。首先，從一個終端機啟動此伺服器，然後從另一個終端機啟動客戶端。

```java
import java.io.*;
import java.net.InetSocketAddress;
import java.nio.channels.*;
import java.util.*;
import java.util.concurrent.*;

import static java.nio.charset.StandardCharsets.UTF_8;

public class SimpleChatServer {
  private final List<PrintWriter> clientWriters = new ArrayList<>();

  public static void main(String[] args) {
    new SimpleChatServer().go();
  }

  public void go() {
    ExecutorService threadPool = Executors.newCachedThreadPool();
    try {
      ServerSocketChannel serverSocketChannel = ServerSocketChannel.open();
      serverSocketChannel.bind(new InetSocketAddress(5000));

      while (serverSocketChannel.isOpen()) {
        SocketChannel clientSocket = serverSocketChannel.accept();
        PrintWriter writer = new PrintWriter(Channels.newWriter(clientSocket, UTF_8));
        clientWriters.add(writer);
        threadPool.submit(new ClientHandler(clientSocket));
        System.out.println("got a connection");
      }
    } catch (IOException ex) {
      ex.printStackTrace();
    }
  }
}
```

```
private void tellEveryone(String message) {
  for (PrintWriter writer : clientWriters) {
    writer.println(message);
    writer.flush();
  }
}

public class ClientHandler implements Runnable {
  BufferedReader reader;
  SocketChannel socket;

  public ClientHandler(SocketChannel clientSocket) {
    socket = clientSocket;
    reader = new BufferedReader(Channels.newReader(socket, UTF_8));
  }

  public void run() {
    String message;
    try {
      while ((message = reader.readLine()) != null) {
        System.out.println("read " + message);
        tellEveryone(message);
      }
    } catch (IOException ex) {
      ex.printStackTrace();
    }
  }
}
```

```
File  Edit  Window  Help  TakesTwoToTango
%java SimpleChatServer
got a connection
read Nice to meet you
```

在背景執行。

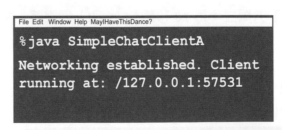

```
File  Edit  Window  Help  MayIHaveThisDance?
%java SimpleChatClientA
Networking established. Client
running at: /127.0.0.1:57531
```

連接至伺服器並
啟動 GUI。

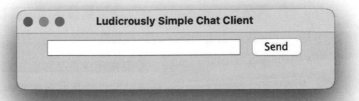

Ludicrously Simple Chat Client

Send

第二版：發送與接收

伺服器向所有客戶端參與者發送訊息，一旦伺服器收到訊息，就會立即發送。客戶端發送一則訊息時，它不會出現在傳入訊息顯示區，要到伺服器將其發送給所有人才會顯示。

傳入的訊息

要送出的訊息

大問題：你要如何從伺服器取得訊息？

應該很容易。當你建立網路的時候，也製作一個 Reader。然後使用 **readLine** 讀取訊息。

更大的問題：你何時會從伺服器得到訊息？

思考一下。有哪些選擇呢？

① 選擇一：每次使用者送出一則訊息，就從伺服器讀些東西。

好處：可達成，非常容易。

壞處：很笨。為何要挑選這樣的任意時間檢查有沒有訊息呢？若有使用者喜歡潛水，沒有發送任何東西，那怎麼辦？

② 選擇二：每 20 秒輪詢（poll）伺服器一次。

好處：也是可以做的，並修補了潛伏者的問題。

壞處：伺服器怎麼知道你已經看到了什麼和沒有看到什麼？伺服器必須儲存那些訊息，而非在每次收到訊息時進行分發然後忘掉。還有，為什麼是 20 秒？像這樣的延遲會影響到可用性，但若減少延遲，你就有可能非必要地打擾你的伺服器，效率低下。

③ 選擇三：只要訊息一從伺服器發送出來就讀取。

好處：最有效率，可用性最高。

壞處：你如何在同一時間做兩件事？你要把這些程式碼放在哪裡？你需要在某個地方建立一個迴圈，一直等待從伺服器讀取資料，但那要放在哪裡呢？一旦你啟動了 GUI，在某個 GUI 元件觸發事件之前，什麼都不會發生。

在 Java 中，你真的可以一邊走路一邊嚼口香糖。

你現在知道，我們將採用選擇三

我們想讓一些東西持續執行，檢查來自伺服器的訊息，但又不會打斷使用者與 GUI 的互動能力！因此，當使用者高興地輸入新訊息或捲動瀏覽傳入的訊息時，我們希望有東西在幕後不斷從伺服器讀取新的輸入。

這意味著我們最終需要一個新的執行緒（thread）。一個獨立的新堆疊（stack）。

我們希望我們在 Send-Only 版本（第一版）中所做的一切，都以同樣的方式工作，同時在旁邊執行一個新的行程（process），從伺服器讀取訊息，並將其顯示在傳入的文字區域。

嗯，不完全是。一個新的 Java 執行緒實際上並不是在作業系統上執行的一個獨立行程，但它幾乎讓人覺得它是。

在我們探索其中的工作原理時，會暫時從聊天應用程式抽離，休息一下，然後我們再回來，在本章結尾將其添加到我們的聊天客戶端。

Java 中的多緒執行（Multithreading）

Java 對多執行緒的支援就建立在語言的結構之中，而且，建立一個新的執行緒是很容易的：

```
Thread t = new Thread();
t.start();
```

就這樣。透過創建一個新的 Thread 物件，你已經啟動了一個獨立的執行緒（*thread of execution*），並擁有自己的呼叫堆疊（call stack）。

只不過有一個問題。

這個執行緒實際上並沒有做任何事情，所以這個執行緒幾乎在它誕生的瞬間就「死亡」了。一個執行緒死亡時，它的新堆疊又消失了，故事終止。

所以我們缺少一個關鍵的組成部分：執行緒的任務（*job*）。換句話說，我們需要你想要由一個單獨的執行緒來執行的程式碼。

Java 中的多緒執行意味著，我們必須同時關注執行緒和由執行緒所執行的任務。事實上，**在 Java 中執行多個任務的方法不只一種**，不僅有使用 java.lang 套件中的 Thread 類別（記得，java.lang 是你免費匯入的套件，是隱含的，它是此語言最基本的類別所在的地方，包括 String 和 System）。

Java 有多個執行緒但只有一個 Thread 類別

我們可以討論用小寫的「t」開頭的 *thread*（執行緒），以及用大寫的「T」開頭的 **Thread**。當你看到 *thread* 時，我們就是在講一個獨立的執行緒，也就是一個獨立的呼叫堆疊。當你看到 **Thread** 時，想想 Java 的命名慣例。在 Java 中，什麼東西是以大寫字母開頭的？類別和介面。在這種情況下，**Thread** 就是 java.lang 套件中的一個類別。一個 **Thread** 物件代表一個執行緒（*thread of execution*）。在舊版本的 Java 中，每次你想啟動一個新的執行緒時，都必須創建 **Thread** 類別的一個實體。隨著時間的推移，Java 發生了變化，現在直接使用 **Thread** 類別已經不是唯一的辦法了。在本章的其餘部分，我們會更詳細地討論這一點。

> 一個 *thread* 是一個獨立的「執行緒」，一個獨立的呼叫堆疊。
>
> *Thread* 是代表執行緒的一個 Java 類別。
>
> 使用 Thread 類別並不是在 Java 中進行多緒執行的唯一方式。

thread

主執行緒　　**由程式碼所啟動的 另一個執行緒**

Thread

Thread
void join()
void start()
static void sleep()

java.lang.Thread 類別

一個 *thread*（小寫的「t」）是一個獨立的執行緒，那意味著會有一個獨立的呼叫堆疊。每個 Java 應用程式都會啟動一個主執行緒（main thread）：把 main() 方法放到堆疊底部的那個執行緒。JVM 負責啟動主執行緒（以及其他執行緒，如它所選，包括垃圾回收執行緒）。作為一名程式設計師，你可以編寫程式碼來啟動你自己的其他執行緒。

Thread（大寫的「T」）是代表執行緒的一個類別。它有啟動執行緒、將一個執行緒與另一個執行緒連接起來、讓一個執行緒進入睡眠狀態等等的方法。

擁有一個以上的呼叫堆疊代表著什麼呢？

有了一個以上的呼叫堆疊，你就可以讓多件事情在同一時間發生。如果你是在一個多處理器（multiprocessor）系統上執行（如大多數現代電腦和手機），你就真的可以同時做多件事情。藉由 Java 執行緒，即使你不在多處理器系統上執行，或者你執行的行程數多於可用的核心數，看起來也會好像同時在做所有的那些事情。換句話說，執行可以在堆疊之間快速來回移動，以致於你覺得所有堆疊都在同時執行。記住，Java 只是在你底層 OS 上執行的一個行程。因此，首先，Java 本身必須是 OS 上「目前正在執行的行程」。但是，一旦輪到 Java 執行，JVM 究竟會執行什麼呢？哪些位元組碼（bytecodes）先執行？就是在當前執行的堆疊頂部的任何東西！而在 100 毫秒內，當前執行的程式碼就可能會切換到不同堆疊上的不同方法。

執行緒必須做的一件事是追蹤哪個述句（哪個方法）目前正在執行緒的堆疊上執行。

它可能看起來像這樣：

1 JVM 呼叫 main() 方法。

```
public static void main(String[] args) {
...
}
```

活躍的執行緒。

main()

主執行緒

---

2 main() 起始一個新執行緒。新執行緒開始執行的時候，主執行緒可能暫時凍結。

```
Runnable r = new MyThreadJob();
Thread t = new Thread(r);
t.start();
Dog d = new Dog();
```

你稍後就會學到這代表什麼…

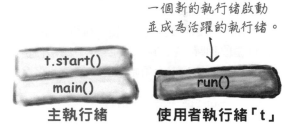

一個新的執行緒啟動並成為活躍的執行緒。

t.start()

main()

主執行緒

run()

使用者執行緒「t」

---

3 JVM 會在新的執行緒（使用者執行緒「t」）和原本的主執行緒之間切換，直到兩個執行緒都完成為止。

再次成為活躍的執行緒。

Dog()

main()

主執行緒

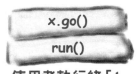

x.go()

run()

使用者執行緒「t」

為了創建一個新的呼叫堆疊，你得有要執行的一項任務

我所需要的是一份真正的任務。只要給我一個 Runnable，我就會開始工作！

Thread

Runnable 之於執行緒，就像任務（job）之於工作者（worker）。一個 Runnable 就是執行緒應該進行的任務。

一個 Runnable 持有的方法會在新呼叫堆疊的底部：run()。

為了啟動一個新的呼叫堆疊，執行緒需要一項任務（job），也就是執行緒啟動時，它將執行的工作。這項任務實際上是新執行緒堆疊中的第一個方法，它必須始終是一個看起來像這樣的方法：

```
public void run() {
    // 會由新的執行緒所執行的程式碼
}
```

執行緒怎麼知道要把哪個方法放在堆疊底部呢？因為 Runnable 定義了一個契約。因為 Runnable 是一個介面。一個執行緒的任務可以定義在任何實作了 Runnable 介面的類別中，或者是對於 run 方法而言「形狀」正確的一個 lambda 運算式。

只要有了一個 Runnable 類別或 lambda 運算式，你就可以告訴 JVM 在一個單獨的執行緒中執行那段程式碼，你在為執行緒提供它的任務。

Runnable 介面只定義了一個方法，public void run()。因為只有一個方法，所以它是一個 SAM 型別，一個函式型介面（Functional Interface），想要的話，你可以使用一個 lambda 而非創建實作了 Runnable 的整個類別。

要為你的執行緒製作一項任務，就實作 Runnable 介面

Runnable 位在 java.lang 套件中，所以你不需要匯入它。

```java
public class MyRunnable implements Runnable {

  public void run() {
    go();
  }

  public void go() {
    doMore();
  }

  public void doMore() {
    System.out.println(Thread.currentThread().getName() +
                       ": top o' the stack");
    Thread.dumpStack();
  }
}
```

Runnable 只有一個方法需要實作；public void run()（沒有引數）。這就是放置執行緒要執行的任務之處。這會是位在新堆疊底部的方法。

❷ 我們將在下一頁看到這個執行緒的堆疊。是的，我們已經直接到了「2」，你應該在這一頁看到為何如此⋯

dumpStack 將輸出當前的呼叫堆疊，就像 Exception 的堆疊追蹤軌跡（stack trace）一樣。在此使用它將向我們顯示當前的堆疊，但你應該只在除錯時使用（它可能會拖慢真正的程式碼）。

這個 Runnable 其實不需要三個像這樣彼此呼叫的小型方法，我們只是用它來演示執行這段程式碼的呼叫堆疊是什麼樣子。

如何「不」執行 Runnable

創建一個新的 Runnable 實體並呼叫 run 方法可能很誘人，但這並**不足以創建出一個新的呼叫堆疊**。

```java
class RunTester {
  public static void main(String[] args) {
    MyRunnable runnable = new MyRunnable();
    runnable.run();
    System.out.println(Thread.currentThread().getName() +
                       ": back in main");
    Thread.dumpStack();
  }
}
```

這「*不會*」做到我們想要的！

run() 方法是直接從 main() 方法內部呼叫的，所以它是主執行緒呼叫堆疊的一部分。

主執行緒

我們過去如何啓動一個新執行緒

啟動一個新執行緒的最簡單方式就是使用我們前面提到的 Thread 類別。這方法從一開始就存在於 Java 中，但**它不再是推薦使用的方法**。我們在這裡展示它是因為：a）它很簡單，b）你會在現實世界中看到它。我們將在後面談一談為什麼它可能不是最好的做法。

將新的 *Runnable* 實體傳入給 *new Thread* 建構器。這告訴執行緒要執行什麼任務。換句話說，這個 *Runnable* 的 *run()* 方法將是新執行緒要執行的第一個方法。

```java
class ThreadTester {

    public static void main(String[] args) {

        Runnable threadJob = new MyRunnable();
        Thread myThread = new Thread(threadJob);

        myThread.start();

        System.out.println(
          Thread.currentThread().getName() +
            ": back in main");
        Thread.dumpStack();
    }
}
```

❶ 這個執行緒的堆疊在下面。

除非你在 *Thread* 實體上呼叫 *start()*，否則你不會得到一個新的執行緒。一個執行緒在你啓動（*start*）它之前並非真正的執行緒。在那之前，它只是一個 *Thread* 實體，就像任何其他物件一樣，但它不會有任何真正的「執行緒性質」。

❶

主執行緒

應用程式「主」執行緒（由「*public static void main*」方法啓動）的呼叫堆疊。

❷

新執行緒

我們用 *MyRunnable* 任務啓動之新執行緒的呼叫堆疊。

現在我們有兩個獨立的呼叫堆疊。

```
File Edit Window Help Duo
%java ThreadTester

main: back in main
Thread-0: top o' the stack
java.lang.Exception: Stack trace
        at java.base/java.lang.Thread.dumpStack(Thread.java:1383)
        at ThreadTester.main(MyRunnable.java:38)
java.lang.Exception: Stack trace
        at java.base/java.lang.Thread.dumpStack(Thread.java:1383)
        at MyRunnable.doMore(MyRunnable.java:15)
        at MyRunnable.go(MyRunnable.java:10)
        at MyRunnable.run(MyRunnable.java:6)
        at java.base/java.lang.Thread.run(Thread.java:829)
```

從 *main()* 方法呼叫 *dumpStack()*。

在 *MyRunnable* 的 *doMore()* 中呼叫 *dumpStack()*。

注意 *main* 方法「不」在 *Runnable* 的呼叫堆疊的底部。

一種更好的選擇：根本不管理執行緒

創建並啟動一個新的 Thread 讓你對那個 Thread 有很多控制權，但缺點正是你必須控制它。你必須追蹤所有的 Threads，並確保它們在結束時被關閉。如果有別的東西來啟動、停止、甚至再利用執行緒，讓你不必做這些，那不是更好嗎？

讓我們介紹 java.util.concurrent 中的一個介面，即 **ExecutorService**。這個介面的實作將執行任務（Runnables）。在幕後，ExecutorService 會創建、重用和殺死執行緒，以執行那些任務。

java.util.concurrent.Executors 類別有工廠方法（*factory methods*）來創建我們需要的 ExecutorService 實體。

從 Java 5 開始，Executors 就已經存在了，所以即使你用的是相當老舊的 Java 版本，也應該是可用的。現今已經沒有必要直接使用 Thread 了。

> 靜態的工廠方法可以用來代替建構器。
>
> 工廠方法所回傳的正是我們所需的介面之實作。我們不需要知道具體的類別或如何創建它們。

執行一項任務

對於我們將要開始的簡單案例，除了主類別之外，我們只想執行一項任務。有一種單緒執行器（*single thread executor*）可以用來做這件事。

```
class ExecutorTester {

  public static void main(String[] args) {
    Runnable job = new MyRunnable();

    ExecutorService executor = Executors.newSingleThreadExecutor();
    executor.execute(job);

    System.out.println(Thread.currentThread().getName() +
                       ": back in main");
    Thread.dumpStack();
    executor.shutdown();
  }
}
```

> 與其創建一個 Thread 實體，不如使用 Executors 類別的一個方法來建立一個 ExecutorService。

> 告訴 ExecutorService 執行該項任務。必要的話，它將負責為任務啟動一個新的執行緒。

> 就我們的情況而言，我們只想啟動一項任務，所以創建一個單緒執行器是合乎邏輯的。

> 用完 ExecutorService 時，記得要關閉它。如果你不關閉它，程式就會掛在那裡等待更多的工作。

> 我們稍後會回到 Executors 的工廠方法，我們會看到為什麼使用 ExecutorServices 而非管理執行緒本身可能更好。

一個新執行緒的三種狀態

無論你是創建一個新的 Thread 並將 Runnable 傳遞給它，還是使用一個 Executor 來執行 Runnable，任務仍然會在一個 Thread 上執行。一個 Thread 在其生命週期會經歷幾個不同的狀態，了解這些狀態以及它們之間的轉換，有助於我們更好地理解多緒執行的程式設計。

這是一個執行緒想要達到的狀態！

NEW 　　　　　**RUNNABLE** 　　　　被選取執行 　　　**RUNNING**

「我正等候啟動。」　　「我準備好執行了！」　　「我可以為你加大它嗎？」

一個 Thread 實體已創建出來，但沒有啟動。換句話說，這是一個 Thread 物件，不是執行緒（*thread of execution*）。

啟動執行緒時，它進入可執行（runnable）狀態。這意味著該執行緒已經準備好執行，只是在等待被選中執行的大好機會。在這個時間點上，此執行緒會有一個新的呼叫堆疊。

這是所有執行緒都嚮往的狀態！也就是運轉起來！只有 JVM 的執行緒排程器（thread scheduler）可以做出這個決定。你有時也能影響這個決定，但你無法強迫一個執行緒從可執行狀態轉為執行中（running）的狀態。在執行中的狀態之下，一個執行緒（也只有這個執行緒）有一個活躍的呼叫堆疊，而該堆疊頂端的方法正在執行。

但還有更多。一旦執行緒成為 runnable（可執行的），它就能在 runnable、running 和另外一種狀態之間來回移動，該狀態為暫時不可執行（*temporarily not runnable*）。

典型的 runnable/running 迴圈

一般而言，執行緒會在 runnable 和 running 之間來回移動，因為 JVM 執行緒排程器會選擇一個執行緒來執行，然後將其踢回，讓另一個執行緒獲得機會。

RUNNABLE　　　　**RUNNING**

被選取執行。

送回到 runnable，如此另一個執行緒才能有機會。

一個執行緒可變為暫時不可執行

出於各種原因，執行緒排程器可能將一個正在執行的執行緒移至一種阻斷的狀態（blocked state）。舉例來說，執行緒可能正在執行程式碼以從某個輸入串流讀取資料，但沒有任何資料可以讀取。排程器就會將該執行緒從 running 狀態移出，直到有東西可取用為止。或者正在執行的程式碼可能告訴執行緒讓自己進入睡眠狀態（sleep()）。又或者執行緒正在等待，因為它試圖呼叫某個物件的方法，而該物件被「鎖住（locked）」了。在那種情況下，執行緒在該物件的鎖被擁有它的執行緒釋放之前，都無法繼續。

所有的這些（以及更多）情況都會導致一個執行緒暫時不可執行（temporarily notrunnable）。

RUNNABLE　　　　**RUNNING**

NON-RUNNABLE

被送入暫時不可執行的狀態，直到它能再次成為可執行狀態。

進入睡眠、等待另一個執行緒完成、等待串流中的資料、等待物件的鎖…

執行緒排程器

執行緒排程器（thread scheduler）對誰從 runnable 狀態轉為 running 狀態，以及執行緒何時（以及在什麼情況下）離開 running 狀態做出所有的決策。排程器決定誰在執行、執行多久時間，以及當它決定將執行緒踢出當前執行狀態時的去處。

你無法控制排程器。沒有能在排程器上呼叫方法的 API 存在。最重要的是，排程沒有任何的保證！（有一些幾乎算是保證的東西，但即使是那些也有點不確定）。

底線是這個：**不要把你程式之正確性建立在排程器以特定方式運作的基礎上！** 不同的 JVM 會有不同的排程器實作，而即使是在同一部機器上執行同一個程式，也可能給出不同的結果。Java 程式設計新手犯的最嚴重的錯誤之一，就是在單一部機器上測試他們的多緒執行程式，並假設執行緒排程器將永遠以那種方式工作，無論程式在哪裡執行。

那麼，這對「write-once-run-anywhere」（只需寫一次就能到處執行）意味著什麼？這代表要寫出獨立於平台的 Java 程式碼，無論執行緒排程器的行為如何，你的多緒程式都必須能夠運作。這表示你不能依存於，舉例來說，排程器會確保所有的執行緒以一種完全公平、平等的良好方式輪流進入 running 狀態。雖然就今天而言可能性很小，但你程式最終執行的 JVM 上，其排程器可能會說「好吧，第五執行緒，換你了，你可以留在這裡，直到你結束，也就是你的 run() 方法完成時」。

四號，你已經用了夠多的時間。請回到可執行狀態。二號，看來換你了！

哦，現在看來你得睡了。五號，來代替他的位置。二號，你得繼續睡…

執行緒排程器對誰執行和誰不執行做出了所有決定。它通常會讓執行緒輪流執行，但並不能保證如此。它可能會讓一個執行緒盡情地執行，而其他執行緒只能「忍受飢餓」。

一個例子說明了排程器可能有多大的不可預測性…

在一部機器上執行這段程式碼：

Runnable 是一種函式型介面，可以表示為一個 lambda 運算式。我們的任務只是單行程式碼，所以 lambda 運算式在此是合理的。

```java
class ExecutorTestDrive {
  public static void main (String[] args) {
    ExecutorService executor =
      Executors.newSingleThreadExecutor();

    executor.execute(() ->
      System.out.println("top o' the stack"));

    System.out.println("back in main");
    executor.shutdown();
  }
}
```

注意順序是如何隨機變化的。有時新執行緒先完成，有時主執行緒先完成。

你是使用 ExecutorService（如上面的程式碼），還是直接使用 Thread（如下面的程式碼），來執行這個，並不重要；兩者都會顯現相同的症狀。

```java
class ThreadTestDrive {
  public static void main (String[] args) {
    Thread myThread = new Thread(() ->
      System.out.println("top o' the stack"));
    myThread.start();
    System.out.println("back in main");
  }
}
```

產生這個輸出：

```
File Edit Window Help PickMe
% java ExecutorTestDrive
back in main
top o' the stack
% java ExecutorTestDrive
top o' the stack
back in main
% java ExecutorTestDrive
top o' the stack
back in main
% java ExecutorTestDrive
back in main
top o' the stack
% java ExecutorTestDrive
top o' the stack
back in main
% java ExecutorTestDrive
top o' the stack
back in main
% java ExecutorTestDrive
back in main
top o' the stack
```

我們怎麼會有不同的結果？

多緒程式是非確定性（*not deterministic*）的，它們不是每次都以同樣的方式執行。
執行緒排程器可以在程式每次執行時對每個執行緒進行不一樣的排程。

有時它的執行會像這樣：

main() 開始執行新的任務。	排程器讓主執行緒從 running 狀態移出，回到 runnable 狀態，這樣新執行緒就能執行。	排程器讓新執行緒執行到完成，印出「top o' the stack」。	新執行緒離開了，因為它已完成工作。主執行緒再次成為執行中的執行緒，並印出「back in main」。

主執行緒	主執行緒	新執行緒	主執行緒

時間 →

而有時它會像這樣執行：

main() 啟動新執行緒。	排程器將主執行緒從 running 狀態送出，回到 runnable 狀態，這樣新執行緒就能執行。	排程器讓新執行緒執行，但時間不足以完成所有的工作。	排程器將新執行緒送回 runnable 狀態。	排程器選擇主執行緒再次成為執行中的執行緒，它印出「back in main」。	新的執行緒回到 running 狀態，並印出「top o' the stack」。

主執行緒	主執行緒	新執行緒	新執行緒	主執行緒	新執行緒

時間 →

即使新的執行緒很小，例如只有一行程式碼要執行，就像我們的 lambda 運算式，它的執行仍然可能被執行緒排程器中斷。

問：我應該為我的 Runnable 使用一個 lambda 運算式，還是創建一個實作 Runnable 的新類別呢？

答：這取決於你的任務有多複雜，也取決於你認為它作為一個 lambda 運算式比較容易理解，還是作為一個類別。lambda 運算式對於非常小型的任務來說很適合，比如我們的單行「print」範例。如果你在另一個方法中有幾行程式碼，而你想把它變成一項任務，lambda 運算式（或方法參考）也可能適用：

```
executor.execute(() -> printMsg());
```

如果任務需要在欄位中儲存東西，或者任務是由數個方法組成的，你很可能想使用一個完整的 Runnable 類別。當你的任務比較複雜時，這種可能性更大。

問：使用 ExecutorService 的好處是什麼？到目前為止，它運作起來就跟創建一個 Thread 並啟動它一樣。

答：的確，在這些簡單的例子中，我們只是啟動一個執行緒，讓它執行，然後停止我們的應用程式，如此這兩種做法看起來就很相似。當我們啟動許多獨立的任務時，ExecutorService 就會變得非常有幫助。我們不一定要為每項任務創建一個新的 Thread，我們也不一定要追蹤所有的那些 Threads。存在有不同的 ExecutorService 實作可用，這取決於我們要啟動多少個執行緒（或者特別是在我們不知道到底需要多少個執行緒時），包括會創建執行緒集區（Thread pools）的 ExecutorService。執行緒集區讓我們得以重複使用 Thread 實體，如此我們就不必為每項任務支付啟動新執行緒的成本。我們將在後面更詳細探討這個問題。

本章重點

- A 開頭帶有小寫「t」的一個 thread 是 Java 中的一個獨立的執行緒（thread of execution）。
- Java 中的每個執行緒都有自己的呼叫堆疊（call stack）。
- 開頭帶有大寫「T」的 Thread 是 java.lang.Thread 類別。一個 Thread 物件代表一個執行緒。
- 一個執行緒需要有一項要進行的任務。這項任務可以是實作了 Runnable 介面的某個東西的一個實體。
- Runnable 介面只有一個方法，run()。這是出現在新呼叫堆疊底部的方法。換句話說，它就是要在新執行緒中執行的第一個方法。
- 因為 Runnable 介面只有一個方法，你可以在預期 Runnable 的地方使用 lambda 運算式。
- 使用 Thread 類別來執行獨立任務不再是在 Java 中創建多緒應用程式的首選方式。取而代之，請使用 Executor 或 ExecutorService。
- Executors 類別有一些輔助方法，可以創建標準的 ExecutorService，用以啟動新任務。
- 一個執行緒在尚未啟動時，處於 NEW 狀態。
- 一個執行緒被啟動後，就會創建出一個新的堆疊，Runnable 的 run() 方法會在該堆疊的底部。該執行緒現在處於 RUNNABLE 狀態，等待被選取以執行。
- 當 JVM 的執行緒排程器將其選為當前執行的執行緒時，該執行緒就被稱為處於 RUNNING 狀態。在單一處理器的機器上，當前執行的執行緒只能有一個。
- 有時，一個執行緒可能從 RUNNING 狀態移到暫時不可執行（temporarily NON-RUNNABLE）的狀態。一個執行緒被阻斷，有可能是因為它在等待串流中的資料、因為它已經進入睡眠狀態，或者因為它在等待一個物件的鎖。我們將在下一章看到這種鎖。
- 執行緒的排程不保證以任何特定的方式運作，所以你無法確定執行緒是否會很平均地輪流執行。

讓一個執行緒進入睡眠狀態

幫助你的執行緒輪流任務的一種辦法是讓它們定期入睡。你所需要做的就是呼叫靜態的 sleep() 方法,將你希望執行緒睡眠的時間傳遞給它,單位是毫秒(millisecond)。

例如:

```
Thread.sleep(2000);
```

會把一個執行緒踢出執行中(running)的狀態,並使其在兩秒鐘內都不進入可執行(runnable)的狀態。直到至少兩秒經過後,該執行緒才能再次成為執行中的執行緒。

有點不幸的是,sleep 方法會擲出一個 InterruptedException,一個受檢例外(checked exception),因此對 sleep 的所有呼叫都必須被包裹在 try/catch 中(或加以宣告)。所以一個 sleep 呼叫實際上是這樣的:

```
try {
  Thread.sleep(2000);
} catch(InterruptedException ex) {
    ex.printStackTrace();
}
```

現在你知道你的執行緒不會在指定的時間逝去之前被喚醒,但是否有可能在「計時器(timer)」到期之後的某個時間點被喚醒呢?實際上,是的。執行緒不會在指定時間自動甦醒,成為當前執行的執行緒。一個執行緒醒來時,該執行緒會再次受到執行緒排程器的擺佈;因此,不能保證該執行緒會停止活動多久的時間。

> 讓一個執行緒進入睡眠狀態給了其他執行緒一次執行的機會。
>
> 當執行緒醒來時,它總是會回到可執行狀態,等候執行緒排程器再次選擇它去執行。

要理解數毫秒代表多久的時間可能是很困難的。在 java.util.concurrent.TimeUnit 上有一個便利的方法,我們可以用它來製作更易讀的睡眠時間:

```
 TimeUnit.MINUTES.sleep(2);
```

這可能會比下面更容易理解:

```
 Thread.sleep(120000);
```

(不過,你仍然需要用 try-catch 來包裹這兩者。)

使用 sleep 來讓我們的程式更可預測

還記得我們稍早的例子嗎，就是每次執行都會給出不同結果的那個？回頭看看，研究一下程式碼和樣本輸出。有時 main 不得不等候新執行緒完成（並印出「top o' the stack」），而其他時候，新執行緒會在完成前被送回 runnable 狀態，允許主執行緒回來並印出「back in main」。我們怎樣才能解決這個問題呢？先停一下，回答這個問題：「你可以把 sleep() 呼叫放在哪裡，以確保『back in main』總是在『top o' the stack』之前列印出來？」。

```java
class PredictableSleep {
  public static void main (String[] args) {
    ExecutorService executor =
      Executors.newSingleThreadExecutor();
    executor.execute(() -> sleepThenPrint());
    System.out.println("back in main");
    executor.shutdown();
  }

  private static void sleepThenPrint() {
    try {
      TimeUnit.SECONDS.sleep(2);
    } catch (InterruptedException e) {
      e.printStackTrace();
    }
    System.out.println("top o' the stack");
  }
}
```

Thread.sleep() 擲出了一個我們必須捕捉或宣告的受檢例外。因為捕捉 Exception 會使任務的程式碼變長，所以我們把它放在自己的方法中。

在我們到達這一行之前會有一個停頓（大約兩秒鐘），該行會印出「top o' the stack」。

這就是我們要的，即 print 述句一致的順序：

```
File Edit Window Help SnoozeButton
% java PredictableSleep
back in main
top o' the stack
% java PredictableSleep
back in main
top o' the stack
% java PredictableSleep
back in main
top o' the stack
% java PredictableSleep
back in main
top o' the stack
% java PredictableSleep
back in main
top o' the stack
```

我們沒有把一個帶有醜陋 try-catch 的 lambda 放在裡面，而是把任務程式碼放在一個方法裡面。我們從這個 lambda 運算式呼叫該方法。

在這裡呼叫 sleep 將迫使新執行緒離開當前執行中的狀態。主執行緒將獲得機會印出「back in main」。

腦力訓練

你能想到強迫你執行緒在設定的時段進入睡眠狀態有什麼問題嗎？執行這段程式碼 10 次需要多長時間？

強迫執行緒進入睡眠有其缺點存在

① **程式至少得等待那麼長的時間。**

如果我們讓執行緒休眠兩秒,那麼執行緒在那段時間內將是不可執行的。醒來時,它也不會自動成為當前執行的執行緒。當一個執行緒醒來時,該執行緒將又一次受到執行緒排程器的擺佈。我們的應用程式至少會停頓兩秒鐘,可能還更多。這聽起來可能不像是什麼大問題,但想像一下,有一個更大型的程式充滿了這種停頓,故意拖慢應用程式。

② **你怎麼知道另一項任務將會在這段時間內完成呢?**

我們讓新執行緒休眠兩秒,假設主執行緒會是執行中的執行緒,並在那段時間內完成它的工作。但如果主執行緒完成任務的時間比這更長呢?如果是任務執行時間更長的另一個執行緒被排程進去,代替了它呢?人們處理這種問題的方式之一是設定比他們預期的任務時間長得多的睡眠時間,但這樣一來,我們的第一個問題就會變得更加棘手。

> 有沒有一種辦法可以讓一個執行緒告訴另一個執行緒,它已經完成了手上的任務?這樣一來,主執行緒就可以等待這種訊號,然後在它知道安全的時候繼續執行任務。

一種更好的選擇:等待完美時機。

範例中,我們真正想要的是等待主執行緒中發生了特定的事情之後,再繼續我們的新執行緒。Java 支援許多不同的機制來做到這一點,比如 Future、CyclicBarrier、Semaphore 和 CountDownLatch。

為了協調多個執行緒上發生的事件,一個執行緒可能需要<u>等待</u>另一個執行緒的特定訊號,然後才能繼續。

倒數至就緒為止

你可以讓執行緒在重大事件發生後倒數（*count down*）。一個執行緒
（或多個執行緒）可以等待所有的這些事件完成後再繼續。你可能要
倒數，直到有最低數量的客戶已連線，或者有一定數量的服務被啟動
為止。

這就是 **java.util.concurrent.CountDownLatch** 的作用。你設
定一個數字來開始倒數。然後任何執行緒都可以告訴鎖存器（latch，
或稱「閂鎖」）在相關事件發生時進行倒數。

在我們的例子中，只有一件事要計數：我們的新執行緒應該等到主執
行緒印出「back in main」之後才能繼續。

> CountDownLatch 是一
> 種障礙同步器（barrier
> synchronizer）。障礙是能
> 讓執行緒相互協調的機制。
>
> 其他例子還有 CyclicBarrier
> 和 Phaser。

```
import java.util.concurrent.*;
class PredictableLatch {
  public static void main (String[] args) {
    ExecutorService executor = Executors.newSingleThreadExecutor();
    CountDownLatch latch = new CountDownLatch(1);

    executor.execute(() -> waitForLatchThenPrint(latch));

    System.out.println("back in main");
    latch.countDown();

    executor.shutdown();
  }


  private static void waitForLatchThenPrint(CountDownLatch latch) {
    try {
      latch.await();
    } catch (InterruptedException e) {
      e.printStackTrace();
    }
    System.out.println("top o' the stack");
  }
}
```

創建一個新的 CountDownLatch。
這個鎖存器讓我們「等待訊號」。
我們有一個要等待的事件（主執
行緒印出它的訊息），所以我們
把它的值設定為「1」。

將 CountDownLatch
傳遞給將在新執行緒
上執行的任務。

告訴鎖存器在 main 方法列印
完訊息後開始倒數。

等待主執行緒印出它的訊息。這個執行緒在等待時
將處於一種不可執行的狀態。

await() 可能擲出一個 InterruptedException，
這需要被捕獲或宣告。

這段程式碼其實和執行睡眠的程式碼很相似，主要的差別在於 main 方法中的 latch.
countDown。不過，效能上的差異是顯著的。新執行緒不需要等待至少兩秒鐘來確
定 main 已經印出它的訊息，而只需等待 main 方法印出「back in main」訊息即可。

為了了解這在實際系統中可能產生的效能差異，這個鎖存器程式碼在 MacBook 上
執行 100 次，完成所有的一百次執行需要大約 50 毫秒，而且每次輸出的順序都是
正確的。如果執行一次 sleep() 的版本需要超過 2 秒（2000 毫秒），請想像一下執
行 100 次需要多少時間 *⋯

* 200331 毫秒。慢了超過 4000 倍。

建立並啟動兩個執行緒（或更多個！）

如果我們想在主執行緒之外啟動一個以上的任務，會發生什麼事？顯然，如果我們想執行多個執行緒，就不能使用 Executors.newSingleThreadExecutor()。還有什麼辦法呢？

（只是幾個工廠方法）。

---

java.util.concurrent.Executors

ExecutorService newCachedThreadPool()
建立一個執行緒集區，它會在需要時創建新的執行緒，但會在可用時重複使用之前所建構的執行緒。

ExecutorService newFixedThreadPool(int nThreads)
建立一個執行緒集區，以一個共用的無界佇列（unbounded queue）重複使用數量固定的執行緒。

ScheduledExecutorService newScheduledThreadPool(int corePoolSize)
建立一個執行緒集區，它能夠排程命令在一段給定的延遲之後執行，或者定期執行。

ExecutorService newSingleThreadExecutor()
創建一個 Executor，它使用以一個無界佇列運作的單一個工作者執行緒（worker thread）。

ScheduledExecutorService newSingleThreadScheduledExecutor()
創建一個單執行緒的執行器（executor），它可以排程命令在給定的延遲後執行，或定期執行。

ExecutorService newWorkStealingPool()
使用可取得的處理器數量作為其平行處理程度（parallelism level）的目標，建立排程策略為 work-stealing 的一個執行緒集區。

這些 ExecutorServices 使用某種形式的執行緒集區（Thread Pool）。這是執行緒實體的一個群集，能用（和重複使用）來執行任務。

集區中有多少執行緒，以及如果要執行的任務比可用的執行緒多，該怎麼做，都取決於 ExecutorService 的實作。

以集區管理執行緒

使用資源的一個集區（pool），特別是像執行緒或資料庫連線這樣創建成本較高的資源，是應用程式碼中常見的一種模式。

一個執行緒集區。這可以包含一或多個執行緒，執行緒可以被添加、使用、重用、排程，甚至根據執行緒集區的任何規則被殺死。

可用於執行任務的執行緒。允許多少執行緒以及如何使用這些執行緒是由集區決定的。

當你創建一個新的 ExecutorService 時，它的執行緒集區一開始可能有一些執行緒，也可能是空的。

你可以使用 Executors 類別中的輔助方法之一，創建一個帶有執行緒集區的 ExecutorService。

```
ExecutorService threadPool =
    Executors.newCachedThreadPool();
```

這個 Thread 閒置。

這個 Thread 被指定了要執行的一項任務。

你可以使用集區裡的執行緒來執行你的任務，只要把任務交給 ExecutorService 就行了。然後 ExecutorService 就能找出是否有一個空閒的執行緒得以執行該任務。

```
threadPool.execute(() -> run("Job 1"));
```

這意味著一個 ExecutorService 能夠**重複使用**（**reuse**）執行緒，而非單純創建並摧毀它們。

沒有執行緒可用的待處理任務放在佇列中。

所有的執行緒都被指定了任務。

新的執行緒被創建出來以處理所有的新任務。

當你讓 ExecutorService 執行更多的任務時，它可能創建並啟動新的執行緒來處理那些任務。如果任務比可用的執行緒還多，它可能會將任務儲存在一個佇列（queue）中。

ExecutorService 如何處理額外的任務取決於它是如何設定的。

```
threadPool.execute(() -> run("Job 324"));
```

ExecutorService 也可能終止（**terminate**）已經閒置了一段時間的執行緒。這可以幫忙最大限度地減少你應用程式所需的硬體資源（CPU、記憶體）數量。

執行多個執行緒

下列範例執行兩項任務,並使用一個大小固定的執行緒集區來創建執行任務的兩個執行緒。每個執行緒都有相同的任務:跑一個迴圈,在每次迭代印出目前正在執行的執行緒之名稱。

```java
import java.util.concurrent.ExecutorService;
import java.util.concurrent.Executors;

public class RunThreads {

    public static void main(String[] args) {
        ExecutorService threadPool = Executors.newFixedThreadPool(2);
        threadPool.execute(() -> runJob("Job 1"));
        threadPool.execute(() -> runJob("Job 2"));
        threadPool.shutdown();
    }

    public static void runJob(String jobName) {
        for (int i = 0; i < 25; i++) {
            String threadName = Thread.currentThread().getName();
            System.out.println(jobName + " is running on " + threadName);
        }
    }
}
```

創建執行緒集區大小固定的一個 ExecutorService (我們知道只會執行兩個任務)。

一個代表我們 Runnable 任務的 lambda 運算式。如果你不想使用 lambda,這裡可以傳入你 Runnable 類別的一個新實體,就像我們在本章前面創建 MyRunnable 時做的那樣。

任務是跑完這個迴圈,每次都印出執行緒的名稱。

迴圈迭代 25 次時的部分輸出。

```
File Edit Window Help Globetrotter
% java RunThreads

Job 1 is running on pool-1-thread-1
Job 2 is running on pool-1-thread-2
Job 2 is running on pool-1-thread-2
Job 1 is running on pool-1-thread-1
Job 2 is running on pool-1-thread-2
Job 1 is running on pool-1-thread-1
Job 2 is running on pool-1-thread-2
Job 1 is running on pool-1-thread-1
Job 2 is running on pool-1-thread-2
Job 1 is running on pool-1-thread-1
Job 1 is running on pool-1-thread-1
Job 1 is running on pool-1-thread-1
Job 1 is running on pool-1-thread-1
Job 1 is running on pool-1-thread-1
Job 1 is running on pool-1-thread-1
```

會發生什麼事?

執行緒會不會輪流執行?你會看到執行緒名稱交替出現嗎?它們多久時間切換一次?每次迭代時?五次迭代之後?

你已經知道答案了:我們不知道!這取決於排程器。在你的 OS 上,用特定的 JVM 以你的 CPU 執行,你可能會得到非常不同的結果。

在現代多核系統上執行,這兩項任務可能會平行執行(run in parallel),但不能保證這表示它們會在相同的時間內完成或以相同的速率輸出那些值。

執行緒集區的關閉時間

你可能已經注意到，我們的例子在 main 方法的最後有一個 `threadPool.shutdown()`。儘管執行緒集區會照顧到我們個別的執行緒，但我們確實需要成為負責任的成年人，在使用完執行緒集區後關閉它。這樣，執行緒集區就可以清空它的任務佇列並關閉它所有的執行緒，以釋放系統資源。

ExecutorService 有兩個 shutdown 方法。你可以使用其中之一，但為了安全起見，我們兩個都會用：

① ExecutorService.shutdown()

呼叫 shutdown() 會很有禮貌地詢問 ExecutorService 是否不介意把事情做個結束，這樣大家就可以回家了。

所有目前正在執行的執行緒都被允許完成那些任務，任何在佇列中等待的任務也將完成。ExecutorService 也會拒絕任何新的任務。

如果你需要你程式碼等到所有的那些事情都完成，你可以使用 `awaitTermination` 來坐等它完成。你提供 awaitTermination 一個最大的等候時間來等待所有事情結束，如此 awaitTermination 就會一直等待，直到 ExecutorService 完成所有事情或者逾時，以較早發生的為準。

② ExecutorService.shutdownNow()

所有人都出去！這個命令被呼叫時，ExecutorService 將嘗試停止任何正在執行的執行緒，不會執行任何等待中的作業，並且絕對不會讓其他人進入集區中。

如果你需要停止一切，就使用它。這有時會在第一次呼叫 shutdown() 之後使用，以便在完全拔掉插頭之前給任務一個完成的機會。

建立僅帶有兩個執行緒的一個執行緒集區。

```java
public class ClosingTime {
  public static void main(String[] args) {
    ExecutorService threadPool = Executors.newFixedThreadPool(2);

    threadPool.execute(new LongJob("Long Job"));
    threadPool.execute(new ShortJob("Short Job"));

    threadPool.shutdown();

    try {
      boolean finished = threadPool.awaitTermination(5, TimeUnit.SECONDS);
      System.out.println("Finished? " + finished);
    } catch (InterruptedException e) {
      e.printStackTrace();
    }
    threadPool.shutdownNow();
  }
}
```

要求 ExecutorService 關閉。如果你在這之後用一個任務呼叫 execute()，你將得到一個 RejectedExecutionException。ExecutorService 將繼續執行所有正在執行的任務，也會執行任何等待中的任務。

啟動兩個任務，一個是只列印名稱的短任務，一個是使用 sleep 的「長」任務，如此它可以假裝是一個長時間執行的任務（LongJob 和 ShortJob 是實作 Runnable 的類別）。

最多等待 5 秒鐘，讓 ExecutorService 完成一切。如果這個方法在所有事情完成之前遇到逾時，它將回傳「false」。

此時，我們告訴 ExecutorService 現在就停止一切。如果所有的東西都已經關閉了，那也沒關係，這就不會做任何事情。

哇！執行緒是自 MINI Cooper 以來最偉大的東西！我想不出使用執行緒有什麼壞處，你呢？

嗯，有的。是有陰暗面存在。
多執行緒可能導致共時性「問題」

共時性（concurrency）問題導致競態狀況（race conditions）。競態狀況會導致資料損壞。資料損壞會導致恐懼…其餘的事情你都知道了。

這一切都歸結為一個潛在的致命場景：兩個或多個執行緒可以存取單一個物件的資料。換句話說，在兩個不同堆疊上執行的方法都在呼叫，比如說，堆積上某個物件的 getters 或 setters。

這是標準的「左手不知道右手在做什麼」的那種情況。兩個與世無爭的執行緒，哼著歌執行它們的方法，每個執行緒都認為它是唯一的真執行緒，唯一重要的那一個。畢竟，當一個執行緒沒在執行，處於可執行狀態（或阻斷狀態）時，它基本上是被打暈了，沒有意識。當它再次成為當前執行的執行緒時，它不知道自己曾經停止過。

本章重點

- 靜態的 Thread.sleep() 方法強迫執行緒離開執行中的狀態，至少維持傳遞給 sleep 方法的時間。Thread.sleep(200) 使執行緒進入睡眠狀態，持續 200 毫秒。

- 你也可以使用 java.util.concurrent.TimeUnit 的 sleep 方法，例如 TimeUnit.SECONDS.sleep(2)。

- sleep() 方法會擲出一個受檢例外（InterruptedException），因此所有對 sleep() 的呼叫都必須被包裹在 try/catch 中，或者被宣告。

- 有不同的機制讓執行緒有機會互相等待。你可以使用 sleep()，但你也可以使用 CountDownLatch 來等到適當數量的事件發生後再繼續。

- 直接管理執行緒可能會是很大的工作量。使用 Executors 中的工廠方法來創建一個 ExecutorService，並使用該服務來執行 Runnable 任務。

- 執行緒集區可以管理執行緒的創建、重用和銷毀，這樣你就不必自己去做。

- ExecutorService 應該被正確關閉，以讓作業完成，執行緒終止。使用 shutdown() 來優雅地進行關閉，使用 shutdownNow() 來殺死一切。

懸而未決！

陰暗面？競態狀況？資料損壞？但是我們能對這些事情做什麼呢？別把我們懸掛在這裡！

敬請期待下一章，我們將解決這些和更多的問題…

習題

一群盛裝打扮的 Java 和網路術語，正在玩一個派對遊戲「猜猜我是誰？」。他們給你一條線索，而你根據他們所說的，試著猜測他們是誰。假設他們總是對自己的事情說實話。如果他們碰巧說了一些不只對一名與會者為真的話，那麼就寫下適用那句話的所有人。在句子旁邊的空白處填上一個或多個與會者的名稱。

猜猜我是誰？

今晚的與會者：

InetSocketAddress、**SocketChannel**、**IP 位址**、**主機名稱**、**通訊埠**、**Socket**、**ServerSocketChannel**、**Thread**、**執行緒集區**、**Executors**、**ExecutorService**、**CountDownLatch**、**Runnable**、**InterruptedException**、**Thread.sleep()**

我需要被關閉，否則我可能會永遠活著　　　　　　　　　_____

我讓你與遠端機器對話　　　　　　　　　　　　　　　_____

我可能被 sleep() 和 await() 擲出　　　　　　　　　　_____

如果你想重複使用 Threads，你應該使用我　　　　　　_____

如果你想連線到另一台機器，你需要認識我　　　　　　_____

我就像在機器上執行的一個獨立行程　　　　　　　　　_____

我可以為你提供你需要的 ExecutorService　　　　　　_____

如果你想讓客戶端與我連線，你就需要其中一個我　　　_____

我可以幫助你，使你的多緒程式碼更具有可預測性　　　_____

我代表一個要執行的任務　　　　　　　　　　　　　　_____

我儲存伺服器的 IP 位址和通訊埠號　　　　　　　　　_____

⟶ 答案在第 636 頁。

改良過的新 SimpleChatClient

早在本章開始時，我們就建置了 SimpleChatClient，它可以向伺服器發送訊息，但不能接收任何東西。還記得嗎？那就是我們一開始進入這整個主題的原因，因為我們需要一種方式來同時做兩件事：發送訊息到伺服器（與 GUI 互動），同時從伺服器讀取傳入的訊息，在可捲動的文字區域顯示它們。

這就是新改良的聊天客戶端，它既能發送又能接收訊息，這要感謝多執行緒的力量！記住，你需要先執行聊天伺服器才能執行這段程式碼。

```java
import javax.swing.*;
import java.awt.*;
import java.awt.event.*;
import java.io.*;
import java.net.InetSocketAddress;
import java.nio.channels.*;
import java.util.concurrent.*;

import static java.nio.charset.StandardCharsets.UTF_8;

public class SimpleChatClient {
  private JTextArea incoming;
  private JTextField outgoing;
  private BufferedReader reader;
  private PrintWriter writer;

  public void go() {
    setUpNetworking();

    JScrollPane scroller = createScrollableTextArea();

    outgoing = new JTextField(20);

    JButton sendButton = new JButton("Send");
    sendButton.addActionListener(e -> sendMessage());

    JPanel mainPanel = new JPanel();
    mainPanel.add(scroller);
    mainPanel.add(outgoing);
    mainPanel.add(sendButton);

    ExecutorService executor = Executors.newSingleThreadExecutor();
    executor.execute(new IncomingReader());

    JFrame frame = new JFrame("Ludicrously Simple Chat Client");
    frame.getContentPane().add(BorderLayout.CENTER, mainPanel);
    frame.setSize(400, 350);
    frame.setVisible(true);
    frame.setDefaultCloseOperation(WindowConstants.EXIT_ON_CLOSE);
  }
```

沒錯，本章真的有結束的時候，但時候未到。

這大部分都是你以前見過的 GUI 程式碼。除了凸顯的部分，即我們啟動新的「reader」執行緒的地方，沒有什麼特別的。

我們有一項新的任務，是一個內層類別，也是一個 Runnable。這項任務是從伺服器的 socket 串流讀取，並在可捲動的文字區域顯示任何傳入的訊息。我們使用一個單緒執行器來啟動此任務，因為知道我們只想執行這一任務。

```
private JScrollPane createScrollableTextArea() {
  incoming = new JTextArea(15, 30);
  incoming.setLineWrap(true);
  incoming.setWrapStyleWord(true);
  incoming.setEditable(false);
  JScrollPane scroller = new JScrollPane(incoming);
  scroller.setVerticalScrollBarPolicy(ScrollPaneConstants.VERTICAL_SCROLLBAR_ALWAYS);
  scroller.setHorizontalScrollBarPolicy(ScrollPaneConstants.HORIZONTAL_SCROLLBAR_NEVER);
  return scroller;
}
```

一個輔助方法，就像我們在第 16 章看到的那樣，用來創建一個可捲動的文字區域。

```
private void setUpNetworking() {
  try {
    InetSocketAddress serverAddress = new InetSocketAddress("127.0.0.1", 5000);
    SocketChannel socketChannel = SocketChannel.open(serverAddress);

    reader = new BufferedReader(Channels.newReader(socketChannel, UTF_8));
    writer = new PrintWriter(Channels.newWriter(socketChannel, UTF_8));

    System.out.println("Networking established.");
  } catch (IOException ex) {
    ex.printStackTrace();
  }
}
```

我們使用 Channels 為連線到伺服器的 SocketChannel 創建一個新的讀取器和寫入器。寫入器向伺服器發送訊息，而現在我們使用一個讀取器，這樣讀取器任務就能從伺服器獲得訊息。

```
private void sendMessage() {
  writer.println(outgoing.getText());
  writer.flush();
  outgoing.setText("");
  outgoing.requestFocus();
}
```

這裡沒有什麼新東西。使用者點擊發送按鈕時，該方法會將文字欄位的內容發送到伺服器。

```
public class IncomingReader implements Runnable {
  public void run() {
    String message;
    try {
      while ((message = reader.readLine()) != null) {
        System.out.println("read " + message);
        incoming.append(message + "\n");
      }
    } catch (IOException ex) {
      ex.printStackTrace();
    }
  }
}
```

這就是該執行緒所做的事情！

在 run() 方法中，它保持在一個迴圈中（只要它從伺服器得到的東西不是 null），每次讀一行，並將每一行添加到可捲動的文字區域（連同一個 newline 字元）。

```
public static void main(String[] args) {
  new SimpleChatClient().go();
}
}
```

記住，Chat Server 的程式碼是來自第 606 頁的 Ready-Bake Code。

程式碼磁貼

一個可運作的 Java 程式被打亂分散在冰箱上（見下頁）。你能重新建構下一頁的程式碼片段，製作出一個會產生下面所列輸出的可運作的 Java 程式嗎？

要使之得以運作，你需要執行第 606 頁的 **SimpleChatServer**。

```
File  Edit  Window  Help  StillThere
% java PingingClient
Networking established
09:27:06 Sent ping 0
09:27:07 Sent ping 1
09:27:08 Sent ping 2
09:27:09 Sent ping 3
09:27:10 Sent ping 4
09:27:11 Sent ping 5
09:27:12 Sent ping 6
09:27:13 Sent ping 7
09:27:14 Sent ping 8
09:27:15 Sent ping 9
```

⟶ 答案在第 636 頁。

程式碼磁貼（續）

```
String message = "ping " + i;
```

```
try (SocketChannel channel = SocketChannel.open(server)) {
```

```
import static java.nio.charset.StandardCharsets.UTF_8;
import static java.time.LocalDateTime.now;
import static java.time.format.DateTimeFormatter.ofLocalizedTime;
```

```
}
```

```
e.printStackTrace();
```

```
} catch (IOException | InterruptedException e) {
```

```
public class PingingClient {
```

```
}
```

```
writer.println(message);
```

```
PrintWriter writer = new PrintWriter(Channels.newWriter(channel, UTF_8));
```

```
import java.io.*;
import java.net.InetSocketAddress;
import java.nio.channels.*;
import java.time.format.FormatStyle;
import java.util.concurrent.TimeUnit;
```

```
for (int i = 0; i < 10; i++) {
```

```
}
```

```
System.out.println(currentTime + " Sent " + message);
```

```
writer.flush();
```

```
InetSocketAddress server = new InetSocketAddress("127.0.0.1", 5000);
```

```
}
```

```
System.out.println("Networking established");
```

```
TimeUnit.SECONDS.sleep(1);
```

```
public static void main(String [] args) {
```

```
String currentTime = now().format(ofLocalizedTime(FormatStyle.MEDIUM));
```

猜猜我是誰？（第 631 頁）

我需要被關閉，否則我可能會永遠活著	ExecutorService
我讓你與遠端機器對話	SocketChannel、Socket
我可能被 sleep() 和 await() 擲出	InterruptedException
如果你想重複使用 Threads，你應該使用我	執行緒集區、ExecutorService
如果你想連線到另一台機器，你需要認識我	IP 位址、主機名稱、通訊埠
我就像在機器上執行的一個獨立行程	Thread
我可以為你提供你需要的 ExecutorService	Executors
如果你想讓客戶端與我連線，你就需要其中一個我	ServerSocketChannel
我可以幫助你，使你的多緒程式碼更具有可預測性	Thread.sleep()、CountDownLatch
我代表一個要執行的任務	Runnable
我儲存伺服器的 IP 位址和通訊埠號	InetSocketAddress

程式碼磁貼
（第 634–635 頁）

```java
import java.io.*;
import java.net.InetSocketAddress;
import java.nio.channels.*;
import java.time.format.FormatStyle;
import java.util.concurrent.TimeUnit;

import static java.nio.charset.StandardCharsets.UTF_8;
import static java.time.LocalDateTime.now;
import static java.time.format.DateTimeFormatter.ofLocalizedTime;

public class PingingClient {

  public static void main(String[] args) {
    InetSocketAddress server = new InetSocketAddress("127.0.0.1", 5000);
    try (SocketChannel channel = SocketChannel.open(server)) {
      PrintWriter writer = new PrintWriter(Channels.newWriter(channel, UTF_8));
      System.out.println("Networking established");

      for (int i = 0; i < 10; i++) {
        String message = "ping " + i;
        writer.println(message);
        writer.flush();
        String currentTime = now().format(ofLocalizedTime(FormatStyle.MEDIUM));
        System.out.println(currentTime + " Sent " + message);
        TimeUnit.SECONDS.sleep(1);
      }
    } catch (IOException | InterruptedException e) {
      e.printStackTrace();
    }
  }
}
```

即使你把 sleep() 移到這個 for 迴圈中的其他地方，你也應該得到相同的輸出。

這是獲得當前時間的一種方法，並將其轉化為「小時：分鐘：秒」格式的字串。

你可以在 for 迴圈中捕捉 sleep() 擲出的 InterruptedException，也可以在方法結尾捕捉所有的 Exception。

在最後捕捉所有的例外，因為我們對它們都做同樣的事情。

程式碼廚房

點擊「sendIt」時，你的訊息會連同當前的節拍模式一起發送給其他玩家。

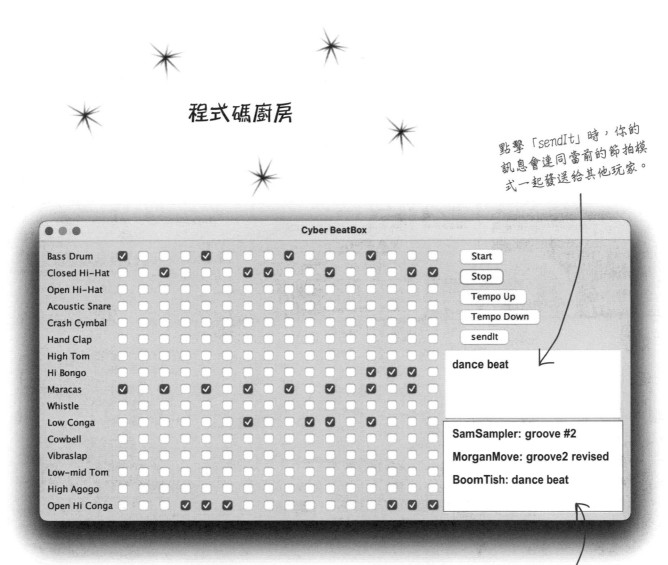

來自玩家的訊息。點擊一個載入與之配套的模式，然後點擊 Start 播放。

現在你已經看到了如何建立一個聊天客戶端，我們有了 BeatBox 的最終版本！

它連線到一個簡單的 MusicServer，這樣你就能與其他客戶端發送和接收節拍模式。

程式碼真的很長，所以完整的清單實際上放在附錄 A。

處理共時性問題

> Dave 沒有注意到，在他吃三明治的時候，Helen 正在咬他的三明治！這兩個人應該弄清楚他們在分享什麼，否則會變得很混亂⋯

同時做兩件或更多的事情是很困難的。 編寫多執行緒程式碼（multithreaded code）很容易。編寫多執行緒程式碼，使其按照你所期望的方式運作，可能要難得多。在這最後一章中，我們將向你展示兩個或多個執行緒同時運作時，可能會出現的一些問題。你將學到 java.util.concurrent 中的一些工具，它們可以幫助你寫出能正確運作的多執行緒程式碼。你將學習如何創建不可變的物件（不會改變的物件），讓多個執行緒安全使用。在本章結束時，你的工具箱將擁有很多不同的工具來處理共時性問題。

有什麼可能出錯？

在上一章的結尾，我們暗示說，處理多緒程式碼時，事情可能並不一定會那麼順利且光明。好吧，實際上，我們所做的不僅僅是暗示！我們直截了當地說：

> 「這一切都歸結為一種潛在的致命場景：兩個或更多的執行緒可以存取單一個物件的資料。」

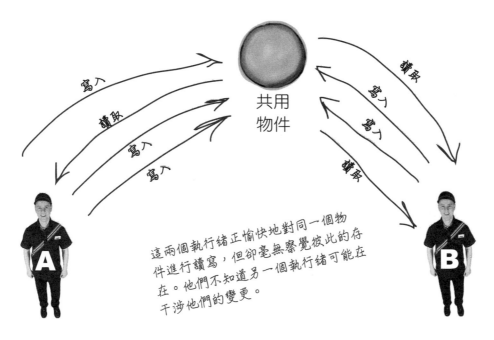

這兩個執行緒正愉快地對同一個物件進行讀寫，但卻毫無察覺彼此的存在。他們不知道另一個執行緒可能在干涉他們的變更。

腦力訓練

如果兩個執行緒同時進行讀取和寫入，為什麼會有問題呢？

如果一個執行緒在改變物件資料之前要先讀取它，而另一個執行緒也可能在同一時間寫入，這為何會造成問題呢？

婚姻觸礁

這對夫妻能被拯救嗎？

接下來，在非常特別的一集 *Dr. Steve* 節目中

[第 42 集的文字紀錄]

歡迎來到 Dr. Steve 的節目。

我們今天有一個故事，圍繞著夫妻分開的首要原因之一：財務問題。

今天這對遭遇問題的夫婦，Ryan 和 Monica，共用一個銀行帳戶。但是，如果我們無法找到一個解決方案，這就不會維持太久。問題是什麼？典型的「兩個人一個銀行帳戶」問題。

以下是 Monica 向我描述的情況：

「Ryan 和我都同意，不會透支活期帳戶。所以我們的計畫是，無論誰想花錢，都必須在提取現金或用卡消費之前檢查帳戶中的餘額。這一切看起來都很簡單。但是，突然之間，我們收到了透支費用（overdraft fees）！

我以為這是不可能的，以為我們的計畫是安全的。但後來發生了這件事：

Ryan 有一個裝滿的線上購物車，總額為 50 美元。他檢查了帳戶中的餘額，發現是 100 美元。沒有問題。於是他開始了結帳程序。

而那就是我出現的時刻，Ryan 在填寫送貨細節時，我想花 100 美元。我檢查了餘額，是 100 美元（因為 Ryan 尚未點擊「Pay」按鈕），所以我想，沒問題。於是我花了錢，同樣沒有問題。但後來 Ryan 終於付款了，我們的錢就突然透支了！他不知道我同時也在花錢，所以他只是繼續完成交易，沒有再次檢查餘額。你一定要幫助我們，Dr. Steve！」

Ryan 和 Monica：「兩個人，一個帳戶」問題的受害者。

有解決辦法嗎？他們註定沒救了嗎？我們不能幫助他們解決網購成癮的問題，但我們是否能確保他們中的一個人無法在另一個人購物時開始消費？

在我們進入廣告的這段時間，請思考一下這個問題。

Ryan 與 Monica 的問題，以程式碼表示

下面的例子顯示了當兩個執行緒（Ryan 和 Monica）共用單一個物件（銀行帳戶）時會發生什麼事。

該程式碼有兩個類別，BankAccount 和 RyanAndMonicaJob。還有一個 RyanAndMonicaTest，帶有一個 main 方法來執行一切。RyanAndMonicaJob 類別實作了 Runnable，並表示 Ryan 和 Monica 都有的行為：檢查餘額和花錢。

RyanAndMonicaJob 類別有共用的 BankAccount 之實體變數、人名，以及他們想要花費的金額。程式碼運作起來是這樣的：

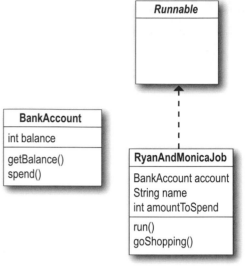

① **製作共用銀行帳戶的一個實體**

創建一個新的將正確設定所有的預設值。

```
BankAccount account = new BankAccount();
```

② **為每個人製作 RyanAndMonicaJob 的一個實體**

我們需要為每個人提供一份任務。我們還需要賦予他們存取銀行帳戶的權限，並告訴他們要花多少錢。

```
RyanAndMonicaJob ryan = new RyanAndMonicaJob("Ryan", account, 50);
RyanAndMonicaJob monica = new RyanAndMonicaJob("Monica", account, 100);
```

③ **創建一個 ExecutorService 並給它那兩項任務**

由於我們知道有兩項任務，一個是 Ryan 的，一個是 Monica 的，我們可以創建帶有兩個執行緒的一個大小固定的執行緒集區。

```
ExecutorService executor = Executors.newFixedThreadPool(2);
executor.execute(ryan);
executor.execute(monica);
```

④ **看著兩個任務執行**

一個執行緒代表 Ryan，另一個執行緒代表 Monica。兩個執行緒在花錢之前都會檢查餘額。請記住，當不只一個執行緒同時執行時，你不能假設你的執行緒是唯一一個對共用物件（例如 BankAccount）進行修改的執行緒。即使只有兩行與共用物件有關的程式碼，而且它們緊接著彼此。

```
if (account.getBalance() >= amount) {
  account.spend(amount);
} else {
  System.out.println("Sorry, not enough money");
}
```

在 goShopping() 方法中，完全按照 Ryan 和 Monica 的做法來做：檢查餘額，如果有足夠的錢，就消費。

這應該可以防止帳戶透支。

除了…Ryan 和 Monica 同時花錢的時候，銀行帳戶裡的錢可能在另一個人花掉之前就已經沒了！

Ryan 與 Monica 的問題

```java
import java.util.concurrent.*;

public class RyanAndMonicaTest {
  public static void main(String[] args) {
    BankAccount account = new BankAccount();
    RyanAndMonicaJob ryan = new RyanAndMonicaJob("Ryan", account, 50);
    RyanAndMonicaJob monica = new RyanAndMonicaJob("Monica", account, 100);
    ExecutorService executor = Executors.newFixedThreadPool(2);
    executor.execute(ryan);
    executor.execute(monica);
    executor.shutdown();
  }
}

class RyanAndMonicaJob implements Runnable {
  private final String name;
  private final BankAccount account;
  private final int amountToSpend;
  RyanAndMonicaJob(String name, BankAccount account, int amountToSpend) {
    this.name = name;
    this.account = account;
    this.amountToSpend = amountToSpend;
  }

  public void run() {
    goShopping(amountToSpend);
  }

  private void goShopping(int amount) {
    if (account.getBalance() >= amount) {
      System.out.println(name + " is about to spend");
      account.spend(amount);
      System.out.println(name + " finishes spending");
    } else {
      System.out.println("Sorry, not enough for " + name);
    }
  }
}

class BankAccount {
  private int balance = 100;
  public int getBalance() {
    return balance;
  }
  public void spend(int amount) {
    balance = balance - amount;
    if (balance < 0) {
      System.out.println("Overdrawn!");
    }
  }
}
```

只會有「一個」BankAccount 實體。那意味著兩個執行緒都將存取這一個帳戶。

執行兩項任務,從共用的銀行帳戶中提款,一個給 Monica,一個給 Ryan,傳入他們想要花的金額。

啟動這兩項任務。
執行中。

為我們的兩項任務創建帶有兩個執行緒的一個新執行緒集區。

別忘了關閉集區。

run() 方法單純以他們需要花的金額呼叫 goShopping()。

檢查帳戶餘額,如果有足夠的錢,我們就去花錢,就像 Ryan 和 Monica 那樣。

我們放了一些 print 述句,這樣我們就能看到它執行時發生的情況。

該帳戶開始時的餘額為 100 美元。

```
File Edit Window Help Visa
% java RyanAndMonicaTest
Ryan is about to spend
Monica is about to spend
Overdrawn!
Ryan finishes spending
Monica finishes spending
```

這是如何發生的？ →

這段程式碼不是確定性（*deterministic*）的，它並不總是每次都會產生相同的結果。你可能需要執行幾次才能發現問題。

這在多緒程式碼中很常見，因為這取決於哪個執行緒先啟動，以及每個執行緒何時獲得它在 CPU 核心上執行的時間。

```
File Edit Window Help WorksOnMyMachine
% java RyanAndMonicaTest
Ryan is about to spend
Ryan finishes spending
Sorry, not enough for Monica
```

有時程式碼正確運作，他們不會透支。 →

goShopping() 方法總是在提款前檢查餘額，但我們還是透支了。

這裡有一種場景：

Ryan 檢查餘額，發現有足夠的錢，然後去結帳。

與此同時，Monica 檢查餘額。她也看到有足夠的錢。她完全不知道 Ryan 即將為某些東西付費。

Ryan 完成了他的購買。

Monica 完成了她的購買。問題大了！在她檢查餘額並消費的這段時間裡，Ryan 已經花了錢！

Monica 對帳戶的檢查是無效的，因為 Ryan 已經檢查過了，而且還在購買的過程中。

必須阻止 Monica 進入該帳戶，直到 Ryan 完成為止，反之亦然。

他們需要為帳戶的存取準備一個鎖！

這個鎖運作起來會像這樣：

(1) 有一個與銀行帳戶交易關聯的鎖（檢查餘額和提款）。只有一把鑰匙可用，在有人想存取該帳戶之前，它一直與鎖待在一起。

無人使用帳戶時，銀行帳戶的交易沒上鎖。

(2) 當 Ryan 想進入銀行帳戶（查看餘額和取錢）時，他把鎖鎖上，並把鑰匙放進自己的口袋。現在沒有人可以存取這個帳戶，因為鑰匙已經不見了。

當 Ryan 想要存取該帳戶，它會上鎖並把鑰匙取走。

(3) **Ryan 把鑰匙放在口袋裡，直到他完成交易。**他擁有唯一的那把鑰匙，所以 Monica 不能存取帳戶，直到 Ryan 解鎖帳戶並歸還鑰匙。

現在，即使 Ryan 在檢查餘額後分了心，他也能保證在花錢時餘額是一樣的，因為他在做其他事情時有保留鑰匙！

Ryan 完成後，他解開鎖並歸還鑰匙。現在鑰匙可供 Monica（或 Ryan 再次）存取帳戶。

我們需要把「檢查餘額再花錢」作為一個不可分割的原子來進行

我們需要確保，只要執行緒開始購物交易，就必須能在任何其他執行緒改變銀行帳戶之前完成。

換句話說，我們需要確保一旦執行緒檢查了帳戶餘額，該執行緒就能保證在任何其他執行緒檢查帳戶餘額之前花掉那筆錢！

在一個方法上使用 **synchronized** 關鍵字，或者與一個物件一起使用，來鎖定一個物件，如此在同一時間就只會有一個執行緒可以使用它。

這就是你保護銀行帳戶的方式！我們可以在進行銀行交易的方法中為銀行帳戶加上一個鎖。如此一來，執行緒就能完成整個交易，從頭到尾，即使這個執行緒被執行緒排程器從「running」狀態移出，或有另一個執行緒正試圖在同一時間進行更改。

在接下來的幾頁中，我們將看一下可以鎖定的不同東西。在 Ryan 和 Monica 的例子中，這很簡單：我們想把購物交易包裹在一個區塊中，以鎖定銀行帳戶：

synchronized 關鍵字意味著執行緒需要一把鑰匙才能存取同步程式碼（synchronized code）。

為了保護你的資料（如銀行帳戶），就同步（synchronize）對該資料進行運算的程式碼。

```java
private void goShopping(int amount) {
  synchronized (account) {
    if (account.getBalance() >= amount) {
      System.out.println(name + " is about to spend");
      account.spend(amount);
      System.out.println(name + " finishes spending");
    } else {
      System.out.println("Sorry, not enough for " + name);
    }
  }
}
```

（給精通物理學的讀者之備註：是的，這裡使用「原子」一詞的慣例無法反映整個次原子粒子的理論。當你聽到「原子」這個詞出現在執行緒或交易的情境之中時，請想想牛頓而非愛因斯坦。嘿，這不是我們發明的慣例，如果我們能決定的話，就會把海森堡的不確定性原理應用到幾乎所有與執行緒有關的事情之上。）

問：你為什麼不直接將類別中的所有的 getters 和 setters 與你要保護的資料同步呢？

答：同步 getters 和 setters 是不夠的。請記住，同步的意義在於使程式碼的特定部分像原子般「不可分割地（ATOMICALLY）」運作。換句話說，我們關心的不僅僅是個別的方法，還有那些需要**多於一個步驟才能完成的方法**！

請思考一下。我們在 goShopping() 方法中添加了一個同步區塊。如果改成同步 getBalance() 和 spend()，那就沒有用了：Ryan（或 Monica）會檢查餘額，然後歸還鑰匙！整件事的重點就是保留鑰匙，直到**兩個**運算**都**完成。

使用一個物件的鎖

每個物件都有一個鎖。大多數時候，鎖是解開的，你可以想像有一把虛擬鑰匙和它放在一起。只有當一個物件有一個**同步區塊**（如上一頁）、或一個類別有**同步方法（synchronized methods）**時，物件鎖才會發揮作用。如果一個方法在方法宣告中帶有 synchronized 關鍵字，它就是同步的。

當一個物件有一或多個同步方法時，那**就只有當執行緒能夠得到物件鎖的鑰匙時，該執行緒才能進入同步方法。**

這種鎖不是以方法為單位，而是以物件。如果一個物件有兩個同步方法，這不僅意味著兩個執行緒不能進入同一個方法，還表示你不能讓兩個執行緒進入任何一個同步方法。若你在同一個物件上有兩個同步方法，method1() 和 method2()，那如果有一個執行緒在 method1() 中，第二個執行緒顯然不能進入 method1()，但它也不能進入 *method2()*，或該物件上任何其他的同步方法。

想想看，如果你有可能作用於一個物件之實體變數的多個方法，所有的那些方法都需要以 synchronized 保護。

同步化的目的是為了保護關鍵資料。但請記住，你並不是鎖定資料本身，而是同步了存取那些資料的方法。

那麼，當一個執行緒在其呼叫堆疊中曲折前進時（從 run() 方法開始），突然遇到一個同步方法，會發生什麼事？該執行緒認識到，想要進入該方法，它需要該物件的一把鑰匙。它尋找那把鑰匙（這全都是由 JVM 所處理，在 Java 中並沒有存取物件鎖的 API），若有鑰匙可用，執行緒就拿取該鑰匙並進入同步方法。

從那個時間點開始，執行緒就像自己的生命完全仰賴它一樣，緊緊抓住那把鑰匙。在完成同步方法或區塊之前，該執行緒不會放開該鑰匙。因此，在那個執行緒持有鑰匙的期間，沒有其他執行緒可以進入該物件的任何同步方法，因為該物件的鑰匙無法取用。

嘿，這個物件的 **takeMoney()** 方法是同步的。我需要得到這個物件的鑰匙，然後才能進去…

每個 Java 物件都有一個鎖。一個鎖只有一把鑰匙。

大多數情況下，鎖都是解開的，而且沒有人會在意。

但如果一個物件有同步方法，那就只有當物件鎖的鑰匙可用時，執行緒才能進入其中一個同步方法。換句話說，就是在其他執行緒還沒有掌握那個鑰匙的時候。

使用同步方法

我們可以同步 goShopping() 方法來解決 Ryan 和 Monica 的問題嗎？

```
private synchronized void goShopping(int amount) {
  if (account.getBalance() >= amount) {
    System.out.println(name + " is about to spend");
    account.spend(amount);
    System.out.println(name + " finishes spending");
  } else {
    System.out.println("Sorry, not enough for " + name);
  }
}
```

這行「**不**」通！

```
File Edit Window Help WaitWhat
% java RyanAndMonicaTest
Ryan is about to spend
Ryan finishes spending
Monica is about to spend
Overdrawn!
Monica finishes spending
```

synchronized 關鍵字鎖定一個物件。goShopping() 方法位在 RyanAndMonicaJob 中。同步一個實體方法意味著「鎖定這個 RyanAndMonicaJob 實體」。然而，RyanAndMonicaJob 的實體有兩個，一個是「ryan」，另一個是「monica」。如果「ryan」被鎖定，「monica」仍然可以對銀行帳戶進行修改，她並不在意「ryan」任務被鎖定了。

需要鎖定的物件，也就是這兩個執行緒正在爭奪的物件，是 BankAccount。在 RyanAndMonicaJob 的一個方法上標示 synchronized（並鎖定一個 RyanAndMonicaJob 實體）並不能解決任何問題。

重要的是鎖定正確的物件

既然是共用的 BankAccount 物件，你可以說應該是 BankAccount 負責確保它對多個執行緒的使用都是安全的。BankAccount 上的 spend() 方法可以確保有足夠的錢，並且在單一次交易中從該帳戶中扣除。

```java
class RyanAndMonicaJob implements Runnable {
  // …RyanAndMonicaJob 類別其餘的部分
  // 跟之前一樣…

  private void goShopping(int amount) {
    System.out.println(name + " is about to spend");
    account.spend(name, amount);
    System.out.println(name + " finishes spending");
  }
}

class BankAccount {
  // BankAccount 中的其他方法…

  public synchronized void spend(String name, int amount) {
    if (balance >= amount) {
      balance = balance - amount;
      if (balance < 0) {
        System.out.println("Overdrawn!");
      }
    } else {
      System.out.println("Sorry, not enough for " + name);
    }
  }
}
```

如果我們知道 BankAccount 的 spend() 方法會為我們檢查，這就不再需要在支出前檢查餘額。

鎖定兩個執行緒正在使用的 BankAccount 實體。

Ryan 和 Monica 現在「不應該」透支，這應該永遠都不會成為事實。

在 BankAccount 中做餘額檢查和減餘額。如果這個方法是同步的，它就會成為一個原子交易，每次只能由一個執行緒完全做完。

沒有蠢問題

問：如何保護靜態變數的狀態呢？如果你有改變靜態變數狀態的靜態方法，你還能使用同步嗎？

答：可以！記住，靜態方法是針對類別執行的，而不是針對類別的個別實體。所以你可能會問，哪個物件的鎖會被用在靜態方法上？畢竟，該類別可能根本沒有任何實體。幸運的是，正如每個物件都有自己的鎖一樣，每個載入的類別也都有一個鎖。這意味著如果你的堆積上有三個 Dog 物件，你總共就會有四個與 Dog 有關的鎖，其中三個屬於三個 Dog 實體，還有一個屬於 Dog 類別本身。當你同步一個靜態方法，Java 會使用類別本身的鎖。因此，如果你在單一個類別中同步了兩個靜態方法，執行緒將需要類別的鎖來進入其中一個方法。

可怕的「Lost Update」問題

這裡有另一個典型的共時性問題。有時你會聽到它們被稱為「競態狀況（race conditions）」，即兩個或更多個執行緒在同一時間改變相同的資料。它與 Ryan 和 Monica 的故事密切相關，所以我們將用此例子來說明更多的幾個觀點。

丟失的更新（lost update）圍繞著一種程序發生：

第一步：取得帳戶的餘額

```
int i = balance;
```

第二步：加 1 到這個餘額

可能不是一種原子程序。

```
balance = i + 1;     ←
```

即使我們使用更常見的 `balance++` 語法，也不能保證編譯後的位元組碼會是一種「原子程序（atomic process）」。事實上，它很可能不是，實際上有多個運算：讀取當前值，然後在該值上加一，並將其設定回原本的變數。

在「Lost Update」問題中，我們有許多執行緒試圖遞增餘額。先看一下程式碼，然後我們再看看真正的問題：

創建一個執行緒集區來執行所有的任務。如果你在這裡添加更多的執行緒，你可能會看到更多丟失的更新。

```
public class LostUpdate {
  public static void main(String[] args) throws InterruptedException {
    ExecutorService pool = Executors.newFixedThreadPool(6);   ←

    Balance balance = new Balance();
    for (int i = 0; i < 1000; i++) {     ←
      pool.execute(() -> balance.increment());
    }
    pool.shutdown();
    if (pool.awaitTermination(1, TimeUnit.MINUTES)) {     ←
      System.out.println("balance = " + balance.balance);
    }
  }
}

class Balance {
  int balance = 0;

  public void increment() {
    balance++;     ←
  }
}
```

在不同的執行緒上執行 1,000 次的更新餘額嘗試。

在印出最後的餘額之前，要確保集區已經完成了所有更新的執行。理論上，這應該是 1000。如果少於這個數字，我們就失去了一個更新！

這裡是最關鍵的部分！我們透過在「讀取那個時刻」的餘額值上加 1 來遞增餘額（而非在「目前」的值上加 1）。你可能認為「++」是一種原子運算，但它並不是。

讓我們執行這段程式碼…

① Thread A 執行了一下子

　　讀取餘額：0
　　設定餘額的值為 0 + 1。
　　現在的餘額是 1

　　讀取餘額：1
　　設定餘額的值為 1 + 1。
　　現在的餘額是 2

② Thread B 執行了一下子

　　讀取餘額：2
　　設定餘額的值為 2 + 1。
　　現在的餘額是 3

　　讀取餘額：3

　　[現在執行緒 B 被送回了 runnable 狀態，
　　在它將餘額值設為 4 之前]

③ Thread A 再次執行，從它離開的地方繼續執行

　　讀取餘額：3
　　設定餘額的值為 3 + 1。
　　現在的餘額是 4

　　讀取餘額：4
　　設定餘額的值為 4 + 1。
　　現在的餘額是 5

④ Thread B 再次執行，精確地從它離開的地方繼續執行！

　　設定餘額的值為 3 + 1。
　　現在餘額是 4

糗了！

執行緒 A 將其更新為 5，但
現在 B 回來了，蓋過了 A 所
做的更新，就好像 A 的更新
從未發生過一樣。

我們失去了執行緒 A 所做的
最後一次更新！執行緒 B 之
前對餘額的值做了一次「讀
取」，而當 B 醒來時，它只
是繼續前進，好像從未錯過任
何一拍那樣。

使 increment() 方法變得像原子般不可分割。
將之同步化！

同步化 increment() 方法解決了「Lost Update」的問題，因為它使方法中的步驟（讀取餘額和遞增餘額）保持為一個不可分割的單元。

```java
public synchronized void increment() {
  balance++;
}
```

經典的共時性陷阱：這看起來是單一的一個運算，但實際上不只一個，它包含對餘額的讀取、遞增和對餘額的更新。

一旦一個執行緒進入該方法，我們必須確保該方法的所有步驟都完成（作為一種原子程序），然後其他執行緒才能進入該方法。

沒有蠢問題

問：聽起來，為了執行緒安全，把所有東西都同步化似乎是個好主意。

答：不，那並非好主意。同步並不是免費的。首先，一個同步方法會有一定的額外負擔。換句話説，當程式碼執行到一個同步方法時，在解析「鑰匙是否可取用」的問題時，會有效能上的衝擊（儘管一般情況下，你不會注意到）。

其次，同步方法會使你的程式變慢，因為同步限制了共時性。換句話説，一個同步方法迫使其他執行緒排隊等待輪到自己。這在你的程式碼中可能不是問題，但你必須考量到它。

第三，也是最可怕的是，同步方法可能導致鎖死！（我們再過幾頁就會看到）。

一個好的經驗法則是，只同步應該同步的最低限度的東西。事實上，你可以在一個比方法更小的單位上進行同步。請記住，你可以使用 synchronized 關鍵字在一或多個述句的更精細的層次上進行同步，而不是在整個方法的層次上（我們在解決 Ryan 和 Monica 問題的第一個方案中使用那種層次）。

doStuff() 不需要同步，所以我們不同步整個方法。

```java
public void go() {
  doStuff();

  synchronized(this) {
    criticalStuff();
    moreCriticalStuff();
  }
}
```

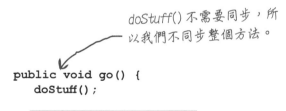

雖然還有其他方式，但你幾乎總會在當前物件（this）上進行同步。如果整個方法是同步的，那就是你要鎖定的同一個物件。

現在，只有這兩個方法呼叫被歸入一個原子單元。當你是在一個方法「中」使用 synchronized 關鍵字，而非在方法宣告中使用時，你必須提供一個引數，該引數就是執行緒需要獲得其鑰匙的那個物件。

① Thread A 執行了一下子

試著進入 increment() 方法。

該方法是同步的,所以為此物件**取得鑰匙。**

讀取餘額:0

設定餘額的值為 0 + 1。

現在的餘額是 1

歸還鑰匙(這完成了 increment() 方法)。

重新進入 increment() 方法,並**取得鑰匙。**

讀取餘額:1

[現在執行緒 A 被送回了 runnable 狀態,但既然它尚未完成那個同步方法,執行緒 A 就會繼續保留那個鑰匙]

② Thread B 被選取來執行

試著進入 increment() 方法。該方法是同步的,所以我們需要取得鑰匙。

鑰匙不可取用。

[現在執行緒 B 被送入「物件鎖不可用」的休息室]

③ Thread A 再次執行,從離開的地方繼續執行(記得,它仍然持有鑰匙)

設定餘額的值為 1 + 1。

現在的餘額是 2

歸還鑰匙。

[現在執行緒 A 被送回 runnable,但是因為它已經完成了 increment() 方法,所以該執行緒並沒有保留那把鑰匙]

④ Thread B 被選取來執行

試著進入 increment() 方法。該方法是同步的,所以我們需要取得鑰匙。

這次,鑰匙可以取用,所以得到鑰匙。

讀取餘額:2

[繼續執行…]

Deadlock（鎖死），同步化致命的一面

同步化避免了 Ryan 和 Monica 同時使用他們的銀行帳戶，也使我們免於丟失更新。但我們也提到，不應該同步所有的東西，原因之一是同步會使你的程式變慢。

還有另一個重要的考量因素：我們需要小心使用同步程式碼，因為沒有什麼會像執行緒鎖死（thread deadlock）那樣使你的程式陷入困境。當你有兩個執行緒，而這兩個執行緒都持有另一個執行緒想要的鑰匙時，就會發生執行緒鎖死。在那種情況下，沒有任何出路可言，所以那兩個執行緒將只是坐著等待，一直等，一直等。

如果你熟悉資料庫或其他應用伺服器，你可能會認得這個問題：資料庫通常會有一種有點像同步的鎖定機制（locking mechanism）。但真正的交易管理系統（transaction management system）有時也可能要處理鎖死問題。舉例來說，它可能會假設，當兩個交易完成的時間過長時，可能就發生了鎖死。但與 Java 不同的是，應用伺服器可以進行「交易復原（transaction rollback）」，將狀態回復到交易（原子部分）開始之前的狀態。

Java 沒有處理鎖死的機制。它甚至不會知道有鎖死情況發生。所以這全都取決於你的設計是否謹慎。關於鎖死，我們的討論不會比你在本頁看到的更詳細，所以如果你發現自己在寫多緒程式碼，你可能想研讀 Brian Goetz 等人所著的《*Java Concurrency in Practice*》，它詳細介紹了對於共時性你可能面臨的各種問題（比如鎖死），以及解決那些問題的途徑。

鎖死所需要的只是兩個物件和兩個執行緒。

一種簡單的鎖死場景：

① 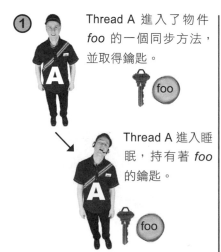 Thread A 進入了物件 *foo* 的一個同步方法，並取得鑰匙。

Thread A 進入睡眠，持有著 *foo* 的鑰匙。

②  Thread B 進入了物件 *bar* 的一個同步方法，並取得鑰匙。

Thread B 試著進入物件 *foo* 的一個同步方法，但無法取得**那把**鑰匙（因為 A 仍持有它）。B 到休息室等候，直到 *foo* 的鑰匙可用為止。B 持有著 *bar* 的鑰匙。

③  Thread A 醒來了（仍然持有 *foo* 的鑰匙）並試著進入物件 *bar* 上的一個同步方法，但無法取得**那把**鑰匙，因為 B 持有它。A 進入休息室等候，要等到 *bar* 的鑰匙可用為止（永遠都沒辦法！）。

 Thread A 在得到 *bar* 的鑰匙之前無法執行，但 B 持有著 *bar* 的鑰匙，而 B 在得到 A 正持有的 *foo* 鑰匙之前，都無法執行，然後…

你並不一定總是得使用同步

由於同步會帶來一些代價（比如效能衝擊和潛在的鎖死），你應該了解管理執行緒間共用資料的其他方式。java.util.concurrent 套件有很多用於處理多緒程式碼的類別和工具。

原子變數

如果共用的資料是一個 int、long 或 boolean，我們或許能用一個原子變數（*atomic variable*）來代替它。這些類別提供的方法是原子性的，也就是說，可以安全地被一個執行緒使用，而不必擔心另一個執行緒會同時改變物件的值。

原子變數有幾種型別，例如 **AtomicInteger**、**AtomicLong**、**AtomicBoolean** 和 **AtomicReference**。

我們可以用 AtomicInteger 來解決我們的 Lost Update 問題，而非同步 increment 方法。

```
class Balance {
  AtomicInteger balance = new AtomicInteger(0);

  public void increment() {
    balance.incrementAndGet();
  }
}
```

我們使用一個初始化為零的 AtomicInteger，而非一個 int 值。

使用原子運算時，不需要加上「synchronized」。

incrementAndGet 方法原子式地為值加一，即使它被多個執行緒使用，它也會在單一次運算中安全地為該值加一。incrementAndGet 方法回傳更新過的新值，但我們的例子不需要那個，我們不打算使用回傳的值。

所以只要我想做的只是簡單的遞增動作，我就可以使用 **AtomicInteger**。那如果我想做正常的事情，如複雜的計算，這對我有什麼幫助呢？

當你使用原子變數進行它們的 *compare-and-swap*（**CAS**，比較並對調）運算時，原子變數將變得更加有趣。CAS 是對一個值進行原子性變更的另一種方式。你可以透過 **compareAndSet** 方法在原子變數上使用 CAS。沒錯！它的名稱略有不同！真不得不愛程式設計，在那裡命名總是最難解決的問題。

compareAndSet 方法接收一個值，也就是你預期該原子變數要有的值，將其與目前的值進行比較，如果匹配，那麼運算就會完成。

事實上，可以用這個來解決我們的 Ryan 和 Monica 問題，而非以 **synchronized** 鎖定整個銀行帳戶。

原子變數（atomic variables）的 compare-and-swap

我們如何利用原子變數和 CAS（透過 **compareAndSet**）來解決 Ryan 和 Monica 的問題？

由於 Ryan 和 Monica 都試圖存取一個 int 值，即帳戶餘額（account balance），我們可以使用 AtomicInteger 來儲存該餘額。然後當有人想花錢時，我們就能使用 **compareAndSet** 來更新餘額。

```
private AtomicInteger balance = new AtomicInteger(100);

...

boolean success = balance.compareAndSet(expectedValue, newValue)
```

這是你認為的餘額值。

這是你希望餘額所具有的值。

如果餘額被更新為新值，則為真。若為假，則說明餘額沒有改變，由你決定下一步需要做什麼。

如果當前餘額與預期值相同，則將其更新為新值。

用白話說就是：

「只有在當前餘額與這個預期值相同時，才將餘額設定為這個新值，並告訴我餘額是否實際被改變了。」

compare-and-swap 使用 *optimistic locking*（樂觀鎖定）。樂觀鎖定意味著你不會阻止所有執行緒進入物件，你試著進行改變，但你接受改變**可能不會發生**的事實。如果沒有成功，就由你決定做什麼。你可能決定再試一次，或者發送一則訊息讓使用者知道這行不通。

這可能比單純鎖住物件不讓所有其他執行緒進去要費勁，但它可能比鎖住所有的東西要快。舉例來說，當多個寫入運算同時發生的機率非常低，或者你有很多執行緒在讀取，而沒有那麼多執行緒在寫入時，你就可能不會想為每個寫入運算支付鎖的代價。

> 使用 CAS 運算時，你必須處理運算不成功的情況。

Ryan 和 Monica，走向原子化

讓我們在 Ryan 和 Monica 的銀行帳戶中看看整件事情的運作情況。我們將把餘額放在一個 AtomicInteger 中，並使用 compareAndSet 對餘額做出一個原子性的變更。

```java
import java.util.concurrent.atomic.AtomicInteger;

class BankAccount {
  private final AtomicInteger balance = new AtomicInteger(100);

  public int getBalance() {
    return balance.get();
  }

  public void spend(String name, int amount) {
    int initialBalance = balance.get();
    if (initialBalance >= amount) {

      boolean success = balance.compareAndSet(initialBalance, initialBalance - amount);

      if (!success) {
        System.out.println("Sorry " + name + ", you haven't spent the money.");
      }
    } else {
      System.out.println("Sorry, not enough for " + name);
    }
  }
}
```

將餘額儲存在 AtomicInteger 中，其初始值（100 美元）與之前相同。

使用 get() 方法取得 AtomicInteger 的 int 值。

沒有 synchronized

跟之前一樣，檢查是否有足夠的錢。這次，會把餘額記錄下來。

如果最初的餘額與現在的實際餘額「不」一致，餘額將不會被改變。

傳入我們檢查是否有足夠的錢時儲存的餘額。

這就是「spend」，從帳戶餘額減去花費的金額。

如果 success 為假，那麼錢就「沒有」花出去。告訴 Ryan 或 Monica 這沒有成功，他們可以決定怎麼做。

```
File Edit Window Help SorryMonica
% java RyanAndMonicaTest
Ryan is about to spend
Monica is about to spend
Ryan finishes spending
Sorry Monica, you haven't spent the money.
Monica finishes spending
```

Monica 可以開始購物，但當她要付款時，銀行會說不行。至少他們沒有透支！

java.util.concurrent 有很多實用的類別和工具來處理多緒程式碼。看看那裡有什麼吧！

> 那麼，如果所有的這些問題都是由寫入共用物件所引起的，如果我們阻止執行緒改變共用物件中的資料，那會怎樣？有什麼辦法可以做到嗎？

如果你打算在執行緒之間共用一個物件，並且你不希望執行緒改變它的資料，那麼就把它變成<u>不可變</u>（<u>immutable</u>）的。

要確定另一個執行緒不會改變你的資料，最好的辦法就是讓它不可能改變物件中的資料。當一個物件的資料無法被改變時，我們稱它為**不可變的物件**（**immutable object**）。

為不可變的資料撰寫一個類別

我們不想允許可能添加可變值的子類別，所以把這個不可變的類別變成 final 類別。

```
public final class ImmutableData {
  private final String name;
  private final int value;

  public ImmutableData(String name, int value) {
    this.name = name;
    this.value = value;
  }

  public String getName() { return name; }

  public int getValue() { return value; }
}
```

所有欄位都應該是 final。其值將被設定一次，在欄位宣告或建構器中，之後不能再更改。

所有的欄位都需要被初始化一次，通常是在建構器中。

不可變的物件可以有 getters，但沒有 setters。物件內部的值不應該在任何方法中被改變。

有的時候，添加 final 關鍵字並不足以防止變化。你認為什麼時候會出現這種情況呢？我們將給你一條線索…

使用不可變的物件

能夠改變一個共用物件上的資料,並假定所有其他執行緒都能看到那些
變化,這是非常方便的。

然而,我們也看到,雖然那很方便,但並不是很安全。

另一方面,一個執行緒在處理一個不能被改變的物件時,它可以對該物
件中的資料做出假設,例如,一旦執行緒從該物件中讀取了一個值,它
知道該資料不會改變。

我們不需要使用同步或其他機制來控制誰能變更資料,因為它無法改變。

> 嗯,沒錯。如果資料**不能**被改變,那
> 麼我**當然**知道不會有其他人改變過它。
> 但是,一個不能被改變的物件有什麼
> 用呢?如果我需要更新它的值呢?

使用不可變的物件意味著以不同的方式思考。

我們不是對同一個物件進行修改,而是用一個新的物件替換舊
的物件。這個新的物件有更新過的值,任何需要新值的執行緒
都得使用新物件。

舊物件會怎樣呢?嗯,如果它仍然被某些東西所使用(它有可
能被使用,有時使用舊資料是完全合理的),它就將在堆積上
待著。如果它沒有被使用,就會被垃圾回收,我們就不必再擔
心它了。

改變不可變的資料

想像一下，一個系統有顧客（customers），而每個 Customer 物件都有一個 Address（地址），代表顧客的街道住址。如果顧客的 Address 是一個不可變的物件（它所有的欄位都是 final 的，而且資料不能被改變），那麼當顧客搬家時，你要如何改變他們的地址？

1 Customer 有一個參考指涉原本的 Address 物件，其中包含該名顧客的街道住址資料。

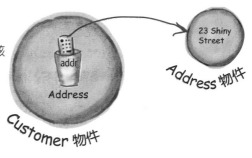

2 顧客搬家時，一個全新的 Address 物件會被創建出來，帶有該名顧客新的街道住址。

3 Customer 物件對它們地址的參考被改為指向那個新的 Address 物件。

這種方法更像現實生活：顧客的原始地址仍然作為一個地方存在，只是它不再是我們顧客居住的地方。

問：如果程式的其他部分有對那個舊的 Address 物件的參考，那會發生什麼事？

答：其實有時候我們也想這樣。想像一下，顧客下了一個訂單，要送到他們原來的地址。我們仍然希望該訂單的細節有原來的地址，我們不希望它變為包含新地址的細節。

一旦顧客改變了他們的地址（而且 Customer 含有對新地址物件的參考），那麼我們就希望新訂單使用新的 Address 物件。

稍等一下！Address 物件是不可變的，不會改變，但 **Customer** 物件仍然要變更。

完全正確。如果你的系統有會變化的資料，那些變化就必須發生在某個地方。從這個討論中得到的關鍵想法是，在你的應用程式中，並非所有的類別都必須有會變化的資料。事實上，我們主張盡量減少事情會發生變化的地方。這樣一來，如果多個執行緒同時進行更改，你需要考慮會發生什麼事的地方就少得多了。

有許多技巧可以有效處理帶有不可變資料的類別，在此我們僅觸及了一些表面。值得注意的是，Java 16 引進了紀錄（*records*），它是由語言直接提供的不可變資料類別。

盡量使用不可變的資料類別。限制資料可能被多個執行緒改變的地方之數量。

共用資料的更多問題

我們到了嗎?這種共時性的東西已經持續了好久。

我們快到了,我保證!只有最後一件事要看。

到目前為止,我們已經看過多個執行緒對同一資料進行寫入時可能出現的各種問題。這也適用於群集(Collections)中的資料。

甚至在很多執行緒讀取相同的資料時,也可能會出現問題,只要有一個執行緒在對其進行修改,就會發生。

這段程式碼中只有一個執行緒在寫入一個群集,但有兩個執行緒在讀取它。

```java
public class ConcurrentReaders {
  public static void main(String[] args) {
    List<Chat> chatHistory = new ArrayList<>();
    ExecutorService executor = Executors.newFixedThreadPool(3);
    for (int i = 0; i < 5; i++) {
      executor.execute(() -> chatHistory.add(new Chat("Hi there!")));
      executor.execute(() -> System.out.println(chatHistory));
      executor.execute(() -> System.out.println(chatHistory));
    }
    executor.shutdown();
  }
}

final class Chat {
  private final String message;
  private final LocalDateTime timestamp;

  public Chat(String message) {
    this.message = message;
    timestamp = LocalDateTime.now();
  }

  public String toString() {
    String time = timestamp.format(ofLocalizedTime(MEDIUM));
    return time + " " + message;
  }
}
```

將 Chat 物件儲存在一個 ArrayList 中,而後者並不具備執行緒安全性。

創建一個向 List 添加內容的寫入執行緒,以及兩個從 List 中讀取內容的執行緒。跑幾次迴圈,試著挑起問題。

把一個 Object 的欄位變成「final」的,並不保證該物件中的資料不會改變,只是保證參考不會改變。String 和 LocalDateTime 是不可變的,所以這很安全。

Chat 的實體是不可變的。

從一個正在變化的資料結構進行讀取
會導致一個 Exception

執行上一頁的程式碼有時會導致一個 Exception 被擲出。現在你知
道這些問題在很大程度上取決於硬體、作業系統和 JVM 的變化。

```
File  Edit  Window  Help  PoorBrunonono
% java ConcurrentReaders

[]

[]

[18:43:59 Hi there!, 18:43:59 Hi there!]

[18:43:59 Hi there!, 18:43:59 Hi there!]

[18:43:59 Hi there!, 18:43:59 Hi there!, 18:43:59 Hi there!]

[18:43:59 Hi there!, 18:43:59 Hi there!, 18:43:59 Hi there!]

Exception in thread "pool-1-thread-2" Exception in thread "pool-1-thread-1" java.util.
ConcurrentModificationException
        at java.base/java.util.ArrayList$Itr.checkForComodification(ArrayList.java:1043)
        at java.base/java.util.ArrayList$Itr.next(ArrayList.java:997)
        at java.base/java.util.AbstractCollection.toString(AbstractCollection.java:472)
        at java.base/java.lang.String.valueOf(String.java:2951)
        at java.base/java.io.PrintStream.println(PrintStream.java:897)
        at ConcurrentReaders.lambda$main$2(ConcurrentReaders.java:17)
```

若正在讀取的 List 在執行緒讀取它的
「同時」發生變化，讀取執行緒會擲出
一個 ConcurrentModificationException。

如果一個群集被一個執行緒所改變，而
同時另一個執行緒正在讀取該群集，你可
能得到一個 ConcurrentModification
Exception。

使用具有執行緒安全性的資料結構

顯然,如果你有執行緒在讀取會同時被改變的資料,那麼我們的老友 ArrayList 就不能勝任了。幸運的是,還有其他選擇。我們想要一種具有執行緒安全性(thread-safe)的資料結構,可以被多個執行緒同時寫入和讀取的一種結構。

java.util.concurrent 套件有數個 thread-safe 的資料結構,而我們要看的是如何使用 **CopyOnWriteArrayList** 來解決這個具體問題。

當你有一個 List **經常被讀取,但不常改變**時,**CopyOnWriteArrayList** 就是個合理的選擇。我們將在後面看到原因。

CopyOnWriteArrayList 實作了 List 介面,所以我們可以把它當作任何 List 的替代品來使用。

```java
public class ConcurrentReaders {
  public static void main(String[] args) {
    List<Chat> chatHistory = new CopyOnWriteArrayList<>();
    ExecutorService executor = Executors.newFixedThreadPool(3);
    for (int i = 0; i < 5; i++) {
      executor.execute(() -> chatHistory.add(new Chat("Hi there!")));
      executor.execute(() -> System.out.println(chatHistory));
      executor.execute(() -> System.out.println(chatHistory));
    }
    executor.shutdown();
  }
}
```

其餘的程式碼與之前完全相同。

```
File  Edit  Window  Help  AyMariposa
% java ConcurrentReaders
[]
[]
[]
[]
[10:26:22 Hi there!, 10:26:22 Hi there!]
[10:26:22 Hi there!, 10:26:22 Hi there!, 10:26:22 Hi there!, 10:26:22 Hi there!]
[10:26:22 Hi there!, 10:26:22 Hi there!, 10:26:22 Hi there!]
[10:26:22 Hi there!, 10:26:22 Hi there!, 10:26:22 Hi there!, 10:26:22 Hi there!]
[10:26:22 Hi there!, 10:26:22 Hi there!, 10:26:22 Hi there!, 10:26:22 Hi there!, 10:26:22 Hi there!]
[10:26:22 Hi there!, 10:26:22 Hi there!, 10:26:22 Hi there!, 10:26:22 Hi there!, 10:26:22 Hi there!]

Process finished with exit code 0
```

沒有 Exception!

CopyOnWriteArrayList

CopyOnWriteArrayList 使用不變性（immutability），來為讀取執行緒在其他執行緒正在寫入的同時提供安全存取。

它是如何運作的？嗯，就像它「外包裝」所描述的那樣：當一個執行緒正在寫入串列，它實際上是在寫入該串列的一個拷貝（copy）。做出變更之後，新的拷貝就會取代原本的串列。在此同時，任何在更改前正在讀取串列的執行緒都在愉快地（並安全地！）讀取原本的串列。

1 CopyOnWriteArrayList 的一個實體包含一組有序資料，就像一個陣列。

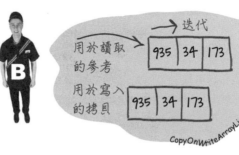

2 當 Thread A 要讀取這個 CopyOnWriteArrayList，它會得到一個 Iterator（迭代器），允許它去讀取該串列資料在那個時間點上的一個**快照**（**snapshot**）。

3 Thread B 藉由新增一個元素來把資料寫入 CopyOnWriteArrayList，而 CopyOnWriteArrayList 會在做出任何變更之前，創建出串列資料的一個**拷貝**。這對於任何在進行讀寫的執行緒而言，是看不見的。

4 當 Thread B 對「串列」進行修改時，它實際上是在對這個拷貝進行修改。它很高興知道它已做出變更。像 Thread A 這樣的讀取執行緒根本不受影響，它們就只是在原始資料的快照上進行迭代。

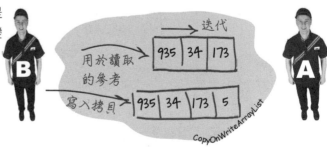

5 一旦 Thread B 完成了它的更新動作，那麼原本的資料就會被新的資料所取代。

如果 Thread A 仍然在讀取，它會安全地讀到舊的資料。如果有任何其他執行緒在變更之後開始讀取，它們就會得到新資料。

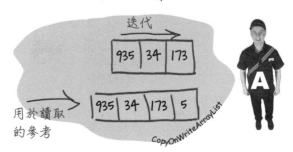

問：使用 CopyOnWriteArrayList 不就意味著一些讀取執行緒會讀取舊資料嗎？

答：是的，讀取執行緒將總是根據他們第一次開始讀取時的資料之快照來工作。這意味著在某些時候資料可能會過時，但至少它不會擲出一個 ConcurrentModificationException。

問：使用過時的資料不是很不好嗎？

答：不一定。在許多系統中，這已經是「足夠好了」。舉例來說，想想一個顯示即時新聞的網站。是的，你希望它是最新的，但它不一定要更新到最接近的幾毫秒，如果有些新聞是幾秒鐘前的，可能也沒啥問題。

問：但哪怕是稍微有點過時，我也不希望我的銀行對帳單變成那樣！我要如何確保關鍵的共用資料始終是正確的呢？

答：如果所有執行緒都需要使用完全相同的資料，CopyOnWriteArrayList 可能不是正確的選擇。其他的資料結構，比如 Vector，透過使用鎖來提供執行緒安全性，確保每次只有一個執行緒可以存取資料。這很安全，但可能很慢：如果你的執行緒需要輪流等候以取得它們的資料，你就無法獲得任何多緒處理的好處。

問：所以 CopyOnWriteArrayList 是一種快速的 thread-safe 資料結構？

答：嗯…這要視情況而定！如果你有很多讀取執行緒，而沒有很多寫入執行緒，那麼它的速度是很快的（與鎖定 Collection 相比）。但如果有大量的寫入發生，它就可能不是最好的資料結構。對某些應用來說，每次寫入時都要創建資料的一個新拷貝，其成本可能太高。

問：為什麼沒有一個簡單的答案來說明做這些共時性事情的最佳方式？

答：共時程式設計全都關於權衡取捨（trade-offs）。你需要很好地理解你的應用程式在做什麼、應該如何工作，以及執行它的硬體和環境。

如果你發現自己在考量哪種做法對你的應用程式更好，這可能就是學習效能測試的好時機，這樣你就可以準確地測量每種做法對系統效能有什麼影響。

問：你從來沒有告訴過我們這樣：在欄位宣告中加入 final 並不足以確保該值永遠不會被改變。那是什麼情況？

答：問得好！「關鍵」在於，如果你的欄位是對另一個物件的參考（reference），比如一個 Collection 或你自己的一個物件，使用 final 並不能阻止另一個執行緒改變該物件的值。確保這種情況不會發生的唯一辦法是確保你所有的參考欄位都只參考到不可變的物件本身。否則，你的不可變物件就可能有會發生變化的資料。

請參閱第 662 頁的 LocalDateTime 案例。

在 Java 的早期版本中，具執行緒安全性的群集是透過鎖定來實作安全性的，例如 java.util. Vector。

Java 5 在 java. util.concurrent 中引進了共時資料結構，這些結構不使用鎖。

本章重點

- 若有兩個或更多的執行緒試圖改變相同的資料，你就會有嚴重的執行緒問題。

- 兩個或多個執行緒存取同一個物件之時，若有一個執行緒在操作物件的關鍵狀態時離開 running 狀態，就可能導致資料損壞。

- 為了使你的物件具有執行緒安全性，請決定哪些述句應該被視為一個原子程序。換句話說，決定哪些方法必須在另一個執行緒進入同一物件的同一方法之前執行完成。

- 當你想防止兩個執行緒進入同一個方法時，就使用關鍵字 **synchronized** 來修改該方法的宣告。

- 每個物件都有單一個鎖，該鎖有單一把鑰匙。大多數時候，我們並不關心這個鎖，只有當一個物件有同步方法或在指定物件上使用 synchronized 關鍵字時，鎖才會發揮作用。

- 當一個執行緒試圖進入一個同步方法，該執行緒必須獲得物件（執行緒試圖執行其方法的那個物件）的鑰匙。如果鑰匙不可用（因為另一個執行緒已經持有它），執行緒就會進入一種等候狀態，直到鑰匙變得可用為止。

- 即使一個物件有一個以上的同步方法，鑰匙仍然只會有一把。一旦任何執行緒在該物件上進入了一個同步方法，任何執行緒都不能在同一物件上進入任何其他同步方法。這種限制讓你透過同步操作資料的任何方法來保護你的資料。

- synchronized 關鍵字並不是保護你資料不被多執行緒改變的唯一辦法。如果只是一個值會被多個執行緒改變，具有 CAS 運算的原子變數可能就很合適。

- 有多個執行緒寫入資料才是最大的問題，而不是讀取，所以要考慮你的資料是否需要被改變，或者它是否可以是不可變的。

- 要使一個類別成為不可變的，辦法是使該類別成為 final 的，使所有欄位成為 final 的，只在建構器或欄位宣告中設定一次值，並且沒有 setters 或其他可以改變資料的方法。

- 在你的應用程式中擁有不可變的物件並不代表什麼都不會改變。這只意味著你限制了應用程式中你必須擔心會有多個執行緒改變資料的部分。

- 有一些具備執行緒安全性（thread-safe）的資料結構，可以讓你在一個（或多個）執行緒改變資料的同時，讓多個執行緒讀取資料。其中一些位在 java.util.concurrent 中。

- 共時程式設計（concurrent programming）是很困難的！但有很多工具可以幫助你。

冥想時間 ── 我是 JVM

本頁中的 Java 檔案代表一個完整的原始碼檔案。你的工作是扮演 JVM，並判斷程式執行時的輸出會是什麼。

你可能會如何修復它，以確保每次的輸出都是正確的？

─────────▶ 答案在第 670 頁。

```java
import java.util.*;
import java.util.concurrent.*;

public class TwoThreadsWriting {
  public static void main(String[] args) {
    ExecutorService threadPool = Executors.newFixedThreadPool(2);
    Data data = new Data();
    threadPool.execute(() -> addLetterToData('a', data));
    threadPool.execute(() -> addLetterToData('A', data));
    threadPool.shutdown();
  }

  private static void addLetterToData(char letter, Data data) {
    for (int i = 0; i < 26; i++) {
      data.addLetter(letter++);
      try {
        Thread.sleep(50);
      } catch (InterruptedException ignored) {}
    }
    System.out.println(Thread.currentThread().getName() + data.getLetters());
    System.out.println(Thread.currentThread().getName()
                          + " size = " + data.getLetters().size());
  }
}

final class Data {
  private final List<String> letters = new ArrayList<>();

  public List<String> getLetters() {return letters;}

  public void addLetter(char letter) {
    letters.add(String.valueOf(letter));
  }
}
```

險些在氣閘中喪生

Sarah 參加船上開發團隊的設計審查會議時，她凝視著入口外印度洋上的日出。儘管船上的會議室令人難以置信地幽閉，但看到下面星球上越來越多的藍白新月逐漸取代黑夜，莎拉心中充滿了敬畏和感激。

Head First
少年事件簿

今天上午的會議主要是討論軌道載具氣閘（airlock）的控制系統。隨著最後的施工階段已接近尾聲，排定的艙外活動次數大幅增加，進出太空船氣閘的氣流量很大。「早安，Sarah」Tom 說，「時機抓得很好，我們剛剛開始詳細的設計審查」。

「正如你們都知道的」，Tom 指出，「每個氣閘都配備了太空硬化的 GUI 終端，在裡面和外面都有。每當太空漫步者進入或離開軌道載具時，他們將使用這些終端來啟動氣閘程序」。Sarah 點了點頭，問道：「Tom，你能告訴我們進入和離開的方法程序是什麼嗎？」，Tom 站起來，飄到白板前，「首先，這是離開程序之方法的虛擬程式碼」，Tom 迅速在黑板上寫道：

```
orbiterAirlockExitSequence()

    verifyPortalStatus();

    pressurizeAirlock();

    openInnerHatch();

    confirmAirlockOccupied();

    closeInnerHatch();

    decompressAirlock();

    openOuterHatch();

    confirmAirlockVacated();

    closeOuterHatch();
```

「為了確保程序不被中斷，我們已經同步了 orbiterAirlockExitSequence() 方法所呼叫的所有方法」，Tom 解釋說。「我們不願意看到一位回歸的太空漫步者無意中抓到一名夥伴，並脫下他的太空褲！」。

當 Tom 擦掉白板上的字時，每個人都笑了起來，但 Sarah 感覺有些不對勁，當 Tom 開始在白板上寫進入程序的虛擬程式碼時，她終於明白了。「等一下，Tom ！」，Sarah 喊道，「我想我們在離開程序的設計上有一個很大的缺陷。讓我們回頭重新審查它，那個可能是關鍵！」。

***Sarah* 為什麼要阻止會議繼續進行？她懷疑什麼呢？**

⟶ 答案在第 671 頁。

冥想時間——我是 JVM（第 668 頁）

答案是每次的輸出都會不一樣。從理論上講，人們可能會期望其大小
總是 52（2 乘上字母集中的 26 個字母），但事實上，這是一種 lost-
update 的問題。

```
File  Edit  Window  Help  ZeCount
% java TwoThreadsWriting
pool-1-thread-2[a, A, b, B, c, C, d, D, E, F, g, G, h, H, i, j, K, k,
pool-1-thread-1[a, A, b, B, c, C, d, D, E, F, g, G, h, H, i, j, K, k,
pool-1-thread-1 size = 40
pool-1-thread-2 size = 40
```

> 範例輸出。你的輸出可能不會和這個完全一樣，
> 但是如果你預測大小會小於 52，你就贏得了一
> 塊餅乾。

這能以兩種不同的方式解決，兩者都是有效的。

同步寫入方法

```
public synchronized void addLetter(char letter) {
  letters.add(String.valueOf(letter));
}
```

> 如果這個方法是同步的，每次就只有一個執行緒可以
> 寫入資料，因此不會丟失任何更新。如果在其中一個
> 執行緒寫入的同時有一個不同的執行緒在讀取，這就
> 不會有作用。

使用一個 thread-safe 的群集

```
private final List<String> letters = new CopyOnWriteArrayList<>();
```

> 使用 CopyOnWriteArrayList 將允許執行緒同時
> 安全地寫入到字母串列中。

使用其中一種解決方案就好，你不必兩者都進
行！有了 thread-safe 的群集，你就不用同步
寫入方法了。

Head First 少年事件簿
（第 669 頁）

Sarah 知道了什麼？

Sarah 意識到，為了確保整個離開程序的執行不被中斷，`orbiterAirlockExitSequence()` 方法需要被同步化。按照目前的設計，回歸的太空漫步者有可能打斷 Exit Sequence（離開程序）！ Exit Sequence 執行緒不能在任何低階方法呼叫中被打斷，但它可以在這些呼叫之間被打斷。Sarah 知道，整個序列應該作為一個原子單元執行，如果 `orbiterAirlockExitSequence()` 方法是同步的，那麼它在任何時間點都不能被中斷。

...

附錄 A

最終的程式碼廚房

點擊「sendIt」時，你的訊息會連同你當前的節拍模式一起發送給其他玩家。

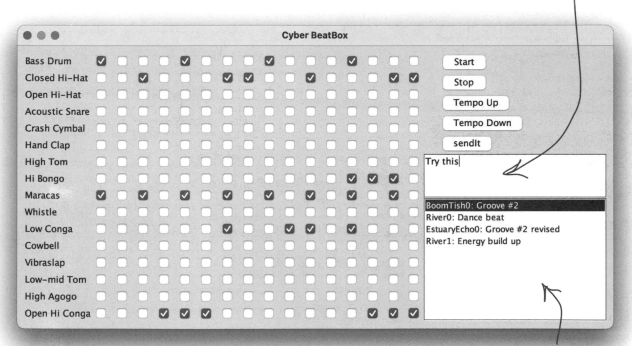

最後，完整版的 BeatBox！

它連線到一個簡單的 MusicServer，這樣你就能與其他客戶端發送和接收節拍模式。

來自玩家的訊息。點擊一個來載入與之配套的模式，然後點擊「Start」播放它。

最終的 BeatBox 客戶端程式

這裡大部分程式碼都與前幾章的程式碼廚房中的程式碼相同,所以我們沒有再次注釋所有的東西。新的部分包括:

GUI:為顯示傳入訊息的文字區域(實際上是一個可捲動的串列)和文字欄位,添加了兩個新的元件。

NETWORKING:就像第 17 章中的 SimpleChatClient 一樣,BeatBox 現在連接到伺服器並獲得一個輸入和輸出串流。

MULTITHREADED:同樣地,就像 SimpleChatClient 一樣,我們啟動一個「reader」任務,不斷尋找從伺服器傳來的訊息。但進來的訊息不只是文字,而是包括兩個物件:字串訊息和經過序列化的陣列(持有所有核取方塊之狀態的東西)。

所有的程式碼都可以在 *https://oreil.ly/hfJava_3e_examples* 取得。

```java
import javax.sound.midi.*;
import javax.swing.*;
import javax.swing.event.*;
import java.awt.*;
import java.io.*;
import java.net.Socket;
import java.util.*;
import java.util.concurrent.*;

import static javax.sound.midi.ShortMessage.*;

public class BeatBoxFinal {
    private JList<String> incomingList;
    private JTextArea userMessage;
    private ArrayList<JCheckBox> checkboxList;

    private Vector<String> listVector = new Vector<>();
    private HashMap<String, boolean[]> otherSeqsMap = new HashMap<>();

    private String userName;
    private int nextNum;

    private ObjectOutputStream out;
    private ObjectInputStream in;

    private Sequencer sequencer;
    private Sequence sequence;
    private Track track;

    String[] instrumentNames = {"Bass Drum", "Closed Hi-Hat",
            "Open Hi-Hat", "Acoustic Snare", "Crash Cymbal", "Hand Clap",
            "High Tom", "Hi Bongo", "Maracas", "Whistle", "Low Conga",
            "Cowbell", "Vibraslap", "Low-mid Tom", "High Agogo",
            "Open Hi Conga"};
    int[] instruments = {35, 42, 46, 38, 49, 39, 50, 60, 70, 72, 64, 56, 58, 47, 67, 63};
```

這些是樂器的名稱,作為一個 String 陣列,用以建立 GUI 的標籤(在每一列)。

這些代表實際的鼓聲的「鍵」。鼓聲頻道就像一台鋼琴,只是鋼琴上的每個「琴鍵」都是不同的鼓。所以數字「35」是低音鼓的鍵值,42 是 Closed Hi-Hat,諸如此類。

```java
public static void main(String[] args) {
    new BeatBoxFinal().startUp(args[0]);
}
```

為你的網名添加一個命令列引數。
例如：% java BeatBoxFinal theFlash。

```java
public void startUp(String name) {
    userName = name;
    // 開啟到伺服器的連線
    try {
        Socket socket = new Socket("127.0.0.1", 4242);
        out = new ObjectOutputStream(socket.getOutputStream());
        in = new ObjectInputStream(socket.getInputStream());
        ExecutorService executor = Executors.newSingleThreadExecutor();
        executor.submit(new RemoteReader());
    } catch (Exception ex) {
        System.out.println("Couldn't connect-you'll have to play alone.");
    }
    setUpMidi();
    buildGUI();
}
```

設定網路、I/O，並建立（和啟動）reader 執行緒。我們在此使用 Socket 而非 Channels，因為它們在物件輸入/輸出串流中運作得更好。

```java
public void buildGUI() {
    JFrame frame = new JFrame("Cyber BeatBox");
    frame.setDefaultCloseOperation(JFrame.EXIT_ON_CLOSE);
    BorderLayout layout = new BorderLayout();
    JPanel background = new JPanel(layout);
    background.setBorder(BorderFactory.createEmptyBorder(10, 10, 10, 10));

    Box buttonBox = new Box(BoxLayout.Y_AXIS);
    JButton start = new JButton("Start");
    start.addActionListener(e -> buildTrackAndStart());
    buttonBox.add(start);

    JButton stop = new JButton("Stop");
    stop.addActionListener(e -> sequencer.stop());
    buttonBox.add(stop);

    JButton upTempo = new JButton("Tempo Up");
    upTempo.addActionListener(e -> changeTempo(1.03f));
    buttonBox.add(upTempo);

    JButton downTempo = new JButton("Tempo Down");
    downTempo.addActionListener(e -> changeTempo(0.97f));
    buttonBox.add(downTempo);

    JButton sendIt = new JButton("sendIt");
    sendIt.addActionListener(e -> sendMessageAndTracks());
    buttonBox.add(sendIt);

    userMessage = new JTextArea();
    userMessage.setLineWrap(true);
    userMessage.setWrapStyleWord(true);
    JScrollPane messageScroller = new JScrollPane(userMessage);
    buttonBox.add(messageScroller);
```

你之前已經在第 15 章見過這些 GUI 程式碼了。

「空的邊框（empty border）」使我們在面板的邊緣和元件放置的地方之間有一個空白間隔（純屬美學）。

按鈕被按下時，lambda 運算式會呼叫此類別上的某個特定方法。

預設的節奏是 1.0，所以我們每次點擊都要調整 +/- 3%。

這是新的：將訊息和當前的節拍序列發送到音樂伺服器。

創建一個文字區域，讓使用者輸入他們的訊息。

我們在第 15 章中簡短地看過了 JList。這是顯示傳入訊息的地方。只不過，在這個應用程式中，你可以在串列中選擇一條訊息來載入並播放所附的節拍模式，而不是像普通的聊天室一樣，只是看一下訊息。

```java
incomingList = new JList<>();
incomingList.addListSelectionListener(new MyListSelectionListener());
incomingList.setSelectionMode(ListSelectionModel.SINGLE_SELECTION);
JScrollPane theList = new JScrollPane(incomingList);
buttonBox.add(theList);
incomingList.setListData(listVector);
```

每個樂器名稱上的這個邊框有助於它們與核取方塊對齊。↓

```java
Box nameBox = new Box(BoxLayout.Y_AXIS);
for (String instrumentName : instrumentNames) {
  JLabel instrumentLabel = new JLabel(instrumentName);
  instrumentLabel.setBorder(BorderFactory.createEmptyBorder(4, 1, 4, 1));
  nameBox.add(instrumentLabel);
}

background.add(BorderLayout.EAST, buttonBox);
background.add(BorderLayout.WEST, nameBox);

frame.getContentPane().add(background);
GridLayout grid = new GridLayout(16, 16);
grid.setVgap(1);
grid.setHgap(2);
```

這個佈局管理器可以讓你把元件放在一個具有列與欄的網格中。

```java
JPanel mainPanel = new JPanel(grid);
background.add(BorderLayout.CENTER, mainPanel);

checkboxList = new ArrayList<>();
for (int i = 0; i < 256; i++) {
  JCheckBox c = new JCheckBox();
  c.setSelected(false);
  checkboxList.add(c);
  mainPanel.add(c);
}
```

製作核取方塊，將它們設定為「false」（所以它們沒有被選中），並將它們添加到 ArrayList「和」GUI 面板中。

```java
frame.setBounds(50, 50, 300, 300);
frame.pack();
frame.setVisible(true);
}

private void setUpMidi() {
  try {
    sequencer = MidiSystem.getSequencer();
    sequencer.open();
    sequence = new Sequence(Sequence.PPQ, 4);
    track = sequence.createTrack();
    sequencer.setTempoInBPM(120);
  } catch (Exception e) {
    e.printStackTrace();
  }
}
```

取得 Sequencer，建立一個 Sequence 並製作一個 Track。

```
private void buildTrackAndStart() {
  ArrayList<Integer> trackList; // 這會存放每種樂器
  sequence.deleteTrack(track);
  track = sequence.createTrack();
  for (int i = 0; i < 16; i++) {
    trackList = new ArrayList<>();
    int key = instruments[i];
    for (int j = 0; j < 16; j++) {
      JCheckBox jc = checkboxList.get(j + (16 * i));
      if (jc.isSelected()) {
        trackList.add(key);
      } else {
        trackList.add(null);   // 因為這個插槽在音軌中應為空的
      }
    }
    makeTracks(trackList);
    track.add(makeEvent(CONTROL_CHANGE, 1, 127, 0, 16));
  }
  track.add(makeEvent(PROGRAM_CHANGE, 9, 1, 0, 15)); // - 如此我們都會有 16 拍
  try {
    sequencer.setSequence(sequence);
    sequencer.setLoopCount(sequencer.LOOP_CONTINUOUSLY);
    sequencer.setTempoInBPM(120);
    sequencer.start();
  } catch (Exception e) {
    e.printStackTrace();
  }
}

private void changeTempo(float tempoMultiplier) {
  float tempoFactor = sequencer.getTempoFactor();
  sequencer.setTempoFactor(tempoFactor * tempoMultiplier);
}
```

藉由巡訪那些核取方塊來獲得它們的狀態，並將其映射到一種樂器上（並為其製作 MidiEvent）來建立一個音軌。這相當複雜，但它與前幾章完全一樣，所以請參考第 15 章的程式碼廚房，再次獲得完整的解釋。

Tempo Factor 按所提供的係數縮放音序器的速度，使節拍變慢或變快。

```
private void sendMessageAndTracks() {
  boolean[] checkboxState = new boolean[256];
  for (int i = 0; i < 256; i++) {
    JCheckBox check = checkboxList.get(i);
    if (check.isSelected()) {
      checkboxState[i] = true;
    }
  }
  try {
    out.writeObject(userName + nextNum++ + ": " + userMessage.getText());
    out.writeObject(checkboxState);
  } catch (IOException e) {
    System.out.println("Terribly sorry. Could not send it to the server.");
    e.printStackTrace();
  }
  userMessage.setText("");
}
```

這是新的…它很像 SimpleChatClient，只是我們並非發送一個字串訊息，而是序列化兩個物件（字串訊息和節拍模式），並將那兩個物件寫入 socket 輸出串流（到伺服器）。

```
public class MyListSelectionListener implements ListSelectionListener {
  public void valueChanged(ListSelectionEvent lse) {
    if (!lse.getValueIsAdjusting()) {
      String selected = incomingList.getSelectedValue();
      if (selected != null) {
        // 現在回到 map，並變更 sequence
        boolean[] selectedState = otherSeqsMap.get(selected);
        changeSequence(selectedState);
        sequencer.stop();
        buildTrackAndStart();
      }
    }
  }
}
```

這也是新東西：
ListSelectionListener 告訴我們
什麼時候使用者在訊息串列中做
了選擇。當使用者選擇一則訊息
時，我們「立即」載入相關的節
拍模式（它在名為 otherSeqsMap
的 HashMap 中）並開始播放它。
由於獲取 ListSelectionEvent 所
需的一些特殊技巧，這裡會有一
些 If 測試。

```
private void changeSequence(boolean[] checkboxState) {
  for (int i = 0; i < 256; i++) {
    JCheckBox check = checkboxList.get(i);
    check.setSelected(checkboxState[i]);
  }
}
```

使用者從串列中選擇某個東西時，這個
方法被呼叫。我們立即將模式改為他們
所選的模式。

```
public void makeTracks(ArrayList<Integer> list) {
  for (int i = 0; i < list.size(); i++) {
    Integer instrumentKey = list.get(i);
    if (instrumentKey != null) {
      track.add(makeEvent(NOTE_ON, 9, instrumentKey, 100, i));
      track.add(makeEvent(NOTE_OFF, 9, instrumentKey, 100, i + 1));
    }
  }
}
```

有關 MIDI 的所有東西都和以前的版本
完全一樣。

```
public static MidiEvent makeEvent(int cmd, int chnl, int one, int two, int tick) {
  MidiEvent event = null;
  try {
    ShortMessage msg = new ShortMessage();
    msg.setMessage(cmd, chnl, one, two);
    event = new MidiEvent(msg, tick);
  } catch (Exception e) {
    e.printStackTrace();
  }
  return event;
}
```

```
public class RemoteReader implements Runnable {
  public void run() {
    try {
      Object obj;
      while ((obj = in.readObject()) != null) {
        System.out.println("got an object from server");
        System.out.println(obj.getClass());

        String nameToShow = (String) obj;
        boolean[] checkboxState = (boolean[]) in.readObject();
        otherSeqsMap.put(nameToShow, checkboxState);

        listVector.add(nameToShow);
        incomingList.setListData(listVector);
      }
    } catch (IOException | ClassNotFoundException e) {
      e.printStackTrace();
    }
  }
}
```

這是執行緒的任務：它從伺服器上讀入資料。在這段程式碼中，「資料」永遠都是兩個序列化的物件：字串訊息和節拍模式（一個核取方塊狀態值的 boolean 陣列）。

有訊息進來時，我們讀取（解序列化）兩個物件（訊息與核取方塊狀態值的 boolean 陣列），我們想把它們添加到 JList 元件中。

新增至 JList 是一種兩步驟的事情：你保留一個串列資料的 Vector（Vector 是一種老式的 ArrayList），然後告訴 JList 使用該 Vector 作為它在串列中顯示的來源。

多重捕捉：如果你想捕捉兩個不同的例外，但對它們做同樣的事情（例如在此我們只想把它們列印出來），你可以用一個管線（pipe）把這兩個 Exception 類別分開。

削尖你的鉛筆

──────► 你要解決的。

你有哪些方式可以改進此程式呢？

這裡有幾個想法幫助讓你開始：

1. 一旦你選擇了一個模式，當前播放的任何模式都會消失。如果那是你正在製作的一個新模式（或對另一個模式的修改），你就不走運了。你可能想彈出一個對話方塊，詢問使用者是否想要儲存當前的模式。

2. 如果你沒有輸入一個命令列引數，你在執行時就會得到一個例外！在 main 方法中放一些東西，檢查你是否有傳入命令列引數。如果使用者沒有提供引數，要麼選擇一個預設值，要麼列印出一則訊息，指出他們需要再次執行它，但這次需要輸入他們的網名作為引數。

3. 若有一個功能，讓你可以點擊一個按鈕，為你產生一個隨機的模式，那可能很不賴。你可能會碰到一個你很喜歡的模式。更好的是，若有另一個功能，讓你載入現有的「基礎」模式，如爵士、搖滾、雷鬼等的模式，然後讓使用者對其進行修改。

你不需要把所有的程式碼都打進去！你可以從儲存庫（repository）中複製它。所有的程式碼都可以在此取得：*https://oreil.ly/hfJava_3e_examples*。

還有一個替代的 BeatBox 解決方案，它使用 Map 和 List，而非這個解決方案中使用的陣列。解決任何問題都不會只有一種方法！

最終的 BeatBox 伺服器程式

這段程式碼的大部分內容與我們在第 17 章「建立連線」中製作的 SimpleChatServer 完全相同。事實上，唯一的差異在於，這個伺服器接收並重新發送兩個序列化的物件，而非一個普通的字串（儘管其中一個序列化的物件恰巧是一個字串）。

```java
import java.io.*;
import java.net.*;
import java.util.*;
import java.util.concurrent.*;

public class MusicServer {
  final List<ObjectOutputStream> clientOutputStreams = new ArrayList<>();

  public static void main(String[] args) {
    new MusicServer().go();
  }

  public void go() {
    try {
      ServerSocket serverSock = new ServerSocket(4242);
      ExecutorService threadPool = Executors.newCachedThreadPool();

      while (!serverSock.isClosed()) {
        Socket clientSocket = serverSock.accept();
        ObjectOutputStream out = new ObjectOutputStream(clientSocket.getOutputStream());
        clientOutputStreams.add(out);

        ClientHandler clientHandler = new ClientHandler(clientSocket);
        threadPool.execute(clientHandler);
        System.out.println("Got a connection");
      }

    } catch (IOException e) {
      e.printStackTrace();
    }
  }

  public void tellEveryone(Object one, Object two) {
    for (ObjectOutputStream clientOutputStream : clientOutputStreams) {
      try {
        clientOutputStream.writeObject(one);
        clientOutputStream.writeObject(two);
      } catch (IOException e) {
        e.printStackTrace();
      }
    }
  }
}
```

所有客戶端輸出串流的串列，收到訊息時就會把訊息發送給它們。

在通訊埠 4242 開啟一個伺服器 socket。

繼續聆聽客戶端連線。為連接上的每個客戶端創建一個新的 Socket 和新的 ClientHandler。

將訊息和節拍模式發送給所有客戶端。

```
public class ClientHandler implements Runnable {
  private ObjectInputStream in;

  public ClientHandler(Socket socket) {
    try {
      in = new ObjectInputStream(socket.getInputStream());
    } catch (IOException e) {
      e.printStackTrace();
    }
  }

  public void run() {
    Object userName;
    Object beatSequence;
    try {
      while ((userName = in.readObject()) != null) {
        beatSequence = in.readObject();

        System.out.println("read two objects");
        tellEveryone(userName, beatSequence);
      }
    } catch (IOException | ClassNotFoundException e) {
      e.printStackTrace();
    }
  }
}
```

創建一個 *ObjectInputStream*，用於從這個客戶端讀取訊息。

客戶端送出一則訊息時，它會由兩部分組成：包含使用者名和他們的訊息的一個 *String*，和代表節拍序列的一個 *Object*（實際上是一個 *boolean* 陣列，但伺服器並不關心這點）。

一旦我們取得訊息和節拍序列，就把那些發送給所有的客戶端（包括這一個）。

附錄 B

沒能進到書中其他部分的十大主題…

你是說，還有更多？難道這本書永遠都不會結束嗎？

我們涵蓋了很多內容，而你也幾乎快讀完這本書了。我們會想念你的，但在讓你離開之前，如果不做好更多的準備，就把你送到 JavaLand 去，我們會覺得不安心。我們不可能把你需要知道的所有東西都放在這個相對小型的附錄中。實際上，我們最初確實包括了關於 Java 你需要知道的所有內容（其他章節尚未涉及的），方法是將字體大小減少到 0.00003。一切都放得下了，但沒人有辦法讀。因此，我們扔掉了大部分內容，但保留了最好的部分作為這十多個額外主題的附錄。是的，你仍然需要知道的真正有用的東西超過十個。

這真的是這本書的結尾了，除了索引（必讀！）。

#11 JShell (Java REPL)

為何你要在意?

REPL(Read Eval Print Loop,「讀取、估算、列印」迴圈)讓你執行程式碼片段,而不需要一個完整的應用程式或框架。這是嘗試新功能、試驗新想法和獲得即時回饋的一種好辦法。我們把它放在本附錄的開頭,以防你想用 JShell 來試試接下來幾頁會談到的一些功能。

啟動 REPL

JShell 是 JDK 中的一個命令列工具。如果 JAVA_HOME/bin 位在你系統的路徑上,你可以直接在命令列中輸入「jshell」(關於開始使用的全部細節,請參閱 Oracle 的 Introduction to JShell(*https://oreil.ly/Ei3Df*)。

```
File Edit  Window Help Ammonite
%jshell
|  Welcome to JShell -- Version 17.0.2
|  For an introduction type: /help intro

jshell>
```

JShell 只在 **JDK 9 和更高版本**中可用,但好消息是,即使你是在舊版本的 Java 上執行程式碼和應用程式,你仍然可以使用較新版本的 JShell,因為它完全獨立於你的「JAVA_HOME」或 IDE 的 Java 版本。只要從你想使用的任何版本的 Java 的 *bin* 目錄中直接執行它即可。

不帶類別執行 Java 程式碼

在提示列嘗試一些 Java 程式碼:

```
File Edit  Window Help LookMumNoSemiColons
jshell> System.out.println("Hello")
Hello

jshell>
```

注意:

- 不需要一個類別
- 不需要一個 *public static main* 方法
- 行結尾不需要使用一個分號,只要開始打入 Java 程式碼就行了!

不只是幾行程式碼

你可以定義變數和方法:

```
File Edit  Window Help RealJava
jshell> String message = "Hello there "
message ==> "Hello there "

jshell> void greet(String name) {
   ...>     System.out.println(message+name);
   ...> }
|  created method greet(String)

jshell> greet("you")
Hello there you
```
在方法等程式碼區塊內就得使用分號。

它支援前向參考(*forward references*),所以你能勾勒出你的程式碼的形狀,而不必立即定義所有的東西。

```
File Edit  Window Help ForwardLooking
jshell> void doSomething() {
   ...>     doSomethingElse();
   ...> }
|  created method doSomething(), however, it
cannot be invoked until method doSomethin-
gElse() is declared
```

程式碼建議

如果你在輸入的過程中按下 Tab 鍵,你會得到程式碼建議。你也可以使用上下鍵來循環瀏覽你到目前為止所打的程式碼行。

```
File Edit  Window Help YouCompleteMe
jshell> System.out.pr
print(       printf(      println(
jshell> System.out.print
```

命令

有很多實用的命令是 JShell 的一部分,而非 Java 的一部分。舉例來說,打入 **/vars** 可以看到你所宣告的所有變數。輸入 **/exit** 則可以,呃,退出。使用 **/help** 可以看到命令清單並獲得更多資訊。

Oracle 有一個非常有用的 JShell User Guide(*https://oreil.ly/Ei3Df*),),它也顯示了如何用 JShell 創建和執行指令稿(scripts)。

#10　套件

套件防止了類別的名稱衝突

雖然套件不僅僅是為了防止名稱衝突，但那是它的關鍵功能。如果 OO 的部分意義在於編寫可重用的元件，那麼開發者就需要能把各種來源的元件拼湊在一起，並從它們構建出新的東西。你的元件必須能夠「與他人很好地合作」，包括那些不是你寫的或甚至不知道的元件。

還記得在第 6 章「使用 *Java* 程式庫」中，我們討論了套件名稱如何像是一個類別的全名，技術上被稱為經過完整資格修飾的名稱（*fully qualified name*）。類別 List 實際上是 ***java.util.List***，GUI List 實際上是 ***java.awt.List***，而 Socket 實際上是 ***java.net.Socket***。嘿，很快地，這是一個套件名稱如何幫忙防止名稱衝突的例子：有一個 List 是一種資料結構，還有有一個 List 是一種 GUI 元素，而我們可以用套件名稱來區分它們。

請注意，這些類別的「第一名稱」是 *java*。換句話說，它們全稱的第一部分是「java」。考慮套件的結構時，要想到一種階層架構，並相應地組織你的類別。

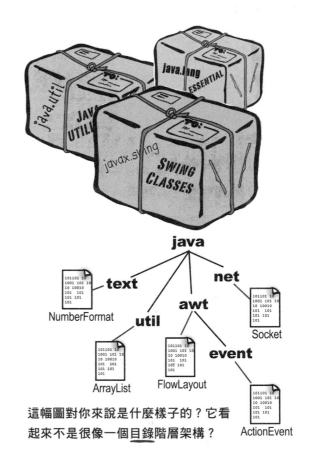

這幅圖對你來說是什麼樣子的？它看起來不是很像一個目錄階層架構？

防止套件名稱的衝突

標準的套件命名慣例是在每個類別前加上你的反向網域名稱（reverse domain name）。記住，網域名稱保證是唯一的。兩個不同的人可以都叫 Bartholomew Simpson，但兩個不同的網域不能都叫 *doh.com*。

反向的網域套件名稱

類別名稱永遠首字母大寫。

com.headfirstjava.projects.Chart

以你的反向網域名稱作為套件名稱的開頭，用點（.）隔開，然後在那之後添加你自己的組織結構。套件是小寫的。

projects.Chart 可能是一個常見的名稱，但加上 *com.headfirstjava* 意味著只需要擔心我們自己內部的開發人員。

在 *https://oreil.ly/hfJava_3e_examples* 上查閱程式碼範例時，你會看到我們把類別放在以每一章命名的套件中，以清楚區隔那些例子。

套件可以防止名稱衝突，但前提是你所選的套件名稱必須保證是唯一的。做到這一點的最好辦法是在套件前面加上你的反向網域名稱。

com.headfirstbooks.Book

套件名稱　　類別名稱

#10　套件（續）

要把你的類別放在一個套件中：

①　挑選一個套件名稱

我們使用 **com.headfirstjava** 作為我們的例子。類別的名稱是 PackageExercise，所以現在類別的全稱是 **com.headfirstjava.PackageExercise**。

②　在你的套件中放入一個 package 述句

它必須是原始碼檔案中的第一條述句，位置高於任何 import 述句。每個原始碼檔案只能有一個 package 宣告，所以**一個原始碼檔案中的所有類別都必須在同一個套件中**。當然，這也包括內層類別（inner classes）。

```
package com.headfirstjava;

import javax.swing.*;

public class PackageExercise {
    // 這裡放改變生命的程式碼
}
```

③　設置一個相應的目錄結構

僅僅在程式碼中放入一個 package 宣告，並不足以**說明**你的類別是在一個套件中。除非你把類別放在一個匹配的目錄結構中，否則你的類別就不是真正在一個套件中。因此，如果經過完整資格修飾的類別名稱是 com.headfirstjava.PackageExercise，你就**必須**把 PackageExercise 的原始碼放在一個名為 **headfirstjava** 的目錄中，而該目錄**必須**位在一個名為 **com** 的目錄中。

在大多數的 Java 專案中，這個檔案夾很有可能是 *src/main/java*。

套件結構

PackageExercise.java

關於目錄的備註

在現實世界中，原始碼檔案和類別檔案通常儲存在不同的目錄中：你不會想把原始碼複製到它執行的地方（客戶的電腦或雲端），只想複製類別檔案。

Java 專案最常見的結構基於 Maven* 的慣例：

MyProject/src/main/java　應用程式原始碼

MyProject/src/test/java　測試原始碼

類別檔案則放在其他地方。真正的企業系統通常使用 Maven 或 Gradle 等建置工具（build tool）來編譯和建置應用程式（我們的範例程式碼使用 Gradle）。每種建置工具都會把類別放在不同的檔案夾裡：

	Maven	**Gradle**
應用程式類別	MyProject/target/classes	MyProject/out/production/classes
測試類別	MyProject/target/test-classes	MyProject/out/test/classes

* Maven 和 Gradle 是 Java 專案最常見的建置工具。

#10 套件（續）

套件的編譯與執行

我們不需要使用建置工具來分離我們的類別和原始碼檔案。藉由使用 **-d** 旗標，你可以決定編譯後的程式碼要放在哪個目錄下，而非接受預設的讓類別檔案與原始碼在同一目錄之下。

用 **-d** 旗標編譯不僅可以讓你把編譯後的類別檔案送到原始碼檔案所在的目錄以外的地方，而且它還知道把類別放到類別所在套件的正確目錄結構中。不僅如此，用 -d 編譯還告訴編譯器，如果那些目錄不存在，也要建立它們。

-d 旗標告訴編譯器：「把這個類別放到它套件的目錄結構中，使用 -d 後面指定的類別作為根目錄。但是…如果那些目錄不在那裡，請先創建它們，然後再把類別放到正確的地方！」

以 -d（directory）旗標進行編譯

```
%cd MyProject/source
```
← 留在 *source* 目錄底下！「不要」用 *cd* 進入 .*java* 檔案所在的目錄！

```
%javac  -d ../classes  com/headfirstjava/PackageExercise.java
```

告訴編譯器把編譯後的程式碼（類別檔案）放到 *classes* 目錄，就在<u>正確的套件結構中</u>！沒錯，它知道的。

現在你必須指定 PATH，以取得實際的原始碼檔案。

要編譯 com.headfirstjava 套件中的所有 .java 檔案，請使用：

```
%javac  -d ../classes  com/headfirstjava/*.java
```

編譯此目錄中的每個原始碼檔案（.java）。

執行你的程式碼

從「*classes*」目錄執行你的程式。

```
%cd MyProject/classes
```

```
%java com.headfirstjava.PackageExercise
```

你「必須」給出經過完整資格修飾的類別名稱！JVM 會看到，並立即在其目前的目錄（*classes*）內尋找，並預期找到一個名為 *com* 的目錄，其中它期望找到一個名為 *headfirstjava* 的目錄，在那裡它預期找到該類別。如果該類別在「*com*」目錄下，或者甚至在「*classes*」目錄下，這就無法運作！

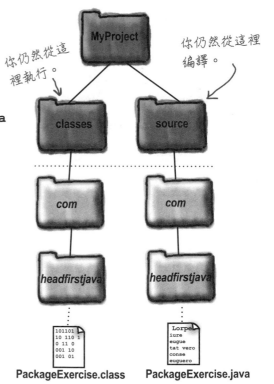

你仍然從這裡執行。

你仍然從這裡編譯。

PackageExercise.class

PackageExercise.java

#9 String 和 Wrapper 的不可變性

第 18 章談到了不可變性（immutability），我們將在本附錄的最後一個項目中提到不可變性。本節專門討論兩個重要的 Java 型別中的不可變性。String 和 Wrapper。

為什麼你要關心 String 的不可變性？

為了安全性，也為了節省記憶體（無論你是在手機、物聯網設備還是在雲端執行，記憶體都很重要），Java 中的 String 都是不可變的。這意味著，當你說：

```
String s = "0";
for (int i = 1; i < 10; i++) {
  s = s + i;
}
```

實際上發生的是你創建了十個 String 物件（帶有值「0」、「01」、「012」一直到「0123456789」）。最終，s 參考的是帶有值「0123456789」的 String，但此時會存在有十個不同的字串！

同樣地，如果你在字串上使用方法來「變更」一個 String 物件，它完全不會改變那個物件，而是會創建一個新的：

```
String str = "the text";
String upperStr = str.toUpperCase();
```

指向新的大寫字串 "THE TEXT" 的參考。

變數「str」並沒有改變，它仍然是 "the text"。

創建並回傳一個「新的」String 物件。

這如何節省記憶體呢？

每當你製作一個新的 String，JVM 會把它放入記憶體的一個特殊部分，稱為「String Pool（字串集區）」（聽起來很新鮮，不是嗎？）。如果集區中已經有一個帶有相同值的字串，JVM 就不會創建一個重複的字串，它會讓你的參考變數指向現有的條目。所以你不會有 500 個帶有「customer」這個詞的物件（舉例來說），而是有對單個 "customer" 字串物件的 500 個參考。

```
String str1 = "customer";
String str2 = "customer";
System.out.println(str1 == str2);
```

它們不只有相同的值，還是同一個物件。

不可變性讓這種重複使用變得可能

JVM 之所以能這樣做，是因為字串是不可變的；一個參考變數不能改變另一個參考變數所參考的同一個字串的值。

未使用的字串會怎樣？

我們的第一個例子創造了很多沒有使用的中介字串（「01」、「012」等）。這些字串被放置在 String Pool 中，位在堆積上，因此符合進行 Garbage Collection（垃圾回收）的條件（見第 9 章）。沒有被使用的字串最終會被垃圾回收。

然而，如果你必須做大量的 String 操作（比如串接等），你可以使用 *StringBuilder* 來避免創建不必要的字串：

```
StringBuilder s = new StringBuilder("0");
for (int i = 1; i < 10; i++) {
  s.append(i);
}
String finalString = s.toString();
```

這樣，單一的可變的 StringBuilder 每次都會被更新以代表中介狀態，而非創建十個不可變的 String 實體，然後丟棄 9 個中介字串。

為何你要關心 Wrapper 是不可變的？

在第 10 章中，我們談到了包裹器（wrapper）類別的兩個主要用途：

- 包裹一個原型值（primitive），使它的行為就像一個物件。

- 使用靜態工具方法（例如 Integer.parseInt()）。

重要的是要記住，當你創建一個包裹器物件時，如：

```
Integer iWrap = new Integer(42);
```

該包裹器物件就會是這樣了，它的值將永遠是 42。包裹器物件沒有 *setter* 方法。當然，你可以讓 *iWrap* 參考到一個不同的包裹器物件，但這樣你就會有兩個物件。一旦你創建了一個包裹器物件，就沒有辦法改變該物件的值了！

#8 存取層級和存取修飾詞（控制誰能看到什麼）

Java 有四個存取層級（access levels）和三個存取修飾詞（access modifiers）。之所以只有三個修飾詞，是因為 default（當你不使用任何存取修飾詞時得到的東西）是四個存取層級中的一個。

存取層級（順序依照限制程度排列，從最寬鬆到最嚴格）

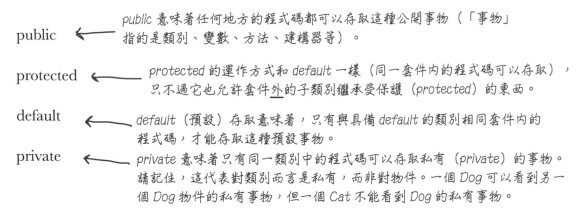

public ← public 意味著任何地方的程式碼都可以存取這種公開事物（「事物」指的是類別、變數、方法、建構器等）。

protected ← protected 的運作方式和 default 一樣（同一套件內的程式碼可以存取），只不過它也允許套件<u>外</u>的子類別繼承受保護（protected）的東西。

default ← default（預設）存取意味著，只有與具備 default 的類別相同套件內的程式碼，才能存取這種預設事物。

private ← private 意味著只有同一類別中的程式碼可以存取私有（private）的事物。請記住，這代表對類別而言是私有，而非對物件。一個 Dog 可以看到另一個 Dog 物件的私有事物，但一個 Cat 不能看到 Dog 的私有事物。

存取修飾詞

```
public
protected
private
```

大多數時間你都只會使用 public 和 private 存取層級。

public

對於你要開放給其他程式碼的類別、常數（static final 變數）和方法（例如 getters 和 setters）以及大多數建構器，請使用 public。

private

幾乎所有的實體變數和你不想讓外部程式碼呼叫的方法（換句話說，你類別的公開方法所使用的方法），都使用 private。

儘管你可能不常使用其他兩個（protected 和 default），你仍然需要知道它們的作用，因為你會在其他程式碼中看到它們。

#8 存取層級和存取修飾詞（續）

default 和 protected

default

protected（受保護的）和 default（預設的）存取層級都與套件有關。default 存取很簡單：它意味著只有同一套件內的程式碼可以存取具有 default 存取的程式碼。因此，舉例來說，一個 default 類別（這意味著沒有明確宣告為 *public* 的類別）只能被與 default 類別相同套件內的類別所存取。

但是，存取（*access*）一個類別的真正含義是什麼呢？沒有一個類別存取權的程式碼甚至不允許思考那個類別。我們所說的「思考」，是指在程式碼中使用那個類別。舉例來說，如果出於存取限制，你無法存取一個類別，你就不被允許實體化那個類別，甚至不允許把它宣告為變數、引數或回傳值的型別。你根本就不能在你的程式碼中輸入它！如果你那樣做，編譯器就會抱怨。

想一想其中的含義：帶有 public 方法的 default 類別意味著，那些 public 方法根本就不是真正的公開方法。如果你看不到那個類別，你就無法存取其方法。

為什麼會有人想把存取限制在同一套件內的程式碼呢？一般情況下，套件被設計成一組類別，作為一個相關的集合一起工作。因此，同一套件內的類別需要存取彼此的程式碼是合理的，而作為一個套件，只會有少量的類別和方法開放給外部世界（即該套件外的程式碼）使用。

好了，這就是 default。它很簡單：如果某個東西有預設的存取權（記住，這意味著沒有明確的存取修飾詞！），那麼只有和預設的東西（類別、變數、方法、內層類別）在同一個套件內的程式碼才能存取那個東西。

那麼 *protected* 之目的是什麼呢？

protected

受保護的存取（protected access）幾乎就與預設存取相同，只有一個例外：它允許子類別繼承受保護的東西，即使這些子類別是在它們所擴充的超類別的套件之外。就這樣了，這就是 protected 為你帶來的一切：讓你的子類別能在你超類別的套件之外，但仍然繼承該類別的一部分，包括方法和建構器。

許多開發者發現很少有理由使用 protected，但它被用在一些設計中，而且有一天你可能會發現它正是你所需要的。關於 protected 的一個有趣之處在於，與其他的存取層級不同，protected 存取只適用於繼承。如果一個套件外的子類別擁有對超類別（例如擁有一個 protected 方法的超類別）某個實體的參考，該子類別不能用那個超類別的參考來存取受保護的方法！子類別可以存取該方法的唯一方式是繼承它。換句話說，套件外的子類別並不能存取受保護的方法，它只是透過繼承而擁有那個方法。

有經驗的開發者在編寫供其他開發者使用的程式庫時，會發現 default 和 protected 存取層級都非常有用。

這些存取層級可以將程式庫的內部細節，隔絕在其他開發者會從他們程式碼呼叫的 API 之外。

#7 Varargs（可變動的引數）

我們在第 10 章「數字很重要」中簡要地看過 varargs（可變動的引數），當時我們研究了 String.format() 方法。在第 11 章「資料結構」中，我們在看群集的便利工廠方法時，你也看到了它們。Varargs 能讓一個方法接受任意多的引數，只要它們型別相同。

為何你要在意？

很有可能，你不會寫很多（或任何！）帶有 varargs 參數的方法。但你很可能會使用它們，傳入 varargs，因為 Java 程式庫確實提供了有用的方法，就像我們剛才提到的那些，它們可以接受任意多的引數。

我要如何知道一個方法有沒有接受 varargs 呢？

讓我們看看 String.format() 的 API 說明文件：

```
static String format(String format, Object... args)
```

那三個點（...）指出此方法在那個 String 引數之後接受任意數目的 Object，**包括零個**。舉例來說：

```
String msg = String.format("Message"); 對 format() 方法來說沒有意義，但是有效的。
String msgName = String.format("Message for %s", name); 一個 varargs 引數「name」。
String msgNumName = String.format("%d, messages for %s", number, name); 兩個 varargs 引數
                                                                       「number」和「name」。
```

接受 varargs 的方法一般不關心有多少個引數，那不是很重要。舉例來說，考慮一下 List.of()，它並不關心你想在串列中有多少個項目，單純會把所有的引數都添加到新的串列中。

建立一個接受 varargs 的方法

你通常會呼叫一個接受 varargs 的方法，而不是建立它，但無論如何還是讓我們看一看怎麼做。如果你想定義你自己的方法，舉例來說，列印出所有傳入給它的東西，你可以這樣做：

```
void printAllObjects(Object... elements) {
  for (Object element : elements) {
    System.out.println(element);
  }
}
```

其中的參數 *elements* 並不神奇，它實際上只是 Object 的一個陣列。所以你可以對它進行迭代，彷彿你把方法特徵式建立成這樣一般：

```
void printAllObjects(Object[] elements) {
```

是呼叫端的程式碼看起來會不同。你不必創建一個物件陣列來傳入，而是獲得傳入任意數量參數的便利性。

規則

- 一個方法只能有一個 varargs 參數。

- 那個 varargs 參數必須是最後一個參數。

#6 注釋

為何你要在意？

我們在第 12 章「*Lambdas 和 Streams*：做什麼，而非怎麼做」中非常簡要地提到了注釋（annotations），在我們說到可以被實作為一個 lambda 運算式的介面可能標示有「@FunctionalInterface」注釋的時候。

在程式碼中添加注釋可以增加額外的行為，或者說注釋可以是一種編譯器友好的說明文件，也就是說，你只是在程式碼中標示了一些額外的資訊，而那些資訊可以選擇性地被編譯器所用。

你肯定會在現實世界中看到注釋的使用，也很有可能使用它們。

你會在哪裡看到注釋？

你會在使用 Java EE/Jakarta EE、Spring/Spring Boot、Hibernate 和 Jackson 等程式庫和框架的程式碼中看到注釋，所有的這些都是 Java 世界中非常普遍使用的，用來建置大型和小型的應用程式。

```
@SpringBootApplication ← 類別層級的注釋。
public class HelloSpringApplication {
```

你肯定會在測試程式碼中看到注釋。在第 5 章「超強度方法」中，我們介紹了測試程式碼的想法，但我們沒有展示的是使其更加容易的框架。最常見的是 JUnit。如果你看一下 *https://oreil.ly/hfJava_3e_examples* 的程式碼範例，你會發現在「test」檔案夾裡有一些範例測試類別。

```
@Test ← 方法層級的注釋。
void shouldReturnAMessage() {
```

注釋可以應用到類別和方法、以及變數（區域和實體）與參數，甚至是程式碼中的一些其他地方。

注釋可以有元素

某些注釋包含元素（elements），它們就像帶有名稱的參數。

```
@Table(name="cust")
public class Customer {
```

如果注釋只有一個元素，你就不需要提供名稱。

```
@Disabled("This test isn't finished")
void thisTestIsForIgnoring() {
```

如你在稍早的範例中看到的，你不需要為沒有元素的注釋加上括弧。

你可以為你正在注釋的類別、方法或變數加上一個以上的注釋。

它們做些什麼事呢？

嗯，這要視情況而定！有些可以作為增加編譯器安全性的一種說明文件。如果你在有多個抽象方法的一個介面上添加 @FunctionalInterface，你就會得到一個編譯器錯誤。

其他注釋（如 @NotNull）可以被你的 IDE 或分析工具用來查看你的程式碼是否正確。

許多程式庫提供注釋，供你用來標示程式碼的一部分，如此框架就知道該如何處理你的程式碼。舉例來說，@Test 注釋標示了需要被 JUnit 作為單獨測試來執行的方法；@SpringBootApplication 標示帶有 *main* 方法、要作為 Spring Boot 應用程式入口的類別；@Entity 標示一個 Java 類別為需要被 Hibernate 儲存到資料庫的資料物件。

有些注釋會以你的程式碼為基礎來提供行為。舉例來說，Lombok 可以使用注釋來生成常見的程式碼：在你的類別頂端添加 @Data，Lombok 就會產生建構器、getters 和（如果需要的話）setters，以及 hashCode、toString 和 equals 方法。

> 有時候，注釋似乎會像魔法一樣發揮效用！做苦工的程式碼被隱藏起來了。如果你使用的注釋有很好的說明文件，你會更好地了解它們的作用和運作原理。這將有助於解決你可能遇到的任何問題。

#5　Lambdas 和 Maps

Java 8+

為何你要在意？

大家都知道 Java 8 為 Java 增加了 lambda 和串流，但不太為人所知的是，java.util.Map 也得到了一些新的方法，可以接受 lambda 運算式作為引數。這些方法使得在 Map 上進行常見運算變得更加容易，這將節省你的時間和腦力。

如果還沒有，就為鍵值建立一個新值

想像一下，你想追蹤顧客在你的網站上做了什麼，而你使用一個 Actions 物件來那麼做。你可能有 String 使用者名稱映射到 Actions 的一個 Map。當一名顧客進行了某個你想添加到他們 Actions 物件中的動作時，你會想做下列任一件事：

■　為該名顧客創建一個新的 Actions 物件，並將其添加到 Map 中

■　取得該名顧客現有的 Actions 物件。

我們很常使用 *if* 述句和 *null* 檢查來做到這一點（在 Java 8 之前）：

```java
Map<String, Actions> custActs = new HashMap<>();
// 大概有其他的事情會在此發生…

Actions actions = custActs.get(usr);          看看是否有該使用者名稱
if (actions == null) {                        的 Actions 物件。

                                              該值不存在…

  actions = new Actions(usr);                 …所以創建一個新的 Actions，
  custActs.put(usr, actions);                 並將其添加到 Map 中，以該使
}                                             用者名稱為鍵值。
// 以動作（actions）做些事情
```

這不是很多的程式碼，但它是被反覆使用的一種模式。如果你使用的是 Java 8 或更高版本，你根本就不需要這樣做。使用 **computeIfAbsent**，並給它一個 lambda 運算式，說明如何「計算（compute）」在給定的鍵值沒有對應條目時，應該進入 Map 的值：

這是現有的 Actions 物件「或者」由 *lambda* 創建的
Actions 物件，如果使用者名稱不在 Map 中的話。

```java
Actions actions =
  custActs.computeIfAbsent(usr, name -> new Actions(name));
```

這是我們在 Map 中尋找
的鍵值。

這個 *lambda* 指出，如果該使用者名稱
在 Map 中還沒有一個 Actions，如何
創建一個新的值（一個 Actions）。

#5 Lambdas 和 Maps（續）

Java 8+

只有在值已經存在的情況下才更新該值

可能會有的其他情況是，你可能希望只在 Map 中的某個值存在時才更新它。舉例來說，你可能有你正在計數的東西所構成的一個 Map，比如某種指標（metrics），你只想更新你關心的指標。你不希望在 Map 中添加任何任意的新指標。在 Java 8 之前，你可能會使用 *contains*、*get* 和 *put* 的組合來檢查 Map 中是否有這個指標的值，如果有的話就更新它。

```
Map<String, Integer> metrics = new HashMap<>();
// 大概有其他的事情會在此發生…

if (metrics.containsKey(metric)) {
  Integer integer = metrics.get(metric);
  metrics.put(metric, ++integer);
}
```

看看該指標是否作為一個鍵值存在於 map 中。或者，你可以做一次「get」，看看結果是否為 null。

如果它在 map 中，去得該值。

遞增該值，並將之放回 map 中。

Java 8 新增了 **computeIfPresent**，它接受你要找的鍵值和一個 lambda 運算式，你可以用它來描述如何計算 Map 更新後的值。利用這個，上面的程式碼可以簡化為：

```
metrics.computeIfPresent(metric, (key, value) -> ++value);
```

如果鍵值在 map 中，這也會回傳新的值（如果不在，則回傳 null），但我們的例子不需要這個。

這是我們在尋找的鍵值。

lambda 的參數是鍵值（key）和值（value），我們可以用這些參數來計算新的值，如果 key 在 map 中存在的話。

其他的方法

在 Map 上還有其他更進階的方法，當你想「添加一個新的值或者對現有的值做一些事情」（甚至是移除一個值）時，這些方法會很有用，比如合併（*merge*）和計算（*compute*）。還有 *replaceAll*，你可以給它一個 lambda 運算式，為 map 中的所有值計算出一個新的值（舉例來說，如果需要的話，我們可以用它來遞增我們前面例子中的所有指標）。而且，就像所有的群集一樣，它也有一個 *forEach*，可以讓我們迭代過 Map 中所有的鍵值與值對組（key/value pairs）。

Java 程式庫不斷在發展，所以即使你認為已經了解了一些經常使用的東西，比如 List 或 Map，也總是值得留意那些可能使你的生活更輕鬆的變化。

記住，如果你想知道一個類別上有哪些方法，以及它們的作用，Java API 說明文件（*https://oreil.ly/ln5xn*）是一個很好的開始。

#4 平行串流

早在第 12 章「*Lambdas 和 Streams：做什麼，而非怎麼做*」，我們就對 Stream API 進行了長時間的研究。當時我們沒有研究串流的一個很有趣的功能，那就是你可以用它們來利用現代的多核心、多 CPU 硬體，平行地執行你的串流運算。現在讓我們來看看這個。

到目前為止，我們已經使用 Stream API 有效地「查詢」過我們的資料結構。現在，想像一下那些資料結構可能變得很大。我們的意思是真的很大，就像資料庫中的那些資料一樣，或者像來自社群媒體 API 的即時資料串流。我們可以一個接一個地、**循序**處理這些項目，直到取得我們想要的結果。又或者，我們可以把工作拆分成多個運算，同時在不同的 CPU 上**平行**執行它們。在第 17 章和第 18 章之後，你可能會想跑去寫一個多執行緒的應用程式來做這件事，但你不需要！

平行化

你可以簡單地告訴 Stream API 你希望你的串流管線在多個 CPU 核心上執行。有兩種方法可以做到這一點。

1. 啟動一個 parallelStream

還記得第 12 章的模擬歌曲資料嗎？

```
List<Song> songs = getSongs();
Stream<Song> par = songs.parallelStream();
```

2. 新增 parallel() 到串流管線

```
List<Song> songs = getSongs();
Stream<Song> par = songs.stream()
                        .parallel();
```

它們兩者做的事情都一樣，你可以選擇你喜歡的任一種做法。

好了，現在呢？

現在，你只需像我們在第 12 章中所做的那樣寫一個串流管線，添加你想要的運算，最後用一個終端運算結束。Java 程式庫就會處理好這些問題：

- 如何分割資料以在多個 CPU 核心上執行串流管線。
- 要執行多少個平行運算。
- 如何合併多項運算的結果。

多執行緒處理會自動完成

在幕後，平行串流會使用 Fork-Join 框架（我們在本書中沒有涵蓋，請參閱 *https://oreil.ly/XJ6eH*），這是另一種類型的執行緒集區（thread pool，我們在第 17 章「建立連線」中有談到過）。使用平行串流，你會發現執行緒的數量等於你應用程式執行所在地的可用核心數。有一些辦法可以改變這種設定，但建議使用預設值就好，除非你真的知道自己在做什麼。

不要在每個地方都使用平行處理！

在你跑去把你所有的串流呼叫都變成平行的之前，請**等一下**！還記得我們在第 18 章「處理共時性問題」中說過，多緒程式設計是很困難的，因為你選擇的解決方案很大程度上取決於你的應用程式、你的資料和你的環境。這同樣適用於平行串流。平行化並利用多個 CPU 核心並**不是**免費的，也**不會**自動意味著你的應用程式會執行得更快。

平行執行一個串流管線是有成本的。資料需要被分割開來，運算需要在不同的執行緒上對每一點的資料進行操作，然後在最後，每個獨立的平行運算的結果需要以某種方式結合起來，以得到最終的結果。所有的這些都會增加處理時間。

如果進入你串流管線的資料是一個簡單的群集，就像我們在第 12 章中看到的例子（確實，今天大多數使用串流的地方都是如此），使用循序串流幾乎肯定會更快。是的，你沒有看錯：對於大多數普通的用例，你並**不**希望採用平行處理。

在下列情況下，平行串流才能提升效能：

- 輸入群集是很大的（至少要有幾十萬個元素的規模）。
- 串流管線正在執行需要長時間運行的複雜運算。
- 資料和運算的分解（拆分）以及結果的合併，成本並不高。

在使用之前，你應該測量有無平行處理的效能差異。如果你想了解更多，Richard Warburton 所著的《*Java 8 Lambdas*》一書中有關於資料平行處理的絕佳章節。

#3 列舉（也被稱為列舉型別或 enums）

我們已經談過了 API 中定義的常數（constants），例如 **JFrame.EXIT_ON_CLOSE**。你也可以透過標示一個變數為 **static final** 來創建你自己的常數。但有時你會想創建一組常數值來代表一個變數唯一的那些有效值。這組有效值通常被稱為一個列舉（enumeration）。早在 Java 5 中就引進了功能完備的列舉。

誰在樂團裡呢？

比方說，你正在為你最喜歡的樂團建立一個網站，你想確保所有的評論都指向某個特定的樂團成員。

舊有的方式是偽造一個「enum」：

```
public static final int KEVIN = 1;
public static final int BOB = 2;
public static final int STUART = 3;

// 程式碼的後面

if (selectedBandMember == KEVIN) {
  // 進行 KEVIN 相關的事情
}
```

我們希望在我們到達這裡的時候，「*selectedBandMember*」已經有了一個有效的值！

這個技巧的好消息是，它確實使程式碼更容易閱讀。另一個好消息是，你永遠不能改變你所創建的假列舉的值，KEVIN 永遠都會是 1。壞訊息是，沒有簡單或好的辦法來確保 selectedBandMember 的值永遠是 1、2 或 3。如果一些難以找到的程式碼將 selectedBandMember 設為 812，那麼你的程式碼很可能會無法運作。

這是偽造一個列舉的**舊**方式，但你在現實生活中仍然會看到這樣的程式碼（舉例來說，像 AWT 這樣較舊的 Java 程式庫）。

然而，如果你能控制程式碼，請盡量使用 enums 而不是這樣的常數。請看下一頁⋯

#3 列舉（續）

讓我們看看樂團成員在「真正的」列舉中會是什麼樣子。雖然這是一個非常
基本的列舉，但大多數列舉通常都是這麼簡單。

一個正式的「enum」

```java
public enum Member { KEVIN, BOB, STUART };

public class SomeClass {
  public Member selectedBandMember;

  // 程式碼的後面…
  void someMethod() {
    if (selectedBandMember == Member.KEVIN) {
      // 進行 KEVIN 相關的事情
    }
  }
}
```

這看起來像是一個簡單的類別定義，不是嗎？事實證明，列舉「確實是」一種特殊的類別。這裡我們創建了一個新的列舉型別，叫作「Member」。

「selectedBandMember」變數的型別是「Member」，其值「只」能是「KEVIN」、「BOB」或「STUART」。

參考一個 enum 之「實體」的語法。

不需要擔心這個變數的值！

你的 enum 擴充 java.lang.Enum

創建一個 enum，你就是在創建一個新的類別，而**你也是在隱含地擴充 java.lang.
Enum**。你可以把一個 enum 宣告為一個獨立類別，在它的原始碼檔案中，或作為另一
個類別的成員。

對 enum 使用「if」和「switch」

使用我們剛剛創建的 enum，我們可以使用 if 或 switch 述句在我們的程式碼中進行
分支。也請注意到我們可以使用 == 或 .equals() 方法來比較 enum 的實體。一般情
況下，== 被認為是更好的風格。

指定一個 enum 值給一個變數。

```java
Member member = Member.BOB;
if (member.equals(Member.KEVIN))
  System.out.println("Bellloooo!");
if (member == Member.BOB)
  System.out.println("Poochy");
```

這兩者都運作無礙！「Poochy」會被印出。

```java
switch (member) {
  case KEVIN: System.out.print("Uh... la cucaracha?");
  case BOB: System.out.println("King Bob");
  case STUART: System.out.print("Banana!");
}
```

隨堂小考！這裡的輸出會是什麼？

你可以為你的 enum 添加一些東西，比如建構器、方法、變數，以及一個叫作
常數限定類別主體（constant-specific class body）的東西。這些東西並不常見，
但你可能會遇到它們。

答案： *King Bob Banana!*

#2 區域變數型別推論（var）

如果你使用的是 Java 10 或更高版本，你可以在宣告你的區域變數（即方法中的變數，而**不是**方法參數或實體變數）時使用 **var**。

name 是一個 String。

```
var name = "A Name";
```

這是型別推論（*type inference*）的另一個例子，其中編譯器可以使用它已經知道的，關於型別的資訊來節省你撰寫更多程式碼的時間。編譯器知道 *name* 是一個 String，因為它在等號右手邊被宣告為一個 String。

一個 ArrayList。

```
var names = new ArrayList<>();

var customers = getCustomers();
```

如果 getCustomers() 回傳 List<Customer>，這就是一個 List<Customer>。

型別推論，而非動態型別

使用 *var* 宣告你的變數時，**它仍然有一個型別**。它不是為 Java 新增動態（dynamic）或選擇性（optional）型別一種方式（跟 Groovy 的 *def* **不同**）。它單純是避免要撰寫型別兩次的一種方式。

宣告變數時，你必須以某種方式告訴編譯器它的型別是什麼。你不能之後再指定它。所以，你**不能**這樣做：

```
var name; 「無法」編譯！
```

因為編譯器不知道 *name* 的型別是什麼？

這也表示你之後無法改變它的型別：

```
var someValue = 1;
someValue = "String"; ← 「無法」編譯！
```

有人必須閱讀你的程式碼

使用 *var* 確實可以使程式碼變短，而且 IDE 可以準確地告訴你變數是什麼型別，所以你可能很想到處使用 var。

然而，閱讀你程式碼的人可能沒有使用 IDE，或者對程式碼的理解與你不同。

我們在本書中並沒有使用 var（儘管那樣做更容易把程式碼放在書頁上），因為我們想對你，也就是讀者，明確講解程式碼在做什麼。

訣竅：最好與有幫助的變數名稱並用

如果你的程式碼中沒有可見的型別資訊，那麼描述性的變數和方法名稱將對讀者有額外的幫助。

我們可以弄清楚這是什麼，以及用它來做什麼。

```
var reader = newBufferedReader(get("/"));

var stuff = doTheThing();
```

我們不知道這是什麼。

訣竅：變數會有具體型別

在第 11 章中，我們開始了「按照介面進行程式設計」，也就是說，我們將變數宣告為介面型別，而非實作：

```
List<String> list = new ArrayList<>();
```

如果你在使用 var，你就不能這樣做。其型別會是來自右手邊的型別：

```
var list = new ArrayList<String>();
```

這是一個 ArrayList<String>。

訣竅：別把 var 與鑽石運算子並用

請看上一個例子。我們首先將串列宣告為 List<String>，並在右側使用了鑽石運算子（diamond operator，<>）。編譯器從左側知道串列元素的型別是 String。

如果你使用 var，就像我們在第二個例子中做的那樣，編譯器就不再有這項資訊了。如果你希望串列仍然是 String 的一個串列，你需要在右手邊宣告，否則，它將包含 Object。

```
var list = new ArrayList<>();
```

這是一個 ArrayList<Object>，大概不是你想要的。

閱讀來自 OpenJDK 開發人員的風格指南（*https://oreil.ly/eVfSd*）。

#1 Records

為何你要在意？

一個「簡單」的 Java 資料物件往往一點也不簡單。即使是只有幾個欄位的資料類別（出於歷史原因，有時被稱為 Java Bean），也需要比你預期要多得多的程式碼。

一個 Java 資料類別，在 Java 16 以前

想像一個基本的 Customer 類別，帶有名稱（name）和 ID：

```java
public final class Customer {
  private final int id;
  private final String name;

  public Customer(int id, String name) {
    this.id = id;
    this.name = name;
  }

  public int getId() {
    return id;
  }

  public String getName() {
    return name;
  }

  public boolean equals(Object o) { }

  public int hashCode() { }

  public String toString() { }
}
```

我們省略了 equals、hashCode 和 toString 方法的細節，但你可能想實作那些方法，特別是在你要在任何群集中使用這個物件的時候。我們還省略了「setters」，這是一個具有 final 欄位的不可變物件，但在某些情況下，你可能想要 setters。

這就已經是很大量的程式碼了！這是帶有兩個欄位的一個簡單類別，有完整的程式碼，包括實作，總共 42 行！

如果資料類別有一種特殊的語法呢？

猜猜看怎樣？如果你正在使用 Java 16 或更高版本，確實是有的！你不是創建一個類別（class）。而是創建一個紀錄（record）。

不要用「class」，使用「record」。

這些是紀錄的組成部分。這些會轉譯為實體變數和變數的存取方法。

```java
public record Customer(int id, String name){}
```

這個記錄標頭（header）也定義了建構器的樣子（建構器的參數順序）。

就這樣了。這就是取代「舊的」Customer 資料類別的 42 行程式碼所需的全部。

像這個那樣的一個 record 有實體變數、建構器、存取器方法（accessor methods），以及 equals、hashCode 和 toString 方法。

使用一個 record

使用一個已經定義好的紀錄時，看起來就和記錄類別是一個標準資料類別時完全一樣：

```java
Customer customer = new Customer(7, "me");
System.out.println(customer);
System.out.println(customer.name());
```

輸出看起來像這樣：

```
File Edit Window Help Vinyl
%java UsingRecords
Customer[id=7, name=me]
me
```

注意到這「不是」getName()。

紀錄預設有一個漂亮的 toString。

拜拜「get」

你注意到什麼了嗎？紀錄不使用典型的「get」前綴來表示讓你讀取實體變數的方法（因此我們謹慎地稱它們為「accessors」而非「getters」）。它們單純使用記錄元件的名稱作為方法名稱。

#1 Records（續）

你能夠覆寫建構器

建構器、存取器以及 equals、hashCode 和 toString 方法全都是預設提供的，但如果你需要一些特定的東西，你仍然可以覆寫它們的行為。

大多數時候，你可能不需要那樣做。但是如果你想，舉例來說，在創建紀錄時添加驗證，你可以透過覆寫建構器來進行實作。

```java
public record Customer(int id, String name) {
  public Customer(int id, String name) {
    if (id < 0) {
      throw new ValidationException();
    }
    this.id = id;
    this.name = name;
  }
}
```

實際上，比這還簡單。上面的例子是一個**標準建構器**（*canonical constructor*），也就是我們一直在使用的那種正常建構器。但紀錄也有一種**精簡建構器**（*compact constructor*）。這種精簡建構器假定所有正常的東西都已經處理好了（以正確的順序擁有正確數量的參數，並且都指定給了實體變數），讓你只定義其他重要的東西，比如驗證：

記錄標頭定義了呼叫建構器時，它看起來的樣子。

```java
public record Customer(int id, String name) {

  public Customer {
    不需要定義建構器參數。

    if (id < 0) {        仍然可以存取參數。
      throw new ValidationException();
    }  不需要指定任何的東西給
  }    實體變數。
}
```

呼叫 Customer 的建構器時，你仍然需要傳遞給它一個 ID 和一個名稱，它們仍然會被指定給實體變數（這全都是由記錄標頭所定義的）。你需要做的就是在建構器中添加驗證，使用精簡的形式，讓編譯器來處理所有其他的事情。

```java
Customer customer = new Customer(7, "me");
```
即使有一個精簡建構器，你也必須為所有的記錄元件傳入引數。

你可以覆寫或新增方法

你可以覆寫任何方法並添加你自己的（public、default 或 private）方法。如果你正在遷移現有的資料類別以使用紀錄，你可能想保留你以前的 equals、hashCode 和 toString 方法。

```java
public record Customer(int id, String name) {

  public boolean equals(Object o) {
    return id == ((Customer) o).id;
  }
           覆寫 equals 方法以提供自訂行為。

  private boolean isValidName(String name) {
    // 一些實作            紀錄也可以有「正常」
  }                        的方法。
}
```

你可以創建一個 protected 方法；編譯器不會阻止你，但沒有意義：紀錄一定是 final 類別，不能被子類別化。

紀錄是不可變的

在第 18 章中，我們談到了讓資料物件不可變（*immutable*）的問題。不可變的物件在共時應用程式中使用起來更安全，因為你知道不可能有一個以上的執行緒改變資料。

如果你知道資料類別不能改變，那麼推理你應用程式中發生的事情也會更容易，所以即使在不是多執行緒的應用程式中，你也會發現不可變的資料物件被使用。在本附錄的 #9 中，我們看到了字串的不可變性如何能夠節省記憶體。

紀錄是不可變的。你創建一個 record Object 後，你就不能改變它的值；沒有「setters」，也沒有辦法改變實體變數。你不能從紀錄的外部直接存取它們，只能透過存取器方法讀取它們。

如果你試圖在紀錄內部改變紀錄的一個實體變數，編譯器會擲出一個例外。一個紀錄的實體變數是 *final* 的。

請前往 Oracle 的 Record Classes 說明文件（*https://oreil.ly/D7fh3*）了解更多關於紀錄的資訊。在那裡，你還可以讀到一些我們沒有機會介紹的 Java 17 中可用的其他新語言功能，如 Pattern Matching、Sealed Classes、Switch Expressions 和非常實用的 Text Blocks。

索引

M

W

深入淺出 Java 程式設計 第三版

作　　者：Kathy Sierra, Bert Bates, Trisha Gee
譯　　者：黃銘偉
企劃編輯：蔡彤孟
文字編輯：江雅鈴
設計裝幀：陶相騰
發 行 人：廖文良

發 行 所：碁峰資訊股份有限公司
地　　址：台北市南港區三重路 66 號 7 樓之 6
電　　話：(02)2788-2408
傳　　真：(02)8192-4433
網　　站：www.gotop.com.tw
書　　號：A692
版　　次：2023 年 05 月二版
建議售價：NT$980

國家圖書館出版品預行編目資料

深入淺出 Java 程式設計 / Kathy Sierra, Bert Bates, Trisha Gee
　　原著；黃銘偉譯. -- 二版. -- 臺北市：碁峰資訊, 2023.05
　　　面；　　公分
　　譯自：Head First Java, 3rd ed.
　　ISBN 978-626-324-492-4(平裝)
　　1.CST：Java(電腦程式語言)
312.32J3　　　　　　　　　　　　　　　　112005560